TECHNOLOGIE DER TEXTILFASERN

HERAUSGEGEBEN VON

DR. R. O. HERZOG
PROFESSOR, DIREKTOR DES KAISER-WILHELM-INSTITUTS FÜR FASERSTOFFCHEMIE
BERLIN-DAHLEM

I. BAND, 1. TEIL

PHYSIK UND CHEMIE DER CELLULOSE

VON

H. MARK

BERLIN
VERLAG VON JULIUS SPRINGER
1932

PHYSIK UND CHEMIE DER CELLULOSE

VON

H. MARK
LUDWIGSHAFEN AM RHEIN

MIT 145 TEXTABBILDUNGEN

BERLIN
VERLAG VON JULIUS SPRINGER
1932

ISBN 978-3-642-98413-6 ISBN 978-3-642-99226-1 (eBook)
DOI 10. 1007/978-3-642-99226-1

Zur Einführung.

Die „Technologie der Textilfasern" ist so angelegt, daß die ersten drei Bände die allgemeinen naturwissenschaftlichen und technologischen Grundlagen des Gegenstandes enthalten, während die weiteren Bände die spezielle Kenntnis der wichtigsten Textilfasern und ihrer Verarbeitung vermitteln. Je nach dem Umfang sind die Bände unterteilt, und zwar in „Teile" bzw. „Abteilungen".

Im **I.** Band sind die Physik und Chemie der Cellulose[1] (1) und der faserbildenden Proteide (2) behandelt, den Teil (3) bildet die Darstellung der mikroskopischen, physikalischen und chemischen Untersuchungsmethoden.

Der **II.** Band enthält die mechanische Technologie, das Spinnen, Weben, Wirken, Stricken, Klöppeln, Flechten, die Herstellung von Bändern, Posamenten, Samt, Teppichen, die Stickmaschinen und einen Abriß der Bindungslehre.

Die Spinnerei ist etwa im Rahmen eines eingehenderen Hochschulkollegs behandelt, da die Ausbildung der Maschinen und ihre Anpassung an die einzelne Faser den speziellen technologischen Darstellungen überlassen werden mußte. Denselben Umfang besitzt die Weberei, ausführlicher ist dagegen die Beschreibung in den weiteren angeführten Kapiteln, so daß nur bei wichtigen Sonderfällen in den späteren Bänden Wiederholungen zu finden sind.

Der **III.** Band gibt eine Darstellung der Farbstoffe, während die Färberei und überhaupt die chemische Veredelung in den Abschnitten bzw. Teilbänden „Chemische Technologie" bei jeder Faser gesondert besprochen wird.

Der **IV.** Band, mit dem die Darstellung der Einzelfasern und ihrer Technologie beginnt, ist der **Baumwolle** gewidmet; der wirtschaftlichen Bedeutung der Faser entsprechend ist er neben dem Wollband der umfangreichste. Der Aufbau ist aber auch bei den nationalökonomisch weniger wichtigen Fasern der gleiche.

Der 1. Teilband enthält die Botanik und Kultur der Baumwolle und einen Abschnitt über die Chemie der Baumwollpflanze.

In der mechanischen Technologie (2) ist die Spinnerei eingehend, und zwar einmal vom Standpunkt des Maschinenbauers (IV, 2, A a), einmal von dem des praktischen Spinners (IV, 2, A b) behandelt. Auf eine spezielle Beschreibung der Weberei wurde verzichtet (s. oben), dagegen sind die Baumwollgewebe von dem warenkundlichen Standpunkt aus in IV, 2 B dargestellt worden, wobei gleichzeitig erwünschte webtechnische Hinweise gebracht werden; ein ziemlich eingehender Überblick über die Gardinenstoffe ist angefügt.

Der 3. Teilband enthält die chemische Technologie nebst einer Beschreibung der maschinellen Hilfsmittel zur Veredelung der Baumwolltextilien.

Der 4. Teilband bringt die Weltwirtschaft der Baumwolle.

Der **V.** Hauptband ist dem **Flachs** (V, 1), **Hanf** und anderen **Seilerfasern** (V, 2) und der **Jute** (V, 3 in 2. Abt.) gewidmet. Eingehend ist die Darstellung der ersten und der letzten der genannten Fasern[2].

---

[1] Mit Rücksicht auf den Erscheinungstermin ist die schon lange früher fertiggestellte Arbeit von H. Steinbrinck über den Feinbau der Cellulosefaser vom botanischen Standpunkt als Einführung zu den Bastfasern in V, 1; 1. Abt. aufgenommen worden. Sie war ursprünglich für I, 1 bestimmt.

[2] Auf eine Monographie der Ramie wurde zunächst verzichtet; bei den Seilerfasern sind im Hinblick auf die ausführliche Bearbeitung der Jute nur die wichtigsten und diese zumeist kurz dargestellt.

So ist die Botanik, Kultur, Bleicherei, Aufbereitung und Wirtschaft des Flachses (V, 1; 1. Abt.), ferner die Spinnerei (V, 1; 2. Abt.) ausführlich beschrieben. In der Leinenweberei (V, 1; 3. Abt.) werden sehr wesentliche Ergänzungen zum allgemeinen Webereibande gebracht, so daß damit auch der Leser des Bandes II, 2, aber auch des VIII., 2 B Bandes (Wolle) eventuell erwünschte wichtige Erweiterungen findet.

In ähnlicher Weise bildet die eingehende Beschreibung der Jutetechnologie auch eine Ergänzung zu V, 2.

Der **VI.** Band behandelt die **Seide**, der 1. Teilband die Seidenspinner, der 2. die Technologie und Wirtschaft.

Der **VII.** Band ist der **Kunstseide** gewidmet. Die bereits vor einigen Jahren erschienene Darstellung hatte den damaligen Bedürfnissen vor allem gerecht zu werden. Aus diesem Grunde ist mehr als bei anderen Werken über den Gegenstand die naturwissenschaftliche Seite betont worden. Nachdem hier ein erstes Niveau erreicht worden ist, dessen Grenzen inzwischen in Band I, 1 eingehend diskutiert sind, und da seither auch ein gewisser Abschluß in dem Ausbau der technischen Methoden der Kunstseide-Industrie erzielt ist, wird eine erforderliche Neuauflage wesentlich die letzteren wiederzugeben haben.

Der **VIII.** Band enthält die Darstellung der **Schafwolle**[1]: der 1. Teilband die Wollkunde, der 2. in drei Abteilungen die Streichgarn- und die Kammgarnspinnerei, sowie die Tuchmacherei, wo vor allem Manipulation und Dessinatur ihren Platz finden, ferner die Filzherstellung; der 3. Teilband bringt die chemische Technologie, der 4. die Wollwirtschaft.

Eventuell sollen vorläufig ausgeschaltete Sondergebiete späterhin in Ergänzungsbänden ihren Platz finden. Es erschien zweckmäßig, weniger Wesentliches vorläufig zu opfern, um Raum für das Hauptsächliche zu finden, wozu auch die Ausfüllung wichtiger Lücken im Schrifttum und in einer Reihe von Fällen die Betrachtung eines Gegenstandes von verschiedenen Gesichtspunkten gehört.

Die gewählte Anordnung ist nicht aus einer willkürlichen pädagogischen Organisation hervorgegangen, sondern scheint am besten dem inneren Aufbau der Textiltechnik zu entsprechen. Es mußte jeder Beitrag ein organisches Glied des Ganzen bilden, in manchen Bänden auch ein Gegenstand erörtert werden, der aus raumökonomischen Gründen in einem anderen Bande nicht gebracht wird; trotzdem stellt — ganz der praktischen Einstellung des Textiltechnikers entsprechend — jeder „Teilband" und jede „Abteilung" für sich ein abgeschlossenes Ganzes dar.

An dieser Stelle sei noch einmal allen Mitarbeitern, deren Bemühung und Anpassungswilligkeit oft in ungewöhnlichem Maße in Anspruch genommen werden mußte, der Dank ausgesprochen! In gleichem Maße gebührt der Dank der Verlagsbuchhandlung, die das Wagnis eines so umfangreichen Werkes auf diesem Gebiete unternommen hat! Endlich sei noch allen öffentlichen und privaten Stellen sowie allen Firmen gedankt, die die Herstellung des Werkes durch Überlassung oft neuen Materials unterstützt haben!

Der Herausgeber.

[1] Die Technologie anderer Tierhaare ist zunächst nicht dargestellt worden.

Vorwort des Verfassers.

Der einleitende I. Band des vorliegenden Sammelwerkes enthält die Chemie und Physik der Cellulose, ein Thema, das in jahrzehntelanger umfassender Bearbeitung auf seinen gegenwärtigen Stand gebracht worden ist. Während man aber anfangs bei der Untersuchung und Herstellung der interessierenden Präparate im wesentlichen die Methoden der analytischen und präparativen Chemie benutzte, wurden in den letzten Jahren immer ausgiebiger und systematischer physikalische Arbeitsweisen mit herangezogen, denn es bildete sich allmählich die Meinung heraus, daß die in der organischen Chemie der niedrig molekularen Stoffe verwandte und dort bestens bewährte konventionelle Formelsprache bei der Übertragung auf die Cellulose an das Wesen der Dinge nicht recht heranführe.

Das Tatsachenmaterial des vorliegenden Arbeitsgebietes ist daher in sich ziemlich heterogen und bei der Präzisierung von Vorstellungen z. B. über den Aufbau der Cellulose muß man — wenn man nicht unvollständig bleiben will — Befunde und Behauptungen gegeneinander abwägen, die auf sehr verschiedenen experimentellen Wegen erlangt worden sind und auch theoretisch oft auf sehr ungleichen Voraussetzungen basieren. Aber der komplizierte Bau der Hochpolymeren drängt in diese Richtung und fordert die Mitverwendung aller nur zur Verfügung stehenden wissenschaftlichen Hilfsmittel. Immer wieder kann man beobachten, daß spezifisch chemische Eingriffe ganz besondere physikalische Effekte ergeben oder daß eine rein physikalische Behandlung in sonst ganz ungewohnter Weise von chemischen Folgen begleitet ist. Dieses enge Durchdringen von Chemie und Physik ist eben im Begriff, zu einer den tatsächlichen Ergebnissen sich etwas enger anschmiegenden Beschreibung der Cellulosestruktur zu führen, als man sie etwa mit den normalen Strukturformeln erreichen kann.

Die Mitverwendung physikalischer und physikalisch-chemischer Methoden und Argumente darf aber natürlich nicht in dem Sinne extrapoliert werden, als ob man auf dem Gebiet der Cellulose und ihrer Abkömmlinge die analytische und synthetische Chemie nicht erfolgreich verwenden könnte. Gerade das Gegenteil ist der Fall. Nur durch besonders fein ausgebildete und hochgezüchtete präparative Kunst kann es hier gelingen, die für reproduzierbare Messungen notwendigen Objekte in die Hand zu bekommen. Die beiden Teile des vorliegenden Bandes sind also dadurch miteinander eng verbunden, daß im chemischen über die Herstellung der einzelnen Präparate berichtet wird, deren mechanische und optische Eigenschaften im physikalischen Teil geschildert werden.

Die mechanischen Eigenschaften der nativen und regenerierten Fasern, auf welche sich die technische Verwendung des Materials zum größten Teile stützt, sind schon früh beachtet und messend bearbeitet worden. Es lag nahe, hierbei diejenigen Methoden zu verwenden, welche sich auf dem Nachbargebiet der Materialprüfung metallischer Werkstoffe als erfolgreich erwiesen hatten. Bei der Übertragung stellte sich aber bald heraus, daß die technischen Materialprüfungsapparate in ihrer normalen Form zwar eine erste Orientierung zulassen, für ein tieferes Eindringen, besonders nach der quantitativen Seite hin, aber unbrauchbar sind. Die spezielle — von der Natur gegebene — Form der Probekörper, ihre Empfindlichkeit gegen chemische Einflüsse, ihr hohes Fließvermögen usw. verlangen Verfeinerungen in den experimentellen Methoden, die im Laufe der Zeit hauptsächlich an den wissenschaftlichen Instituten für Faserforschung — im Kaiser-Wilhelm-Institut für Faserstoffchemie, im Textile Institute, im Dresdner Textilinstitut usw. — angegeben und ausgearbeitet worden sind. Mit ihrer Hilfe wird gegenwärtig von vielen Seiten an der Sammlung von Zahlen und Daten gearbeitet, die eine tragfähige Grundlage für eine ausführliche mechanische Technologie der Cellulose abgeben können. Zur Zeit ist man von einer Vollständigkeit noch weit entfernt; manchmal — z. B. bei der Zerreißfestigkeit und bei der Bruchdehnung — ist das experimentelle Material sehr reichhaltig, andere Eigenschaften — wie die Biegungselastizität oder die Torsion — sind fast gar nicht untersucht. Die Aufgabe bei der Abfassung des I. Kapitels bestand daher im wesentlichen darin, den Platz einer mechanischen Technologie der Faserstoffe im Rahmen der allgemeinen Festigkeitslehre zu umreißen, die wichtigsten Meßmethoden anzugeben und schließlich das gegenwärtig verfügbare Zahlenmaterial dem Leser in geeigneten Tabellen und Figuren zu unterbreiten. Der letzte Teil dieser Aufgabe erforderte eine Auswahl in den aufzunehmenden Daten, für die sich eine bestimmte kritische Einstellung als notwendig erwies. Leitend war hierbei die Absicht, im wesentlichen quantitative Angaben zu bevorzugen und unter ihnen wieder diejenigen, welche über die Beschreibung eines speziellen — an sich vielleicht sehr wichtigen — Materials hinausgehend auch allgemeineres Interesse beanspruchen dürfen. Sicherlich enthält die vorliegende Darstellung viele Zahlen, die eigentlich nicht hineingehörten, und sicherlich gibt es in der außerordentlich großen Literatur zahlreiche Angaben, deren Aufnahme übersehen worden ist; ein Fehler, der von vornherein vorauszusehen war und zu dessen künftiger Behebung ich alle Fachgenossen um gelegentliche Ratschläge und Hinweise bitte.

Im II. Kapitel wurde versucht, das Verhalten der Cellulose und ihrer Derivate im gequollenen und dispergierten Zustand zu beschreiben. Die merkwürdigen Eigenschaften der Celluloselösungen — Viscosität, osmotischer Druck, Elastizität, Diffusion usw. — haben sehr früh das Interesse der Forschung angezogen und zu einer methodischen Bearbeitung in den verschiedensten Richtungen eingeladen. Wiederum zeigte es sich hier mit großer Deutlichkeit, daß die vorhandenen Hilfsmittel meist weder apparativ noch gedanklich genügend durchgebildet waren, um unmittelbar eine erfolgreiche Übertragung auf die relativ komplizierten Verhältnisse bei der Cellulose zu gestatten. Hier wie bei den optischen Methoden war das überragende Interesse an der speziellen Substanz der Ausgangspunkt für manchen methodischen Ausbau. Bei der ersten Anwendung einer physikalischen oder physikalisch-chemischen Methode auf die Cellulose waren begreiflicherweise ihre Urheber gelegentlich geneigt, die Sicherheit und Bedeutung der erhaltenen Ergebnisse etwas höher einzuschätzen, als es den tatsächlichen Verhältnissen entsprach. In den allermeisten Fällen aber schob die bald einsetzende allgemeine Kritik einer einseitigen Entwicklung schnell einen natürlichen Riegel vor, so daß sich fast stets nach einigen die Meinungsverschiedenheiten klärenden Diskussionen ein Gleichgewicht in der Beurteilung der neuen Ergebnisse einstellte, das man als einen wahren wissenschaftlichen Fortschritt werten darf. Auf manchem Gebiet — z. B. auf dem der Viscosität — befindet sich die Entwicklung noch im Fluß und scheint eine sehr umfassende Erweiterung unserer allgemeinen Kenntnis mit sich zu bringen. Hier sind auf der präparativ-empirischen Seite besonders durch die Messungen Staudingers an wohldefinierten langkettigen Molekeln, sowie durch die Beobachtungen amerikanischer Forscher wie Bingham, Kraemer, Sheppard usw. Fortschritte gemacht worden, während die hydrodynamischen Grundlagen von Eisenschitz, Haller, Jefferey, Rabinowitsch, Reiner und Weißenberg in der für hochpolymere Substanzen notwendigen Richtung gefördert worden sind. In diesem Kapitel wurde ein großer Teil des Gewichts auf die Darstellung der theoretischen Grundlagen verschoben, um dem Leser und Gebraucher eine gewisse kritische Einstellung gegenüber den in der Literatur sehr zahlreich vorhandenen Angaben zu vermitteln. Die in den Tabellen und Kurven aufgenommenen Daten sind wieder hauptsächlich im Hinblick auf ihren quantitativen und allgemeinen Charakter ausgewählt worden, liefern aber in ihrer Gesamtheit auch nur ein recht lückenhaftes Bild der Lage. Endgültige — quantitative — Einsicht in die komplizierten und merkwürdigen Verhältnisse bei den Lösungen der Cellulose und ihrer Derivate ist bis jetzt noch nicht gewonnen worden, qualitativ aber kann man sich wohl schon dahin festlegen, daß die spezielle fadenförmige Gestalt der dispergierten Teilchen im Verein mit einer bald stärkeren, bald schwächeren Wechselwirkung mit dem Lösungsmittel für die hohe Viscosität und für ihre Abhängigkeit von den Versuchsbedingungen verantwortlich sind.

Das III. Kapitel ist den optischen Erscheinungen gewidmet und behandelt zunächst die Untersuchungen mit natürlichem und polarisiertem Licht. Hier hat in den letzten Jahren z. B. die von Signer durchgeführte Beobachtung der Strömungsdoppelbrechung interessante Ansätze zu einer Erweiterung des methodischen Inventars gebracht.

Die Verwendbarkeit der Röntgenstrahlen auf dem Gebiet der Cellulose ist durch verschiedene Umstände in der letzten Zeit besonders gefördert worden. Nachdem vor 10 Jahren R. O. Herzog mit M. Polanyi und anderen Mitarbeitern das Faserstoffgebiet systematisch zu bearbeiten begonnen hatte, mußte einige Jahre lang eine genügende Verbreiterung unserer allgemeinen Kenntnis über die Gitter organischer Verbindungen und ein systematischer Ausbau der röntgenographischen Methoden abgewartet werden, um ohne Gefahr vor Fehlschlägen weiterzukommen. Beide Voraussetzungen erfüllten sich durch die von Sir W. H. Bragg eingeführte systematische Strukturaufklärung organischer — speziell langkettiger — Verbindungen und durch die von mehreren Seiten — Bernal, Dawson, Polanyi, Schiebold, v. Susich, Weißenberg — bearbeiteten Verbesserungen in der Röntgengoniometrie. Von ganz besonderer Wichtigkeit für die Auswertbarkeit der Diagramme erwiesen sich auch Fortschritte, die durch rein chemische Methoden bezüglich der Struktur der Glukose und Cellobiose von den englischen Zuckerforschern Haworth, Hirst, Irvine usw. erzielt worden waren, denn erst diese Resultate gaben eine hinreichend genaue Vorstellung von der Größe und Gestalt des Grundbausteines der Cellulose an die Hand.

Während sich so unsere Kenntnis über die extremen Endglieder — Cellulosekrystallit und Glukosemolekül — allmählich vertiefte, wurden über die Verknüpfung der einzelnen Glukosen in der Cellulose von Freudenberg und Haworth wichtige Anhaltspunkte gewonnen. Als dann Hengstenberg, Mie und Staudinger bei den bedeutsamen systematischen Studien der synthetischen Hochpolymeren durch Staudinger Verhältnisse antrafen, welche an die Cellulose erinnerten, und zeigen konnten, daß der Elementarkörper nicht das chemische Molekul in sich enthält, war das Gesamtmaterial so reichhaltig, daß eine Kombination aller zur Verfügung stehenden Gesichtspunkte erwünscht und erfolgreich erschien. Eine solche wurde zuerst — mit chemisch nicht ganz zutreffenden Voraussetzungen — von Sponsler und Dore und später unter gleichzeitiger Überarbeitung des gesamten röntgenoptischen Materials von K. H. Meyer und dem Verfasser vorgenommen und hat zu dem im III. Kapitel geschilderten Stand der Dinge geführt.

Bei dieser vielseitigen und verschiedenartigen Bearbeitung des Gebietes konnten Meinungsverschiedenheiten über die Einschätzung mancher Resultate und Mißverständnisse über das Maß der Beteiligung einzelner Forscher nicht ganz ausbleiben; sie haben in der Tat eine Zeitlang manche Originalabhandlung beschwert, beginnen aber allmählich einer einheitlichen Beurteilung der Sachlage zu weichen. Als Ergebnis der soeben aufgezählten Arbeiten kann man hinstellen, daß die Beugungserscheinungen der nativen und der Hydratcellulose mit einem Modell in Einklang zu bringen sind, welches auch die sonstigen Eigenschaften dieser Substanzen gut wiedergibt.

Ein weites Feld der Entwicklung bieten aber noch die Derivate der Cellulose; hier haben besonders systematische Arbeiten von Heß und Trogus, von Andreß, Katz und anderen eine Vielfältigkeit des Verhaltens kennengelernt, die für die weitere Entwicklung von großer Wichtigkeit ist, da sie eine besonders enge Beziehung zu den chemischen Eigenschaften herzustellen scheint.

Nicht unerwähnt soll hier bleiben, daß auch die Untersuchung der Cellulose mit Hilfe von Kathodenstrahlen durch Dauvillier und Kirchner sehr deutliche und noch nicht ganz aufgeklärte Interferenzerscheinungen geliefert hat.

Während bei der Darstellung der Physik der Cellulose das methodische Moment im Vordergrund steht, schien es zweckmäßig zu sein, im chemischen Teile dieses Buches die Disponierung nach der Substanz zu treffen und sich an die übliche Einteilung in den vorhandenen Lehrbüchern und Monographien anzulehnen. Bei diesen Darstellungen fällt auf, daß sie meist die Schilderung unserer Kenntnis so fassen, als ob die Cellulose ein niedrig molekulares Gebilde wäre, und das Hauptaugenmerk auf die chemischen Umsetzungen in den einzelnen reaktionsfähigen OH-Gruppen des Glukoserestes richten. Meist wird der in der organischen Chemie der niedrigmolekularen Körper voll berechtigte Weg eingeschlagen und beschrieben, was sich bei der Einwirkung verschiedener Reagenzien — Säuren, Halogenalkyle usw. — an der Cellulose verändert und welche Eigenschaften — Aussehen, Löslichkeit usw. — die hierbei entstehenden Präparate haben.

Diese Darstellungsweise ist aber dem Charakter der Cellulosepräparate nicht ganz angepaßt, und es fällt mit ihrer Hilfe schwer, dem makromolekularen und micellaren Aufbau der Substanz gebührend Rechnung zu tragen. Es wurde daher in der vorliegenden Darstellung angestrebt, in dieser Richtung ergänzend einzugreifen und — mit Absicht vielleicht manchmal etwas zu stark — das Ineinanderspielen der rein chemischen Umsetzungen am einzelnen Glukoserest und der permutoiden Aufnahmsfähigkeit des Cellulosegitters recht ausführlich zu schildern.

Aus diesem Grunde wurde den eigentlichen Ausführungen eine kurze Orientierung über die Systematik der Adsorptions- und Einlagerungsreaktionen vorangestellt und ihre Auswirkung auf die Cellulose angedeutet. Hier schien es auch zweckmäßig zu sein, nochmals die Möglichkeiten aufzuzählen, die für die Charakterisierung eines Cellulosepräparates von chemischer Seite zur Verfügung stehen; sie können gemeinsam mit den im ersten Teil erwähnten physikalischen Merkmalen als Ersatz für eine konventionelle abgekürzte Celluloseformel angesehen werden. Bei den einzelnen chemischen Umsetzungen ist wiederum besonderes Gewicht auf die Mitberücksichtigung der übermolekularen Struktur und auf eine präzise Herausarbeitung der Elementarprozesse gelegt worden, wie sie dem gegenwärtigen Stand unserer Tatsachenkenntnis angemessen erscheint.

Schon die Zahl der präparativen Arbeiten mit rein wissenschaftlichem Ziel ist sehr groß. Noch viel zahlreicher aber sind die technischen Veröffentlichungen und die Patentschriften aller Länder. In dem vorliegenden Buche wurden nur für die wichtigsten Verfahren, Analysen- und Reinigungsmethoden ausführliche Vorschriften angegeben, die dazu dienen mögen, um beim Überlesen einen allgemeinen Begriff von dem experimentellen Vorgehen zu geben und die Herstellung von Laboratoriumspräparaten zu gestatten. Bezüglich aller weitergehenden Interessen ist auf die einschlägigen Monographien und auf die Originalliteratur hingewiesen.

Bei der Auswahl der Literaturstellen ist sicherlich mancher Fehlgriff geschehen, und ich bitte sowohl die Autoren als auch die Leser der vorliegenden Darstellung mir durch freundliche Hinweise die Möglichkeit zu geben, diesen Mangel bei einer späteren Gelegenheit zu beheben. Die eingangs erwähnte technische Bedeutung der Cellulose hat viele Arbeiten entstehen lassen, in denen empirische Angaben niedergelegt sind, die zwar für den speziellen Zweck jener Abhandlungen von großer praktischer Bedeutung sein können, aber häufig kein allgemeines Interesse haben, weil sie sich auf ein sehr spezielles Material beziehen oder auch für eine wissenschaftliche Auswertung zu qualitativ sind. Solche Angaben wurden, soweit es möglich war, erwähnt, aber nicht für weitere Schlußfolgerungen verwendet. Damit soll über ihren praktischen Wert keinerlei Urteil gefällt sein; sie gehören aber mehr in die technisch eingestellten Bände des vorliegenden Sammelwerkes und weniger in diesen allgemeinen einleitenden Band.

Bei der Abfassung habe ich mich der freundlichen Hilfe vieler Fachgenossen erfreuen können, denen ich auch an dieser Stelle hierfür herzlichst danken möchte; besonders Herrn Prof. R. O. Herzog und Herrn Prof. K. H. Meyer, ferner einer Reihe von Kollegen am Kaiser-Wilhelm-Institut für Faserstoffchemie, sowie Fräulein Carst und den Herren Hengstenberg, v. Susich und Valkó. Auch der Verlagsbuchhandlung Julius Springer möchte ich für die technische Hilfe bei der Abfassung der vorliegenden Schrift bestens danken.

Ludwigshafen a. Rh., im Januar 1932.

H. Mark.

Inhaltsverzeichnis.

Erster Teil.

Die Physik der Cellulose.

Zweiter Teil.

Die Chemie der Cellulose.

Erster Teil.

Die Physik der Cellulose.

I. Die mechanischen Eigenschaften der Cellulose und ihrer Derivate im festen Zustand.

1. Allgemeines über die mechanischen Eigenschaften der Festkörper.

Die Gase waren die erste Körperklasse, bei der die quantitative Anwendung der molekularen Theorie der Materie mit Erfolg gelang. Die auf Grund atomistischer Bilder unter Verwendung der statistischen Mechanik abgeleiteten Gleichungen der kinetischen Gastheorie liefern nicht nur der funktionalen Form nach die Gesetze der Thermodynamik, sondern gestatten auch in zahlreichen Fällen eine erfolgreiche Berechnung des Absolutwertes von Materialkonstanten. Die Korrespondenz zwischen Theorie und Erfahrung ist auf diesem Gebiet um so besser, je verdünnter die zu behandelnden Systeme sind, d. h. je mehr man ihre Teilchen als voneinander unabhängige Gebilde ansehen kann, welche sich frei bewegen und denen nur durch gelegentliche, unregelmäßige, kurzdauernde Zusammenstöße eine Statistik in Bezug auf ihren Bewegungszustand aufgeprägt wird. Die Schwierigkeiten der gedanklichen und mathematischen Analyse steigen sofort außerordentlich an, wenn man die gegenseitigen Kräfte der Teilchen mitberücksichtigen will, wenn sich diese also beträchtliche Zeit hindurch in solcher Nähe befinden, daß man von einer Wechselwirkung beim Zusammenstoß zu reden hat.

Schon bei komprimierten Gasen ist man bekanntlich nicht in der Lage, eine Zustandsgleichung anzugeben, die das thermodynamische Verhalten dieser Körperklasse befriedigend umfaßt. Man ist vielmehr gezwungen, durch eine immer steigende Zahl von willkürlichen Konstanten die stets verwickelter werdenden tatsächlichen Verhältnisse wenigstens formal zu erfassen. Ähnlicher Art sind die Schwierigkeiten, auf welche man bei einer Behandlung flüssiger Systeme stößt; sie haben es bisher verhindert, eine einigermaßen rationelle Theorie der Flüssigkeiten zu entwickeln.

Erst bei den Krystallen, wo zwar sehr starke, zwischenmolekulare oder zwischenatomare, „phasenbildende" Kräfte vorliegen, wo aber wegen der Symmetrie des Raumgitters statistische Betrachtungen nicht mehr gelten, kann man wieder mit Erfolg quantitative Gesetze formulieren und sie mit der Erfahrung vergleichen. Soweit es sich dabei um Vorgänge handelt, bei denen die einzelnen Gitterpunkte in ihren Gleichgewichtslagen bzw. in ihrer unmittelbaren Umgebung verharren, hat man verschiedentlich, wie bei den Gasen, aus molekularen Bildern und Modellen makroskopische Konstanten berechnen und makroskopische Gesetzmäßigkeiten formal ableiten können. Insbesondere gelang es mit Hilfe der

Bornschen Gittertheorie[1] die Doppelbrechung und die optische Aktivität einfacher, anorganischer Krystalle auf die Eigenschaften der sie zusammensetzenden Ionen und auf die Geometrie des Gitters quantitativ zurückzuführen[2].

Für den krystallisierten Festkörper hat man dabei ein Modell zugrunde zu legen, das in seiner einfachsten Form als starres, dreidimensionales Punktgitter aufgefaßt werden kann. Die Interferenzerscheinungen der Röntgenstrahlen an krystallisierter Materie sind ein direkter experimenteller Beweis dafür, daß man einen Krystall jedenfalls mit guter Annäherung in dieser Weise zu beschreiben berechtigt ist. Die Abb. 1 zeigt als Beispiel das dreidimensionale Raumgitter des Diamanten und läßt erkennen, daß die Schwerpunkte der einzelnen tetraedrisch gedachten Kohlenstoffatome in einer hochsymmetrischen Anordnung vorliegen. Das eben entworfene Bild ist aber stark idealisiert und trifft bei normalen Temperaturen ganz gewiß nicht das Richtige, denn die einzelnen, das Gitter aufbauenden Atome führen um ihre Gleichgewichtslagen dauernd Schwingungen aus, deren Größe und Frequenz von dem Wärmeinhalt des Krystalles und der Bindungsfestigkeit der einzelnen Gitterpunkte an ihre Gleichgewichtslage vorgeschrieben ist. Man hat daher das starre Modell der Abb. 1 in der Richtung zu erweitern, daß sich jedes Kohlenstoffatom in einer „Potentialmulde“ befindet, die durch die Kraftwirkungen aller übrigen Atome hergestellt wird und den Anlaß zu seinem Verweilen im festen Aggregatzustand bildet.

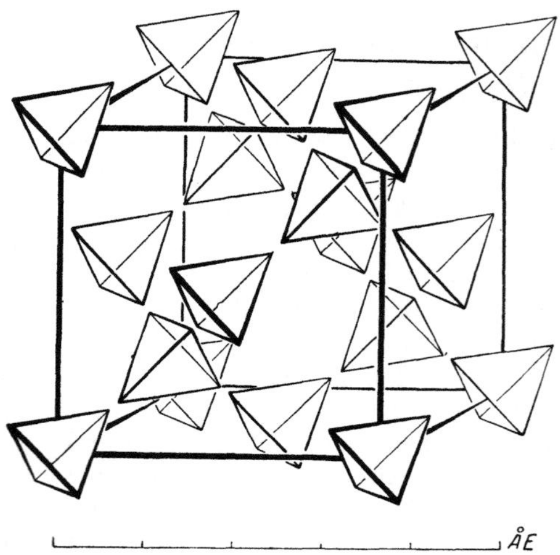

Abb. 1. Raumgitter des Diamanten.

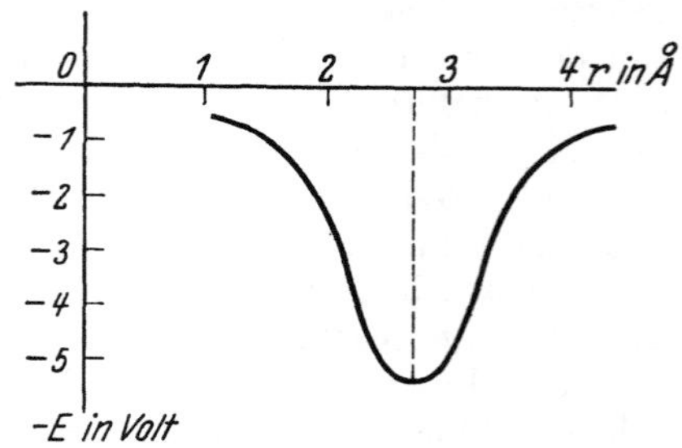

Abb. 2. Potentialmulde eines C-Atoms im Diamantgitter.

In dieser Mulde führt das Atom wegen des endlichen Wärmeinhaltes des Krystalles dauernd Schwingungen aus. Denken wir uns eine solche dreidimensionale Potentialmulde im Diamantgitter etwa parallel einer (100)-Ebene durchschnitten, so resultiert eine Potentialkurve, die schematisch in Abb. 2 wiedergegeben sei. Die tatsächliche Bewegung des Atomschwerpunktes kann man sich in dieser Figur dadurch abgebildet denken, daß man eine Kugel reibungslos auf der Potentialkurve in der unmittelbaren Umgebung des Minimums hin- und herrollen läßt. Wesentlich für die Art der Bewegung und für die Höhe, welche diese Kugel beim Hinaufrollen auf die Abhänge der Mulden erreichen kann, ist die Form einer solchen Potentialmulde. Über diese ist aber bis jetzt nur wenig bekannt.

Bei Ionenkristallen läßt sich nach Born[3] eine brauchbare Näherung an-

---

[1] Born, M., u. Bollnow im Handbuch für Physik **24**, 371. Berlin: Julius Springer 1927.

[2] Hermann, C.: Z. Physik **16**, 103 (1923). Basche, H. u. H. Mark: Z. Kryst. **64**, 2 (1926). Hylleraas, E.: Z. Physik **36**, 859 (1926).

[3] Vgl. etwa Handbuchartikel im Handbuch der Physik **24**, 431. Berlin: Julius Springer 1927.

geben, wenn man das Gesamtpotential V aus einem anziehenden und einen abstoßenden Anteil zusammensetzt, welche die Form

$$V_{an} = -\frac{a}{r}$$

bzw. (1)

$$V_{ab} = +\frac{b}{r^n}$$

haben. Hierin mißt r den Abstand des betrachteten Atomes von seiner Gleichgewichtslage; a und b sind Konstante, die von der Art der Ladungsverteilung in den Gitterelementen abhängen; der Exponent n schwankt je nach der Art der Gitterpunkte und dem Charakter der Bindung zwischen 7 und 11. Dies bedeutet, daß die Abstoßungskräfte mit der Entfernung erheblich rascher abnehmen als die Anziehungskräfte. Die Form der Mulde ist also, wenn man zwei bestimmte Gitterpunkte ins Auge faßt, unsymmetrisch und besitzt etwa die in Abb. 3 dargestellte Form. Erst beim Aufbau des ganzen dreidimensionalen Gitters resultiert die in Abb. 2 dargestellte symmetrische Gestalt.

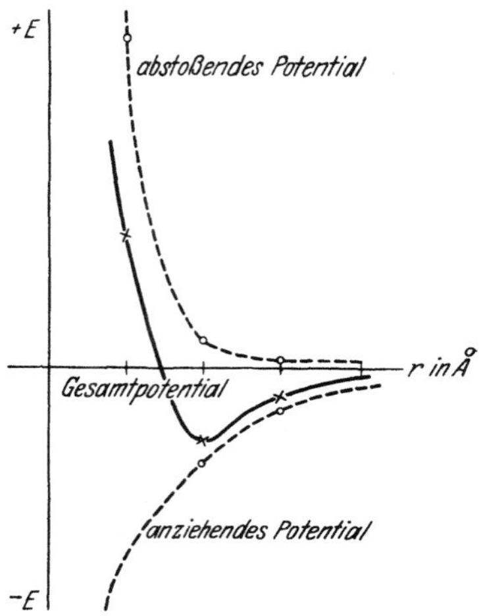

Abb. 3. Potentialmulde aus anziehenden und abstoßenden Kräften.

Eine Gittergerade, zum Beispiel die [100]-Richtung, kann man sich dann durch eine wellenförmige Potentiallinie dargestellt denken, ähnlich wie dies die Abb. 4 zeigt. Die Abstände der Minima entsprechen den Punktabständen auf der ins Auge gefaßten Gittergeraden und betragen im Falle des Diamanten zum Beispiel 3,55 Å. Die Höhe der zwischen den Mulden liegenden Maxima ist der Größenordnung nach durch die Arbeit gegeben, welche geleistet werden muß, wenn man ein Atom aus dem Gitterverband loslösen will, d. h. sie ist größenordnungsmäßig gleich der Verdampfungswärme und beträgt im Falle organischer Molekelgitter etwa 10, im Falle von Atom- oder Ionengittern etwa 100 bis 200 kgcal je Mol. Die Wärmebewegung der einzelnen Gitterpunkte hat nun zur Folge, daß die Atome in den Potentialmulden hin- und herrollen. Bei normaler Temperatur betragen hierbei die Amplituden der Größenordnung nach etwa 10^{-10} cm, d. h. sie machen Promille bis Prozente der Identitätsperiode aus, äußern sich also nur in einem ganz schwachen unregelmäßigen Zittern der Gitterpunkte, das man etwa bei der Betrachtung der Abb. 1, wenn es entsprechend seiner tatsächlichen Stärke vergrößert wäre, erst bei genauestem Hinsehen eben gerade bemerken könnte. Die einzelnen Tetraeder dürften nämlich bloß etwa ½ mm aus ihrer Ruhelage verschoben werden.

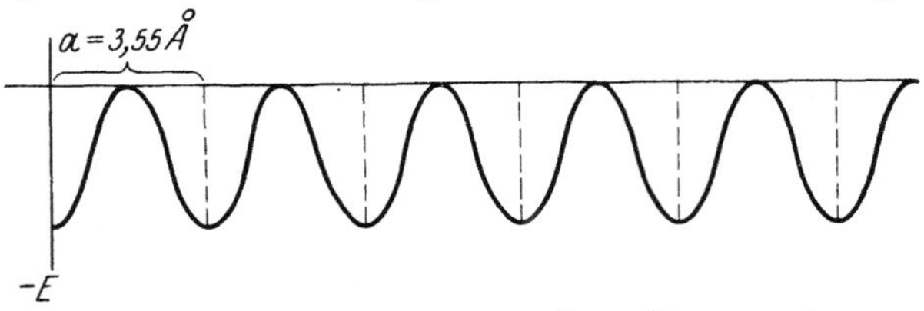

Abb. 4. Potentialmulden längs einer Gittergeraden.

Um die Verhältnisse rechnerisch erfassen zu können, wird in der Gittertheorie angenommen, daß bei kleinen Elongationen aus der Ruhelage die rücktreibende Kraft proportional der Elongation bleibt, d. h. man setzt wie bei der gewöhnlichen Pendelbewegung an:

$$\mathfrak{K} = -\varkappa \cdot x, \tag{2}$$

$$\varkappa = 4\pi^2 \nu^2 \frac{m}{2},$$

$\mathfrak{K}$ = Kraft,

x = Abstand,

m = Masse, ν = Frequenz des Gitterpunktes

und postuliert hierdurch, daß die potentielle Energie bei kleinen Verrückungen proportional dem Quadrat der Verrückung ansteigt. In der unmittelbaren Umgebung des Minimums beschreibt man also die Potentialkurve durch den sie berührenden Kreis. Diese Näherung liefert in der Theorie der spezifischen Wärmen recht brauchbare Resultate. Wenn der Wärmeinhalt aber groß wird, ist man nicht mehr in der Lage, bei stärkeren Schwingungen die Verhältnisse auch nur qualitativ richtig wiederzugeben, da der Ansatz (2) wegen der Symmetrie der Potentialmulde den Ausdehnungskoeffizienten Null ergibt. Hier ist man genötigt, zu komplizierteren Darstellungen der Potentialkurve überzugehen, wie durch Gleichung (1) bereits angedeutet worden ist.

Insgesamt läßt sich also für ein Krystallgitter angenähert folgendes dynamische Bild entwerfen: die Atome liegen in Potentialmulden, welche raumgitterförmig verteilt sind, ihre Abstände sind von der Größenordnung einiger Ångström ($Å = 10^{-8}$ cm); die sie trennenden Energiewälle sind bei einem gegebenen Krystall für geometrisch gleichwertige Atome von derselben Größe und schwanken von Krystall zu Krystall je nach den Gitterkräften in einem sehr erheblichen Bereich. Die von der Temperaturbewegung herrührenden Schwingungen sind bei Zimmertemperatur und Ionengittern etwa 0,01 — 0,1 Å.

Bei der plastischen Verformung von Krystallen läßt sich das gegebene Bild quantitativ bisher noch nicht auswerten, da die Verrückungen der einzelnen Atome hierbei ganz erheblich über den Proportionalitätsbereich hinausgehen. Es läßt sich vielmehr nur feststellen, daß im Falle der geordneten festen Körper eine ganz bestimmte Art der plastischen Verformung angetroffen wird, die in den letzten Jahren von zahlreichen Seiten eingehend studiert worden ist und hier etwas genauer angeführt sei, weil sie in charakteristischem Gegensatz zu dem mechanischen Verhalten der amorphen und hochmolekularen Substanzen steht[1]. Erzeugt man nämlich durch irgendwelche äußere Einwirkung in einem Krystallstück eine Spannung, so erfolgt längs bestimmter Gleitebenen in bestimmten Gleitrichtungen eine Translation in der Art, daß Schichten von erheblicher Dicke aneinander abzugleiten beginnen. Die Gleitebenen sind meist sehr dicht belegte Krystallebenen, die Gleitrichtungen sehr dicht belegte Gitterzeilen. Die Abgleitung findet an bestimmten, vermutlich durch äußere Umstände besonders geschwächten Stellen so statt, daß die aneinander sich vorbeibewegenden Gitterteile im wesentlichen intakt bleiben. Dieser Gleitmechanismus ist in dem Modell der Abb. 5 für den Fall eines zylindrischen Zinkdrahtes anschaulich gemacht. Hierbei betätigt sich die Basisebene des hexagonalen Krystalls als Gleitfläche und eine in ihm liegende rationale Gittergerade als Gleitrichtung. Um den Gleitvorgang auszulösen, ist eine gewisse minimale kritische Spannung notwendig, die nach E. Schmid[2] bei ganz reinen Metallen sehr niedrig liegt,

[1] z. B. G. Masing u. M. Polanyi: Erg. exakt. Naturwiss. **2**, 201. Berlin: Julius Springer 1923. Polanyi, M.: Metallwirtschaft **9**, 553 (1930). Vortrag, gehalten vor der Kaiser-Wilhelm-Gesellschaft am 5. 3. 1930. Schmid, E.: Mitt. aus dem Mat.-Prüf.-Amt **1930**, 98.

[2] z. B. E. Schmid: Z. Physik **40**, 54 (1927).

durch Verunreinigung und mechanische Bearbeitung jedoch ganz erheblich hinaufgesetzt werden kann. Geht man von einem idealen Krystall mit völliger Ordnung aus, so wird, wie besonders von M. Polanyi[1] hervorgehoben worden ist, durch den Gleitvorgang selbst eine immer weiter gehende Störung des Gitteraufbaues bewirkt. Hierdurch kommt es zu einer zunehmenden Verfestigung, zu welcher eine rein geometrische Verfestigung durch Veränderung des Winkels zwischen Gleitebene und Spannungsrichtung hinzutritt. Beide Umstände führen dazu, daß im Experiment der Gleitvorgang nach kurzer Zeit ein Ende erreicht und sich ein neuer Gleichgewichtszustand einstellt, der durch einen erhöhten Energiegehalt des Krystalles gekennzeichnet ist. Der Probestab erträgt nunmehr die Last, unter deren Einfluß er sich anfänglich plastisch verformt hat. Bei Erhöhung der Spannung durch eine neue Zusatzlast wiederholt sich der eben geschilderte Vorgang solange, bis entweder wiederum ein neuer Gleichgewichtszustand sich einstellt oder bei zu starkem Ansteigen der Spannung der Krystall zerreißt.

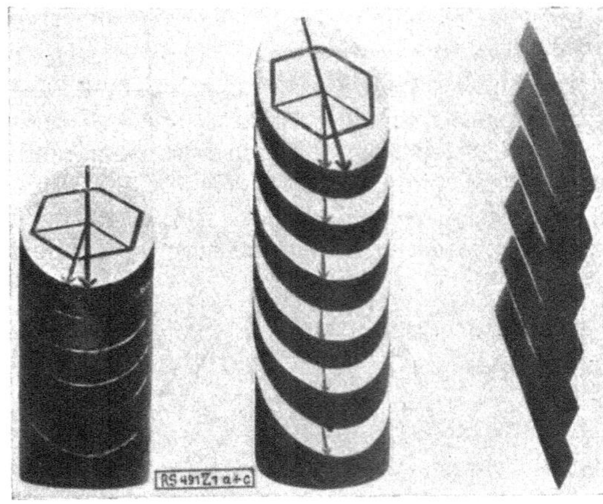

a b c

Abb. 5. Modell der Dehnung eines *Zn*-Drahtes.

a Ausgangsdraht. An der Mantelfläche die elliptischen Spuren der Gitterebene (Basisfläche), entlang der die Gleitung erfolgen wird; die Basisfläche ist freigelegt. Großer Pfeil = große Achse der Gleitellipse (Richtung größter Scherungskraft bei Anspannung des Drahtes). Kleiner Pfeil = (1010)-Kante, die sich als Gleitrichtung erweist. b und c Vorder- und Seitenansicht des gedehnten Modells. Bandform, Gleitellipsen, exzentrische Lage der Ellipsenscheitel, Verbreiterung im Verhältnis zum Ausgangsdraht. Kleine Pfeile = Gleitrichtung parallel zur (1010)-Kante

Diese Art der Krystallplastizität ist, wie E. Meißner, M. Polanyi und E. Schmid[2] in einer sehr wichtigen Untersuchung festgestellt haben, von der Temperatur praktisch unabhängig und vollzieht sich zum Beispiel auch bei der Temperatur des flüssigen Heliums qualitativ völlig analog, quantitativ beinahe übereinstimmend mit den Verhältnissen bei Zimmertemperatur.

Besonders charakteristisch für die plastische Verformung krystalliner Substanzen sind also die folgenden Umstände:

1. Es bilden sich krystallographisch bevorzugte Ebenen als Gleitebenen, krystallographisch besonders markante Richtungen als Gleitrichtungen aus.

2. Es erfolgt Abgleitung erst, wenn eine bestimmte kritische Schubspannung überschritten wird, unterhalb deren das Hookesche Gesetz — d. i. Proportionalität zwischen Spannung und Elongation — streng erfüllt ist.

3. Während der plastischen Verformung verfestigt sich der Krystall zum Teil rein geometrisch, zum überwiegenden Teil aber durch zunehmende Störungen in den Gleitebenen. Es kommt hierdurch zu neuen Gleichgewichtszuständen.

4. Der Vorgang der plastischen Verformung ist praktisch temperaturunabhängig.

Die Ausführlichkeit, mit welcher die Verhältnisse bei der plastischen Verformung von Krystallen hier auseinandergesetzt worden sind, möge dadurch begründet sein, daß man bei der Dehnung amorpher Substanzen, wie Glas, Gelatine

[1] z. B. G. Masing u. M. Polanyi: Erg. exakt. Naturwiss. 2, 201 (1923).

[2] Meißner, Polanyi, Schmid: Z. Physik **66**, 477 (1930).

usw. auf ganz charakteristische Unterschiede stößt. Auch bei der mechanischen Verformung von Cellulosepräparaten, von Kautschuk, Haaren, Sehnen usw. trifft man Verhältnisse, die denen der amorphen Körper sehr ähnlich sind, obwohl diese letzterwähnten Körper nicht schlechthin amorph genannt werden können, sondern aus sehr kleinen Krystalliten bestehen. Trotzdem lassen sich bei ihnen die für krystallisierte Substanzen charakteristischen plastischen Eigenschaften nicht feststellen. Formal gleichen sie in ihrem Verhalten sehr weitgehend der wahren amorphen Materie und bilden mit ihr zusammen eine Körperklasse der „ungeordneten" — zum Teil amorphen, zum Teil kryptokrystallinen — Systeme, deren Verhalten in den folgenden Abschnitten etwas ausführlicher besprochen werden möge. Um zu sehen, welche Fragestellungen man hierbei besonders in den Vordergrund treten lassen soll und welche Kenntnis man von dem Gebiet der wohlgeordneten krystallisierten Substanzen für die Erforschung der Verformungseigenschaften amorpher Körper mitbringt, schien es richtig zu sein, den gegenwärtigen Stand unserer Kenntnisse über die Plastizität krystallisierter Substanzen wenigstens ganz kurz anzudeuten.

Als einfachsten Repräsentanten der „amorphen" Festkörper wollen wir eine unterkühlte einatomige Flüssigkeit, etwa unterkühltes Natrium oder Quecksilber betrachten, dessen Kristallisation durch Verunreinigungen oder durch irgendwelche anderen Nebenumstände verhindert worden ist. Der Gegensatz zum Krystallgitter läßt sich in einem eindimensionalen Modell durch die Gegenüberstellung der Abbildungen 4 und 6 deutlich machen. Die erstere entspricht der völligen Ordnung sämtlicher Teilchen, wie sie im Krystallgitter vorliegt, die letztere repräsentiert den Zustand des amorphen Festkörpers. Auch hier sind die Entfernungen der einzelnen Atome voneinander so klein, daß sie ganz erhebliche Kräfte aufeinander ausüben, die den festen Zusammenhalt der Materie in sich bedingen, aber es fehlt die Regelmäßigkeit. Zwar wird auch wieder jedes einzelne Atom oder Molekül sich in einer Gleichgewichtslage befinden, d. h. in einer Potentialmulde ruhen, deren Lage und Tiefe durch das Zusammenwirken aller übrigen Teilchen des Festkörpers bestimmt werden; während aber im Krystall, wie Abb. 4 angedeutet, sämtliche Potentialmulden einander kongruent sind, ist dies im amorphen Festkörper sicher nicht der Fall. Es gibt tiefe und seichte Mulden und es gibt — in einem gewissen Bereich schwankende — kleinere und größere Abstände zwischen den tiefsten Punkten der Potentialmulden. Will man dies in Analogie zur Abb. 4 bildlich darstellen, so kommt man beim Querschnitt durch den amorphen Festkörper zu Potentialmulden, wie sie die Abb. 6 schematisch zeigt. Denkt man sich hier wiederum die Wärmebewegung der einzelnen Teilchen mit in Rechnung gesetzt und so stark vergrößert, daß erhebliche Schwingungen um die Ruhelagen auftreten, so werden hier die einzelnen Punkte nicht mehr in gleicher Weise beeinflußt werden. Diejenigen Atome, welche in tiefen Potentialmulden ruhen, können nur kleine, dafür aber hochfrequente Schwingungen um ihre Ruhelage ausführen; ist aber die Potentialmulde flacher, so kann das in ihr befindliche Atom bei der gleichen Temperatur bereits sich der zur nächsten Mulde hinüberführenden Schwelle weitgehend nähern. Hierdurch tritt an gewissen Stellen eine Lockerung im Gefüge des Festkörpers auf, während andere noch vollständig solide bleiben.

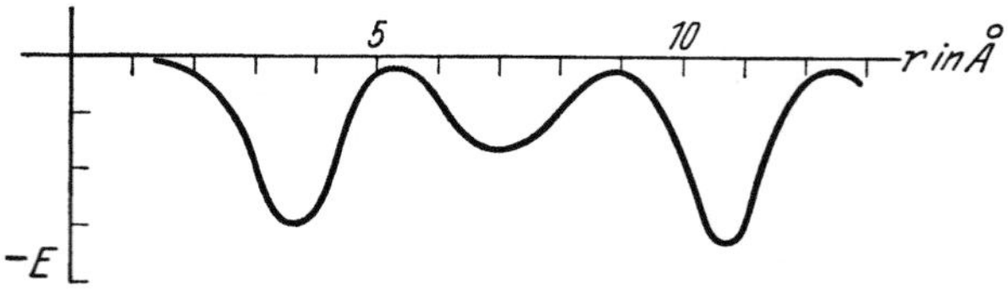

Abb. 6.

Auch beim Anlegen einer Spannung hat man andere Verhältnisse zu erwarten als im Krystall. Gleitebenen und Gleitrichtungen können sich mangels strenger Homogenität in einem solchen System nicht oder nur in submikroskopischen Bereichen ausbilden. Hingegen ist das ganze Probestück von Stellen durchsetzt, an denen kleine Kräfte genügen, um gewisse Atome über die Potentialschwellen hinübertreten zu lassen, so daß eine Umgruppierung oder ein Platzwechsel statthaben kann. Diese Stellen werden zuerst der angelegten Spannung nachgeben und unter ihrem Einfluß zu „fließen“ beginnen. Da im amorphen Festkörper Potentialmulden von jeglicher Tiefe, also auch ganz seichte vorhanden sind, muß man darauf gefaßt sein, daß dieses Fließen bereits bei ganz niedrigen Spannungen einsetzt, allerdings nur an den relativ seltenen Stellen außerordentlich kleiner Potentialschwellen. Durch die eintretende Umgruppierung ändern sich aber wieder die Potentialverhältnisse in der Umgebung dieser Stellen. Es können wieder seichte Potentialmulden regeneriert werden, die ihrerseits eine erneute Umgruppierung bedingen, und man hat insgesamt ein langsames Fließen zu erwarten, dessen Geschwindigkeit von der angelegten Spannung und von der Zahl der vorhandenen minimalen Potentialschwellen abhängt und dazu führt, daß ein amorpher Festkörper prinzipiell bei jeder Belastung zu fließen beginnt und bei genügend langer Versuchsdauer wegen der ständigen Querschnittsabnahme auch zerreißt. Die erste charakteristische Eigenschaft, die man bei amorphen Systemen vorhersehen kann, ist also das Fehlen eines längeren, wohldefinierten Bereiches der wahren Elastizität, innerhalb dessen sämtliche Dehnungen streng reversibel und gemäß dem Hookeschen Gesetz proportional der angelegten Spannung sind.

Die Ungleichmäßigkeit der in dem amorphen Festkörper vorhandenen Potentialmulden läßt auch eine starke Temperaturabhängigkeit der Plastizität vorhersehen; beim Erwärmen werden ja die Atome zu Schwingungen veranlaßt, welche bei größeren Amplituden an immer mehr Stellen des Probekörpers zum Platzwechsel Anlaß geben. Die gleiche Begründung gilt beim amorphen Festkörper für das Fehlen eines scharfen Schmelzpunktes.

Ähnliche Verhältnisse wird man auch dann erwarten müssen, wenn man nicht einen einatomigen amorphen Festkörper vor sich hat, sondern kompliziertere Gebilde, also etwa amorphe Festkörper aus größeren Molekülen oder Mischkörper, bei denen infolge ihrer Entstehungsweise sehr kleine Krystallchen in amorpher Zwischensubstanz eingebettet vorliegen. Auch hier hat man wegen der unregelmäßigen Anordnung der Kittsubstanz und wegen der willkürlichen Lage der einzelnen Krystallchen zueinander Stellen größerer und kleinerer Widerstandsfähigkeit nebeneinander und muß darauf vorbereitet sein, daß beim Anlegen einer Spannung zunächst an den schwächsten Stellen Umorientierungen eintreten, die zu einem langsamen Fließen des gesamten Probestückes führen.

Eine Mittelstellung zwischen den beiden erwähnten Arten von Systemen nehmen die verformten Krystalle ein, bei denen durch mechanische Beanspruchung oder durch chemische Einwirkung die völlige Ordnung des idealen Krystallgitters verloren gegangen ist. Das Auftreten von Gleitflächen wird dadurch erschwert und an den Orten besonders starker Verformung liegen Stellen vor, die einen Platzwechsel der einzelnen Atome unter Umständen sehr stark begünstigen. In der Tat hat man hier auch eine merkliche Temperaturabhängigkeit der Plastizität feststellen können.

Insgesamt lassen sich also zwei Arten von Festkörpern einander gegenüberstellen[1]: die ideal krystallisierten und die ideal amorphen. Beide stellen in

[1] Vgl. etwa M. Polanyi: Vortrag, gehalten vor der Kaiser-Wilhelm-Gesellschaft am 5. 3. 1930. Metallwirtschaft 9, 553 (1930).

Wirklichkeit nicht vorhandene Extremfälle dar. Jeder tatsächlich vorliegende Körper liegt irgendwo zwischen ihnen. Das plastische Verhalten der idealen Krystalle wurde bereits auf Seite 5 skizziert. Ihm steht gegenüber das der ideal amorphen Substanzen; es ist besonders charakterisiert durch:

1. das Fehlen einer Elastizitätsgrenze,
2. die starke Temperaturabhängigkeit der Fließgeschwindigkeit bei konstanter Spannung,
3. den starken Einfluß der Zeit auf sämtliche Verformungsvorgänge; Gleichgewichtslagen werden beinahe niemals erreicht, in den meisten Fällen geht die Verformung auch bis zum Bruch, wenn nur genügend lange gewartet wird. Beispiele für das letztere, besonders auffällige Verhalten sind in großer Zahl bekannt.

In den folgenden Absätzen soll nun kurz auseinandergesetzt werden, an welche Stelle der eben skizzierten allgemeinen Einteilung die Cellulose und ihre Derivate zu setzen sind, wieviel bei ihnen von Krystallplastizität zu merken ist und wie stark die amorphe Plastizität die Verformungserscheinungen der Cellulosederivate beeinflußt. Gerade die Tatsache, daß man es hier mit kryptokrystallinen Substanzen zu tun hat, bei denen kleinste Krystallite von besonderer Struktur am Aufbau beteiligt sind, läßt diese Körperklasse als besonders interessant erscheinen, wenn man auch von vornherein darauf gefaßt sein muß, daß die Verhältnisse außerordentlich kompliziert und beim gegenwärtigen Stand der Dinge für eine *quantitative* Erfassung der Zusammenhänge noch nicht reif sind.

2. Die Festigkeit und die sonstigen elastischen Eigenschaften.

a) Allgemeines über die Dehnungskurve.

Eine der wichtigsten Eigenschaften der Cellulose und ihrer Derivate ist die große Widerstandsfähigkeit gegen mechanische Beanspruchung, besonders ihre hohe Zerreißfestigkeit. Bekanntlich spielt gerade die Cellulose in der Natur eine wichtige Rolle als Gerüstsubstanz, und es ist wohl erlaubt anzunehmen, daß ihre hervorragenden mechanischen Eigenschaften irgendwie mit dem Zwecke zusammenhängen, den sie bei ihrem natürlichen Vorkommen erfüllt. Um die Festigkeit der Cellulose und im weiteren Umfang ihre elastischen Eigenschaften näher kennenzulernen, ist es notwendig, einige allgemeine Worte über die Art und Weise vorauszuschicken, wie man experimentell diese Eigenschaften bestimmt und wie man die direkt erhaltenen Versuchswerte zur Charakterisierung des Materials benutzen kann. Einen recht weitgehenden Aufschluß über die Eigenschaften einer Substanz gibt der *Zerreißversuch*, der daher an erster Stelle und auch am eingehendsten behandelt werden möge.

Wenn man in einem Festkörper eine Spannung etwa dadurch erzeugt, daß man ihn an der einen Seite festhält und an einer anderen mit einem konstanten Gewicht belastet, so lehrt die Erfahrung, daß sich der Probekörper unter dem Einfluß dieser Belastung *dehnt*. Bei metallischen und sonstigen technischen Werkstücken stellt man sich den Probekörper meist in Stabform dar; bei Cellulosepräparaten verwendet man im allgemeinen die bereits von der Natur gegebene Faserform. Belastet man ein Faserbündel vom effektiven Querschnitt $q\,\mathrm{cm}^2$ mit einem Gewicht von p Gramm, so entsteht in ihm parallel der Faserrichtung eine Zugspannung, deren Größe sich nach

$$\sigma = \frac{p}{q}\,\mathrm{g/cm^2} \qquad (3)$$

berechnet. Unter dem Einfluß dieser Spannung beobachtet man im allgemeinen eine Verlängerung des Probekörpers, nach deren Eintritt sich in erster Annäherung (s. oben) ein neuer Gleichgewichtszustand einstellt, der dadurch charakterisiert ist, daß der gedehnte Stab je Volumelement eine erhöhte Energie enthält.

Trägt man in einem Diagramm die Verlängerung l_e gegen die in dem Stab herrschende Spannung σ auf, so erhält man z. B. bei krystallinen Probekörpern Kurven, deren Anfangsstücke gerade Linien sind, wie dies in Abb. 7 wiedergegeben ist. Dieses Diagramm besagt, daß die eingetretene Verlängerung proportional der in dem Probekörper herrschenden Spannung bleibt. Beim Entfernen des Gewichtes beobachtet man die völlige Wiederherstellung der Ausgangslänge und nennt daher solche Verformungen rein **elastische**: die rückläufige Dehnungskurve fällt mit der ursprünglichen zusammen. Elastische Formänderungen sind bei krystallisierten Körpern dadurch charakterisiert, daß sich die Gitterabstände parallel der Dehnungsrichtung in reversibler Weise vergrößert haben und durch diese Vergrößerung der angelegten Last das Gleichgewicht halten. Im Gitter ist also Energie aufgespeichert worden, wobei wegen der meist auftretenden Vergrößerung des spezifischen Volumens eine Abkühlung zu beobachten ist. Verkleinert sich das spezifische Volumen, wächst also die Dichte bei der Dehnung, wie es bei manchen Substanzen vorkommt, dann beobachtet man gemäß dem zweiten Hauptsatz der Thermodynamik Erwärmung.

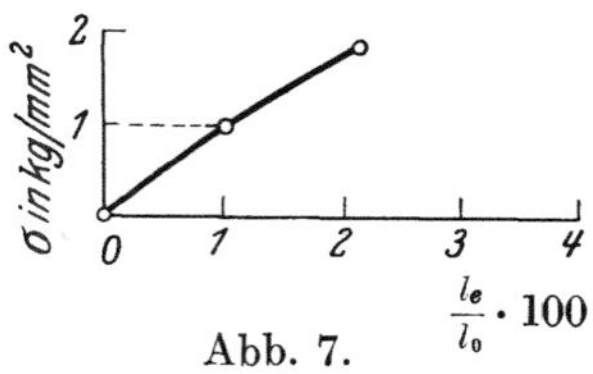

Abb. 7.

Das Gebiet der rein elastischen Formänderung, innerhalb dessen die in Abb. 7 gezeichnete Dehnungskurve eine gerade Linie darstellt, wird vom **Hooke**schen Gesetz beherrscht, nach welchem die elastische Verlängerung l_e oder Dehnung den Normalspannungen direkt proportional gesetzt werden kann:

$$\frac{l_e}{l_0} = \frac{1}{E} \cdot \sigma, \tag{4}$$

$$l_0 = \text{Ausgangslänge}.$$

Die Größe $\frac{1}{E}$ mißt dabei gemäß

$$E = \operatorname{cotg} \alpha = \frac{\sigma\, l_0}{l_e}$$

den Neigungswinkel α der Dehnungskurve und wird **Elastizitätsmodul** genannt. Gleichzeitig mit der Verlängerung beobachtet man eine Veränderung der Dimensionen quer zur Zugrichtung, welche ebenfalls proportional der Spannung bleibt und durch

$$\lambda = \frac{1}{m\,E} \cdot \sigma \tag{5}$$

gegeben ist. Die Querschnittsverminderung dq, welche wegen

$$d\lambda^2 = 2\,\lambda\, d\lambda$$

gleich

$$dq = \frac{2}{m\,E} \cdot \sigma \tag{6}$$

ist, wird durch die **Poissonsche Zahl** m gemessen. Wenn die Dichte der Substanz beim Dehnungsversuch konstant bleibt, läßt sich aus der Verlängerung gemäß

$$(l_0 + l_e)\,(q_0 - dq) = l_0 \cdot q_0\,,$$

die Querschnittsabnahme zu

$$dq = \frac{q_0 l_e}{l_0 + l_e} \tag{7}$$

berechnen. Die Konstanz der Dichte ist aber in den allermeisten Fällen nicht gewahrt, so daß man bereits innerhalb der Proportionalitätsgrenze zwei unabhängige Konstanten benötigt, um das Verhalten der Substanz erschöpfend zu beschreiben.

Bei vielen krystallinen Werkstoffen und auch bei zahlreichen amorphen Körpern, wie Gläsern, Quarz, Fäden usw., läßt sich der hier geschilderte Bereich der elastischen Dehnung deutlich beobachten. Man kann solche Probekörper lange Zeit hindurch unter Umständen recht erheblichen Spannungen aussetzen und findet, daß nach dem Aufheben der Spannung der ursprüngliche Zustand sehr rasch und praktisch vollkommen, d. h. innerhalb der erreichbaren Fehlergrenzen wieder hergestellt wird. Dasselbe kann man bei der Cellulose und ihren Derivaten dann feststellen, wenn man den Zugversuch bei sehr tiefer Temperatur durchführt. So haben J. Karger und E. Schmid[1] festgestellt, daß Kunstfasern bei der Temperatur der flüssigen Luft eine etwas erhöhte Reißfestigkeit besitzen, jedoch nahezu keine Dehnbarkeit. Eingehendere Versuche über das Verhalten von Cellulosederivaten bei tiefen Temperaturen hat E. Valkò[2] durchgeführt und gefunden, daß native Cellulose, Hydratcellulose, Nitrocellulose, Acetylcellulose, Äthyl- und Benzylcellulose bei der Temperatur der flüssigen Luft recht deutliche elastische Bereiche zeigen, die zwar nicht groß sind, innerhalb derer aber auch eine dauernde Belastung keine plastische Verformung ergibt. Die Elastizitätsmoduln, welche bei diesen und anderen ähnlichen Messungen aufgefunden wurden, sind in der Tabelle 1 gleichzeitig mit den Moduln anderer Substanzen zusammengestellt.

Tabelle 1. Elastizitätsmoduln.

Substanz	Elastizitätsmodul in kg/mm²	Anmerkung
Ramie	4—5500[3]	nativ
Hydratcellulose	etwa 5000[3]	—
Acetylcellulose	500—1500[3]	—
Nitrocellulose	um 1000[3]	—
Naturseide	etwa 1000[3]	—
Kautschuk	0,02—0,8	unvulkanisiert
Aluminium	7500	gewalzt
Kupfer	12000	hartgezogen
Eisen	21000	Werkzeugstahl
Nickel	21000	—
Silber	7400	—
Gold	8100	—
Platin	16000—17600	—
Wolfram	40000	hartgezogen
Blei	1600	—
Quarz	6900	—
Glas	4500—10000	Jenaer Glas

Bei normaler Temperatur lassen sich an Cellulosederivaten keine wahren elastischen Eigenschaften beobachten. Vielmehr findet man stets, daß bei genügend langer Beobachtungsdauer plastische Verformung auch schon bei den kleinsten, experimentell noch anwendbaren Belastungen eintritt. Die Tabelle 1 läßt erkennen, daß der Größenordnung nach der Elastizitätsmodul von Cellulosederivaten an den der krystallinen Festkörper fast heranreicht, wenn man die Messungen bei der Temperatur der flüssigen Luft durchführt. Zur Erteilung einer bestimmten, im elastischen Bereich liegenden Verlängerung ist also zum Beispiel für Nitrocellulose bei der Temperatur der flüssigen Luft etwa dieselbe Spannung notwendig wie etwa beim Al oder Cu.

[1] Karger, J., u. E. Schmid: Z. techn. Phys. 6, 124 (1925).
[2] Herrn Dr. E. Valkò danke ich bestens für die freundliche Mitteilung seiner Resultate.
[3] In flüssiger Luft gemessen.

An den Bereich der elastischen Dehnung schließt sich ein Stück der Dehnungskurve an, welches von einer bleibenden Veränderung des Probekörpers begleitet ist. Man nennt diejenige Zugspannung σ_e, bei welcher die ersten Anzeichen einer bleibenden Verformung irgendwie beobachtet werden können, die Elastizitätsgrenze. Da sie gleichzeitig das Aufhören des Hookeschen Gesetzes verlangt, wird sie gelegentlich auch Proportionalitätsgrenze genannt; sie läßt sich bei krystallinen Substanzen meist experimentell recht genau bestimmen, weil es sich, wie schon erwähnt, hier um wahre Gleichgewichtslagen handelt, die von der Versuchsdauer praktisch unabhängig sind. Jenseits der Proportionalitätsgrenze biegt die Dehnungskurve in der Weise um, daß die Längenänderungen des Probekörpers nunmehr rascher wachsen als die angelegte Spannung. Die Abb. 7a zeigt eine schematische Dehnungskurve, in der die Elastizitätsgrenze durch den Punkt P besonders hervorgehoben ist.

In der Praxis der Materialprüfung führt man neben dieser noch die sogenannte Streckgrenze oder Fließgrenze ein und versteht darunter diejenige Spannung σ_s, bei welcher die bleibende Verformung merkliche Beträge — etwa zwischen 0,2 und 0,5% — erreicht, ein Ausmaß, das bei der praktischen Verwendung von Baustoffen meist bereits störend in Erscheinung treten würde.

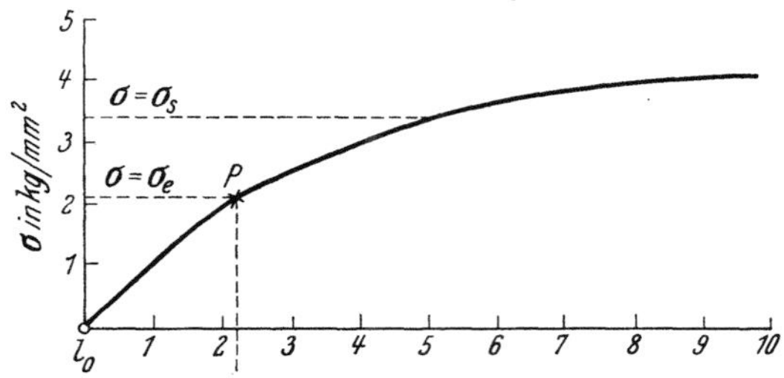

Abb. 7a. Schematische Dehnungskurve. Auf der Abszisse ist $\frac{l_e - l_0}{l_0} \cdot 100$ aufgetragen.

Bei krystallinen Körpern ist der Bereich der bleibenden Verformung von dem bereits früher erwähnten Gleitvorgang beherrscht, währenddessen das Gitter unter dem Einfluß der aufgezwungenen Spannung sich immer mehr und mehr umorientiert. Dabei können je nach der Symmetrie des vorliegenden Krystallgefüges eine oder mehrere gleichwertige Ebenen als Gleitflächen auftreten, so daß der Gleitvorgang auch dann noch weitergehen kann, wenn eine bestimmte Gleitebene parallel der Dehnungsrichtung sich eingestellt hat und dadurch für die weitere Verformung unwirksam geworden ist[1]. In letzter Zeit ist auch wiederholt darauf hingewiesen worden[2], daß neben dem Gleitprozeß noch die Zwillingsbildung eine erhebliche Rolle bei der mechanischen Verformung spielt. Sie kommt im Gegensatz zur Gleitung durch eine einfache Gitterschiebung zustande und hat zur Folge, daß Gleitebenen, welche im Laufe des Dehnungsvorganges in eine für die weitere Verformung ungünstige Lage geraten sind, wieder so „aufgerichtet" werden, daß Weitergleitung an ihnen erfolgen kann.

Daß in der Tat die plastische Krystallverformung sich in dieser Weise abspielt, läßt sich zunächst an dem Auftreten makroskopisch und mikroskopisch ausgezeichnet sichtbarer Gleitebenensysteme feststellen, von deren Aussehen die Abb. 8a bis 8e einen Begriff geben mögen. Aber auch die röntgenographische Verfolgung des Gleitvorganges bestätigt in vollem Umfang den zugrunde gelegten Mechanismus der Krystallverformung, indem sie beweist, daß sich stets ganz bestimmte Ebenen und in ihnen wieder ganz bestimmte Richtungen parallel der angelegten Zugspannung einstellen. Endlich läßt sich die diskontinuierliche Natur der Krystallverformung bei Einkrystallen auch an der Dehnungskurve selbst deutlich erkennen, wenn man dafür sorgt, daß der Probekörper sich seiner Spannung durch Verlängerung entledigen, d. h. entlasten kann. Durch gewöhnliches Anhängen

[1] Vgl. M. Polanyi: Z. Physik **17**, 42 (1923). Weißenberg, K.: Z. Kryst. **61**, 58 (1924).
[2] Mathewson, C. H.: Am. Inst. Min. **53** (1927). Schmid, E.: Z. Physik **48**, 370 (1928).

eines Gewichtes an das Präparat ist diese Art der experimentellen Verfolgung des Verformungsprozesses natürlich nicht durchführbar, wohl aber läßt sich im Schopperschen Festigkeitsprüfer und am besten in einem von Polanyi

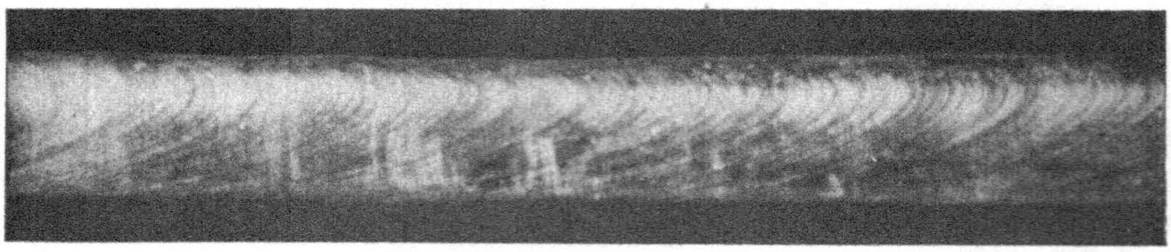

Abb. 8a.

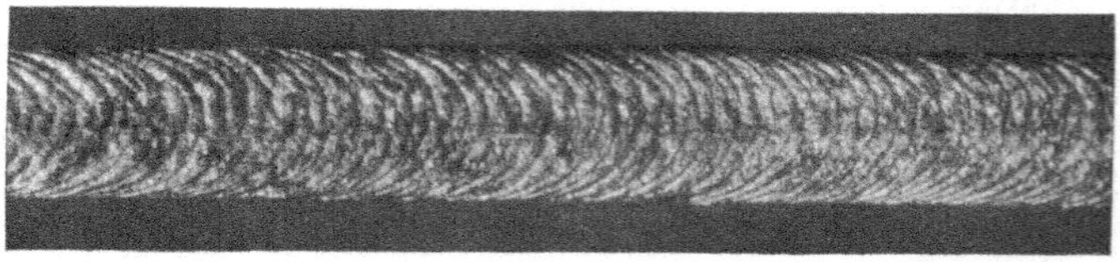

Abb. 8b.

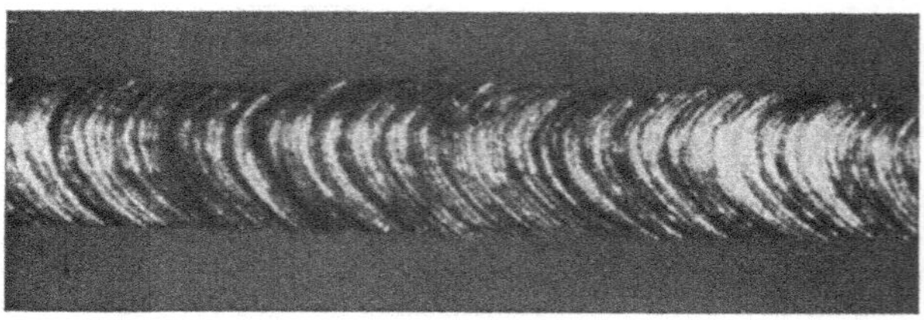

Abb. 8c.

Abb. 8d.

Abb. 8e.

Abb. 8a bis 8e. Verschiedene gedehnte Metalldrähte mit deutlich sichtbaren Abgleitungen.

konstruierten Präzisionsdehnungsapparat[1] die Dehnungskurve „differentiell“ aufnehmen. Die Abb. 9 zeigt, daß in der Tat bei der Dehnung von Einkrystallen — es handelt sich in diesem Fall um einen Zinkkrystall — die Dehnungskurve

[1] Polanyi, M.: Z. techn. Phys. 6, 121 (1925). Vgl. S. 10; Zitat 1.

deutlich diskontinuierlichen Charakter besitzt[1], der dadurch hervorgerufen ist, daß zunächst beim Eintritt in den plastischen Bereich die Schubspannung entlang einer bestimmten Gleitfläche einen kritischen Zahlenwort erreicht, nach dessen Überschreiten die Gleitung auch bei abnehmender Spannung weiterläuft. Durch die Umorientierung und besonders durch die Gitterstörungen tritt dann eine Verfestigung an der soeben tätig gewesenen Gleitfläche ein, die zu einer neuen Gleichgewichtslage führt, welche durch den Punkt A des Diagrammes gekennzeichnet ist. Dann wiederholt sich derselbe Vorgang an einer anderen Stelle des Probekörpers und liefert eine zweite Stufe in der Kurve. In dieser Weise kann man aus der im Polanyischen Dehnungsapparat aufgenommenen Spannungsdehnungskurve die Elementarprozesse der plastischen Gitterverformung in ausgezeichneter Weise ablesen. Bei den amorphen und kryptokrystallinen Körpern ist man leider nicht in der Lage, ähnlich weitgehende Aussagen über die Elementarprozesse zu machen. Immerhin läßt sich auch hier einiges über den Mechanismus der Verformung wenigstens qualitativ angeben (vgl. S. 56ff.).

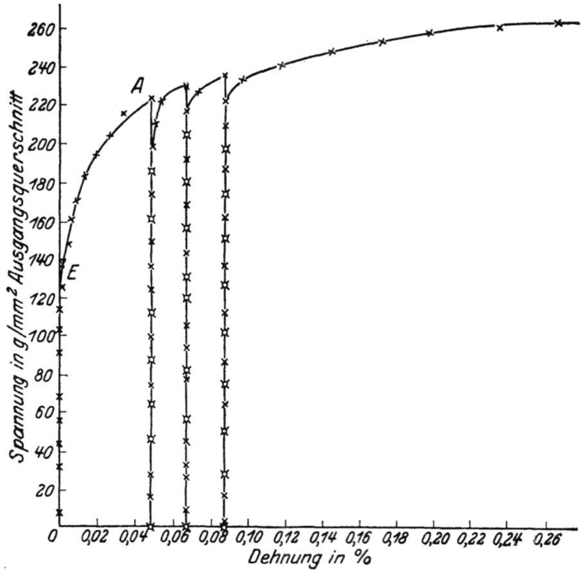

Abb. 9. Dehnungskurve eines Zn-Einkrystalldrahtes

Ebenso wie man im Gebiet der elastischen Dehnung den Neigungswinkel der Dehnungskurve als reziproken Elastizitätsmodul definiert, kann man auch im weiteren Verlauf den Differentialquotienten

$$F = \frac{d\sigma}{dl}, \tag{8}$$

also den Anstieg des Verformungswiderstandes, als die ,,Verfestigungsfähigkeit" oder die ,,Verfestbarkeit" des untersuchten Stoffes ansprechen. Wenn die Dehnungskurve, die in Abb. 10 dargestellte, in bezug auf die Dehnungsachse konkave Form hat, so bedeutet dies, daß die Fähigkeit der untersuchten Substanz, erhöhte Spannungen in sich aufzunehmen, im Laufe des Dehnungsvorganges dauernd abnimmt. Es stellen sich zwar immer neue Gleichgewichtszustände dadurch her, daß durch den Dehnungsprozeß eine Verfestigung eintritt, aber bei höheren Spannungen ist der für die Erzeugung einer gleichen Verfestigung notwendige Dehnungsbereich erheblich größer. Die Abb. 10 bringt dies schematisch noch einmal zum Ausdruck; sie läßt erkennen, daß z. B. unmittelbar vor dem Bruch die zehnfache Dehnung notwendig ist, um gegenüber einer Spannungs-

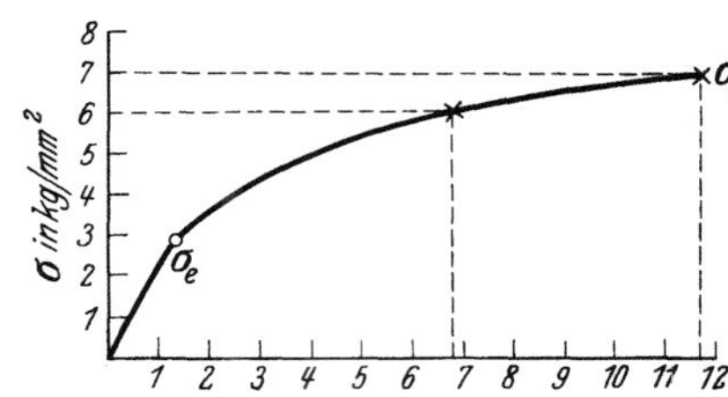

Abb. 10.

[1] Haase, O., u. E. Schmid: Z. Physik **33**, 416 (1925).

zunahme von 1 kg/mm² das Gleichgewicht wiederherzustellen, wie zu Beginn der Verformung im elastischen Bereich. Wenn die Verfestigungsfähigkeit stets größer als Null ist, d. h. wenn die Dehnungskurve sich immer mehr von der Abszisse entfernt, so erreicht man schließlich einen Punkt, an dem der Trennungswiderstand des Stoffes überwunden wird, so daß der Bruch erfolgt. Die hierzu notwendige Normalspannung σ_z wird als Bruchfestigkeit oder Zerreißfestigkeit bezeichnet, die ihr entsprechende Abszisse als Bruchdehnung oder Enddehnung.

Wenn die Dehnungskurve die tatsächlichen Verhältnisse richtig widerspiegeln soll, dann müssen auf der Ordinate die wahren in dem Probekörper herrschenden Spannungen aufgetragen werden, d. h. es muß beim Dehnungsversuch die Querschnittsverminderung unter Umständen mit Berücksichtigung der Dichteänderung in Betracht gezogen werden. Meist findet man aber in der Literatur Dehnungskurven, welche dieser Anforderung nicht entsprechen, bei denen sich also die Spannungsangaben auf den Ausgangsquerschnitt beziehen. Wenn keine Dichteänderung bei der Verformung eintritt, ist man natürlich leicht in der Lage, aus den entsprechenden Dehnungen die Kurve in ihre rationelle Form: Spannung—Dehnung zu bringen. Bei Veränderung der Dichte sind hierfür jedoch genauere Angaben notwendig.

Wenn im Laufe der plastischen Dehnung wirkliche, d. h. zeitunabhängige Gleichgewichtszustände erreicht werden, dann ist durch die eben beschriebenen Größen der Stoff in seinen Verformungseigenschaften zu einem erheblichen Teil festgelegt. Bei den amorphen Substanzen und insbesondere bei den nunmehr näher zu beschreibenden Cellulosederivaten ist dies aber niemals ganz der Fall; vielmehr sind sämtliche plastischen Erscheinungen hier im höchsten Maße von der Versuchsdauer abhängig, so daß man die Verlängerung als eine Funktion zweier Variablen, der Spannung σ und der Zeit t zu betrachten hat. Demgemäß ist die gesamte Längenänderung dl als vollständiges Differential gegeben durch

$$dl = \frac{\partial l}{\partial \sigma} d\sigma + \frac{\partial l}{\partial t} dt . \tag{9}$$

Dabei bedeutet:

$\frac{\partial l}{\partial \sigma}$ das Reziproke der bereits erwähnten Verfestigungsfähigkeit des Materials und

$\frac{\partial l}{\partial t}$ die Fließgeschwindigkeit bei konstanter Spannung.

Hier muß man also beide Größen kennen, um die Verhältnisse quantitativ übersehen zu können. Es wird sich zeigen, daß die totale Verlängerung nicht nur von der Zeit abhängig ist, sondern in hohem Maße auch durch die Anwesenheit von Quellmittel beeinflußt wird und im übrigen noch recht temperaturempfindlich ist.

All diese Umstände haben zur Folge, daß die Durchführung einwandfreier Dehnungsversuche auf dem hier zu beschreibenden Gebiet experimentell nicht einfach ist und daß schon bei der bloßen technischen Materialprüfung eine Reihe von Vorsichtsmaßregeln eingehalten werden müssen, unter deren genauer Beobachtung allein das Erreichen reproduzierbarer Werte gewährleistet werden kann. Dies ist wohl der Grund dafür, daß eine wirklich eingehende Untersuchung der Verformungseigenschaften kryptokrystalliner Substanzen in der Literatur überhaupt noch nicht zu finden ist, so wichtig sie auch für einen genauen Einblick in den vorläufig noch sehr unbekannten Dehnungsvorgang solcher Systeme wäre.

Nach diesen allgemeinen Bemerkungen über den Charakter und die Bedeutung der Dehnungskurve soll nunmehr dazu übergegangen werden, die zur Verfügung stehenden experimentellen Anordnungen kurz zu beschreiben und zu kritisieren, dann das bisher auf diesem Gebiet erreichte experimentelle Material zusammenzustellen und im Hinblick auf seine Bedeutung für die Elementarprozesse der Verformung von amorphen und micellaren (kryptokrystallinen) Systemen auszuwerten.

b) Beschreibung einiger Apparate zur Bestimmung der elastischen Eigenschaften.

Im Laufe der Jahre sind in der Literatur eine große Zahl von Dehnungsapparaten beschrieben worden[1], welche sich prinzipiell zur Anstellung von Zerreißversuchen eignen. Es sind aber sowohl für die praktische Materialprüfung als auch für die mehr wissenschaftliche Untersuchung der Substanzeigenschaften eigentlich nurmehr drei Apparate so weitgehend in Gebrauch, daß sich ihre nähere Beschreibung an dieser Stelle lohnt.

Der erste ist der Kraissche Dehnungsapparat. Er dient hauptsächlich zur Messung der elastischen Eigenschaften von Einzelfasern und ist nach dem Prinzip einer Waage gebaut. Er wurde von Krais und Obermiller[2] zur systematischen Untersuchung der Festigkeit von Einzelfasern verwendet, von deren Ergebnissen später noch ausführlicher die Rede sein wird. Die Abb. 11 zeigt eine Ansicht dieses Apparates, aus der man sein Funktionieren wohl ohne weiteres erkennen kann. Der rechte Waagebalken trägt eine Vorrichtung zur Einspannung der Einzelfaser, der linke den Belastungsmechanismus. Das Maß der Dehnung wird mit Hilfe des Ausschlages von der Gleichgewichtslage bemessen.

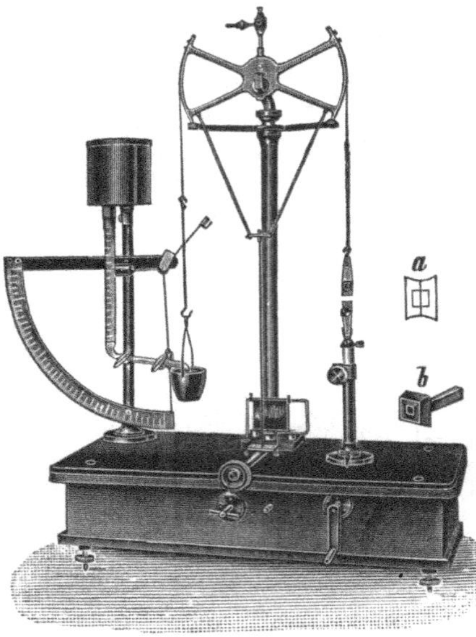

Abb. 11. Dehnungsapparat nach Krais.

Über die Einspannvorrichtungen und die Einspannlänge sind vielleicht einige allgemeine Bemerkungen zweckmäßig. Erstere müssen so konstruiert sein, daß sie ein Gleiten der Faser oder des Faserbündels bzw. des Filmstreifens in der Einspannklemme selbst nicht zulassen. Man verwendet daher als Material meist geriffelte oder aufgerauhte Metallbacken, die mit Hilfe einer Schraube aneinander geklemmt werden. Hierbei muß man aber vorsichtig zu Werke gehen, denn eine Beschädigung der Fasern an der Einspannstelle kann leicht zur Folge haben, daß der Faden nicht zwischen den beiden Backen, sondern in der unmittelbaren Umgebung der einen Klammer reißt. Dann ist der Versuch unbrauchbar, denn man weiß nicht, wie stark man durch das Einspannen den Probekörper an dieser

[1] Hier sei nur auf die diesbezüglichen Abschnitte in dem ausgezeichneten Buch von W. Weltzien über die „Kunstseide“ und in den Bänden des vorliegenden, umfassenden Sammelwerkes verwiesen; man vgl. besonders Bd. I, 3.

[2] Obermiller: Melliand Textilber. (weiterhin M. T. B.) **7**, 163 (1926); Z. angew. Chem. **39**, 46 (1926).

Stelle geschädigt hat, und man kann auch eine homogene Spannungsverteilung an dieser Stelle aus rein geometrischen Gründen gar nicht voraussetzen. Solche Versuche muß man verwerfen; sie dürfen bei der Mittelwertsbildung nicht in Betracht gezogen werden. Um sich vor dem Riß an der Einspannvorrichtung zu schützen, pflegt man in der Materialprüfung den Probestäben „Einspannköpfe“ zu erteilen. Man gibt ihnen die in Abb. 12 schematisch dargestellte, charakteristische Form, welche dafür garantiert, daß der Riß nicht in der Klemme, sondern in einiger Entfernung von ihr erfolgt, wo die Spannungsverteilung bereits praktisch homogen geworden ist. Bei den Untersuchungen aller derjenigen Substanzen, die man in Film- oder in Bandform erhalten kann, ist es zweckmäßig, eine ähnliche Gestalt der Probekörper zu bevorzugen, um sich gegen die früher erwähnten Fehler bei der Durchführung der Messung zu schützen.

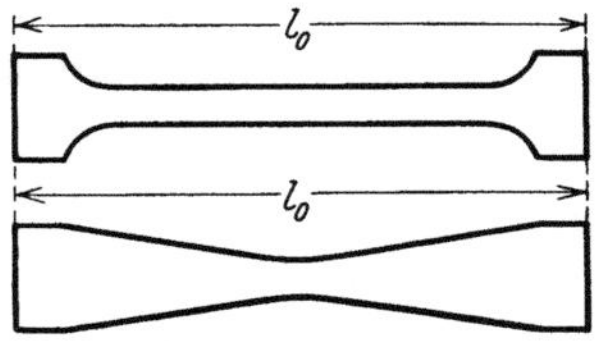

Abb. 12. Charakteristische Form von Probestäben.

Wenn man es auf die Bestimmung der wahren Substanzfestigkeit abgesehen hat, ist es zweckmäßig, möglichst kleine Einspannlängen zu wählen, weil die Wahrscheinlichkeit, daß akzidentelle Fehlstellen das Meßresultat fälschen, proportional der gewählten Einspannlänge ist. Hierbei wäre es prinzipiell am besten, zur Einspannlänge Null überzugehen, d. h. die beiden Backen unmittelbar aneinanderstoßen zu lassen, wenn man nicht hierbei sehr inhomogene Spannungsverteilungen im Innern des Probestückes mit in Kauf nehmen müßte. Es ist daher wohl am richtigsten, so vorzugehen, wie es in Abb. 13 schematisch dargestellt ist. Man bestimmt die Festigkeit eines vorgelegten Materials, z. B. einer gegebenen Naturseide bei verschiedenen Einspannlängen von 10 cm

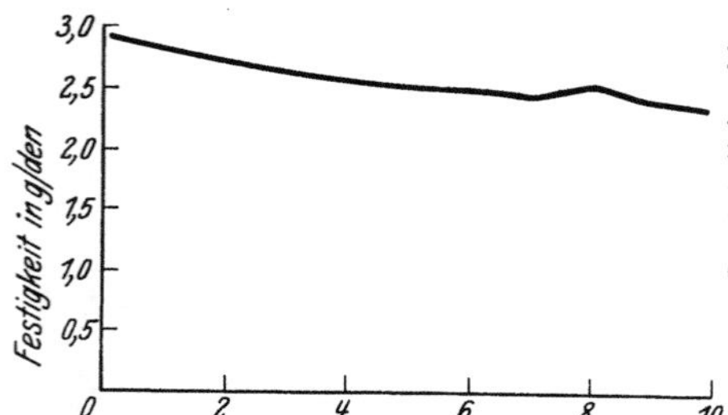

Abb. 13.

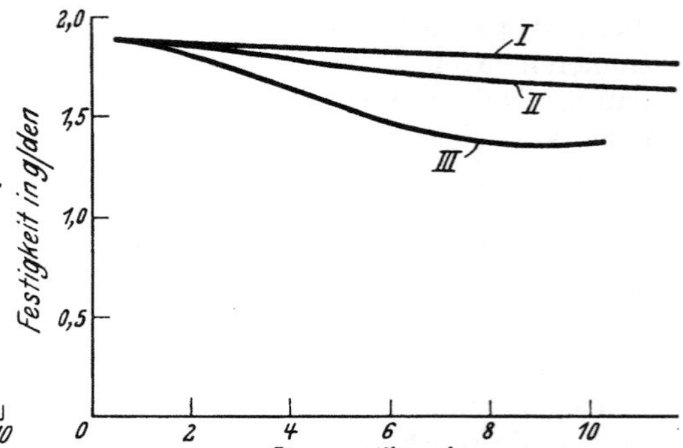

Abb. 14.

abwärts und extrapoliert dann die erhaltenen Werte auf die Einspannlänge Null. Die Erfahrung zeigt, daß man, wie es auch die Abb. 13 erkennen läßt, hierbei stets schwach ansteigende Kurven erhält, die um so stärker gegen die Abszisse geneigt sind, je intensiver das untersuchte Material geschädigt worden ist. Man kann die Größe dieses Neigungswinkels als ein Maß der akzidentellen Schädigung ansehen und unter Umständen in der Praxis dazu verwenden, um herauszufinden, ob bestimmte Proben bei irgendwelcher Behandlung besonders geschädigt worden sind. Als Beispiel hierfür möge die Abb. 14 dienen; sie zeigt Festigkeitsmessungen an ein und derselben Kupferseide, die bei verschiedenen Einspannlängen vorgenommen worden sind, nachdem die Seide in verschiedener Weise behandelt worden war. Kurve *I* ist durch die Festigkeitswerte der unbehandelten Kupferseide gegeben; ihr Neigungswinkel gegen die Abszissenachse betrage α Grade.

Dies bedeutet, daß beim Übergang von der virtuellen Einspannlänge Null zu einer Einspannlänge von 1 cm die Reißfestigkeit in einem gewählten Maßsystem um den Betrag tg α gesunken ist. α ist also ein Maß für die Wahrscheinlichkeit dafür, auf 1 cm Fadenlänge eine die Festigkeit herabsetzende akzidentelle Fehlstelle anzutreffen, und gibt die „natürliche Fehlerhaftigkeit" des Ausgangsmaterials an.

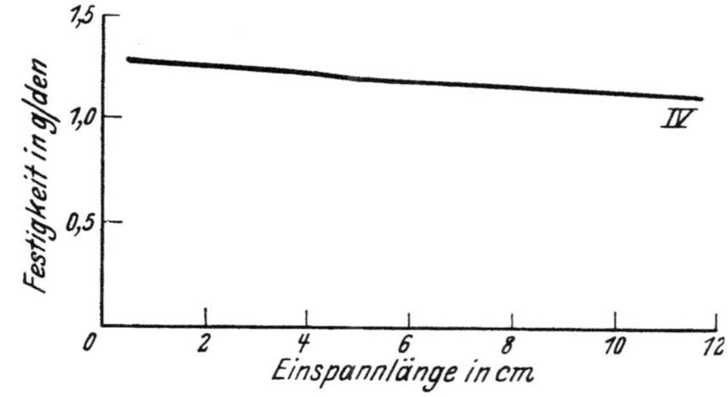

Abb. 15.

Ein Strängchen derselben Seide wurde nun mehrmals um eine stumpfkantige Messerklinge herumgewickelt und wieder untersucht. Die nunmehr erhaltenen Werte bilden die Kurve *II*. Man sieht, daß der Neigungswinkel in der Nähe der Ordinatenachse zugenommen hat. Durch die Behandlung sind also akzidentelle Fehlstellen in das Material hineingekommen; seine Fehlerhaftigkeit ist durch einen etwas größeren Winkel α definiert. Bei starkem Knüllen oder Schlagen mit einem Lineal konnte die Seide so weit mißhandelt werden, daß sie die Kurve *III* ergab, bei der man bereits eine erhebliche Zunahme der Fehlerhaftigkeit feststellen kann.

Von Interesse ist der Vergleich der Abb. 14 mit der Abb. 15. Diese letztere wurde erhalten, nachdem die Ausgangsseide *I* ohne besondere mechanische Beanspruchung mit 0,5 proz. Bleichlauge einige Zeit behandelt worden war. Bei dieser Behandlung hat die Reißfestigkeit der Seide um etwa 20% abgenommen, also um dasselbe Maß, wie bei großen Einspannlängen und mechanischer Behandlung im Falle *III*. Trotzdem ist, wie die Abb. 15 deutlich erkennen läßt, die Fehlerhaftigkeit der chemisch geschädigten Seide *IV* dieselbe geblieben, wie die des Ausgangsmaterials.

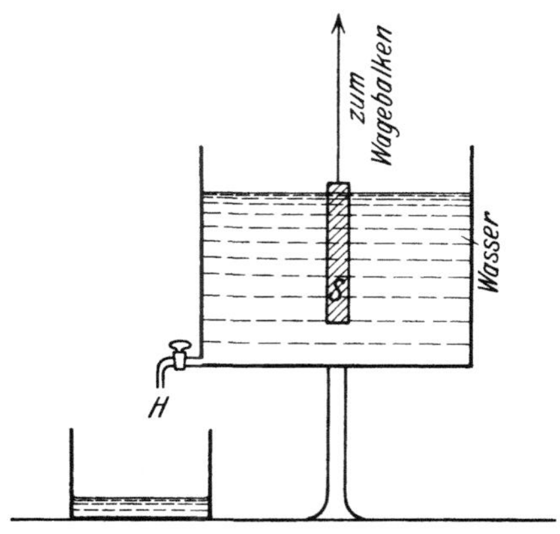

Abb. 16. Belastungsvorrichtung zum Kraisschen Dehnungsapparat.

Es läßt sich eben durch die übliche Bestimmung der Reißfestigkeit bei größerer Einspannlänge nicht entscheiden, ob der Faden über s e i n e g a n z e L ä n g e gleichmäßig geschädigt wurde oder ob er im wesentlichen ganz unverändert geblieben, an einer bestimmten Stelle jedoch akzidentell verletzt worden ist. Nimmt man aber die beschriebene Untersuchung der Reißfestigkeit mit variabler Einspannlänge hinzu, so läßt sich sehr einfach zwischen diesen beiden Möglichkeiten unterscheiden: bleibt bei sinkender Festigkeit die Konstante α erhalten, dann handelt es sich um eine „wahre" Schädigung des Materials. Ist die sinkende Festigkeit durch eine Veränderung von α bedingt, so handelt es sich um akzidentelle — stellenweise — Schädigung, die nichts mit einer wahren Veränderung des Gesamtmaterials zu tun hat.

In ähnlicher Weise lassen sich geeignet angestellte, ganz einfache Versuche häufig dazu benutzen, um ein vorgelegtes Fasermaterial recht weitgehend in bezug auf seine Eigenschaften zu charakterisieren.

Die Belastungsvorrichtung beim Kraisschen Dehnungsapparat besteht meist aus einem Fingerhut oder Glasgefäß, in welches man Quecksilber, Wasser oder eine andere Belastungsflüssigkeit eintropfen läßt. Es ist sehr wesentlich, daß hierbei keine ruckweisen Belastungen auftreten, weil sonst von einer homogenen Spannungszunahme keine Rede sein kann. Deswegen ist es manchmal zweckmäßig, die Belastungsvorrichtung in etwas anderer Weise zu konstruieren, wie dies in Abb. 16 schematisch dargestellt ist. Hier ist das Belastungsgefäß als Schwimmer S ausgebildet, der durch den Auftrieb einer relativ großen Flüssigkeitsmenge in einer bestimmten Stellung gehalten wird. Läßt man nun diese Flüssigkeit in dünnem Strahle bei H austreten, so erfolgt die Belastung in einer sehr kontinuierlichen, jederzeit leicht unterbrechbaren Weise. Da sich der Probekörper durch Dehnung hierbei auch entlasten kann, läßt sich dieses Verfahren unter Umständen auch zur Bestimmung der Fließgeschwindigkeit bei konstanter Spannung verwenden.

Abb. 17a. Gesamtansicht eines Schopperschen Dehnungsapparates.

Wenig Genauigkeit gewährt die Art der Aufzeichnung der Dehnung, die man durch eine geeignete Vorrichtung auch selbst registrierend machen kann.

Insgesamt ist das Arbeiten mit dem Kraisschen Apparat zwar nicht schwierig, aber doch zeitraubend; bei technischen Messungen wird daher wohl stets der Schoppersche Dehnungsapparat benutzt, der in Abb. 17a abgebildet ist. Er wird in sehr zahlreichen Ausführungsformen in den Handel gebracht, ist in seinem kleinsten Modell für Zerreißversuche an Einzelfasern geeignet und wird bis zu Belastungen von mehr als 100 kg konstruiert. Die Einspannlänge ist bei dem Dehnungsapparat für Einzelfasern zwischen 0 und 10 cm veränderlich, bei dem Garn-Schopper läßt sie sich bis auf 50 cm und mehr steigern, wie es für die laufenden Betriebskontrollversuche notwendig ist. Die Dehnung des Probekörpers erfolgt durch das Schwenken eines mehr oder weniger stark belasteten Hebelarmes längs einer Skala, welche, wie Abb. 17 b erkennen läßt, unmittelbar in Gramm bzw. Kilogramm skaliert ist und mehrere Meßbereiche trägt. Die Dehnung wird an einer gleichzeitig mitbewegten Skala (vgl. Abb. 17 b) abgelesen. Besonders praktisch ist beim Schopperschen Dehnungsapparat die Möglichkeit der Selbstregistrierung. Durch Anbringen einer drehbaren Trommel lassen sich die Dehnungskurven direkt auf ein Millimeterpapier übertragen und können ohne getrenntes Ablesen von Belastung und Dehnung unmittelbar aufgenommen werden. Die Abb. 17c zeigt einige am

Schopperschen Garndehnungsapparat erhaltene Originaldehnungskurven. In ihr erscheint die Dehnung auf der Ordinate, die Belastung auf der Abszisse.

Es ist besonders zu bemerken, daß man nicht die wahren, im Material herrschenden Spannungen, sondern die auf den Anfangsquerschnitt bezogenen Zugspannungen registriert erhält, so daß man sie bei der rationellen Verwertung der Kurve auf die wahren Spannungen mit Hilfe der bekannten Verlängerungen umzurechnen hat. Die Belastungsgeschwindigkeit kann beim Schopperschen Apparat sehr einfach reguliert werden, denn die Schwenkung des Belastungs-

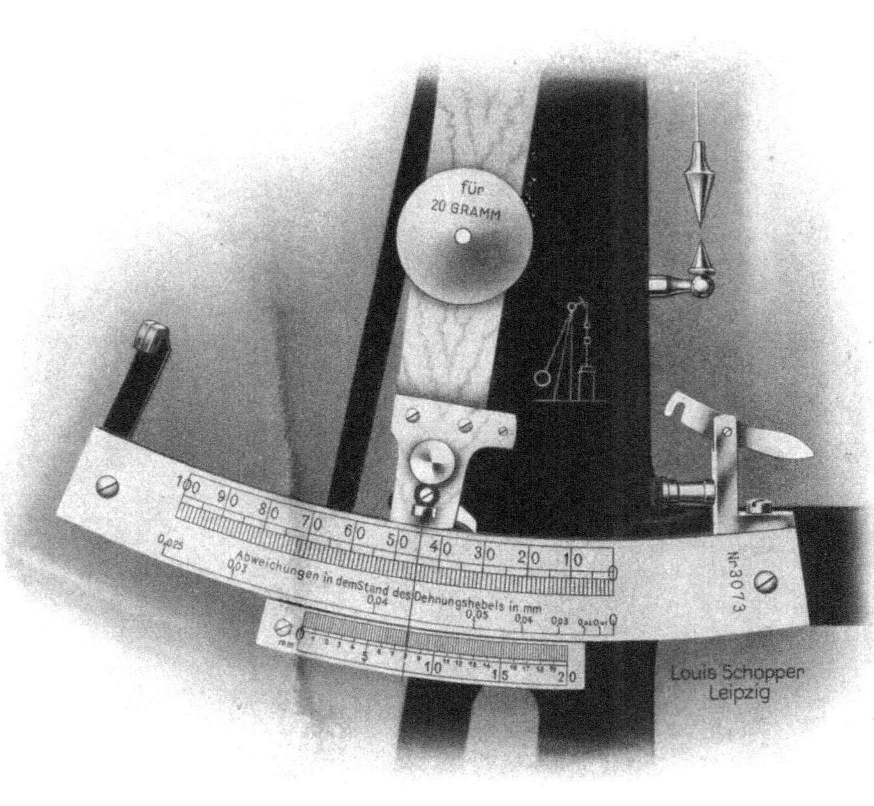

Abb. 17 b. Kraft- und Dehnungsmessung beim Schopperschen Dehnungsapparat.

hebels erfolgt entweder hydraulisch oder elektrisch und läßt sich in den meisten Fällen innerhalb weiter Grenzen beliebig einstellen.

Um beim Zerreißen der Faser ein plötzliches Herunterfallen des Belastungsarmes zu verhindern, bewegt sich dieser längs einer etwa millimeterfein eingeteilten Zahnschiene aufwärts, in welche eine Sperrklinke eingreift. Dieses konstruktive Detail hat zur Folge, daß man den Schopperschen Dehnungsapparat nur bei großen Belastungsgeschwindigkeiten rationell verwenden kann. Die Belastungszunahme ist nämlich nur dann eine einigermaßen kontinuierliche, wenn die Fließgeschwindigkeit des Probekörpers klein gegen die Belastungsgeschwindigkeit ist. Im anderen Falle kann es vorkommen, daß die Spannung in dem Probekörper unmittelbar nach Eingreifen der Sperrklinke in einen Zahn der Laufschiene praktisch auf Null heruntersinkt, weil das Präparat in diesem Augenblick infolge genügend raschen Nachfließens die Möglichkeit hat, sich völlig zu entlasten, da der Sperrzahn die gesamte Last des Hebelarmes aufnimmt. Erst beim Weiterschwenken des Belastungsarmes steigt allmählich die Spannung in dem Probekörper wieder zu höheren Werten an. Man kann also zum Beispiel im Schopperschen Dehnungsapparat nicht feststellen, ob sich in einem gegebenen Augenblick ein Probekörper auch bei sinkender Spannung weiter dehnen würde, eine Feststellung, die gerade bei Cellulosederivaten sehr häufig von großem Interesse ist.

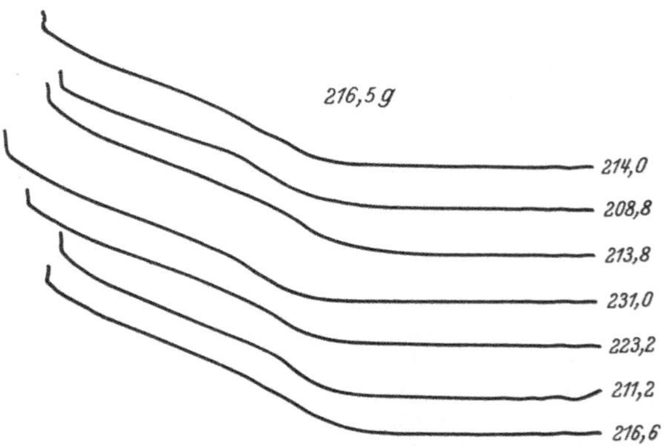

Abb. 17c. Originaldehnungskurven im Schopperschen Apparat. — Die Abszisse gibt — von rechts nach links — die Belastung, die Ordinate von oben nach unten die Dehnung an.

Um solche Messungen mit dem „Schopper" durchführen zu können, ist es notwendig, die Sperrklinke zu blockieren und ohne Verwendung der Zahnschiene zu belasten. Dann herrscht in jedem Augenblick des Versuches im Probekörper tatsächlich diejenige Spannung σ, welche sich aus

$$\sigma = \frac{p}{q} = \frac{\text{tatsächliche Last}}{\text{augenblicklicher Querschnitt}},$$

$$q = \frac{q_0 \cdot l_0}{l},$$

q_0, l_0 = Ausgangsquerschnitt und Ausgangslänge,

l = augenblickliche Länge

berechnet[1] und der Belastungshebel hat die Möglichkeit, bei genügend raschem Fließen des Probekörpers wieder zu geringeren Belastungen zurückzukommen.

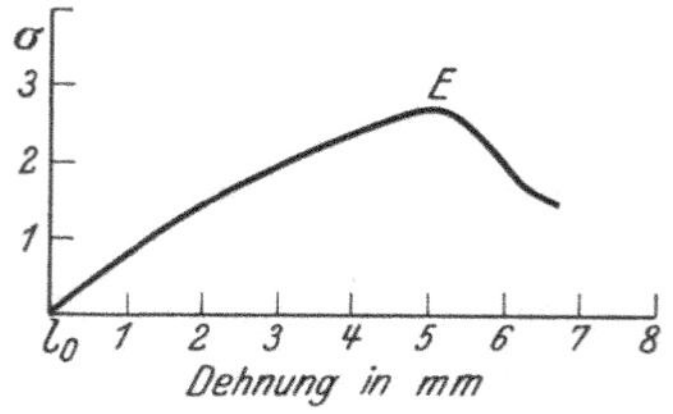

Abb. 18. Dehnungskurve mit blockierter Sperrklinke.

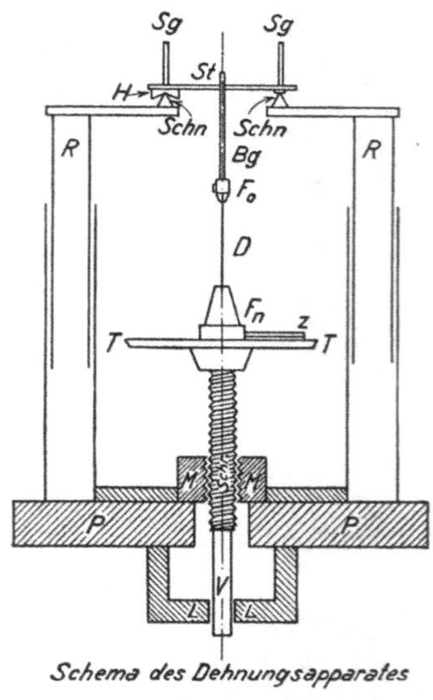

Abb. 19. Polanyischer Dehnungsapparat.

Die Abb. 18 zeigt eine in dieser Weise aufgenommene Dehnungskurve. Man sieht, daß im Punkt E trotz Verkleinerung der Spannung eine Weiterdehnung erfolgt, während die Dehnungskurve derselben Substanz, wie man sie bei Funktionieren der Sperrklinke erhält, ein ganz falsches Bild über die elastischen Eigenschaften des Materials geben würde.

[1] Vgl. hierzu auch S. 9.

Die genaueste Charakterisierung der elastischen Eigenschaften einer Substanz gestattet der Polanyische Dehnungsapparat, der bei Präzisionsmessungen über die Dehnung von Einkrystallen besonders wichtige Dienste geleistet hat und von Karger und Schmid[1] zum ersten Male auf Fasern angewandt worden ist.

Sein Prinzip sei durch die Abb. 19 klargemacht: Der Faserstrang *D* wird an einem Ende in eine solide Fassung F_0 eingeklemmt; sie ist mit Hilfe eines Bügels an einer horizontal gelagerten Stahlfeder *St* befestigt. Letzere ruht mit den beiden Enden auf zwei Schneiden *Schn*. Wird nun der Faden durch irgendeine Vorrichtung, etwa mit Hilfe einer Schraube *T*, nach unten gezogen, so biegt sich infolge der entstehenden Spannung die Stahlfeder ein wenig durch. Diese Durchbiegung mißt einerseits die Verschiebung des oberen Fadenendes und gleichzeitig die Spannung, welche in dem Faden aufgetreten ist; sie wird mit Hilfe einer Spiegelablesung bestimmt. Am anderen Ende ist der Faden in einer zweiten Fassung fixiert, die mit Hilfe einer Schraube verschoben werden kann. Die Verdrehung der Schraube und die Verschiebung der Fassung lassen sich an dem Teilkreis *T* ablesen und sehr fein einstellen. Die Längenänderung des Probekörpers ergibt sich direkt als die Differenz der Verschiebung der unteren und oberen Fassung. Um die in dem Faden herrschende Spannung aus der Durchbiegung der Feder zu berechnen, muß diese vorher durch Belastung mit bekannten Gewichten geeicht werden. Wichtig ist, daß man mit Hilfe dieses Apparates auch die Fließgeschwindigkeit bei konstanter, unter Umständen sogar bei abnehmender Spannung feststellen kann, indem man nämlich durch Anziehen der unteren Schraube in dem Faden eine bestimmte Spannung herstellt und dann die Entlastung als Funktion der Zeit beobachtet.

c) Besondere Vorsichtsmaßregeln bei der Prüfung von Cellulosepräparaten.

Beim Experimentieren mit Cellulosepräparaten sind eine Reihe von Vorsichtsmaßregeln zu beobachten, ohne die man keine definierten Werte erhalten kann.

In erster Linie ist zu bedenken, daß die Fließgeschwindigkeit der Cellulose und ihrer Derivate sehr stark von dem Vorhandensein von Quellmitteln in der umgebenden Atmosphäre abhängt. Es ist wohl bekannt, daß die Reißfestigkeit von Baumwolle, Kupfer- und Viscoseseide durch die Feuchtigkeit der Luft in stärkstem Maße beeinflußt wird. Aber nicht nur die Reißfestigkeit, sondern auch die Fließgeschwindigkeit und damit die Form der ganzen Dehnungskurve hängen bei den genannten Stoffen von der Luftfeuchtigkeit, bei anderen Cellulosederivaten von der Anwesenheit entsprechender Quellmittel in der Atmosphäre in weitestem Maße ab. Es ist daher schwierig, die für ein gegebenes Material

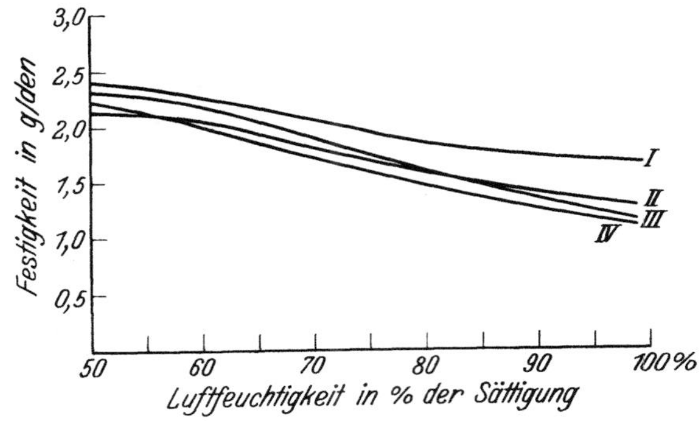

Abb. 20a. Einfluß der Luftfeuchtigkeit auf die Reißfestigkeit von Hydratcellulose.
I bis *IV* verschieden hergestellte Viscoseseiden.

[1] Karger, J., u. E. Schmid: Z. techn. Phys. 6, 124 (1923).

charakteristische, absolute Substanzfestigkeit einwandfrei zu bestimmen, und man muß selbst bei lediglich relativen Untersuchungen sehr darauf bedacht sein, die äußeren Verhältnisse möglichst konstant zu halten. Die Abb. 20a zeigt deutlich, wie stark dieser Einfluß bei Fäden aus Hydratcellulose sein kann. Zwischen 60 und 90% relativer Luftfeuchtigkeit fällt die Reißfestigkeit manchmal beinahe um 50%. Die Belastungsgeschwindigkeit und die übrigen Versuchsbedingungen waren natürlich vergleichbar gewählt. Weniger stark macht sich der Einfluß der Feuchtigkeit auf Viscose und Kupferseide nach Versuchen von Weltzien unterhalb einer relativen Luftfeuchtigkeit von 80% geltend, wie die Abbildung 20b zeigt; sie erweckt den Eindruck, als ob in dieser Umgebung eine Art Knickpunkt vorläge, eine Tatsache, die aber wohl noch nicht sicher genug steht, um sie für weitergehende Schlußfolgerungen verwenden zu können.

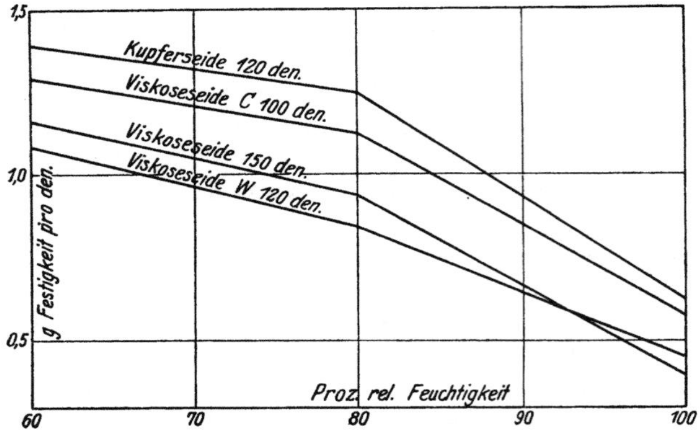

Abb. 20b. Einfluß der Luftfeuchtigkeit auf die Reißfestigkeit verschiedener Kunstseiden.

Ein ähnliches Verhalten zeigen Fäden oder Filme aus Celluloseestern und Äthern, wenn die sie umgebende Atmosphäre Quellmittel wie Aceton, Alkohol, Ester oder chlorierte Kohlenwasserstoffe enthält.

So zeigt die Abb. 20c einige Meßergebnisse an Celluloseacetaten und Cellulosenitraten bei verschiedenen Acetongehalten der umgebenden Luft. Auch hier sieht man deutlich eine Abnahme der Reißfestigkeit mit zunehmender Konzentration des Quellmittels.

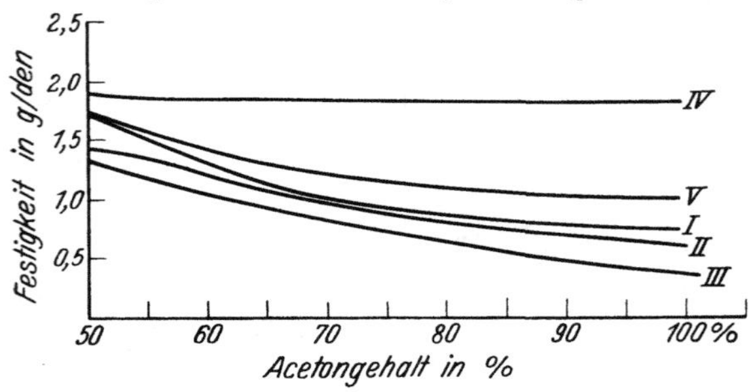

Abb. 20c. Einfluß des Quellmitteldampfdruckes auf die Festigkeit von Celluloseestern.
I = Cellit 56% Acetylgehalt, *II* = Cellit 53% Acetylgehalt, *III* = Cellit 52% Acetylgehalt, *IV* = Cellulosetrinitrat, *V* = Kollodium.

Daß auch die Fließgeschwindigkeit durch das Vorhandensein von Quellmitteln in der Atmosphäre sehr verändert wird, läßt die Abb. 20d erkennen. Hier ist auf der Ordinate die Fließgeschwindigkeit F bei der halben Reißlast gegen den Prozentgehalt des Quellmittels auf der Abszisse aufgetragen. Man sieht, daß hier eine ganz erhebliche Zunahme der Fließgeschwindigkeit bei konstanter Spannung, also der Größe

$$F_{1/2} = \left(\frac{\partial l}{\partial t}\right)_{\sigma = \frac{\sigma_z}{2}} \tag{10}$$

zu beobachten ist.

Von Wichtigkeit ist es ferner, auf die Dehnungsgeschwindigkeit ein genaues Augenmerk zu richten. Da man es, wie schon wiederholt hervorgehoben wurde, bei der Verformung amorpher und micellarer (kryptokrystalliner) Substanzen niemals mit wahren Gleichgewichtszuständen zu tun hat, sind sämtliche Vorgänge von der Belastungszeit abhängig. Auch dieser Umstand erschwert es, über absolute, für die Substanz charakteristische Werte Näheres zu erfahren und zwingt unter Umständen dazu, die Messungen bei sehr tiefer Temperatur auszuführen, wo entsprechend den Überlegungen auf Seite 7 die Zeitabhängigkeit zurücktritt. Aber auch bei lediglich vergleichenden Untersuchungen hat man darauf Wert zu legen, die Dehnungsgeschwindigkeiten möglichst konstant zu halten.

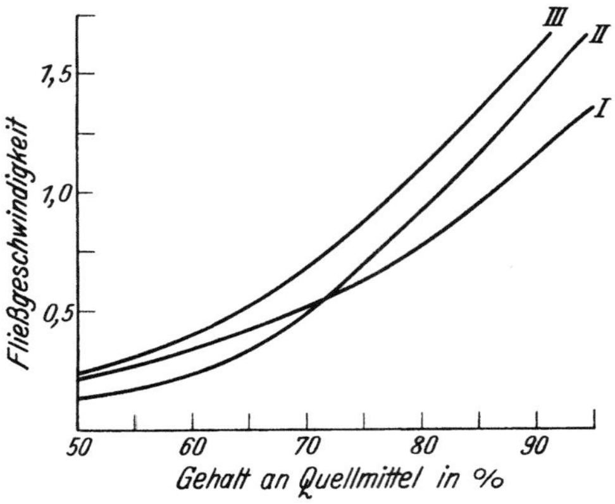

Abb. 20d.
I = Viscoseseide, *II* = Kupferseide, *III* = Nitroseide.

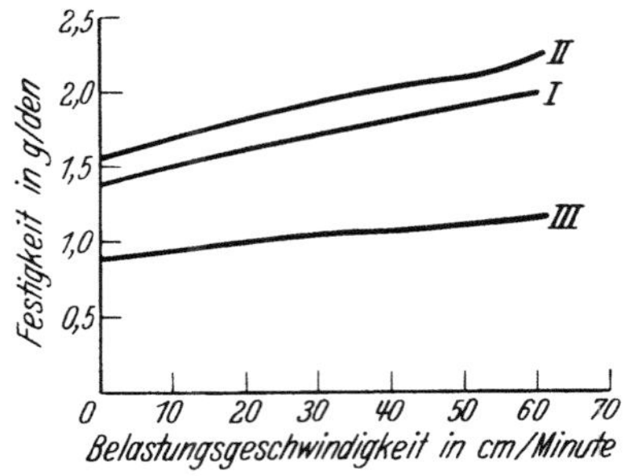

Abb. 21a. Abhängigkeit der Fließgeschwindigkeit vom Quellmittel (Celluloseacetate).

Um zu zeigen, welche Unterschiede man unter Umständen bekommen kann, sind die Abb. 21a, b und c hier aufgenommen. Die beiden ersten zeigen die Reißfestigkeit von Kupferseide, Viscoseseide und Nitroseide bei verschiedenen Belastungsgeschwindigkeiten im trockenen bzw. ungequollenen Zustand. Man sieht zunächst, daß die Unterschiede recht erheblich sind und natürlich in der Richtung

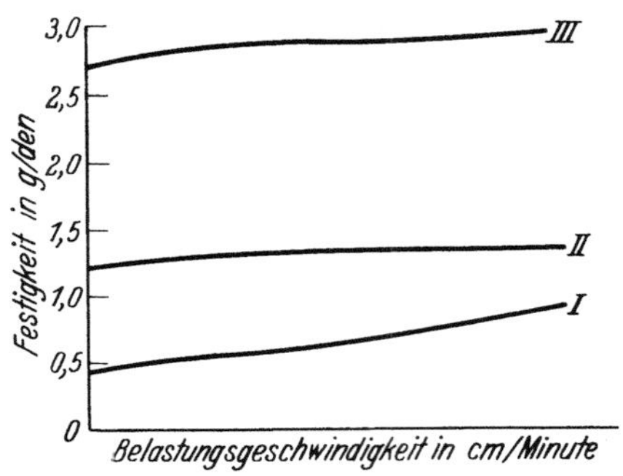

Abb. 21b.
I = Viscose, *II* = Kupferseide, *III* = Nitroseide (verstreckt).

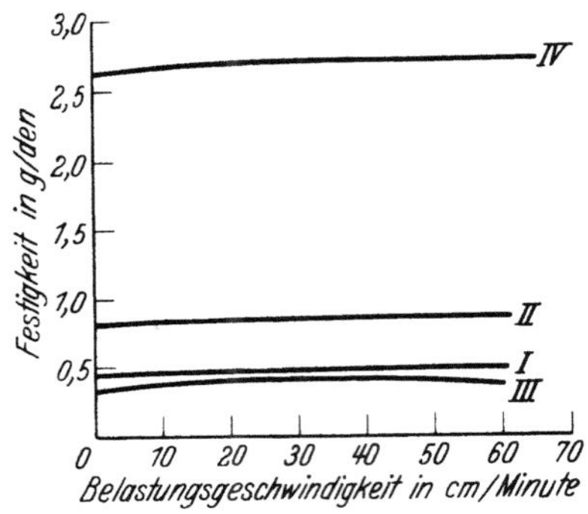

Abb. 21c.
I = Viscoseseide, *II* = Kupferseide, *III* = Nitroseide, *IV* = Nitroseide (verstreckt).

liegen, daß bei rascher Dehnung die Festigkeiten zunehmen, weil das Material nicht zum Fließen gelangen kann. Vergrößert man die Fließgeschwindigkeit durch Quellung, so wird man erwarten, daß der Unterschied abnimmt, was durch die Kurven der Abb. 21c bestätigt wird. Es ist auch schon darauf hingewiesen worden, daß die Versuchstemperatur einen sehr wesentlichen Einfluß auf die elastischen Erscheinungen der hier zu besprechenden Körper ausübt, was wiederum das Erhalten charakteristischer, absoluter Werte erschwert und beim Anstellen von Vergleichsversuchen wohl beachtet werden muß. Endlich ist es notwendig, dafür zu sorgen, daß die Belastung gleichmäßig erfolgt und die sonstigen in der Materialprüfung üblichen normalen Versuchsbedingungen eingehalten werden.

d) Die Bestimmung des Querschnittes (Größe und Form) und der Dichte.

Zur Berechnung der effektiven Zugspannungen ist, wie aus Gleichung (3) hervorgeht, die Kenntnis des Querschnittes q notwendig. Bei den Probekörpern aus technischen Materialien, z. B. bei Metallen oder keramischen Produkten, bietet diese Messung keinerlei Schwierigkeiten. Hingegen ist es bei Faserstoffen häufig nicht leicht, den Querschnitt genau zu bestimmen. Er ist oft unregelmäßig und vor allem über die gesamte Einspannlänge keineswegs konstant, so daß man stets nach erfolgtem Riß den Querschnitt unmittelbar an der Rißstelle zu nehmen hat, wenn man ganz genaue und verläßliche Zahlen bekommen will. Um ein Beispiel zu geben, wie unähnlich die Querschnitte der verschiedenen Cellulosederivate einander sein können, seien die Abb. 22a bis c angeführt, welche zeigen, daß z. B. Viscosefäden je nach der Herstellungsart Querschnitte von ganz verschiedener Form aufweisen können. Dasselbe ist bei Fäden von Nitrocellulose, Kupferammincellulose und Acetylcellulose der Fall, wie die Abb. 22d, e und f erkennen lassen.

In der rationellen Materialprüfung werden Festigkeiten stets in kg je mm² in der englischen Literatur in lbs je sqinch angegeben[1], man muß zu ihrer Berechnung den Querschnitt seiner absoluten Größe nach kennen. In der Praxis findet man hingegen meist die Festigkeiten von Kunstfäden in g je denier angeführt, wobei sich die Querschnittsbezeichnung denier auf den „legalen Titer" bezieht. Nach internationaler Übereinkunft definiert man als legalen Titer diejenige Zahl Gramme, welche 9000 m des vorliegenden Fadens bei 10% Wassergehalt wiegen, und nennt dies die Denier-Zahl der betreffenden Ware. „Viscoseseide von 150 denier" bedeutet also, daß 9000 m der vorliegenden Viscoseseide 150 g wiegen. Mißt man den Querschnitt, wie es rationell üblich ist, in mm² und bezeichnet man die Dichte der Faser mit s, so ergibt sich, daß ein Faden von 1 denier einen Querschnitt von

$$\frac{1}{s \cdot 9 \cdot 10^3}\ \mathrm{mm}^2$$

besitzt, weil gilt:

$$d\ (\text{Denier-Zahl}) = 900000 \cdot q \cdot s \quad \text{also} \tag{11}$$

$$q = \frac{d}{s \cdot 9 \cdot 10^5}\ \mathrm{cm}^2 \qquad \text{oder} \qquad \frac{d}{s \cdot 9 \cdot 10^2}\ \mathrm{mm}^2$$

oder

$$q = \frac{1000 \cdot d}{9 \cdot s} = 111 \cdot \frac{d}{s}\ \mu^2. \tag{12}$$

Denier-Zahl und wahrer Faserquerschnitt sind also durch die Dichte miteinander verknüpft. Auf diesen Umstand wird häufig nicht geachtet und man findet zum Beispiel oft, daß die Denier-Festigkeiten von Viscose- und Acetatseide ohne weiteres miteinander verglichen werden, obwohl die Dichten der beiden Substanzen recht verschieden sind. Ein solcher Vergleich sagt also nichts über das wahre Verhältnis der absoluten Festigkeiten aus. Nur wenn man Fäden von denselben spezifischen Gewichten miteinander vergleicht, bleiben die wahren

[1] Die Umrechnungszahl beträgt 13 lb/sqinch = 1 kg/mm².

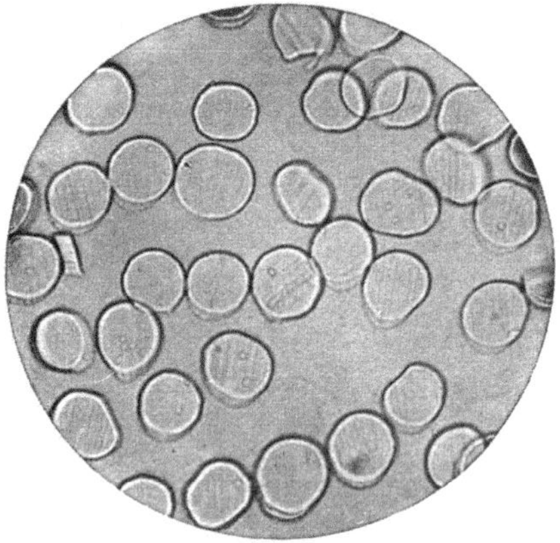

Abb. 22a. Querschnitte von Viscoseseide (in Mineralsäure gesponnen). Nach Süvern[1].

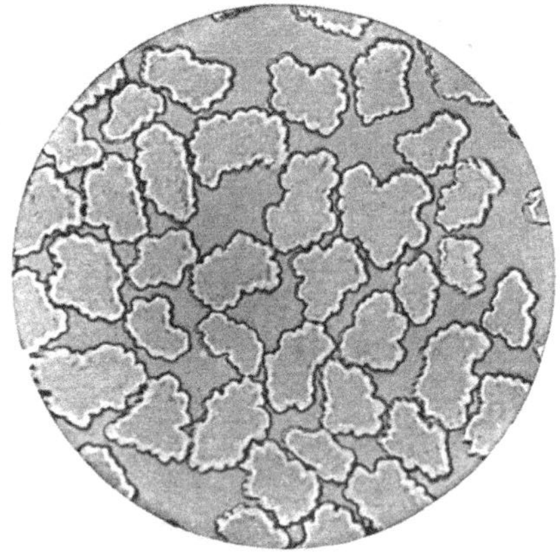

Abb. 22b. Querschnitte von Viscoseseide (in Mineralsäure und Salz gesponnen). Nach Süvern.

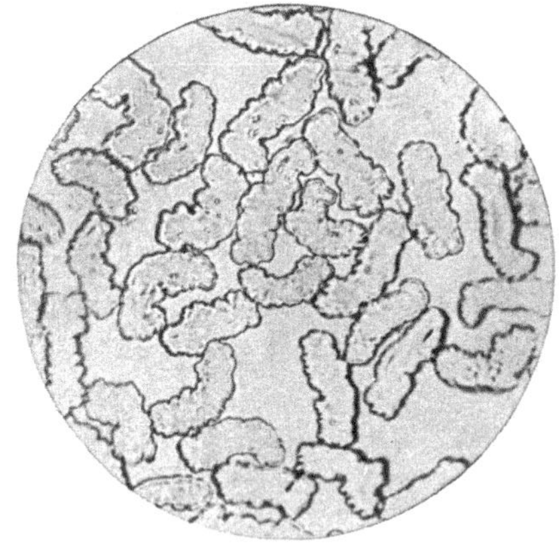

Abb. 22c. Querschnitte von Viscoseseide (in Mineralsäure, Salz und Glukose gesponnen). Nach Süvern.

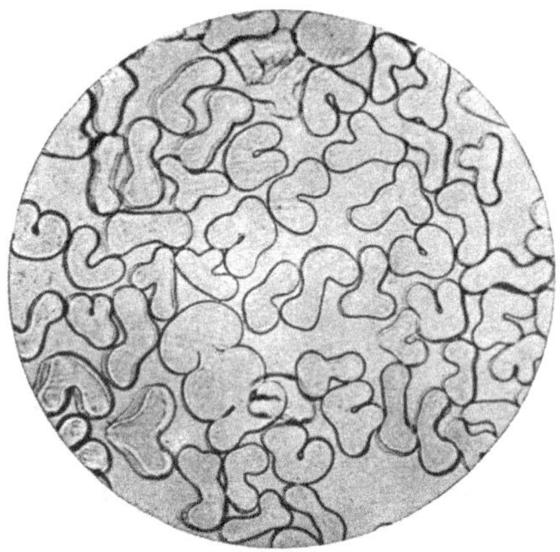

Abb. 22d. Querschnitte von Nitrokunstseide. Nach Süvern.

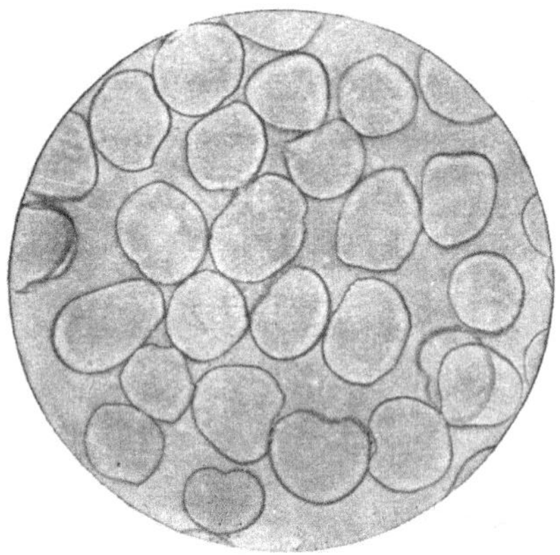

Abb. 22e. Querschnitte von Kupferseide (in konz. Natronlauge mit Zuckerzusatz gesponnen). Nach Süvern.

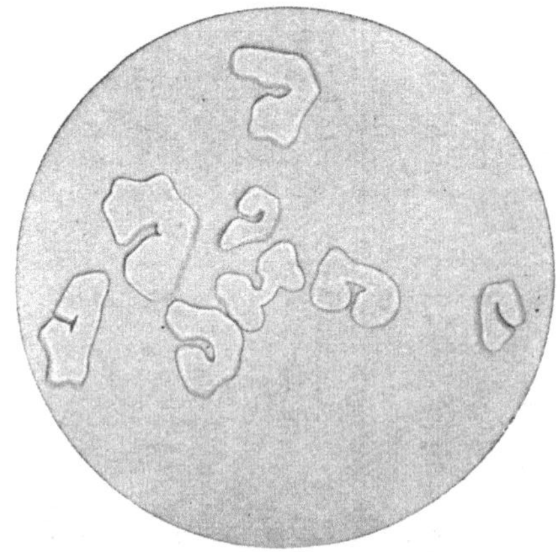

Abb. 22f. Querschnitte von Acetatseide. Nach A. Herzog[2].

[1] Süvern, K.: Die künstliche Seide. 4. Aufl. Berlin: Julius Springer 1921.
[2] Herzog, A.: Die mikroskopische Untersuchung der Seide und der Kunstseide. Berlin: Julius Springer 1924.

Festigkeiten den Denier-Festigkeiten proportional. Mit Hilfe der Dichte läßt sich nun leicht berechnen, welchem Querschnitt in μ^2 ein denier bei den verschiedenen wichtigen Faserstoffen entspricht. In Tabelle 2 sind die bei dieser Rechnung sich ergebenden Zahlen zusammengestellt.

Tabelle 2. Ein denier[1] entspricht den folgenden Absolutwerten in μ^2.

Wolle	$s = 1{,}30$	1 denier = 85,4 μ^2
Seide	$s = 1{,}37$	1 denier = 80,3 μ^2
Baumwolle	$s = 1{,}52$	1 denier = 72,5 μ^2
Viscoseseide	$s = 1{,}55$	1 denier = 71,0 μ^2
Kupferseide	$s = 1{,}53$	1 denier = 71,9 μ^2
Nitroseide	$s = 1{,}54$	1 denier = 71,5 μ^2
Acetatseide	$s = 1{,}27$	1 denier = 86,5 μ^2
Luftseide	$s = 1{,}35$	1 denier = 81,4 μ^2
Quarz	$s = 2{,}65$	1 denier = 41,5 μ^2
Platin	$s = 21{,}4$	1 denier = 5,1 μ^2

Die Titerbestimmung, d. h. die Bestimmung der Denier-Zahl, erfolgt meist in der Weise, daß 450 m Faden abgeweift und dann genau gewogen werden. Hierbei ist der Feuchtigkeitsgehalt der Fasern sorgfältig zu berücksichtigen. Meist läßt man die Stränge bei etwa 65% relativer Luftfeuchtigkeit aushängen. Wünscht man den genauen oder „konditionierten“ Titer zu bestimmen, dann muß man die Luftfeuchtigkeit noch gesondert in Rechnung setzen und dafür sorgen, daß der Faden etwa 10% Feuchtigkeit enthält. Dies erreicht man am besten durch Aushängen in einem Raum von 60% relativer Feuchtigkeit während 12 bis 24 Stunden. Man kann auch die Probe bei 105 bis 110° C solange trocknen, bis sie innerhalb von 10 Minuten weniger als 0,05% ihres Gewichtes verliert und entsprechend 11% hinzuzufügen.

Neben der gewichtsmäßigen Bestimmung des Titers ist von A. Herzog[2] die Titerbestimmung aus dem Querschnitt vorgeschlagen worden, welche auf mikroskopischem Wege mit Hilfe eines Netzmikrometers durchgeführt wird. Hierbei erfährt man nicht nur etwas über die Größe des Flächeninhaltes, sondern erhält auch noch wichtige Aufschlüsse über die Querschnittsform. Zur Bestimmung der Querschnittsgröße, also des Titers, wird ein Netzmikrometer verwendet, dessen einzelne Quadrate einen Flächeninhalt von

$$f = 0{,}1 \text{ denier}$$

haben. Wendet man diesen Apparat auf Cellulose, Hydratcellulose und Nitrocellulose (s etwa gleich 1,52) an, so entspricht der Flächeninhalt eines Einzelquadrates im absoluten Maß einer Größe

$$f = 7{,}2\,\mu^2$$

und es gilt für Fäden aus diesem Material die Beziehung

$$\text{legaler Titer} = \frac{\text{Zahl der bedeckten Quadrate}}{10}. \tag{13}$$

Will man den Querschnitt in μ^2 erhalten, dann hat man

$$q \text{ in } \mu^2 = \text{Zahl der bedeckten Quadrate} \cdot 7{,}2 \tag{14}$$

und für Celluloseacetate

$$q \text{ in } \mu^2 = \text{Zahl der bedeckten Quadrate} \cdot 8{,}7\,. \tag{15}$$

[1] Bei 10% Wassergehalt.

[2] Herzog, A.: Die mikroskopische Untersuchung der Seide; Berlin: Julius Springer 1924; vgl. hierzu auch die ausgezeichnete Darstellung von W. Weltzien: „Die Kunstseide“; Leipzig: AVG 1930.

Ein ähnlicher Wert wie für Naturseide ergibt sich auch für die sogenannten Hohlseiden. Das sind meist Fäden aus Hydratcellulose, welche luft- oder gasgefüllte Hohlräume enthalten. Sorgfältige Versuche von A. Herzog[1] über die Dichte zahlreicher Luftseiden ergaben ein scheinbares spezifisches Gewicht von etwa 1,37, eine Zahl, welche natürlich von den Herstellungsbedingungen in einem gewissen Umfang abhängt.

Bei der Titerbestimmung zählt man nun aus, wie viele Quadrate des Netzmikrometers von dem zu untersuchenden Fadenquerschnitt bedeckt werden und erhält nach Division durch den Faktor 10 den Fasertiter direkt in denier, wobei man darauf bedacht sein muß, bei Acetatseide, Naturseide und Luftseiden noch die geeigneten Umrechnungszahlen zu verwenden.

Es ist bekannt, daß die Querschnittsgröße der Einzelfaser von ganz hervorragender technischer Bedeutung für die Kunstseideherstellung ist, ein Umstand, der in den meisten technischen Monographien eingehend gewürdigt ist. In der vorliegenden, die mechanischen Grundlagen behandelnden Darstellung sei nur noch die Tabelle 3 angeführt, welche einige Angaben von Faserquerschnitten natürlicher und künstlicher Cellulosepräparate enthält. Die feinsten Fäden, welche bisher dargestellt worden sind, haben also einen Querschnitt von etwa 10 μ^2. Zum Vergleich sei angeführt, daß die feinsten, bisher gemessenen Spinnwebfäden etwa 4 μ^2 Querschnitt besitzen, während die in den empfindlichsten Elektrometern für die Aufhängung von schwingenden Systemen verwendeten Quarz- und Wollastondrähte Querschnitte bis herunter zu 0,5 μ^2 aufweisen.

Tabelle 3.

Präparat	Querschnitt in denier	Querschnitt in μ^2
Normale Viscose	3—5	~ 280
Feinstfädige Viscose	1—1,5	~ 90
Extrem verstreckter Hydratcellulosefaden	0,2	~ 15
Normale Kupferseide	2—3	~ 150
Normale Acetatseide	3—5	~ 320
Extrem verstreckte Acetatseide	0,01	~ 8
Feinste Naturseide	0,5—1,5	~ 50
Feinste Quarzfäden	0,01	0,4—0,5
Feinste Wollastondrähte	0,2	1—1,5
Feinste Spinnwebfäden	—	~ 10

Neben der Querschnittsgröße ist von hervorragender Bedeutung für die technischen Eigenschaften und für das allgemeine mechanische Verhalten die Form des Querschnittes. Wie die Abb. 22a bis f bereits erkennen lassen, ist sie nur selten genau kreisförmig; meist hat man es mit einer starken Abweichung von der Kreisform zu tun, für deren Festlegung A. Herzog[2] den Begriff der Völligkeit eingeführt hat. Hierunter versteht man den Quotienten aus dem Flächeninhalt des tatsächlichen Querschnittes und dem des umschriebenen Kreises. Die Völligkeit ist demnach stets ein echter Bruch, da der dem Querschnitt umschriebene Kreis stets eine größere Fläche einnimmt als der Querschnitt selbst. Sie wird in Prozenten gemessen und ist folgendermaßen definiert:

$$\text{Völligkeitsgrad} = \frac{400 \cdot q}{\pi \cdot d^2} = 127{,}32 \frac{q}{d^2}, \tag{16}$$

[1] Herzog, A.: Kunstseide 8, 397 (1926).
[2] Herzog, A.: Textile Forsch. 4, 99 (1922).

wobei

q = Querschnitt in beliebiger Einheit,

d = größte Faserbreite in derselben Einheit gemessen wie $\sqrt{q}$.

Bei Kunstseiden vom spezifischen Gewicht 1,52 hängt die Völligkeit mit dem Titer und der Faserbreite in folgender Weise zusammen:

$$\text{Völligkeitsgrad} = 9307 \frac{\text{legaler Titer}}{d^2} . \tag{17}$$

Tabelle 4. Völligkeitszahlen einiger Fasern.

Material	Völligkeitsgrad nach A. Herzog	Material	Völligkeitsgrad nach A. Herzog
Naturseide	75—90	Normale feinfädige Viscose . .	40—55
Kupferstreckspinnseide . . .	70—90	Normale Acetatseide	45—60
Stark verstreckte Viscose . .	70—90	Bändchenseide	30—45
Stark verstreckte Acetatseide	70—85	Luftseide.	15—30
Normale Kupferseide	45—60	Baumwolle	15—35

Die Tabelle 4 enthält einige experimentell bestimmte Völligkeitszahlen verschiedener Präparate. Bezüglich der technischen Bedeutung hoher Völligkeitszahlen muß auf die sehr ausführliche einschlägige Literatur verwiesen werden[1]. Hier sei nur im Anschluß an die Tabelle 4 und an die Abb. 22 erwähnt, daß die weitere technische Verarbeitung der Kunstseide (Verwirken, Verweben usw.) von der Querschnittsform stark beeinflußt wird. Aber auch Anfärbbarkeit, Glanz, Griff usw., alles wichtige technische Eigenschaften, hängen mit der Querschnittsform eng zusammen. Systematische und verläßliche Untersuchungen über diesen Zusammenhang sind in der Literatur jedoch bisher nicht veröffentlicht worden.

Die Herstellung der Querschnitte ist von A. Herzog bei mehreren Gelegenheiten[2] so ausführlich beschrieben worden, daß es nicht notwendig erscheint, hier ebenfalls noch näher darauf einzugehen. Bei der Reproduktion verwendet man wohl am zweckmäßigsten eine Mikroprojektionseinrichtung, welche die Querschnitte makroskopisch erscheinen läßt, so daß man sich über ihre Größe und Form leicht ein direktes Bild machen kann.

Recht wesentlich für die Beurteilung von Festigkeitsversuchen ist neben der Form und Größe noch die Gleichmäßigkeit des Querschnittes entlang größerer Faserstücke, eine Eigenschaft, von der auf Seite 21 bereits die Rede war und die man mit Hilfe der dort beschriebenen Methode der verschiedenen Einspannlängen bis zu einem gewissen Grade kennenlernen kann. Genaueren Aufschluß bietet natürlich erst die direkte Bestimmung der Querschnitts- oder Titerschwankungen, welche in verschiedener Weise erfolgen kann. Am nächsten liegt es, den zu untersuchenden Faden in Stücke bestimmter Länge zu zerschneiden und durch Wägung mit einer sehr empfindlichen Torsionswaage das Gewicht der einzelnen Stücke zu kontrollieren. Dieses primitive Vorgehen weist, wie man leicht einsieht, eine Reihe von Nachteilen auf. Durch die willkürlich gewählte Länge der Schnittstücke ist das Auffinden periodischer Titerschwankungen erschwert und kann nur im Umwege über ein etwas kompliziertes analytisches Fourierverfahren erreicht werden. Wesentlich zweckmäßiger ist daher die optische Bestimmung der Titerschwankungen, deren Prinzip die Abb. 23 erkennen läßt.

[1] Vgl. etwa A. Herzog: Mikroskopische Untersuchung der Seide, S. 19ff. Berlin: Julius Springer 1924.

[2] z. B. A. Herzog: l. c. S. 25. Vgl. auch W. Weltzien: Technologie der Kunstseide. AVG. **1930**, 92ff.

Man führt den zu prüfenden Faden an einem schmalen Spektroskopspalt vorbei und projiziert das Bild beider Objekte auf eine Photozelle. Dann stellt man den Spalt in seiner Breite so ein, daß er wenig breiter bleibt als die maximal zu erwartenden Faserquerschnitte und beobachtet während des Vorbeilaufens den in der lichtelektrischen Zelle entstehenden Photostrom. Dies kann entweder mit Hilfe einer Verstärkungsvorrichtung direkt am Milliamperemeter oder durch Registrierung erfolgen. Bei der praktischen Durchführung sind eine Reihe von Vorsichtsmaßregeln zu beobachten, die sich ohne weiteres aus dem Umstand ergeben, daß der Faserquerschnitt niemals genau kreisförmig ist, daß an der Faser und am Spalt Beugung stattfindet und daß die Fasern nicht völlig undurchsichtig sind.

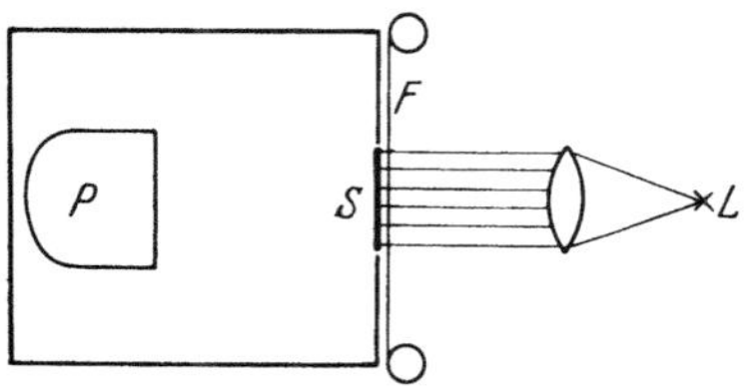

Abb. 23. Prinzip der optischen Bestimmung von Titerschwankungen.

Wie schon bei der Besprechung des Titers hervorgehoben worden ist, spielt die Dichte der Präparate bei der Auswertung ihrer mechanischen Eigenschaften eine erhebliche Rolle. Es gibt verschiedene Methoden zu ihrer Bestimmung, die aber alle einer scharfen Kritik nur in beschränktem Maße standhalten können. Meist wurde die pyknometrische Methode unter Verwendung von Flüssigkeiten oder Gasen gebraucht. Die Tabelle 5a zeigt nach Davidson die spezifischen

Tabelle 5a. Spezifische Gewichte verschiedener Cellulosen in verschiedenen Imbibitionsmitteln.

Material	Vorbehandlung	Dichte in		
		Helium	Toluol	Wasser
American Upland cotton	mit Soda gekocht	1,568	1,550	1,610
American Upland cotton	mercerisiert	1,550	1,530	1,606
Sea Island cotton	mit Soda gekocht	1,558	1,548	1,604
Sea Island cotton	mercerisiert	1,545	1,531	1,602
Sakellaridis	mit Soda gekocht	1,563	1,550	1,606
Sakellaridis	mercerisiert	1,550	1,536	1,604
Viscoseseide	—	1,548	1,534	1,608
Kupferseide	—	1,531	1,522	1,601
Nitroseide	—	1,543	1,529	1,615

Tabelle 5b. Mittlere spezifische Gewichte einiger wichtiger Faserstoffe.

Material	Dichte in Toluol	Material	Dichte in Toluol
Ägyptische Baumwolle	1,52	Cellulosetrimethylat	1,28
Indische Baumwolle	1,53	Cellulosepropionat	1,27
Amerikanische Baumwolle	1,53	Celluloselaurat	—
Hydratcellulose	1,52	Cellulosuccinnamat	—
Ramie	1,55	Wolle	1,30
Flachs	1,56	Naturseide	1,37
Hanf	—	Luftseide	—
Viscoseseide	1,54	Gelatineseide	—
Kupferseide	1,54	Spinnwebfaden	—
Cellulosetriacetat	1,25	Silk-worm	—
Cellulosetrinitrat	1,54		

Gewichte mehrerer Cellulosepräparate in verschiedenen Imbibitionsmitteln. Tabelle 5b enthält die mittleren Dichten einiger wichtiger Faserstoffe. Es ist von Interesse, daß die Dichte im Helium einen höheren Wert hat als die in Toluol oder in anderen Kohlenwasserstoffen, was wohl damit zusammenhängt, daß das Helium die Hohlräume der Faser während des Versuches besser erfüllt als eine hydrophobe Flüssigkeit. Damit steht in Übereinstimmung, daß Wasser die höchsten Werte liefert, ein Umstand, auf den bereits Weltzien[1] besonders hingewiesen hat. Aceton, Chloroform, Benzol, Kohlenstofftetrachlorid, Nitrobenzol und andere Flüssigkeiten liefern ähnliche Werte wie Toluol. Die Tabelle 5a läßt auch erkennen, daß bei der Verwendung von Wasser die Unterschiede in den verschiedenartigen Cellulosepräparaten am kleinsten ausfallen, offenbar deshalb, weil Wasser wegen seiner Affinität in die intermicellaren Hohlräume auf alle Fälle eindringt. Hingegen zeigen sich bei der Verwendung von Toluol recht erhebliche Unterschiede zwischen nativer Cellulose und Hydratcellulose in dem Sinne, daß die Dichte etwa der Kupferseide erheblich kleiner ausfällt als die der nativen Cellulose, aus welcher das Präparat hergestellt worden ist.

Es muß auch besonders darauf hingewiesen werden, daß bei weitgehender plastischer Verformung das spezifische Gewicht nicht konstant bleibt, sondern ein wenig zunimmt. Dehnt man gequollene Kupferseide, deren spezifisches Gewicht man zu 1,53 gefunden hat, vorsichtig auf das 2,5fache ihrer Ausgangslänge und bestimmt wiederum das spezifische Gewicht, so erhält man Zahlen, welche bei 1,56 liegen. Es ist also bei der langsamen plastischen Verformung des gequollenen Materials eine Dichtezunahme eingetreten. Wie später noch ausführlicher auseinandergesetzt werden wird, beobachtet man bei der gleichen Behandlung eine Parallelorientierung der Micelle[2] in der Faser. Diese Umorientierung ist also mit einer schwachen Konsolidierung des Gefüges verbunden, offenbar in dem Sinne, daß kleine Hohlräume, welche während des Prozesses der Herstellung in dem unorientierten Faden entstanden waren, sich bei der langsamen plastischen Verformung allmählich schließen.

Aus dem Gesagten geht hervor, daß man wirklich genaue Werte über die Dichte von Cellulosepräparaten nicht ohne weiteres erhalten kann, so daß sämtliche absoluten Zahlen über die Festigkeit schon aus diesem Grunde mit einem gewissen Fehler behaftet bleiben müssen.

e) Die Elastizitätsgrenze und die Elastizitätsmodulen von Fasern, speziell von Cellulosederivaten.

Für den Elastizitätsmodul verschiedener Cellulosederivate sind bereits in der Tabelle 1 einige Zahlen angegeben worden. Neben den dort schon erwähnten beiden Arbeiten ist in der Literatur über diese Größen nur wenig Sicheres bekannt[3].

Die Bestimmung aus dem reversiblen, linearen Anfangsteil der Dehnungskurve ist zum mindesten bei Normaltemperatur praktisch nicht durchführbar, weil, wie schon erwähnt, unter diesen Umständen die wahre Elastizitätsgrenze der meisten Fasern sehr niedrig liegt und ihre Anfangsteile, selbst wenn sie über einen bestimmten Bereich hinaus dem Hookeschen Gesetz zu entsprechen scheinen, nicht wirklich reversibel sind. Karger und Schmid[4] haben daher in ihrer bereits

[1] Weltzien, W.: Buch l. c. S. 33.

[2] Daß in den Fasern der nativen Cellulose in sich abgeschlossene Micelle vorliegen, ist sowohl durch die polarisationsoptische als auch durch die röntgenographische Analyse sichergestellt und wird zur Zeit von keiner Seite bestritten. Die Einführung dieses Begriffes bedeutet daher an dieser Stelle keinerlei Beschränkung der Ausdrucksweise und keine Anlehnung an ein spezielles „Cellulosemodell“.

[3] z. B. Th. Barrath: Text. Inst. **13**, 22 (1922).

[4] Karger, J., u. E. Schmid: l. c. S. 124.

wiederholt erwähnten grundlegenden Untersuchung den elastischen Anteil der Dehnung entlang der ganzen Dehnungskurve durch Entlastung auf den Spannungswert Null bestimmt, nachdem vorher das Präparat bis zu einer bestimmten Verlängerung gedehnt worden war. Die Differenz zwischen der Gesamtdehnung und der nach erfolgter Entlastung noch verbleibenden Dehnung stellt die der erreichten Spannung entsprechende elastische Dehnung dar. Es ist hierbei wesentlich, die Versuchsdauer möglichst kurz zu halten, da sonst Fließvorgänge im Präparat die Verhältnisse fälschen können.

Die Abb. 24 zeigt eine hin- und rückläufige Dehnungskurve, wie man sie im Schopperschen Dehnungsapparat erhalten kann, wenn man die auf Seite 20 erwähnte Sperrklinke außer Funktion setzt. Durch Vorversuche war von dem gegebenen Präparat — es handelte sich um einen Faden aus Acetylcellulose — die Reißfestigkeit bestimmt worden; sie lag im Mittel von 20 Versuchen bei $\sigma_z = 1{,}35$ g/den $= 17$ kg/mm^2.

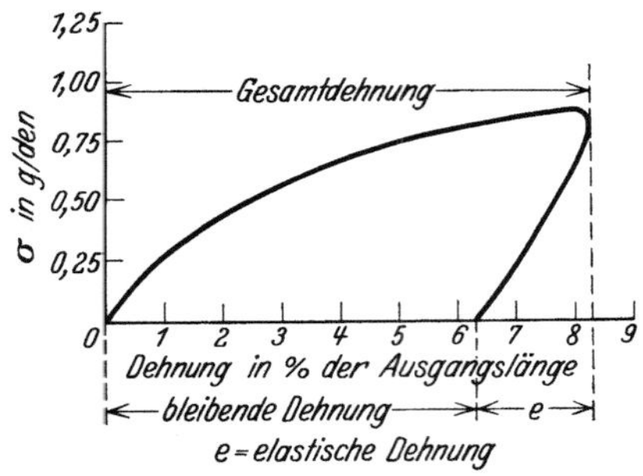

Abb. 24a. Hin- und rückläufige Dehnungskurve; aufgenommen im „Schopper".

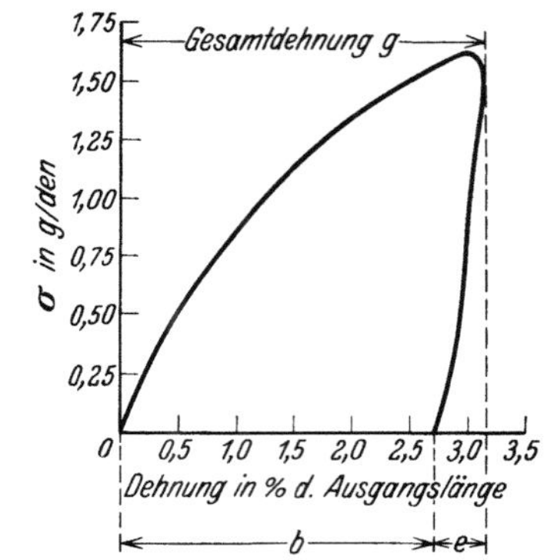

Abb. 24b. Hin- und rückläufige Dehnungskurve einer Viscoseseide.

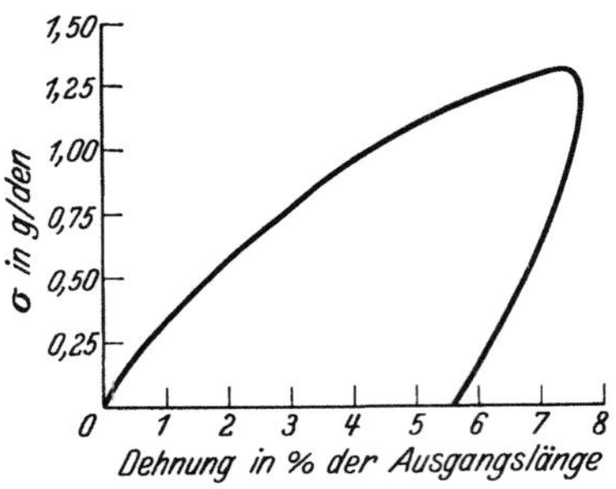

Abb. 24c. Hin- und rückläufige Dehnungskurve für eine Kupferseide.

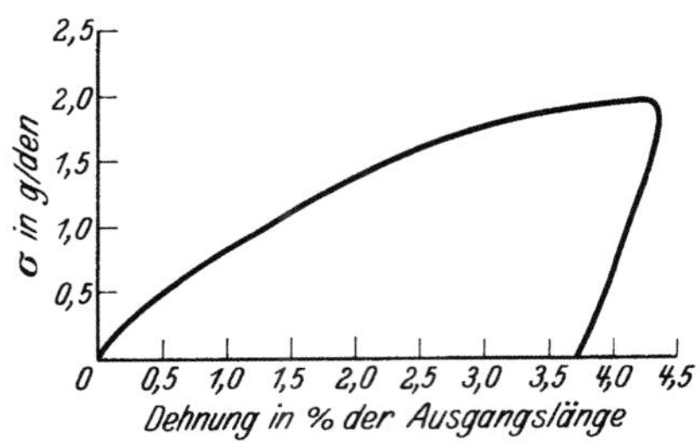

Abb. 24d. Hin- und rückläufige Dehnungskurve für eine Nitrocellulose.

Dann wurde derselbe Faden mit großer Dehnungsgeschwindigkeit bis zu ⅔ der Reißlast beansprucht und beim Erreichen dieses Punktes unmittelbar wieder entlastet. Die rückläufige Dehnungskurve läßt durch ihren Schnittpunkt mit der Abszissenachse deutlich eine Trennung in elastische und bleibende Dehnung zu.

Führt man dasselbe Experiment mit Viscoseseide aus, so erhält man die in Abb. 24b wiedergegebene hin- und rückläufige Dehnungskurve, aus der hervorgeht, daß die Hydratcellulose einen wesentlich geringeren elastischen Dehnungsanteil zeigt als Acetylcellulose. Die Abb. 24c und d geben dieselben Kurven für Kupferammincellulose und für Nitrocellulose wieder.

Wesentlich genauer lassen sich solche Versuche natürlich im Polanyischen Dehnungsapparat ausführen, wie es Schmid und Karger[1] zur Bestimmung des Elastizitätsmoduls von Tussahseide und Wolle getan haben. Bei Benützung dieses Instrumentes geht man so vor, daß man zunächst mit der Dehnungsschraube eine bestimmte vorher berechnete Umdrehung durchführt, d. h. den Faden einer bestimmten Spannung aussetzt und dann sofort wieder bis zur Ausgangsstellung der Skala zurückdreht, d. h. den Faden entlastet. Aus der Drehung der Schraube und der Spiegelablesung stellt man dann unmittelbar nach Erteilung der Spannung die Gesamtdehnung fest, unmittelbar nach Zurückdrehen der Schraube in die Ausgangslage die bleibende Dehnung. Die Differenz ergibt, wie oben auseinandergesetzt, den elastischen Dehnungsanteil bei der dem Faden erteilten Spannung. Dann wird derselbe Versuch mit einer anderen Gesamtdehnung wiederholt usw. Für jede einzelne Gesamtdehnung müssen natürlich mehrere Einzelversuche ausgeführt werden, deren Mittel dann erst eine brauchbare Zahl liefert.

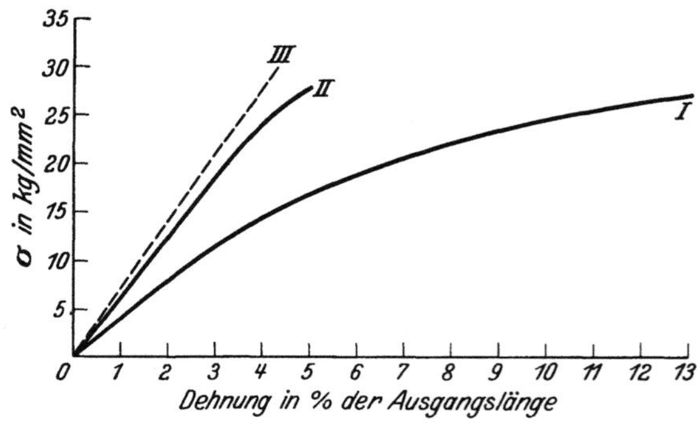

Abb. 25. Dehnungskurven von Tussahseide.

In dieser Weise sind die Kurven der Abb. 25 erhalten worden, welche die „mittleren" gesamten und elastischen Dehnungskurven der Tussahseide ergeben. Von den beiden vollgezeichneten Kurven gibt *I* die mittlere Gesamtdehnung, *II* die mittlere elastische Dehnung wieder. Wenn es sich hierbei auch nicht um ein Cellulosederivat handelt, so schien es doch zweckmäßig, diese Kurven hier aufzunehmen, da sie zweifellos bisher die einzigen, wirklich exakten Angaben auf diesem Gebiete darstellen. Der geradlinige Verlauf des elastischen Anteils zeigt, daß bis zu einer Spannung von beinahe 30 kg/mm² das Hookesche Gesetz erfüllt bleibt: es sind die elastischen Dehnungsanteile proportional den angelegten Spannungen.

Es wäre aber nicht berechtigt, aus dem Neigungswinkel der Kurve *II* ohne weiteres den Elastizitätsmodul in der üblichen Weise zu berechnen, da recht erhebliche gleichzeitige plastische Verlängerungen vorliegen, welche mit einer Querschnittsverminderung verbunden sind, so daß die im Faden tatsächlich herrschende Spannung größer ist, als es der Kurve *II* der Abb. 25 entspricht. Führt man die hierdurch nötig gewordene Korrektur durch, dann erhält man die in der Abbildung punktiert gezeichnete Kurve *III*, aus der, wie oben bemerkt, hervorgeht, daß bei der Tussahseide das Hookesche Gesetz bis zu einer Spannung von fast 30 kg/mm² voll bestätigt ist. Hieraus berechnet sich für die Seide ein Elastizitätsmodul von etwa 700 kg/mm². Dieser Wert steht in größenordnungsmäßiger Übereinstimmung mit einer älteren Messung von W. Weber[2], der aus der elastischen Nachwirkung von Naturseide nach einem ähnlichen Verfahren den Elastizitätsmodul dieser Substanz zu 864 kg/mm² bestimmt hat.

Für Baumwolle hat Th. Barrath[3] in einer sehr sorgfältigen Arbeit einen Elastizitätsmodul von etwa 5000 gemessen, was mit dem in Tabelle 1 für Hydratcellulose angegebenen Wert größenordnungsmäßig übereinstimmt.

---

[1] l. c. S. 131. [2] Pogg. Ann. **34**, 247 (1835). [3] J. Text. Inst. **13**, 22 (1922).

Gegen die eben geschilderte Methode lassen sich eine Reihe von Einwänden erheben, die in der Arbeit von Karger und Schmid genauer auseinander-

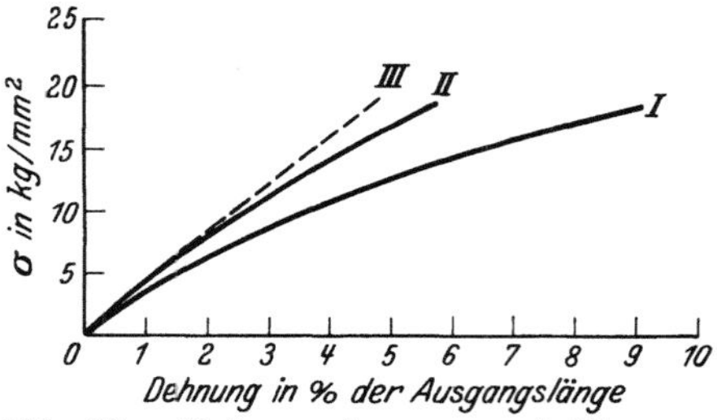

Abb. 26a. Dehnungskurven nach Karger-Schmid für Hydratcellulose.

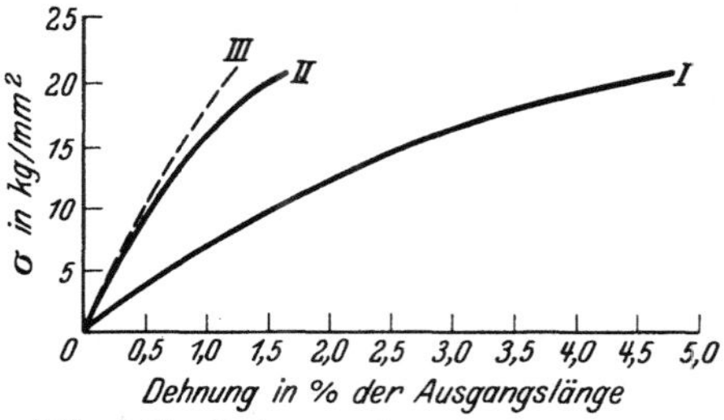

Abb. 26b. Dehnungskurven nach Karger-Schmid für Acetylcellulose.

gesetzt sind, hier aber bloß aufgezählt seien. Die Hauptschwierigkeit liegt natürlich in der starken Abhängigkeit sämtlicher Erscheinungen von der Versuchsdauer. Je langsamer man arbeitet, um so größer werden die plastischen Dehnungsanteile, um so ungenauer daher die auf der Differenzbildung beruhende Methode. Bei der praktischen Durchführung stellt sich ferner heraus, daß die Streuungen außerordentlich groß sind, wenn man nicht von vornherein gerade gestreckte Fasern zu untersuchen hat, sondern mehr oder weniger gekräuselte Naturprodukte (Baumwolle, Wolle usw.). Dann besteht nämlich eine bestimmte Willkürlichkeit in der Wahl der Anfangsspannung, da bereits für die Entkräuselung des Haares, also für seine völlige Geradestreckung eine bestimmte Belastung notwendig ist; unter Umständen sind diese Spannungen gar nicht gering; sie betragen zum Beispiel bei gewissen Baumwollsorten bis zu 0,5, bei stark gekräuselten Kammwollen sogar bis zu 3 kg/mm². Schließlich hat man auch hier auf die Feuchtigkeit der Atmosphäre besonders zu achten.

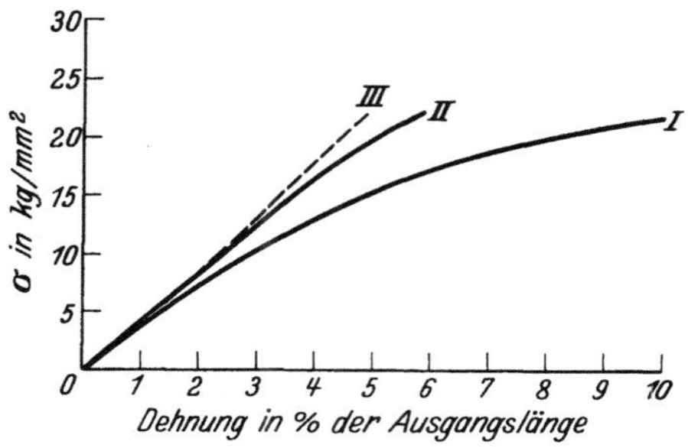

Abb. 26c. Dehnungskurven nach Karger-Schmid für Nitrocellulose.

Tabelle 6. Elastizitätsmoduln einiger Cellulosepräparate nach der Methode der „getrennten Dehnungskurven“.

Material	Elastizitätsmodul in kg/mm²
Normale Viscose	1800—2200
Extrem verstreckte Viscose	bis 40000
Normale Kupferseide	900—1500
Extrem verstreckte Kupferseide . . .	bis 25000
Normale Acetatseide	350—500
Nitroseide	400—600
Naturseide	700—900
Stahl	~ 20000

Die Abb. 26a, b und c zeigen, welche mittleren gesamten und elastischen Dehnungskurven für Hydratcellulose (Viscoseseide), Acetylcellulose und Nitrocellulose in der eben beschriebenen Weise erhalten worden sind[1]. Aus ihnen

[1] Hier sind die Spannungen in kg/mm² angegeben, um die Elastizitätsmoduln direkt im rationellen Maß ablesen zu können. Es gilt für

$$s = 1{,}52$$
$$1\ \mathrm{g/den} = 13{,}6\ \mathrm{kg/mm^2}.$$

Jeder einzelne Punkt der Kurve ist ein Mittel aus 10 Einzelwerten.

berechnen sich für die betreffenden Produkte die in der Tabelle 6 angegebenen Elastizitätsmoduln. Man sieht, daß sie in der Tat der Größenordnung nach mit den in Tabelle 1 angegebenen übereinstimmen, so daß man wohl berechtigt ist, zu behaupten, daß die elastischen Moduln der Cellulose und ihrer Derivate in der Größenordnung zwischen

$$500 \quad \text{und} \quad 50000$$

liegen.

Eine wohl definierte Elastizitätsgrenze läßt sich bei normaler Temperatur an Fasern nur bei außerordentlich schnellem Experimentieren beobachten, da auch schon bei kleinen Spannungen sehr bald Fließen einsetzt. Eine Bestimmung dieser Elastizitätsgrenze für den Grenzfall

$$\lim t = 0$$

ist daher wohl nicht von physikalischem Interesse. Es scheint viel zweckmäßiger und rationeller, die Fließgeschwindigkeit selbst zu bestimmen, weil sie den Einfluß der Zeit auf die ganzen Verhältnisse besser beschreibt.

f) Die plastische Verformung von Cellulosepräparaten.

Das plastische Verhalten einer Substanz spiegelt sich am deutlichsten in der allgemeinen Form der Dehnungskurve wieder. Die verschiedenen Körper verhalten sich dabei erfahrungsgemäß sehr verschieden und es sei daher zunächst einiges über den allgemeinen Verlauf der Dehnungskurve von Cellulose und Cellulosederivaten vorausgeschickt. Die Abb. 27a zeigt die Dehnungskurven

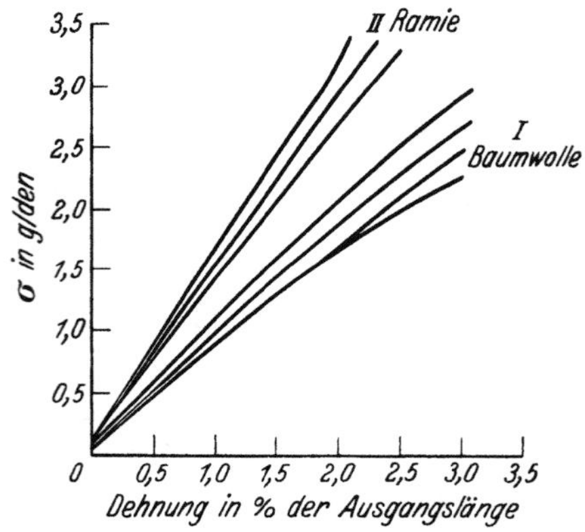

Abb. 27a. Dehnungskurven einiger Baumwoll- und Ramiesorten.

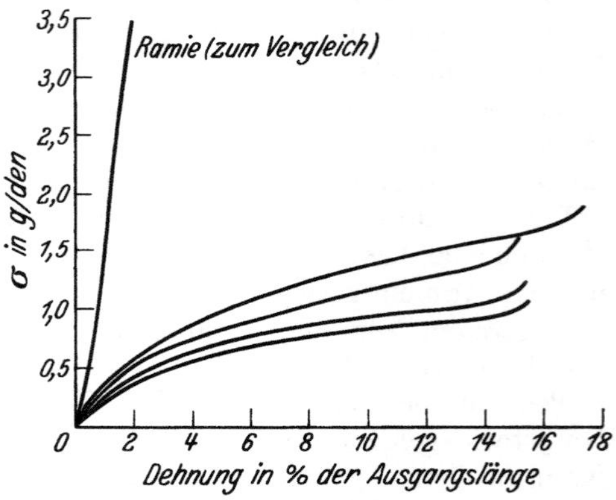

Abb. 27b. Dehnungskurven einiger Acetyl- und Nitrocellulosen.

einiger Baumwoll- und Ramiesorten und läßt erkennen, daß sie bis zum Bruch beinahe linear verlaufen. Alle Substanzen erreichen nur recht geringe Bruchdehnungen (zwischen 2 und 3%) und besitzen eine erhebliche Reißfestigkeit. Diese beträgt, wie aus der Abbildung ohne weiteres hervorgeht, im Mittel für Baumwolle 35 kg/mm², für Ramie 38 kg/mm², was einer Festigkeit von 2,6 bzw. 3,2 g/den. entspricht.

Einen schon qualitativ ganz anderen Charakter zeigen die Dehnungskurven von Acetyl- und Nitrocellulose, welche in Abb. 27b dargestellt sind, wobei der Maßstab der Abszisse auf ein Viertel verkleinert ist. Diese Substanzen dehnen sich zuerst unter stärkerer Spannungszunahme, später aber nimmt ihre Verfestigungsfähigkeit erheblich ab. Die Kurven krümmen sich mehr und mehr gegen die

Abszissenachse und verlaufen schließlich bei sehr geringer Neigung einigermaßen linear. In diesen Präparaten finden also ganz erhebliche plastische Verformungen statt, besonders gegen Ende der Kurve. Dehnungskurven von Hydratcellulose — biscose- und Kupferseide — enthält die Abb. 27c, aus der hervorgeht, daß diese Viden Präparate etwa eine Mittelstellung zwischen den Fasern aus nativer Cellulose und den aus Celluloseestern einnehmen.

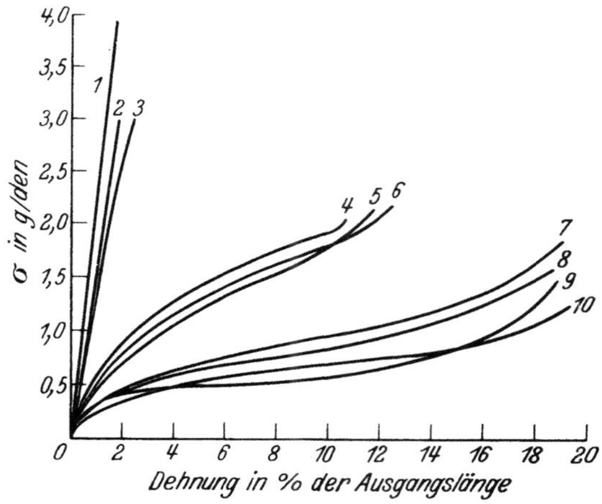

Abb. 27c.

1—3 stark orientierte Viscosefäden, *4—6* normale Viscosefäden, *7—10* Fäden aus Kupferseide.

Die erwähnten Versuche wurden alle mit völlig trockener Faser durchgeführt und bei Abwesenheit eines jeglichen Quellmittels in der umgebenden Atmosphäre. Sie verändern ihren Charakter wesentlich, wenn man gequollene oder mit Gelatinierungsmitteln versetzte Fäden vor sich hat. Es nimmt dann die Fließgeschwindigkeit und mit ihr die Verformbarkeit der Präparate erheblich zu und die Abb. 28 (Kurven *1—3*) zeigt die Dehnungskurve eines in starker Schwefelsäure gequollenen Fadens von Hydratcellulose, der sich unter diesen Umständen ohne Schwierigkeit bis auf 250% dehnen ließ, so daß seine Dehnungskurve durchaus den Charakter der in Abb. 27b dargestellten Schau linien hat. Daraus geht hervor, daß die Form der Dehnungskurve nicht so sehr eine Substanzeigenschaft ist, als vielmehr stark von den äußeren Umständen abhängt. Begünstigen diese die für die plastische Verformung notwendige, innere Beweglichkeit des micellaren Gefüges, so erhält man Dehnungskurven von der Form der Kurve *IV* in Abb. 28. Ist jedoch eine Umorientierung

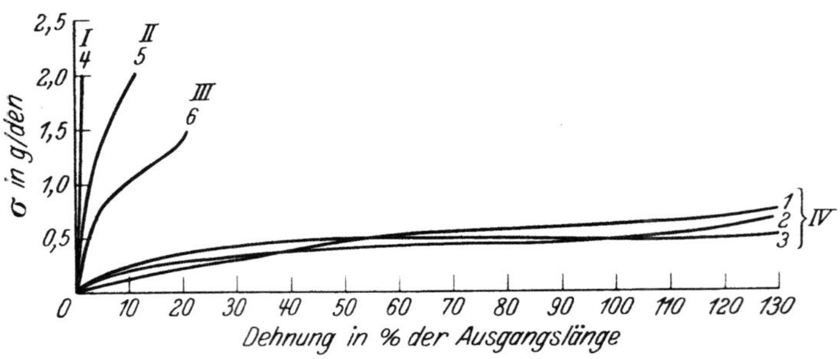

Abb. 28. Verschiedene Typen von Dehnungskurven.

durch micellares Fließen nicht möglich, dann bekommen die Dehnungskurven die extreme Gestalt der Kurven *I* bis *III* in Abb. 28.

Es läßt sich in der Tat leicht zeigen, daß man bei ein und derselben Substanz beide Typen von Dehnungskurven erhalten kann: die kurze steile, wenn man die Möglichkeit micellarer Umorientierung ausschließt, die lange flache Form, wenn man sie begünstigt. Als Beispiele mögen die Abb. 29a und b dienen. In der ersteren sind zwei Dehnungskurven derselben Nitrocellulose bei der Temperatur der flüssigen Luft (Kurve *1*) und bei über 60° C (Kurve *2*) eingetragen; obwohl es sich um dieselbe Substanz handelt, stellen die beiden Kurven typische Extremfälle dar. In Abb. 29b sind die Dehnungskurven desselben Acetylcellulosefadens, das eine Mal in trockener Luft (Kurve *1*), das andere Mal bei Anwesenheit von Aceton in der Atmosphäre (Kurve *2*) wiedergegeben. Auch diese beiden Kurven stellen typische Extremfälle dar.

Klarer als in der allgemeinen Form der Dehnungskurve spiegeln sich die Verhältnisse wider, wenn man direkt die Fließgeschwindigkeiten bei konstanter Spannung bestimmt. Es ist schon erwähnt

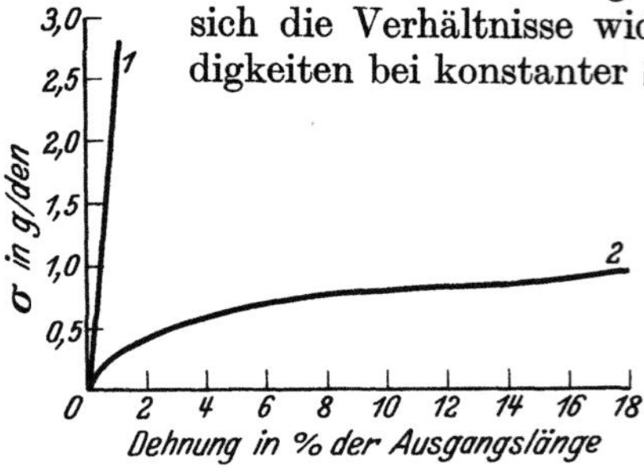

Abb. 29a. Zwei Dehnungskurven derselben Nitrocellulose.

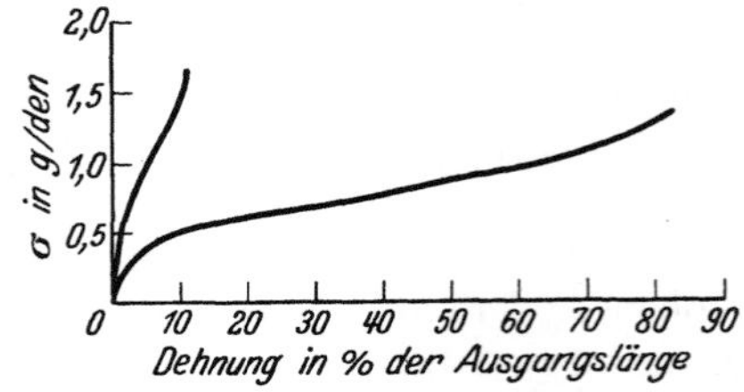

Abb. 29b. Zwei Dehnungskurven von Acetylcellulose.

worden, daß dies am besten im Polanyischen Dehnungsapparat geschieht, daß man aber auch im Schopperschen bei Anwendung geeigneter Vorsichtsmaßregeln Fließgeschwindigkeiten messen kann. Die Abb. 30a zeigt als Beispiel die Abhängigkeit der Fließgeschwindigkeit *f* einer bestimmten Acetylcellulose bei konstanter Belastung von dem Acetongehalt der umgebenden Atmosphäre, während in Abb. 30b dieselbe Größe für Hydratcellulose in Abhängigkeit von der Feuchtigkeit der Luft wiedergegeben ist. Es ist leicht einzusehen, daß durch Ansteigen der Fließgeschwindigkeit die Dehnungskurven von der steilen kurzen,

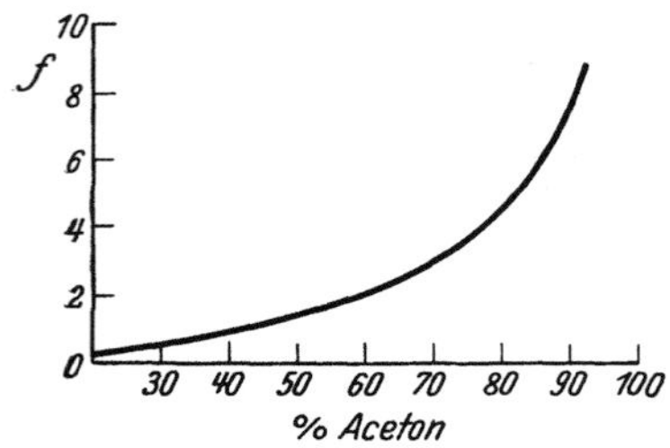

Abb. 30a. Fließgeschwindigkeit als Funktion des Quellungsgrades.

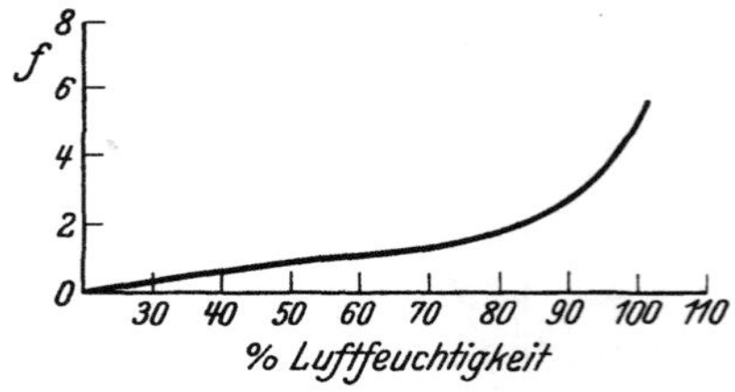

Abb. 30b. Abhängigkeit der Fließgeschwindigkeit von der Luftfeuchtigkeit.

in die lange flache Form übergeführt werden, was man auch direkt dadurch prüfen kann, wenn man ein und denselben Faden das eine Mal möglichst schnell, das andere Mal extrem langsam zerreißt. Die Abb. 30c zeigt zwei Dehnungskurven der gleichen Acetylcellulose. Die Kurve *I* wurde in insgesamt 4 Sekunden erhalten, die Kurve *II* in insgesamt 4 Tagen. Man sieht, daß sie typische Extremfälle darstellen, wodurch der große Einfluß der Fließgeschwindigkeit auf die Dehnungskurve qualitativ klargestellt ist.

In allerjüngster Zeit wurde von H. W. Smith[1] im Faserstoff-Institut eine Untersuchung über das Fließen und die Relaxation von Kunstseidefäden durchgeführt, die neben den bisher mitgeteilten, sehr vorläufigen Daten die ersten

[1] Text. Inst. Journ. 22, 158, 170 (1931).

quantitativen Angaben über das Fließen enthält. Der Polanyische Dehnungsapparat wurde durch eine geeignete Zusatzeinrichtung in die Lage versetzt, auch Fließerscheinungen bei verschiedener Temperatur bzw. bei verschiedenen Luftfeuchtigkeiten zu beobachten. Die Abb. 30d bringt eine der Arbeit entnommene „Fließkurve“ zur Kenntnis, aus der man ersieht, daß die Fließgeschwindigkeit, welche durch die Tangente des Neigungswinkels der Kurve

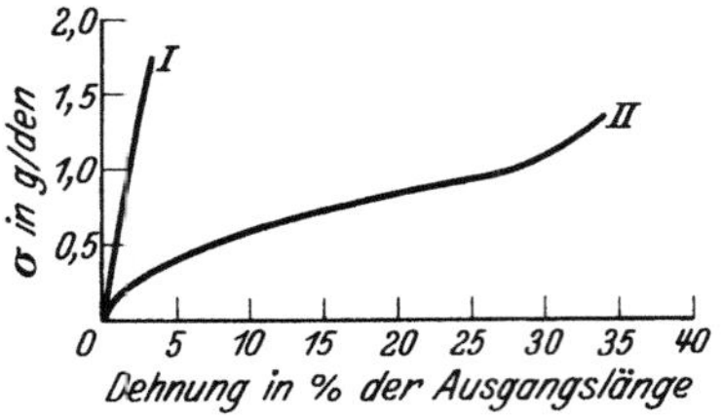

Abb. 30c. Zwei Dehnungskurven von Acetylcellulose.

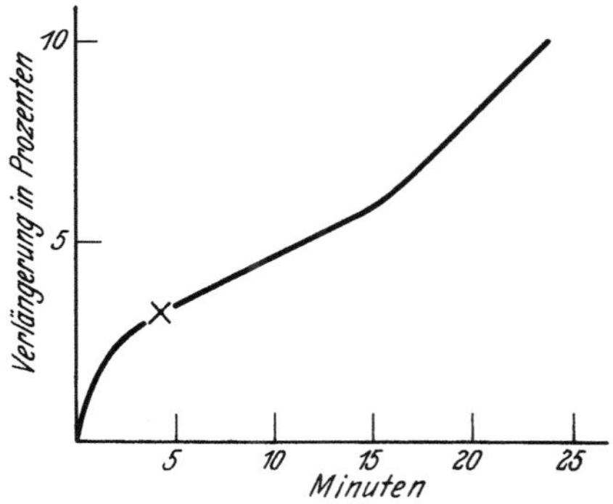

Abb. 30d. Fließkurve nach H. W. Smith.

gemessen wird, zunächst groß ist und dann langsam abnimmt. Nach etwa 4 Minuten wurde der trockene Luftstrom, in dem sich der Versuch zunächst abspielte, abgestellt und durch die normale Zimmerluft ersetzt. Man findet, daß nach weiteren 8 Minuten die Fließkurve eine deutliche Krümmung nach oben annimmt, welche durch die in die Fäden eindringende Feuchtigkeit verursacht wird. Die Kurven der Abb. 30e und f geben einen Teil der Ergebnisse der zitierten Arbeit wieder. In ihnen ist das Maß der Dehnung in Prozenten der Ausgangslängen gegen die Zeit in Sekunden aufgetragen. In allen Fällen findet man eine Abnahme der Geschwindigkeit mit der Zeit, die — wie schon erwähnt — einer allmählichen Verfestigung entspricht. Bei der Diskussion der Ergebnisse wird festgestellt, daß die Relaxationskurven mit der Maxwellschen Theorie nicht in Einklang stehen. Hingegen lassen sich die einzelnen Versuche durch den Boltzmannschen Nachwirkungsansatz in brauchbarer Näherung wiedergeben. Für eine wohlbegründete Berechnung der Nachwirkungskonstante reicht jedoch leider das beigebrachte Material nicht aus.

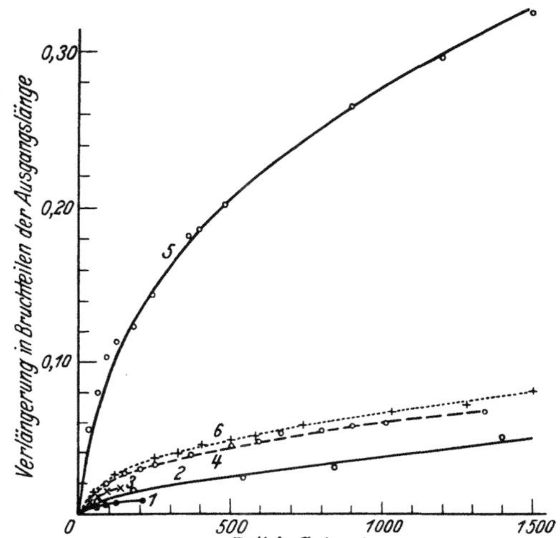

Abb. 30e. Fließkurven nach H. W. Smith.

Quantitative Untersuchungen über den eben diskutierten Zusammenhang liegen in der Literatur bis heute nicht vor; sie sind auch experimentell nicht leicht zu erreichen, und man kann den gegenwärtigen Stand der Dinge vielleicht dahin zusammenfassen: Für die augenblicklichen praktischen Bedürfnisse der Kunstseide- und Filmindustrie genügen die vorhandenen qualitativen Kenntnisse einigermaßen. Daher besteht von dieser Seite wenig Unternehmungslust, die mühevolle Aufgabe einer quantitativen Erforschung dieser Zusammenhänge auf sich zu nehmen. Vom wissenschaftlichen Standpunkt aus sind alle quantitativen Bestimmungen an diesen komplizierten micellaren Systemen wenig verlockend, denn sie bleiben mit so viel Einschränkungen behaftet, daß man sich von dieser Seite lieber zunächst einmal den einfacheren Substanzen zuwendet, ehe man auf die Untersuchung der komplizierteren übergeht. Dies hat zur Folge, daß im gegenwärtigen Zeitpunkt quantitative Untersuchungen auf dem vorliegenden Gebiete fehlen.

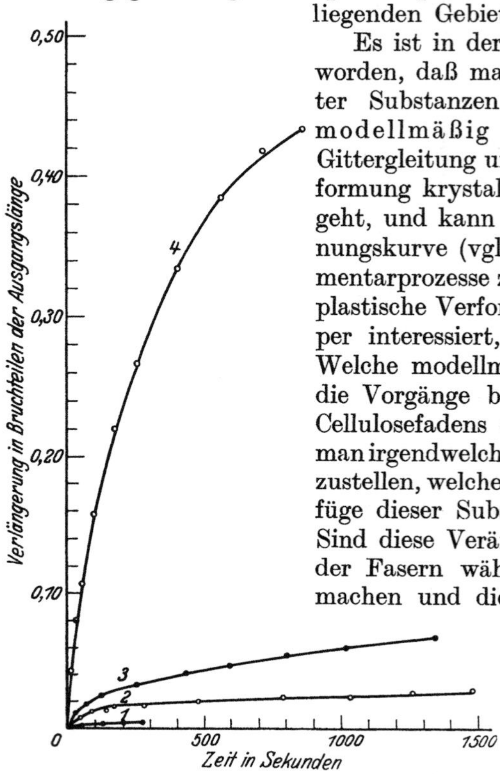

Abb. 30f. Fließkurven nach H. W. Smith.

Es ist in der Einleitung besonders hervorgehoben worden, daß man den Dehnungsvorgang krystallisierter Substanzen nicht nur formal, sondern auch modellmäßig übersieht: Man weiß, wie durch Gittergleitung und Gitterschiebung die plastische Verformung krystallisierter Körper im einzelnen vor sich geht, und kann den verschiedenen Stücken der Dehnungskurve (vgl. etwa Abb. 28) ganz bestimmte Elementarprozesse zuordnen. Demjenigen, der sich für die plastische Verformung amorpher und micellarer Körper interessiert, drängt sich daher die Frage auf: Welche modellmäßige Vorstellung soll man sich über die Vorgänge bei der plastischen Verformung eines Cellulosefadens oder eines Wollhaares machen? Hat man irgendwelche experimentellen Hilfsmittel, um festzustellen, welche Veränderungen in dem micellaren Gefüge dieser Substanzen bei der Dehnung eintreten? Sind diese Veränderungen geeignet, die Verfestigung der Fasern während der Dehnung verständlich zu machen und die abnehmende Verfestigungsfähigkeit zu erklären?

Bei der Beantwortung dieser Fragen nach einer modellmäßigen Erklärung befindet man sich in einer ähnlichen Lage, wie sie soeben für die formale Erfassung der plastischen Erscheinungen skizziert worden ist: man kann qualitative Aussagen über das Wesen der Vorgänge machen, quantitative aber nicht. Den besten Einblick in den Mechanismus der Verformung von Cellulosepräparaten bietet der folgende wichtige, zuerst von R. O. Herzog angegebene Versuch: Man stellt sich einen Faden oder Filmstreifen zum Beispiel aus Nitrocellulose her, verseift ihn und bestimmt in dem entstehenden Hydratcellulosefaden auf röntgenographischem Wege die Anordnung der Micelle. Hierbei erhält man stets Bilder von dem Charakter des in Abb. 31a dargestellten Diagrammes. Dieses besagt, daß man es mit Micellen von Hydratcellulose zu tun hat, welche zum mindesten in bezug auf die Faserrichtung keinerlei ausgezeichnete Lage einnehmen: sie sind in den untersuchten Präparaten beinahe regellos verteilt. Läßt man nun den Nitrocellulosefaden oder Film in einer geeigneten Substanz quellen und dehnt ihn vorsichtig auf das Doppelte seiner ursprünglichen Länge, führt also das bereits mehrfach beschriebene Experiment der „ausgiebigen“ plastischen Verformung mit diesem Faden durch, verseift ihn dann und nimmt wieder ein Röntgenogramm auf, so erhält man Bilder vom Typus der Abb. 31b. Dies beweist, daß nunmehr als Ergebnis des plastischen Verformungsprozesses die

Micelle der Hydratcellulose weitgehend mit ihrer b-Achse (vgl. S. 138) parallel der Dehnungsrichtung eingestellt sind.

Genau den gleichen Effekt erhält man, wenn man nicht bei Anwesenheit eines Quellmittels, sondern bei erhöhter Temperatur dehnt, aber auch wenn man ohne jegliche Veränderung der äußeren Verhältnisse ganz besonders langsam dehnt, d. h. also immer dann, wenn man Dehnungskurven von dem

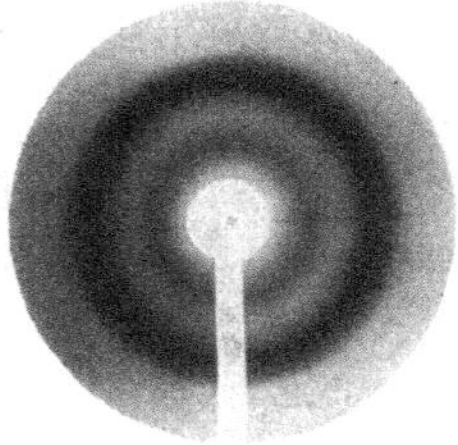

Abb. 31a. Ungeordnetes Hydratcellulose-Diagramm.

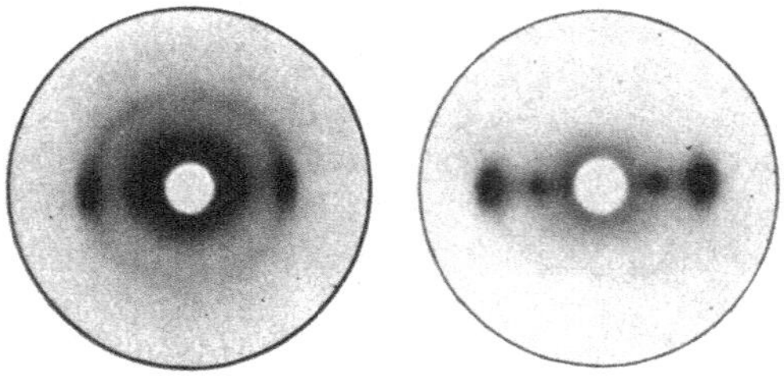

Abb. 31b. Orientierte Hydratcellulose-Diagramme.

flachen Typus erzielt, welche eine ausgiebige Verformung des Probekörpers beinhalten.

Man gewinnt daher den Eindruck, daß bei der plastischen Verformung der Cellulose und ihrer Derivate eine Umlagerung der Micelle unter Orientierung die Hauptrolle spielt. Formal erscheint dies zunächst dem Dehnungsvorgang krystallisierter Systeme — etwa polykrystalliner Metalldrähte — ähnlich zu sein, denn auch dort stellt sich wegen der Umorientierung des Gitters beim Gleitvorgang als Endzustand eine besondere Regelung des Gefüges ein. Am deutlichsten wird diese formale Analogie, wenn man die Bilder ungedehnter und gedehnter Metalldrähte mit den Abb. 31a und 31b vergleicht. Die Abb. 32 zeigt

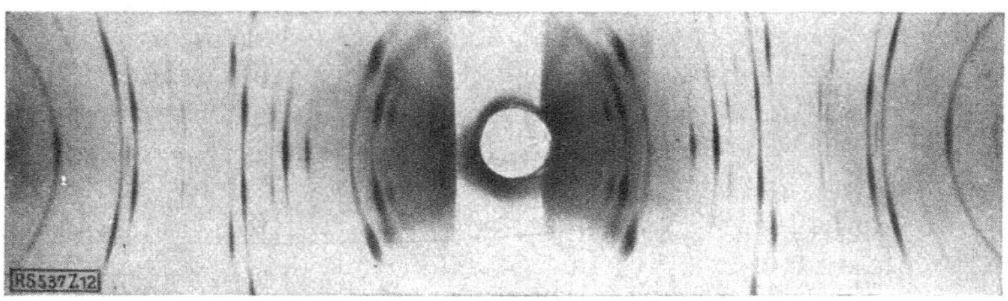

Abb. 32. Röntgendiagramm eines gedehnten Metalldrahtes.

das Diagramm eines gedehnten Cu-Drahtes. Man sieht, daß in der Tat das Hartziehen eines polykrystallinen Kupferdrahtes im Diagramm eine ganz ähnliche Veränderung hervorruft, wie das Verfestigen eines Nitrocellulosefadens.

Diese Analogie rückt die Frage in den Vordergrund: findet bei der plastischen Verformung von Cellulosederivaten innerhalb der einzelnen Krystalliten oder Micelle in ähnlicher Weise eine Ausbildung von Gleitflächen und eine Umlagerung des Gitters statt, wie beim Kupfer, oder vollzieht sich die Veränderung im Diagramm dadurch, daß die Micelle im wesentlichen erhalten bleiben, sich aber als ganze bei der plastischen Verformung durch Fließen orientieren und dadurch der Dehnungsrichtung parallel lagern? Wenn man auch nicht imstande ist, auf diese Frage bereits eine endgültige Antwort zu geben, so spricht doch das bis heute vorliegende experimentelle Material recht deutlich dafür, daß die Micelle bei der plastischen Verformung im wesentlichen erhalten bleiben und sich als weiche wurmartige Gebilde während des Fließvorganges allmählich parallel der Faserrichtung einstellen.

Hierher gehört zunächst die Tatsache, daß man röntgenographisch keine Verkleinerung der Micelle und kein Zunehmen von Gitterstörungen im Laufe des Deformationsprozesses beobachten kann, wie dies bei krystallisierten Systemen deutlich der Fall ist[1]. Vielmehr hat man den Eindruck, als ob im Gegenteil durch weitgehende plastische Verformung die von den Micellen hervorgerufenen Interferenzen an Schärfe eher gewinnen. Man beobachtet ferner, daß die Quellungsfähigkeit und Reaktionsgeschwindigkeit stark orientierter Fasern erheblich kleiner ist als die des Ausgangsmaterials. Dies spricht dafür, daß das Micellgefüge im Laufe des Fließens durch die Bewegungen der Einzelteilchen ein immer festeres und solideres wird, während man beim Auftreten von Gleitebenen innerhalb der Micelle wohl das Gegenteil annehmen müßte.

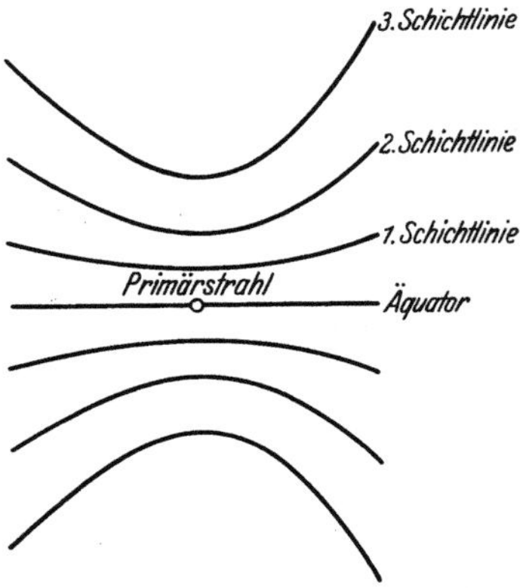

Abb. 33. Schematisches Diagramm eines linearen Gitters.

Es hat sich ferner bei den krystallisierten Systemen als Erfahrungstatsache herausgestellt, daß als Gleitebenen meist die dichtest belegten oder doch wenigstens relativ dicht belegten Netzebenen auftreten, als Gleitrichtungen stets sehr dicht belegte Richtungen des beanspruchten Krystallgitters. Auch diese Regel wird bei der micellaren Verformung nicht eingehalten. Es zeigt sich vielmehr, daß bei höher orientierten Cellulosepräparaten (vgl. S. 145) nicht die mit Masse am stärksten belegte Netzebene eine hervorstechende Rolle spielt, sondern eine andere, weit weniger dicht belegte. Man kann dies durch eine entsprechende, etwa rhombische Form des Micellenquerschnittes erklären, für die man auch aus der direkten Messung der Interferenzbreite Andeutungen besitzt. Daß bei der plastischen Verformung die Micelle im wesentlichen erhalten bleiben und nicht in ihre einzelnen Hauptvalenzketten oder Fadenmoleküle auseinanderfließen, wird auch schon durch den allgemeinen Charakter der Diagramme gedehnter Fasern bewiesen. Würden nämlich die einzelnen Ketten selbst die Elemente des Fließvorganges bilden, dann hätte man am Ende des Verformungsprozesses lauter unregelmäßig nebeneinander gelagerte, in sich aber wohlgeordnete Einzelketten und müßte Diagramme von einem wesentlich anderen Typus erwarten, nämlich Diagramme, wie sie ein einzelnes lineares Gitter liefert.

Die Abb. 33 zeigt schematisch, daß ein solches Diagramm aus einer Reihe von Hyperbeln besteht, die sich nach oben und unten der horizontalen Mittellinie des Bildes — dem sogenannten Äquator — angliedern. Erst wenn die einzelnen Ketten zueinander in ganz bestimmte Lagen gebracht werden, so daß ein dreidimensional geordnetes Gittergefüge entsteht, werden durch die nunmehr neu hinzutretenden gesetzmäßigen Phasenbeziehungen weitere Auslöschungen hervorgerufen, die zur Folge haben, daß die Hyperbeln Unterbrechungen erfahren. Man erhält dann aus dem schematischen Diagramm der Abb. 33 die wohlbekannten Schichtliniendiagramme, in welchen, wie es die Abb. 31b erkennen läßt,

---

[1] Vgl. hierzu etwa E. v. Arkel: Phys. **5**, 208 (1925). Dehlinger, U.: Z. Krist. **65**, 615 (1927). Hengstenberg, J. u. H. Mark: Z. Physik **61**, 435 (1930); Naturw. **17**, 443 (1929).

die einzelnen Hyperbeln nurmehr durch bestimmte Punkte angedeutet sind. Die Abb. 31b, die von einem sehr stark verformten Präparat stammt, läßt deutlich erkennen, daß von einer „Verschmierung der Interferenzen längs der Schichtlinien" auch bei stark gedehnten Präparaten keine Rede sein kann, so daß auch dies zu der gleichen Anschauung führt wie die früher erwähnten Anhaltspunkte.

Insgesamt sprechen also die bisher aufgezählten Beobachtungen am meisten für ein Fließen wurmartiger Micellen unter dem Einfluß der angelegten Spannung, ohne daß die einzelnen Teilchen innerlich merklich verändert werden.

Neben dem Elastizitätsmodul, der Verfestigungsfähigkeit und der Fließgeschwindigkeit läßt sich noch eine andere Größe aus der Dehnungskurve ableiten, welche zur eingehenderen Charakterisierung des Materials verwendet werden kann. Es ist die gesamte, während der plastischen Verformung zu leistende Dehnungs- oder Formänderungsarbeit, die durch das Integral

$$J = \frac{1}{l_0} \int_0^b \sigma \, dl ,$$

b = Bruchdehnung in cm

gemessen wird. In der Tat ist diese Größe für Dehnungsvorgänge sehr charakteristisch. Wie die Abb. 34 erkennen läßt, besitzen die beiden Fasern, deren Dehnungskurven dort abgebildet sind, sowohl die gleiche Reißfestigkeit als auch die gleiche Bruchdehnung, Größen, welche gewöhnlich für die Charakterisierung der mechanischen Eigenschaften allein verwendet werden.

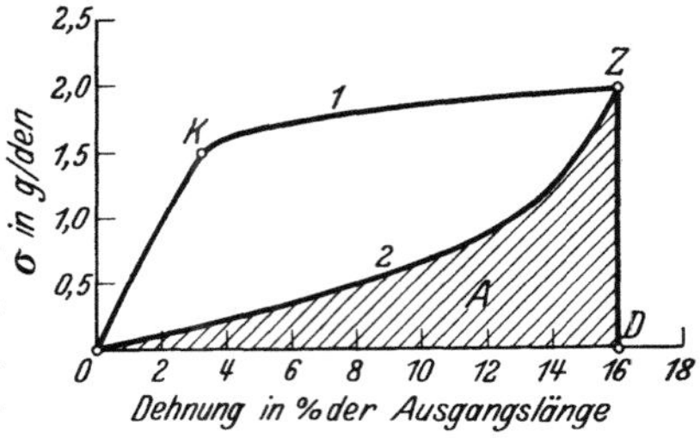

Abb. 34. Zwei Dehnungskurven mit gleichem Endpunkt, aber verschiedener Dehnungsarbeit.

Trotzdem ist offenbar die für das Zerstören des Zusammenhaltes aufzuwendende Arbeit in den beiden vorliegenden Fällen sehr verschieden, sie hängt nämlich von der speziellen Form der ganzen Dehnungskurve ab, wie dies in Abb. 34 zum Ausdruck gebracht ist. Erst wenn man die zwischen der Dehnungskurve und der Abszissenachse liegende Fläche in Rechnung zieht, wird man der verschiedenen Dehnungsarbeit der beiden Fasern gerecht. Je größer diese Fläche ist, d. h. je steiler die Kurve zu Anfang ansteigt, um so widerstandsfähiger erweist sich das Material bei der Verformung. Man muß nämlich von allem Anfang an erhebliche Spannungen in die Substanz hineinstecken, damit überhaupt ein plastischer Verformungsprozeß, in unserem Falle also das mehrfach erwähnte micellare Fließen einsetzen kann. Wenn der Knickpunkt K zwischen dem steil ansteigenden Anfangsteil der Dehnungskurve *1* in Abb. 34 und dem weiteren flacher verlaufenden Ast scharf ist, läßt er sich als Fließgrenze ansprechen. Seine Ordinate mißt dann diejenige Spannung, welche man in dem Material zuerst aufhäufen muß, um es überhaupt fließfähig zu machen; man kann durch sie eine für das Material charakteristische „innere Reibungskonstante" definieren, die den micellaren Fließvorgang kennzeichnet.

Die maximal überhaupt mögliche Dehnungsarbeit ist durch das

Rechteck $OD \times DZ$ = Zerreißfestigkeit mal Bruchdehnung

gegeben. Man kann nun nach Marschik[1] als Zähigkeit einer Faser das Verhältnis zwischen der für sie charakteristischen Zerreißarbeit und der maximalen Zerreißarbeit definieren und hat damit eine weitere, für das gesamte mechanische

[1] Marschik, C.: Phys. Unt. an Gesp. u. Geweben. Wien 1904.

Verhalten der Substanz recht charakteristische Größe. Daß in der Tat diese Zähigkeit bei verschiedenen Substanzen sehr verschieden ist und durch ihre Zahl auch den wirklichen mechanischen Charakter des Produktes wiedergibt, möge die Abb. 35 deutlich machen, in der zwei Dehnungskurven dargestellt sind. Die eine (Kurve *1*) stammt von unvulkanisiertem Kautschuk; sie zeigt die charakteristischen Eigenschaften dieser Substanz, anfangs leichte, im wesentlichen elastische Dehnbarkeit, gegen Ende starkes Ansteigen des Dehnungswiderstandes und schließlich Bruch. Es wurde nun ein Nitrocellulosefilm solange mit einem Quellmittel, und zwar mit Cyclohexanon, behandelt, bis seine Dehnungskurve die in der Abbildung angegebene Form (*2*) zeigte. In dem Punkte *M* schneiden sich die beiden Kurven, an dieser Stelle sind also Ordinaten und Abszissen beider Substanzen gleich. Trotzdem ist ihr elastisches Verhalten auch bis zu diesem Punkte grundverschieden. Dies kann man deutlich den Zähigkeiten entnehmen. Nimmt man *M* als Vergleichspunkt, so sind die beiden Zähigkeiten

für Kautschuk 48%,
für Nitrocellulose 84%,

d. h. der Nitrocellulosefilm ist erheblich zäher als der unvulkanisierte Kautschuk, eine Ausdrucksweise, die auch dem üblichen Sprachgebrauche angepaßt ist und

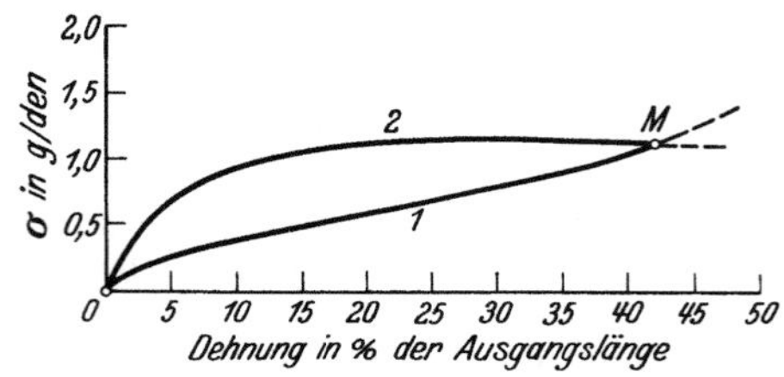

Abb. 35. Dehnungskurven von Kautschuk (*1*) und Nitrocellulose (*2*).

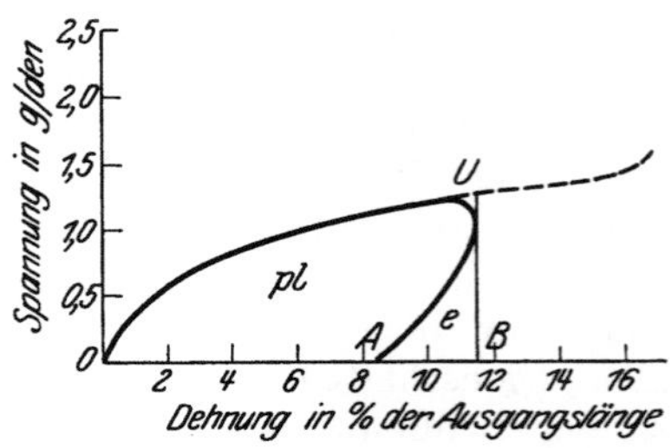

Abb. 36a. Hin- und rückläufige Dehnungskurve für Hydratcellulose.

hier noch durch die Anführung von Zahlen eine quantitative Bedeutung gewinnt.

Auch die gesamte für die Verformung eines Werkstückes notwendige Arbeit, läßt sich prinzipiell in zwei Teile zerlegen: in einen elastischen und in einen plastischen Anteil. Von ihnen mißt der elastische Anteil diejenige Energie, welche beim Dehnen in dem untersuchten Körper reversibel aufgespeichert worden ist, das heißt so, daß man sie nach Aufhören des äußeren Zwanges zur Gänze wieder zurückgewinnen kann. Die plastische Dehnungsarbeit hingegen ist nicht mehr nutzbar zu machen; sie wurde dazu verwendet, um in dem Material irreversible Veränderungen hervorzurufen, also im Falle der Formänderung krystallinischer Materie, um in den Einzelkryställchen Gleitebenen herzustellen und den Reibungswiderstand der Gittergleitung zu überwinden, im Falle der Verformung amorpher oder kryptokrystalliner Substanzen, um den micellaren Fließvorgang zu erzwingen.

Die Feststellung der beiden Anteile geschieht am besten durch Aufnahme der hin- und rückläufigen Dehnungskurve, wobei man wieder einen ganz bestimmten Verformungsgrad als Umkehrpunkt festhalten muß. In Abb. 36a ist für eine bestimmte Hydratcellulose eine solche hin- und rückläufige Dehnungskurve dargestellt. Am besten bedient man sich hierzu, wie schon erwähnt, des Polanyischen Dehnungsapparates. Man kann aber auch mit dem normalen Fadenschopper durch Arretieren der Sperrklinke diesen Versuch ausführen.

Zunächst stellt man an einer Reihe von Proben — in dem Falle der Abb. 36a handelte es sich um 10 Einzelversuche — die Reißfestigkeit des zu untersuchenden Präparates fest. Es ergab sich hier der Mittelwert von 1,65 g/denier mit einer Schwankung von $\pm$ 5%. Dann wurde ein Faden von dem gleichen Material bis zu 1,25 g/denier, d. h. bis zu etwa 75% der Bruchfestigkeit belastet und von da ab wiederum entlastet. Der gleiche Versuch wurde mit neun weiteren Einzelfäden durchgeführt und über die sich hierbei ergebenden hin- und rückläufigen Dehnungskurven gemittelt.

Das Ergebnis ist die Kurve OUA der Abb. 36a; sie läßt recht deutlich erkennen, daß der Umkehrpunkt der Belastung nicht auch gleichzeitig der Umkehrpunkt der Dehnung ist, daß sich also der belastete Faden auch unter abnehmender Spannung noch weiter dehnt. Die bei U ansetzende Rundung hängt natürlich stark von der Geschwindigkeit des Versuches ab. Man kann bei sehr raschem Wiederabsinken der Spannung das Weiterdehnen weitgehend vermeiden. Die Fläche OUA mißt dann die plastische Dehnungsarbeit, die Fläche AUB die elastische. Die Abbildung läßt deutlich erkennen, daß man diese Angaben nur mit recht mäßiger Genauigkeit formulieren kann, weil wegen der endlichen Fließgeschwindigkeit der in Frage stehenden Präparate beim Umkehrpunkt immer ein kleines Dreieck der Erfassung entgeht. Dieser Fehler läßt sich zwar durch Beschleunigung des Versuches herunterdrücken, aber niemals vollkommen vermeiden.

Man kann nun die aus dem eben geschilderten Versuch sich ergebenden Zahlen zu einer gewissen Charakterisierung des vorliegenden Materials benutzen. So wurde zum Beispiel vorgeschlagen, das Verhältnis der elastischen Dehnungsarbeit zur gesamten Dehnungsarbeit in Prozenten ausgedrückt als „Elastizitätsgrad" zu bezeichnen. Man könnte auch das Verhältnis der plastischen zur gesamten Dehnungsarbeit den „Plastizitätsgrad" nennen und hat auf diese Weise wiederum einige Möglichkeiten, das mechanische Verhalten eines gegebenen Fasermaterials zu beschreiben.

Tabelle 7a. „Elastizitätsgrade" (wie oben definiert) einiger Fasern. Bezogen auf 0,1 cm³ Substanz; Umkehrpunkt bei 60% der Bruchlast.

Material	Gesamte Dehnungsarbeit in kg·cm	Plastischer Anteil in kg·cm	Elastischer Anteil in kg·cm	Elastizitätsgrad
Baumwolle	3,3	3,1	0,2	6,1
Ramie	2,0	1,9	0,1	5,0
Flachs	6,5	6,1	0,4	6,2
Naturseide	14	8	6	43
Viscose (orientiert)	2,5	2,4	0,1	4,0
Hydratcellulose (Cu-Seide)	2,8	2,5	0,3	11,0
Acetylcellulose	5,2	4,4	0,8	15,0
Nitrocellulose	3,9	3,5	0,4	10
Cellulosebutyrat[1]	4,5	4,0	0,5	11
Schafwolle	9,5	7,5	2,0	21
Kautschuk, schwach vulkanisiert	80—100	etwa 10	etwa 70—90	etwa 90
Quarzfaden	0,25	—	0,25	100
Kupferdraht	etwa 3	etwa 2,5	0,5	17

Die Tabelle 7a zeigt die Elastizitätsgrade mehrerer Cellulosederivate, denen zur allgemeinen Orientierung auch noch die Elastizitätsgrade einiger anderer

[1] Die Zahlen über dieses Präparat wurden von Herrn Dr. v. Frank freundlicherweise zur Verfügung gestellt.

amorpher und krystallisierter Werkstoffe hinzugefügt sind. Der Elastizitätsgrad ist hierbei berechnet nach der Gleichung

$$\varepsilon = \frac{A_e}{A_g} \cdot 100\,.$$

Hierin bedeutet A_g die gesamte Dehnungsarbeit und A_e die elastische Dehnungsarbeit.

Die beiden Dehnungsarbeiten müssen natürlich auf eine bestimmte Substanzmenge bezogen sein. In dem vorliegenden Fall wurde stets auf 0,1 cm³ Substanz bezogen, aus der ein Faden von 10 cm Ausgangslänge hergestellt war. Dieser Faden wurde gedehnt und aus der beim Dehnungsversuch abgelesenen Spannung und der eingetretenen Verformung die Dehnungsarbeit berechnet. In allen Fällen war der Umkehrpunkt bei etwa 60% der Bruchlast. Man sieht, daß die in der letzten Spalte der Tabelle 7a enthaltenen Zahlen das Material seinen Eigenschaften nach recht gut charakterisieren. Die größte Elastizität zeigt der Quarzfaden, der in der Tat bei 60% seiner Bruchlast praktisch noch nicht fließt; es folgt der Kautschuk und dann in weitem Abstand die übrigen Fasern. Daß Naturseide und Schafwolle hierbei die höchsten Elastizitätsgrade aufweisen, ent-

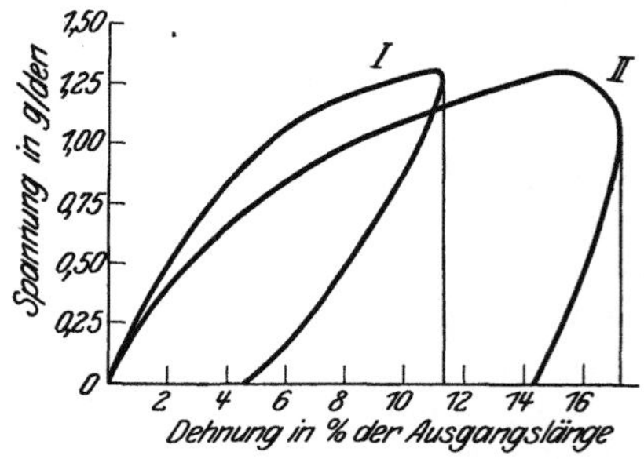

Abb. 36b. Hin- und rückläufige Dehnungskurven von Nitrocellulose.

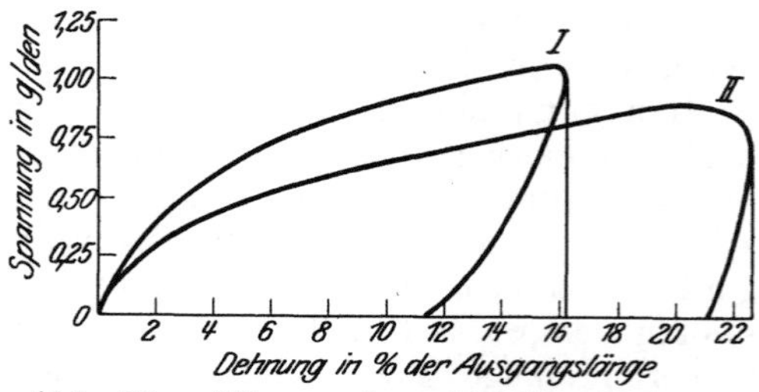

Abb. 36c. Hin- und rückläufige Dehnungskurven zweier Acetylcellulosen.

spricht durchaus ihrem tatsächlichen Verhalten und der gesamten technischen Erfahrung. Den geringsten Elastizitätsgrad zeigt orientierte Hydratcellulose.

Auch bei dieser Eigenschaft kryptokrystalliner Systeme zeigt sich eine starke Abhängigkeit von den Versuchsbedingungen. Als Beispiele mögen die Abb. 36b und c dienen. In der ersteren sind zwei hin- und rückläufige Dehnungskurven wiedergegeben, die mit schwach angequollener Nitrocellulose bei verschiedener Versuchsdauer erhalten worden sind. Der Versuch *I* wurde möglichst rasch, d. h. in einer Gesamtzeit von etwa 30 Sekunden durchgeführt, während der Versuch *II* sich über einige Stunden erstreckte. In beiden Fällen wurde zur gleichen Spannung gedehnt, die hier etwa 75 bis 80% der Bruchlast betrug. Man sieht, daß bei dem kurzen Versuch *I* der elastische Anteil erheblich größer ist als bei dem lang dauernden Vergleichsversuch *II*. Die Elastizitätsgrade sind

bei Kurve *I* . . . . etwa 28%
bei Kurve *II* . . . . etwa 7%

Man sieht auch deutlich, daß der Umkehrpunkt im letzteren Falle sehr viel unschärfer ist als im ersteren, weil dem Material zum Fließen reichlich Zeit zur Verfügung stand.

Noch deutlicher läßt sich diese Empfindlichkeit in der Abb. 36c erkennen, wo die hin- und rückläufigen Dehnungskurven ein und derselben Acetylcellulose das eine Mal in absolut trockenem, das andere Mal in schwach angequollenem Zustand bestimmt wurden. Es war hierbei nicht möglich, beide Male die gleiche

Spannung herzustellen, da der gequollene Faden diese gar nicht vertrug. Die Elastizitätsgrade betragen hier wieder bei Kurve *I* etwa 10%, bei Kurve *II* etwa 3%, sind also außerordentlich verschieden.

Auch die Temperatur hat auf den Elastizitätsgrad einen recht erheblichen Einfluß, von dessen quantitativer Betrachtung aber hier abgesehen sei. In der Tabelle 7b sind einige Zahlen zusammengestellt, welche den Einfluß äußerer Umstände auf den Elastizitätsgrad verschiedener Fasern zahlenmäßig wiedergeben.

Tabelle 7b.
Einfluß äußerer Umstände auf den Elastizitätsgrad verschiedener Fasern.
(Bezogen auf 0,1 cm³ Substanz; Umkehrpunkt bei 60% der Bruchlast.)

Material	Behandlung	Gesamte Dehnungsarbeit in kg/cm	Elastizitätsgrad in %
Ramie	trocken	2,1	5,0
Ramie	bei 100% Feuchtigkeit (naß)	2,0	2,0
Viscoseseide	trocken	2,4	4,0
Viscoseseide	naß	1,6	1,5
Acetylcellulose	trocken	5,2	15
Acetylcellulose	in Aceton gequollen	3,2	3
Acetylcellulose	bei 60° gedehnt	4,6	2—3
Acetylcellulose	ganz langsam gedehnt	10,5	1,5
Naturseide	trocken	13,5	43
Naturseide	naß	18	48
Schafwolle	trocken	9,5	20
Schafwolle	naß	3,5	3—6

g) Die Reißfestigkeit und die Bruchdehnung.

In der Praxis verwendet man zur Charakterisierung der mechanischen Eigenschaften von Cellulosepräparaten und von Fasermaterialien meist nicht die ganze Dehnungskurve, sondern bloß die Koordinaten ihres Endpunktes. Man bezeichnet die zur Trennung des Gefüges erforderliche Spannung als Zerreißspannung oder Bruchfestigkeit, die in diesem Augenblick vorliegende Dehnung als Bruch- oder Reißdehnung.

Zur Angabe der Reißfestigkeit in rationellem Maße ist die Kenntnis der Querschnittsgröße notwendig. In der Praxis findet man an Stelle der absoluten Reißfestigkeit häufig die sogenannte Reißlänge angegeben, d. i. die Fadenlänge l in Metern, deren Gewicht gleich der Bruchlast ist. Für dieses Gewicht p ergibt sich die Beziehung:

$$p = s \cdot q \cdot l, \tag{1}$$

s = spezifisches Gewicht,

q = Querschnitt

und wenn wir für σ_R gemäß Gleichung (3) auf S. 8 substituieren:

$$\sigma_R \cdot q = s \cdot q \cdot l$$

oder

$$l = \frac{\sigma_R \cdot q}{s \cdot q}.$$

Der Zähler dieses Ausdruckes bedeutet die direkt gemessene Bruchlast, der Nenner das Gewicht von einem 1 m langen Faden. Die Ermittlung von l ist also nicht an eine Querschnittsbestimmung gebunden; es wird als Quotient zweier Größen ermittelt, die man — obwohl sie beide q enthalten — direkt mißt.

Die Schreibweise

$$l = \frac{\sigma_R}{s} \tag{2}$$

gibt den Zusammenhang mit σ_R, läßt aber die zu messenden Größen nicht unmittelbar erkennen. Dabei ist vorausgesetzt, daß der Querschnitt über die ganze Länge des Fadens konstant ist und keine Unregelmäßigkeiten oder Fehlstellen vorkommen. Dies ist natürlich in Wirklichkeit nicht der Fall, so daß alle Angaben über Reißlänge nur in sehr beschränktem Grade Genauigkeit besitzen.

Mit dem legalen Titer ist die Reißlänge verknüpft durch die Beziehung

$$\text{Reißlänge in m} = 9000 \cdot \frac{\text{Reißfestigkeit}}{\text{legalen Titer}} \,. \tag{3}$$

Genauere Angaben über die Reißlänge, ihre Bestimmung und ihre praktische Bedeutung findet man in den technischen Darstellungen der mechanischen Eigenschaften von Faserstoffen. Hier sei nur, um einen Begriff von den Größenordnungen zu geben, die Tabelle 8a mit aufgenommen, welche die Reißlängen einer Reihe wichtigerer Cellulosepräparate in Metern enthält. Zum Vergleich sind wieder einige andere Faserstoffe mit angeführt.

Tabelle 8a. Reißlänge der wichtigeren Cellulosepräparate.

Material	Vorbehandlung	Reißlänge in m	
Baumwolle	Mittelwert über verschiedene Sorten	22500	
Ramie	gebäucht	20500	
Flachs	—	73000	
Hanffaser	—	53000	
Viscoseseide	trocken	18500	
Kupferseide	„	17000	
Acetylcellulose	„	17500	
Zellstoff	ungebleicht	9000—10000	10 cm Einspannlänge
Zellstoff	gebleicht	6000— 7000	10 cm Einspannlänge
Zellstoff	ungebleicht sehr stark gemahlen	9200— 9400	10 cm Einspannlänge
Apocynum sibiricum	—	77000	
Cocos nucifera	—	18500	
Naturseide	roh	32500	
Merino Kammwolle	entfettet	13000	
Tunicin	als Film	7500	
B-Cellulose	als Film	6500	

Für die vorliegende Darstellung ist der Absolutwert der Reißfestigkeit von größerem Interesse, den man aus dem Dehnungsversuch bei Kenntnis des Querschnitts an der Bruchstelle erhalten kann. Die Tabelle 8b enthält die absoluten Reißfestigkeiten der wichtigsten natürlichen Cellulosepräparate nebst einigen Vergleichswerten von anderen Naturfasern und sonstigen Werkstoffen. Die Festigkeit ist in kg/mm² angegeben, weil beim Vergleich mit Metallen usw. die Rechnung in g/denier ein ganz falsches Bild liefern würde. In der 4. Spalte sind auch noch die Bruchdehnungen in Prozenten der Ausgangslänge eingetragen.

Der auffälligste Zug dieser Tabelle ist die Tatsache, daß die natürlichen Cellulosefasern ganz außerordentlich hohe, absolute Festigkeiten besitzen, Festigkeiten, die denjenigen der Metalle gleichstehen, sie im Durchschnitt häufig übertreffen und um eine ganze Größenordnung höher liegen als die Festigkeiten wohl krystallisierter organischer Präparate.

Diese hervorstechende Eigenschaft der Cellulose und der übrigen kryptokrystallinen Systeme muß ganz besonders betont werden und fordert zu einer

Tabelle 8b. Absolute Reißfestigkeiten der wichtigsten natürlichen Cellulosen nebst einiger Vergleichswerte.

Material	Vorbehandlung	Festigkeit in kg/mm²	Bruchdehnung in % der Ausgangslänge	Bemerkung
Ägyptische Baumwolle . .	trocken	28[1]—36[2]	1,6	—
Indische Baumwolle . . .	„	29—37	2,0	—
Amerikanische Baumwolle.	„	bis 44,0	1,4	—
Bambusfaser	„	38	1,5	—
Flachs	—	36—110[3]	1,8	8% H_2O
Jute	—	37,9	—	9,3% H_2O
Hanf	—	92,0	1,7	7,71% H_2O
Ramie	—	77,6	1,7	8,67% H_2O
Apocynum sibiricum . . .	—	116	—	8,3% H_2O
Agave americana	—	39,2	—	8,9% H_2O
Cocos nucifera	—	28,9	—	10% H_2O
Seide	roh	44,8	23,9	—
Seide	entbastet	43,7	22,1[4]	—
Tussahseide	roh	49,5	16—17	—
Merino Kammwolle . . .	entfettet	16,8	24,5	Kammzug
Kamelhaar	—	18,5	38,4	trocken
Valonia	nativ	11,6	1,8	—
B-Cellulose[5]	„	9,8	1,5	als dünner Film vorliegend
Tunicin	„	11,0	1,2	in Filmform
Chitin	—	58,0	1,3	trocken
Sehne.	—	55,0	25,0	trocken
Faser aus Fischschuppe .	—	72,0	26,0	trocken
Aluminium	Guß	10—40	—	—
Ebonit	—	2,6—5,5	—	—
Eisen.	Flußeisen	34—50	—	—
Eisen.	Gußeisen	9—32	—	—
Eisen.	Flußstahl	50—160	—	—
Glas	Kali-Zink-Silicat	8,09	—	—
Holz	—	13	—	Buche
Kupfer	hartgezogen	bis 50	—	—
Quarz	krystallin	12—16	—	—
Steinsalz	im Mittel	0,5—2,5	—	je nach Orientierung
Zucker	Einkrystalle	bis 2,5	—	je nach Orientierung
Phthalsäureanhydrid . . .	—	0,2	—	parallel der Nadelachse

modellmäßigen Erklärung in erster Linie heraus. Man hat also neben unserer allgemeinen Kenntnis über den Verformungsvorgang in dem Absolutwert der Reißfestigkeit eine wichtige Angabe vor sich, welche bei dem Entwurf eines geeigneten morphologischen Modelles jedenfalls mitberücksichtigt werden sollte.

In der Tabelle 8c sind die absoluten Reißfestigkeiten einiger technischer Kunstfasern zusammengestellt; hier in g/denier, da ein Vergleich mit Substanzen von sehr abweichender Dichte in der Tabelle nicht mehr notwendig ist und auf

---

[1] Karger u. Schmid: Z. techn. Phys. **6**, 127 (1925); vgl. auch M.T.B. **6**, 437 (1925).
[2] Matthews-Anderau: Textilfasern, S. 73, 324, 329, 559.
[3] Sonntag: Landwirtsch. Jahrb. **21**, 839 (1892).
[4] Heermann: L.M.T. H. 9, 10 u. 11 (1925).
[5] Mit Hilfe von bacterium xylinum hergestellt. Herrn Prof. E. Schmid danken wir bestens für die Überlassung dieser Substanz.

Tabelle 8c. Reißfestigkeiten verschiedener Kunstfasern, die in den letzten Jahren im Handel waren.

Material	Titer	Prozentuale mittlere Titerschwankung	Reißfestigkeit in g/denier	Prozentuale mittlere Schwankung
Celanese (Acetatseide)	134	3—3,5	0,8—0,9	4—5
Aceta (Acetatseide)	127	3—3,2	1,23—1,35	4,2—4,8
Kupferseide Bemberg	122	3—4	1,84	4,5
Borvisk-Seide	187	3,9	1,25	5,1
Glanzstoff-Viscoseseide	145	1,5—2,5	1,64	2,5—3
Snia Viscosa	175	2,3—2,8	1,55	5,5—7
Viscose Tubize	188	3,2—3,8	1,35	5,0—6
Viscose C. of. Am.	150	1,0—1,8	1,38	5,5
Chatillon	155	2,2—2,8	1,50	4,1
Küttner-Viscose	175	3,3—3,5	1,60	4,0
Agfa Travis	125	1,2—1,5	1,80	3,5—4,2
Viscose St. Pölten	123	3,5	1,54	2,2—3,5
Viscose Oberbruch	175	2,1	1,38	5,0—5,8
Viscose Sydowsaue	190	0,8—1,5	1,50	2,5—3,8
Viscose Zehlendorf	125	5—6	1,44	5,5—6,5
Rhodiaseta (Acetatseide)	175	4—5,5	1,28	4,5—5,2
Setilose (Acetatseide)	180	5,5—6,0	1,19	4,3—5,1

diese Weise der Anschluß an die technische Erfahrung besser gewahrt bleibt. Die Versuche sind unter gleichen Bedingungen wie Einspannlänge, Zerreißgeschwindigkeit, Feuchtigkeit usw. angestellt, die bei technischen Prüfungen bekannt sind[1]. In dieser Tabelle sind auch die prozentualen Titerschwankungen und die prozentualen mittleren Schwankungen der Reißfestigkeit aufgenommen, da sie natürlich ein wichtiges Maß für die technische Brauchbarkeit der Produkte bieten. Die Mittelwerte der Reißfestigkeit sind aus 10 bis 20 Einzelwerten ermittelt. Die Tabelle läßt erkennen, daß im allgemeinen die Festigkeiten unter denen der natürlichen Cellulosepräparate liegen, ein Umstand, der mit der inneren Struktur der in der Tabelle 8c enthaltenen Fasern zusammenhängt und gelegentlich der Besprechung der Tabelle 8f noch näher betrachtet werden wird.

Außerordentlich interessante Messungen über die Festigkeit „höherer Celluloseester“ hat Hagedorn[2] durchgeführt; die von ihm erhaltenen Zahlen sind in der Tabelle 8i aufgeführt; sie zeigen, daß mit zunehmender Kettenlänge der Fettsäure die Festigkeit sinkt, während die Bruchdehnung stark ansteigt.

Ebenso wie der Verlauf der Dehnungskurve amorpher und micellarer Systeme erweist sich auch die Reißfestigkeit als sehr empfindlich gegenüber der Dehnungsgeschwindigkeit, dem Quellungszustand, der Temperatur und den sonstigen Begleitumständen. Die Tabelle 8d möge davon ein Beispiel geben. In ihr sind die Trocken- und Naßfestigkeiten mehrerer natürlicher und künstlicher Cellulosepräparate zusammengestellt. In der letzten Spalte ist die Naßfestigkeit in Prozenten der Trockenfestigkeit angegeben. Man sieht einen sehr starken Abfall, der unter Umständen dazu führen kann, daß die Reißfestigkeit des völlig benetzten Fadens nur etwa ⅓ der Trockenfestigkeit beträgt. Die Abb. 37a zeigt für Viscosefäden, in welcher Weise die Reißfestigkeit allmählich mit zunehmendem Feuchtigkeitsgehalt der umgebenden Luft abnimmt. Die Abb. 37b bringt ähnliche Kurven zur Kenntnis, die sich auf Kupferseide, Acetatseide und Nitroseide beziehen, während in der Tabelle 8e[3]

[1] S. Lieferungsbedingung d. R. A. L. (Reichs-Ausschuß für Lieferbedingungen).
[2] Hagedorn, M. u. P. Möller: Cellulosechemie 12, 29 (1930).
[3] Entnommen aus der Diss. J. Karger, Berlin 1923.

Tabelle 8d. Einfluß von Quellmitteln auf die Reißfestigkeit.

Material	Trockenfestigkeit in g/denier	Naßfestigkeit in g/denier	Naßfestigkeit in Prozenten der Trockenfestigkeit
Baumwolle	2,21	1,13	51
Ramie	1,95	1,17	60
Flachs	2,88	1,85	64
Kupferseide Bemberg	1,85	1,01	54
Viscose Küttner	1,48	0,65	44
Viscose St. Pölten	1,38	0,54	39
Viscose Sydowsaue	1,54	0,71	46
Viscose Rorschach	1,24	0,46	37
Viscose Oberbruch	1,39	0,62	44
Viscose Agfa Travis	1,79	0,95	53
Viscose Snia	1,58	0,62	45
Amerikanische Viscose	1,56	0,66	42
Acetylcellulose	1,28	0,65	51
Nitrocellulose	1,34	0,81	61
Kammwolle	1,11	0,37	34

der gleiche Einfluß steigender relativer Feuchtigkeit auf die Reißfestigkeit einiger Vergleichsfasern (Kamelhaar usw.) angegeben ist. Die Tabelle 8f zeigt endlich die Reißfestigkeit und Bruchdehnung einiger Kunstfasern, wie sie von E. Wheeler[1] in seinem Buch über Kunstseide zusammengestellt worden sind. Immer wieder muß hervorgehoben werden, daß verschiedene Beobachter zu stark voneinander abweichenden Ergebnissen kommen, je nach dem verwendeten Material. — Dies ergibt sich auch beim Vergleich der Tabellen des vorliegenden Buches, die sehr verschiedenartigen Arbeiten entnommen sind.

Auch die Versuchsdauer spielt bei der Bestimmung der Reißfestigkeit eine wichtige Rolle. Einige Zahlen über das Maß dieses Einflusses sind in der Tabelle 8g

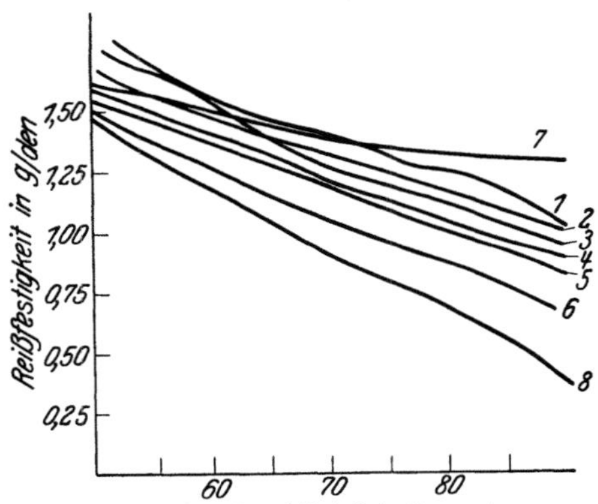

Abb. 37a. Abhängigkeit der Festigkeit von der Luftfeuchtigkeit.

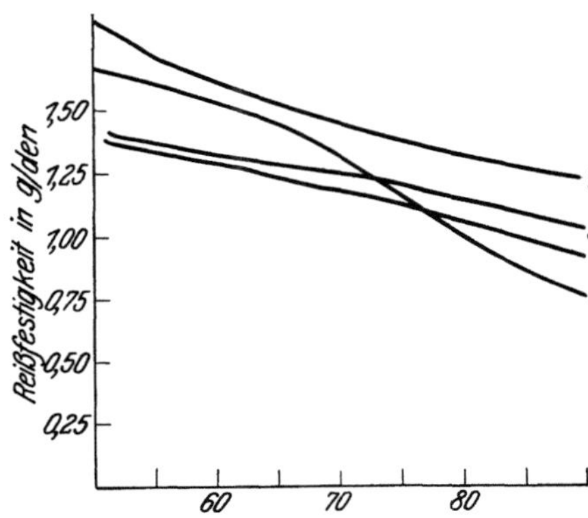

Abb. 37b.
1 = Nitroseide, 2 = Kupferseide, 3, 4 = Acetatseide.

zusammengefaßt, aus der auch hervorgeht, daß die Temperatur bei gewissen Fasern die Reißfestigkeit sehr stark herabsetzt, besonders dann, wenn man relativ langsam dehnt. Alle diese Einflüsse sind in der Technik sehr wohl bekannt und werden bei der praktischen Durchführung von Zerreißversuchen stets berücksichtigt; sie sind auch in die Materialprüfungsvorschriften in irgendwelcher

[1] Wheeler, E.: Manufacture of artificial silk. London 1928. 2. Ed. **1931,** 106.

Weise aufgenommen. Erst ihre Ausschaltung ermöglicht es, Zahlen von einiger Bedeutung zu erhalten.

Tabelle 8e. Abhängigkeit der Reißfestigkeit von der relativen Feuchtigkeit.

Substanz	Reißfestigkeit in kg/mm² bei			
	0%	50%	ca. 70%	100% Feuchtigkeit
Ramie	28,4	39,8	38,8	9,3
Baumwolle	28,9	41,2	37,8	78,1
Kamelhaar	18,5	16,2	16,8	16,3
Wolle.	14,5	14,7	10,9	6,6
Naturseide	39,5	42,3	37,8	51,9
Viscose	15,6	8,2	9,4	5,0

Tabelle 8f. Trocken- und Naßfestigkeiten einiger Kunstfasern.

Substanz	Festigkeit in g/denier		Bruchdehnung in %	
	trocken	naß	trocken	naß
Englische Viscose:				
50 denier. . .	1,46	0,82	17,3	18,8
50 „ . . .	1,58	0,86	21,9	23,3
75 „ . . .	1,20	0,63	27,3	30,8
75 „ . . .	1,38	0,78	27,6	38,3
100 „ . . .	1,22	0,60	27,2	33,1
100 „ . . .	1,41	0,73	24,4	32,4
150 „ . . .	1,27	0,57	24,5	30,3
150 „ . . .	1,40	0,64	22,5	28,1
150 „ . . .	1,51	0,71	20,1	24,4
170 „ . . .	1,55	0,64	24,4	31,4
250 „ . . .	1,28	0,55	21,6	25,9
250 „ . . .	1,57	0,68	23,9	34,3
300 „ . . .	1,18	0,48	23,2	27,0
148 „ . . .	1,56	—	19,1	—
156 „ . . .	1,41	—	18,5	—
[1] 176 „ . . .	1,45	—	16,7	—
247 „ . . .	1,59	—	18,0	—
276 „ . . .	1,50	—	18,3	—
442 „ . . .	1,51	—	19,7	—
Fremde Viscose:				
100 denier. . .	1,13	0,52	15,7	15,5
100 „ . . .	1,20	0,51	18,9	21,3
100 „ . . .	1,25	0,77	23,3	29,7
150 „ . . .	1,34	0,64	22,2	29,4
200 „ . . .	1,31	0,59	19,4	23,5
250 „ . . .	1,48	0,65	19,5	23,3

Substanz	Festigkeit in g/denier		Bruchdehnung in %	
	trocken	naß	trocken	naß
Celta:				
100 denier. . . .	1,01	0,44	18,5	16,4
150 „	1,08	0,50	16,9	18,2
Lilienfeld-Viscoseseide:				
unbeh.	4,5	3,0	7,0	7,2
m. Soda beh. . .	3,0	2,1	12,0	11,9
Kupferseide, feinfädig:				
50 denier. . . .	1,22	0,65	12,4	12,3
75 „	1,60	0,83	10,0	10,6
75 „	1,50	0,89	10,1	11,9
150 „	1,21	0,51	10,1	8,8
200 „	1,47	0,73	10,1	11,9
Nitrocellulose:				
200 denier. . . .	1,27	0,50	15,1	11,8
Cellulose-Acetat:				
45 denier. . . .	1,17	0,74	19,7	—
75 „	1,18	0,65	18,9	—
120 „	1,13	0,65	25,9	30,3
150 „	1,18	0,69	23,8	30,6
190 „	1,20	0,68	25,5	32,9
300 „	1,21	0,67	26,7	35,3
Seraceta:	1,25	0,78	22,0	—
Naturseide	2,5	2,0	21,0	

Tabelle 8g. Einfluß der Zeit und der Temperatur auf die Reißfestigkeit.

Material	Normale Festigkeit	Vergleichsfestigkeit	Bemerkung
Viscoseseide.	1,73	1,32	Sehr langsam zerrissen
Acetatseide	1,38	1,10	Sehr langsam zerrissen
Acetatseide	1,38	0,72	Bei 80° zerrissen
Acetatseide	1,38	0,12	Bei 125° zerrissen
Butyratfilm.	0,95	0,35	Bei 80° zerrissen

[1] Mitget. v. d. Branston Artif. Silk Co., Ltd.

Tabelle 8h. Einfluß der Orientierung auf die Reißfestigkeit.

Material	Festigkeit in g/denier	Bemerkung
Normale Viscoseseide	1,85	Vgl. das Diagramm Abb. 38a
Dieselbe Seide extrem orientiert	5,88	In H_2SO_4 verstreckt. Vgl. das Diagramm Abb. 38b.
Normale Kupferseide	1,75	
Dieselbe Seide extrem verstreckt	4,95	Vgl. das Diagramm Abb. 31b
Normale Acetatseide	1,38	Vgl. das Diagramm Abb. 38c
Dieselbe Seide stark verstreckt	4,45	In Cyclohexanon verstreckt. Vgl. das Diagramm der Abb. 38d
Sehr feinfädige Acetatseide stark orientiert	8,52	Das Röntgenbild ist ein sehr scharfes Punktdiagramm

Tabelle 8i.
Reißfestigkeiten höherer Ester und Äther nach Hagedorn.

Material	Festigkeit in kg/mm²	Bruchdehnung in Prozenten
Celluloseacetat	8—12	15—25
Cellulosepropionat	6—7	10—15
Cellulosebutyrat	5—6	8—10
Cellulosevalerat	4—5	18—25
Cellulosecapronat	2—3	60
Cellulosepelargonat	3,5—4,0	20—30
Celluloselaurat	0,8—1,0	100—130
Cellulosestearat	0,5	> 140
Cellulosenaphthenat	0,3	110
Celluloseacetopropionat	9,7	12
Celluloseacetobutyrat	7,3—8,5	20—25
Celluloseacetobutyratlaurat	3,5	85
Celluloseacetobenzoat	8,3	12
Celluloseacetolaurat	2—3	60—85
Cellulosebutyrolaurat	3,5—5,0	60—70
Cellulosebutyrobenzoat	7,0	35
Cellulosenaphthenolaurat	1,2	200
Äthylcellulose	5,5—6,5	25—30
Propylcellulose	5,5—6,0	25—30
Butylcellulose	3,0	27
Benzylcellulose	5,0—6,0	25—30
Äthylbutylcellulose	6,0—6,5	30
Äthylbenzylcellulose	6,0—6,5	12
Propylbenzylcellulose	5,0	18
Butylbenzylcellulose	4,5	28

Ein Einfluß, der bisher noch nicht so ausgiebig mitberücksichtigt worden ist, und auf den daher hier etwas eingehender hingewiesen sei, ist der Orientierungszustand der untersuchten Fasern. Es ist schon auf Seite 34ff. erwähnt worden, daß der micellare Verformungsvorgang von einer Parallelorientierung der Krystalle bzw. der Krystallitbündeln (der sogenannten Fibrillen) begleitet ist, die zu einer erheblichen Verfestigung in bezug auf Dehnung führt. Diese Umorientierung ist der Grund dafür, daß die Dehnungskurven solcher Systeme überhaupt ansteigen, daß sich also das Objekt im Laufe des Dehnungsprozesses verfestigt. Beim Vergleich des völlig unorientierten Ausgangsmaterials mit einem extrem orientierten Produkt ergeben sich ganz bedeutende Differenzen in der Reißfestigkeit, wovon die Tabelle 8h überzeugen möge. An erster Stelle ist eine normale Handelsviscose mit einer Festigkeit von 1,85 g/denier aufgeführt, die bei der röntgenographischen Durchleuchtung das Diagramm der Abb. 38a lieferte. Durch Verformung in gequollenem Zustand erhielt man ein Präparat, das eine mittlere Reißfestigkeit von 5,88 g/denier aufwies und ein Diagramm lieferte, das nach Ausweis der Abb. 38b eine praktisch völlige Orientierung der Micelle anzeigt. Durch den Orientierungsvorgang ist also die absolute Festigkeit auf das 3,2fache gestiegen. Ebenso deutlich dokumentiert sich dieser Effekt beim Vergleich der Abb. 38c und 38d, d. h. beim Orientieren einer Acetatseide. Das Ausgangsmaterial zeigte Reißfestigkeiten von 1,38 g/denier, ein stark verformtes Präparat eine Festigkeit von 4,45 und ein extrem verstrecktes Präparat sogar eine Festigkeit von 8,52 g/denier, so daß hier die Orientierung eine Steigerung der Reißfestigkeit um den Faktor 6 zur Folge gehabt hat.

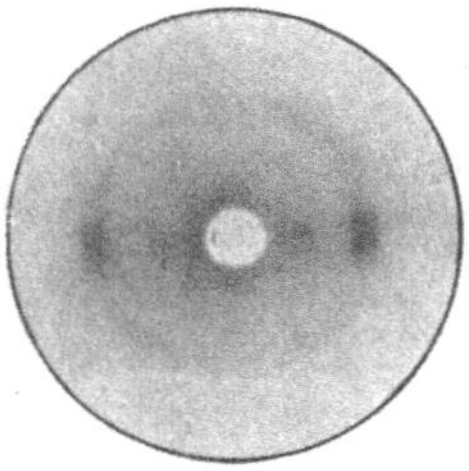

Abb. 38a. Diagramm einer Viscoseseide von 1,5 bis 1,8 g/denier Festigkeit.

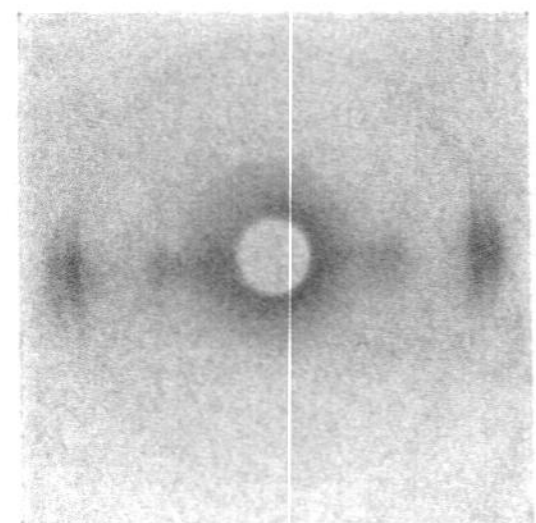

Abb. 38b. Gut orientierter Faden aus Hydratcellulose.

Besser als an Fasern läßt sich dieser Zusammenhang zwischen der Reißfestigkeit und der micellaren Orientierung an Filmen verfolgen. Nimmt man einen normalen Celluloid- oder Cellophanfilm, schneidet Streifen parallel verschiedener Richtungen heraus und zerreißt diese unter konstant gehaltenen Bedingungen, so findet man abgesehen von den normalen Schwankungen, keine Bevorzugung irgendeiner Richtung. Die Tabelle 9a zeigt die Festigkeitswerte,

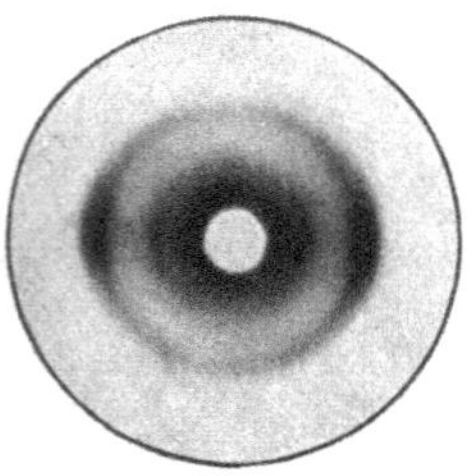

Abb. 38c. Unverstreckte Acetatseide verseift.

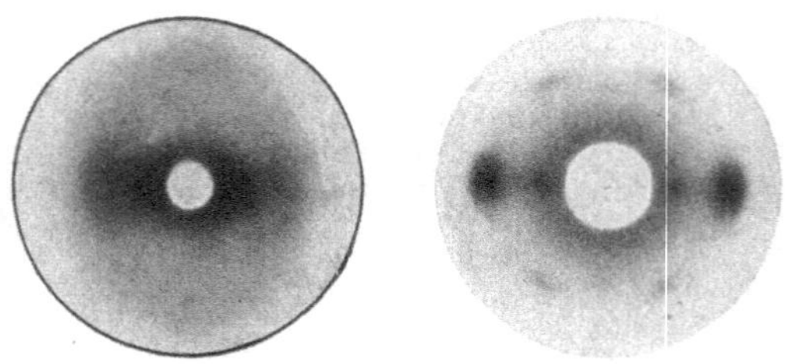

Abb. 38d. Verstreckte Acetatseide unverseift und verseift.

Tabelle 9a. Festigkeit eines Cellophanfilmes in verschiedenen Richtungen.

Winkel zwischen Dehnungsrichtung und einer beliebigen Nullrichtung	Mittlere Festigkeit in kg/mm^2	Größte Abweichung vom Mittelwert bei 10 Versuchen %
0°	11,6	10
30°	11,2	8
60°	11,4	13
90°	11,5	7
120°	11,9	11
150°	11,2	10
180°	11,1	8

die mit einem Cellophanfilm erhalten worden sind, in Abhängigkeit von der Zerreißrichtung; eine beliebige Richtung im Film wurde hierbei als Nullage gewählt. Der in der ersten Spalte der Tabelle angegebene Winkel α gibt an, um wieviel Grad die Zerreißrichtung von dieser willkürlich gewählten Nullrichtung abwich. Man sieht, das systematische Schwankungen weder in der Zerreißfestigkeit noch in der Bruchdehnung vorkommen, ein Befund, der in Einklang damit steht, daß das Röntgendiagramm dieses Cellophanfilmes keinerlei ausgezeichnete Richtung in der Filmebene erkennen ließ. Trägt man, wie dies in Abb. 39a angedeutet ist, die Festigkeit in Abhängigkeit von der Richtung in ein Diagramm ein, so erhält man als Festigkeitsfigur des untersuchten Cellophanfilmes einen Kreis.

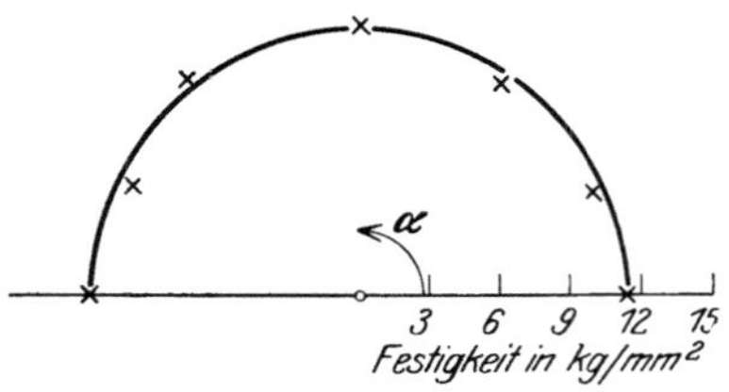

Abb. 39a. Festigkeitsfigur eines normalen Viscosefilmes (Cellophan).

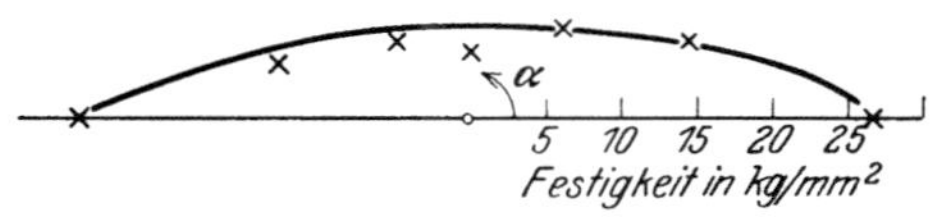

Abb. 39b. Festigkeitsfigur eines verstreckten Filmes aus Cellophan.

Nimmt man nun ein großes Stück dieses Filmes, verstreckt es im gequollenen Zustand um ein bestimmtes Maß (etwa 100%) und untersucht nachher wiederum die Reißfestigkeit in den verschiedenen Richtungen, so erhält man die in der Tabelle 9b angeführten Werte; sie zeigen, daß die Reißfestigkeit parallel der Dehnungsrichtung zu-, senkrecht hierzu jedoch abgenommen hat. An Stelle des Festigkeitskreises der Abb. 39a erhalten wir bei gleicher Auswertung der Tabelle die in Abb. 39b dargestellte Festigkeitsellipse, aus der hervorgeht, daß parallel der Vordehnungsrichtung ein Anstieg, senkrecht hierzu ein Abfall der ursprünglichen mittleren Festigkeit eingetreten ist. Die vorgedehnten Cellulosepräparate zeigen also neben einer Verfestigung in der Dehnungsrichtung eine

Tabelle 9b. Festigkeit eines vorgedehnten Cellophanfilmes in verschiedenen Richtungen.

Winkel zwischen Dehnungsrichtung und Orientierungsrichtung	Mittlere Festigkeit in kg/mm²	Größte Abweichung vom Mittelwert bei 10 Versuchen %
0°	26,5	7
30°	15,7	9
60°	10,2	15
90°	4,5	13
120°	9,3	12
150°	14,7	11
180°	25,9	9

starke Entfestigung in der Richtung senkrecht hierzu, welche bei der Acetylcellulose so weit gehen kann, daß solche Filme bei der geringsten Beanspruchung parallel der Dehnungsrichtung aufspalten. Ein ähnlicher Effekt ist von L. Hock an gefrorenem, gedehntem Kautschuk schon vor längerer Zeit und von K. H. Meyer an Sehnen und Muskeln unlängst beschrieben worden.

Die Absolutwerte der Bruchdehnungen der wichtigsten Cellulosepräparate sind bereits in den vorangegangenen Tabellen meist mit aufgenommen worden, so daß eine besondere Diskussion nicht notwendig erscheint. Auch die Bruchdehnungen sind von den äußeren Umständen stark abhängig. Quellung, erhöhte Temperatur und lange Versuchsdauer setzen im allgemeinen die Bruchdehnungen hinauf, wofür in den Tabellen 8 ebenfalls schon zahlenmäßige Angaben enthalten sind. Von größerem Interesse ist der Einfluß der Orientierung auf die Bruchdehnung.

Ebenso wie die Reißfestigkeit ist auch die Bruchdehnung eines unorientierten Filmes von der Dehnungsrichtung praktisch unabhängig, und man erhält beim Auftragen der Bruchdehnung gegen die Dehnungsrichtung die in Abb. 40a dargestellte, der Abszisse parallel verlaufende gerade Linie, die dem in Abb. 39a in Verfolg einer anderen Darstellungsweise sich ergebenden Festigkeitskreis

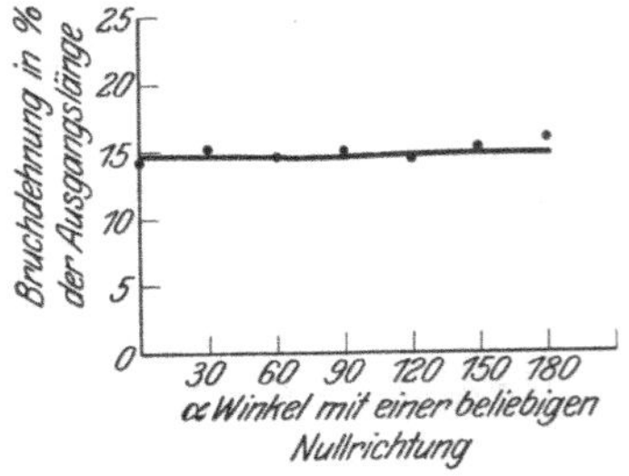

Abb. 40a. Bruchdehnung eines normalen Filmes.

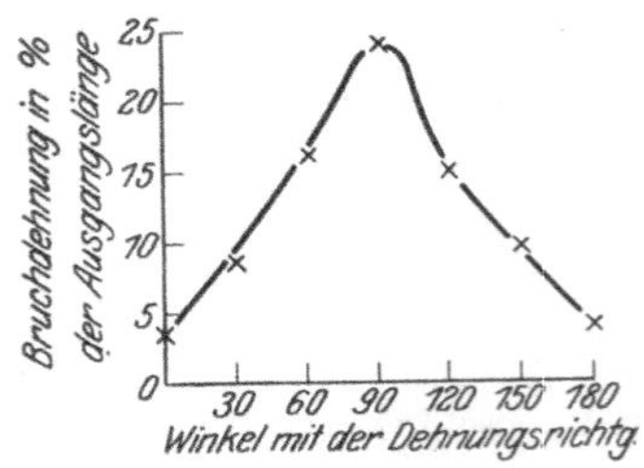

Abb. 40b. Bruchdehnung eines stark verstreckten Filmes.

entspricht. Im Gegensatz hierzu ist die Bruchdehnung vorgereckter Filme stark von der Dehnungsrichtung abhängig, wie dies in Abb. 40b für einen vorgedehnten Acetylcellulosefilm dargestellt ist. Während die Festigkeit parallel der Dehnungsrichtung ein Maximum und senkrecht hierzu ein Minimum aufweist, ist dies bei der Bruchdehnung umgekehrt. Die Bruchdehnung sehr stark orientierter Filme parallel der Reckungsrichtung beträgt bloß wenige Prozente, während nach Beobachtungen, die A. Burgeni[1] im Faserstoffinstitut angestellt hat, ein

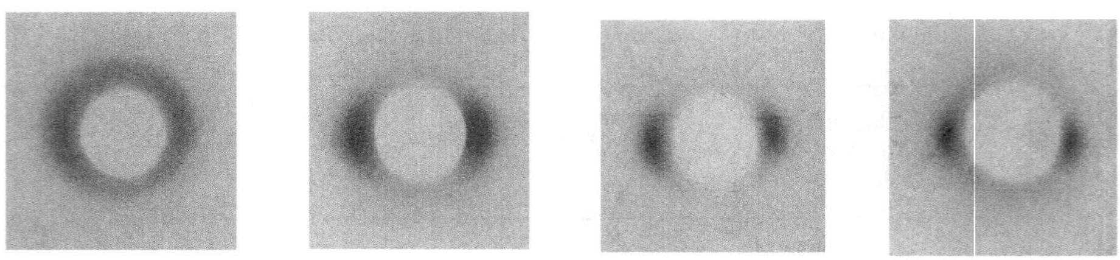

a b c d

Abb. 41. Fortschreitende Orientierung von Celluloseamyloxalat.

vollständig orientierter, aus gedehntem Xanthogenat hergestellter Cellulosefilm in Richtung normal zur Faserachse eine Bruchdehnung von 100 bis 200% besitzt.

Sehr interessante Versuche über den Deformationsmechanismus von Faserstoffen haben Eckling und Kratky[2] angestellt. Sie verwendeten hierbei als Versuchsobjekt Filme von Celluloseamyloxalat, die im unverseiften und unorientierten Zustand das Diagramm der Abb. 41a ergeben. Bei fortschreitender Dehnung dieser Präparate in bestimmter Richtung stellt sich in steigendem Maße ein Faserdiagramm her, wie es die vier Bilder der Abb. 41b, c und d sehr schön erkennen lassen. Hierbei hat sich herausgestellt, daß es nicht nur

[1] Handb. phys. techn. Mech. IV/2, 211.

[2] Eckling, K., u. O. Kratky: Naturwiss. 18, 961 (1930); ferner Gonell, H. W., u. O. Kratky: Handb. angew. Mech. IV/2, 297 (1930).

auf das Maß der Verformung ankommt, sondern auch darauf, ob diese Verformung sich unter Anwendung größerer oder kleinerer Kräfte vollzieht. Läßt man stark quellen und dehnt bis zu einem bestimmten Maße unter Anwendung von wenig Kraft, so erhält man besser orientierte Präparate, als wenn man dieselbe Dehnung in weniger gequollenem Zustand mit Hilfe stärkerer Kraft erzeugt. Die Erklärung dürfte wohl darin liegen, daß bei stärkerer Quellung eine gleichmäßigere über das ganze Präparat sich erstreckende Orientierung eintritt, während sich bei starker Beanspruchung und geringer Quellung die Verformung im wesentlichen an gewissen schwächeren Stellen vollzieht, ohne gleichmäßig das ganze Präparat mitzuerfassen. Immerhin scheint dieser Effekt noch nicht so gut untersucht zu sein, als er es seiner Wichtigkeit nach verdient, und es kann der hier geäußerte Erklärungsversuch erst nach der Durchführung entsprechender Versuche als begründet gelten.

Dehnt man einen vorgereckten Film senkrecht zur Orientierungsrichtung, so findet zunächst eine allmähliche Zerstörung der bisherigen Ordnung statt und im weiteren Verlauf eine Neuorientierung nach der „Querdehnungsrichtung". Der Betrag, den man bei dieser zweiten Dehnung braucht, um wiederum völlige Unordnung zu erzeugen, ist der Größenordnung nach gleich dem Betrag der Vor-

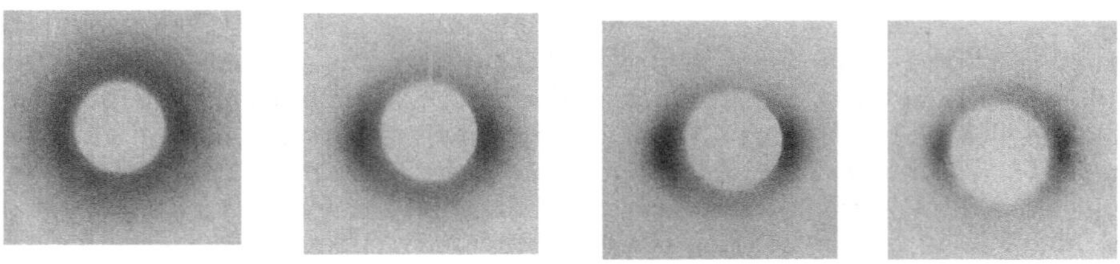

a b c d

Abb. 42. Umorientierung eines Filmes aus Celluloseamyloxalat.

reckung. Auch bei weiter fortschreitender Dehnung sind zur Herstellung bestimmter Orientierungsgrade wieder ähnliche Verformungen nötig wie ursprünglich zu Beginn der Vorreckung. Die vier Bilder der Abb. 42 zeigen die Verhältnisse bei dem von Eckling und Kratky untersuchten Celluloseamyloxalat.

Die kombinierte Dehnung mit wechselnder Dehnungsrichtung läßt sich zu wiederholten Malen auf ein und dasselbe Präparat anwenden; ihr Verlauf erweist sich als im wesentlichen unabhängig von der Vorgeschichte. Man ist also in der Lage, die Micelle eines solchen Systems zunächst in eine bestimmte Richtung zu bringen, dann senkrecht hierzu umzuorientieren, dann wieder senkrecht hierzu umzugruppieren usw. Die hierbei für die Umorientierung erforderlichen Verformungsarbeiten steigen im Laufe einer solchen Versuchsserie nicht wesentlich an, sondern sind im Rahmen der Versuchsfehler einander gleich. Die Abb. 43a und b zeigt die Verformungsarbeiten, welche notwendig waren, um einen gegebenen Film aus Acetylcellulose dreimal umzuorientieren. Man sieht, daß die gesamten, hierbei notwendigen Verformungsarbeiten voneinander nur innerhalb der Fehlergrenzen der ganzen Untersuchung abweichen, die deswegen ziemlich weit gesteckt sein müssen, weil es nicht leicht möglich ist, den Quellungsgrad der Präparate vollständig konstant zu halten, und weil erfahrungsgemäß beim starken Verformen recht erhebliche Dickeschwankungen in den Filmen auftreten, die nur sehr schwer quantitativ kontrolliert werden können.

Immerhin gewinnt man aus der Abbildung den deutlichen Eindruck, daß ein systematisches starkes Ansteigen der Verformungsarbeiten bei wiederholter

Belastung nicht vorliegt. Hier zeigt sich wiederum ein deutlicher Gegensatz zu den Verhältnissen bei krystallinen Systemen, auf den Kratky[1] besonders hingewiesen hat. Bei der Verformung krystalliner metallischer Werkstücke nimmt erfahrungsgemäß die Verformungsarbeit ganz erheblich mit dem Verformungsgrad zu. Wohl bekannt ist zum Beispiel die Tatsache, daß man 1 mm dicken Einkrystalldraht aus Aluminium oder Eisen mit der Hand bis zu einem spitzen Winkel umbiegen kann, während es nicht gelingt, den durch diese Verformung stark verfestigten Draht wiederum mit der Hand zurückzubiegen. Man erklärt

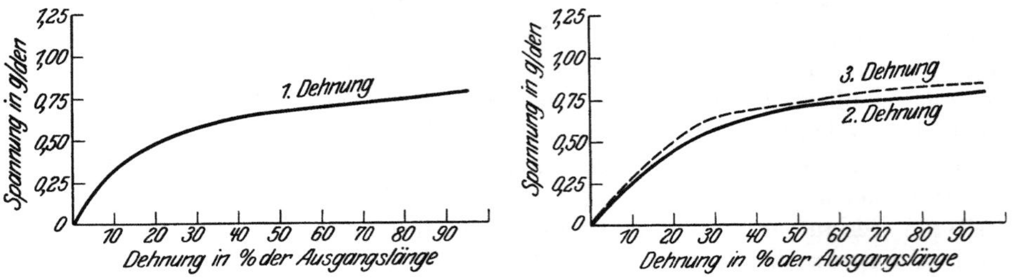

a b

Abb. 43a und b. Dehnungsarbeiten nach ein-, zwei- und dreimaliger Verformung.

diese Verfestigung, wie schon in der Einleitung erwähnt worden ist, durch die Vorgänge bei der Krystallplastizität und nimmt an, daß sowohl Gleitung wie Schiebung Gitterstörungen erzeugen, die eine mechanische Verfestigung bedingen. Da bei micellaren Systemen eine solche Verfestigung bis jetzt wenigstens nicht beobachtet werden konnte, ist es naheliegend, zurückzuschließen, daß man hier auch keinen innermicellaren Gleitvorgang anzunehmen hat, sondern daß die einzelnen Micelle als ganze den Verformungsvorgang mitmachen. Dies tritt als neues Argument, den auf Seite 39 bereits aufgezählten, zugunsten der Anschauungen über den micellaren Fließvorgang an die Seite. Trotzdem muß man sich stets darüber klar bleiben, daß dieser Entwurf eines Bildes über die „amorphe“ Plastizität nur vorläufigen Charakter hat und speziell nach der quantitativen Seite einer dauernden Prüfung bedarf.

h) Allgemeines über die Plastizität micellarer Systeme.

Im Sinne der auf Seite 39 ausgesprochenen Absicht, die bis heute vorliegenden Angaben wenigstens zur Konstruktion eines qualitativ gehaltenen Bildes über die micellare Verformung auszuwerten, sei ein kurzer Rückblick auf die hier zusammengestellten Ergebnisse eingeschoben. Es ist wiederholt betont worden, daß zwischen der krystallinen und amorphen Plastizität ein prinzipieller Unterschied zu bestehen scheint, und daß die heutige Erfahrung auf dem letzteren Arbeitsgebiet am besten durch die Annahme gedeckt werden kann, daß bei der Dehnung kryptokrystalliner Systeme längliche, zum Teil fadenförmige, zum Teil vielleicht auch bandförmige Micelle aneinander vorbeifließen, ohne in ihrem inneren Aufbau bei dieser Art der Einwirkung merklich verändert zu werden. Als Hinweise für diese Annahme seien in Erinnerung gebracht:

1. die in ihrer Schärfe unveränderten Röntgeninterferenzen,
2. das Fehlen einer vergrößerten Reaktivität verformter Präparate,
3. das Fehlen einer allmählichen Verfestigung bei wiederholter Verformung.

Quantitativ formulierte und geprüfte Aussagen über den Verlauf der Verformung solcher Systeme liegen bis heute in der Literatur nicht vor. Von hydro-

[1] Vgl. Handb. phys. techn. Mech. IV/2, 291.

dynamischer Seite her sind Fließprobleme häufig behandelt worden, niemals aber unter quantitativer Mitverwendung molekularer Modelle, wie hier länglicher oder bandförmiger Micelle. Hingegen haben Eckling und Kratky[1] in einer neueren Arbeit über den Deformationsmechanismus von Faserstoffen, die im Faserstoffinstitut durchgeführt worden ist, eine Formel abgeleitet, welche zeigt, daß in der Tat eine Parallelorientierung länglicher Micelle qualitativ verstanden werden kann.

Es sei ein zähes homogenes Medium gegeben, in welchem sich längliche Stäbchen befinden, die so leicht sein sollen, daß sie durch die Zähigkeit des Mediums praktisch unendlich lange in Schwebe gehalten werden. Diese Teilchen sollen ein sehr verdünntes System bilden, d. h. sich in ihren Bewegungen gegenseitig nicht behindern. Anfangs mögen sie regellos liegen; d. h. wenn man zum Beispiel 100 Stäbchen herausgreift, dann sollen ihre Längsachsen mit einer gegebenen festen Richtung alle beliebigen Winkel einschließen. Dehnt man ein solches System so, daß die neue Länge l durch

$$l = v \cdot l_0$$

gegeben wird, wobei l_0 die Ausgangslänge bedeutet, dann haben sich die Stäbchen orientiert, d. h. die Verteilung der Längsachsen ist nicht mehr unabhängig vom Winkel α zur Dehnungsrichtung. Eckling und Kratky leiten für die Verteilungsfunktion der Stäbchen die folgende Formel ab:

$$J_\alpha = J_0 \frac{v^3}{[1 + (v^3 - 1)\sin^2\alpha]^{\frac{3}{2}}}.$$

Hierin bedeutet J_α die Wahrscheinlichkeit dafür, daß man unter dem Winkel zwischen α und $\alpha + d\alpha$ ein Stäbchen vorfindet, oder, was dasselbe ist, die Zahl der im gedehnten Medium unter dem Winkel α liegenden Stäbchen.

Für das ungedehnte Präparat ergibt sich $J_\alpha = J_0$. Wir haben also, wie zu erwarten, keinerlei Orientierung vor uns. Bei einem extrem gedehnten Präparat, zum Beispiel

$$v = 4,$$

erhält man

$$J_\alpha = J_0 \frac{64}{(1 + 63\sin^2\alpha)^{\frac{3}{2}}}.$$

Aus dieser Formel liest man ab, daß sich in der Richtung $\alpha = 0$ ein Maximum befindet, wie es von der Erfahrung auch verlangt wird: die Stäbchen stellen sich parallel der Faserrichtung ein. (Vgl. hierzu auch „Anhang".)

Geht man aus der Dehnungsrichtung heraus, d. h. läßt man α ansteigen, so wächst der Nenner des Bruches; die Wahrscheinlichkeit für das Antreffen eines Teilchens in der betrachteten Richtung nimmt ab und erreicht bei $\alpha = 90^0$ ein Minimum. Eine genauere quantitative Prüfung der Richtungsverteilung bei verschiedenen Dehnungsgraden steht noch aus; erst mit ihrer Hilfe könnte man die erste Näherung, als die man die vorliegende Formel nach den Angaben ihrer Autoren aufzufassen hat, zu einer weitergehenden Beschreibung der Verhältnisse verfeinern.

Bei der Verformung eines schwach gequollenen Cellulosefadens muß man sich also nach unserer bisherigen Kenntnis die Vorgänge etwa folgendermaßen vorstellen:

Das Ausgangspräparat enthält die Micelle vollkommen unorientiert. Um sich über die Größenverhältnisse ein Bild zu machen, sei angegeben, daß bei einem

[1] Naturwiss. 18, 463 (1931).

Faserquerschnitt von 1 denier bei vollkommener Orientierung etwa 500 bis 1500 Micelle entlang eines Durchmessers des Fadens stehen. Gibt man einem Einzelkrystallit die Größe eines Bleistiftes, so ist der Durchmesser eines Denierfadens etwa 5 bis 10 m.

Legt man an dieses System eine dehnende Kraft an, so beginnt an irgendeiner vielleicht durch äußere Umstände geschwächten Stelle die Spannung besonders hoch anzusteigen und es wird die „kritische micellare Fließgrenze" überschritten. An dieser Stelle tritt Verformung und in ihrem Verlauf eine schwache Parallelorientierung der Krystallite ein, die zur Folge hat, daß die kritische Fließspannung an dieser Stelle ansteigt. Dies wieder führt dazu, daß eine andere Stelle des Fadens den Dehnungsprozeß weiter übernimmt, so daß im Laufe der Dehnung allmählich der ganze Faden mehr oder weniger gleichmäßig verformt und orientiert wird. Je stärker die Quellung, um so weniger äußern sich die ursprünglich vorhandenen Unregelmäßigkeiten und um so gleichmäßiger erstreckt sich der Verformungs- und Orientierungsprozeß über das ganze Präparat. Bei ganz trockenen Cellulosen ist die Viscosität des micellaren Fließprozesses so groß, daß sie nur an wenigen Stellen zu einer mäßigen Orientierung führt. Bei zu starkem Ansteigen der Spannung erfolgt dann in diesem Falle das Zerreißen.

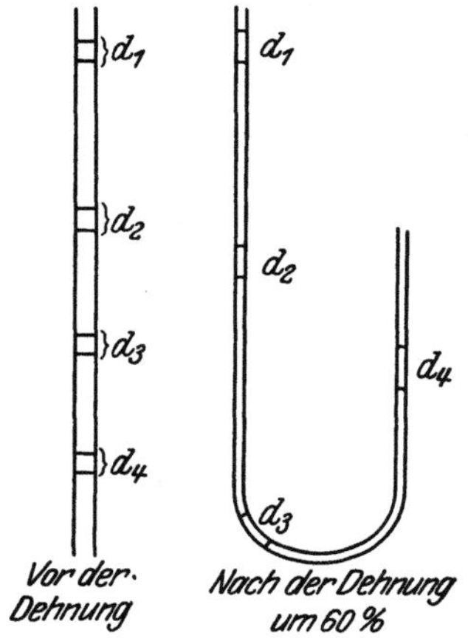

Abb. 44. Dehnungsversuch an einem mit Marken versehenen Faden.

Um zu prüfen, ob in der Tat in mikroskopischen Bereichen die Verformung ungleichmäßig vor sich geht, wurden einige Versuche in folgender Weise angestellt:

Auf einem ganz schwach angequollenen Faden wurden mit dem Mikromanupulator Marken angebracht, die das in Abb. 44 schematisch dargestellte Aussehen hatten. Dann wurde der Faden eingespannt und mit mäßiger Versuchsgeschwindigkeit um etwa 40% gedehnt. Nachher wurde unter dem Mikroskop die Entfernung der Marken wiederum ausgemessen, dann die Dehnung auf 80% erhöht und wiederum gemessen. Die Tabelle 10a zeigt die bei der Dehnung

Tabelle 10a. Veränderung der Abstände d_i zwischen den Marken durch Dehnung in wenig gequollenem Zustand.

Ausgangslänge . . . . . . 10 cm
Endlänge . . . . 18 cm
Dehnung 80%

Ursprünglicher Abstand der Marken in mm	Abstand der Marken nach der Dehnung in mm	Abweichung vom Mittelwert (80%) in mm
$d_1 = 0{,}83$	1,46	$\Delta d_1 = -0{,}03$
$d_2 = 0{,}64$	1,18	$\Delta d_2 = +0{,}03$
$d_3 = 0{,}55$	0,89	$\Delta d_3 = -0{,}10$
$d_4 = 0{,}59$	1,19	$\Delta d_4 = +0{,}13$
$d_5 = 0{,}67$	1,22	$\Delta d_5 = +0{,}02$
$d_6 = 0{,}72$	1,23	$\Delta d_6 = -0{,}07$

des Objektes erhaltenen Zahlen, aus denen recht deutlich hervorgeht, daß in verschiedenen Bereichen eine verschieden starke Verformung stattgefunden hat. Anders liegen die Verhältnisse, wenn man einen sehr stark gequollenen Faden untersucht, wie es die Zahlen der Tabelle 10b zeigen. Hier ist in der Tat eine recht gleichmäßige Dehnung zu beobachten; die noch verbleibenden Schwankungen dürften innerhalb der Fehlergrenzen der verwendeten ziemlich rohen Methodik liegen.

Tabelle 10b. Veränderung der Abstände d_i zwischen den Marken durch Dehnung in stark gequollenem Zustande.

Anfangslänge . . . . . . 10 cm
Endlänge . . . . 20 cm
Dehnung 100%

Abstand der Marken vor der Dehnung in mm	Abstand der Marken nach der Dehnung in mm	Abweichung vom Mittelwert (100%) in mm
0,55	1,13	+ 0,03
0,68	1,34	— 0,02
0,62	1,22	— 0,02
0,51	1,04	+ 0,02
0,71	1,44	+ 0,02
0,63	1,21	— 0,05

Auch durch eine quantitative Verfolgung des Titers längs eines gedehnten Fadens läßt sich etwas über die Ungleichmäßigkeit des Verformungsprozesses erfahren. Die Ergebnisse, auf deren quantitative Wiedergabe hier wohl verzichtet werden kann, weisen in die gleiche Richtung.

Diese orientierenden Versuche zeigen im Zusammenhang mit der Eckling-Kratkyschen Formel, daß das Bild des elementaren Verformungsprozesses kryptokrystalliner Substanzen qualitativ gerechtfertigt ist. Es ist nun sehr wesentlich, diesen rein geometrischen Einblick auch noch durch ein ganz qualitatives Verständnis der dynamischen Verhältnisse, also der Verfestigung zu ergänzen. Hierzu hat man zu überlegen, in welcher Weise die Micelle in einem gegebenen Präparat miteinander verknüpft sind. Zweifellos ist die Natur derjenigen Kräfte, welche die intermicellare Kohäsion bedingen, von dem Typus der allgemeinen van der Waalsschen molekularen Kraftwirkung und man wird sie auch der Größenordnung nach diesen Kräften gleichzusetzen haben. Wenn es sich darum handelt, zwei durch van der Waalssche Kräfte verknüpfte Micelle zum Gleiten zu bringen, so ist es naheliegend, anzunehmen, daß dies um so leichter gelingt, je kleiner die Berührungsfläche der beiden Teilchen ist. In Abb. 45 ist schematisch gezeigt, wie sich diese Flächen zueinander verhalten, wenn man das eine Mal senkrecht zueinander liegende, das andere Mal parallel orientierte Micelle vor sich hat. Bezeichnen wir mit l die Länge und mit b die Breite eines Micells, so ist die kleinste Berührungsfläche (also im Falle der Abb. 45a)

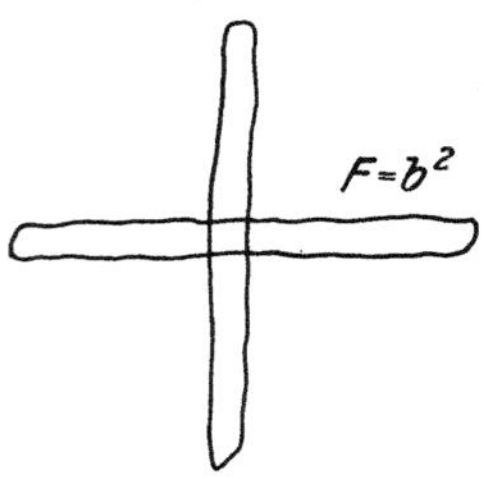

a

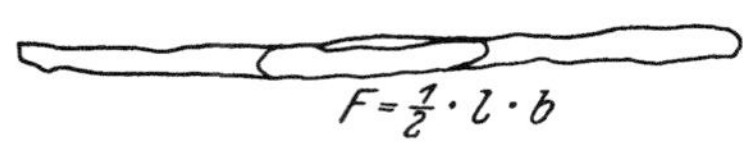

b

Abb. 45a und b. Berührungsflächen der Micelle bei verschiedener Lagerung.

$$F = b^2,$$

während die größte (also im Falle der Abb. 45b)

$$F = \frac{1}{2} \cdot b \cdot l$$

beträgt. Setzt man den Gleitwiderstand ganz roh proportional der Berührungsfläche, dann würde man zu einer Veränderung der kritischen Dehnungsspannung um den Faktor 4 bis 5 kommen, da die Micelle ein Achsenverhältnis von etwa

1 : 10 haben. In Wirklichkeit hat man im unorientierten Ausgangspräparat natürlich nicht den Fall der Abb. 45a vor sich, sondern einen durch Mittelwertbildung zu erhaltenden weniger extremen Fall. Es lohnt sich aber wohl kaum, die an und für sich elementaren geometrischen Überlegungen durchzuführen, welche zur Vervollständigung dieses Bildes notwendig wären, wenn man nicht die Möglichkeit sieht, sie durch konkrete Experimente zu überprüfen.

Im Laufe des Dehnungsprozesses orientieren sich die Micelle immer mehr parallel; ihre mittlere Berührungsfläche vergrößert sich hierdurch und damit steigt die zur weiteren Verformung notwendige Spannung an. Diese vergrößerte Haftfestigkeit der Micelle aneinander ist von einer „Absättigung" der an ihrer Oberfläche liegenden freien Hydroxyl- oder Estergruppen verbunden, was wohl die bereits erwähnte Herabsetzung der Reaktivität orientierter Systeme bedingt. Auch die Vergrößerung der Dichte hängt wahrscheinlich damit zusammen, daß durch den micellaren Fließvorgang etwa vorhandene Hohlräume zugunsten eines stärkeren Zusammenhaltes geschlossen werden. (Vgl. Anhang.)

Eine weitere wichtige Frage geht nach der Möglichkeit, die hohe Zerreißfestigkeit von Cellulosepräparaten wenigstens einigermaßen quantitativ verstehen zu können. Auf dem Gebiet der krystallinen Substanzen ist man bekanntlich bei der quantitativen Erklärung der Zerreißfestigkeit auf gewisse Schwierigkeiten gestoßen. Legt man die aus der Verdampfungswärme und aus sonstigen physikalischen Eigenschaften der Krystalle zu errechnenden Gitterenergien zugrunde und ermittelt mit ihrer Hilfe die Zerreißfestigkeit krystalliner Systeme, so kommt man zum Beispiel für Kochsalz auf Werte von 200 bis 300 kg/mm^2, während sich experimentell die tatsächliche Zerreißfestigkeit von Kochsalzstäben größenordnungsmäßig zu 10 kg/mm^2 ergibt. Sie ist natürlich davon abhängig, welche kristallographische Richtung parallel der Dehnungsrichtung eingestellt wird, schwankt aber nur innerhalb relativ geringer Grenzen. Ähnliche Zahlen ergeben sich auch bei den anderen Ionen- und Atomgittern, so daß man zusammenfassend sagen kann, die „technischen" Bruchfestigkeiten krystallisierter Substanzen liegen um 1 bis 1½ Zehnerpotenzen unter den aus der Gittertheorie sich ergebenden Werten.

Diese Diskrepanz ist in den letzten Jahren viel bearbeitet worden[1] und hat zu der Überzeugung geführt, daß die technische Festigkeit nicht so sehr durch den Gitterbau der Werkstoffe als vielmehr durch akzidentelle Fehlstellen bedingt ist, die bei jedem natürlich gewachsenen Krystall, aber auch bei allen künstlich gezüchteten vorkommen und irgendwie mit dem Krystallitwachstum verknüpft sind. Die Frage, ob man diese Fehlstellen als zufällige, äußere Begleiterscheinungen zu werten hat oder ob sie mit dem Krystallisationsprozeß prinzipiell verbunden sind, scheint sich in der ersteren Richtung zu lösen. Ebenso wenig weiß man darüber sicher Bescheid, ob diese Fehlstellen unregelmäßig über das Gitter verteilt sind oder ob sie eine gewisse höhere Periodizität darstellen. Sicher aber ist, daß die Differenz zwischen der technischen und der theoretischen Festigkeit krystalliner Systeme auf derartige Ursachen zurückgeht. Bei der Bemühung, auch die Zerreißfestigkeit micellarer Systeme verständlich zu machen, wird man von vornherein auf einen ähnlichen Effekt gefaßt sein müssen und daher zufrieden sein, wenn man bei der theoretischen Berechnung einen annähernd ähnlichen oder um 1 bis 1½ Größenordnungen zu hohen Festigkeitsbereich erhält. Es ist bisher nur für ein bestimmtes Cellulosemodell diese Überschlagsrechnung durchgeführt worden, nämlich für das „Haupt-

[1] Vgl. etwa die zusammenfassende Darstellung bei G. Masing u. M. Polanyi: Erg. exakt. Naturwiss. 2, 201 (1923); oder bei A. Smekal: Z. angew. Chem. 42, 489 (1929).

valenzkettenmodell“ der Cellulose. Da sie zu einigermaßen vernünftigen Ergebnissen führt, sei diese Überlegung hier kurz aufgenommen.

Wenn man die Verhältnisse richtig überblicken will, ist es zweckmäßig, zunächst die Festigkeit eines aus ,,unendlich langen“ Hauptvalenzketten bestehenden Fadens zu berechnen, in welchem, wie etwa in einem Drahtseil, die einzelnen Glucoseketten durch die ganze Einspannlänge hindurchgehen, so daß sie beim Reißversuch alle zerrissen werden müssen und nicht wie die Fasern eines Wollgarnes aneinander abgleiten können. In dem Kapitel über die röntgenographische Erforschung der Cellulosestruktur wird über die Lage der Hauptvalenzketten noch ausführlicher die Rede sein. Hier sei vorweggenommen, daß diese Untersuchungen ergeben haben, daß die Querschnittsbeanspruchung einer solchen Kette senkrecht zur Faserrichtung zwischen 20 und 30 Å^2 beträgt, das sind 2 bis $3 \cdot 10^{-15}$ cm^2. Ein Faden von 1 mm^2 Querschnitt enthält also 3 bis $5 \cdot 10^{12}$ parallel der Faserachse nebeneinander liegende Hauptvalenzketten.

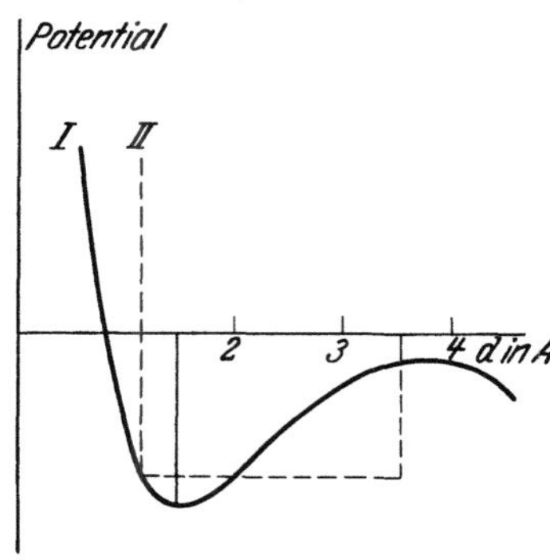

Abb. 46.
Schematische Potentialkurve.

Um die Arbeit abzuschätzen, die notwendig ist, um eine einzelne Kette zu zerreißen, kann man folgendermaßen vorgehen: Es ist bekannt, daß die chemische Trennungsarbeit organischer Hauptvalenzbindungen von der Größenordnung 70 Cal. ist und man kann annehmen, daß die glucosidische Sauerstoffbrücke, welche den Zusammenhalt der einzelnen Glucosereste in der Hauptvalenzkette bedingt, eine ähnliche Festigkeit besitzt. Rechnet man diese auf erg um, so erhält man für die Trennungsarbeit einer einzelnen Kette unter der Voraussetzung, daß sie an der Sauerstoffbrücke zerreißt, $5 \cdot 10^{-12}$ erg. Diese Arbeit wird dadurch geleistet, daß eine gewisse an den Enden der Kette angreifende Kraft über einen so langen Weg wirksam sein muß, daß die Reißstellen genügend weit voneinander entfernt sind, um keine merklichen Kräfte mehr aufeinander auszuüben. Die Erfahrung lehrt nun, daß die homöopolaren Hauptvalenzkräfte mit der Entfernung außerordentlich schnell abnehmen und daß zwei Atome, wenn sie einmal eine Distanz von 4 bis 5 Å voneinander haben, nurmehr in schwacher Wechselwirkung stehen. Wir können also die Differenz zwischen dem ursprünglichen Abstand der Atomschwerpunkte im Zustand der Hauptvalenzbindung von etwa 1,5 Å und ihrem Endabstand von etwa 4 Å als den für das Zerreißen notwendigen Trennungsweg

$$\Delta l = 2{,}5\ \text{Å}$$

einsetzen. Hierbei ist natürlich vernachlässigt, daß das Potential mit steigendem Abstand kontinuierlich abnimmt, und es ist, wie es die Abb. 46 schematisch darstellt, die wahre abgerundete Potentialkurve *I* durch eine eckige Näherungskurve *II* ersetzt, bei deren Ansatz dafür gesorgt sein muß, daß die unter der Abszissenachse liegenden Flächen beider Kurven einander größenordnungsmäßig gleich sind. Aus der mittleren Bindungsfestigkeit und dem Trennungsweg berechnet sich nunmehr nach der Gleichung

$$\text{Arbeit} = \text{Kraft} \times \text{Weg}$$

die für die Trennung einer Hauptvalenzkette notwendige Kraft in dyn bzw. in kg; sie beträgt $2 \cdot 10^{-10}$ kg je Kette. Da nun, wie aus Obigem folgt, 1 mm^2 Querschnitt 3 bis $5 \cdot 10^{12}$ Hauptvalenzketten enthält, so ergibt sich für die Festigkeit eines aus unendlich langen Ketten bestehenden Fadens ein Wert von etwa 800 kg/mm². Man sieht, daß dieser ganz außerordentlich hoch ist und die experimentell bisher aufgefundenen Festigkeitswerte noch wesentlich übertrifft.

Nun besteht aber ein Cellulosefaden nicht aus unendlich langen Hauptvalenzketten, sondern wie ebenfalls in Kapitel III noch ausführlicher dargestellt werden wird, aus Ketten, deren Länge etwa 100 bis 200 Glucosereste beträgt. Die Festigkeit natürlicher Cellulosepräparate wird also wesentlich niedriger sein als der eben abgeschätzte Wert, denn es besteht die Möglichkeit, daß die Ketten aneinander abgleiten. Der Unterschied zwischen dem zunächst betrachteten idealen Hauptvalenzkettenseil und einer wirklichen Cellulosefaser beim Zerreißen ist derselbe wie der zwischen einem Seidengarn, in dem die Einzelfaser unendlich lang ist, und einem Streichwollgarn, bei dem sie nur wenige Zentimeter mißt und bei dem daher das Zerreißen im wesentlichen durch das Abgleiten der Einzelfasern aneinander zustande kommt. Die außerordentlich hohe Reißfestigkeit der Fadenmoleküle zeigt, daß sie selbst beim Zerreißversuch kaum mitgetrennt werden, sondern daß es sich im wesentlichen um ein Abgleiten der Micelle aneinander handelt. Die Kraft, welche hierzu nötig ist, läßt sich in folgender Weise abschätzen. Die einzelnen Hauptvalenzketten haften aneinander durch die van der Waalsschen Kohäsionskräfte der Hydroxylgruppen bzw. der aldehydischen Sauerstoffbrücken. In den Cellulosederivaten treten an Stelle der Hydroxyle die Attraktionskräfte der Estergruppen. Die an niedrigmolekularen Substanzen gesammelte Erfahrung über diese Nebenvalenz- und Kohäsionskräfte hat gezeigt, daß sich die verschiedenen chemischen Gruppen recht verschieden verhalten, so daß man verstehen kann, warum unter sonst vergleichbaren Umständen die mechanischen Eigenschaften der Cellulose und die ihrer Derivate voneinander so erheblich abweichen. Um die Festigkeiten eines aus endlich langen Hauptvalenzketten bestehenden Fadens zu berechnen, kann man in ähnlicher Weise wie früher von den Kohäsionskräften ausgehen und erhält hierbei Werte zwischen 160 und 200 kg/mm².

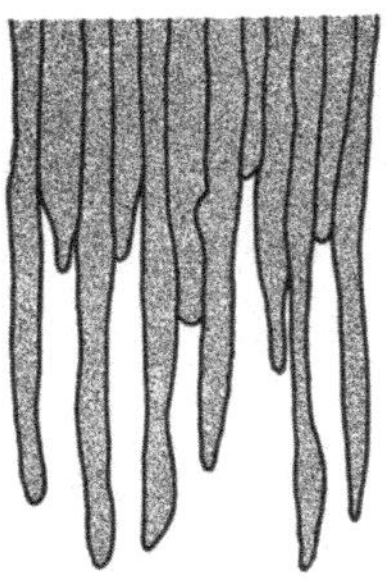

Abb. 47. Schematische Darstellung der Rißstelle eines Cellulosefadens.

Zur Kontrolle dieser Überlegung sei noch eine andere Überschlagsrechnung angestellt. Es ist bekannt, daß die Festigkeit von Rohrzuckerkrystallen je nach der Orientierung, in der man sie beansprucht, etwa 1,5 bis 3 kg/mm² beträgt. Diese Krystalle reißen nach einer bestimmten Ebene, also nach einer den ganzen Querschnitt durchsetzenden glatten, vielleicht durch die Gleitung ein wenig gestuften oder verworfenen Fläche, welche ziemlich genau 1 mm² mißt. Die Kräfte, welche den Rohrzucker in sich zusammenhalten, gehen wie bei der Cellulose im wesentlichen von Hydroxylgruppen bzw. von glucosidischen Sauerstoffbrücken aus. Die „Molkohäsion"[1] des Rohrzuckers und die der Cellulose werden also miteinander vergleichbar sein. Wegen der eben geschilderten Hauptvalenzkettenstruktur der Cellulose und wegen der außerordentlichen Eigenfestigkeit der einzelnen Ketten zerreißt aber ein Cellulosefaden nicht längs einer glatten Fläche von etwa 1 mm² Querschnitt, sondern die Rißstelle wird — außerordentlich stark vergrößert — die in Abb. 47 skizzierte Struktur zeigen. Beim Zerreißen eines Stäbchens von 1 mm² Querschnitt wird im Falle des Rohrzuckers die Molkohäsion nur über diese Fläche zu überwinden sein, während im Falle der Cellulose — weil die Fadenmoleküle selbst in sich nicht zerreißen — ein ganz

[1] Vgl. K. H. Meyer: Naturwiss. 16, 790 (1928).

erheblich größerer Querschnitt für die Festigkeit maßgebend ist. Die später noch genauer zu besprechende micellare Struktur der Cellulose gestattet es, diesen Querschnitt abzuschätzen. Man findet, daß er etwa 50- bis 60 mal so groß ist als im Falle des Rohrzuckers, daß also die Festigkeit der nativen Cellulose sich zu 75 bis 180 kg/mm^2 ergibt. Dieser Wert stimmt mit dem früher berechneten in der Größenordnung ganz gut überein.

Daß die wahren Festigkeitswerte von Cellulosefasern meist niedriger liegen als die theoretischen, hängt wohl mit den gleichen Umständen zusammen, die denselben Effekt auch bei den krystallisierten Körpern bedingen. Schätzungen, wie die eben skizzierten beziehen sich immer auf ideale Modelle und tragen einer Reihe von möglichen Einflüssen wie Fehlstellen, nicht genauer Parallelorientierung, Anwesenheit von Verunreinigungen usw. nicht Rechnung. Die tatsächlichen Festigkeiten müssen daher stets unter den in dieser Weise erhaltenen liegen. Im Falle der Cellulose ist die Spanne zwischen den eben angegebenen Werten und den maximal bisher beobachteten Festigkeiten ideal orientierter Präparate nicht einmal besonders groß.

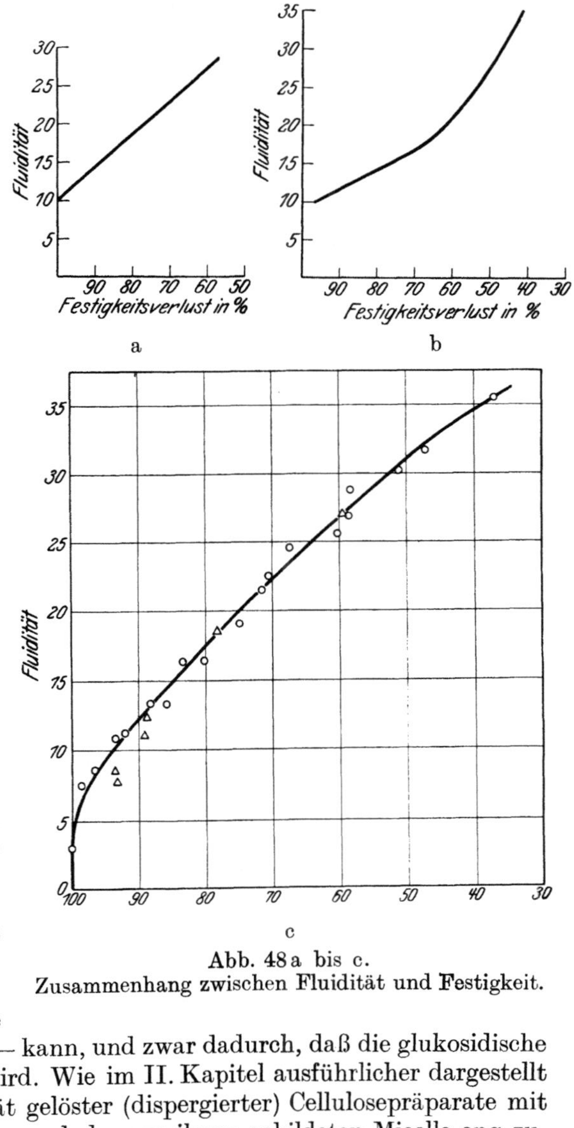

Abb. 48a bis c.
Zusammenhang zwischen Fluidität und Festigkeit.

Wenn die Überlegungen, die zu der schematischen Abb. 47 geführt haben, richtig sind, dann muß die Plastizität — sowie die Zerreißfestigkeit — von der Micellänge abhängen und bei kürzeren Micellen sinken. Nun ist es bekannt, daß man die Fadenmoleküle der Cellulose durch Säuren und andere chemische Agenzien verkürzen — abbauen — kann, und zwar dadurch, daß die glukosidische Sauerstoffbrücke aufgespalten wird. Wie im II. Kapitel ausführlicher dargestellt werden wird, hängt die Viscosität gelöster (dispergierter) Cellulosepräparate mit der Länge der Hauptvalenzketten und der aus ihnen gebildeten Micelle eng zusammen. Es ist daher zu erwarten, daß zwischen der Viscosität einer Celluloselösung etwa in Schweizers Reagenz und zwischen der Festigkeit der aus dieser Lösung erhältlichen Fäden ein gewisser Zusammenhang besteht. In der Technik ist er gefühlsmäßig seit langem erkannt worden und es wird die Viscosität ganz allgemein als Prüfung auf die Eignung von Spinnlösungen benützt. Quantitative Versuche über die Art dieses Zusammenhanges liegen jedoch nur wenige vor.

Von D. A. Clibbens und D. P. Ridge[1] ist ausführlicher untersucht worden, wie die Festigkeiten von chemisch beanspruchter Baumwolle mit der Viscosität derjenigen Kupferoxydaminlösungen zusammenhängt, die aus dieser Baumwolle gewonnen worden sind. Es wurde hierbei so vorgegangen, daß genau konditionierte Baumwollgarne und Einzelfasern chemisch in verschiedener Weise behandelt, ausgewaschen und in wiederum konditioniertem Zustand auf ihre Festigkeit geprüft wurden. Ein anderer Teil des Präparates wurde in Kupferoxydammoniak bei sorgfältiger Ausschaltung von Sauerstoff und Licht gelöst und die „Fluidität“ $\left(= \frac{1}{\text{Viscosität}}\right)$ in verdünnter (0,5 proz.) Lösung bestimmt. Sie ist in den Tabellen und Kurven in einem willkürlichen Maßstab angegeben; zum Vergleich sei angeführt, daß in demselben Maßstab Wasser die Viscosität

$$\eta = 0{,}010046$$

zeigt. Die Abb. 48a enthält die Ergebnisse für den Fall, daß die Baumwollfaser bei 25° mit einer verdünnten alkalischen Hypochloritlösung behandelt worden war. Die Tabelle 11 zeigt die hierbei erhaltenen Zahlen, die Abb. 48a gibt den Zusammenhang zwischen dem Verlust an Festigkeit und der Viscosität der Lösung wieder. Man sieht an Abb. 48c, daß sich die Punkte recht gut auf einer Linie ordnen, welche zeigt, daß mit abnehmender Viscosität der Lösung die Festigkeit ebenfalls

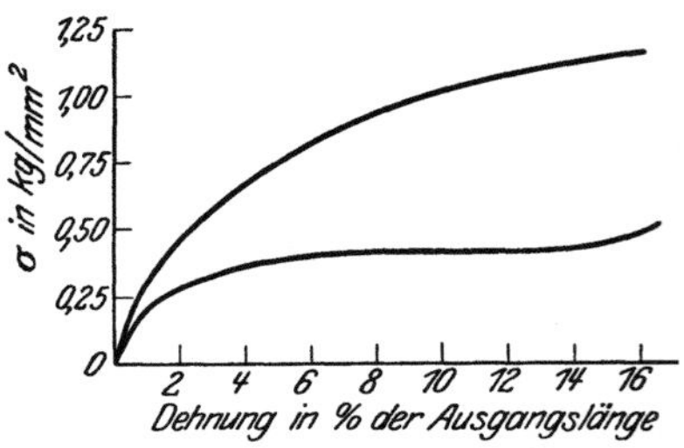

Abb. 48d. Dehnungskurven zweier Acetylcellulosen von verschiedener Viscosität.

Tabelle 11.

Baumwolle	Behandlungszeit in Stunden	Reißlast in % des unbehandelten Garnes	Fluidität	Kupferzahl
Unbehandelt	—	100	3,0	0,02
Alkalische Hypochloritlösung N/25 p_H 11,2 25° C	3	96,4	8,6	0,19
	7	88,1	13,3	0,24
	12	83,4	16,3	0,32
	24	70,5	22,5	0,53
	36	67,4	24,6	0,42
	48	60,3	25,6	0,53
	72	47,3	31,7	0,58
	120	37,0	35,6	0,64
	7	89,1	10,9	0,28
	18	78,2	18,4	0,47
	48	59,5	27,0	0,59
Neutrale Hypochloritlösung N/25 p_H 7 25° C	0,5	98,5	7,5	0,39
	1	93,4	10,8	0,93
	2	85,7	13,3	1,75
	3,5	71,5	21,5	2,80
	6	58,4	28,8	5,5
	1	93,1	7,7	0,56
	1,75	93,5	8,5	0,97
	3	88,7	12,3	1,39
Hypobromitlösung N/100, in N/10 NaOH 25° C	0,5	92,0	11,2	0,27
	1	80,2	16,4	0,32
	2	74,9	19,1	0,39
	3,5	58,7	26,9	0,50
	5	51,2	30,3	0,55

[1] Text. Inst. **19**, 1389 (1928).

abnimmt. Die Abb. 48 b zeigt die Verhältnisse im Falle der Säurebehandlung. Es wurde hier sowohl Schwefelsäure als auch Salzsäure bei verschiedenen Konzentrationen und verschiedenen äußeren Umständen verwendet. Immer ergab sich ein Zusammenhang zwischen Viscosität und Festigkeitsabnahme im Sinne der Abb. 48. Diese Versuche zeigen, daß der aus den bisherigen Überlegungen zu folgernde Zusammenhang zwischen Viscosität und Festigkeit in der Tat besteht. An Acetyl- und Nitrocellulosen sind ähnliche Beobachtungen gemacht worden, deren zahlenmäßige Wiedergabe aber hier unterbleiben kann, da das Ergebnis in dieselbe Richtung weist: Einer Abnahme der Viscosität entspricht innerhalb eines bestimmten Bereiches auch eine Abnahme der Zerreißfestigkeit der aus diesen Lösungen hergestellten Fäden. Ebenso nimmt die Dehnungsarbeit der Präparate mit zunehmender Fluidität der Lösungen ab. Die Abb. 48 d zeigt die Dehnungskurven zweier Acetylcellulosefäden, deren Viscositäten in Lösung sich wie 4 : 1 verhalten. Man sieht also auch hier eine Parallelität zwischen den beiden interessierenden Größen.

Zusammenfassend läßt sich über den gegenwärtigen Stand unserer Kenntnis etwa folgendes sagen: Über das plastische Verhalten und die Zerreißfestigkeit der Cellulose und ihrer Derivate ist man durch ein großes, allerdings nicht sehr homogenes und präzises Zahlenmaterial qualitativ orientiert. Genaue quantitative Untersuchungen über die einzelnen Eigenschaften liegen bisher nicht vor.

i) Andere mechanische Eigenschaften von Cellulosefasern.

Neben dem Dehnungsversuch sind die übrigen mechanischen Beanspruchungen von Cellulosefasern — die Biegung, Torsion usw. — nur in untergeordnetem Maße beachtet worden. In einer neueren Arbeit von R. O. Herzog[1] werden einige Torsionsmodule vollständig trockener Fasern in absolutem Maße mitgeteilt, die von W. Jancke gemessen worden sind. Sie sind in der Tabelle 12 wiedergegeben.

Tabelle 12.

	Faserdurchmesser in μ	Torsionsmodul in dyn/cm²
Ramie	17—49	$0{,}8 \cdot 10^{10}$
Kunstseide nach dem Kupferverfahren	11	$4{,}0 \cdot 10^{10}$
Kunstseide n. dem Viscoseverfahren (gut orientiert)	12	$0{,}8 \cdot 10^{10}$
Kunstseide n. dem Viscoseverfahren (wenig orientiert)	24—37	$1{,}3 \cdot 10^{10}$
Acetatseide	28	$0{,}5 \cdot 10^{10}$
Seide (Bombyx mori, Doppelfaden)	8—23	$1{,}8 \cdot 10^{10}$
Silkworm	489	$1{,}8 \cdot 10^{10}$
Menschenhaar	60—90	$2{,}6 \cdot 10^{10}$
Roßhaar	210	$2{,}5 \cdot 10^{10}$
Wollhaar	—	$2{,}3 \cdot 10^{10}$

Für den Torsionsmodul von Viscoseseide gibt W. Jancke[2] noch folgende Werte an:

feucht	$+ 20^0$	Torsionsmodul	$0{,}6 \cdot 10^{10}$ dyn/cm²
trocken	$+ 110^0$	„	$0{,}7 \cdot 10^{10}$ „
„	$+ 20^0$	„	$1{,}2 \cdot 10^{10}$ „
„	$- 65^0$	„	$1{,}7 \cdot 10^{11}$ „
„	$- 185^0$	„	$6{,}0 \cdot 10^{11}$ „

Eine mechanische Eigenschaft von Fasern, insbesondere von Cellulosefasern, welche aus technischen Gründen Interesse beansprucht und daher von

[1] Naturwiss. **16**, 420 (1928). [2] Jancke, W.: Mell. Textilber. **1930**, Nr 5, S. 361.

verschiedenen Seiten qualitativ bearbeitet wurde, ist die Biegungselastizität, welche bei sehr starken Abbiegungen in die Knitterfestigkeit übergeht. Zu ihrer Messung hat man sich eine Zeitlang in der Praxis der Knotenfestigkeit bedient. Man untersucht bei dieser Methode, wie stark die Festigkeit eines Fadens abnimmt, wenn man in ihn einen festen Knoten macht. Erfahrungsgemäß reißt das Präparat dann meist im Knoten, und zwar bei einer kleineren Bruchlast, als dem normalen Faden entspricht. Der Verlust an Reißfestigkeit wird dann als Maß für die Schädigung des Fadens durch das Knittern bei der Knotenbildung angenommen.

Die Biegungselastizität einer Faser hängt eng mit der elastischen Dehnung zusammen. Beim Biegen sind, wie die Abb. 49 schematisch zeigt, die äußeren Teile der Faser gedehnt, während die inneren gestaucht werden. Wenn bei dieser Dehnung die nach außen gelegenen Oberflächenteile der Faser den Bereich der elastischen Dehnung überschreiten oder gar zerreißen, dann liegt kein Grund vor, daß die Faser sich wiederum zurückbiegt, denn das Zurückgehen in die Ausgangslage erfolgt ja gerade unter dem Einfluß der in den äußeren (und inneren) Teilen der Faser aufgespeicherten Spannung. Haben sich diese Anteile durch plastische Verformung oder durch Zerreißen entlastet, dann bleibt der Faden in der neuen Lage, ohne wieder seine alte Form anzustreben. Systematische Untersuchungen über diese Eigenschaft sowie über den Einfluß verschiedenartiger Behandlung auf sie liegen bis heute nicht vor.

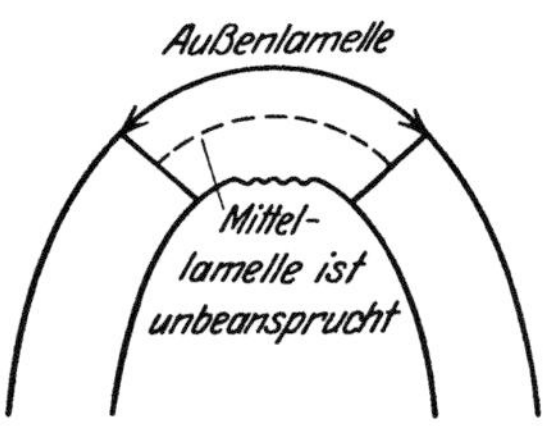

Abb. 49.

Einen sehr sinnreichen Apparat zur Messung der Biegungselastizität von Faserbauschen haben M. und J. Eggert[1] im Kaiser Wilhelm-Institut für Faserstoffchemie ausgearbeitet. Er besteht darin, daß man durch allseitige Kompression in einem Gummibällchen einen Faserbausch zusammendrückt und sich dann beim Nachlassen des äußeren Druckes wieder aufrichten läßt. Man ist hierbei in der Lage, für den Faserbausch eine Art Zustandsgleichung aufzustellen, die die Kompressibilität der Substanz zu bestimmen gestattet. Dieser Apparat ist von seinen Konstrukteuren auf Wolle und andere tierische Fasern angewendet worden. Ausführliche Untersuchungen über Cellulose oder Cellulosederivate liegen noch nicht vor.

Neben den bisher beschriebenen Untersuchungen sind in der Praxis häufig noch Versuche über kompliziertere mechanische Eigenschaften von Fasern, darunter auch von Cellulosederivaten angestellt worden, welche die tatsächliche Beanspruchung bei der praktischen Verarbeitung nachahmen. Diese Verfahren können häufig von großem Wert und für die Praxis von erheblichem Interesse sein; sie liefern jedoch keine, die Substanz in absoluter Weise charakterisierenden Konstanten, so daß an dieser Stelle auf ihre Wiedergabe verzichtet werden kann. In den auf die praktische Faserprüfung abgestellten Zeitschriften, insbesondere in den Melliandschen Textilberichten, der Kunstseide, im Journal of Textile Institute findet man zahlreiche interessante und wertvolle Arbeiten mit praktischer Einstellung. Auch in den mehr nach der technischen Seite gerichteten Darstellungen über die Technologie der Kunstseide, der Baumwolle, der Bastfasern usw. sind Hinweise auf diese Methoden der praktischen Faserprüfung zu finden.

---

[1] Vgl. Wollmonographie des Kaiser Wilhelm-Instituts für Faserstoffchemie. Berlin: Borntraeger 1925. Herausgegeben von R. O. Herzog.

II. Die Eigenschaften von Lösungen der Cellulose und ihrer Derivate.

1. Einleitung.

In der Natur liegt „die Cellulose" als fester Körper vor; sie bietet sich daher für das Studium zunächst in dieser Form dar. Bei den weitergehenden Versuchen, Cellulose oder Cellulosederivate in Lösung zu bringen bzw. zu dispergieren, ist man in den allermeisten Fällen auf außerordentlich interessante Verhältnisse gestoßen. Diese „Lösungen" der Cellulose und ihrer Derivate zeigen sehr charakteristische Unterschiede gegenüber den Lösungen der normal krystallisierenden organischen Verbindungen und haben daher schon sehr früh die Aufmerksamkeit der Forschung auf sich gezogen. Denn es lag nahe zu hoffen, daß bei eingehender experimenteller Untersuchung dieser hervorstechenden Eigenschaften und bei theoretischer Klarstellung der Verhältnisse sich wichtige Schlüsse über den Aufbau der hochpolymeren Substanzen würden ziehen lassen.

Besonders auffällig ist die große Zähigkeit solcher Lösungen, ihre Fähigkeit, Fäden und Filme von hervorstechenden mechanischen Eigenschaften zu liefern, sowie ihr „elastisches" Verhalten (vgl. S. 74f.), welches dadurch gekennzeichnet ist, daß die einfachen Gesetze, wie sie die Hydrodynamik für reibende Flüssigkeiten aufstellt, nicht erfüllt sind. Charakteristisch ist ferner, daß der Dampfdruck in verdünnten Lösungen durch die gelöste Substanz beinahe nicht verändert wird, während mit zunehmender Konzentration Verhältnisse sich dartun, die von dem wohlbekannten Verhalten krystalloider Lösungen erheblich abweichen. Schon vor etwa 20 Jahren haben W. Biltz[1], Sackur[2], Berl[3], Wo. Ostwald[4], Duclaux[5] und andere begonnen, dieses Gebiet experimentell zu bearbeiten und in den letzten Jahren ist es durch die Meinungsverschiedenheiten über die Strukturfragen der hochpolymeren Substanzen neu belebt worden.

Der gegenwärtige Stand der Dinge läßt sich etwa dahin charakterisieren: es liegt ein großes, qualitatives Material sowohl über das mechanische Verhalten als auch über den osmotischen Druck solcher Lösungen vor, das, meist von technischen Fragestellungen ausgehend, in großen Zügen die Viscosität, die Elastizität und den osmotischen Druck solcher Lösungen umschreibt. Dieses Material ist in Bezug auf die quantitative Seite häufig anfechtbar und vom methodischen Standpunkt aus betrachtet zuweilen recht uneinheitlich, läßt aber in seiner Gesamtheit mit großer Sicherheit erkennen, daß

1. die Lösungen der Cellulose und ihrer Derivate immer dann ungewöhnlich zähe und zum Teil auch „elastisch" sind, wenn starke Eingriffe in die Struktur der Ausgangsstoffe vermieden worden waren, und

2. daß unter derselben Voraussetzung in verdünnten Lösungen, d. h. in solchen, welche noch keine erhebliche Viscosität zeigen, der Dampfdruck des Lösungsmittels durch den gelösten Stoff nicht merklich beeinflußt wird.

Über diese allgemeinen Feststellungen hinaus ragen an gewissen Stellen Ansätze zu einer quantitativen Erfassung der Verhältnisse.

Bei dieser Sachlage scheint es zweckmäßig, die Frage aufzuwerfen: welche Aussicht bietet der heutige Stand unsrer Kenntnisse über die zwischenmolekularen Kräfte dafür, um auf dem vorliegenden Gebiet zu quantitativen Gesetz-

[1] Z. physik. Chem. **73**, 481 (1910); **83**, 625, 683 (1913); **91**, 705 (1916).
[2] Z. physik. Chem. **70**, 477 (1910).
[3] Z. Schieß- und Sprengstoffwesen **5**, 82 (1910).
[4] Kolloid-Z. **24**, 7 (1919); **43**, 190 (1927); **49**, 60 (1929).
[5] C. r. **152**, 1580 (1911).

mäßigkeiten zu gelangen, welche geeignet sein könnten, die erwähnten Erscheinungen nicht nur formal zusammenzufassen, sondern auch mit denjenigen Größen in Zusammenhang zu bringen, welche den Zustand der dispergierten Substanz rationell beschreiben, wie mit der mittleren Größe der dispergierten Teilchen, der Größe des „behinderten Flüssigkeitsvolumens", den Kräften zwischen den einzelnen Teilchen usw.

Ganz allgemein kann man zu diesen Fragen sagen, daß man bei dem Versuch, quantitative Beziehungen aufzufinden, von vornherein auf erhebliche Schwierigkeiten gefaßt sein muß. Es handelt sich hier ja um Systeme, für welche eine starke Wechselwirkung zwischen Lösungsmittel und gelöstem Stoff, sowie zwischen den gelösten Teilchen selbst charakteristisch ist und es ist bekannt, daß immer dann, wenn neben der rein statistischen Betrachtung in molekularen Systemen auch die gegenseitigen Kraftwirkungen berücksichtigt werden müssen, die mathematische Zugänglichkeit sehr bald ihre Grenzen findet. Die Schwierigkeiten bei der Ableitung einer über große Gebiete gültigen Zustandsgleichung, bei der Aufstellung einer Adsorptionsisotherme, welche bis zu hohen Belegungsdichten reicht, und bei anderen ähnlich lautenden Problemen der kinetischen Gastheorie und der kinetischen Theorie der Flüssigkeiten sind durch die gleichen Umstände bedingt. Deswegen muß man damit rechnen, daß man auf dem vorliegenden Gebiet nur Gesetzmäßigkeiten wird auffinden können, denen ein beschränkter Gültigkeitsbereich zukommt. Man muß daher von vornherein bei Extrapolationen sowohl über den Bereich gewisser Variablen (Konzentration, Temperatur, Molekulargewicht) hinaus als auch insbesondere beim Übergang zu anderen Substanzen, etwa von der Cellulose selbst zu ihren Derivaten oder zum Kautschuk mit ganz besonderer Vorsicht zu Werke gehen.

Die folgenden Abschnitte sind so gegliedert, daß zunächst das mechanische Verhalten der Cellulose und ihrer Derivate in Lösung besprochen wird, und zwar

1. die physikalischen Grundlagen der Viscositätsmessungen überhaupt,
2. die zur Verfügung stehenden experimentellen Meßmethoden und
3. die bisher auf diesem Gebiet erhaltenen Ergebnisse, sowie die hieraus mit Sicherheit zu folgernden Schlüsse über allgemeine Strukturfragen der Cellulose.

Anschließend folgt in ähnlicher Gliederung die Behandlung des osmotischen Druckes.

2. Die mechanischen Eigenschaften der Celluloselösungen (Viscosität und „Elastizität").

a) Die physikalischen Grundlagen der Viscositätsmessungen.

1. Die Zähigkeit reiner Flüssigkeiten. In ruhenden Flüssigkeiten genügt der hydrostatische Druck p, um die Kraftwirkungen, welche von Teilchen zu Teilchen statthaben, erschöpfend beschreiben zu können[1]. Bei bewegten Flüssigkeiten stellt sich aber heraus, daß man durch die bloße Berücksichtigung des hydrostatischen Druckes unter Verwendung der hydrodynamischen Grundgleichungen die tatsächlichen Verhältnisse nicht richtig wiedergeben kann. Es erweist sich vielmehr als notwendig, anzunehmen, daß zwischen Flüssigkeitsschichten, welche gegeneinander bewegt werden, gewisse Kraftwirkungen bestehen, die ihre Ursache in den anziehenden Kräften zwischen den einzelnen Molekülen der betrachteten Phase haben. Erst dann, wenn zum hydrostatischen Druck solche innere Reibungskräfte hinzukommen, gelingt es, in Übereinstimmung mit der

[1] Vgl. L. Hopf: Handb. Physik 7, 91ff. Berlin: Julius Springer 1927.

Erfahrung zu kommen. Man bezeichnet die Fähigkeit einer Flüssigkeit, vermöge ihrer inneren Reibung Kraftwirkungen von Teilchen auf Teilchen zu übertragen, als ihre Zähigkeit oder Viscosität. Nach Newton definiert man den Viscositäts- oder Zähigkeitskoeffizienten η einer reibenden Flüssigkeit mit Hilfe der Gleichung

$$\tau = \eta \frac{dv}{ds}, \tag{1}$$

welche besagt, daß die Scherkraft τ gemessen in g/cm² proportional dem Geschwindigkeitsgefälle $\frac{dv}{ds}$ der beiden voneinander um ds entfernten Flüssigkeitsschichten ist, zwischen welchen die Kraftübertragung durch Reibung beobachtet werden soll. Die Zähigkeit eins im absoluten Maß besitzt also jene Flüssigkeit, in welcher bei einem Geschwindigkeitsgefälle von 1 cel je cm entlang eines cm² die Kraft von 1 Dyn übertragen wird. Demgemäß hat der Viscositätskoeffizient η die Dimension

$$\eta = \text{g/cm sec} = \text{g} \cdot \text{cm}^{-1} \cdot \text{sec}^{-1},$$

d. h. Druck je Geschwindigkeitsgefälle. Um einen Begriff zu geben, welche Größenordnung diese Fähigkeit zur Kraftübertragung durch bewegte Flüssigkeitsschichten bei den bekannten Flüssigkeiten erreicht, sei die Tabelle 13 aufgenommen[1], in der eine Reihe absoluter Viscositätskoeffizienten mitgeteilt sind.

Tabelle 13. Zähigkeit einiger wichtiger Flüssigkeiten, Gase und Lösungen im absoluten Maß.

Substanz	Temperatur in Celsiusgraden	η in [$g \cdot cm^{-1} \cdot sec^{-1}$]
Wasser	0	0,0175
Wasser	20	0,0100
Wasser	40	0,0070
Wasser	60	0,0050
Wasser	80	0,0035
Wasser	100	0,0033
Äthylalkohol	0	0,0184
Äthylalkohol	20	0,0121
Essigsäure	20	0,0123
Essigsäure	60	0,0073
Benzol	20	0,0064
Benzol	60	0,0039
Chloroform	20	0,0057
CO_2 flüssig	10	0,00085
CO_2 flüssig	20	0,00071
Anilin	20	0,0447
Maschinenöl	10	6,76
Maschinenöl	40	0,71
Glyzerin	3	42,2
Glyzerin	18	10,69
Glyzerin	21	7,78
—	—	—
Luft	0	0,000170
Luft	15	0,000180
Wasserstoff	0	0,000085
—	—	—
Nitrocellulose in Aceton etwa 1—2%ig	20	6,75
Acetylcellulose in Methylenchlorid etwa 1—2%ig	20	4,88
Alkalicellulose in Schweizers Reagens etwa 1—2%ig	20	5,53

[1] Vgl. L. Hopf: l. c.

Aus ihr geht zum Beispiel hervor, daß im Wasser zwei Schichten, die 1 cm voneinander entfernt sind, von denen die eine ruht, während sich die andere mit der Geschwindigkeit 1 cm je Sekunde bewegt, auf einer Fläche von etwa 100 cm^2 die Kraft von 1 g übertragen können. Es ist unmittelbar einleuchtend, wie wichtig die Kenntnis dieser Eigenschaft für alle hydrodynamischen Probleme im Wasserbau, bei Schiffskonstruktionen usw. ist.

Um diese Eigenschaft der Flüssigkeiten zu messen, kann man in sehr verschiedener Weise vorgehen. Als besonders einfach und sicher haben sich drei Methoden erwiesen, die daher allein hier näher erläutert werden sollen. Bezüglich der zahlreichen anderen Möglichkeiten, die Viscositätskoeffizienten auf direktem oder indirektem Wege zu erschließen, sei durch einige Hinweise auf die recht umfangreiche Originalliteratur aufmerksam gemacht[1].

Die eine klassische Methode zur Bestimmung der Zähigkeit geht aus von der Betrachtung der Strömung einer reibenden Flüssigkeit durch eine zylindrische Röhre. Wenn man nämlich die hydrodynamischen Grundgleichungen für reibende Flüssigkeiten betrachtet und zusieht, unter welchen vereinfachenden Voraussetzungen besonders übersichtliche und mathematisch leicht zu bewältigende Verhältnisse auftreten, die man zu einer Messung von η ausnützen könnte, so findet man, daß es zweckmäßig ist, Verhältnisse aufzusuchen, wo die Reibungskräfte nur mit dem hydrostatischen Druck und mit der Schwerkraft im Gleichgewicht stehen, ohne daß Trägheitskräfte mitberücksichtigt werden. Diese Trägheitskräfte sind immer dann störend, wenn man Wirbelbildungen vorauszusetzen hat, aber fallen fort, wenn es sich um reine Schichtenströmungen (laminare Strömungen) handelt, bei denen alle Flüssigkeitsteilchen parallele Geschwindigkeitsvektoren besitzen.

Eine solche Annahme bewirkt so weitgehende Vereinfachungen der an sich ziemlich komplizierten hydrodynamischen Grundgleichungen für zähe Flüssigkeiten, daß sie sich auf elementarem Weg integrieren lassen und unmittelbar die Geschwindigkeitsverteilung in dem betrachteten System und damit auch die in einer gewissen Zeit durch das Rohr strömende Flüssigkeitsmenge bzw. andere dem Experiment zugängliche Größen ergeben. Für einige aus technischen Gründen besonders wichtige Anordnungen seien die bei der Integration der Grundgleichungen sich ergebenden Formeln kurz angeführt.

1. Durch ein Rohr von kreisförmigem Querschnitt, mit dem Radius a, an dessen Enden die hydrostatischen Drucke p_1 und p_0 herrschen, und dessen Länge l beträgt, ströme eine zähe, schwerelose Flüssigkeit von der Viscosität η. Hier stehen miteinander nur der hydrostatische Druck und die Reibungskraft im Gleichgewicht. Man erhält für die Verteilung der Geschwindigkeit v als Funktion von r die Gleichung ($r = 0$ ist die Rohrachse)

$$v = \frac{1}{4\eta} \cdot \frac{p_1 - p_0}{l} (a^2 - r^2) \tag{2}$$

$$= \frac{1}{4\eta} \cdot \frac{\Delta p}{l} (a^2 - r^2) .$$

Es ist unmittelbar einleuchtend, daß diese Geschwindigkeit proportional dem Druckgefälle Δp sein muß sowie umgekehrt proportional der Rohrlänge und dem Viscositätskoeffizienten. Die Verteilung der Geschwindigkeit über den Quer-

[1] Zahlreiche Zitate findet man z. B. bei E. Hatschek: Die Viscosität der Flüssigkeiten. Dresden: Th. Steinkopff 1929, und in der ausführlichen Monographie von E. C. Bingham: Fluidity and plasticity. New York 1922.

schnitt des Rohres ist eine parabolische. An der Wand

$$r = a$$

herrscht die Geschwindigkeit Null, in der Röhrenachse die maximale Geschwindigkeit

$$v_m = \frac{a^2}{4\eta} \cdot \frac{\Delta p}{l}. \tag{3}$$

Das Geschwindigkeitsgefälle ist nicht konstant, sondern gemäß

$$\frac{dv}{dr} = -\frac{1}{2\eta} \cdot \frac{\Delta p}{l} \cdot r \tag{4}$$

von r abhängig und erreicht an der Wand ($r = \alpha$) seinen größten Wert. Die Verhältnisse mögen durch die Abb. 50 anschaulich gemacht werden.

Die gesamte in der Zeiteinheit durch das Rohr strömende Flüssigkeitsmenge m erhält man aus (2) leicht durch eine einfache Integration

$$m = \frac{\pi}{8\eta} \cdot \frac{\Delta p}{l} \cdot a^4. \tag{5}$$

Diese zuerst von Poiseuille abgeleitete Gleichung formuliert das nach ihm genannte Durchströmungsgesetz und bietet ein sehr bequemes Mittel zur experimentellen Bestimmung von η. Die vier Größen m, Δp, l und a sind alle leicht meßbar und gestatten die Berechnung des gesuchten Viscositätskoeffizienten. Voraussetzung für die Richtigkeit einer solchen Berechnung ist:

a) der Newtonsche Ansatz (1) muß in dem betrachteten Fall seine Gültigkeit bewahren,

b) es dürfen keine Turbulenzen auftreten.

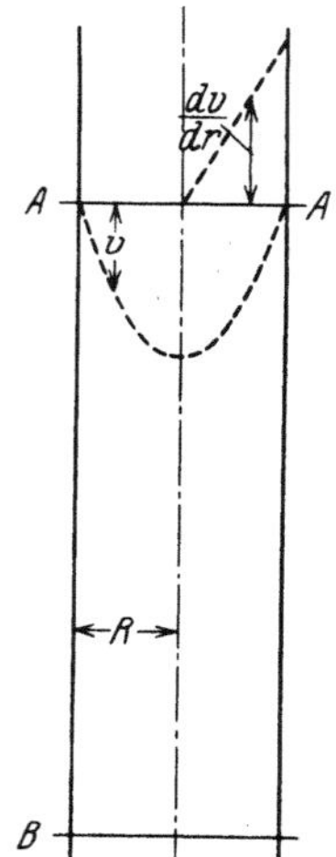

Abb. 50[1]. Strömungsverhältnisse in einem Rohr bei laminarer Strömung.

Die erste Bedingung hängt von der Natur der Flüssigkeit oder Lösung ab und läßt sich auf experimentellem Weg häufig nicht erzwingen; hingegen kann man das Auftreten von Turbulenzen durch Herabsetzen der Strömungsgeschwindigkeit schließlich stets erreichen.

2. Es seien zwei konzentrische Zylinder mit den Radien r_1 und r_2 gegeben, von denen der innere ruht, während der andere mit der Umfangsgeschwindigkeit u gedreht werden möge. Zwischen ihnen befinde sich eine zähe, durch η charakterisierte Flüssigkeit. Die Geschwindigkeitsverteilung ist hier

$$v = u \frac{r_2}{r_2^2 - r_1^2} \cdot \frac{r^2 - r_1^2}{r^2}. \tag{6}$$

Man überprüft leicht, daß für

$$r = r_2$$

die Geschwindigkeit gleich der Rotationsgeschwindigkeit u des bewegten Zylinders wird, während sie für

$$r = r_1$$

verschwindet, wenn der innere Zylinder ruht.

Wenn beide Zylinder die gleiche Höhe h haben, so ist das Drehmoment, welches benötigt wird, um den äußeren Zylinder dauernd in Bewegung zu halten,

$$M = 4\pi\eta \cdot u \cdot h \frac{r_1^2 r_2}{r_2^2 - r_1^2} \tag{7}$$

[1] Der Buchstabe R in Abb. 50 soll richtig a heißen.

oder bei kleiner Dicke δ der zwischenliegenden Flüssigkeitsschicht

$$r_2 - r_1 = \delta \ll r_1,$$

$$M = 2\pi\eta \cdot u \cdot h \cdot \frac{r_1^2}{\delta}. \tag{8}$$

Aus dieser Gleichung läßt sich nach der zuerst von Couette[1] vorgeschlagenen Methode der Viscositätskoeffizient bestimmen, da die Größen M, u, h, r_1 und δ in einer geeigneten Anordnung leicht gemessen werden können.

3. Bei kleinen Geschwindigkeiten und bei Abmessungen, welche gegen die Moleküldimensionen groß sind, kann man auch die Bewegung eines festen Körpers in einer zähen Flüssigkeit mathematisch so einfach formulieren, daß die entsprechende Differentialgleichung lösbar wird. In diesem Falle hat man aber keine strenge Behandlung des Problems vor sich, sondern nur eine Näherungsrechnung, da Turbulenzen prinzipiell nicht vermieden werden können[2]. Man muß daher die Gültigkeitsgrenzen der nun abzuleitenden Formeln bei jeder Verwendung sorgfältig experimentell abstecken bzw. durch theoretische Überlegungen abschätzen.

Um einer Kugel vom Radius a in einer zähen Flüssigkeit eine Geschwindigkeit u zu erteilen, ist eine Kraft K notwendig, welche sich nach einer zuerst von Stokes[3] ausgeführten Rechnung zu

$$K = 6\pi\eta a \cdot u \tag{9}$$

ergibt. Bei Fallversuchen fester Körper in Flüssigkeiten wird daher die Geschwindigkeit, mit der eine feste genügend große Kugel langsam in einer reibenden Flüssigkeit niedersinkt, gegeben durch

$$u = \frac{m \cdot g}{6\pi\eta a}. \tag{10}$$

Da in dieser Beziehung die Masse m, die Gravitationskonstante g, die Geschwindigkeit u und der Radius a experimentell bestimmbar bzw. bekannt sind, liefert auch (10) eine direkte Bestimmungsmöglichkeit des Viscositätskoeffizienten. Bei praktisch fehlenden Turbulenzen, d. h. bei ganz langsamer Bewegung der Kugel, bei genügender Weite des Fallrohres und genügender Größe des Fallkörpers, stehen die auf diese Weise erhaltenen Werte von η in guter Übereinstimmung mit den Poiseuilleschen und Couetteschen.

Berücksichtigt man, wie es eine exakte Betrachtung verlangt, die auftretenden Trägheitskräfte, so erhält man nach Oseen[4] die etwas modifizierte Formel

$$K = 6\pi\eta a \cdot u \left\{1 + \frac{3}{8}\frac{\varrho a u}{\eta}\right\}, \tag{11}$$

welche zeigt, daß man bei größeren Geschwindigkeiten der bewegten Kugel auch noch quadratische Glieder in u mitberücksichtigen muß.

Ähnliche Gleichungen sind auch für andere geometrische Formen der Probekörper besonders von R. Gans[5] entwickelt worden. Sie lauten:

für ein Rotationsellipsoid von der numerischen Exzentrizität ε senkrecht zur Figurenachse

$$K_0 = 16\pi\eta u \frac{1}{\frac{1}{\varepsilon^2} - \frac{1-3\varepsilon^2}{2\varepsilon^3}\log\frac{1+\varepsilon}{1-\varepsilon}},$$

---

[1] J. physique, 9, 566 (1890). [2] Vgl. L. Hopf: l. c. S. 108, 109.

[3] Stokes, G. G.: Trans. Cambr. Phil. Soc. 8 (1845).

[4] Ark. Mat. Astr. Fys. 6, 29 (1910); 9, 16 (1913).

[5] Ann. Phys. 86, 652 (1928); auch bei H. Lamb: Lehrbuch der Hydrodynamik, 2. Aufl. Leipzig u. Berlin 1931, S. 683.

für einen Stab ($c \gg a$)

$$K_1 = \frac{8\pi\eta u}{1{,}193 + \ln\frac{c}{a}}.$$

Bei Bewegung in der Figurenachse gilt

$$K_0' = 16\pi\eta u \frac{1}{\frac{1+\varepsilon^2}{\varepsilon^3}\ln\frac{1+\varepsilon}{1-\varepsilon} - \frac{2}{\varepsilon^2}},$$

beziehungsweise

$$K_1' = 4\pi\eta u \frac{1}{0{,}193 + \ln\frac{c}{a}}.$$

Für eine Kreisscheibe gilt ($a \gg c$)

$$K_2 = \frac{32}{3}\cdot\eta\cdot a$$

und

$$K_2' = 16\,\eta\cdot a.$$

Bei genauer Betrachtung muß man auch am Poiseuilleschen Gesetz eine Verfeinerung anbringen, die berücksichtigt, daß selbst bei der rein laminaren Strömung der hydrostatische Druck nicht nur die Reibungskräfte zu überwinden, sondern der ausströmenden Flüssigkeit auch noch eine gewisse kinetische Energie zu erteilen hat. Dies ist zuerst von Hagenbach[1] bemerkt und später von Couette[2] ausführlich verfolgt worden. Für den Viscositätskoeffizienten erhält man unter Berücksichtigung dieses Umstandes den Wert

$$\eta = \frac{\pi\cdot\Delta p\cdot r^4}{8\,l\cdot m} - \frac{\mu\cdot m\cdot\varrho}{8\pi l}, \tag{12}$$

wobei ϱ die Dichte der Flüssigkeit und μ ein universeller Zahlenfaktor ist. Für ihn fand Hagenbach den Wert $\sqrt[3]{\frac{1}{2}}$; Couette, dessen Berechnungen von Finkener und Wilberforce geprüft worden sind, den Wert $\mu = 1{,}00$ und schließlich Boussinesq einen ähnlichen Wert $\mu = 1{,}12$. Weitere Korrekturen wurden von Couette für die Abweichungen von der rein laminaren Strömung an den Rohrenenden in Vorschlag gebracht. Es ist dann zur Berechnung der Viscosität die Gleichung

$$\eta = \frac{\pi\,\Delta p\,r^4}{8\,m\,(l+\lambda)} - \frac{\mu\,m\,\varrho}{8\pi\,(l+\lambda)}$$

zu benützen, in welcher λ als „fiktive Verlängerung" des Rohres anzusprechen ist. Diese Größe muß experimentell in jedem einzelnen Fall bestimmt werden und bietet eine Korrekturmöglichkeit nur für die in demselben Instrument und unter ähnlichen Versuchsbedingungen ausgeführten Messungen.

Die drei soeben skizzierten Methoden sind — wie schon angedeutet — in gleicher Weise zur Messung der Zähigkeit reiner Flüssigkeiten geeignet, wenn

1. keine Turbulenzen auftreten und
2. der Ansatz (1) die Verhältnisse richtig beschreibt.

Das erstere läßt sich meist experimentell durch genügend vorsichtiges Verfahren (geringe Durchströmungsgeschwindigkeit usw.) erreichen, die zweite Bedingung jedoch ist gelegentlich prinzipiell nicht erfüllt. In diesen Fällen ist es nicht möglich, das mechanische Verhalten der vorliegenden Flüssigkeits-

[1] Pogg. Ann. **109**, 385 (1860). [2] Ann. Chim. Physik **21**, 433 (1890).

phase durch eine einzige Viscositätskonstante η zu beschreiben, sondern die Verhältnisse liegen komplizierter und man braucht weitere Materialkonstanten, um die Eigenschaften der Substanz erschöpfend darzustellen. In welcher Weise man hierbei verfahren kann und welche Ergebnisse bisher durch solche Versuche erzielt worden sind, möge im nächsten Abschnitt dargestellt werden.

2. Die Abweichungen von dem normalen Verhalten reibender Flüssigkeiten. Gemäß Gleichung (5) ist die in der Zeit t durch eine Kapillare strömende Menge gegeben durch

$$m = \frac{\pi \cdot \Delta p \cdot a^4 \cdot t}{8 l \eta}. \tag{13}$$

Daraus geht hervor, daß unter den auf Seite 71 formulierten Voraussetzungen die insgesamt durch das Viscosimeter hindurchströmende Flüssigkeitsmenge proportional dem Produkt aus Druckdifferenz und Zeit ist. Kleine Überdrucke liefern in langen Zeiten die gleichen Durchsätze wie hohe Drucke in entsprechend kürzeren Zeiträumen. Diese direkte Proportionalität von m mit dem Produkt $\Delta p \cdot t$ gibt eine besonders bequeme Möglichkeit an die Hand, die Gültigkeit des Poiseuilleschen Gesetzes und damit das Zutreffen der beiden grundlegenden Voraussetzungen (Seite 71) zu prüfen. Bei reinen viscosen Flüssigkeiten, wie Glykol, Glycerin, Milchsäure, Ricinusöl, aber auch bei zahlreichen Lösungen wie Rohrzuckerlösung, Bienenhonig usw. ist die erwähnte Proportionalität über größere Druckbereiche gut erfüllt. Häufig aber, und zwar besonders bei den Lösungen hochpolymerer Substanzen stößt man auf charakteristische Abweichungen. So zeigen schon 2- bis 4proz. Lösungen von Acetylcellulose in Aceton, sowie ebenso konzentrierte Lösungen von Nitrocellulose in Aceton und in Ätheralkohol recht merkliche Abweichungen. Noch deutlicher treten solche bei der Untersuchung von Kautschuklösungen, Stärkelösungen und Gelatinesolen hervor.

Sieht man die Rechnung, welche zur Gleichung (5) führt, daraufhin durch, so findet man, daß diese Abweichung von den erwarteten Verhältnissen im Prinzip dadurch miterfaßt werden kann, daß man an Stelle des Newtonschen Ansatzes (1) eine allgemeinere Beziehung zwischen der Schubspannung und dem Geschwindigkeitsgefälle zugrunde legt.

Die genauere Präzisierung eines solchen allgemeineren Ansatzes hat eine große Zahl von Forschern eingehend beschäftigt[1]. In allerjüngster Zeit haben sich B. Rabinowitsch[2] und M. Reiner[3] erfolgreich bemüht, möglichst allgemeine Ansätze zu entwickeln, aus denen man durch Spezialisierung leicht bestimmte Vereinfachungen erhält, um schließlich zum Poiseuilleschen Gesetz zu gelangen.

Als Vorgänger dieser mehrkonstantigen Beziehungen ist ein noch ziemlich speziell gehaltener Ersatz der Newtonschen Beziehung zu erwähnen, der ursprünglich von E. C. Bingham vorgeschlagen, von Freundlich und seinen Mitarbeitern wieder aufgenommen, experimentell geprüft und endlich von

[1] Hier sind besonders zu nennen die Arbeiten von: Garret, H.: Phil. Mag. **6**, 374 (1903). du Pre Denning, A.: Diss. Heidelberg **1903**. Hess, W. R.: Kolloid-Z. **27**, 154 (1920). Hatschek, E. u. Mitarbeiter: Kolloid-Z. **8**, 34 (1911); **13**, 88 (1913); **40**, 53 (1926). Ostwald, Wo., u. Mitarbeiter: Kolloid-Z. **36**, 99 (1925); **43**, 155, 181, 190, 210 (1927); **38**, 261 (1926). Freundlich, H., u. Mitarbeiter: Z. physik. Chem. **108**, 153, 175 (1924). Szegvari, A.: Z. physik. Chem. **108**, 175 (1924). Bingham, E. C.: Fluidity and plasticity. New York 1922. Reiner, M.: Kolloid-Z. **39**, 80, 314 (1926); **43**, 1, 72 (1927). Green: Test. Mat. **20**, 451 (1920).

[2] Rabinowitsch, B.: Z. physik. Chem. **145**, 1 (1929), sowie frühere Arbeiten von R. O. Herzog, u. K. Weißenberg: Kolloid-Z. **46**, 277 (1928). Eine allgemeine Theorie stammt von K. Weißenberg (im Erscheinen begriffen).

[3] Reiner, M.: Kolloid-Z. **50**, 199 (1930); Rheol. **2**, 337 (1931).

M. Reiner ausführlich diskutiert worden ist; er besteht darin, daß man die Schubspannung τ in der durch (14) gegebenen Weise ansetzt:

$$\tau = \vartheta + \eta \frac{dv}{ds}. \tag{14}$$

Dieses Vorgehen findet seine Berechtigung in der folgenden Überlegung: In der Elastizitätstheorie der Festkörper werden die Schubspannungen proportional den Verrückungen gesetzt, welche die einzelnen Teilchen bei der Deformation erfahren; in der Theorie der „normalen" reibenden Flüssigkeiten nimmt man sie direkt proportional der Geschwindigkeit der aneinander vorbeigleitenden Flüssigkeitsschichten an, so daß sie verschwinden, wenn die Geschwindigkeit Null wird. Wünscht man zu erreichen, daß die Flüssigkeit etwas von den Eigenschaften eines elastischen Festkörpers erhält, so bietet sich als die einfachste Möglichkeit die Annahme, daß auch sie eine bestimmte Schubspannung ertragen kann, ohne zu fließen, daß sie also eine Art „Fließgrenze" besitzt. Genügend kleine Schubspannungen erzeugen also noch keine Bewegung, sondern speichern bis zu einem gewissen Grade elastische Spannungen auf, so wie es der Ansatz

$$\tau = \vartheta + \eta \frac{dv}{ds}$$

zum Ausdruck bringt. Hierin bedeutet ϑ die „Fließgrenze" der betrachteten Flüssigkeit und ist eine zweite, zu der Charakterisierung der nunmehr etwas verwickelteren Verhältnisse, notwendige Konstante.

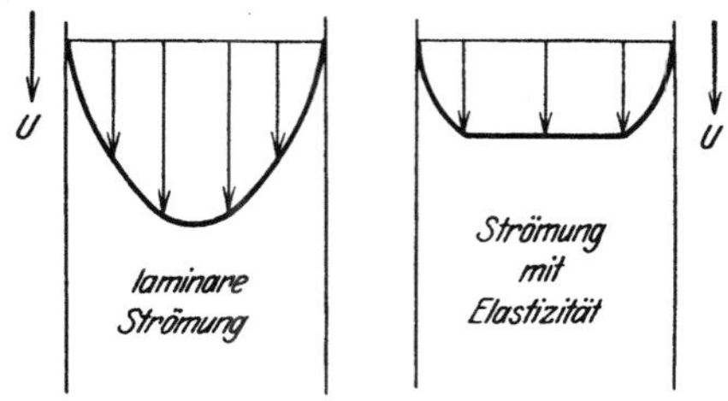

Abb. 51. Strömungsdiagramm einer normalen und einer elastischen Flüssigkeit.

Führt man mit diesem erweiterten Ansatz (14) die Integration der hydrodynamischen Grundgleichungen für den Poiseuilleschen Fall durch, so erhält man nach Reiner für die Geschwindigkeitsverteilung über den Röhrenquerschnitt

$$v = \frac{1}{\eta} \cdot \frac{p}{2l} \left\{ \frac{a^2 - r^2}{2} - r_0 (a - r) \right\}. \tag{15}$$

Innerhalb des Radius r_0 ist die Geschwindigkeit konstant. Dieser Teil der Flüssigkeit bewegt sich also wie ein fester elastischer Körper mit der konstanten gleichmäßigen Geschwindigkeit v_0. Dies rührt daher, daß in der Umgebung der Röhrenachse die Schergeschwindigkeit einen so kleinen Gradienten besitzt, daß er die elastische Flüssigkeit nicht zu zerreißen imstande ist. Erst wenn man sich aus der Mitte etwas weiter gegen den Rand entfernt, tritt Abreißen und damit laminares Fließen ein. Graphisch sind die Verhältnisse in der Abb. 51 dargestellt: statt der über den ganzen Querschnitt sich erstreckenden parabolischen Verteilung (2) schließen sich hier an die konstante Geschwindigkeit in der Mitte zwei parabolische Kurvenäste an.

Die gesamte in der Zeiteinheit durch die Kapillare strömende Flüssigkeitsmenge ist durch das Hinzutreten dieser durch ϑ charakterisierten „Elastizität" natürlich verkleinert worden und ergibt sich zu

$$m = \frac{\pi p a^4}{8 \eta l} \left\{ 1 - \frac{7}{3p} \cdot \frac{\vartheta \cdot l}{a} + \frac{16}{3p^4} \left(\frac{\vartheta l^4}{a} \right) \right\}. \tag{16}$$

In der Tat ist der letzte Summand der geschlungenen Klammer stets kleiner als der zweite, so daß durch die Gleichung (16) stets eine Herabsetzung der nach dem Poiseuilleschen Gesetz zu erwartenden Durchflußmenge gegeben ist.

Freundlich und Schalek[1] haben besonders darauf hingewiesen, daß ähnliche Abweichungen vom Poiseuilleschen Gesetz mit der von Freundlich und Seifriz[2] direkt bestimmten Elastizität der Sole zusammenhängen; eine quantitative Überprüfung dieses Ansatzes ist von A. Szegvari[3] und von M. Reiner[4] an einigen Beispielen durchgeführt worden. Man kann auf Grund dieser Arbeiten sagen, daß bei manchen anorganischen Solen, zum Beispiel bei V_2O_5, Al_2O_3, CeO_2, Fe_2O_3 sowie bei gewissen Farbstoffsuspensionen wie Benzopurpurin und Baumwollgelb der vorliegende einfache Elastizitätsansatz die Verhältnisse in Übereinstimmung mit der Erfahrung ganz gut beschreibt.

Andererseits ist verschiedentlich versucht worden, die Existenz der von diesem Ansatz geforderten Fließgrenze bei den Lösungen hochmolekularer Substanzen nachzuweisen, ohne daß dies mit Sicherheit gelungen wäre, obwohl die Versuche sich auf Cellulose, ihre Derivate, Stärke, Gelatine und Kautschuk erstreckten. Man darf daher dem Ansatz (14) nur zubilligen, daß er ein gewisses, relativ enges Erfahrungsgebiet, nämlich das der früher erwähnten Sole überstreicht, und es hat sich als notwendig erwiesen, für die übrigen Fälle andere, allgemeinere Gleichungen als Ersatz für die Newtonsche Beziehung zu suchen.

Ein solcher universell gehaltener Ansatz ist ziemlich gleichzeitig und unabhängig von B. Rabinowitsch[5] und M. Reiner[6] aufgefunden worden. In beiden Fällen wurde an Stelle

$$\frac{dv}{ds} = \frac{1}{\eta} \cdot \tau$$

$$= \varphi \cdot \tau$$

$$\varphi = \text{Fluidität}$$

angenommen, daß das Geschwindigkeitsgefälle nicht einfach proportional, sondern irgendeine Funktion der Schubspannungen sei:

$$\frac{dv}{ds} = f(\tau)\,.$$

Beide Autoren zeigen, wie man diese unbestimmt gehaltene Funktion durch die Poiseuillesche Rechnung mitführen kann, so daß sie in das Endresultat eingeht und sich daher experimentell bestimmen läßt. Diese im wesentlichen empirische Bestimmung der Ersatzfunktion für den Newtonschen Ansatz (1) führte B. Rabinowitsch in einer sehr sorgfältigen im Faserstoffinstitut auf Anregung von K. Weißenberg entstandenen Untersuchung durch.

Zunächst wird gezeigt, daß Glycerin, Ricinusöl, Maschinenöl und Bienenhonig keine merklichen Abweichungen vom Poiseuilleschen Gesetz geben und daher als „normale“ viscose Flüssigkeiten anzusprechen sind. Hingegen beobachtet man bei Acetylcellulose in Aceton, bei Nitrocellulose in Aceton und bei Kautschuk in Benzol deutliche Abweichungen von diesem einfachen Verhalten.

Durch ein kombiniertes Studium der Abhängigkeit vom Druck, von der Röhrenlänge, vom Röhrendurchmesser und von der Zeit ergibt sich die Möglichkeit, eine rationelle Prüfung dieser erweiterten Theorie durchzuführen und für

[1] Z. physik. Chem. **108**, 153 (1924).
[2] Z. physik. Chem. **104**, 233 (1923).
[3] Z. physik. Chem. **108**, 175 (1924).
[4] Kolloid-Z. **39**, 80 (1926).
[5] Z. physik. Chem. **145**, 1 (1929).
[6] Kolloid-Z. **50**, 199 (1930); Rheol. **1**, 14 (1929).

die erwähnten Sole einen allgemeineren Ansatz zu gewinnen. Er hat die Form

$$\frac{dv}{ds} = 8\,a\,\tau_R + 10\,b\,\tau_R^2, \tag{17}$$

$$\tau_R = \frac{r_0 \cdot p}{2\,l}.$$

r_0 = Durchmesser der Kapillare,
p = Druckdifferenz an den Enden,
l = Länge der Kapillare.

a und b sind zwei die Flüssigkeit charakterisierende Konstanten, denen aber eine unmittelbare, anschauliche physikalische Bedeutung nicht zugeschrieben werden kann.

An Stelle eines Zusatzgliedes von der nullten Ordnung, welches physikalisch als Fließgrenze gedacht werden muß, tritt hier ein in τ_R quadratisches Glied auf.

Für die oben erwähnten Sole kann also die Anlehnung an die Elastizitätstheorie der Festkörper nicht als berechtigt gelten. Man erhält im Falle ganz kleiner Drucke bzw. Geschwindigkeitsdifferenzen das Newtonsche Gesetz als Grenzfall und nicht das dem elastischen Körper entsprechende Hookesche.

Eine durch den Ansatz (17) charakterisierte Flüssigkeit beginnt schon bei unendlich kleinen Scherkräften zu fließen, wobei zu Beginn wegen der untergeordneten Bedeutung des quadratischen Gliedes das Verhalten dem einer Newtonschen Flüssigkeit entspricht. Steigert man die Schubspannung, dann nimmt die ihr entsprechende Schergeschwindigkeit überproportional zu; die Flüssigkeit ist also weiter vom festen Körper entfernt als nach Newton-Poiseuille.

Eine ähnliche Verallgemeinerung hat auch M. Reiner vorgeschlagen. Er setzt ebenfalls das Geschwindigkeitsgefälle als allgemeine Funktion der Scherkräfte an

$$\frac{dv}{ds} = f(\tau),$$

und gibt ihr die Form einer Potenzreihe. Unter Verwendung von Messungen, die Herschel und Bulkly[1] an benzolischen Kautschuklösungen durchgeführt haben, spezialisiert er für diese Substanzen seinen allgemeinen Ansatz zu

$$f(\tau) = a\,\tau + b\,\tau^2 - c\,\tau^3.$$

Bis auf das an sich nicht sehr ausgiebige letzte Glied in τ^3, ist diese Verknüpfung zwischen Schubspannung und Geschwindigkeitsgefälle mit der von Rabinowitsch-Weißenberg identisch. Die Übereinstimmung mit dem Experiment ist auch hier über ziemlich große Druck- und Konzentrationsbereiche eine recht befriedigende.

Die gegenwärtige Sachlage auf dem vorliegenden Gebiet läßt sich also etwa folgendermaßen zusammenfassen: Es sind bisher zweierlei Abweichungen von der Newton-Poiseuilleschen Strömung experimentell festgestellt und theoretisch durchüberlegt worden. Beide beziehen sich nicht auf reine Flüssigkeiten, sondern auf Lösungen bzw. Sole. Homogene Flüssigkeiten sowie die Lösungen niedrig molekularer Substanzen gehorchen meist über große Bereiche der in Betracht kommenden Variablen dem Newtonschen Ansatz.

---

[1] Kolloid-Z. **39**, 291 (1926); sowie Rheol. **1**, 506 (1930); ferner Peek u. Erickson: Rheol. **2**, 351 (1931).

Die beiden beobachteten Abweichungen sind folgende:

1. Die Lösung verhält sich „elastisch", d. h. ihre Hydrodynamik wird durch eine Beziehung von der Form

$$\frac{dv}{ds} = a + b\tau$$

richtig wiedergegeben. Es bedeutet dies eine Anlehnung an das elastische Verhalten fester Körper, die Lösung zeigt Elastizität oder Rigidität und muß neben der Viscosität η durch eine gewisse Fließelastizität ϑ beschrieben werden. Als elastisch in diesem Sinne erwiesen sich Sole von Al_2O_3, Fe_2O_3, CeO_2, V_2O_5, Benzopurpurin usw.

2. Die Hydrodynamik der Lösungen wird durch einen Ansatz von der Form

$$\frac{dv}{ds} = a\tau + b\tau^2 + \cdots$$

richtig wiedergegeben. Dies bedeutet eine Abweichung im entgegengesetzten Sinne wie früher, nämlich dahingehend, daß bei unendlich kleinen Scherkräften die Newtonsche Flüssigkeit angenähert wird, während mit zunehmendem τ die Lösungen immer fluider werden. Auch hier nimmt mit steigender Schubspannung der formal nach dem Poiseuilleschen Gesetz sich ergebende Viscositätskoeffizient ab, aber in anderer Weise als bei den elastischen Flüssigkeiten.

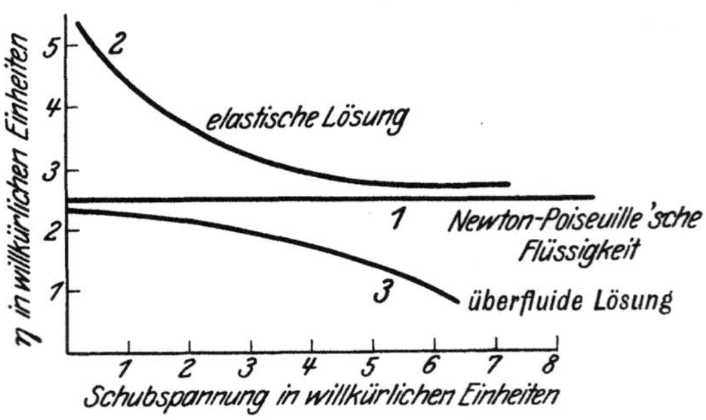

Abb. 52.

Die Verhältnisse sind in der Abb. 52 schematisch dargestellt. Die normale reibende Flüssigkeit *1* liefert einen konstanten Viscositätskoeffizienten, unabhängig von der Schubspannung, bei der gemessen wird. Die „elastische" Flüssigkeit *2* liefert bei niedrigen Schubspannungen höhere Viscositäten und erst bei unendlich großem τ den Poiseuilleschen Wert. Die „überfluide" Lösung *3* hingegen liefert bei minimalen Schubspannungen den Poiseuilleschen Wert und bei zunehmendem τ immer kleinere Werte für η.

In den beiden Fällen 2 und 3 wird also bei steigender Schergeschwindigkeit der Viscositätskoeffizient, wenn man ihn nach der Poiseuilleschen Gleichung berechnet, geringer. Dies erweckt den Eindruck, daß in der Flüssigkeit durch die mechanische Beanspruchung eine Veränderung in der Struktur vor sich geht. Im ersteren Falle liegt es nahe, anzunehmen, daß eine an den Festkörper angenäherte elastische Struktur durch die Scherkräfte zerstört wird. Diese Hypothese ist ja auch durch die direkte Beobachtung der Solelastizität im Mikroskop gestützt. Bei den Solen hochmolekularer Substanzen scheinen aber die Verhältnisse durchaus anders zu liegen. Auch hier nimmt zwar mit steigender Scherkraft die Fluidität zu, aber offenbar nicht, weil ein vorhandenes Strukturgefüge zerstört wird, sondern die Flüssigkeit wird aus irgendeinem anderen Grunde bei zunehmender mechanischer Beanspruchung immer leichter beweglich. Konkrete Annahmen über den physikalischen Grund dieses Verhaltens sind noch nicht gemacht worden. Im Hinblick auf die sonstigen Erfahrungen über die Struktur hochpolymerer Stoffe liegt es nahe, anzunehmen, daß beim Fließen solcher Systeme eine Orientierung der länglichen Teilchen eintritt, die den Reibungswiderstand herabsetzt. Wie später noch mitzuteilen sein wird, kann man in mechanisch stark beanspruchten Lösungen von Cellulosederivaten Strömungsdoppelbrechung beobachten, die auf eine solche Orientierung schließen läßt. Quantitatives ist aber in dieser Richtung nicht bekannt. (Vgl. hierzu „Anhang“.)

b) Die Viscosität von „Cellulose-Lösungen“.

Die bisherigen Überlegungen und Formeln lassen es unerörtert, ob das zu untersuchende System aus einer Komponente besteht oder ob es eine mehr oder weniger homogene Lösung ist. Im allgemeinen hat sich ergeben, daß reine Flüssigkeiten ein normales Verhalten zeigen und daß die erwähnten Abweichungen vom Poiseuilleschen Gesetz im wesentlichen bei Lösungen oder Dispersionen auftreten. Es entsteht nun die für die Untersuchung der Cellulosederivate besonders wichtige Frage, ob und in welchem Maße man aus der Viscosität Schlüsse darauf ziehen kann, wie der gelöste Stoff in der Flüssigkeit enthalten ist und ob sich eine starke Wechselwirkung mit den Molekülen des Lösungsmittels kundgibt. Die Betrachtungen beziehen sich auf zwei Abhängigkeiten, die man zu den gewünschten Schlußfolgerungen prinzipiell benutzen kann:

1. Die Abhängigkeit der Viscosität von der Konzentration der gelösten Phase, wenn man alle übrigen Faktoren konstant hält, und

2. die Abhängigkeit der Viscosität vom „Molekulargewicht“ des gelösten Stoffes bei sonst gleichbleibenden Umständen.

Diese beiden Fälle mögen im folgenden getrennt betrachtet werden.

1. Viscosität und Konzentration. Die erste quantitative Beziehung zwischen der Konzentration einer Lösung und der durch den gelösten Stoff hervorgebrachten Viscosität ist von Einstein bereits vor 25 Jahren aufgestellt worden[1]. Die Rechnung ist unter den folgenden Voraussetzungen angestellt:

1. Die gelösten Teilchen können als starre, kugelförmige Gebilde angesehen werden;

2. sie sind groß gegen die Moleküle des Lösungsmittels;

3. sie sind aber klein gegen die Dimensionen der Apparatur;

4. es sind ihrer so wenige in der Volumseinheit, daß die Flüssigkeitsbewegung in der Umgebung einer Kugel nicht durch die Anwesenheit der andern irgendwie beeinflußt wird;

5. die Flüssigkeit selbst gehorcht den hydrodynamischen Grundgleichungen für reibende Flüssigkeiten und dem Newtonschen Ansatz.

Unter Zugrundelegung dieser Voraussetzungen wird dann untersucht, wie die in der flüssigen Phase verteilten Kugeln ihre Beweglichkeit erschweren. Einstein zeigt durch Integration der entsprechend modifizierten hydrodynamischen Grundgleichungen, daß für die innere Reibung η_c einer Lösung, in der N-Teilchen vom Einzelvolumen φ dispergiert sind, in erster Näherung die Beziehung

$$\eta_c = \eta_0 \left(1 + a \frac{N\,\varphi}{v}\right), \tag{18}$$

η_0 = Viscosität des Lösungsmittels,
v = Gesamtvolumen

gilt. In der zweiten Näherung, d. h. bei Berücksichtigung der Glieder, die quadratisch in der Konzentration sind, tritt noch ein Zusatzsummand

$$b \left(\frac{N \cdot \varphi}{v}\right)^2 \tag{19}$$

[1] Ann. Physik **19**, 289 (1906).

hinzu. Die Größen a und b sind dimensionslose Zahlen, die im wesentlichen von der Gestalt und der Verteilungsfunktion der suspendierten Teilchen abhängen. Bei der zugrunde gelegten Kugelgestalt und exakt gleicher Größe der einzelnen Teilchen sind ihre Werte

$$a = 2{,}5\,,\qquad b = 4{,}4\,. \tag{20}$$

Für extreme Teilchengestalten — Stäbchen oder Blättchen — sind hier andere Zahlenwerte zu erwarten, die aber explizite noch nicht berechnet wurden. Die Durchsicht der Rechnung zeigt, daß im übrigen beim Übergang zu anders gestalteten, zum Beispiel stäbchen- oder blättchenförmigen Teilchen keine weiteren prinzipiellen Änderungen in der Einsteinschen Gleichung zu gewärtigen sind. Dies ist natürlich nur solange zutreffend, als die übrigen zugrunde gelegten Voraussetzungen erfüllt bleiben.

Die Beziehung (18) fordert einen linearen Zusammenhang zwischen Viscosität und Konzentration; dies ist bei krystalloiden Lösungen in einem ziemlichen Konzentrationsbereich auch gut erfüllt. Einstein selbst hat die Gültigkeit seiner Gleichung an Rohrzuckerlösungen geprüft und die Konzentrationsabhängigkeit innerhalb kleiner Bereiche bestätigt gefunden, obwohl bei Rohrzuckermolekülen die Voraussetzung, daß sie gegen die Lösungsmittelmoleküle groß seien, nur sehr angenähert erfüllt ist.

Die erste ausführliche Prüfung der Einsteinschen Beziehung hat Bancelin[1] vorgenommen, der in einem Ostwaldschen Viscosimeter die Konzentrationsabhängigkeit der Viscosität von Gummiguttsuspensionen bestimmte, die nach der Methode von Perrin hergestellt und deren mittlere Radien auf ultramikroskopischem Wege zu

$$r = 0{,}3;\ 1{,}0;\ 2{,}0 \text{ und } 4{,}0\,\mu$$

bestimmt worden waren. Zunächst konnte er feststellen, daß in guter Übereinstimmung mit der Einsteinschen Berechnung die Viscosität von der Teilchengröße in dem untersuchten Bereich so gut wie unabhängig war; sie erwies sich als eine lineare Funktion der Konzentration, wie dies aus der Tabelle 14 hervorgeht. Der Proportionalitätsfaktor a betrug 2,9 an Stelle von 2,5. Dies kann darauf zurückzuführen sein, daß die Teilchen nicht genau kugelförmig waren, vielleicht auch darauf, daß sie nicht alle genau die gleiche Größe hatten, während in der Einsteinschen Rechnung angenommen ist, daß die Kugeln alle gleich groß sind.

Tabelle 14.

$\frac{N\cdot\varphi}{v}$ in % des Gesamtvolumens	$\frac{\eta_c}{\eta_0} = \eta_r = 1 + \frac{N\varphi}{v}\cdot a$
0,00	1,000
0,09	1,002
0,24	1,007
0,33	1,009
0,53	1,013
0,66	1,017
1,05	1,028
2,11	1,057

Über ein noch größeres Gebiet hat Oden[2] die Einsteinschen Überlegungen geprüft; er arbeitete mit Schwefelsolen, die nach der Raffoschen Methode auch in hohen Konzentrationen erhältlich sind. Besonders genau wurden zwei Sole untersucht; das eine mit Teilchen, deren Durchmesser nach der üblichen ultramikroskopischen Methode zu 0,1 μ bestimmt worden war, während der Durchmesser des zweiten zu 10 $\mu\mu$ geschätzt wurde. Die Konzentrationsabhängigkeit

[1] C. r. **152**, 1382 (1911).
[2] Nov. Act. Upsala **3**, Nr. 4 (1913).

der Viscosität ist in Abb. 53 dargestellt. Bis zu etwa 15% ist die Linearität gut erfüllt; darüber hinaus steigt die Viscosität überproportional an; offenbar macht sich hier bereits das quadratische Zusatzglied (19) geltend. Die Versuche zeigen deutlich, daß die Einsteinsche Gleichung im Bereich kleiner Konzentrationen immer dann gut erfüllt ist, wenn die der Berechnung zugrunde liegenden Voraussetzungen einigermaßen zutreffen.

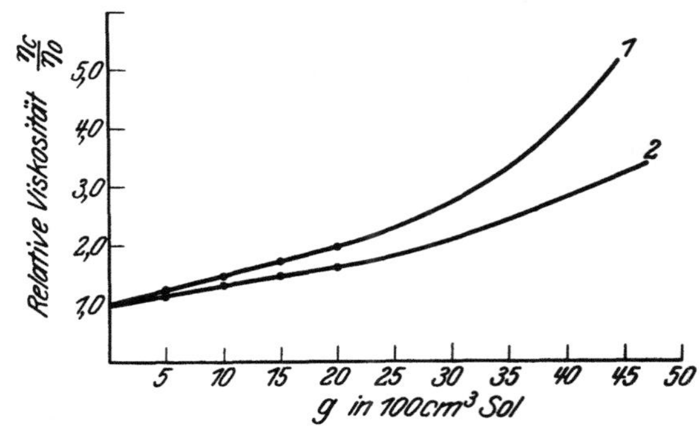

Abb. 53. Relative Viscosität zweier Schwefelsole als Funktion der Konzentration.

Neben den bereits erwähnten, in die Rechnung explizite eingehenden Annahmen ist hier noch zu bemerken, daß keine „Mitführung“ größerer Flüssigkeitsvolumina durch die suspendierten Teilchen stattfinden darf. Schon Einstein selbst hat mit Hilfe seiner Gleichung das Volumen φ berechnet, welches ein Molekül Rohrzucker in wäßriger Lösung beansprucht, was immer dann möglich ist, wenn man die übrigen in der Beziehung (18) enthaltenen Größen N, η_0, η_c und v experimentell bestimmt hat. Hierzu genügen einige Viscositätsmessungen. Es stellte sich beim Rohrzucker heraus, daß das Volumen eines Grammes $C_{12}H_{22}O_{11}$ in der Lösung 0,98 cm³ beträgt. Vergleicht man dies mit dem spezifischen Volumen (0,61 cm³) des krystallisierten Rohrzuckers, so findet man eine merkliche Erhöhung. Die Rohrzuckermoleküle in wäßriger Lösung verhalten sich also wie Kugeln, denen ein etwas größeres spezifisches Volumen als in festem Zustand zukommt. Einstein hat diese scheinbare Volumsvergrößerung als Solvatation gedeutet und angenommen, daß jedes Rohrzuckermolekül bei seiner Brownschen Bewegung im Wasser einige Wassermoleküle mehr oder weniger lang mit sich führt. Die Messungen zeigen also, daß auch im Gebiet ganz verdünnter Rohrzuckerlösungen, wo die Konzentrationsabhängigkeit linear ist, jedes Molekül eine gewisse Flüssigkeitsmenge an ihrer freien Beweglichkeit verhindert — nach Ostwald immobilisiert.

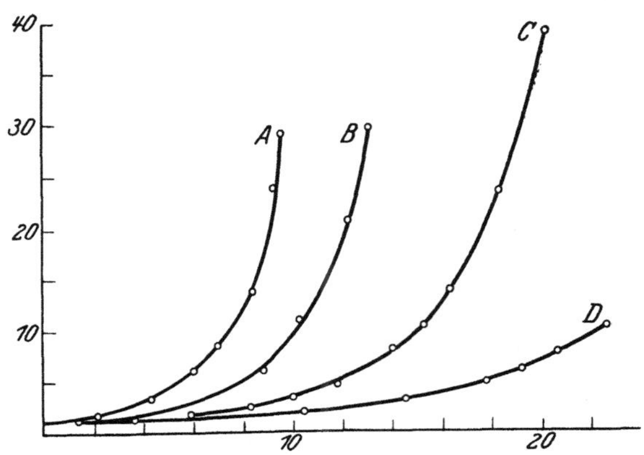

Abb. 54 a. Viscosität-Konzentrationskurven verschiedener Proteinsole.

Beim Übergang in den Bereich höherer Konzentrationen ist man zunächst auf die erweiterte Einsteinsche Gleichung (19) angewiesen, die vermöge ihres quadratischen Gliedes noch einen gewissen Teil der im allgemeinen gekrümmten Viscositäts-Konzentrationskurven erfaßt. Sehr bald aber genügt diese Korrektion nicht mehr. In der Abb. 54a sind die Viscositäts-Konzentrationskurven einiger Proteinsole wiedergegeben, aus denen hervorgeht, daß nur in ganz verdünnten Lösungen Proportionalität vorhanden ist, während die Kurven sehr bald darauf stark ansteigen. Die Abb. 54b enthält die Viscosität mehrerer Nitrocellulosen in Butylacetat nach H. Fikentscher und zeigt deutlich, wie verschieden sich Nitrocellulose je nach der Vorbehandlung verhalten kann. Die mit *6* und *7* bezeichneten Präparate zeigen bis zu 1 proz. Lösungen recht gut lineare Anstiege, richten sich also nach der Einsteinschen Gleichung. Im Gegensatz hierzu zeigt „nitrierte Baumwolle" (Kurve 0) schon von allem Anfang an einen gekrümmten Anstieg, der auf kompliziertere Beziehungen zwischen Viscosität und Konzentration hindeutet.

Solche Beziehungen sind von vielen Seiten aufgestellt worden. So ist W. R. Heß[1] durch die Annahme, daß sich die Teilchen in der strömenden Flüssigkeit orientieren, zu dem Ausdruck

$$\eta_c = \frac{\eta_0}{1 - a\,\varphi}$$

gelangt, in dem a ein Zahlenfaktor von der Dimension cm^{-3} ist, der sich aber als nicht konzentrationsunabhängig erwies. Arrhenius[2] hat einen die Solvatation berücksichtigenden Ansatz vorgeschlagen, der folgendermaßen geschrieben werden kann:

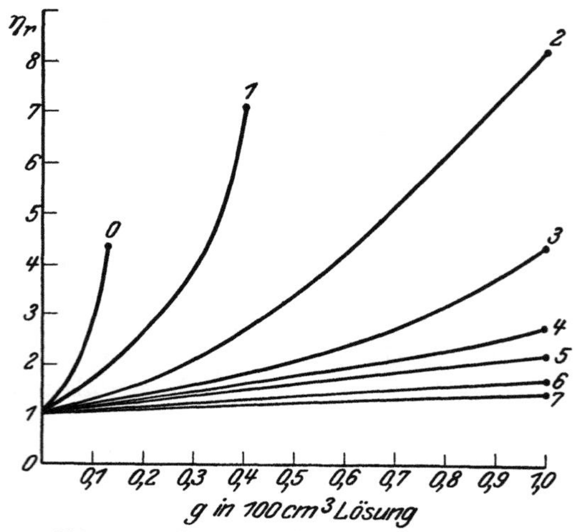

Abb. 54b. Viscosität-Konzentrationskurven einiger Nitrocellulosen.

$$\log \eta_c = k \frac{100\,p}{100 - (n + 1)\,p}. \tag{21}$$

p = das in 100 g enthaltene Trockengewicht,

n = die Anzahl Gramme Lösungsmittel, die an 1 g Substanz gebunden werden,

k = eine Konstante, welche η_0 enthält.

Mit dieser Formel läßt sich die Viscosität von Proteinsolen über größere Konzentrationsbereiche einigermaßen wiedergeben, d. h. der Solvatationsfaktor n ist von der Konzentration unabhängig.

Baker[3] und Mardles[4] haben für Nitrocellulose eine parabolische Gleichung benutzt

$$\eta_c = \eta_0 (1 + a\,c)^n, \tag{22}$$

a und n sind Konstante, welche das Sol charakterisieren, mit Hilfe derer man in recht guter Annäherung die Viscosität über einen gewissen Bereich wieder geben kann.

Ein sehr häufig verwendeter Ansatz stammt von Arrhenius[5] und ist später besonders von Berl[6], von Duclaux und Wollmann[7] sowie von Staudinger[8] benutzt worden. Er lautet

$$\eta_c = \eta_0\, e^{k\,c} \tag{23}$$

k = für die Substanz charakteristische Konstante,

ist aber auch nur imstande, innerhalb relativ kleiner Konzentrationsbereiche

---

[1] Kolloid-Z. **27**, 10 (1920).
[2] Medd. Nobelinst. **4**, Nr 13 (1916).
[3] Trans. Chem. Soc. **103**, 1655 (1913).
[4] Trans. Farad. Soc. **18**, 3 (1923).
[5] Z. physik. Chem. **1**, 285 (1887).
[6] Z. ges. Schießwesen **5**, 82 (1910).
[7] C. r. **152**, 1580 (1911).
[8] Kolloid-Z. **53**, 19 (1930).

die Verhältnisse richtig zu beschreiben. Dieser Ansatz ist deswegen verlockend, weil er die Möglichkeit enthält, durch die Exponentengröße k eine gegebene Substanz mit Hilfe von Viscositätsmessungen unabhängig von der Konzentration zu charakterisieren, und man kann mit Berl k als die „spezifische Viscositätskonstante“ des betreffenden Cellulosederivates bezeichnen. Leider ist die einfache Exponentialfunktion nur bei niedrigviscosen, d. h. bei relativ stark abgebauten Cellulosepräparaten über größere Konzentrationsbereiche gültig.

Will man aber ein größeres Gebiet von Abbaugraden und Konzentrationsstufen empirisch überdecken, so muß man sich einer von H. Fikentscher vorgeschlagenen, exponentiellen, einparametrigen Gleichung bedienen, die ebenfalls eine Konstante zur Charakterisierung des Materials zur Verfügung stellt. Nach dieser Beziehung ist die Viscosität als Funktion der Konzentration gegeben durch

$$\log\left(\frac{\eta_c}{\eta_0}\right) = \log z = \left(\frac{75\,k^2}{1 + 1{,}5\,k\,c} + k\right) c\,, \tag{24}$$

worin z die relative Viscosität bedeutet und c die Konzentration mißt.

Diese Gleichung gestattet es in der Tat, einen weiten Bereich von Konzentrationen und Abbaustufen zu überstreichen. Die Konstante k wurde von Fikentscher die „Eigenviscosität“ des betreffenden Kolloides genannt[1].

Solche einparametrige Gleichungen haben aber nur formale Bedeutung und der Konstanten kommt ein direkter physikalischer Sinn nicht zu. Wenn man es versucht, einigermaßen rationell die Konzentrationsabhängigkeit der Viscosität zu erfassen, dann ist es wohl zweckmäßig, die beiden folgenden Betrachtungen anzustellen:

1. Man faßt entweder die Einsteinsche Beziehung als abgebrochene Reihenentwicklung nach steigenden Potenzen der Konzentration auf und trachtet durch Zusatzglieder mit höheren Exponenten sich der exponentiellen Kurve immer mehr anzuschmiegen oder

2. man geht von der folgenden Überlegung aus: In der Einsteinschen Gleichung kommt zum Ausdruck, daß für die Viscosität das Verhältnis des Eigenvolumens der gelösten Phase zum Gesamtvolumen maßgebend ist. Wenn der gelöste Stoff erhebliche Mengen der Flüssigkeit „behindert“, wie dies von Einstein bei Zucker gefunden worden ist, dann kann schon bei relativ niedrigen Konzentrationen das Volumen der dispergierten Phase von derselben Größenordnung sein, wie das Gesamtvolum, da man zum ersteren die behinderten Flüssigkeitsanteile hinzurechnen muß. Als freies Volumen, welches in den Nenner des Verhältnisses einzutragen ist, hat man dann die Differenz dieser beiden Größen zu setzen, und es liegt nahe, die Einsteinsche Gleichung im Anschluß an das van der Waalssche Volumsglied in der folgenden Weise abzuändern:

$$\frac{\eta_c}{\eta_0} = z = 1 + \frac{N\varphi}{v - N\varphi}\,. \tag{25}$$

Der hier ausgedrückte Zusammenhang zwischen der relativen Viscosität z und der Konzentration c bedingt bereits ein sehr steiles Ansteigen von η_c mit wachsender Teilchenzahl. Die Funktion

$$\frac{x}{a - x}$$

steht bekanntlich in naher Beziehung zur Exponentialfunktion und drückt einen noch steileren Anstieg aus als diese. In dem Ansatz (25) ist nicht berücksichtigt, daß bei zunehmender Konzentration sich die behinderten Volumina über-

[1] Messung der Visc. solvat. Sole 1928. Kolloid-Z. **49**, 135 (1929).

Tabelle 15. Nitrocellulose in Butylacetat.

Gramm Substanz in 100 cm³	0 Nitrierte Baumwolle		1 Nitrocellulose dick		2 Nitrocellulose mittel		4 Nitrocellulose dünn		6 Nitrocellulose extra dünn		7 Nitrocellulose ultra dünn	
	η_r	b	η_r	b	η_r	b	η_r	b	η_r	b	η_r	b
0,025	1,38	528										
0,05	1,903	530	1,30	214								
0,075	2,66	531										
0,10	3,59	509	1,66	209	1,25	(91)	1,09	(35)	1,05	(20)	1,04	16
0,2	10,5	396	2,7	202	1,60	97	1,16	30	1,12	23	1,08	16
0,3	26,6	303	4,3	190	1,99	95	1,25	30	1,17	21	1,13	16
0,4	59,0	240	6,8	175	2,59	94	1,34	30	1,25	23	1,18	17
0,5	122,0	196	10,3	158	3,00	89	1,44	30	1,31	22		
0,6			15,4	142	4,06	92	1,54	30	1,38	22	1,28	17
0,7			22,6	128	4,88	87	1,65	29	1,47	23	1,33	17
0,8			31,8	116	6,04	84	1,76	29	1,57	23	1,39	17
1,0			64,8	96	8,35	75	2,02	29	1,72	22	1,50	17
b_∞		530		214		96		30		22		17

schneiden können und daher nicht voll zur Geltung kommen. Dieser Einfluß ist in der Theorie der van der Waalsschen Gleichung von van Laar[1] und Bolzmann[2] berechnet worden. Als freies Volumen ergibt sich hierbei beim Vordringen bis zur dritten Näherung nach Bolzmann der Ausdruck:

$$v_{\text{frei}} = v - b + \frac{3}{8}\frac{b^2}{v} - 0{,}037\frac{b^3}{v^2}. \qquad (26)$$

Auch diese Gleichung gestattet die Wiedergabe von z über einen bestimmten Bereich von c bei hochviscosen Präparaten und enthält ebenfalls nur einen Parameter, dem aber im vorteilhaften Unterschied gegen die formalen Exponentialgesetze, eine bestimmte physikalische Bedeutung zukommt. b ist nämlich direkt in cm³ gemessen das immobilisierte Flüssigkeitsvolumen, also diejenige Lösungsmittelmenge, welche von 1 g gelöster Substanz in ihrer freien hydrodynamischen Beweglichkeit behindert wird.

In der Tabelle 15 ist diese Berechnung nach der ersten Näherung (25) durchgeführt. Man sieht, daß der physikalische Sinn der Auslegung erhalten bleibt, solange man nicht allzu „hochviscose" Produkte untersucht. Die Nitrocellulosen 4 bis 7 zeigen innerhalb eines großen Konzentrationsbereiches konstante Werte von b. Hingegen erkennt man bei den Nitrocellulosen 0 und 1, die aus ganz unabgebauten Baumwollen hergestellt sind, daß das behinderte Volumen von der Konzentration nicht unabhängig ist. Diese Konzentrationsabhängigkeit bedeutet wohl eine Konkurrenz der gelösten Teilchen um die Lösungsmittelmoleküle, wodurch eine Ver-

[1] Arch. Mus. Teyler **6**, 327 (1900).
[2] Ann. Physik **21**, 359 (1906).

kleinerung der Solvathülle bedingt ist. Man muß, wenn man auch hier noch ein konstantes b_∞ errechnen will, zur Gleichung (26) übergehen, welche sich den Verhältnissen besser anpaßt.

Bei Produkten von besonders hoher Eigenviscosität ist die Menge des von 1 g Substanz behinderten Lösungsmittels außerordentlich groß. Bei der Nitrocellulose 0, die aus möglichst geschonter Baumwolle in mildem Nitrierungsprozeß hergestellt wurde, erreicht es den Wert von 500 cm^3 je Gramm und beträgt selbst bei der Nitrocellulose 7 noch 17 cm^3. Man sieht, daß bei so intensiver Wechselwirkung zwischen gelöstem Stoff und Lösungsmittel, unter Umständen auch schon bei sehr geringen Konzentrationen, das Volumen der behinderten Anteile einen erheblichen Bruchteil des Gesamtvolumens ausmacht, so daß das van der Waalssche Korrektionsglied auch schon bei kleinen Konzentrationen notwendig wird.

Beim Übergang zu höheren Konzentrationen hat sich der Ansatz (26) und ein ihm weitgehend äquivalenter Exponentialansatz

$$b = b_0 \, c^{-\mu c}$$

gut bewährt, wovon die Tabelle 16 einen Begriff geben möge, in der die sehr hochviscose Nitrocellulose 1 in Butylacetat über einen größeren Konzentrationsbereich untersucht worden ist. Hier muß man zur Wiedergabe der Verhältnisse neben dem Ausgangsvolumen b_0 auch noch die Kompressibilität der Solvathülle heranziehen, die durch μ gemessen wird. Das ganze Vorgehen ist durchaus zu vergleichen mit den Bemühungen, die Konzentrationsabhängigkeit des van der Waalsschen b in der Zustandsgleichung der Gase richtig zu erfassen.

Tabelle 16. Nitrocellulose 1 in Butylacetat.

c	η_r	b beobachtet	b berechnet
0,05	1,3	214	240
0,10	1,65	209	229
0,2	2,7	202	209
0,3	4,3	190	191
0,4	6,8	175	174
0,5	10,3	158	158
0,6	15,4	142	141
0,7	22,6	128	129
0,8	31,8	116	119
1,0	64,8	96	100

$\mu = 0{,}90$; $b_0 = 250$

Man sieht an diesem Beispiel deutlich, daß man beim Verlassen der ganz verdünnten Systeme, in denen einigermaßen einfache Gleichungen gelten, sehr bald auf so verwickelte Verhältnisse stößt, daß man nurmehr durch recht umständliche und mit vielen Konstanten behafteten Beziehungen die Verhältnisse richtig wiedergeben kann. Hinzu kommt noch, daß die gesamten Überlegungen über die Konzentrationsabhängigkeit der Viscosität nur dann gültig sind und daß daher nur dann Übereinstimmung mit dem Experiment erzielt werden kann, wenn jegliche Abweichung vom Newtonschen Ansatz fehlt. In manchen Fällen läßt sich dies durch geeignete Wahl des Lösungsmittels, durch Beschränkung der Versuche auf ganz niedrige Konzentrationen und durch Übergang zu höheren Versuchstemperaturen erreichen und nur in solchen Fällen ist man berechtigt, die hier angeführten Gleichungen zu verwenden und aus ihnen auf die Größe des behinderten Flüssigkeitsvolumens einigermaßen quantitativ rückzuschließen. Qualitativ aber zeigt die hohe Viscosität der Lösungen von Cellulosederivaten an, daß lange fadenförmige Teilchen vorliegen, die wohl auch mit der Flüssigkeit in physikalischer Wechselwirkung stehen.

Die hier wiedergegebene Ansicht über das Zustandekommen der hohen Viscosität lyophiler Kolloide durch Solvatation und Immobilisierung kann in qualitativer Hinsicht als gut gestützt gelten; sie ist von Einstein, Arrhenius,

Hatschek und Wo. Ostwald schon vor längerer Zeit ausgesprochen und begründet worden und hat durch neuere Untersuchungen immer mehr an Boden gewonnen. Am besten durchgeführt sind die hier angedeuteten Überlegungen in einer neueren Arbeit von W. Haller[1] über Molekülgestalt und Solvatation, in der die Grenze zwischen „dynamischer" und „sterischer" Behinderung scharf gezogen wird.

In den letzten zwei Jahren hat nun Staudinger[2] in mehreren interessanten Arbeiten noch eine andere Ursache für die hohe Viscosität zur Diskussion gestellt. Nach seiner Auffassung sind die Moleküle der Cellulose und ihrer Derivate in Lösung starre Stäbchen, deren Länge etwa 0,5 bis 1 μ beträgt; sie bestehen also aus 1000 bis 2000 Glucoseresten. Die Viscosität soll nun dadurch zustandekommen, daß diese Stäbchen bei ihrer Temperaturbewegung einen sehr großen Raum überstreichen und eine Behinderung der Flüssigkeit verursachen. Bei der Berechnung dieses Raumes wird angenommen, daß das überstrichene Volumen — die sogenannte Wirkungssphäre — ungefähr gleichzusetzen ist dem Volumen eines flachen Zylinders von der Höhe d (Moleküldurchmesser) und dem Radius $\frac{l}{2}$, wenn l die Länge des kettenförmigen Moleküls mißt. Man darf diese „Wirkungssphäre" natürlich nur als empirisches Ergebnis ansehen, ohne damit allzu konkrete Vorstellungen über die Art der Wärmebewegung zu verknüpfen. Staudinger, der anfänglich z. B. an eine Rotation um eine raumfeste Achse dachte, nimmt neuerdings auch diesen Standpunkt ein. Es ist sehr bemerkenswert, daß R. Eisenschitz[3] kürzlich auf theoretischem Wege, durch Erweiterung der Einsteinschen Formel auf gestreckte Rotationsellipsoide, ganz ohne Berücksichtigung einer Raumerfüllung zu einer der Staudingerschen Formel (28) sehr ähnlichen Beziehung gelangt (vgl. hierzu Anhang). Da man wohl die Fadenmoleküle in erster Näherung als langgestreckte Ellipsoide auffassen darf, scheint hiermit der physikalische Sinn der Staudingerschen Formel aufgedeckt zu sein: schon die längliche Form der Teilchen allein führt zu einer Abhängigkeit der Viscosität von der Länge.

Insgesamt ist die augenblickliche Sachlage auf diesem Gebiet ähnlich wie bei der Theorie der konzentrierten Lösung oder wie bei der gesättigten Adsorption. Man ist zwar in der Lage, die Verhältnisse zu beschreiben; eine einfache Wiedergabe der Konzentrationsabhängigkeit kann man aber nicht erwarten. Daher ist es unbedingt erforderlich, für Schlüsse irgendwelcher Art das Gebiet extrem verdünnter Lösungen aufzusuchen, wo die Konzentrationsabhängigkeit streng linear ist und außerdem durch Messungen bei verschiedener Schergeschwindigkeit zu prüfen, ob die für die Einsteinsche Gleichung gültigen Voraussetzungen wirklich erfüllt sind.

2. Viscosität und „Molekulargewicht". Von großer Wichtigkeit ist der Zusammenhang zwischen der Viscosität einer hochpolymeren Lösung und dem Molekulargewicht oder der Kettenlänge der gelösten Substanz. Daß hier Beziehungen bestehen, ist schon früh erkannt worden. Als erster hat wohl W. Biltz[4] gezeigt, daß bei der Stärke die Viscosität gleich konzentrierter Lösungen mit steigender Teilchengröße zunimmt. Weiter hat Wo. Ostwald[5] die wichtige Beobachtung gemacht, daß gleichkonzentrierte Lösungen abgebauter Cellulosepräparate niedrigere Viscosität besitzen, als die der Ausgangsstoffe. Berl und Büttner, Duclaux und Wollmann und in letzter Zeit besonders Staudinger[6], haben ebenfalls an natürlichen und synthetischen Hochpolymeren einen Zusammenhang

[1] Haller, W.: Kolloid-Z. **49**, 74.
[2] Vgl. etwa den zusammenfassenden Artikel; Kolloid-Z. **53**, 19 (1930).
[3] Eisenschitz, R.: Z. physik. Chem. (A) **158**, 78 (1931).
[4] Biltz, W.: l. c. S. 89. [5] Kolloid-Z. **43**, 198 (1927).
[6] Z. B. Kolloid-Z. **53**, 19 (1930).

zwischen der Viscosität gleichkonzentrierter Lösungen und dem Abbaugrad oder Polymerisationsgrad festgestellt. Alle diese Arbeiten sind qualitative Hinweise dafür, daß eine Beziehung zwischen diesen Größen vorliegt, und es drängt sich nun die Frage auf, welche Aussicht besteht, sie schon heute quantitativ zu formulieren. Es leuchtet ein, daß eine solche Formulierung von großer Bedeutung wäre, weil sie auf dem Gebiet der hochmolekularen Substanzen durch eine einfache physikalische Messung eine wichtige Größe der direkten experimentellen Bestimmung zugänglich machen und daher hier dasselbe leisten würde, wie die van't Hoffsche Methode auf dem Gebiet der krystalloiden Lösungen.

Auch bei der Beantwortung dieser Frage ist es notwendig, von der Einsteinschen Gleichung auszugehen. Sie besagt, daß die Viscosität unter den gemachten Voraussetzungen nur von dem Gesamtvolumen der dispergierten Phase abhängt, nicht aber davon, ob sie in sehr viele kleine oder in wenige größere Kugeln zerteilt ist. Dieser Folgerung widerspricht aber die Erfahrung sehr deutlich bereits im Gebiet der molekularen Lösungen. Zum Beispiel ist bei gleicher Einwaage die Viscosität einer Glucoselösung merklich kleiner als die des Rohrzuckers, es ist die Viscosität eines Paraffins mit zehn Kohlenstoffatomen in benzolischer Lösung erheblich kleiner als desselben Paraffins mit 20 Kohlenstoffatomen bei gleicher Grammzahl. Daraus geht hervor, daß über das Eigenvolumen der Teilchen hinaus eine Beanspruchung des Lösungsmittels stattfindet, die von dem Molekulargewicht bzw. von der Kettenlänge der untersuchten Substanz irgendwie abhängig ist. Man wird also durch die Erfahrung dazu gedrängt, an Stelle des Eigenvolumens φ anzusetzen

$$\varphi' = f \cdot \varphi \,, \tag{27}$$

wobei f angibt, wievielmal das Volumen eines Moleküls im gelösten Zustand größer ist als im trockenen, und damit ein Maß für die Gesamtheit des an der freien Beweglichkeit behinderten Lösungsmittels liefert. Ob man aus der Viscosität Schlüsse auf das Molekulargewicht ziehen kann, hängt nun davon ab, ob man f als explizite Funktion der Kettenlänge hinzuschreiben vermag.

Zunächst läßt sich aus dem vorhandenen Versuchsmaterial nur folgern, daß f mit der Kettenlänge sicherlich ansteigt. Näheren Aufschluß über die Art dieses Ansteigens liefern die genannten älteren Versuche nicht. Hierzu hat man vielmehr auf neuere Messungen von Staudinger überzugehen, der nachgewiesen hat, daß bei hemikolloidem Styrol und bei Paraffinketten mittlerer Länge f proportional der Kettenlänge zunimmt. Führen wir dies in Gleichung (27) ein, und drücken die Teilchenzahl und das Teilchenvolumen durch Molekulargewicht und Loschmidtsche Zahl aus, so erhalten wir die Staudingersche Gleichung

$$\eta_{sp} = \eta_r - 1 = K_m \cdot M \,. \tag{28}$$

Es bedeutet η_r die „relative" Viscosität, das Verhältnis zwischen den Viscositäten der Lösung und des Lösungsmittels; η_{sp} wird als spezifische Viscosität bezeichnet. K_m ist ein für spezielle homologe Reihe gültiger Proportionalitätsfaktor, M das Molekulargewicht. (28) ist in dem schon früher erwähnten Bereich mäßiger Kettenlängen experimentell geprüft und besagt, daß das gesamte, von einem gelösten Teilchen beanspruchte Flüssigkeitsvolumen mit dem Quadrat der Kettenlänge ansteigt. Man kann die Staudingersche Gleichung ohne Bedenken so weit verwenden, als sie experimentell geprüft ist; jedoch erscheint ihre Extrapolation auf Cellulosederivate nicht ohne weiteres berechtigt. Hier haben nämlich Messungen von Fikentscher[1] gezeigt,

[1] Kolloid-Z. 49, 135 (1929).

daß im Gebiet größerer Molekülangen der Faktor f stärker als mit dem Molekulargewicht ansteigt. Bei ganz hochpolymeren Substanzen erhält man gute Übereinstimmung mit den übrigen Eigenschaften, wenn man ein Ansteigen ungefähr proportional mit dem Quadrat des Molekulargewichts annimmt. Ein solches ist gelegentlich[1] durch eine ellipsoide Form des behinderten Volumens schematisiert worden, bei dem die große Achse gleich der Moleküllänge ist, während die kleine Achse proportional hierzu gesetzt wurde. Der Proportionalitätsfaktor gibt dann die Möglichkeit, die spezifische Wechselwirkung zwischen gelöstem Molekül und Lösungsmittel zum Ausdruck zu bringen.

Um die Abhängigkeit des behinderten Volumens von der Moleküllänge wirklich sicherzustellen, reicht das heute vorliegende experimentelle Material bei weitem nicht aus. Am besten wird man den gesamten bisherigen Beobachtungen gerecht, wenn man einen zweikonstantigen Ansatz von der Form

$$f = a\,M + b\,M^2 \tag{29}$$

einführt, so daß bei kleinen Molekülen das lineare Glied im Sinne der Staudingerschen Gleichung überwiegt, während bei extrem langen Molekülen das quadratische Glied im Sinne von Fikentscher stärker zur Geltung kommt.

Man muß sich aber darüber klar sein, daß dieser Ansatz nur eine ganz formale Erfassung des Tatsachenmaterials darstellt und keinerlei spezielle theoretische Bedeutung besitzt, denn das gesamte behinderte Volumen setzt sich in sehr wenig übersichtlicher Weise zusammen

1. aus den tatsächlich durch Kräfte gebundenen Lösungsmittelmolekülen und

2. aus den in der freien Beweglichkeit rein geometrisch behinderten Flüssigkeitsanteilen.

Die zur Verfügung stehenden Konstanten sind dann dazu notwendig, um zwei konstitutive Einflüsse zur Geltung zu bringen: Die spezielle von den Kräften herrührende Wechselwirkung in Form einer Solvatationshülle und die durch die spezielle geometrische Form der Ketten bedingte verschiedene räumliche Beeinflussung. (Vgl. hierzu bes. „Anhang".)

Man sieht, daß beim heutigen Stand der Dinge quantitative Aussagen nur mit äußerster Zurückhaltung gemacht werden können und eine auch nur einigermaßen allgemeine Methode zur Bestimmung des Molekulargewichts aus der Viscosität nicht besteht.

Über die Temperaturabhängigkeit der Viscosität kolloider Lösungen liegen zahlreiche Messungen vor. Nach dem über die Viscosität selbst Gesagten ist leicht einzusehen, daß auch die Verhältnisse hier einer quantitativen Interpretation nicht günstig sind. Drei Punkte sind es, die besonders berücksichtigt werden müssen:

1. Die durch Kräfte an die gelösten Teilchen gebundenen Flüssigkeitsmoleküle, welche die „wahre" Solvathülle bilden, unterliegen mit steigender Temperatur einem Verdampfungsprozeß, dessen Ergiebigkeit sich durch einen Ansatz von der Form

$$A \cdot e^{-\frac{\lambda}{R\,T}}$$

wiedergeben läßt. Hierbei bedeutet A das dem einzelnen Molekül im solvatisierten Zustand zur Verfügung stehende Phasenvolumen, besteht also aus einem Faktor von der Größenordnung 10^{-25} und ist je nach der Größe des Lösungs-

[1] Kolloid-Z. 49, 135 (1929).

mittelmoleküls von der Temperatur mit einer niedrigen Potenz abhängig. Im Exponentialfaktor steht die Solvatationswärme λ, die natürlich für die wahre Solvathülle nicht konstant zu sein braucht, sondern erheblich mit der Menge des gebundenen Lösungsmittels variiert. Man hat in den Katzschen Messungen der Quellungswärmen[1] ein direktes Maß dafür, wie sich die Bindungsfestigkeiten über die verschiedenen Bereiche einer Solvathülle verteilen können. Die relativ starke Temperaturabhängigkeit von A und die Ungleichmäßigkeit von λ machen es nicht möglich, aus der Temperaturabhängigkeit der Viscosität einen direkten Schluß auf die Solvatationswärme zu ziehen, um so mehr als noch andere Einflüsse störend hinzutreten. Jedenfalls aber haben wahre Solvathüllen immer zur Folge, daß mit steigender Temperatur die Viscosität abnimmt.

2. Die geometrisch an ihrer hydrodynamischen Strömungsmöglichkeit behinderten Flüssigkeitsanteile sind von der Temperatur ziemlich unabhängig und liefern daher keinen erheblichen Beitrag zur Temperaturabhängigkeit der Viscosität.

3. Man muß darauf gefaßt sein, in den Dispersionen der Hochmolekularen nicht nur isolierte Moleküle, sondern auch mehr oder weniger große und stark aneinander haftende Gruppen anzutreffen. Hierfür sprechen die Neigung zur Strukturbildung und sogar zur Thixotropie, das röntgenographische Verhalten beim Ausfällen und endlich manche Spreitungsversuche an hochmolekularen Substanzen. Zunehmende Temperatur befördert eine Aufspaltung dieser Gruppen nach Maßgabe einer Arrheniusschen Gleichung. Hierdurch wird die Zahl der Einzelteilchen vergrößert, so daß dieser Einfluß ein Ansteigen der Viscosität mit der Temperatur zur Folge hätte. Tatsächlich ist in manchen Fällen ein solches Ansteigen beobachtet worden.

Insgesamt sieht man, daß mindestens drei Effekte zu berücksichtigen sind, von denen der eine ein Absinken, der dritte ein Ansteigen bedingt, während der zweite keinen erheblichen Einfluß auf die Temperaturabhängigkeit haben dürfte. Bei den bisher vorliegenden Versuchen besteht keine Möglichkeit, die drei Anteile irgendwie voneinander abzutrennen, man kann daher aus ihnen keine bündigen Schlüsse auf das Verhalten der Hochpolymeren ziehen. Es wäre aber sicher von großem Interesse, über Temperaturabhängigkeitsmessungen zu verfügen, bei denen man einigermaßen die eben geschilderten Verhältnisse berücksichtigen könnte.

3. Die Dampfdruckerniedrigung in den Lösungen der Cellulose und ihrer Derivate.

Schon lange weiß man, daß es eine besonders charakteristische Eigenschaft der Lösungen hochpolymerer Substanzen ist, im gelösten Zustand eine abnormal kleine Dampfdruckerniedrigung des Lösungsmittels zu verursachen[2]. Diese Tatsache ist qualitativ schon oft dazu verwendet worden, um auf das Vorhandensein großer gelöster Teilchen zurückzuschließen, und hat stets unter den Argumenten gegen die Theorie der kleinen Strukturbausteine eine wichtige Rolle gespielt[3]. Schon früh hat W. Biltz den osmotischen Druck der Stärke, der Gelatine und der Dextrine gemessen und aus ihm auf die Molekulargröße zurückgeschlossen[2]. Er fand durch direkte osmotische Bestimmung die in der folgenden Tabelle 17 enthaltenen Werte für verschiedene Dextrine. Bei der indirekten Beobachtung

---

[1] Erg. exakt. Naturwiss. **3**, 316 (1924); **4**, 154 (1925).
[2] Vgl. z. B. W. Biltz: Z. physik. Chem. **73**, 481 (1910); **83**, 683 (1913); **91**, 705 (1916).
[3] Vgl. etwa E. Berl u. O. Hefter: Ann. **478**, 235 (1930).

— Gefrierpunktserniedrigung oder Siedepunktserhöhung — erhält man bereits nicht mehr meßbare Effekte. Für verschiedene Gelatinen ergeben sich die in der Tabelle 18 zusammengestellten Zahlen. Auch hier wurde die Messung osmotisch durchgeführt.

Tabelle 17.

Substanz	Teilchengewicht bezogen auf 0 = 16
Amylodextrin	22200
Achroodextrin	10500
Diastasedextrin . . .	11700
Erythrodextrin . . .	6800
Säuredextrin	4000
Rohrzucker	340
Dextrin „Merck“ . .	5000
Dextrin „Kahlbaum“.	6000

Tabelle 18.

Substanz	Teilchengewicht bezogen auf 0 = 16
Trockenplattengelatine	10900 ± 10%
Gelatine A*	19500 ± 15%
Gelatine B	11000 ± 15%
Gelatine C	~ 21000
Gelatine D	15500 ± 10%
Gelatine E	5500 ± 20%

Die Kleinheit der Effekte hat nämlich zur Folge, daß die kryoskopische und ebullioskopische Methode auf dem Gebiet der Cellulosederivate so gut wie gar nicht verwendet werden kann und durch die direkte Messung des osmotischen Drucks aus der Steighöhe ersetzt werden muß. Die letztere Methode hat dabei noch den recht bemerkenswerten Vorteil, daß Beimengungen niedrig molekularer, krystalloid gelöster Verunreinigungen wie Ionen oder Begleitstoffe und Abbauprodukte von kleinem Molgewicht nicht merklich stören, da sie durch die halbdurchlässigen Membranen ungehindert hindurchtreten können und keinen einseitigen osmotischen Druck liefern. Ebenso wie bei der Viscosität liegen aus früherer Zeit zahlreiche osmometrische Versuche vor, die qualitativ in ihrer Gesamtheit zweifellos zu der Behauptung berechtigen, daß die Zahl der in den untersuchten Lösungen dispergierten Teilchen verglichen mit normalen krystalloiden Lösungen außerordentlich klein ist. In den beiden Tabellen 17 und 18 sind bereits einige quantitative Ergebnisse aus verdünnten Lösungen hemikolloider Substanzen angegeben worden. Beim Übergang zu quantitativen Aussagen, betreffend die wirklich hochpolymeren Eukolloide (im Sinne Staudingers), muß man aber wiederum die Verhältnisse wie bei der Viscosität eingehender betrachten, ehe man in der Lage ist, wohl begründete Angaben zu machen.

a) Dampfdruckerniedrigung und Konzentration.

Die einfachsten Verhältnisse wird man auch hier wieder in dem Gebiet äußerster Verdünnung antreffen. Wenn die Teilchen aufeinander weder durch ihr Eigenvolumen noch infolge „behinderter“ Flüssigkeitsanteile, noch durch irgendwelche Kräfte zu wirken vermögen, dann wird durch die van't Hoffsche Gleichung die Proportionalität des osmotischen Druckes mit der Konzentration gefordert, woraus sich in bekannter Weise eine Bestimmung des Teilchengewichtes im Umweg über die Teilchenzahl ermöglicht. Experimentell ist aber dieses Gebiet der Proportionalität zwischen osmotischem Druck und Konzentration nur bei den Hemikolloiden wirklich gut erreichbar. Um dies zu zeigen, sind die Tabellen 19a und 19b aufgenommen worden, denen noch die Abb. 55 hinzugefügt sei, um klarzumachen, daß in dem hier angewendeten Konzentrationsbereich der osmotische Druck tatsächlich ganz gut proportional den

* Nach Angaben verschiedener Autoren verschiedenartig gereinigte Präparate.

Konzentrationen geblieben ist, woraus sich die Berechtigung der van't Hoffschen Rechenweise ergibt.

Tabelle 19a. Proportionalität von osmotischem Druck und Konzentration bei Dextrinlösungen.

c in %	p in cm H_2O	M
1. Achroodextrin.		
0,226	5,5	10400
0,498	12,2	10300
0,900	23,5	9660
1,15	29,1	9960
1,53	35,5	10900
		Mittelwert 10200
2. Dextrin „Kahlbaum".		
0,115	4,4	6600
0,213	6,9	7800
0,431	12,1	9000
0,637	16,5	9730
0,825	19,0	10950
1,44	24,7	14700

Hier steigt M mit der Konzentration bereits deutlich an; der auf $c = 0$ extrapolierte Wert beträgt $M = 6000$.

Tabelle 19b. Proportionalität von osmotischem Druck und Konzentration bei Gelatine.

c in %	p in cm H_2O	M
Gelatine 1.		
0,086	1,94	11000
0,16	3,86	10000
0,17	3,44	12000
0,185	4,35	10500
		Mittelwert = 10900 ± 10%
Gelatine 2.		
0,042	1,17	8900
0,072	1,48	12100
0,169	3,12	13400
0,238	5,72	10300
		Mittelwert = 11000 ± 15%

In Gegensatz hierzu kann man bei den wirklich hochpolymeren Naturstoffen, d. h. bei den nicht abgebauten Cellulosepräparaten niemals mit Sicherheit Proportionalität des osmotischen Druckes mit der Konzentration beobachten. Die

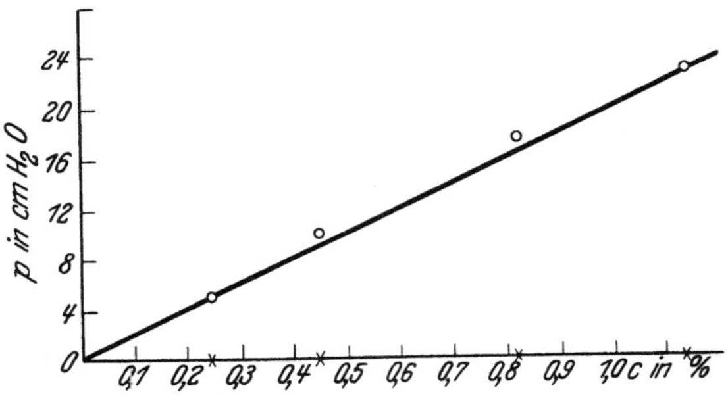

Abb. 55. Abhängigkeit des osmotischen Druckes von der Konzentration.

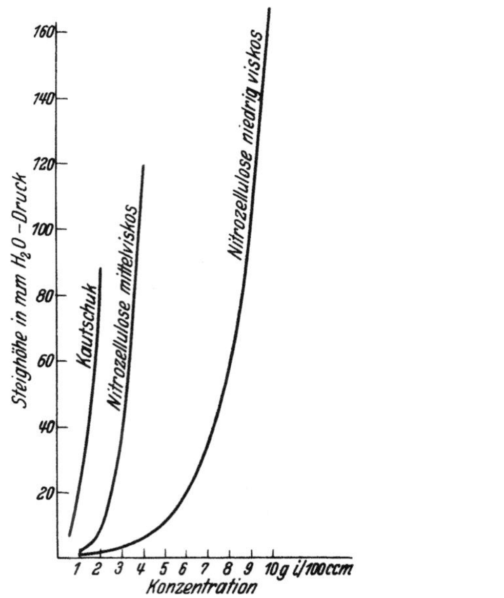

Abb. 56. Abhängigkeit des osmotischen Druckes von der Konzentration.

Abb. 56 enthält einige Messungen von H. Fikentscher[1], welche zeigen, daß ähnlich wie bei der Viscosität zwar eine mäßig polymere Nitrocellulose ein deutlich lineares Anfangsstück liefert, während hochpolymere Cellulosederivate und Kautschuk auch im Gebiet der letzten noch meßbaren Punkte schon eine deutliche Krümmung ergeben. Eine direkte Anwendung der van't Hoffschen Gleichung ist also nur bei Hemikolloiden gestattet und auch hier nur dann, wenn man sich durch mehrere Meßpunkte davon überzeugt hat, im linearen Gebiet der Konzentrationsabhängigkeit zu sein.

[1] Kolloid-Z. **53**, 38 (1930).

Bei den höherpolymeren Substanzen liegt es nun nahe, zu versuchen, die van't Hoffsche Gleichung, einem Vorgehen von Sackur[1] entsprechend, durch ein van der Waalssches Korrektionsglied in ähnlicher Weise abzuändern, wie dies mit der Einsteinschen Gleichung (vgl. Seite 83 Formel (25)) geschehen ist. Diese Rechenweise ist in der letzten Zeit besonders von Ostwald und Haller[2] verfolgt worden und gestattet die für das osmotische Verhalten charakteristische „Deckungssphäre" der einzelnen Teilchen in ähnlicher Weise zu berechnen, wie dies in der Tabelle 15 aus der Viscosität durchgeführt worden ist. Man erhält durch eine solche Modifizierung der van't Hoffschen Gleichung ein starkes Ansteigen des osmotischen Druckes mit der Konzentration und kann auch den unmittelbar an das lineare Stück anschließenden Konzentrationsbereich noch miterfassen. Weit über ihn hinaus reicht aber diese formale Extrapolation sicher nicht.

Wegen der starken Wechselwirkung zwischen den gelösten Teilchen untereinander und mit dem Lösungsmittel werden nämlich wie bei der Viscosität auch bei den osmotischen Eigenschaften die Verhältnisse rasch sehr unübersichtlich und kompliziert und verhindern es, quantitativ sichergestellte Aussagen machen zu können. Erst im Gebiet hochkonzentrierter Lösungen, dort, wo der gelöste Stoff, also das betrachtete Cellulosederivat in erheblichem Überschuß vorhanden ist, d. h. beim Beginn des Quellungsvorganges, werden die Verhältnisse wieder einfacher, denn man hat jetzt das Lösungsmittel in so großer Verdünnung vor sich, daß eine gegenseitige Wechselwirkung der adsorbierten oder eingelagerten Lösungsmittelmoleküle noch nicht besteht. Hier erhält man daher einen reinen Adsorptions- oder Quellungsvorgang, den man mit Hilfe einer „verdünnten" Adsorptionsisotherme von der Form

$$m = \Phi\, e^{\frac{\lambda}{RT}} \cdot c \tag{30}$$

m = aufgenommene Menge
c = Konzentration des Quellmittels

wiedergeben kann, wobei Φ das Phasenvolumen der gebundenen Flüssigkeitsmoleküle mißt, während λ die „erste" Quellungswärme bedeutet. Aus der Temperaturabhängigkeit des ersten Quellungsdruckes läßt sich λ bestimmen. Man erhält bei Nitrocellulose und Acetylcellulose in Aceton Werte von einigen 1000 cal. je Mol Lösungsmittel. Eine Bestimmung der Teilchengröße ist aus solchen Messungen natürlich nicht möglich; es läßt sich unter sehr günstigen Verhältnissen im besten Falle die Größe der für den Quellungsvorgang zur Verfügung stehenden inneren Oberfläche, d. h. die Größe des Absorptionsvolumens aus dem Phasenvolumsfaktor Φ abschätzen; sie beträgt zum Beispiel für Hydratcellulose je Gramm etwa 1 cm³ *. Da sich aus den Viscositätsmessungen ergibt, daß im verdünnten gelösten Zustand die behinderten Volumina etwa hundertmal größer sind als dieses, kann man ersehen, einen wie großen Einfluß neben der tatsächlich durch Kräfte bewirkten Lösungsmittelbindung die rein geometrische Immobilisierung ausübt.

Insgesamt läßt sich sagen, daß man über eine quantitative Formulierung des Zusammenhanges zwischen osmotischem Druck und Konzentration im Gebiet der unabgebauten Cellulosederivate nicht verfügt. In äußerst verdünnten Lösungen läßt sich Proportionalität voraussehen. Sie ist bei hemikolloiden Substan-

---

[1] Z. physik. Chem. **70**, 477 (1909). Vgl. auch W. Haller: Kolloid-Z. **49**, 74 (1929).

[2] Kolloid-Z. **49**, 60, 76 (1929). Vgl. auch ganz besonders eine neuere Arbeit von W. Haller: Kolloid-Z. **56**, 257 (1931).

* Kolloid-Z. **53**, 39 (1930).

zen auch in der Tat beobachtet worden. Bei zunehmender Konzentration verbietet die gegenseitige Wechselwirkung der Teilchen die Möglichkeit, durch einfache Beziehungen die Verhältnisse quantitativ zu beschreiben.

b) Osmotischer Druck und Molekulargewicht.

Solange man sich bestimmt im Gebiet der van't Hoffschen Gleichung befindet, läßt sich das Molekulargewicht in bekannter Weise berechnen. In den Tabellen 17 bis 19 sind bereits einige Werte wiedergegeben, die zeigen, daß man im allgemeinen zu großen Werten für die Teilchengewichte kommt. Ähnliche Teilchengrößen hat Haller[1] aus Messungen berechnet, welche Duclaux an Nitrocellulose in Aceton angestellt hatte[2]. Diese Messungen erstrecken sich etwas über den van't Hoffschen Bereich hinaus. Die Konzentrationsabhängigkeit läßt sich aber unter Berücksichtigung der Volumskorrektion noch recht gut wiedergeben. Die Versuche zeigen, daß man beim Auftragen des osmotischen Druckes gegen eine reduzierte Konzentration c' Proportionalität erhält; c' ist hierbei im Sinne von van der Waals gleich

$$c' = \frac{c}{1 - \varphi} \tag{31}$$

gesetzt worden, wenn φ das Eigenvolumen des gelösten Stoffes bedeutet. Als mittleres Teilchengewicht ergab sich hierbei für die Nitrocellulose etwa 40000. Ähnlich hohe Werte erhält man auch bei der Untersuchung anderer Cellulosederivate und sonstiger hochpolymerer Stoffe, wie Kautschuk, Gelatine, Hämoglobin usw.

In gleicher Weise haben Büchner und Samwel[3] an Acetylcellulosen in Aceton den osmotischen Druck gemessen; sie erhielten bei Temperaturen zwischen 0 und 60° Werte, aus denen sich bei Verwendung der van't Hoffschen Gleichung die in der Tabelle 20 enthaltenen Zahlen für drei verschiedene Acetylcellulosen in drei verschiedenen Lösungsmitteln ergaben. Auch diese Zahlen zeigen wiederum, daß man ungewöhnlich große Teilchen vor sich hat.

Tabelle 20.

	Aceton	Acetophenon	Benzylalkohol
Acetylcellulose 1	34700	35300	34000
,, 2	35800	32600	35500
,, 3	35300	32600	34900

Teilchengewichte dreier Acetylcellulosen in drei verschiedenen Lösungsmitteln.

Dieser allgemeinen Regel kleiner osmotischer Drucke und nicht beobachtbarer Dampfdruckerniedrigung bzw. Siedepunktserhöhung stehen eine Reihe von Veröffentlichungen entgegen, in denen aus meßbaren kryoskopischen bzw. ebullioskopischen Effekten auf das Vorhandensein kleiner Teilchen geschlossen worden ist[4]. In mehreren Fällen hat sich herausgestellt, daß experimentelle Gründe die Tragfähigkeit dieser Beobachtungen schwächen, in manchen Punkten ist jedoch dieser Widerspruch noch nicht endgültig aufgeklärt. Bei der großen Empfindlichkeit der kryoskopischen und ebullioskopischen Methode gegen Verunreinigungen ist die äußerste Vorsicht am Platze; die Kleinheit der zu erwartenden Effekte rückt die Entscheidung auf diesem Wege an die Grenze des experimentell überhaupt Erreichbaren.

[1] Kolloid-Z. **49**, 80 (1929). [2] C. r. **152**, 1582 (1911). [3] Kon. Amst. **33**, 749 (1930).
[4] Vgl. z. B. C. Trogus u. A. E. Shahid: Naturwiss. **16**, 315 (1928). Pringsheim, H.: B. **54**, 1281 (1921) und andere.

Man kann daher zusammenfassend sagen, daß die im Gebiet extrem verdünnter Lösungen — also im Gültigkeitsbereich der van't Hoffschen Gleichung — bis jetzt vorliegenden Beobachtungen für das Vorhandensein großer Teilchen in den Lösungen der Cellulose und ihrer Derivate sprechen. Die Größenordnung liegt — für das Polysaccharid berechnet — um 20000. Einige widersprechende Beobachtungen sind experimentell noch nicht so weit gestützt, daß sie begründeten Anlaß zu einer anderen Auffassung geben könnten.

Wollte man auch aus den Messungen bei höheren Konzentrationen Schlüsse auf das Molekulargewicht ziehen, so steht man vor der Notwendigkeit, das Ineinandergreifen der rein osmotischen Effekte und der Solvation zu entwirren. Ostwald[1] hat zu diesem Zwecke versucht, durch die additive Kombination eines van't Hoffschen Gliedes und eines der Freundlich-Posnjakschen Adsorptionsgleichung entsprechenden Exponentialsummanden eine allgemeine Solvatationsgleichung aufzustellen und mit ihrer Hilfe aus osmotischen Messungen Teilchengewichte zu bestimmen. Dieses Vorgehen bedeutet ein einfaches additives Kombinieren der beiden in den Extremfällen gültigen Gesetze. In welchem Maße es berechtigt ist, läßt sich sehr schwer abschätzen. Jedenfalls stimmt die Gleichung

$$p = a \cdot c + b c^n \qquad (32)$$

mit einer Reihe von Messungen auffallend gut überein, besonders wenn man mit Hilfe von

$$c' = \frac{c}{1 - \varphi}$$

die volumsmäßig korrigierte Konzentration c' einführt. Die Prüfung erfolgte an Messungen von Caspari[2], der Kautschuk und Guttapercha in Benzol bzw. in Benzin durchgemessen hat, ferner an Beobachtungen von Duclaux[3], der Nitrocellulose in Aceton bearbeitete und endlich an Messungen von Adair[4], welche an Hämoglobin in Wasser ausgeführt worden sind. An dieser Stelle interessieren am meisten die Duclauxschen Werte, weil sie sich auf ein Cellulosederivat beziehen. Die Tabelle 21 enthält in der ersten Spalte die Konzentrationen in Prozenten, in der zweiten die experimentell beobachteten osmotischen Drucke in Zentimeter Wasserhöhe angegeben. Die dritte Spalte zeigt den rein osmotischen Anteil des beobachteten Gesamtdruckes, die vierte den Quellungs- oder Adsorptionsanteil; in der fünften sind die theoretisch berechneten Gesamtwerte zusammengestellt. Wenn man diese mit den in Spalte zwei enthaltenen Versuchswerten vergleicht, dann muß man zugeben, daß die Übereinstimmung eine recht befriedigende ist. Im verdünntesten Gebiet überwiegt, wie es sein muß, der osmotische Einfluß. Mit steigender Konzentration verliert er aber neben dem Quellungsdruck an Bedeutung und macht schließlich nur etwa ein Zehntel des letzteren aus. Korrigiert man noch mit Hilfe eines van der Waalsschen Gliedes, dann erhält man die in der Tabelle 21b aufgeführten Werte, die noch bessere Übereinstimmung zeigen.

Tabelle 21a. Nitrocellulose in Aceton, 20° C.

c g/100 ccm Sol	P cm H_2O	p_{osm} $a\,c$	P_Q $b\,c^n$	P_{ber}
0,116	0,62	0,69	0,04	0,73
0,365	2,56	2,19	0,45	2,64
0,833	8,0	5,00	2,44	7,44
1,88	25,4	11,30	13,0	24,3
4,62	105	27,7	81,7	109,4
6,72	210	40,4	176	216
10,63	502	63,9	451	515
14,1	963	84,7	805	890

$a = 6{,}0 \quad b = 3{,}16 \quad n = 2{,}05$

[1] Kolloid-Z. **49**, 60 (1929).
[2] J. chem. Soc. Lond. **105**, 2139 (1914).
[3] C. r. **152**, 1582 (1911).
[4] Proc. roy. Soc. **108**, 627; **109**, 292 (1925); **120**, 573 (1928); usw.

Eine weitere Verfeinerung in der Behandlung etwas konzentrierterer Sole hat W. Haller[1] durchgeführt, indem er die selbständigen Eigenbewegungen der Micelle im Sinne der van't Hoffschen Theorie mitberücksichtigte. Er konnte zeigen, daß zu dem normalen osmotischen Druck, der von der Brownschen Translationsbewegung der suspendierten Teilchen herrührt, noch weitere Komponenten hinzutreten, welche von Schwingungen und Rotationen einzelner Micellteile stammen. Für den gesamten osmotischen Druck ergibt sich dann unter gleichzeitiger Berücksichtigung des Eigenvolumens der Teilchen die Beziehung:

$$p = RT \cdot c' + RTc'^2 \cdot K \quad (33)$$

wobei K eine Konstante darstellt.

Tabelle 21b.

c' g/100 ccm Aceton	P cm H_2O	p_{osm} $a\,c'$	P_Q $b\,c'^n$	P_{ber}
0,116	0,62	0,69	0,05	0,74
0,366	2,56	2,20	0,47	2,67
0,838	8,0	5,03	2,5	7,5
1,90	25,4	11,4	12,6	24,0
4,75	105	28,5	78,9	107,4
7,02	210	42,2	173	215
11,4	502	68,5	455	523
15,5	963	93,0	841	934

c' aus c berechnet mit der Dichte der Nitrocellulose
$d = 1{,}6$ $a = 6{,}0$ $b = 3{,}5$ $n = 2{,}00$

Man sieht leicht, daß man (33) als einen Spezialfall der Ostwaldschen Gleichung (32) auffassen kann, wenn man hier den Exponenten zwischen 1,8 und 2,3 wählt. In der Tat geht aus den Tabellen 21a und b hervor, daß man dem Exponenten diese Größe erteilen muß, um mit dem experimentellen Material in Übereinstimmung zu kommen.

Wenn man aus osmotischen Messungen Molekulargewichte bestimmen will, so ist es an und für sich zweifellos richtiger, die experimentellen Schwierigkeiten eines möglichst verdünnten Systems in Kauf zu nehmen, als sich auf die mehr oder weniger formale Behandlung konzentrierterer Lösungen einzulassen. Immerhin zeigt aber einerseits die kinetische Interpretation der Ostwaldschen Gleichung durch Haller, andererseits ihre gute experimentelle Bestätigung, daß man durch geeignete Zusatzglieder wenigstens formal auch bei konzentrierteren Systemen vernünftige Werte für Teilchengewichte herausrechnen kann.

4. Die Quellung der Cellulose und ihrer Derivate.

a) Einleitung.

Die Vorstufe zur völligen Dispergierung von Cellulosepräparaten ist der Zustand der Quellung. Es ist für die Cellulose und ihre Derivate sowie überhaupt für die hochpolymeren organischen Naturstoffe charakteristisch, daß sie große Mengen Flüssigkeit in sich aufzunehmen vermögen, ohne daß hierbei der feste Zusammenhalt vollständig verloren geht. Eine Mittelstellung zwischen den gequollenen Systemen und den Solen mit Poiseuilleschem Verhalten nehmen die elastischen Sole bzw. die Gele ein; man hat hier einen recht kontinuierlichen Übergang von den Eigenschaften des homogenen Festkörpers zu den Eigenschaften der homogenen Flüssigkeit vor sich. Mit zunehmender Lösungsmittelmenge nähert man sich dem letzteren Zustand, und es ist bereits im Kapitel über das Verhalten der Lösungen näher auseinandergesetzt worden, wie dieses allmähliche Erreichen der idealen Flüssigkeiten verläuft. Hier soll nun das vorliegende Tatsachenmaterial über den anderen Grenzfall nachgetragen werden, nämlich für die Systeme, in welchen die feste Phase im Überschuß vorhanden ist.

[1] l. c. Kolloid-Z. 49.

Bei den Untersuchungen über die Quellung treten besonders zwei Fragestellungen in den Vordergrund, die deswegen zu einer Beantwortung einladen, weil sie eine übersichtliche Einteilung des Gebiets erleichtern und weil sie auch in methodischer und experimenteller Hinsicht beantwortbar sind. Die erste ist eine rein geometrische und wurde besonders von J. R. Katz[1] formuliert und bearbeitet; sie geht danach, ob das eintretende Lösungsmittel intramicellar oder intermicellar eingelagert wird. Aus den optischen Eigenschaften (vgl. Kapitel III) der Cellulosefaser weiß man nämlich, daß die langen Glucoseketten, welche das charakteristische Strukturelement dieser Verbindung bilden, im nativen Zustand zu bündelartigen Micellen zusammengefaßt sind, die ihre Existenz in mancherlei Weise kundtun. Bei der Quellung besteht nun rein geometrisch die Möglichkeit, daß die eintretende Flüssigkeit sich so zwischen die Micelle lagert, daß diese ihren inneren Zusammenhalt nicht verlieren; es ist aber auch denkbar, daß das Quellmittel in die Micelle selbst eintritt, die einzelnen Hauptvalenzketten „solvatisiert" und dadurch den Zusammenhang in einem höheren Maße auflockert als im Falle einer bloß intermicellaren Quellung. Diese Frage läßt sich mit Hilfe der Röntgenanalyse erfolgreich bearbeiten, und es mögen im nächsten Absatz die bis heute vorliegenden Ergebnisse kurz zusammengestellt werden.

Die zweite auf den Quellungsvorgang bezügliche Frage hat mehr energetischen Inhalt: Wird das Eintreten der Flüssigkeit in die feste Phase im wesentlichen durch Kräfte veranlaßt oder ist es ein Entropie-Effekt, wie die Vermischung zweier idealer Gase oder die Diffusion, die Brownsche Bewegung usw. Um diese Alternative richtig zu beurteilen, sind thermodynamische Betrachtungen und Messungen notwendig; sie liegen bis heute nur in sehr mäßiger Zahl vor und werden im Abschnitt 4c mitgeteilt werden.

b) Intra- und intermicellare Quellung.

Die gegebene Methode zur Unterscheidung dieser beiden Fälle ist die Röntgenanalyse[2]; sie hat gelehrt, daß in der Natur beide Möglichkeiten realisiert sind. Die genaue Schilderung der röntgenographischen Erforschung der Cellulosestruktur und die quantitative Auswertung der Diagramme hinsichtlich eines Strukturbildes soll erst im Abschnitt über die Optik der Cellulose erfolgen. Hier sei die Röntgenmethode nur als qualitatives Reagenz dazu benutzt, ob die micellare Gruppierung im Innern des Systems erhalten geblieben ist oder nicht. Zuweilen läßt sich das Urteil hierüber außerordentlich scharf fällen. Die Abb. 57 zeigt z. B. das Diagramm einer trockenen Ramiefaser; es ist das wohlbekannte „klassische" Diagramm der nativen Cellulose, dessen eingehendere Diskussion, wie schon erwähnt, für später aufgespart bleibe. Die Abb. 58 zeigt das Bild derselben Ramie, nachdem sie ausgiebig in Wasser gequollen worden ist. Man erkennt qualitativ keinerlei Veränderungen, und auch bei sorgfältiger Vermessung der einzelnen Punkte läßt sich weder eine Verschiebung der Punktlagen noch eine Beeinflussung der Intensitäten erkennen. Man hat es also hier zweifellos mit einer intermicellaren Quellung zu tun. Die Menge des aufgenommenen Wassers beträgt etwa 20 bis 25%, ist also für charakteristische Quellungsvorgänge nicht sehr erheblich.

Viel merklicher quellen Cellulosefasern in Salzlösungen; über diese Vorgänge liegen eingehende Untersuchungen vor[3]. Es stellte sich heraus, das Chlorzink

[1] Z. B. Erg. exakt. Naturwiss. **3**, 319 (1924); **4**, 154 (1925); ferner der ausführliche Abschnitt über Quellung der Cellulose im Heßschen Buch über die Chemie der Cellulose.

[2] Z. B. J. R. Katz: Kolloidchem. Beih. **9**, 1 (1916); Physik. Z. **25**, 431, 659 (1924); Z. physik. Chem. **115**, 385 (1925).

[3] Z. physik. Chem. **115**, 385 (1925). Heß u. Trogus: Z. physik. Chem. **11**, 381 (1931).

in Lösungen vom spezifischen Gewicht 1,52 und 1,80 keinerlei Veränderung an dem Diagramm hervorruft, selbst dann nicht, wenn die Quellung bei höherer Temperatur (80° C) erfolgt. Auch in konzentrierten Lösungen von Chlorcalcium ließ sich eine Veränderung des Diagramms nicht beobachten. Ebenso lieferte Salpetersäure von 43° Bé und Schwefelsäure von 63° Bé Bilder, die in bezug auf die Ablenkungswinkel der Reflexe keine merkliche Veränderung erkennen lassen. Hingegen zeigte sich hier eine Verschmierung der Interferenzen längs des dazu gehörigen Debye-Scherrer-Kreises, was nur als eine Störung in der Parallelordnung der Krystallite verstanden werden kann. Stärkere Säuren ließen sich nicht verwenden, denn in ihnen erfolgt zu rasch völlige Auflösung der Cellulose.

In allen bisher beschriebenen Fällen, denen sich noch eine Reihe anderer an die Seite stellen ließen, erfolgt die Quellung rein intermicellar. Die Flüssigkeit tritt in die Hohlräume zwischen die länglichen Micelle ein und lockert ihren mechanischen Zusammenhalt. Dabei geht von dem Röntgenogramm, welches

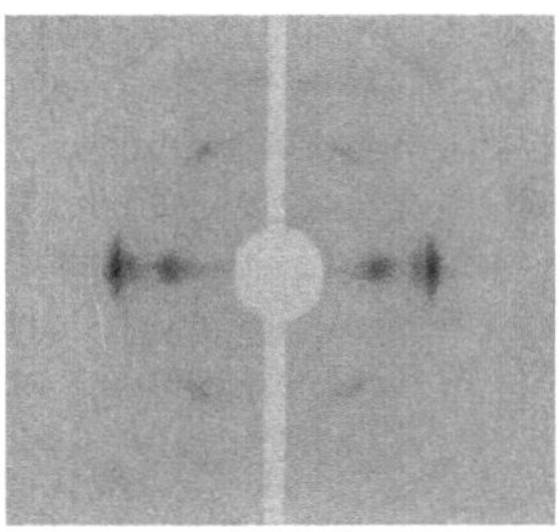

Abb. 57. Diagramm eines trockenen Ramiefadens.

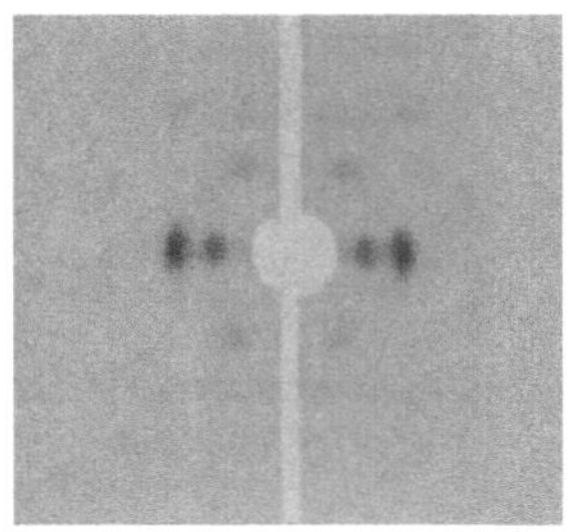

Abb. 58. Diagramm eines im Wasser gequollenen Ramiefadens.

auf dem Interferenzeffekt der einzelnen Micelle in sich beruht, nichts verloren; die einzelnen Reflexe behalten ihren Ablenkungswinkel, ihre Intensität und ihre Schärfe bei. Wohl aber muß man darauf gefaßt sein, daß bei diesem mehr oder weniger kräftigen Eindringen des Quellmittels in die intermicellaren Hohlräume unter Umständen eine Desorientierung der Micelle eintreten kann, die sich auch in der Tat in manchen Fällen in den Diagrammen als Verschmierung der Reflexe längs der Debye-Scherrer-Kreise zu erkennen gibt. Häufig gelingt es, durch Strecken oder Spannen des Präparates während des Quellungsvorganges einen solchen Verlust der Regelung zu verhindern oder wenigstens herabzusetzen.

Bei der intramicellaren Quellung sind im Prinzip zwei Möglichkeiten zu unterscheiden:

1. Das Quellmittel tritt stöchiometrisch in das Micellinnere ein, und es bilden sich in bestimmten Mol-Verhältnissen Hydrate oder Solvate der Glucoseketten, also Anlagerungs- oder Komplexverbindungen zwischen den Flüssigkeitsmolekülen und den Glucose- oder den substituierten Glucoseresten der Hauptvalenzketten. Wenn dies der Fall ist, dann hat man zu erwarten, daß das Diagramm der nativen Cellulose verschwindet und ein neues „scharfes" Röntgenbild auftritt, welches der Anlagerungsverbindung entspricht. Solche Fälle kennt man.

Wenn man z. B. Salpetersäure auf native Cellulose einwirken läßt[1], dann

[1] Heß u. Katz: Z. physik. Chem. **122**, 126 (1926). Andreß, R. K.: Z. physik. Chem. **136**, 279 (1928).

erhält man eine Anlagerungsverbindung, deren Diagramm in Abb. 59 wiedergegeben ist. Man sieht, daß hier eine neue krystallisierte Phase vorliegt, deren Röntgenogramm von dem der Cellulose ganz deutlich verschieden ist. Auf ähnliche Verhältnisse trifft man bei der Einwirkung von Überchlorsäure[1]. Thermodynamisch sind für „Quellungen" dieser Art die beiden folgenden Fälle möglich:

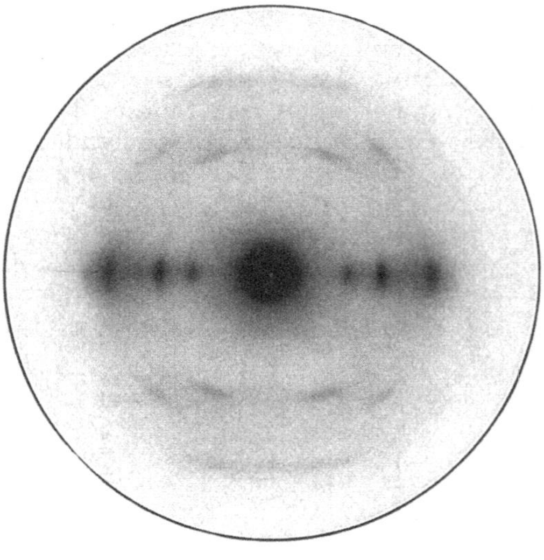

Abb. 59. Röntgendiagramm der „Knecht"schen Verbindung.

a) Die neue krystallisierte Phase, d. h. die Anlagerungsverbindung bildet mit der nativen Cellulose keine Mischkrystalle, dann hat man zwei Komponenten — die Cellulose und das Quellungsmittel — und drei Phasen, eine flüssige und zwei feste, d. h. das System besitzt einen Freiheitsgrad. Legt man ihn fest, d. h. arbeitet man z. B. bei bestimmter Temperatur, dann ist durch die Konzentration des Quellmittels eindeutig vorgeschrieben, ob native Cellulose oder das Einlagerungsprodukt vorliegt. Beide nebeneinander sind nur bei einer bestimmten Konzentration existenzfähig.

b) Wenn die beiden festen Phasen miteinander Mischkrystalle bilden, dann liegen zwei Freiheitsgrade vor, und man erhält eine dem Massenwirkungsgesetz entsprechende Beziehung für die Abhängigkeit des Mengenverhältnisses der beiden festen Phasen von der Konzentration des Quellmittels.

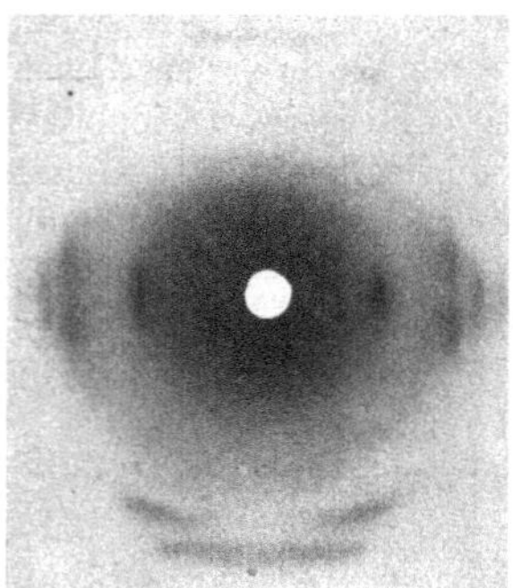

Abb. 60a. Diagramm eines trockenen Cellulosetrinitrats.

Bei den echten chemischen Umsetzungen werden solche Verhältnisse noch eingehender zu besprechen sein; sie gelten aber natürlich auch für die hier betrachteten Einlagerungsverbindungen. Experimentelle Untersuchungen, ob bei der Einwirkung von Salpetersäure und Überchlorsäure der Fall a) oder der Fall b) vorliegt, sind bisher nicht bekannt geworden. Die bisherige allgemeine Erfahrung über die Bildung von Mischkrystallen spricht aber dafür, daß eine Isomorphie zwischen der nativen Cellulose und den beiden Anlagerungsverbindungen mit Salpetersäure und Überchlorsäure nicht vorkommt; denn für die isomorphe Vertretbarkeit sind die sterischen Verhältnisse in den beiden Verbindungstypen zu verschieden. Ein genaueres experimentelles Studium dieser Frage ist aber leicht realisierbar und wäre wohl im Hinblick auf das allgemeine reaktionschemische Verhalten der Cellulose nicht uninteressant.

2. Das Quellmittel kann aber auch ganz unregelmäßig in das Micellinnere treten und sich an die einzelnen Glucosereste der Hauptvalenzketten ohne

[1] Andreß, R. K., und L. Reinhard: Z. physik. Chem. **A 151**, 425 (1930).

stöchiometrische Gesetzmäßigkeit anlagern. Hierdurch wird der Zusammenhalt dieser Ketten untereinander stark aufgelockert, und die im Röntgendiagramm sich äußernden gittermäßigen Abstände zwischen den einzelnen Glucosegruppen können hierbei verloren gehen. In solchen Fällen hat man zu erwarten, daß das Diagramm der nativen Cellulose oder des entsprechenden Cellulosederivates einfach in dem Sinne verschwindet, daß die Interferenzflecke im Laufe des Quellungsvorganges an Intensität abnehmen und außerdem immer verwaschener werden.

Dies beobachtet man zum Beispiel, wenn man Nitrocellulose in einem Gemisch von Äther und Alkohol quellen läßt. Die Abb. 60a zeigt das sehr gut ausgebildete Diagramm des reinen Cellulosetrinitrats. Die Abb. 60b läßt erkennen, daß es praktisch völlig verschwindet, wenn man die Fasern in einem Gemisch von Äther und Alkohol aufquellen läßt. Dasselbe ist bei der Quellung der meisten Celluloseester und -äther in ihren typischen Quellungs- und Lösungsmitteln der Fall. Diese Art der intramicellaren Quellung ist die Vorstufe für den Lösungsvorgang, während die erstgenannte als Vorstufe für eine chemische Umsetzung der Cellulose angesehen werden kann.

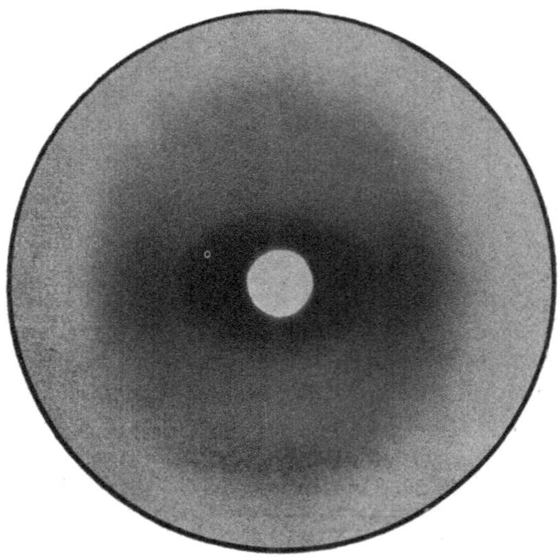

Abb. 60b. Diagramm des gequollenen Trinitrats.

Zusammenfassend läßt sich gegenwärtig die Frage nach dem geometrischen Eintreten des Quellmittels etwa so beantworten: Man kennt sowohl inter- als intramicellare Vorgänge. Native und Hydratcellulose quellen in Wasser, gewissen Salzlösungen, schwachen Alkalien und schwachen Säuren intermicellar; das Röntgenogramm bleibt in bezug auf alle seine Eigenschaften erhalten. Gelegentlich beobachtet man eine mäßige Desorientierung der Micelle. Von der intramicellaren Quellung gibt es zwei Typen: die gesetzmäßige Einlagerung des Quellmittels ist bis jetzt am sichersten bei Salpetersäure und Überchlorsäure nachgewiesen worden; auch bei der Einwirkung von Alkalien hat man Andeutungen für das Vorliegen solcher Anlagerungsverbindungen. Die ungeordnete intramicellare Quellung ist ein sehr häufiger Vorgang und tritt bei fast allen Celluloseestern und -äthern sowie bei der nativen Cellulose unter Anwendung konzentrierter Lithiumjodid-, Kaliumjodid- und Kaliumquecksilberjodid-Lösungen ein.

c) Die Thermodynamik der Quellungsvorgänge an Cellulosederivaten.

Die einfachste Methode zur quantitativen Verfolgung der Quellungserscheinungen ist die Aufnahme einer Quellungsisotherme; die Abb. 61 zeigt als Beispiel die Quellungsisotherme von Baumwolle in Wasser. Auf der Abszisse ist der Dampfdruck des Quellungsmittels, auf der Ordinate die von dem Faserstrang aufgenommene Flüssigkeitsmenge abgetragen. Die relative Dampfspannung des gequollenen Körpers hängt mit der Änderung der freien Energie bei der Quellung gemäß

$$\Delta f = - RT \ln \frac{p}{p_0} \qquad (34)$$

zusammen und gestattet auf diese Weise deren Bestimmung. Die verläßlichsten Messungen über die Quellung von Cellulosederivaten stammen von Berl und Andreß[1] sowie von Hoffmann[2], der auch bei verschiedenen Temperaturen gearbeitet hat.

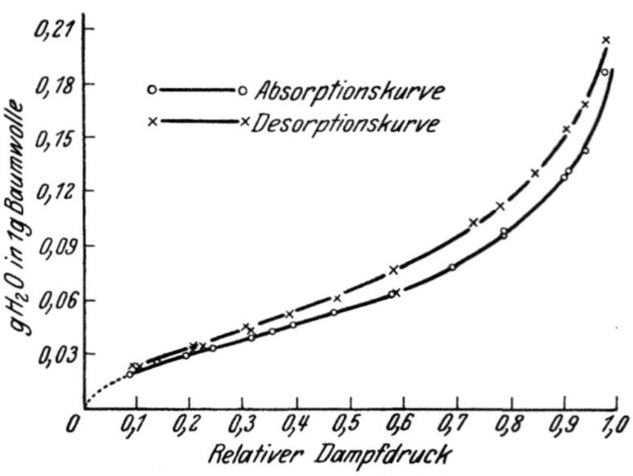

Abb. 61. Hysteresis bei der Quellung von Baumwolle.

Meist ergeben sich beim Einstellen der Gleichgewichte starke Hysteresiserscheinungen, d. h. die Entquellungskurven liegen im allgemeinen höher als die Quellungskurven. Leider liegen nur wenige Messungen vor, bei denen die Einstellung des Gleichgewichtes von beiden Seiten angestrebt worden ist. Die genaue Prüfung der thermodynamischen Zusammenhänge zwischen Quellungswärme und Isotherme wäre dann weit sicherer möglich.

Die Abb. 61 zeigt, wie stark Hysteresiserscheinungen die Quellungsisotherme zu fälschen vermögen. Von Wichtigkeit ist ferner die Tatsache, daß die Vorbehandlung der Cellulose oder ihrer Derivate häufig auf die Quellungsgeschwindigkeit und daher auf das praktisch erreichbare Gleichgewicht von ausschlaggebendem Einfluß ist. So nimmt zum Beispiel die Quellung in gleichen Zeiten geringere Maße an, wenn man vorher die Präparate einer scharfen Trocknung ausgesetzt hat. Berücksichtigt man aber derartige Fehlermöglichkeiten, dann erhält man bei sorgfältigem Arbeiten reproduzierbare Quellungsisothermen, die eine charakteristische S-förmige Gestalt zeigen. Die Abb. 62 gibt die Quellungsisotherme von Baumwollfasern in Wasser wieder. Es ist auf der Abszisse die relative Dampftension des Wassers, auf der Ordinate der dazugehörige Quellungsgrad aufgetragen. Man sieht, daß zunächst — bei Beginn des ganzen Vorganges — die Quellung bei geringer Wasserdampfspannung steil einsetzt, später eine Zeitlang einen linearen Charakter zeigt und schließlich im Quellungsmaximum wieder rascher ansteigt. Gemäß der Beziehung (34) läßt sich aus den Gleichgewichts-

Tabelle 22. Quellung von Cellulose in Wasser.

Relative Dampfspannung in %	Von 1 g Substanz aufgenommene Flüssigkeitsmenge in g	Abnahme der freien Energie in cal
4,8	0,0195	44
20,7	0,0315	21
42,0	0,0410	

Tabelle 23a. Gesamte Wärmeentwicklung bei der maximalen Quellung von 1 g trockener Substanz.

Substanz	Quellmittel	Wärmetönung in cal
Casein	Wasser	25,4
Nuclein	„	23,4
Inulin	„	21,8
Holzfaser	„	16,9
Cellulose	„	10,7
Acetylcellulose. . .	Trichloräthylen	11,4
Acetylcellulose. . .	Benzylchlorid	8,1
Acetylcellulose. . .	Benzylalkohol	8,2
Nitrocellulose . . .	Ameisensäure	6,8
Nitrocellulose . . .	Äthylalkohol	5,5

[1] Z. ang. Chem. 34, 369, 377 (1921). [2] Hoffmann, A.: Diss. Berlin 1925.

werten der Wasserdampfspannung die Änderung der freien Energie des Quellungsvorganges berechnen, wenn man Messungen bei verschiedenen Temperaturen vor sich hat. Für die Cellulose erhält man auf diese Weise bei verschiedenen Quellungsgraden die in der Spalte 3 der Tabelle 22 aufgezeichneten Werte. Andererseits kann man die Wärmetönung, d. h. die Änderung der Gesamtenergie bei der Quellung direkt calorimetrisch messen.

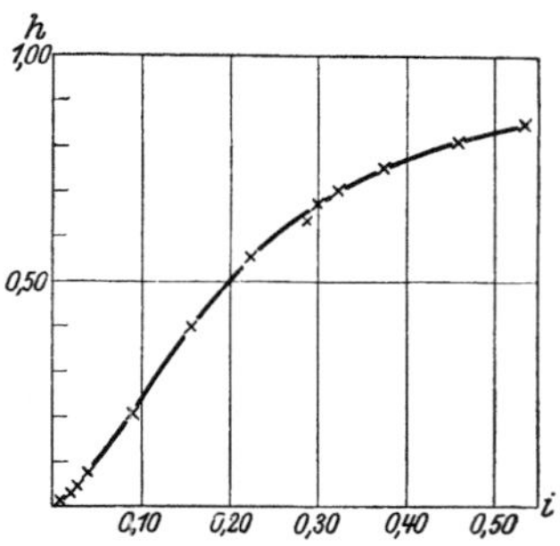

Abb. 62. Quellungsisotherme der Baumwolle in Wasser.

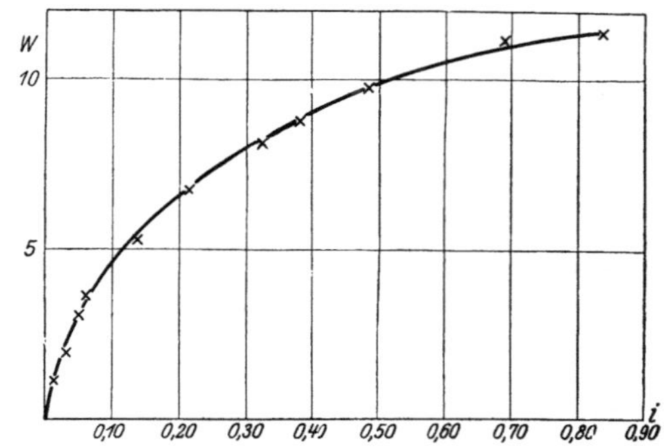

Abb. 63. Quellungswärme von Acetylcellulose in Trichloräthylen.

Dies ist von Hoffmann[1] durchgeführt worden, der insbesondere die Quellungswärme von Acetylcellulose in Trichloräthylen, Benzylchlorid und Benzylalkohol, sowie von Nitrocellulose in Ameisensäure und in absolutem Alkohol bestimmte. Er konnte überall positive Quellungswärmen feststellen. Die Abb. 63 zeigt die Quellungswärme von Acetylcellulose in Trichloräthylen als Funktion des Quellungsgrades. Man sieht, daß im Anfang eine ziemlich erhebliche differentielle Wärmetönung zu beobachten ist, die mit steigendem Quellungsgrad gegen Null konvergiert. Im Anfang sind also offenbar recht merkliche Attraktionskräfte tätig, um das Lösungsmittel in den quellenden Körper hineinzuziehen. Die gesamte Wärmeentwicklung bei der maximalen Quellung von 1 Gramm trockener Substanz sind für eine Reihe wichtiger Präparate in der Tabelle 23a verzeichnet; die Tabelle 23b enthält die Anfangstangente der entsprechenden Wärmetönungskurven, d. h. die Quellungswärmen im Anfang des Prozesses, bezogen auf 1 Gramm trockene Substanz. Vergleicht man diese „ersten Quellungswärmen" mit der Änderung der freien Energie bei der Quellung, so findet man, daß sie von derselben Größenordnung sind. In der Tabelle 23c sind einige Zahlen zum Beleg dieser Behauptung angegeben.

Tabelle 23b. Differentielle (erste) Quellungswärmen einiger Substanzen.

Substanz	Quellmittel	Erste differentielle Quellungswärme in cal
Casein	Wasser	265
Nuclein	„	310
Cellulose	„	390
Inulin	„	420
Acetylcellulose	Trichloräthylen	108
Acetylcellulose	Benzylchlorid	76
Acetylcellulose	Benzylalkohol	69
Nitrocellulose	Ameisensäure	60
Nitrocellulose	abs. Äthylalkohol	87

Man kann hieraus den Schluß ziehen, daß der Quellungsvorgang seine Hauptursache in anziehenden Kräften hat und nur zum Teil durch das Diffusionsbestreben der Lösungsmittelmoleküle bewirkt wird. Rechnet man aus den Hoff-

[1] Dissertation. Berlin 1925.

mannschen Messungen die anfänglichen Quellungswärmen je Mol Lösungsmittel, so erhält man die in der Tabelle 23d aufgeführten Zahlen. Man sieht, daß die ersten Quellungswärmen, d. h. diejenigen Energiebeträge, durch welche die ersten eintretenden Flüssigkeitsmengen gebunden werden, von der Größenordnung von Verdampfungswärmen sind. Zwischen den einzelnen Bausteinen der Cellulose, den Glucoseresten oder den substituierten Glucoseresten und den Lösungsmittelmolekülen findet daher im Anfang eine erhebliche energetische Wechselwirkung statt, die zur Folge hat, daß die ersten Anteile der Flüssigkeit recht stark gebunden werden. Aus den Kurven vom Typus der Abb. 63 läßt sich leicht berechnen, wie im Laufe der Quellung die Festigkeit dieser Bindung absinkt. Bei einem Quellungsgrad von 0,5 errechnet sich zum Beispiel für die Quellung von Acetylcellulose in Trichloräthylen eine differentielle Quellungswärme von 2500 cal. Bei diesem Quellungsgrad kommen auf einen acetylierten Glucoserest etwa 2 Moleküle Trichloräthylen. Ganz wenige von ihnen sind sehr fest gebunden, nämlich mit etwa 13000 cal, dann sinkt die Bindungsenergie langsam ab und die Solvathülle geht allmählich in die freie Flüssigkeit über.

Tabelle 23c. Nach J. R. Katz[1].

Abnahme der freien Energie in cal	Gesamte Wärmetönung in cal
17	12
31	23
20,5	15

Tabelle 23d.
Erste Quellungswärmen je Mol Quellmittel.

Substanz	Quellmittel	Affinität pro Mol Quellmittel
Acetylcellulose. . .	Trichloräthylen	~ 13000
Acetylcellulose. . .	Benzylchlorid	~ 6000
Nitrocellulose . . .	Äthylalkohol	~ 1800

Insgesamt zeigen die bisher vorliegenden, sehr spärlichen quantitativen Messungen über die Thermodynamik der Quellungserscheinungen von Cellulose und Cellulosederivaten, daß das Zustandekommen dieses Phänomens im Anfang wohl im wesentlichen durch Kräfte und nur teilweise durch einen Entropieeffekt bedingt ist. Erst beim Quellungsmaximum, wenn die aktiveren Stellen des Präparates bereits abgesättigt sind, tritt immer mehr der reine Diffusionseffekt hervor.

Über spezielle Quellungserscheinungen der einzelnen Cellulosederivate wird im zweiten Teil (Chemie der Cellulose) noch eingehender berichtet werden.

5. Die Spreitung von Cellulose und ihren Derivaten auf Flüssigkeitsoberflächen.

In den letzten beiden Jahren ist diese von Langmuir[2] und Adam[3] ursprünglich zur Untersuchung von kettenförmigen, niedrig molekularen Substanzen (Fettsäuren usw.) verwendete Methode auch auf Cellulose und ihre Derivate übertragen worden; sie besteht im Prinzip darin, daß man zum Beispiel Stearinsäure oder Ölsäure aus benzolischer oder alkoholischer Lösung auf Wasser in einem dünnen Film ausbreiten kann, der sich mit Hilfe der bekannten Langmuirschen Oberflächenwaage komprimieren läßt. Es stellt sich nun heraus, daß diese Kompression im Anfang (expandierter Film) unter Anwendung sehr ge-

[1] Ergebnisse der exakten Naturwissenschaften 4, 207.
[2] J. amer. chem. Soc. 39, 1848 (1917).
[3] J. physic. Chem. 29, 87 (1925); ferner Harkins: J. amer. chem. Soc. 39, 354 (1917). Marcelin: Ann. Physique 1, 19 (1914); 4, 459 (1925). Vgl. auch H. Devaux; z. B. Kolloid-Z. 58, 129 (1932).

ringer Drucke vor sich geht, bis plötzlich ein ziemlich scharfer Druckanstieg zu beobachten ist. Die Abb. 64 zeigt schematisch, wie die graphische Wiedergabe einer solchen Messung aussieht. Zunächst verändert sich beim Komprimieren des Films ähnlich wie bei der isothermen Kompression eines Gases der Druck nur wenig, dann gelangt man plötzlich an einen Punkt, wo der Film sehr widerstandsfähig wird, ähnlich wie die van der Waalssche Isotherme die Verflüssigung eines dreidimensionalen Gases dadurch anzeigt, daß sie plötzlich sehr steil ansteigt. Wenn der Knickpunkt zwischen dem flachen und steilen Stück der Kompressionskurve scharf ist — wie z. B. in der Abb. 64 —, dann läßt sich die Oberfläche des kondensierten Films ziemlich genau berechnen. Da man die auf die Oberfläche ausgebreitete Menge gewichtsmäßig kennt, kann man hieraus auf die Dicke der ausgebreiteten Schicht rückschließen. Dabei ist natürlich die stillschweigende Voraussetzung gemacht, daß es sich um einen homogenen monomolekularen Film handelt. Versuche, die von verschiedenen Seiten[1] und in letzter Zeit besonders von Katz und Samwel ausgeführt worden sind, zeigen, daß sich auch Cellulosederivate in geeigneter Weise auf Wasser spreiten lassen. Die Abb. 65 zeigt eine Reihe von Kompressionskurven an verschiedenen Cellulosederivaten, aus denen hervorgeht, daß der Kompressionsanstieg in der Tat ein deutliches „steiles“ Stück zeigt. Allerdings ist bei einigen dieser Kurven zu erkennen, daß der Übergang aus dem flachen in das steile Stück der Kompressionskurve ziemlich allmählich erfolgt, so daß eine exakte Feststellung der für den kondensierten Film charakteristischen Oberfläche nicht möglich ist; wohl aber läßt sich diese Feststellung aus den Kompressionskurven größenordnungsmäßig treffen, so daß die Zahlen, die für die Cellulosederivate in der Tabelle 24 angegeben sind, der Größenordnung nach sicher das Richtige treffen, wenn die Voraussetzung eines homogenen monomolekularen Films erfüllt ist.

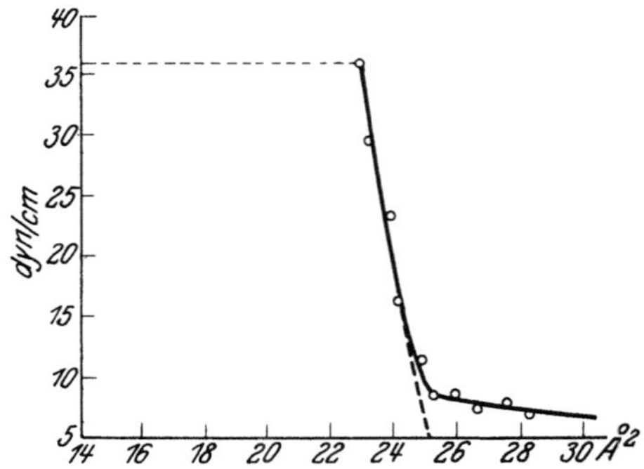

Abb. 64. Kompressionskurve eines monomolekularen Films.

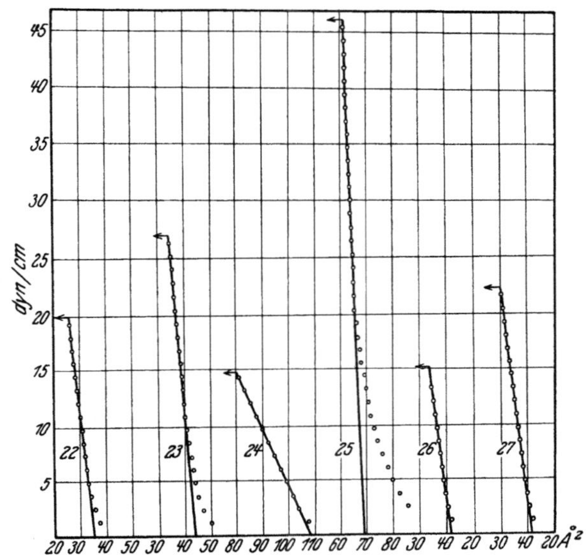

Abb. 65. Kompressionskurven einiger Cellulosederivate nach Katz und Samwel.

Es war von großer Bedeutung, daß es Zocher und Stiebel[2] gelang, diese

[1] Gorter u. Grendel: Biochem. Z. **192**, 431 (1928). Taylor, Wilson: Ann. Physik [10] **1**, 134 (1924). Katz u. Samwel: Naturwiss. **16**, 592 (1928). A. **472**, 241; **474**, 296 (1929).
[2] Naturwiss. **17**, 672 (1929). Z. physik. Chem. **147**, 401 (1930).

Tabelle 24. Schichtdicken gespreiteter Filme nach Katz und Samwel.

Nr.	Substanz	Anzahl substit. OH-Gruppen pro $C_6H_{10}O_5$	Angenommenes spez. Gewicht	Lösungsmittel	Oberfläche in Å^2 pro veresterte $C_6H_{10}O_5$	Dicke in Å
1	Äthylcellulose, mittelviscos (Gemisch von hoch- u. niedrigviscos)	2,5	1,14	Benzol	63,5	5,3
2	Äthylcellulose, hochviscos	2,5	1,14	„	60	5,5$_5$
3	Äthylcellulose, niedrigviscos . . .	2,5	1,14	„	64	5,3
4	Äthylcellulose, ohne Angabe der Viscosität	2,5	1,14	„	65	5,2
5	Äthylcellulose, krystallisiert (Heß)	3,0	1,13	„	66	5,4$_5$
6	dto.	3,0	1,13	Chloroform	65	5,5
7	dto.	3,0	1,13	Benzol	67	5,4
8	Methylcellulose aus alkalilöslicher Cellulose	3,0	1,34	Chloroform	61	4,1
9	Methylcellulose aus Hydrocellulose (Heß)	3,0	1,34	„	60	4,2
10	Methylcellulose in Faserform, wasserunlöslicher Teil (Heß)	3,0	1,34	„	59	4,3
11	Methylcellulose, krystallisiert (Heß), wasserlöslich	3,0	1,34	„	59	4,3
12	dto.	3,0	1,34	„	60$_5$	4,1$_5$
13	Triacetylcellulose, hochviscos . .	2,9	1,42	Methylenchlorid mit 10% Alkohol	40$_5$	8,2$_5$
14	Triacetylcellulose, mittelviscos . .	2,9	1,42	„	40	8,3
15	Triacetylcellulose mit $ZnCl_2$ hergestellt	2,9	1,42	„	40$_5$	8,2$_5$
16	Triacetylcellulose, krystallisiert (Heß).	3,0	1,42	Chloroform	37$_5$	8,9
17	dto.	3,0	1,42	„	39$_5$	8,4$_5$
18	Diacetylcellulose	2,25	1,35	Chloroform mit 10% Alkohol	37	8,5
19	Diacetylcellulose	2,25	1,35	„	36	8,7
20	Diacetylcellulose, sehr niedrig viscos.	2,25	1,35	„	36$_5$	8,6
21	Diacetylcellulose, krystallisiert (Heß) als Film	2,3	1,37	„	34$_5$	8,9
22	Diacetylcellulose, krystallisiert (Heß)	2,3	1,37	„	35	8,8

Voraussetzung direkt experimentell dadurch zu prüfen, daß sie während der Kompression die Oberfläche im Dunkelfeld ultramikroskop beobachteten. Bleibt das Gesichtsfeld optisch leer, so ist dies ein Hinweis auf einen homogenen monomolekularen Film. Bei den allermeisten aliphatischen Fettsäuren und ihren Derivaten ließ sich ein solches Verhalten einwandfrei feststellen; bei den Cellulosederivaten jedoch zeigten sich gelegentlich Abweichungen.

In der Tat sind auch die Angaben über die Ausbreitungsfähigkeit von Cellulosederivaten aus ihren Lösungen auf Flüssigkeitsoberflächen recht widerstreitend. Keenan[1] ist der Meinung, daß man Cellulose auf Wasser im allgemeinen nicht homogen ausbreiten könne, daß es jedoch auf Quecksilberoberflächen besser gelinge. Katz und Samwel fanden die bereits in der Tabelle 24 zusammengestellten Zahlen, aus denen sie ganz allgemein eine vorzügliche Spreitfähigkeit für zahlreiche Cellulosederivate ableiteten. Barton und Hunt[2] konnten jedoch Celluloid aus Amylacetat auf Wasser nur zu Filmen bis zu

[1] Kolloid-Z. **47**, 289 (1929). [2] Nature **114**, 861 (1924).

30 Å Dicke ausbreiten. Wilson Taylor[1] gelang dies auf Wasser überhaupt nicht, sondern nur auf Quecksilber.

Die ultramikroskopische Beobachtung gestattete die Verhältnisse klarzustellen. Zocher und Stiebel halten nach ihren Versuchen derart widersprechende Resultate für sehr wohl möglich, denn bei keiner Substanz kommt es mehr auf das Präparat an, welches gespreitet werden soll, als bei der Cellulose und ihren Derivaten. Es ergab sich, daß unter sonst ganz gleichen Versuchsbedingungen gewisse Celluloseacetate keine homogenen Filme bildeten, sondern nur ein unübersichtliches Netz von Schollen und Blättchen. Andere Acetate wieder lieferten absolut homogene Filme, die in ihren Eigenschaften mit den von Katz beschriebenen durchaus übereinstimmten. So konnten vier fasrige Triacetylcellulosen, die von Heß aus Linters, Ramie und mercerisierter Ramie hergestellt worden waren, ohne Schwierigkeiten vermessen werden. Die erhaltenen Filmstärken sind in der Tabelle 25 zusammengestellt. Die Zahlen stimmen unter sich und mit denen der Tabelle 24 sehr gut überein. Es ist von großem Interesse, daß die Röntgenogramme dieser vier Triacetate voneinander durchaus verschieden sind und daß auch die Viscositäten der Lösungen sehr erheblich voneinander abweichen. Die Filme waren homogen und optisch einwandfrei. Eine Trimethylcellulose lieferte Filmdicken von etwa 4 bis 5 Å. Auch hier ergab die ultramikroskopische Beobachtung einwandfreie Verhältnisse. Andererseits fanden Zocher und Stiebel, daß zwei technische Acetate aus Aceton, homogene, optisch einwandfreie Filme von 50 bis 60 Å Dicke lieferten.

Tabelle 25.

Präparat	Dicke des Films in Å
1	8,1
2	8,9
3	7,9
4	8,8

Man sieht also, daß die Ergebnisse der Spreitungsmethode sehr vom Präparat abhängen, selbst wenn optisch einwandfreie Filme vorhanden sind. In zahlreichen Fällen zeigen die geringen Filmdicken, daß bei diesen Spreitungsversuchen die Cellulosemicelle weitgehend in die einzelnen Hauptvalenzketten zerteilt sind, denn die Dicke von 8 Å entspricht höchstens zwei übereinander liegenden glucosidischen Hauptvalenzketten. Bei denjenigen Präparaten, welche trotz optischer Homogenität dicke Filme liefern, scheint diese Aufteilung noch nicht eingetreten zu sein. Vielleicht hat es sich hierbei um besonders geschonte Produkte gehandelt, in denen die ursprüngliche Kettenlänge der nativen Cellulose erhalten geblieben ist. Hierdurch wird — wegen des additiven Verhaltens der Mol-Kohäsion — der innermicellare Zusammenhang gefestigt und ein Aufteilen der Micelle beim Spreitungsvorgang eher hintangehalten. Es wäre zur Klärung der noch immer nicht ganz durchsichtigen Verhältnisse von großem Interesse, wenn einmal systematisch untersucht würde, ob man auch von ganz schonend hergestellten Cellulosederivaten Filme von wenigen Angström Dicke erhalten kann.

Versuche an Nitrocellulose scheinen darauf hinzuweisen, daß dies nicht gelingt. Zwei verschiedene Präparate dieser Substanz wurden von Zocher und Stiebel als ein Netz von Schollen befunden; die bei der Spreitung erhaltenen Zahlen konnten daher nicht für eine Dickenberechnung ausgewertet werden. Andere Celluloidfilme aus Amylacetat erwiesen sich als optisch homogen und lieferten einwandfreie Kompressionskurven; ihre Dicke beträgt aber etwa 30 Å, was wiederum auf ein nicht vollkommenes Aufteilen der Micelle hindeutet.

Insgesamt muß man hier wie bei allen anderen Versuchen, die der Frage gewidmet sind, ob in den Lösungen der Cellulose und ihrer Derivate isolierte Faden-

[1] J. Sc. Instr. **3**, 400 (1926).

moleküle oder kompakte Micelle anwesend sind[1], feststellen, daß das Verhalten sicher kein einheitliches ist. Je länger die Hauptvalenzketten und je höher die Mol-Kohäsion, um so stärker ist der micellare Charakter hervortretend. Je mehr abgebaut die Präparate und je geringer die Wechselwirkung zwischen den Ketten, um so deutlicher machen sich isolierte Makromoleküle bemerkbar. Auch von der Konzentration, von der Temperatur und von dem Lösungsmittel hängt das Verhalten in hohem Maße ab. Alle Erscheinungen — Viscosität, osmotisches Verhalten, Spreitung, Diffusion usw. — deuten daraufhin, daß in sehr verdünnten Lösungen und bei nicht ganz geschonten Präparaten eine weitgehende Aufteilung in einzelne Hauptvalenzketten anzunehmen ist, während mit zunehmender Konzentration und zunehmender Kettenlänge die Tendenz zur Micellbildung immer stärker hervortritt.

Die gesamte Erfahrung zeigt, daß es nicht zweckmäßig ist, die beiden Erscheinungsformen einander als prinzipielle Extremfälle schroff gegenüberzustellen und entweder die eine oder die andere zu akzeptieren[2]. Man muß vielmehr darauf gefaßt sein, alle Übergänge anzutreffen, und das Hauptinteresse sollte sich wohl darauf richten, Methoden auszubilden, die in einem gegebenen Fall festzustellen gestatten, in welchem Maße freie Ketten und in welchem Maße Aggregate aus ihnen vorliegen.

6. Die Diffusion in den Lösungen der Cellulose und ihrer Derivate.

Quantitative Diffusionsversuche über Celluloselösungen liegen nur wenige vor. Bekanntlich kann man rein statistisch die Konzentration einer bestimmten diffundierenden Substanz als Funktion des Ortes und der Zeit berechnen, wenn gewisse Voraussetzungen erfüllt sind. Nimmt man nämlich an, daß die diffundierenden Teilchen keinerlei Kraftwirkungen vom Lösungsmittel erfahren, daß sie sich untereinander nicht bei ihren Bewegungen stören und daß sie klein gegen die Dimensionen der Apparatur sind, dann erhält man bei einem eindimensionalen Diffusionsvorgang für die Wahrscheinlichkeit zur Zeit t in der Schicht zwischen x und $x + dx$ ein Teilchen anzutreffen, wenn der beobachtete Prozeß zur Zeit

$$t = 0$$

in einer Ebene

$$x = 0$$

begonnen hat, den Ausdruck

$$d W = \frac{1}{\sqrt{\pi D t}} e^{-\frac{x^2}{4 D t}} d x \tag{35}$$

D = Diffusionskoeffizient.

Wenn man nun die Lösung eines Cellulosederivates mit dem reinen Lösungsmittel überschichtet und nach längerer Zeit — meist sind mehrere Wochen bis einige Monate erforderlich — die Konzentration in den verschiedenen Schichten bestimmt, hat man die Möglichkeit, den Diffusionskoeffizienten D aus der Beziehung (35) zu errechnen, in der ja die übrigen Größen t, x und $d W$ alle experimentell bestimmbar sind.

---

[1] Vgl. hierzu H. Staudinger: Kolloid-Z. **53**, 19 (1930). K. H. Meyer: Kolloid-Z. **53**, 8 (1930); ferner zusammenfassend: Aufbau der hochpolymeren Naturstoffe. AVG. **1930**, 184ff.
[2] Z. B. Kolloid-Z. **53**, 19 (1930).

Fügt man zu den bereits aufgezählten Annahmen noch hinzu, daß die diffundierenden Teilchen Kugelgestalt oder wenigstens annähernd Kugelgestalt besitzen, so läßt sich aus dem Diffusionskoeffizienten nach der Stockes-Einsteinschen Formel

$$D = \frac{RT}{N} \cdot \frac{1}{6\,\pi\,\eta\,\varrho} \tag{36}$$

η = Viscositätskoeffizient des reinen Lösungsmittels

der mittlere Teilchenradius ϱ angeben. Diesen Weg haben zuerst Herzog und Krüger[1] benutzt, um durch Diffusionsversuche an Kupferoxydamminlösungen von Cellulose eine Teilchengrößenbestimmung durchzuführen. Der Diffusionskoeffizient wurde nach der Oeholmschen Methode aus der Konzentrationsänderung im Laufe von 4 bis 5 Wochen bestimmt. Die Tabelle 26 zeigt einen Teil der erhaltenen Ergebnisse. Es wurden mehrere Baumwollen, Alkalicellulose sowie aus Kupferlösung regenerierte Cellulose untersucht. Die in der Spalte 2 aufgeführten Diffusionskoeffizienten stimmen innerhalb der Versuchsfelder überein. Aus ihnen berechnet sich unter Annahme kugelförmiger Teilchen ein Durchmesser von etwa 100 Å. Es wurde geprüft, ob die Verteilung in den einzelnen Schichten der Gleichung (35) entspricht; dies hat sich gut bestätigt.

Tabelle 26.

Material	D in cm je Tag	ϱ in Å
Baumwolle 1	0,022	52
Baumwolle 2	0,022	50
Baumwolle 3	0,019	47
Baumwolle 4	0,022	50
Baumwolle 5	0,021	53
Alkalicellulose	0,022	50
Aus Kupferlösung regenerierte Cellulose	0,021	53

Weitere Versuche wurden nach derselben Methode an Nitrocelluloselösungen in Aceton und Methyläthylketon durchgeführt. Für den Diffusionskoeffizienten ergaben sich hierbei Werte zwischen 0,015 und 0,021. Es berechnete sich wieder ein Durchmesser von etwa 100 Å für die kugelförmig angenommenen Teilchen.

Die bei diesen Messungen erhaltenen Teilchenradien würden darauf hindeuten, daß in ihnen der micellare Charakter des Ausgangspräparates noch recht weitgehend erhalten geblieben ist, denn die aus den Diffusionskoeffizienten gefundenen Teilchengrößen stimmen im wesentlichen mit den aus der Untersuchung des festen Zustandes erhaltenen überein. Um aber die Verläßlichkeit dieser Übereinstimmung und die hieraus zu ziehenden Folgerungen zu prüfen, ist es notwendig, noch einmal auf die Voraussetzungen für die benutzte Rechenweise einzugehen und zu sehen, ob sie auch wirklich erfüllt waren.

Besonders wesentlich ist dabei die Frage, ob die einzelnen diffundierenden Teilchen voneinander als unabhängig anzusehen sind. Dies wird in um so höherem Maße der Fall sein, je verdünnter die Ausgangslösung ist. Nach Angaben von Herzog war die größte Konzentration etwa 1%. Lösungen dieses Gehaltes an Cellulosederivaten zeigen meist bereits recht erhebliche Viscositäten; es ist daher nicht ganz sicher, ob nicht hier schon eine Wechselwirkung zwischen den diffundierenden Teilchen stattgefunden hat; immerhin fällt es schwer anzunehmen, daß diese schon so stark wäre, um die Resultate größenordnungsmäßig zu fälschen. Ähnlich liegt es mit der Annahme der Kugelform, die nach allen übrigen Kenntnissen sicher nicht gerechtfertigt ist, aber auch hier würde eine genauere

[1] Naturwiss. **13**, 1040 (1925); J. physic. Chem. **33**, 179 (1929); Svensk Pap. Tidn. S. 231 (1927).

Rechnung unter Zugrundelegung der auf Seite 72 gegebenen Widerstandsgesetze für anders geformte Teilchen die Rechnung nur um einen Zahlenfaktor von der Größenordnung zwei oder drei beeinflussen, nicht aber völlig umwerfen können.

Die bisher über die Diffusion von Cellulosederivaten vorliegenden wenigen Messungen liefern also zu der Frage des Verteilungszustandes einen Beitrag in dem Sinne, daß sie für das Erhaltenbleiben eines gewissen micellaren Zusammenhanges bei der verwendeten Kupferoxydammoniakcellulose und Nitrocellulose sprechen. Aus ihnen irgendwelche weiteren Schlüsse auf andere Cellulosederivate unter anderen Verhältnissen zu extrapolieren, ist unter keinen Umständen gestattet. Hier können nur Messungen an den entsprechenden Präparaten selbst weitere Angaben erlauben.

7. Die röntgenographische Untersuchung der Lösungen von Cellulose und ihren Derivaten.

Bei dem Bestreben, neben den bisher geschilderten Versuchen sich ein Bild über den Lösungszustand der Cellulose und ihrer Derivate zu verschaffen, haben außer den erwähnten Methoden auch einige röntgenographische Versuche mitgeholfen; sie sind aber zunächst nur als Vorversuche zu betrachten, die noch nach verschiedenen Richtungen hin ausgebaut werden müssen.

(1)

(2)

(3)

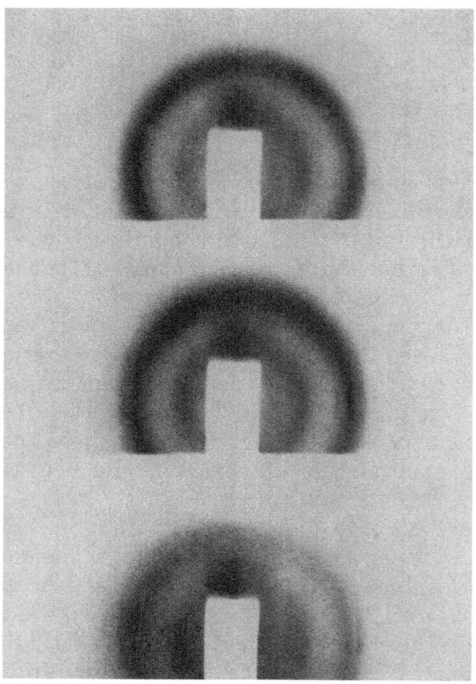

Abb. 66a. Langsam und schnell ausgefällte Kupferoxydcellulose (1) (2) und Viscose (3).

Gewisse Aufschlüsse über den Zustand der Hochpolymeren in Lösung, also über die Frage, wieweit isolierte Hauptvalenzketten oder Schwärme und Gruppen vorliegen, kann man nämlich aus der röntgenographischen Untersuchung der wiederausgefällten Produkte erhalten.

So liefern zum Beispiel Kupferoxydamincellulose und Viscose nach dem Ausfällen aus der Lösung ein deutliches Debye-Scherrer-Diagramm der Hydratcellulose, welches eindeutig zeigt, daß man nunmehr regellos umherliegende Krystallite oder Micelle vor sich hat. Diese röntgenographisch feststellbaren Krystallite können in zweierlei Weise entstanden sein:

1. dadurch, daß in der Lösung vorhandene, gequollene Sekundärteilchen (Micelle oder Schwärme) durch den Zusatz des Fällmittels entquellen und dadurch röntgenographisch feststellbar werden oder

2. dadurch, daß die isoliert in der Lösung sich befindlichen Hauptvalenzketten beim Ausfällen zusammenkrystallisieren.

Zwischen diesen beiden Möglichkeiten kann man durch verschiedene Experimente eine Entscheidung wenigstens anbahnen: wenn die im ausgefällten Zustand vorhandenen Micelle durch bloße Entquellung aus bereits präformierten Sekundärteilchen entstehen, dann wird man annehmen können, daß es gleichgültig ist, wie rasch die Ausfällung erfolgt, aus welcher Konzentration sie stattfindet und ob sie bei Anwesenheit mehr oder weniger großer Mengen von Zusatzstoffen sich vollzieht.

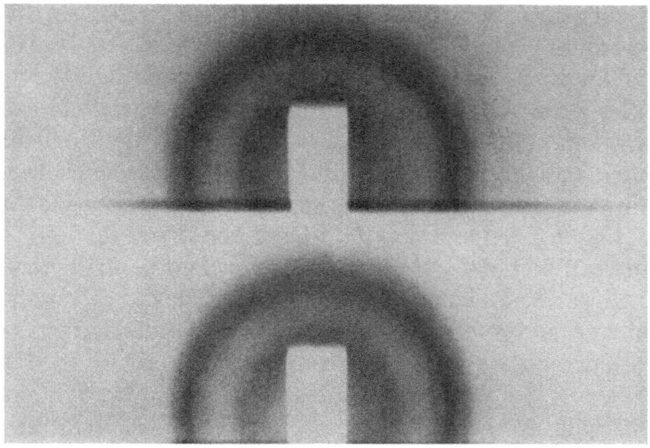

(1)

(2)

Abb. 66b. Verdünnt (1) und konzentriert (2) ausgefällte Cu-Amincellulose.

F. Moll und G. v. Susich[1] haben daher folgende Versuche angestellt:

1. Es wurden Lösungen von Kupferamincellulose und Viscose, das eine Mal äußerst rasch — in Bruchteilen von Sekunden — das andere Mal sehr langsam — im Verlauf von zwei Stunden bzw. acht Tagen — ausgefällt und die Röntgenogramme der entstehenden Produkte miteinander verglichen. Die Abb. 66a zeigt, daß die erhaltenen Cellulosediagramme voneinander nicht zu unterscheiden sind.

2. Es wurden wiederum Viscose und Kupferamincellulose, das eine Mal aus verdünnter (einprozentiger) Lösung, das andere Mal aus fünfprozentiger Lösung ausgefällt. Die in Abb. 66b wiedergegebenen Röntgenogramme sind ebenfalls einander außerordentlich ähnlich.

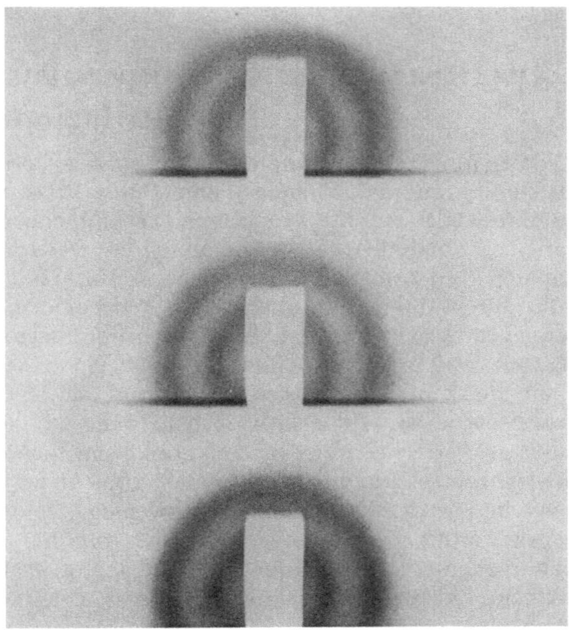

(1)

(2)

(3)

Abb. 66c. Kupferoxydamincellulose mit 100 (1), 300 (2) und 1000% (3) Verunreinigungen ausgefällt.

3. Endlich wurden die genannten Lösungen bei Anwesenheit von 100, 300 und 1000% Verunreinigung (niedrige Polysaccharide, lösliche Hemicellulosen) ausgefällt. Die Abb. 66c zeigt, daß auch hier die Diagramme voneinander nicht merklich verschieden sind.

[1] Kolloid-Z. **53**, 40 (1930).

All dies legt den Schluß nahe, daß in den beiden erwähnten Lösungen bereits Sekundärteilchen in der Lösung präformiert waren und nicht erst bei der Ausfällung aus völlig unabhängigen Hauptvalenzketten gebildet werden mußten. Als Gegenprobe wurde der Einfluß der Temperatur auf das Röntgenogramm untersucht, denn hier muß man im Falle des Vorhandenseins von Sekundärteilchen in Lösung einen Einfluß der Temperatur auf deren Größe erwarten. Bei höherer Temperatur wird man weniger große Molekülschwärme in der Lösung vorfinden, und das Diagramm muß nach dem Ausfällen weniger intensive und scharfe Interferenzen liefern. In der Tat zeigen Diagramme von Kupferoxydaminlösungen, die bei niedriger und hoher Temperatur ausgefällt sind, daß das bei hoher Temperatur (50°) gefällte Produkt ein erheblich diffuseres Röntgenogramm liefert als das bei tiefer Temperatur hergestellte.

Diese Beobachtungen berechtigen dazu, anzunehmen, daß in den Lösungen sehr hochpolymerer Kupferaminoxydcellulose und Viscose Sekundärteilchen vorhanden sind. Es wäre aber durchaus unberechtigt, diesen Schluß in irgendwelcher Weise auf die übrigen Cellulosederivate oder auf Kautschuk zu übertragen, vielmehr zeigten die Versuche, daß bei Cellulosenitraten und -acetaten die Güte der nach dem Ausfällen entstehenden Diagramme sehr von der Viscosität, also auch von der Kettenlänge in der Ausgangslösung abhängig ist, in dem Sinne, daß bei größerer Kettenlänge Sekundärteilchen bevorzugt sind, während sie bei kleinerer Kettenlänge fehlen.

Wenn man also über den Lösungszustand einer speziellen gegebenen Substanz etwas aussagen will, so kann man sich nur auf Messungen an dieser Substanz selbst stützen. Analogieschlüsse von anderen Systemen können sehr leicht zu falschen Ergebnissen führen.

8. Die Bestimmung des Dispersitätsgrades mit Hilfe der Ultrazentrifugierung.

Svedberg[1] hat in letzter Zeit eine sehr interessante Methode angegeben, um die Lösungen hochmolekularer Substanzen auf ihre Homodispersität und auf ihre Teilchengröße zu prüfen. Die Methode besteht im Prinzip darin, daß man bei kombinierter Bestimmung des Sedimentationsgleichgewichtes und der Sedimentationsgeschwindigkeit eine Berechnung der Teilchengröße durchführen kann, die von der Teilchenform und von der Heterodispersität weitgehend unabhängig ist. Die einzige Voraussetzung, welche eingeführt werden muß, besteht in der Annahme, daß der Widerstandskoeffizient für die Sedimentation und für die Diffusion gleich groß ist. Da der erstere Vorgang in einem homogenen Kraftfeld sich vollzieht, während der letztere durch die unregelmäßigen Stöße der umgebenden Lösungsmittelmoleküle hervorgerufen wird, ist diese Voraussetzung nicht unter allen Umständen selbstverständlich. Es ist vielmehr in jedem einzelnen Fall notwendig, sie durch Überlegung oder durch Experimente zu prüfen. Wenn sie aber zutrifft, dann sind die nach der Ultrazentrifugenmethode bestimmten Teilchengrößen direkt auf zwei experimentell meßbare Zahlen zurückgeführt und von weiteren schwächenden theoretischen Voraussetzungen frei.

Svedberg hat seine Methode zuerst auf die Lösungen von Eiweißkörpern angewendet[2] und eine ganze Reihe wichtiger und interessanter Resultate erhalten. Celluloselösungen wurden zum ersten Male von A. J. Stamm unter-

---

[1] J. amer. chem. Soc. **49**, 2920 (1927); Z. physik. Chem. **127**, 51 (1927).
[2] Kolloid-Z. **51**, 10 (1930).

sucht[1], der sich besonders dem Studium des Dispergierungsgrades von Cellulose in Schweizers Reagenz zuwandte. Um reine Diffusionsvorgänge frei von energetischen Wechselwirkungen vor sich zu haben, wurde in sehr verdünnten Lösungen gearbeitet, deren Cellulosegehalt zwischen 0,05 und 1% betrug. Aus der Konzentrationsabhängigkeit des Diffusionskoeffizienten konnte dann auf den Dispersitätsgrad bei unendlicher Verdünnung rückgeschlossen werden. Es ergab sich, daß in der verwendeten Kupferoxydammoniaklösung das Teilchengewicht etwa 50000 betrug. Zieht man hiervon das Gewicht für den Kupferaminkomplex ab, so erhält man für das Gewicht der Celluloseteilchen 38000 $\pm$ 5000, das würde bedeuten, daß die Celluloseteilchen aus etwa 200 bis 260 Glucoseresten bestehen.

Ein Vergleich mit den schon erwähnten Herzog-Krügerschen Diffusionsergebnissen zeigt, daß die letzteren etwa das zehnfache Teilchengewicht ergeben, nämlich etwa 500000. Worauf der Unterschied zurückzuführen ist, läßt sich aus dem bloßen Studium der beiden Arbeiten ohne Wiederholung der Versuche nur sehr schwer sagen. Zunächst ist es möglich, daß die verschiedenen Präparate einen Teil dieser Diskrepanz verursachen, da ja bekanntlich Kupferoxydammoniaklösungen von Cellulose gegen Licht, Sauerstoff und andere chemische Agenzien außerordentlich empfindlich sind. Andererseits ist aber schon auf Seite 107 darauf hingewiesen worden, daß bei den Herzogschen Versuchen die maximal auftretenden Konzentrationen in der Gegend von 1% lagen, was unter Umständen schon eine gegenseitige Behinderung der Teilchen zur Folge haben könnte, so daß man es bei ihnen nicht mit einem reinen Diffusionsvorgang zu tun hat. Auch aus den Sedimentationsgleichgewichten erhielt Stamm Werte von etwa 40000 für die kupferfreien Celluloseteilchen.

Da die Ultrazentrifugenmethode sich ausgezeichnet dafür eignet, zu prüfen, ob man ein mono- oder heterodisperses System vor sich hat, wurden die Versuche auch in dieser Richtung hin ausgedehnt und nachgesehen, ob aus verschiedenen Holzsorten gewonnene Cellulose sich anders verhält als ein aus Linters stammendes Produkt. Es ergab sich, daß die Baumwollcellulose im wesentlichen monodispers ist und nur einen sehr kleinen Anteil von erheblich feinerem Korn enthält. In Lösungen von verschiedenen Holzzellstoffen jedoch konnten neben den Teilchen von etwa 40000 auch noch solche von etwa 20000 angetroffen werden. Auch zeigten sich Andeutungen dafür, daß noch kleinere Teilchen von $^1/_4$ oder $^1/_8$ der ursprünglichen Micellgröße in diesen Lösungen vorhanden sind.

Jedenfalls lassen die mitgeteilten Kurven klar erkennen, daß die aus Baumwolle hergestellten Lösungen als erheblich homogener angesprochen werden müssen als die von Zellstoffen stammenden. Die Ultrazentrifugenmethode ist einer sehr weitgehenden Anwendung auf das vorliegende Problem fähig, und die von ihr zutage geförderten Resultate werden zweifellos bei der Beurteilung der ganzen Frage noch sehr wichtiges Material liefern.

Insgesamt läßt sich der heutige Stand der Dinge dahin zusammenfassen: Durch zahlreiche ältere und neuere Arbeiten sind die allgemeinen Zusammenhänge qualitativ geklärt. Es ist sicher, daß in den Lösungen der hochpolymeren Substanzen große Teilchen vorliegen, die in starker Wechselwirkung mit dem Lösungsmittel stehen, zum Teil durch Kräfte, zum Teil durch geometrische Behinderung. Wohlbegründete Zahlenangaben über bestimmte Systeme sind heute nur spärlich zu machen. Die Gesamtheit der vorliegenden Erfahrung zeigt, daß Extrapolationen in jeder Hinsicht vermieden werden müssen und daß nur durch die kombinierte Messung zahlreicher Größen ein vorgegebenes System

[1] J. amer. chem. Soc. 52, 3047 (1930).

so eingeengt werden kann, daß man sich quantitative Angaben erlauben kann. Da sich aber in den Händen der einzelnen Autoren meist eine bestimmte Methode entwickelt hat, wurde diese bei der Untersuchung spezieller Systeme besonders bevorzugt. Es liegen daher zahlreiche Arbeiten vor, in denen eine bestimmte Methode auf mehrere Substanzen angewandt wurde, aber beinahe keine, in welcher mehrere Methoden auf eine bestimmte Substanz angewendet worden sind. Gerade von solchen Arbeiten aber könnte man sich am ehesten eine Erweiterung unserer Kenntnis in der quantitativen Richtung versprechen.

Tabelle 27 (zu S. 123).

	Substanz	Viscosität in willkürlichem Maße	g	$\Delta n \cdot 10^{-6}$	$\frac{\Delta n}{g} \cdot 10^{-2}$
1	Polystyrol Molekulargewicht etwa 200000 0,75 mol.[1] in Benzol	8,45	5,25 7,11 11,9 18,4 42,7 76,3 212 372 570	0,130 0,174 0,282 0,402 0,718 1,21 2,44 3,85 5,24	250 240 240 220 170 160 120 100 90
2	Polyvinylalkohol Molekulargewicht ca. 6000 1,0 mol. in Wasser		259 329 491 730 864 1670	0,065 0,087 0,139 0,174 0,196 0,304	2,5 2,6 2,8 2,4 2,3 1,8
3	Acetylcellulose (2½ Acetat) 0,11 mol. in Aceton	0,095	14,8 31,1 34,8 50,4 53,3 71,1 74,1 121 155	0,217 0,434 0,457 0,630 0,652 0,740 0,752 1,08 1,28	150 140 130 120 120 100 100 90 80
4	Äthylcellulose (39,7% C_2H_5O) 0,10 mol. in 6 Vol. Benzol + 1 Vol. Alkohol	0,374	21,5 36,3 65,2 92,6 121 211 365 544 1040 1440	0,065 0,109 0,185 0,239 0,326 0,508 0,826 1,20 1,56 1.83	30 30 28 26 27 24 23 22 15 13
5	Benzylcellulose (2 $C_6H_5CH_2O$) 0,08 mol. in Chloroform	0,103	71,3 101 139 247	0,065 0,087 0,120 0,218	9,1 8,6 8,6 8,8

[1] mol. bezieht sich auf das Monomere.

III. Das optische Verhalten der Cellulose und ihrer Derivate im festen und im dispergierten Zustand.

1. Einleitung.

Die optische Untersuchung der Cellulose, die sich über den ganzen experimentell zugänglichen Wellenlängenbereich des Spektrums erstreckte, hat zahlreiche wichtige Anhaltspunkte für die Beurteilung der Struktur dieser Körperklasse ergeben.

Die größten verwendeten Wellenlängen lagen im Ultrarot[1]. Es wurde die Absorption der Fasern für diese Art der Strahlung geprüft und über einen gewissen Wellenlängenbereich quantitative Beobachtungen angestellt, ohne daß sich hieraus, wie etwa bei den Reststrahlen der Ionengitter wertvolle Aufschlüsse über den Feinbau hätten erreichen lassen. Erfolgreicher waren die Anstrengungen im Gebiet des sichtbaren Lichtes. Hier gelang es, sowohl durch die Untersuchung der festen — gelförmigen — Präparate im polarisierten Licht etwas über deren micellaren Aufbau zu erfahren, als auch durch die Depolarisation des an Celluloselösungen gestreuten Tyndall-Lichtes Aufschlüsse über die Form der dispergierten Teilchen zu erhalten. Am bedeutsamsten waren aber die Ergebnisse, welche sich bei der Wechselwirkung von Cellulose und ihren Derivaten mit Röntgenstrahlen sammeln ließen; sie haben nicht nur die Resultate mit optischem Licht bestätigt, sondern über sie weit hinausgehend wichtige Gesichtspunkte für die Aufstellung einer rationellen „Celluloseformel" geliefert.

In der allerletzten Zeit ist auch die Beugung von Kathodenstrahlen[2] an Cellulosepräparaten untersucht worden, deren Wellenlängen noch um zwei Zehnerpotenzen kleiner sind als die der verwendeten Röntgenstrahlen. Quantitative Ergebnisse liegen hier noch nicht vor, doch zeigen die von Dauvillier und Kirchner erhaltenen Diagramme sehr interessante Züge.

Im folgenden sollen die bis heute sichergestellten Ergebnisse bei der optischen Untersuchung der Cellulose und ihrer Derivate sowohl im Gel- als auch im Solzustand zusammengestellt und besonders hinsichtlich ihrer Bedeutung für ein Strukturmodell der Cellulose diskutiert werden.

2. Die Untersuchung gelförmiger Präparate mit polarisiertem optischen Licht.

a) Allgemeines über die verschiedenen Arten der Doppelbrechung.

Schon um die Mitte des vorigen Jahrhunderts hat der Botaniker C. Nägeli[3] aus dem morphologischen Verhalten von Stärke und von nativer Cellulose den Schluß gezogen, daß in diesen Systemen der organisierten Welt gewisse größere Gruppen von Molekülen durch das Wachstum gebildet werden und dann für die Natur dieser Körperklasse besonders charakteristisch sind. Während man zum Beispiel die Eigenschaften eines idealen Gases weitgehend quantitativ verstehen kann, wenn man direkt auf das Molekül die statistische Mechanik anwendet, während das Verhalten der einfachen Krystalle — Diamant, Steinsalt, Naph-

[1] Diese Arbeiten sind im Faserstoffinstitut von Frl. Dr. Laski in Angriff genommen worden; der viel zu frühe Tod dieser hoffnungsreichen Physikerin hat auch die Weiterführung dieser interessanten Untersuchungen vereitelt.

[2] Heß u. Trogus: Naturwiss. 18, 846 (1930). Siehe auch A. Dauvillier u. F. Kirchner: S. 174, Zitat 2 und 3.

[3] z. B. C. Nägeli: Die Stärkekörner 1858.

thalin usw. — ebenfalls begreiflich wird, wenn man sich aus den Atomen oder Molekülen unmittelbar Einkrystalle aufgebaut denkt, erweist es sich bei zahlreichen Systemen der organisierten Welt notwendig, anzunehmen, daß gewisse Gruppen von Molekeln dauernd beisammenbleiben, deren Größe, Form und Zusammenhalt die Natur der untersuchten Substanz wesentlich mitbestimmen. Eine solche Molekelgruppe hat Nägeli ein Micell genannt. Erst viel später ist der experimentelle Beweis für die tatsächliche Existenz dieser Molekülgruppen geliefert worden, und zwar zum ersten Male mit Hilfe der Doppelbrechung von H. Ambronn[1].

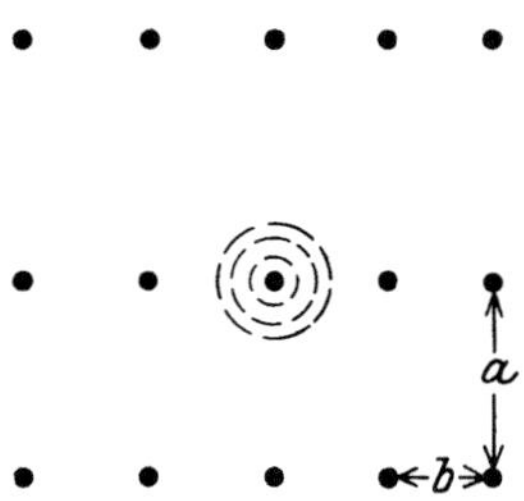

Abb. 67. Doppelbrechender Krystall.

Die Erscheinungen der Doppelbrechung sind schon vor langen Jahren an wohlausgebildeten Krystallen entdeckt und eingehender studiert worden. Man versteht darunter die Tatsache, daß in einem gegebenen Krystall zwei Strahlen, deren Polarisationsebene aufeinander senkrecht steht, eine verschiedene Fortpflanzungsgeschwindigkeit besitzen. Molekulartheoretisch kommt dieser Effekt folgendermaßen zustande.

Wenn man, wie z. B. in Abb. 67 an einem ebenen Modell schematisch dargestellt ist, einen Krystall vor sich hat, der ein von Eins abweichendes Achsenverhältnis $a:b$ aufweist, so ist leicht einzusehen, daß die Kraft, welche notwendig ist, um die Elektronen eines bestimmten herausgegriffenen Atoms in der a-Richtung um die Längeneinheit zu entfernen, größer oder kleiner — also jedenfalls anders — sein wird als die Kraft, welche die gleiche Verschiebung in der b-Richtung bewirkt, mit anderen Worten, die parallel zu a polarisierte, in den Krystall hineingeschickte Lichtwelle regt das Atom z. B. stärker zum Mitschwingen an und erzeugt hierdurch sekundäre Kugelwellen von bestimmter Amplitude. Durch diese wird der Primärstrahl in seinem Fortschreiten stark verlangsamt, während der parallel zu b schwingende, also senkrecht hierzu polarisierte Strahl den Elektronen kleinere Amplituden erteilt und daher durch die Sekundärwelle eine geringe Phasenverschiebung erleidet. Phänomenologisch — d. h. im Sinne der geometrischen Optik — ergibt sich hieraus, daß die Fortpflanzungsgeschwindigkeiten der beiden senkrecht zueinander, nämlich in den Richtungen a und b polarisierten Strahlen voneinander abweichen; ihr Brechungsindex ist daher verschieden und der Krystall verhält sich doppelbrechend.

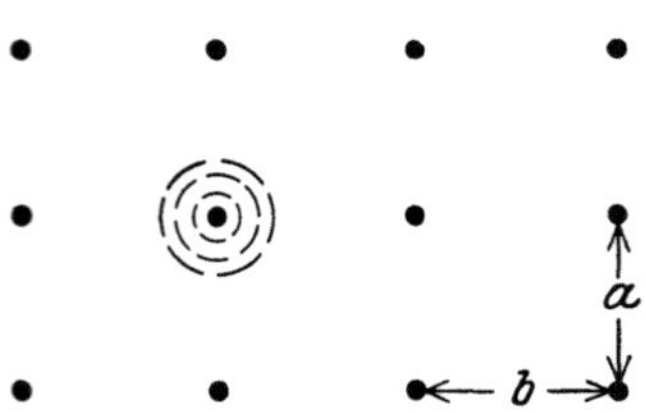

Abb. 68. Optisch isotroper Krystall.

Man kann nun sofort einsehen, daß bei einem kubischen Krystall, wie er in Abb. 68 ebenfalls schematisch skizziert ist, ein solcher Effekt ausbleiben muß, denn hier sind die Eigenfrequenzen in den Richtungen a und b wegen der krystallographischen Gleichwertigkeit dieser beiden Richtungen identisch. In einem solchen an sich isotropen Krystall kann Doppelbrechung nur auftreten, wenn man etwa durch Druck oder Zug die ursprünglich gleichen Bedingungen in den beiden Richtungen a und b verschieden macht. Man nennt eine Doppelbrechung, die der Abb. 67 entspricht, die Eigendoppelbrechung,

[1] Kolloid-Z. **20**, 173 (1917); ferner Ambronn-Frey: Das Polarisationsmikroskop. Leipzig: AVG 1926.

eine, welche der durch Druck oder Zug verzerrten Abb. 68 entsprechen würde, Spannungsdoppelbrechung oder akzidentelle Doppelbrechung. Diese beiden Arten optischer Anisotropie sind seit langem bekannt und gut erforscht.

Es war nun gerade für die optische Analyse micellarer Systeme von größter Bedeutung, daß es Ambronn[1] und Wiener[2] gelang, zu zeigen, daß neben diesen beiden Arten optischer Anisotropie noch eine dritte existiert, welche nur in zwei- oder mehrphasigen Systemen auftreten kann und mit der Form der Teilchen bzw. der zwischen ihnen befindlichen Intervalle zusammenhängt. Besonders deutlich zeigt sie sich als Stäbchendoppelbrechung bei Tonerdefasern, welche, parallel orientiert, eine deutliche optische Anisotropie zeigen.

Die Abb. 69 möge einen Mischkörper veranschaulichen, der aus einem Einbettungsmedium und aus den zylinder- oder stäbchenförmigen Tonerdeelementen besteht. O. Wiener[2] hat aus der elektromagnetischen Theorie des Lichtes abgeleitet, daß ein derartig zusammengesetztes System optisch positiv doppelbrechend ist, d. h. der Brechungsindex n_a für das parallel den Stäbchenachsen schwingende Licht ist größer als der für das senkrecht hierzu oszillierende (n_o). Quantitativ ergibt sich aus der Theorie für die Differenz der beiden Brechungsexponenten, also für das Maß der Doppelbrechung die Beziehung:

$$n_a^2 - n_o^2 = \frac{\delta_1 \delta_2 (n_1^2 - n_2^2)^2}{(\delta_1 + 1)\, n_2^2 + \delta_2 n_1^2}. \qquad (1)$$

In dieser Gleichung bedeuten n_1 und n_2 die Brechungsexponenten der einzelnen homogenen Mischbestandteile, während δ_1 und δ_2 die relativen Volumina der beiden Bestandteile messen; es gilt also immer

$$\delta_1 + \delta_2 = 1. \qquad (2)$$

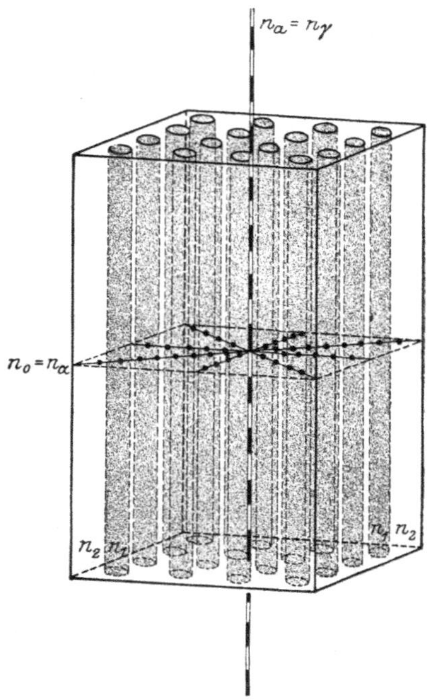

Abb. 69. Schematische Darstellung eines Mischkörpers, der Stäbchendoppelbrechung liefert.

Die absolute Größe der Teilchen spielt explizite in dieser Formel keine Rolle, doch ist die Voraussetzung notwendig, daß sie von der Größenordnung der verwendeten Lichtwellenlänge sein müssen.

Aus der Formel geht unmittelbar hervor, daß die Doppelbrechung verschwindet, wenn die beiden Brechungsexponenten n_1 und n_2 miteinander übereinstimmen. Die Substanz verhält sich dann wieder optisch isotrop. Daß Maß der Anisotropie hängt natürlich von dem Achsenverhältnis der in das Einbettungsmittel eingelagerten Zylinder oder Stäbchen ab. Bei der Ableitung ist angenommen, daß die Stäbchen unendlich lang sind, also den ganzen beugenden Körper durchziehen, so daß das Achsenverhältnis in die Formel (1) explizite nicht eingeht. Weil in der Beziehung (1) die Differenz $(n_1^2 - n_2^2)$ im Quadrat erscheint, ist diese Art von Doppelbrechung,

[1] Ber. d. math.-phys. Kl. d. Kgl. Sächs. Ges. d. Wiss., Leipzig, **63**, 249 (1911).

[2] Wiener, O.: Sächs. Ak. B. (1912); wiedergegeben bei Ambronn-Frey: Das Polarisationsmikroskop. Leipzig: AVG 1926.

die man als Stäbchen- oder Zylinderdoppelbrechung bezeichnet, immer positiv gleichgültig, ob n_2 größer oder kleiner als n_1 ist.

Da sich der Nenner des Bruches bei der Änderung von n_2 nur verhältnismäßig wenig verändert, steigt die Kurve für die Stärke der Doppelbrechung

$$n_a - n_o$$

von der Nullstelle, wo

$$n_1 = n_2$$

gilt, bei der Veränderung des Brechungsexponenten n_2 nach beiden Seiten beinahe symmetrisch. Die Abb. 70a zeigt eine deutliche Stäbchendoppelbrechungskurve von Tonerdefasern nach Ambronn. Man sieht, daß genau in Einklang mit der Beziehung (1) die Doppelbrechung ein Minimum erreicht, wenn die Brechungsexponenten der beiden Komponenten übereinstimmen. Daß sie nicht

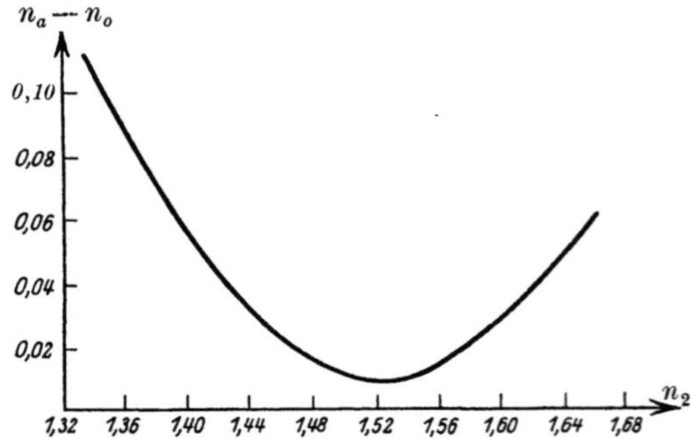

Abb. 70a. Doppelbrechung als Funktion des Brechungsindex der Einbettungssubstanz für Stäbchendoppelbrechung.

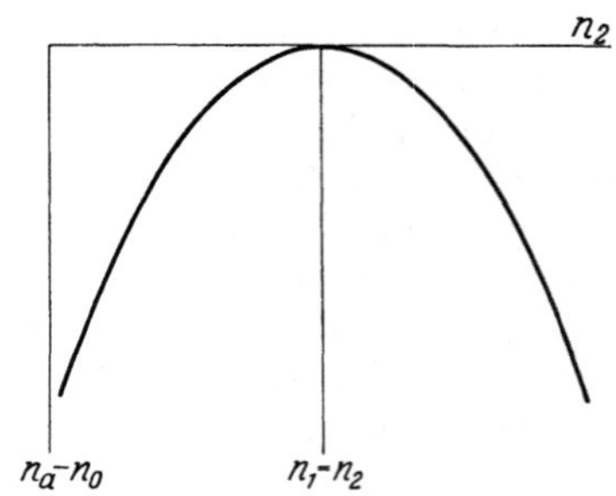

Abb. 70b. Doppelbrechung als Funktion von n_2 für Schichtkörper.

exakt Null wird, liegt daran, daß die Tonerdestäbchen eine bestimmte Eigendoppelbrechung besitzen.

Dieselbe Theorie gilt auch für den Fall der Blättchen- oder Schichtendoppelbrechung; es resultiert hier die Formel

$$n_a^2 - n_o^2 = -\frac{\delta_1 \delta_2 (n_1^2 - n_2^2)^2}{\delta_1 n_1^2 + \delta_2 n_2^2}, \tag{3}$$

aus der hervorgeht, daß die Schichtendoppelbrechung stets negativ ist. Auch sie wird bei

$$n_1 = n_2$$

gleich Null und sinkt bei

$$n_2 \gtrless n_1$$

beiderseits der Nullstelle ab. Die Abb. 70b zeigt ein solches Verhalten. Es ist an Schichtkörpern von Silberjodid und Kupferjodür experimentell festgestellt worden.

b) Die Anisotropie gelförmiger (fester) Cellulosepräparate.

Wenn man das optische Verhalten mechanisch beanspruchter Cellulosepräparate während des Verformungsvorganges beobachtet, so stößt man auf die in Abb. 71 dargestellten Verhältnisse. Das ungedehnte Präparat (man wählt für solche Untersuchungen meist die Form eines Filmes) ist optisch isotrop. Mit steigender Dehnung nimmt die (gesamte) Doppelbrechung zu und erreicht schließlich einen mehr oder weniger konstanten Sättigungswert, aus dem hervorgeht, daß der die Anisotropie bedingende Prozeß einem Endzustand zugestrebt hat. Untersuchungen in dieser Richtung sind besonders von Ambronn[1], Frey[2], Möhring[3] und Wächtler[4] durchgeführt worden; sie beziehen sich auf Cellulose und ihre Derivate und seien daher im folgenden etwas ausführlicher geschildert.

In allen Fällen war das letzte Ziel dieser Untersuchungen zu entscheiden, wie sich die gesamte optische Anisotropie aus Stäbchendoppelbrechung, akzidenteller Doppelbrechung und Eigendoppelbrechung der Präparate zusammensetzt. Im Prinzip werden die Versuche stets folgendermaßen durchgeführt. Man stellt sich eine Reihe verschieden stark gedehnter Streifen desselben Materials her, die etwa Verformungsgraden von 10 zu 10% entsprechen, beobachtet dann die Doppelbrechung jedes einzelnen bei systematischer Veränderung des Brechungsexponenten einer Flüssigkeit, in der man das Präparat quellen läßt, der Imbibitionsflüssigkeit. Auf diese Weise erhält man die gesamte Anisotropie in Abhängigkeit von der Verlängerung und von dem Brechungsexponenten des Quellmittels. Wenn man mit einer Flüssigkeit vom Brechungsexponenten der Ausgangssubstanz imbibiert hat, dann stellt diejenige Kurve, welche die noch verbleibende Doppelbrechung als Funktion der Verlängerung wiedergibt, das Verhalten der Eigendoppelbrechung und der akzidentellen Doppelbrechung bei der Verformung dar. Da es sich bei diesen Beobachtungen stets um gequollene Präparate handelt, kann man wohl annehmen, daß alle elastischen Spannungen ausgeglichen sind, so daß der akzidentelle Anteil keine große Rolle spielt; man hat also in dieser Kurve die reine Eigendoppelbrechung abgetrennt. Bei anderen Imbibitionsmitteln macht sich auch noch die Stäbchendoppelbrechung bemerkbar, und man kann aus dieser zweifachen Abhängigkeit der Gesamtdoppelbrechung vom Verformungsgrad und vom Brechungsexponenten des Einbettungsmittels zu einer recht eingehenden Analyse der Verhältnisse gelangen. Die ersten ausführlichen Versuche hat in dieser Weise Wächtler[5] an hochnitrierter Cellulose — sogenanntem Celloidin — angestellt. Die Abb. 72a, b und c zeigen das Ergebnis dreier Meßreihen, die mit verschiedenfarbigem, monochromatischem Licht aufgenommen worden sind. Jede einzelne Kurve dieser Abbildungen liefert die Gesamtdoppelbrechung α als Funktion der Verlängerung V für einen bestimmten Brechungsexponenten des Imbibitionsmittels. Zu jedem n_2 erhält man also eine α, V-Kurve. Diese doppelte Abhängigkeit wurde nun in einem Bereich von

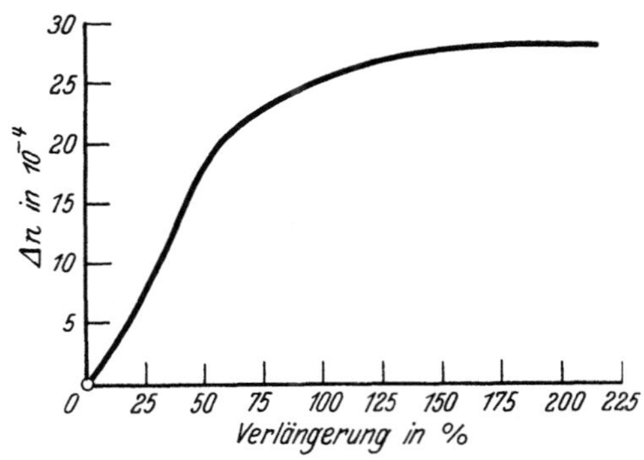

Abb. 71. Gesamte Doppelbrechung als Funktion des Dehnungsgrades.

$$V = 0 \quad \text{bis } V = 80\% \text{ und}$$
$$n_2 = 1{,}33 \text{ bis } n_2 = 1{,}72$$

untersucht. In der Abb. 72 ist dies dadurch zum Ausdruck gebracht, daß neben jede einzelne Kurve der Brechungsexponent des Einbettungsmittels angeschrieben

[1] Kolloid-Z. 18, 273 (1916); 20, 173 (1917).
[2] Naturwiss. 15, 760 (1927).
[3] Wiss. u. Ind. 1, 1922.
[4] Kolloidchem. Beih. 20, 157 (1924).
[5] Kolloidchem. Beih. 20, 170 (1924).

ist. Zunächst sinkt, wie durch den Pfeil unter 1,33 angedeutet wird, bei zunehmendem Brechungsindex des Einbettungsmittels die Doppelbrechung ab, bis man für n_2 den Wert 1,58 erreicht hat. In diesem Augenblick ist die Stäbchendoppelbrechung durch das Imbibitionsmittel eliminiert und man befindet sich im Minimum der Abb. 70a. Weiteres Vergrößern von n_2 hat ein Wiederansteigen der Doppelbrechung zur Folge, was in der Abb. 72 durch die punktierten Linien dargestellt ist.

Jede einzelne Kurve dieser Schar hat, wie dies schon erwähnt und in Abb. 71 angedeutet wurde, den Charakter einer Sättigungskurve. Bei kleinen Deformationen ist ein relativ starkes Ansteigen der Anisotropie zu beobachten, während später der Einfluß der Verformung immer schwächer wird. Das ganze Verhalten stimmt bestens überein mit dem auf Seite 56 entworfenen Bild über den plastischen Verformungsprozeß micellarer Systeme. Denkt man sich, wie es dort

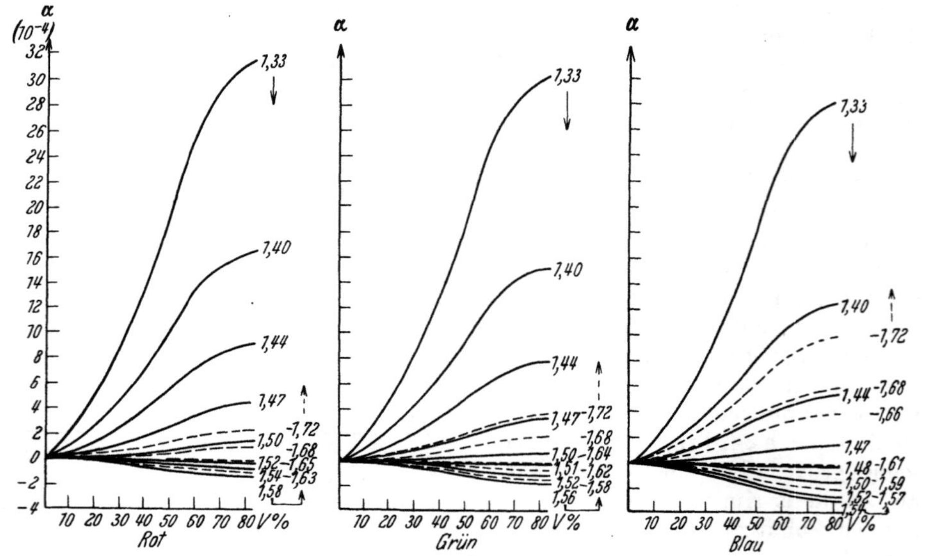

a b c

Abb. 72a bis c. Erklärung im Text.

ausgeführt worden ist, das Ausgangspräparat als einen Haufen regellos durcheinander liegender Micelle, so ist zunächst dessen optische Isotropie verständlich. Wenn nun im Sinne des früher entworfenen Bildes vom plastischen Verformungsvorgang diese Micelle bei der Dehnung allmählich aneinander vorbeigleiten und parallel gelagert werden, sind zweierlei Arten optischer Anisotropie zu gewärtigen. Zunächst haben die parallel gelagerten Kryställchen eine gewisse Eigendoppelbrechung, die der eines Einkrystalls von entsprechender Symmetrie ähnelt und die letzten Endes daher rührt, daß jedes Micell in sich krystallinisch ist und sich optisch anisotrop verhält.

Aber auch wenn die Einzelteilchen völlig isotrop wären, müßte wegen ihrer länglichen Form mit fortschreitender Orientierung eine Stäbchendoppelbrechung sich bemerkbar machen, genau so, wie es das Experiment uns offenbart. Der micellare Orientierungsprozeß ist aus rein geometrischen Gründen zu Beginn für das Auftreten beider optischer Anisotropiearten am ausgiebigsten. Je weiter die Orientierung bereits fortgeschritten ist, um so weniger Zuwachs liefert ihre weitere Verschärfung. Der Sättigungscharakter der beobachteten α, V-Kurven steht also qualitativ durchaus in Übereinstimmung mit dem aus anderen Überlegungen hergeleiteten Bild von dem mechanischen Verformungsvorgang micellarer Systeme. Aus der Form dieser Sättigungskurven tiefergehende Schlüsse über die Feinheiten des micellaren Verformungsprozesses zu ziehen, wäre wohl sehr verlockend und an sich geometrisch auch nicht unmöglich. Doch ist das bis jetzt vorliegende experimentelle Material für eine so weitgehende Auswertung wohl noch nicht reif. Qualitativ hat Wächtler eine Diskussion der α, V-Kurven durchgeführt und besonders die drei folgenden Fragen behandelt:

1. Wie kommt das charakteristische Umbiegen der α, V-Kurven zustande?
2. Welches sind die Gründe dafür, daß diese Kurven schließlich bei geeignetem Imbibitionsmittel mit der Abszissenachse zusammenfallen?
3. Läßt sich die Zerlegung in die beiden Komponenten quantitativ durchführen?

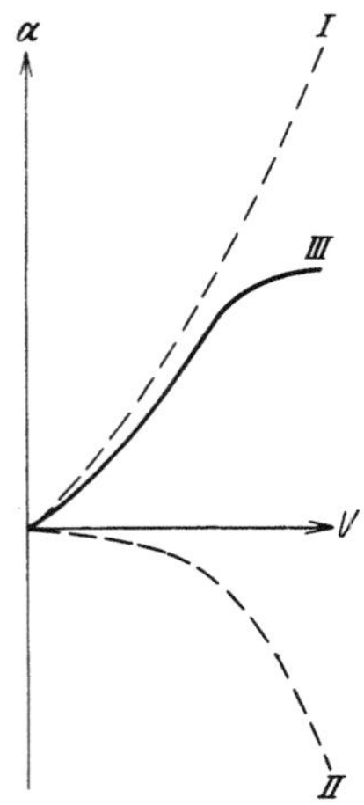

Abb. 73. Zustandekommen der gesamten Doppelbrechung aus einem positiven und einem negativen Ast.

1. Nach Ambronn und Wiener wirken bei der Erzeugung der Gesamtanisotropie die Stäbchendoppelbrechung mit positivem, die Eigendoppelbrechung der Nitrocellulose mit negativem Vorzeichen zusammen. Der Gesamteffekt entsteht in der in Abb. 73 schematisch dargestellten Weise. Hier möge die punktierte Kurve *I* den Verlauf der Stäbchendoppelbrechung, die punktierte Kurve *II* den der Eigendoppelbrechung als Funktion der Verformung darstellen. Dieses Zusammenwirken ergibt ein Umbiegen der α, V-Kurve in einer Weise, wie es dem experimentellen Verhalten schon recht gut entspricht. Hierzu treten nun noch die schon erwähnten komplizierenden Sättigungsfragen hinzu, so daß sich insgesamt ein recht verwickeltes Bild über das Zustandekommen der genauen Form einer α, V-Kurve ergibt, welches ein rationelles Auswerten nicht möglich erscheinen läßt.

2. Aus den Kurvenscharen der Abb. 72 geht hervor, daß man für jede Farbe zwei Kurven erhalten kann, die mit der Abszissenachse völlig zusammenfallen. Dieser Fall tritt ein, wenn die α, V-Kurven aus dem positiven ins negative Gebiet übergehen, und zum zweiten Male, wenn sie nach ihrer Umkehr wieder in den positiven Bereich zurücktreten, für rotes Licht z. B. bei

$$n_2 = 1{,}52 \quad \text{und} \quad 1{,}65,$$

für grünes bei

$$n_2 = 1{,}51 \quad \text{und} \quad 1{,}64,$$

für blaues bei

$$n_2 = 1{,}48 \quad \text{und} \quad 1{,}61.$$

Man hat also unter diesen Umständen einen Film vor sich, der bei allen Dehnungsstufen vollständig isotrop bleibt. Dieses etwas paradox erscheinende Resultat rührt natürlich daher, daß die beiden zur Gesamtanisotropie beitragenden Einzeleffekte verschiedene Vorzeichen haben und man solche Verhältnisse aufsuchen kann, daß sie sich gerade dauernd aufheben. Da nämlich der Verformungsvorgang beide Einzeleffekte — von entgegengesetztem Vorzeichen — für sich vergrößert, ist es verständlich, daß die Resultierende dauernd Null ergibt.

3. Um die Zerlegung des Gesamteffektes in seine beiden Komponenten zu erreichen, greifen wir auf die tiefste Kurve in den Scharen der Abb. 72 zurück; sie geben die reine Eigendoppelbrechung als Funktion der Verformung an,

denn in diesem Falle ist ja die Stäbchendoppelbrechung experimentell eliminiert. Man befindet sich im Minimum der Abb. 70a. Zu jeder anderen α, V-Kurve erhält man nun die zugehörige Stäbchendoppelbrechungskurve, indem man die soeben erhaltene Eigendoppelbrechung vom Gesamteffekt subtrahiert. In den Abb. 74a, b und c ist diese Rechnung durchgeführt und die der Abb. 72 entsprechenden Kurvenscharen gezeichnet. Die tiefste — stark gestrichelte — Linie gibt die Eigendoppelbrechungskurve wieder; sie ist negativ, zeigt ein langsames Ansteigen bei der Verformung und schließlich einen Sättigungswert. Die übrigen

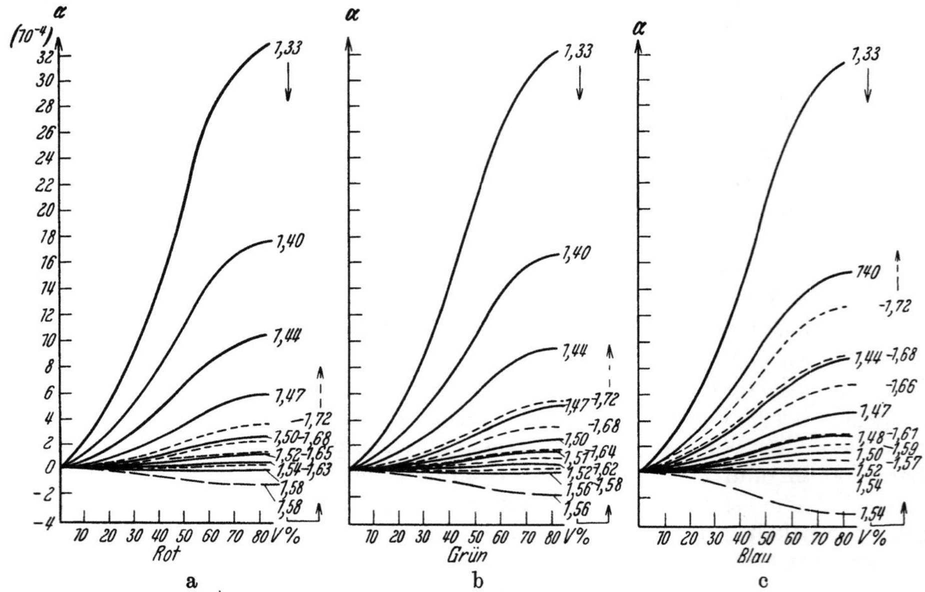

Abb. 74a bis c. Erklärung im Text.

Kurven der einzelnen Abbildungen zeigen die Stäbchendoppelbrechung als Funktion der Verlängerung und als Funktion des Brechungsindex der Einbettungssubstanz.

Aus den tiefsten Kurven der beiden Abb. 72 und 74 kann man den **Absolutwert** der Eigendoppelbrechung hochnitrierter Cellulose entnehmen. Er beträgt bei den am stärksten, d. i. etwa 80% verformten Präparaten etwa $2 \cdot 10^{-4}$, ist also von untergeordneter Größe, wenn man bedenkt, daß die Doppelbrechung des Kalkspates für die Na-Linie

$$n_a - n_o = 0{,}17195$$

ist.

Dehnt man die Beobachtungen auch noch auf **elastisch angespannte** Filme dadurch aus, daß man sie im Dehnungsapparat selbst betrachtet, wie dies von **Wächtler** auch durchgeführt worden ist, so bekommt man neben den eben geschilderten Effekten noch die reine Spannungsdoppelbrechung hinzu; sie verschwindet aber nach dem Entlasten vollständig und stört daher die bisher geschilderten Erscheinungen nicht ernstlich.

Ähnliche Versuche hat **Wächtler** auch an einem Celluloid, d. h. an einer Mischung von mäßig nitrierter Baumwolle und Campher durchgeführt. Wiederum wurden die α, V-Kurven aufgenommen unter Verwendung von Celluloidstreifen, welche eine Anfangsdicke von 0,5 mm besaßen; der Camphergehalt der untersuchten Proben betrug etwa 30%. Über den Stickstoffgehalt der für das Celluloid verwendeten Nitrocellulose fehlen leider in der Originalarbeit die Angaben. Die Abb. 75 zeigt die gesamte Doppelbrechung als Funktion der plastischen Verformung für drei verschiedene Wellenlängen. Auch hier handelt es sich um entlastete Präparate, also im wesentlichen um die wahre plastische Verformung. Bei der Betrachtung der Abb. 75 fällt auf, daß die Doppelbrechung im Laufe des Dehnungsvorganges ihr Vorzeichen umkehrt. Im weiteren Verlauf auf der negativen Seite zeigt die Kurve auch hier wiederum einen recht deutlichen Sättigungscharakter, der wohl den gleichen Grund hat, wie bei den vorher besprochenen hochnitrierten Präparaten. Die Umkehr des Vorzeichens rührt in dem vorliegenden Falle daher, daß man zwei verschiedene micellare Systeme vor sich hat, eine „Nitrocellulosekomponente" und eine „Campherkomponente". Das Präparat besteht offenbar aus länglichen Micellen von Nitrocellulose und aus ebensolchen Campherteilchen oder Mischmicellen aus Nitrocellulose und Campher. Beide Teilchensysteme erleiden nun im Laufe der plastischen Verformung eine steigende Orientierung, welche in verschiedener Weise vom Verformungsgrad abhängt und die optische Anisotropie zur Folge hat[1]. Um diese beiden Einflüsse voneinander abzutrennen, hat Wächtler Versuche an „entcamphertem" Celluloid vorgenommen. Dies kann man in zweierlei Weise tun:

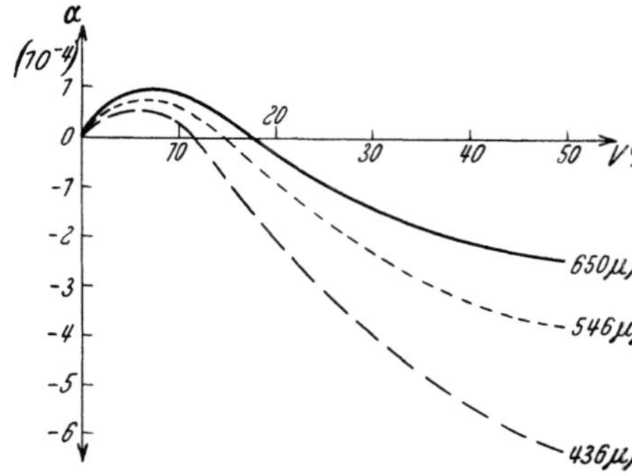

Abb. 75. Doppelbrechung von Cellulose plus Campher (Celluloid).

1. Die Celluloidstreifen wurden als solche gedehnt und nachher durch wiederholtes Einlegen in Xylol im Laufe von einigen Tagen entcamphert.

2. Der ungedehnte Celluloidstreifen wurde durch Einlegen in Xylol entcamphert und hinterher gedehnt.

Auf diese Weise gelang es, bis zu 90% Verlängerung das optische Verhalten entcampherter Celluloidstreifen zu studieren. In Abb. 76 ist die Doppelbrechung der in Xylol imbibierten campherfreien Streifen als Funktion der plastischen Verformung V für zwei verschiedene Farben dargestellt (obere Kurven). Bis zu

$$V = 50\%$$

sind die Meßpunkte nach beiden eben genannten Verfahren erhalten worden, oberhalb von 50% nur mehr nach dem ersteren.

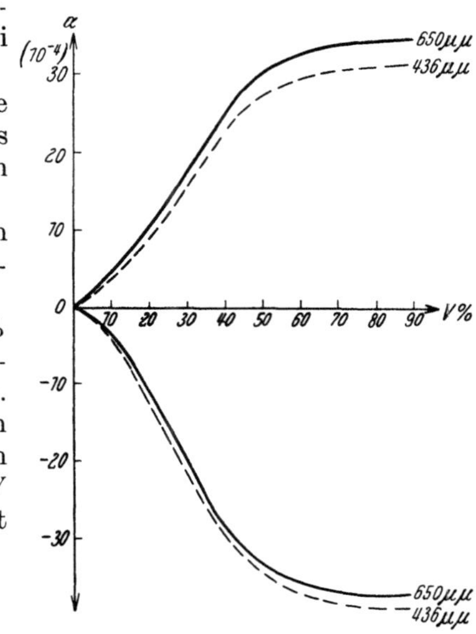

Abb. 76. Entcamphertes Celluloid (oben) und Campherkomponente (unten).

Die Kurven der Abb. 76 sind denen des hochnitrierten Celloidins durchaus analog. Es handelt sich wieder um die Stäbchen- und Eigendoppelbrechung länglicher

[1] Vgl. auch Derksen, Heß, Katz u. Trogus: Z. physik. Chem. **149**, 371 (1930).

Nitrocellulosemicelle — hier von etwas geringerem Stickstoffgehalt. Die in der bereits erwähnten Weise durchführbare Trennung in die beiden noch verbleibenden Arten optischer Anisotropie ergab, daß die Doppelbrechung des mit Xylol entcampherten Celluloids im wesentlichen eine reine Eigendoppelbrechung ist, der nur wenig Formdoppelbrechung anhaftet.

Aus dem Verlauf der gesamten Doppelbrechung des Celluloids und der optischen Anisotropie der Nitrocellulosekomponente allein läßt sich unter bestimmten Voraussetzungen das Verhalten der „Campherkomponente" berechnen. Subtrahiert man von den Kurven der Abb. 75 die oberhalb der Abszissenachse liegende Nitrocellulosekurve der Abb. 76, dann erhält man für die Gesamtdoppelbrechung der orientierten Campherteilchen die in der Abb. 76 unterhalb der Abszissenachse liegenden beiden Linien. Die starke negative Doppelbrechung der orientierten Campherteilchen überwiegt bei hohen Dehnungsgraden den positiven Beitrag der Nitrocellulose. Bei niedrigen Dehnungsgraden jedoch werden offenbar die länglicheren Nitrocellulosemicelle so stark orientiert, daß eine positive Gesamtdoppelbrechung resultiert. Qualitativ läßt sich also durch dieses Wechselspiel zwischen den beiden Komponenten im Laufe der Verformung der Verlauf der Kurve der Abb. 75 durchaus verstehen. Daß sie im wesentlichen durch die Überlagerung der Eigendoppelbrechung der beiden Komponenten zustande kommt, ließ sich experimentell zeigen, indem wiederum durch Imbibieren mit Einbettungsmitteln von verschiedenen Brechungsexponenten die Stäbchendoppelbrechung an den einzelnen Präparaten für sich bestimmt wurde; sie erwies sich als außerordentlich gering. Man hat also beim Celluloid im wesentlichen die Eigendoppelbrechung der beiden Komponenten vor sich.

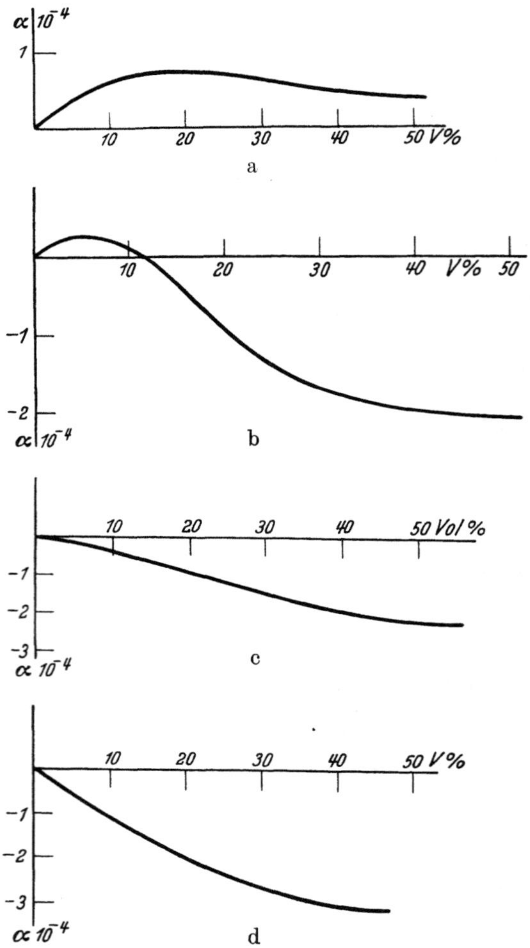

Abb. 77. Steigender Camphergehalt von a bis d.

Noch eingehender als Wächtler haben jüngst Derksen, Katz, Heß und Trogus[1] die Verhältnisse untersucht; sie arbeiteten mit Nitrocellulose von 11,1% N und variierten den Camphergehalt von 5 bis 50%. Die Kurven der Abb. 77 zeigen die von ihnen erhaltenen Resultate. Man sieht sehr deutlich, daß bei geringem Camphergehalt die positive Eigendoppelbrechung der Nitrocellu-

[1] Z. physik. Chem. **149**, 371 (1930).

lose überwiegt, während bei höherem Gehalt an Campher die Kurve ganz im negativen Gebiet verläuft. Die Verfasser kommen zu dem Schluß, daß der Gesamteffekt im wesentlichen durch die Eigendoppelbrechung orientierter Nitrocelluloseteilchen und orientierter Mischmicelle aus Campher und Nitrocellulose hervorgerufen wird. Beide Systeme orientieren sich im Verlauf der Dehnung verschieden stark. Eine Formdoppelbrechung dieses an sich zweikomponentigen Systems kann sich nicht bemerkbar machen, weil die Brechungsindices der beiden Komponenten einander zu ähnlich sind:

$$n_\alpha = 1{,}48 \text{ für Nitrocellulose,}$$
$$n_\alpha = 1{,}49 - 1{,}50 \text{ für Campher.}$$

Schließlich wurde eine kurze Untersuchung an Cellon durchgeführt[1], welche die in Abb. 71 wiedergegebenen Kurve lieferte; sie ist eine normale Sättigungskurve. Genauere Angaben über ihr Zustandekommen, speziell über die Frage, wieweit sie aus Stäbchen- und wieweit aus Eigendoppelbrechung besteht, liegen nicht vor.

Zusammenfassend läßt sich über das Studium der Cellulose und ihrer Derivate im polarisierten Licht sagen, daß qualitativ der micellare Aufbau dieser Präparate bestens bestätigt wird und daß gewisse Ansätze zu einer quantitativen Erfassung vorliegen. Auch hier ist die prinzipielle Möglichkeit zum weiteren Eindringen gegeben, das hierzu nötige experimentelle Material liegt bis heute aber noch nicht vor.

c) Die Strömungsdoppelbrechung von Cellulosederivaten.

Bekanntlich ist die polarisationsoptische Untersuchung strömender Dispersionen ein ausgezeichnetes Mittel, um sich über die Gestalt der in Suspension befindlichen Teile zu orientieren. Die Methode ist bei Vanadinpentoxydsolen, beim Benzopurpurin und anderen substantiven Farbstoffen besonders von Freundlich und Zocher[2] entwickelt und ausgebaut worden. Ihre Anwendung auf die Cellulose und deren Derivate bereitete zunächst deswegen Schwierigkeiten, weil die Effekte erheblich kleiner sind als bei den ebengenannten Solen. R. Signer[3] hat aber neuerdings in einer eingehenden Arbeit das Verhalten von hochpolymeren Stoffen, unter anderem auch von Cellulosederivaten optisch untersucht. Die Messung der Strömungsdoppelbrechung geschah durch die Beobachtung einer Flüssigkeitsschicht, welche zwischen zwei konzentrischen Zylindern eingeschlossen war. Ein Lichtstrahl tritt parallel zu den Zylinderachsen durch diese Schicht hindurch und wird in bezug auf seine optischen Eigenschaften geprüft. Der eine Zylinder rotiert und erzeugt daher in der Flüssigkeit einen Geschwindigkeitsgradienten, der eine Orientierung und damit eine optische Anisotropie zur Folge hat; die Doppelbrechung wurde in der gewohnten Weise gemessen. Als Beispiele seien die in der Tabelle 27 (S. 112) angeführten Versuche wiedergegeben. Man sieht, daß Acetylcellulose mit einem Essigsäuregehalt von etwa 52% in zehntelmolarer Lösung eine recht erhebliche optische Anisotropie besitzt. In der ersten Spalte der Tabelle sind die Substanzen, in der zweiten die Zähigkeitswerte der beobachteten Lösungen in willkürlichem Maße angegeben, in der dritten die Geschwindigkeitsgradienten g, welche nach

[1] Wächtler, M.: Kolloidchem. Beih. **20**, 200 (1925).
[2] Z. physik. Chem. **114**, 161 (1925); **98**, 293 (1921); **105**, 119 (1923); E. Krüger **109**, 438 (1924); Kolloid-Z. **38**, 43 (1926).
[3] Z. physik. Chem. **150**, 257 (1930).

der Formel

$$g = 2\pi u \frac{r_i}{r_a - r_i} \tag{4}$$

u = Umdrehungszahl pro Sekunde
r_i = Radius des inneren Zylinders
r_a = Radius des äußeren Zylinders

berechnet werden können. Die Spalte vier zeigt die Doppelbrechung der durchstrahlten Schicht (Dicke 4,5 cm) im absoluten Maße. Man sieht, daß in der Tat die Doppelbrechung mit zunehmendem Geschwindigkeitsgradienten ansteigt, wie es sein muß, wenn sie als Strömungsdoppelbrechung aufgefaßt werden soll. In der letzten Spalte der Tabelle endlich ist die Doppelbrechung, bezogen auf das Geschwindigkeitsgefälle Eins, angegeben. Man erkennt, daß die drei bisher untersuchten Cellulosederivate — Diacetylcellulose, Äthylcellulose und Benzylcellulose — recht deutliche Effekte ergeben und daß die Zahlen in der letzten Spalte der Tabelle einigermaßen konstant sind, so daß man wohl an der Deutung dieses Effektes als Strömungsdoppelbrechung nicht zu zweifeln braucht.

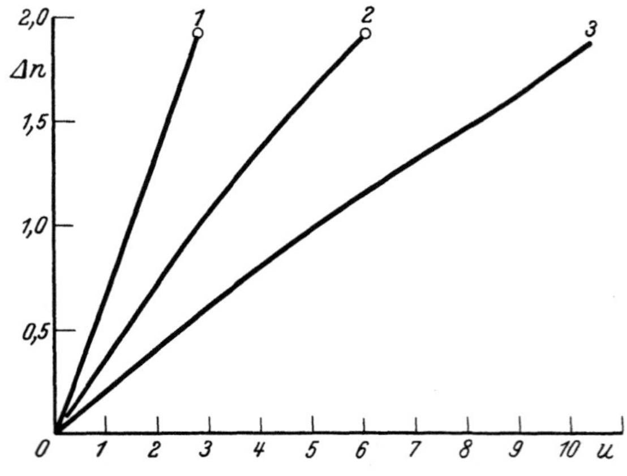

Abb. 78. Abhängigkeit der Doppelbrechung Δn von der Geschwindigkeit u bei Polystyrollösungen.

Auch diese Untersuchung zeigt wiederum, daß in der Suspension der Cellulosederivate längliche Teilchen vorhanden sind, welche durch ein Geschwindigkeitsgefälle parallel gerichtet werden können. An Cellulosederivaten selbst sind keine weiteren Untersuchungen vorgenommen worden, wohl aber an anderen hochpolymeren Substanzen. Signer hat insbesondere das Polystyrol, Polyinden sowie Polyvinylderivate genauer studiert und gezeigt, daß auch hier sehr deutliche Orientierungseffekte beobachtet werden können. Die Abb. 78 läßt erkennen, daß diese Abhängigkeit bei Polystyrollösungen einen recht gut linearen Charakter trägt. Zum Vergleich mit den bei der Cellulose erhaltenen Zahlen sind in der Tabelle 27 auch zwei Versuche an synthetischen Hochpolymeren mit aufgenommen.

d) Untersuchung des gestreuten Tyndall-Lichtes.

Raileigh[1] hat schon vor längerer Zeit gezeigt, daß man aus dem Polarisationszustand des gestreuten Lichtes zu Aussagen über die Größe und Form der streuenden Partikel gelangen kann. Seine Formeln sind in den letzten Jahren von Mie[2], Gans[3] und Blumer[4] ausgebaut und von Herzog und Lange[5] zur Untersuchung des Zustandes gelöster Cellulosederivate verwendet worden. Aus der

[1] Phil. Mag. **41**, 112, 274, 450 (1871); **12**, 81 (1881); **47**, 375 (1899).
[2] Ann. Phys. **25**, 377 (1910).
[3] Ann. Phys. **37**, 881 (1912); **47**, 270 (1915); **62**, 331 (1920); **65**, 97 (1921); Z. Physik **17**, 353 (1923); **30**, 231 (1924).
[4] Z. Physik **32**, 119 (1925); **38**, 304 (1926).
[5] Z. physik. Chem. **132**, 1 (1928); World Engineering Congreß Tokyo (1929).

Theorie geht hervor, daß das unter 90° gestreute Licht bei kleinen, isotropen, voneinander unabhängigen Teilchen vollständig in dem Sinne polarisiert sein muß, daß der elektrische Vektor senkrecht zu derjenigen Ebene schwingt, die durch den einfallenden und durch den gestreuten Strahl definiert ist. Wenn die Abmessungen der Teilchen mit der Wellenlänge des Lichtes vergleichbar werden und sie nicht mehr isotrop sind, dann ergibt sich, daß der Polarisationsgrad der unter 90° abgebeugten Strahlung eine Funktion der Teilchengröße und Teilchenform ist. Wenn J_1 diejenige Intensität bezeichnet, deren elektrischer Vektor senkrecht zu der Ebene schwingt, die durch den einfallenden und den reflektierten Strahl definiert ist und J_2 die in dieser Ebene schwingende — „depolarisierte" — Komponente mißt, so nennt man den „Polarisationsgrad" das Verhältnis

$$\Delta = \frac{J_1}{J_2}. \qquad (5)$$

Als Depolarisationswinkel bezeichnet man dann denjenigen Winkel α, der mit diesem Verhältnis durch die Gleichung

$$\alpha = \operatorname{arc\,tg} \sqrt{\Delta} \qquad (6)$$

verknüpft ist.

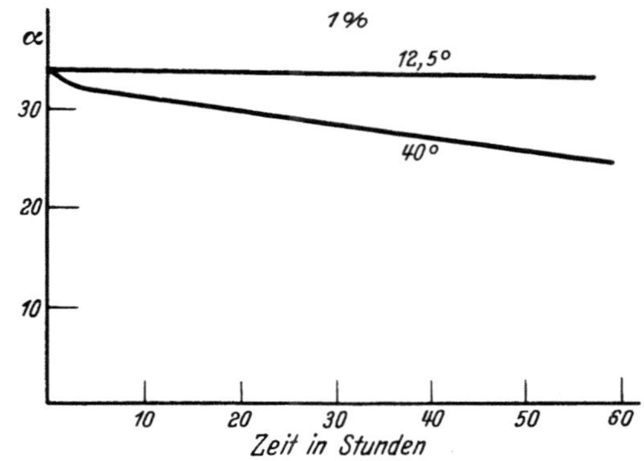

Abb. 79.

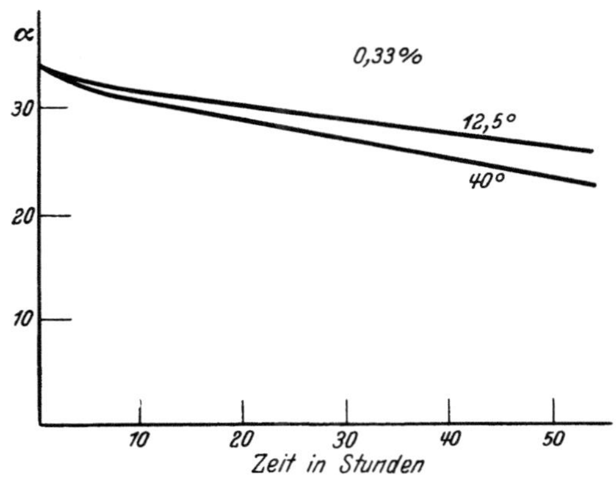

Abb. 80.

Abb. 79 und 80. Depolarisationswinkel α als Funktion der Zeit für eine Methylcellulose bei verschiedener Konzentration und Temperatur.

Es wurde nun in einer normalen Polarisationseinrichtung mit gekreuzten Nikols der Depolarisationswinkel von optischem Licht untersucht, welches an Lösungen von Methylcellulose gestreut worden war. Die Abb. 79 zeigt für Methylcellulose die Abhängigkeit des Winkels α von der Beobachtungsdauer und von der Temperatur. Es wurde eine 1proz. Lösung einer nach Urban und Freudenberg bereiteten Methylcellulose in Tetrachlorkohlenstoff verwendet und bei 12,5 bzw. 40° in der geschilderten Weise untersucht. Man sieht aus den Diagrammen dieser Abbildung deutlich, daß bei niedriger Konzentration ein recht deutlicher Abfall von α im Laufe der Zeit eintritt. Dies bedeutet im Sinne der beiden Gleichungen (5) und (6), daß die senkrecht zur Streuebene polarisierte Komponente an Intensität allmählich einbüßt, daß also in zunehmendem Maße Depolarisation eintritt. Ähnliche Beobachtungen werden bei Acetylcellulose gelöst in Tetrachlorkohlenstoff gemacht. Hier erfolgt der Intensitätsabfall bereits in wesentlich kürzerer Zeit. Im Sinne der eingangs erwähnten elektromagnetischen Theorien dieses Effektes liegt es nahe, die Abnahme von α als einen allmählichen Abbau länglicher Micelle in kleinere Teilchen anzusehen. Dieser Abbau würde sich also in verdünnter Lösung rascher als in konzentrierter vollziehen und wäre außerdem sehr weitgehend von den chemischen Eigenschaften des betrachteten Systems: Methyl- bzw. Acetylcellulose, verschiedenartiges Lösungsmittel usw. abhängig. Auch die Tatsache, daß bei erhöhter Temperatur die Kurve rascher absinkt, spricht für diese Deutung des Effektes.

Theorie und Ergebnisse sollen hier nicht ausführlicher auseinandergesetzt werden, da es sich, wie auch aus den Originalarbeiten hervorgeht, nur um eine orientierende Voruntersuchung handelt, deren wesentlicher Wert darin gelegen ist, daß ein neuartiges Hilfsmittel mit herangezogen wird. Nach persönlichen Mitteilungen der Verfasser sind die Resultate mit einer gewissen Reserve aufzunehmen, da die äußerst subtiles Arbeiten erfordernde Methode den verschiedenartigsten Fehlerquellen unterliegt. Vor allem können chemische und kolloidchemische Verunreinigungen sowie Staubteilchen stören. Ferner sind die theoretischen Grundlagen der Methode keineswegs so weit ausgebaut, als daß man die Einflüsse von Teilchenform, Größe, Brechungsexponenten (Lösungsmittel und gelöste Substanz), Wellenlänge des Lichtes, Konzentration und Temperatur mit genügender Sicherheit diskutieren könnte. Die für die obenstehenden Resultate angegebene Deutung darf wohl als plausibelste gelten.

Neben den hier kurz geschilderten Untersuchungen der Cellulose mit Hilfe des optischen Lichtes liegen noch eine Reihe qualitativer Arbeiten vor, die mehr technische Ziele verfolgen und sich im wesentlichen die Aufgabe stellen, durch optische Messungen zur empirischen Charakterisierung gegebener Produkte beizutragen. Da sie keine Ansätze zu quantitativer Fortentwicklung enthalten, scheint es nicht berechtigt, sie an dieser Stelle ausführlicher zu diskutieren. Hierdurch soll aber über ihre praktische Brauchbarkeit und ihren empirisch-technischen Wert keinerlei Urteil gefällt sein.

3. Die Untersuchung der Cellulose mit Hilfe von Röntgenstrahlen.

a) Einleitung.

Die historische Entwicklung hat es mit sich gebracht, daß die Ergebnisse der röntgenographischen Untersuchung der Cellulose bei der Aufstellung eines rationellen Modells für die Erklärung der interessanten Eigenschaften dieser Substanz eine besondere Rolle gespielt haben. Das große Interesse, welches der Aufbau der Cellulose, ihrer Derivate und der hochpolymeren Substanzen überhaupt in den letzten Jahren im Kreise der Chemiker erweckte, hat zur Folge gehabt, daß schon sehr früh versucht worden ist, die Struktur dieser technisch und wissenschaftlich gleich anziehenden Körperklasse auch mit Hilfe von Röntgenstrahlen zu studieren.

Bereits im Jahre 1913 haben Nishikawa und Ono organische Fasern — Hanf und Seide — mit Röntgenstrahlen durchleuchtet; sie haben auch ihr Diagramm bereits qualitativ richtig in dem Sinne gedeutet, daß parallel zur Faserachse orientierte, kleine Krystallite in diesen Präparaten vorliegen. Leider sind aber ihre Beobachtungen an wenig zugänglicher Stelle mitgeteilt worden[1] und haben daher auf die allgemeine Entwicklung dieses Forschungsgebietes keinen fördernden Einfluß ausgeübt. Es wäre wohl auch um diese Zeit, d. h. unmittel-

[1] Phys. Math. Soc. of Japan vom 20. September, Tokyo 1913.

bar nach der Entdeckung der Röntgeninterferenzen die ganze experimentelle und rechnerische Methodik für eine eingehende Auswertung der Cellulosediagramme noch nicht reif gewesen und die einzige Aussage, welche damals aus den Bildern mit Sicherheit möglich war, bezog sich auf die krystalline Natur der untersuchten Präparate[1]. Im Jahre 1918 hat P. Scherrer[2] das Debye-Scherrer-Verfahren auf kolloide Substanzen — Goldsole usw. — angewendet und bei dieser Gelegenheit auch organische hochpolymere Präparate — z. B. Cellulose und Stärke — untersucht. Nach den bereits geschilderten Experimenten von H. Ambronn (vgl. S. 115) war ja durch die Polarisationsoptik ein kryptokrystalliner Aufbau der Stärke und der Cellulose aufgedeckt worden und es lag nahe, die Röntgenstrahlen als ein Mittel zur besonders scharfen Prüfung dieser Ansicht zu benutzen. Die Versuche lieferten jedoch kein eindeutiges Resultat. Ende 1919 haben dann R. O. Herzog und W. Jancke[3] am Kaiser Wilhelm-Institut die röntgenographische Erforschung der Faserstoffe und zahlreicher anderer biologischer Systeme in systematischer Weise in Angriff genommen und durch eine große Zahl von Arbeiten zehn Jahre lang verfolgt. Sie erhielten im Jahre 1920 gleichzeitig mit P. Scherrer[4], der seine Versuche fortgeführt hatte, die ersten monochromatischen Cellulosediagramme, die zunächst qualitativ mit aller Sicherheit erkennen ließen, daß kleine Krystallite in den untersuchten Präparaten vorliegen. Die Abb. 81a zeigt ein typisches Diagramm der nativen Cellulose von der Qualität, wie es damals auf Grund der zur Verfügung stehenden Hilfsmittel erhalten werden konnte. Es wurden zur Herstellung dieser Bilder Faserstränge von etwa ½ mm Dicke benutzt und mit der gewöhnlichen Cu-K-Strahlung belichtet. Bei 40 bis 50 kV Betriebsspannung und etwa 15 mA Stromstärke konnte man bei enger Blende (8 cm lang und 0,6 mm Durchmesser) unter Vorschaltung einer dünnen Nickelfolie (0,01 mm) zur Abschwächung der β-Strahlung bei einem Plattenabstand von etwa 5 cm in 10 bis 15 Stunden Belichtungszeit Aufnahmen von der Art der Abb. 81a erhalten.

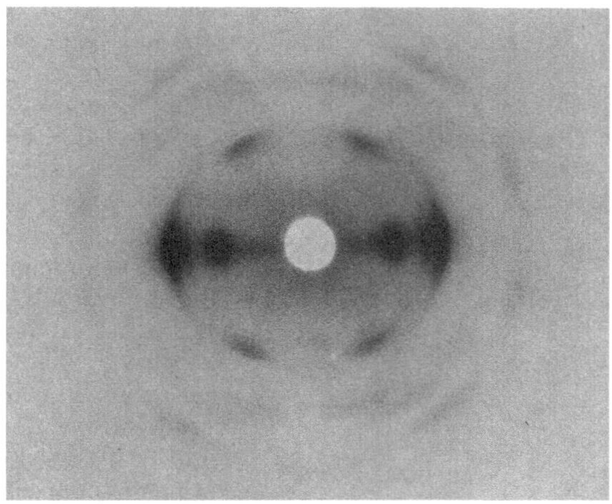

Abb. 81a. Diagramm der nativen Cellulose.

Es war von großer Bedeutung für die Entwicklung unserer Kenntnis über die Cellulosestruktur, daß es in den darauffolgenden Jahren allmählich gelang, die Versuchstechnik ganz erheblich auszubauen und zu verbessern. Um dies zu

[1] Es sei hier bemerkt, daß man aus dem Auftreten intensiver und scharfer Interferenzpunkte mit Sicherheit auf das Vorhandensein einer gewissen gittermäßigen Ordnung schließen kann, während man umgekehrt aus dem Fehlen solcher Interferenzpunkte nicht völlig amorphe Struktur folgern darf.

[2] Göttinger Nachr. **1918**, 98.

[3] Vgl. Z. physik. Chem. **139**, 235 (1928).

[4] Dargestellt in R. Zsigmondy: Kolloidchemie, **3.** Aufl., S. 40 (1920).

zeigen, sei dem in Abb. 81a dargestellten Diagramm der nativen Ramie eine andere Aufnahme (Abb. 81b) derselben Faserart gegenübergestellt; sie wurde von G. v. Susich (1928) hergestellt. Er verwendete ein Bündel von 0,2 mm Dicke, eine Blende von den gleichen Dimensionen wie oben angegeben und belichtete mit gefilterter Strahlung bei 60 kV und 20 mA 0,5 Minuten. Wenn man die direkt von der Antikathode abgehende Primärstrahlung zuerst an einem Calcitkrystall monochromatisiert und hierdurch die β-Strahlung vollkommen ausschaltet, erhält man Diagramme von der Art der Abb. 81c, für deren Herstellung man mit einem guten Röntgenrohr etwa 20 bis 30 Minuten benötigt. Solche Aufnahmen haben den Vorteil, daß jede Täuschung durch Interferenzen der β-Strahlung wegfällt und die Interferenzpunkte daher eine eindeutige Auswertung gestatten.

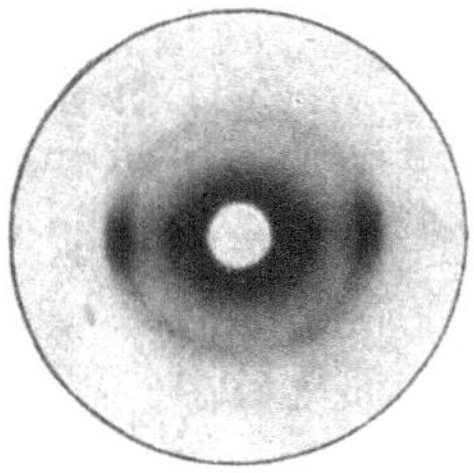

Abb. 81b. Kurzbelichtetes Diagramm einer Kupferseide.

Abgesehen von den bereits erwähnten Befunden von Nishikawa und Ono waren im Jahre 1920 Röntgenbilder von dem Typus der Abb. 81a noch unbekannt und neu. M. Polanyi wandte sich daher im Faserstoff-Institut zunächst allein[1], später in Gemeinschaft mit K. Weißenberg[2] der Diskussion solcher Diagramme zu und entwickelte im weiteren Verlaufe seiner Überlegungen die Theorie der Faser- und Drehdiagramme[3]. Das wichtigste Ergebnis seiner Untersuchungen war die Aufstellung der nach ihm benannten Schichtlinienbeziehung. Diese ist eine rein geometrische Interferenzgleichung, die sich auf die Beugungserscheinung an einem linearen Gitter bezieht; sie ist für die Entwicklung der Kenntnis der Cellulosestruktur und darüber hinaus für alle Strukturbestimmungen mit Hilfe der Drehkrystallmethode von ganz entscheidender Bedeutung gewesen und es sei daher hier auf ihre Grundlagen etwas näher eingegangen, da ihr Verständnis bei der Beurteilung aller Faserdiagramme sehr wesentlich ist.

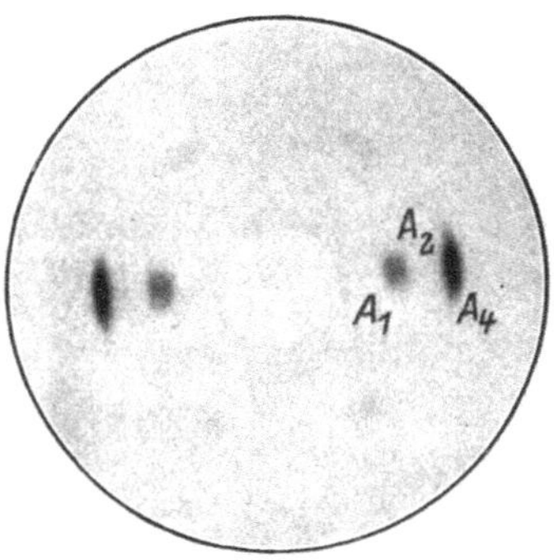

Abb. 81c. Monochromatisches Cellulosediagramm.

Wenn man die Streuung an einem linearen Gitter betrachtet, so ist es am zweckmäßigsten, zunächst von einem Gebilde auszugehen, welches nur aus zwei Punkten besteht. Läßt man, wie dies die Abb. 82a schematisch zum Ausdruck bringt, auf ein derartiges Gitter monochromatische Röntgenstrahlung von der Wellenlänge λ aus der Richtung R einfallen, dann wird jeder einzelne Gitterpunkt als Beugungszentrum wirken, im Sinne der Dispersionstheorie eine sekundäre Kugelwelle emittieren und der gesamte Streueffekt dieses — nur aus zwei Punkten bestehenden — „Gitters" wird sich aus der Überlagerung der beiden elementaren Anteile ergeben. Man sieht schon aus der Abbildung, daß man jetzt nicht mehr eine Kugelwelle vor sich hat, die in jeder Richtung gleich viel Energie abtransportiert, sondern man hat nach dem Huyghensschen Prinzip die Einhüllenden der elementaren Kugelwellen zu bilden: In denjenigen Richtungen, in welchen die elementaren Kugelwellen in besonders günstiger

[1] Z. Physik 7, 149 (1921). [2] Z. Physik 9, 123 (1922).
[3] Vgl. zu dieser Theorie auch besonders E. Schiebold: Die Drehkrystallmethode. Fortschr. Min. u. Petr. 11, 113 (1927).

Weise zu ebenen Wellen „zusammenfließen"[1], verläßt ein intensiver makroskopisch beobachtbarer Interferenzstrahl das streuende Gebilde (Θ_{max}).

In der Abb. 82a sind die Wellenberge als ausgezogene, die Wellentäler als gestrichelte Kreisbogen angedeutet. Wenn eine ebene Welle aus der Richtung *RR* einfällt, dann werden zu einem bestimmten Zeitpunkt die sekundären Kugelwellen die in dieser Abbildung gezeichnete Anordnung erreicht haben. Man sieht nun, daß z. B. bei der Überlagerung der Wellenberge der dritten Kugelwelle beider Atome eine zunächst etwas „rauhe" Wellenfront entsteht, die sich aber bei weiterem Entfernen vom Objekt mehr und mehr glättet. Diese Wellenfront entspricht einem Interferenzstrahl, der das Objekt in der Richtung des einfallenden Strahles verläßt; er bewirkt, worauf hier nicht näher eingegangen werden soll, die gewöhnliche Brechung der Röntgenstrahlen. Wir können aber auch den dritten Wellenkamm des Atoms *a* mit dem zweiten des Atoms *b* verbinden und erhalten ebenfalls eine Einhüllende, die als Repräsentantin für einen Interferenzstrahl anzusehen ist. Es wird also auch in der durch den Pfeil Θ_{max} bezeichneten Richtung besonders viel Energie den Streustrahler verlassen, weil sich eben in dieser Richtung bei der gewählten Wellenlänge und dem gewählten Abstand der Beugungszentren die elementaren Kugelwellen im günstigsten Sinn überlagern. Wir haben also in der gestreuten Strahlung ein Maximum in der Richtung Θ_{max} zu erwarten, welches durch Interferenz der Röntgenstrahlen an dem beleuchteten Objekt zustande kommt. Dieses Maximum ist vom Primärstrahl durch ein Minimum getrennt, das in der Richtung auftreten wird, in welcher der Wellenberg der dritten von *a* ausgehenden Welle mit dem Wellental der von *b* ausgehenden zusammenfällt. Auch hier ist die Einhüllende — zur Unterscheidung — gestrichelt gezeichnet. Wenn wir also, von der Richtung des Primärstrahls $\Theta = 0$ ausgehend, die räumliche Verteilung der den Streustrahler verlassenden Intensität untersuchen, so werden wir finden, daß sie beim Hinausgehen aus dem Primärstrahl zunächst langsam abnimmt, bei Θ_{min}, das ist in der Abbildung bei etwa 30°, verschwindet, weil sich hier die von den beiden Beugungszentren kommenden Wellen gerade auslöschen, dann wieder langsam ansteigt und bei etwa 60° ein Maximum erreicht, jenseits dieses Maximums aber in derselben Weise abfällt, wie sie vorher angestiegen war.

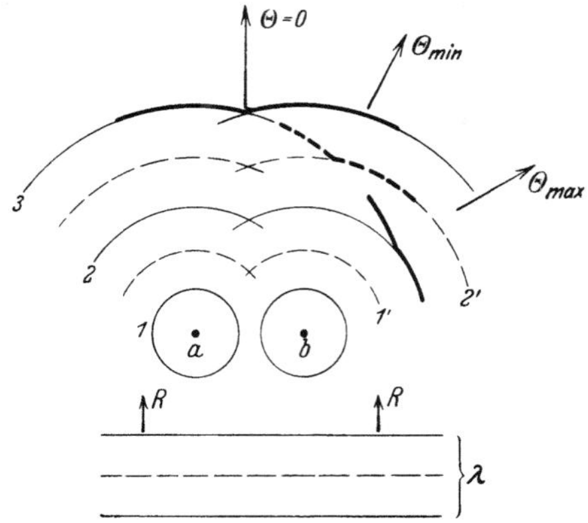

Abb. 82a.

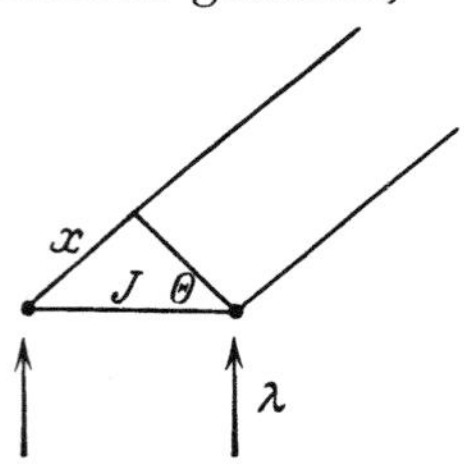

Abb. 82b.

Wir erhalten also als Interferenzerscheinung eines zweiatomigen Moleküls oder eines Atoms mit zwei an bestimmten Punkten lokalisierten Elektronen ein unscharfes Maximum in einer bestimmten Richtung Θ_{max}. Diese läßt sich nach Abb. 82b leicht aus der Wellenlänge λ und dem Abstand I der beiden Beugungszentren berechnen. Es wird dann Verstärkung durch Interferenz eintreten, wenn die Wegdifferenz x der sekundären Wellen gerade die Wellenlänge des einfallenden Lichtes ausmacht oder ein Vielfaches davon ist. Aus der Abb. 82b sieht man sofort, daß diese Wegdifferenz bei großer Entfernung vom Gitter durch $I \sin \Theta$

[1] Das heißt dort, wo bei der Verbindung der elementaren Kugelwellen am wenigsten Einbuchtungen oder Höcker entstehen.

gegeben ist. Wir haben also Maxima in den Richtungen zu erwarten, die durch die Gleichungen:

$$
\begin{aligned}
\sin\Theta &= \frac{0\cdot\lambda}{I}\\
\sin\Theta &= \frac{1\cdot\lambda}{I}\\
\sin\Theta &= \frac{2\cdot\lambda}{I}
\end{aligned}
\tag{1}
$$

bestimmt sind.

An diesen Verhältnissen wird sich nicht sehr viel ändern, wenn man an Stelle eines einzelnen Atoms eine große Zahl voneinander unabhängiger Atome, etwa im idealen Gaszustand, bestrahlt. Auch in diesem Falle hat man eine merkliche Interferenzerscheinung in Form sehr verwaschener Maxima zu erwarten, die eine Halbwertsbreite von vielen Bogengraden besitzen. Man sieht also, daß die Konstruktion der einzelnen Atome selbst schon zu Interferenzerscheinungen führt, die man unter dem Namen Atomformfaktoren zusammengefaßt hat. Bei der Berechnung solcher Atomformfaktoren geht man so vor, daß man im Sinne der neueren Anschauungen der Wellenmechanik in jedem Atom eine kontinuierliche Ladungsverteilung der negativen Elektrizität rund um den positiven Atomkern herum annimmt und nun in derselben Weise, wie es hier schematisch für zwei getrennte Punkte geschehen ist, berechnet, wie sich die von der kontinuierlichen Ladungswolke ausgehenden elementaren Sekundärwellen in den verschiedenen Richtungen überlagern. Diese Atomformfaktoren hat man bei der Auswertung der Intensitäten zu berücksichtigen (vgl. später S. 154); sie haben in den meisten Fällen zur Folge, daß in der unmittelbaren Umgebung des Primärstrahles relativ mehr Röntgenlicht gestreut wird, als es bei einem punktförmigen Beugungszentrum der Fall wäre. Noch deutlicher und für die chemischen Konstitutionsfragen wichtiger sind die Interferenzerscheinungen einzelner Moleküle, die dadurch zustande kommen, daß mehrere Atome in einem Molekül als punktförmige Beugungszentren wirken und miteinander interferieren. Besonders bei Molekülen, die einige schwere Atome enthalten, lassen sich im gasförmigen Zustand solche Molekülinterferenzen feststellen.

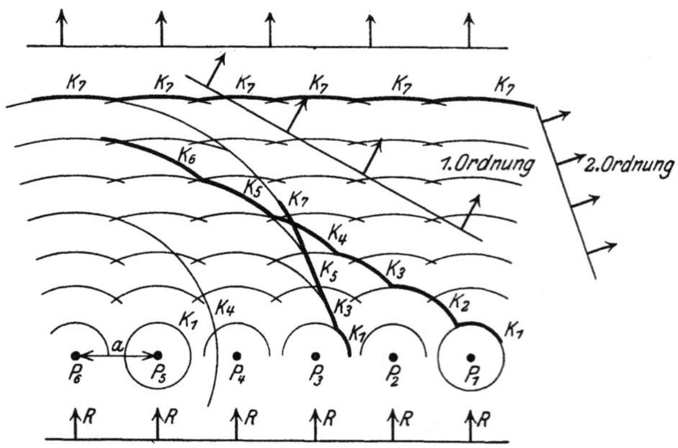

Abb. 82c. Beugung an einem linearen Gitter.

Um zu den Verhältnissen beim linearen Gitter und später beim Krystallgitter zu gelangen, betrachten wir nunmehr eine Reihe von sechs äquidistanten Punkten — also ein Gebilde, welches den Übergang zu einem linearen Gitter vermittelt (Abb. 82c). Wir zeichnen wiederum die bei der angenommenen Wellenlänge sich ergebenden sekundären Kugelwellen, suchen ihre Einhüllenden und sehen auch hier, daß man bei der Superposition der sieben Wellenkämme aller Punkte eine dem Primärstrahl parallel laufende, zunächst etwas „rauhe" Wellenfront erhält, die sich aber bei weiterem Entfernen vom Objekt immer mehr „ebnet" und schließlich den Interferenzstrahl $K_7 K_7 K_7$ ergibt. Um zu sehen, in welchen anderen Richtungen auch noch eine beobachtbare Intensität zu erwarten ist, haben wir von dem ersten Kamm K_1 von P_1 zum zweiten K_2 von P_2, zum dritten von P_3 usw. überzugehen. Auch diese in ihrer Größe von rechts nach links wachsenden Kreise haben eine Einhüllende, die in größerer Entfernung eine ebene Welle repräsentiert, welche in einer Richtung schief zum Primärstrahl das Objekt verläßt. Man nennt sie den Interferenzstrahl erster Ordnung, weil man beim Weitergehen von Punkt zu Punkt immer den um eins höheren Wellenkamm zur Interferenz verwendet hat. Verbinden wir den ersten Kamm von P_3 mit dem dritten von P_4 usw. — nehmen also immer den zweiten Kamm des nächsten Atoms —, so erhalten wir die Welle $K_1K_3K_5$, die man den Interferenzstrahl zweiter Ordnung nennt.

In den genannten Richtungen wird also je ein makroskopisch sichtbarer Interferenzstrahl unser Gitter verlassen. Diese Konstruktion bleibt aber nur solange möglich, als die aufeinanderfolgenden Kugelwellen eine Einhüllende haben, d. h. solange die Zahl der Ordnung mal dem Abstand der Wellenkämme kleiner ist als der Abstand I der Gitterpunkte. Würde man z. B. in der Abb. 82c versuchen, eine Reflexion dritter Ordnung zu zeichnen, indem man z. B. von K_1 des Punktes P_5 nach K_4 von P_6 eine Verbindung zieht, so sieht man, daß diese nicht möglich ist, weil der Kreis K_1 von P_5 ganz in dem Kreis K_4 von P_6 enthalten ist. Dies ist der Grund, weswegen man mit sichtbarem Licht an Krystallgittern keine Interferenzen erzeugen kann. Die Wellenlänge ist so groß, daß schon bei der ersten Ordnung die Konstruktion nicht mehr möglich wird.

Die Richtung der Maxima wird auch hier durch die Formel (1) gegeben. Beim Bestrahlen eines linearen Gitters erhält man also Interferenzerscheinungen, aus deren Winkelabstand vom Primärstrahl man bei bekannter Wellenlänge den Abstand I der identischen Gitterpunkte nach (1) direkt berechnen kann. Diese Gleichung nennt man die Polanyische Schichtlinienbeziehung:

$$I = \frac{n\lambda}{\sin\mu}, \qquad \mu = \operatorname{arc\,tg}\frac{2e}{2r} \tag{1a}$$

$2e$ = Abstand der $n$ten Schichtlinie oberhalb und unterhalb des Äquators voneinander,
$2r$ = Durchmesser der Kammer.

Es ist nun für die weiteren Schlußfolgerungen aus Faserdiagrammen auch noch nötig, auf die Schärfe der bei der Konstruktion der Abb. 82c sich ergebenden Maxima näher einzugehen. Man findet zunächst, daß sie wesentlich schärfer sind als in Abb. 82a, denn die erste Ordnung kommt durch Überlagerung der unmittelbar aufeinanderfolgenden Wellenberge aller Punkte zustande. Geht man aus dieser Richtung nur ein wenig hinaus, so überlagert sich der Wellenkamm K_6 bereits dem Wellental K_5 usw., so daß rechts — d. h. unter größerem Winkel neben der ersten Ordnung — schon sehr bald ein Minimum entsteht. Überlagert man andererseits den Wellenberg K_5 dem Wellental des Punktes P_6, so erhält man dasselbe Minimum unmittelbar links des Interferenzstrahles erster Ordnung. Mit zunehmender Zahl der interferierenden Punkte werden die das Maximum rechts und links begrenzenden Minima immer breiter werden, so daß die Interferenzen immer schärfer werden.

Voraussetzung für die Anwendung der Polanyischen Beziehung in einem gegebenen Fall ist die gute und deutliche Ausbildung von Schichtlinien. Bei Drehkrystallaufnahmen ist sie häufig so markant, daß die genaue Vermessung des für die Rechnung wesentlichen Schichtlinienabstandes $2e$ keinerlei Schwierigkeiten bietet. So ist z. B. als Abb. 83a ein Drehdiagramm von Quarz wiedergegeben, aus dem man den Schichtlinienabstand mit großer Sicherheit und Genauigkeit entnehmen kann. Bei den Aufnahmen der Cellulose und ihrer Derivate liegen jedoch die Verhältnisse häufig erheblich ungünstiger, so daß eine

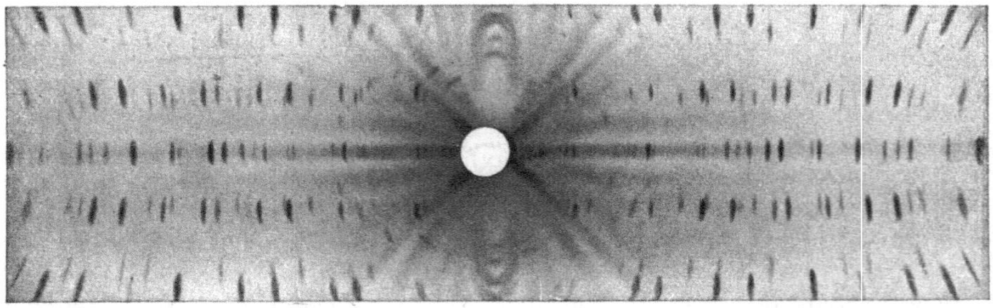

Abb. 83a. Drehdiagramm von Quarz.

genaue Vermessung von e und eine dementsprechend verläßliche Berechnung der Identitätsperiode I auf der Faserachse nicht immer möglich ist. Die native Ramie bildet in dieser Hinsicht zwar eine vorteilhafte Ausnahme; in ihrem Diagramm lassen sich, wie z. B. aus den Abb. 81a und 83b erkennbar ist, die einzelnen Schichtlinien so gut zwischen den sie markierenden Punkten interpolieren, daß bei dieser Substanz sowie auch bei anderen nativen Fasern — Hanf, Flachs usw. — die genaue Berechnung der Identitätsperiode aus den Schichtlinien in jeder Hinsicht gestützt erscheint. Zweckmäßig ist es, bei der Herstellung der Diagramme zylindrische Kammern zu benutzen, da sich hier die Schichtlinien als parallele Gerade abzeichnen.

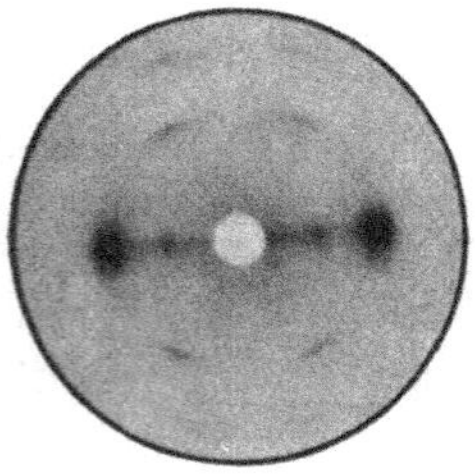

Abb. 83b. Faserdiagramm von nativer Ramie.

Aus den normalen Cellulosediagrammen erhält man auf diese Weise die Abstände der ersten fünf bis sechs Schichtlinien mit großer Sicherheit; sie sind in der Tabelle 28 zusammengestellt. Es berechnet sich aus ihnen mit einer sehr geringen Fehlergrenze die Identitätsperiode auf der Faserachse zu

$$I = 10{,}22 \pm 0{,}04\,\text{Å}\,. \quad (2)$$

Tabelle 28.

Nr. der Schichtlinie	$\sin\mu$ Cu K	μ Cu K	I	Mittelwert von I
1	0,150	8° 40′	10,21	10,22 Å
2	0,301	17° 30′	10,22	
3	0,451	26° 50′	10,23	
4	0,602	37° 0′	10,22	
5	0,753	48° 50′	10,23	

Wenn man Wert darauf legt, diese Zahl auch noch durch die Verwendung noch höherer Schichtlinien zu kontrollieren, dann hat man nach Polanyi und Weißenberg[1] sogenannte „schiefe" Aufnahmen heranzuziehen, d. h. Diagramme, bei deren Herstellung die Faserachse mit der Durchstrahlungsrichtung einen spitzen Winkel einschloß. In solchen Diagrammen kommen auch noch Netzebenen zur Reflexion, die bei den normalen Aufnahmen nicht beobachtet werden können. Eine einfache geometrische Überlegung zeigt, daß man bei der Berechnung solcher Bilder an Stelle der Gleichung (1a) die Beziehung

$$I = \frac{n\lambda}{\sin\mu + \sin\beta} \quad (3)$$

[1] Z. Physik 9, 123 (1922).

anzuwenden hat, in welcher β den Winkel zwischen Strahlrichtung und Präparatenachse bedeutet. Die Abb. 84 gibt ein schiefes Cellulose-Faserdiagramm wieder, bei dem die Achse des Faserbündels um einen Winkel von

$$\beta = 42^0$$

gegen den einfallenden Röntgenstrahl geneigt war. Hier treten vorzugsweise die „diatropen"[1] und die ihnen sehr benachbart liegenden Netzebenen auf. Weil sie sehr nahe senkrecht zu der vertikalen Mittellinie des Bildes gestellt sind, werden ihre Reflexe zu mehr oder weniger schlecht vermeßbaren größeren Segmenten verschmiert. Es hat sich daher als notwendig erwiesen, bei der Heranziehung höherer Ordnungen zur Überprüfung der Faserperiode eine andere, zuerst von Hengstenberg[2] und v. Susich[3] gebrauchte Methode mitzuverwenden, die auch das Vermessen sehr hoch indizierter Reflexe gestattet und daher eine große, absolute Meßgenauigkeit ermöglicht. Man stellt sich durch Zusammenkleben genau parallel gerichteter Fasern ein kurzes Stäbchen her, bringt dieses mit horizontal gelegter Stäbchenachse in eine Debye-Kammer und dreht es nun vor dem Röntgenstrahl so, daß an der Querschnittsebene des Präparates, welche parallel der diatropen Netzebene liegt, nach dem Braggschen Verfahren wie an einem Einkristall reflektiert wird. Auf diese Weise ist es gelungen, Reflexionen der Diatropen $(0\,k\,0)$ bis zur 12. Ordnung zu erhalten. Die Tabelle 29 gibt eine Reihe von Ablenkungswinkeln wieder, die aus solchen Diagrammen erhalten worden sind. Es resultiert hier natürlich nicht die Identitätsperiode entlang der Faserachse, sondern der Netzebenenabstand der diatropen Ebene, welcher aber wegen des ganzzahligen Verhältnisses dieser beiden Größen leicht auf die Identitätsperiode umgerechnet werden kann. Wie man aus der Tabelle 29 sieht, wird durch diese andersartige Aufnahmetechnik der mit Hilfe der Schichtlinienbeziehung direkt erhaltene Wert von 10,22 Å mit guter Genauigkeit bestätigt.

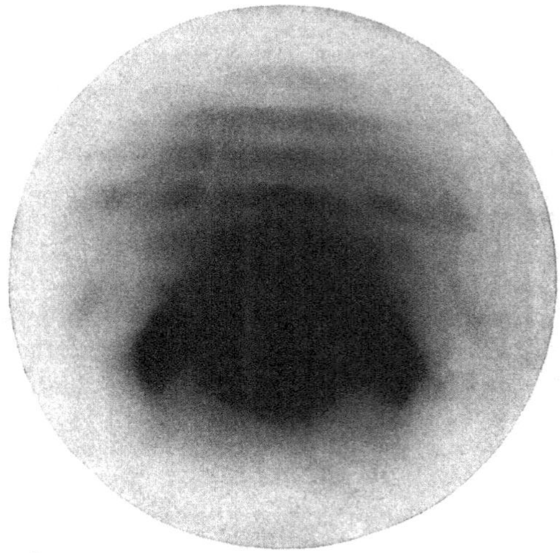

Abb. 84. „Schiefes" Ramie-Faserdiagramm; $\beta = 42^0$.

Tabelle 29.

Cu K Abstand der Interferenz vom Durchstoßpunkt $2\,r = 124{,}9$ mm	ϑ	$\sin \vartheta/2$	Netzebenenabstand	Mittelwert des Netzebenenabstandes
(020) β 18,0 mm	$16^0\,30'$	0,143	10,40	$10{,}3 \pm 0{,}1$ Å
(020) α 18,7 „	$17^0\,10'$	0,149	10,35	
(040) β 34,2 „	$31^0\,20'$	0,270	10,30	
(040) α 37,8 „	$34^0\,48'$	0,299	10,30	
(060) β 52,2 „	$48^0\,0'$	0,407	10,20	
(060) α 57,7 „	$52^0\,40'$	0,450	10,25	

[1] D. h. die quer zur Faserachse liegenden. [2] Vgl. Z. Kryst. **69**, 271 (1928).
[3] Vgl. hierzu: Aufbau der Hochpolymeren. Akad. Verlagsges. **1930**, S. 96.

Wenn man bei der Herstellung der Diagramme nicht streng monochromatische Strahlung und nicht genau paralleles Röntgenlicht verwendet, dann kann es vorkommen, daß die einzelnen Interferenzpunkte auf den Schichtlinien eine feine Aufspaltung zeigen[1]. Diese Erscheinung steht in Analogie zu den engen Aufspaltungen in manchen Drehdiagrammen, z. B. in den Bildern des Carborundes[2]. Bei diesem ist sie reell und wird durch die außerordentlich große Identitätsperiode auf der Faserachse hervorgerufen. Da natürlich bei der Cellulose der Verdacht einer großen Periode parallel der Faserachse vorliegen mußte, war es nötig, den erwähnten Aufspaltungseffekt hier besonders vorsichtig zu untersuchen. Er hätte nämlich im Falle der Realität die Ausmessung der langen Periode gestattet, was für die quantitativen Schlüsse auf das Cellulosegitter von größtem Interesse gewesen wäre. Es zeigt sich aber[3], daß bei zunehmender Verfeinerung der Blenden und bei der Verwendung streng monochromatischer Strahlung die erwähnten Aufspaltungen ganz verschwinden und außerordentlich scharfe, einheitliche Reflexe resultieren. Dadurch ist erwiesen, daß es sich um einen experimentellen Fehleffekt handelt, der mit dem Cellulosegitter selbst nichts zu tun hat.

Alle zur Bestimmung der Faserperiode bisher angestellten Versuche führen also übereinstimmend zu dem Ergebnis, daß eine Periode von 10,22 Å für das Gitter der Cellulose charakteristisch ist. In der Literatur sind gelegentlich über die Sicherheit dieser Zahl Zweifel geäußert worden; sie können aber gegenüber dem heute vorliegenden experimentellen Material wohl nicht mehr aufrechterhalten werden[4].

Von großem morphologischem Interesse war die besonders von Herzog und Jancke ausführlich geprüfte Tatsache, daß Cellulosen der verschiedensten Herkunft in nativem Zustand die gleiche Faserperiode ergeben. Ganz junge Cellulose aus Spargelspitzen, Knospen und anderen im Wachstum begriffenen Pflanzenteilen unterschied sich nicht merklich von verholzter Substanz aus Bambusstämmen oder anderen Bäumen.

Die direkte Vermeßbarkeit des Abstandes der diatropen Ebene wurde von Hengstenberg[5] noch dazu benutzt, um den Ausdehnungskoeffizienten des Cellulosegitters parallel der Faserachse durch Präzisionsmessungen zu bestimmen; er beträgt in dem Temperaturbereich zwischen 80 und 300° etwa $0{,}4 \cdot 10^{-4}$. Es ist von Interesse, daß derselbe Koeffizient senkrecht zur Faserachse etwa 4- bis 5mal größer ist, ein Befund, der durch ein Hauptvalenzkettenmodell sehr befriedigend erklärt werden kann und in Analogie zu ähnlichen Erfahrungen bei den Gittern langkettiger Fettsäuren steht.

Neben der Identitätsperiode auf der Faserachse, welche sich auf Grund der Polanyischen Schichtlinienbeziehung aus den Faserdiagrammen eindeutig ableiten läßt, kann man über die Dimensionen des Elementarkörpers senkrecht zur Faserachse ohne weitere Annahmen keine bestimmten Aussagen machen. Es ist hierzu vielmehr notwendig, auf die Interferenzlagen aller Reflexe genauer einzugehen und sie mit Hilfe einer quadratischen Form einheitlich zu erklären. Ehe diese wesentlich schwierigere und kompliziertere Aufgabe in Angriff genommen werden soll, seien aber noch einige Aussagen angefügt, die sich aus den Faserdiagrammen ebenfalls ohne weitere zusätzlichen Annahmen ableiten lassen. Sie betreffen die Anordnung der Krystallite in den untersuchten Präparaten.

---

[1] Z. B. bei Herzog u. Gonell: Z. Physik. **25**, 118 (1926).
[2] Ott, H.: Z. Kryst. **63**, 1 (1926).
[3] Vgl. Aufbau der Hochpolymeren. AVG **1930**, 96ff. sowie bes. Herzog u. Jancke: Z. physik. Chem. **139**, 235 (1928).
[4] Heß, K. u. C. Trogus: Z. physik. Chem. **4**, 321 (1929).
[5] Z. Kryst. **69**, 271 (1928).

Von Debye-Scherrer[1] und Hull[2] ist gezeigt worden, daß ein Krystallpulver, welches aus völlig regellos verteilt liegenden Individuen besteht, eine Schar von Interferenzkreisen liefert, deren jeder von einer bestimmten Netzebene des Krystallgitters erzeugt wird. Die gleichmäßige Schwärzung der einzelnen Interferenzkreise längs ihrer Peripherie ist ein Beweis für die völlige Unordnung der einzelnen Elementarkrystalle. Wenn hingegen bestimmte Krystallitlagen in dem untersuchten Präparat bevorzugt sind, dann äußert sich dies in den Diagrammen darin[3], daß sich die Kreise zu Segmenten und im Falle sehr weitgehender Orientierung zu Interferenzpunkten zusammenziehen. Aus der azimutalen Ausdehnung dieser Punkte oder Segmente läßt sich eine quantitative Aussage über die Art der vorliegenden Regelung der Einzelkrystallite gewinnen. K. Weißenberg hat eine Systematik der wichtigsten Regelungen polykrystalliner Systeme entwickelt[4] und als besonders charakteristisch bei natürlichen Objekten die folgenden Fälle zusammengestellt:

1. Einfache Faserstruktur liegt dann vor, wenn die Einzelkryställchen mit einer bestimmten, meist besonders ausgezeichneten krystallographischen Richtung parallel einer bestimmten Richtung — der „Faserachse" — liegen; um diese Achse selbst jedoch können sie noch beliebig gedreht sein.

2. Ringfaserstruktur liegt dann vor, wenn die einzelnen Krystallite so angeordnet sind, daß eine bestimmte krystallographische Richtung senkrecht zur Faserachse steht. Auch hier können die einzelnen Individuen um diese Richtung noch gedreht sein. Eine solche Regelung ist viel weniger weitgehend als die einfache Faserstruktur, weil hier die Richtung der ausgezeichneten Achse nicht eindeutig festgelegt ist, sondern nur irgendwie in der zur Faserachse senkrechten Ebene liegen muß.

3. Einen zwischen diesen beiden Regelungen liegenden Fall stellt die Spiralfaserstruktur (oder besser „Schraubenstruktur") dar. Für sie ist charakteristisch, daß eine bestimmte krystallographische Richtung mit der Faserachse einen konstanten Winkel einschließt, so daß z. B. sämtliche (100)-Richtungen der in dem Probekörper vorhandenen Kryställchen auf einem Kegelmantel von bestimmtem Öffnungswinkel liegen.

Bei den in der Natur vorkommenden Objekten findet man meist Spiralfasern mit starker Annäherung an die einfache Faserstruktur. Die Interferenzkreise sind dann Streifen oder Punkte, deren azimutale Intensitätsmaxima der einfachen Faserung entsprechen, so daß man sie auch als „reale" Faserstrukturen, d. h. als mit einer gewissen Streuung behafteten „ideale" Regelungen ansprechen kann. Die Tabelle 30 enthält nach R. O. Herzog für eine Reihe wichtiger Fasern den Öffnungswinkel der Kreissegmenten, zu welchen die einzelnen Interferenzpunkte auseinandergezogen sind. Man sieht, daß die genaueste Parallellagerung beim Hanf beobachtet worden ist, während Baumwolle eine sehr deutliche Ringfaserstruktur besitzt. Diese Beobachtungen stehen in bestem Einklang mit den Anschauungen, die von botanischer Seite her über die Ordnung der Struktur-

Tabelle 30.

Faserart	Streuung in Bogengraden
Hanf	1,9
Weidenbast	3,0
Nessel	4
Bast des weißen Maulbeerbaumes	5
Ramie	4,5—11
Flachs	6
Besenginster	6—7
Oleanderbast	10

[1] Göttinger Nachr. **1916**. [2] Physic. Rev. **10**, 661 (1917).
[3] Vgl. M. Polanyi: Z. Physik **7**, 149 (1921).
[4] Z. Physik **8**, 20 (1921); Ann. Physik **69**, 409 (1922).

elemente in natürlichen Fasern entwickelt worden sind. Man hatte hier bereits in älteren Arbeiten aus der Doppelbrechung und aus allgemein morphologischen Betrachtungen auf das Vorliegen spiraliger Anordnungen geschlossen; eine Ansicht, die durch die röntgenographische Analyse bestätigt und in quantitativer Hinsicht ergänzt worden ist.

b) Bemerkungen über das allgemeine Vorgehen bei Strukturbestimmungen komplizierter Substanzen.

Es ist schon erwähnt worden, daß man für das weitere Eindringen in den Feinbau des Cellulosegitters nicht mit der bloßen Vermessung der Schichtlinienabstände auskommt, sondern die Lage sämtlicher Interferenzpunkte heranziehen muß. Ganz allgemein läßt sich bei Gitterbestimmungen folgender Weg für das experimentelle und rechnerische Vorgehen skizzieren, der immer dann, wenn Einkrystalle vorliegen, mit großer Sicherheit zu einer quantitativen Kenntnis des Elementarkörpers und der Raumgruppe und bei genügend sorgfältiger Durchmessung auch der Atomschwerpunktslagen führt.

a) Man verschafft sich in der eben (Seite 131) angedeuteten Weise durch wiederholte Anwendung der Polanyischen Schichtlinienbeziehung die Dimensionen des Elementarkörpers in den wichtigsten krystallographischen Richtungen. Hierbei wird man stets von der Möglichkeit Gebrauch machen, die Grundperioden, d. h. die Kantenlängen des krystallographischen Elementarkörpers, durch die direkte Vermessung ihrer Diagonalen usw. eingehend zu überprüfen. Dieser Schritt liefert die exakte Kenntnis der Basiszelle und unter Mitverwendung der Dichte (s) die Zahl (z) der in der Basis enthaltenen Atome, Radikale oder Moleküle. Gemeinsam mit der makroskopisch-krystallographischen Voruntersuchung erhält man hierdurch auch Aufschluß über einen Teil der vorhandenen Symmetrieelemente, nämlich über die Drehachsen, Spiegelebenen, Drehspiegelachsen und Symmetriezentren.

b) Wenn man die Gesamtheit aller für den Elementarkörper charakteristischen Symmetrieelemente, d. h. auch die Schraubenachsen und Gleitspiegelebenen zu kennen wünscht, muß man die gröbsten Intensitätseffekte der Diagramme mitberücksichtigen. Man muß nämlich eine möglichst vollständige Systematik der gesetzmäßigen Auslöschungen vor sich haben. Mit ihrer Hilfe kann man, wie an verschiedenen Stellen ausführlich auseinandergesetzt worden ist[1], die Raumgruppe des vorliegenden Gitters, d. h. die Gesamtheit aller vorhandenen Symmetrieelemente und ihre gegenseitige Lage ableiten.

Durch die Kenntnis der nach a) erhaltenen Translationsgruppe und der nach b) zugänglichen Raumgruppe ist unter Umständen, d. i. vorzugsweise bei hoher Symmetrie und einfachen Gittern, auch die Lage der einzelnen Atomschwerpunkte bereits bekannt. Die komplizierteren Gitter — und solche liegen bei sämtlichen Cellulosederivaten vor — erfordern jedoch zu ihrer völligen Aufklärung noch einen weiteren Schritt, der erst eine rationelle Festlegung der Atomschwerpunkte ermöglichen kann.

c) Die experimentelle Grundlage für die weitere Erforschung des Feinbaues ist durch quantitative Bestimmung der relativen Intensitäten möglichst vieler Interferenzpunkte gegeben. Durch Ansetzen des Strukturfaktors[2] gelingt es dann

[1] Vgl. z. B. die Darstellungen bei P. Niggli: Geom. Kryst. Disk. Berlin: Borntraeger 1918. Wyckoff, R. W. G.: Tables of space groups. New York 1923. Handb. phys. Chem. **14**. Leipzig: J. A. Barth 1926.

[2] Vgl. hierzu P. P. Ewald: Röntgenstrahlen und Krystalle. Berlin: Julius Springer 1922 oder Handb. physik. Chemie **14**. Leipzig: J. A. Barth 1926 oder H. Ott: Handb. d. Phys. VII: 2. Teil. AVG. 1928.

häufig, bei nicht zu komplizierten Gittern etwa noch vorhandene Freiheitsgrade in den Atomkoordinaten einzuengen oder völlig festzulegen.

Bei ganz komplizierten Gittern — und mit solchen hat man es hier stets zu tun — reicht auch dieses Hilfsmittel nicht mehr aus. Man muß vielmehr — dem bahnbrechenden Vorgehen von W. L. Bragg[1] bei der Erforschung der Silicatstrukturen folgend — zum mindesten von einigen, besonders wichtigen Netzebenen, die absoluten Intensitäten kennen. Mit ihrer Hilfe ist man in der Lage, für diese Ebenen die absolute Belegung mit Elektronen bzw. mit Atomen zu berechnen, wodurch die Verteilung der Materie in der Basiszelle bereits sehr stark eingeschränkt ist. Wenn auch dieses stärkste interferenz-theoretische Hilfsmittel nicht zum Ziele führt, dann sieht man sich gezwungen, entweder weitere Aussagen zu unterlassen oder andersartige Hilfsmittel z. B. Raumfüllungsbetrachtungen, chemische Überlegungen usw. heranzuziehen, um über den Feinbau noch weitergehende Angaben liefern zu können.

Es hat sich bei der Cellulose als notwendig erwiesen, all die hier erwähnten Hilfsmittel in ausgiebigster Weise gemeinsam zu verwenden, um ein Strukturmodell vorschlagen zu können, das in brauchbarer Weise die zahlreichen, interessanten Eigenschaften dieser Körperklasse wenigstens qualitativ verständlich macht. Man muß sich natürlich bei der Beurteilung eines solchen Strukturvorschlages darüber klar sein, daß er nicht so eng mit den experimentellen Befunden verknüpft ist, wie etwa das Gitter des NaCl mit den Steinsalzdiagrammen, sondern daß zahlreiche Voraussetzungen bei seinem Aufbau mitverwendet werden müssen. Hierdurch verliert man die Möglichkeit, das Ergebnis durch eine übersichtliche, kurze, logisch einwandfreie Kette von Schlüssen auf ein bestimmtes „experimentum crucis“ zu basieren. Man wird daher um so eifriger bestrebt sein müssen, diesem Mangel durch eine möglichste Verbreiterung des Tatsachenmateriales abzuhelfen. Dies ist in den letzten Jahren von verschiedenen Seiten her recht ausführlich geschehen und es wird in dieser Richtung auch jetzt noch in zahlreichen Laboratorien weitergearbeitet.

Wenn man auch beim gegenwärtigen Stand der Dinge noch den Vorwurf in Kauf nehmen muß, daß jedes einzelne Argument zugunsten eines bestimmten Strukturvorschlages für sich betrachtet, einer rigorosen Prüfung nicht völlig standhalten wird, so kann man sich doch andererseits nicht dem Eindruck entziehen, daß diese Argumente in ihrer Gesamtheit ein sehr gewichtiges naturwissenschaftliches Beweismittel dafür liefern, daß der Strukturvorschlag, welcher in den folgenden Abschnitten aus den Röntgenogrammen der Cellulose abgeleitet werden wird, eine brauchbare Wiedergabe der wesentlichsten Eigenschaften gestattet. Es darf noch hinzugefügt werden, daß auch zahlreiche chemische Eigenschaften in dieselbe Richtung weisen, so daß mehrere einander in ihren Voraussetzungen recht fernliegende experimentellen Wege, z. B. Polarisationsoptik, Röntgenographie, chemischer Abbau durch Säuren, chemischer Abbau bei gleichzeitiger Substitution usw. sich gegenseitig unterstützen.

Gelegentlich wird die Frage aufgeworfen, ob bei der Erforschung des Aufbaues der hochpolymeren Substanzen die physikalischen oder die chemischen Methoden von größerem Wert seien und ob die Begründung eines brauchbaren Cellulosemodells nicht allein mit Hilfe chemischer Argumente möglich sei. Letzteres hätte zweifellos den Vorteil, daß die Summe der Voraussetzungen, welche man bei der Abschätzung der Verläßlichkeit mitberücksichtigen muß, erheblich verringert und auf ein speziell für den Chemiker leichter übersehbares Gebiet zusammengedrängt wäre. Trotzdem scheint die in der Formulierung der erwähnten Frage gelegene Tendenz nicht das Richtige zu treffen, denn gerade die

[1] z. B. Z. Kryst. **74**, 237 (1930).

Bearbeitung der hochpolymeren Naturstoffe hat gezeigt, daß bei dem praktischen Vordringen auf dem fraglichen Gebiet — und dies ist für die Entwicklung unserer Kenntnisse schließlich das wesentliche — eine möglichst enge, sich durchdringende Verwendung physikalischer und chemischer Methoden am erfolgreichsten war. Sicherlich läßt sich, wenn man von dem gewonnenen Ergebnis zurückblickt, hinterher das Gewicht je nach Einstellung und Ausbildung des Betrachters verschieden verteilen. Aber als praktisches Forschungsprinzip haben die letzten Jahre jedenfalls deutlich gemacht, daß man physikalische und chemische Methoden auf diesem Arbeitsgebiet in enger Gemeinschaft miteinander verwenden soll, wobei besonders hervorzuheben ist, daß durch die Verbreiterung der experimentellen und gedanklichen Bearbeitung keine Konzession an die Exaktheit gemacht werden darf.

c) Das Translationsgitter der nativen Cellulose.

Der erste Versuch, das Cellulosediagramm über die Identitätsperiode hinausgehend auszuwerten, ist bereits im Jahre 1921 von M. Polanyi[1] durchgeführt worden. Er trachtete, die auf dem Äquator und den Schichtlinien des Diagramms liegenden Interferenzen durch eine rhombische quadratische Form mit zwei Grundperioden wiederzugeben, und gelangte zu den folgenden Angaben über den Elementarkörper der nativen Cellulose.

$$\begin{aligned} a &= 8{,}6 \\ b &= 10{,}3 \text{ (Faserperiode)} \\ c &= 7{,}8 \end{aligned} \tag{4}$$

Das Krystallsystem wird hierbei als rhombisch angesehen. Bei vollständiger Durchrechnung ergeben sich aber unter Anwendung dieser Grundperioden Schwierigkeiten bei der Indizierung zweier intensiver Diagrammpunkte. Es handelt sich um die beiden in der Abb. 81c mit A_1 und A_2 bezeichneten Reflexe, die unter Voraussetzung des Polanyischen Translationsgitters in einen Punkt zusammenfallen müssen. Diese und ähnliche Schwierigkeiten haben in den folgenden Jahren zunächst zu einer Verbesserung des experimentellen Materials und schließlich zur Aufstellung einer quadratischen Form geführt, mit deren Hilfe man alle Interferenzpunkte des Cellulosediagramms innerhalb der Fehlergrenzen wiedergeben kann. Bei der Bedeutung des Gegenstandes sollen im folgenden diese Fortschritte etwas eingehender geschildert werden.

Wenn man, wie dies meist geschieht, das normale direkt von der Antikathode des Rohres stammende Röntgenlicht zur Herstellung von Faserdiagrammen verwendet, dann hat man neben den scharfen, monochromatischen Linien der K-Serie immer noch einen mehr oder weniger intensiven, diffusen Anteil an Bremsstrahlung zu erwarten. Dieser bewirkt wegen seiner kurzen Wellenlänge besonders in der nahen Umgebung des Durchstoßpunktes eine kontinuierliche Schwärzung der photographischen Schicht und stört daher in dieser Gegend die genaue Vermessung etwa dort vorhandener monochromatischer Interferenzen sehr erheblich. Gerade in der unmittelbaren Umgebung des Durchstoßpunktes würde man aber beim Vorhandensein großer Perioden das Auftreten von Interferenzen zu erwarten haben und es ist daher die genaue experimentelle Durchforschung dieses Gebietes besonders erwünscht. Man kann nun einen Teil der Bremsstrahlung, sowie auch das β-Dublett der charakteristischen K-Strahlung durch geeignete Filter abschwächen[2], erhält aber die besten Resultate, wenn man bei der Auf-

[1] Polanyi, M.: Naturwiss. **9**, 288 (1921).
[2] Vgl. hierzu etwa H. Küstner: Physik. Z. **23**, 257 (1922).

nahme von Faserdiagrammen Röntgenstrahlen verwendet, die vorher durch Reflexion an einer Krystallfläche „monochromatisiert“ worden sind. Dann ist man nämlich ganz sicher, bloß die gewünschte monochromatische K_α-Strahlung zu verwenden, der im allgemeinen nur noch ein ganz geringer Anteil der Bremsstrahlung von der halben Wellenlänge beigemengt ist. Aber auch diese an und für sich sehr geringe Heterogenität kann man vollständig vermeiden, wenn man entweder zum Monochromatisieren die Oktaederebene eines Diamanten verwendet oder mit der Gleichspannung am Rohr unter der Anregungsgrenze der doppelten Frequenz der charakteristischen Strahlung bleibt.

Als einziger Nachteil tritt bei der Monochromatisierung durch Krystallreflexion die Tatsache auf, daß man einen recht erheblichen Intensitätsverlust in Kauf nehmen muß. Anfangs war dies störend und zwang zu langen Belichtungszeiten. In den letzten Jahren sind aber an verschiedenen Stellen[1], besonders durch G. v. Susich[2] die Expositionszeiten für Faserdiagramme sehr erheblich herabgesetzt worden, so daß die Verwendungsmöglichkeit streng monochromatisierter Strahlung sehr zugenommen hat. Das in Abb. 81c dargestellte Diagramm, welches die wesentlichsten Äquatorinterferenzen recht deutlich erkennen läßt, ist mit einer an Calcit reflektierten Cu-Strahlung in 25 Minuten erhalten worden, eine Expositionszeit, mit der man sehr bequem auskommen kann.

Zur genauen Untersuchung der unmittelbaren Umgebung des Durchstoßpunktes wurden von Hengstenberg und v. Susich lang exponierte monochromatische Diagramme hergestellt und sowohl photometrisch als auch visuell in dem Gebiet kleiner Ablenkungswinkel sehr eingehend untersucht. Es hat sich dabei ergeben, daß man ein ausgesprochenes Maximum an dieser Stelle nicht beobachten kann; wohl aber findet man, vom Durchstoßpunkt ausgehend, eine nach beiden Seiten reichende allmählich abfallende kontinuierliche Schwärzung, die den Eindruck einer verschwommenen, monochromatischen Interferenz erweckt. Da es sich hier stets um Aufnahmen von besonders langen Expositionszeiten handelt, muß man bei der Suche nach einer wahrscheinlichen Erklärung auch Effekte mitberücksichtigen, die bei normalen Aufnahmen aus Intensitätsgründen nicht in Frage kommen.

Man kann zunächst annehmen, daß durch Totalreflexion des Primärstrahles an der Innenwand der Blende stets eine gewisse, aus geometrischen Gründen etwas diffuse Streuung in die Umgebung des Durchstoßpunktes fällt und dort zur Beobachtung gelangt. Man kann ferner daran denken, daß von dem bestrahlten Cellulosepräparat eine diffuse Bremsstrahlung der ausgelösten Photoelektronen diese Schwärzung verursacht. Auch andere inkohärente Strahlungsanteile, z. B. die Compton-Strahlung können die Ursache dafür sein. Schließlich kommt aber auch die folgende Möglichkeit in Frage. Wenn in den Fasern des bestrahlten Materials Micelle von einer bestimmten schwankenden Dicke vorhanden sind, deren Oberfläche etwa wegen vorhandener Verunreinigungen ein anderes Streuvermögen besitzt als das Innere, dann liegt eine angenäherte Periodizität in der Größenordnung von 50 Å vor, die mit der monochromatischen Strahlung eine unscharfe Interferenzerscheinung erzeugen wird. Berechnet man nach Hengstenberg aus der Mitte der diffusen Streuung eine mittlere Micelldicke, so kommt man auf etwa 40 bis 50 Å, ein Wert, der mit den sonstigen Schätzungen dieser Größe recht gut übereinstimmt.

Um zu prüfen, ob die rationelle interferenzmäßige Deutung dieses diffusen Reflexes berechtigt ist, hat Hengstenberg die beiden folgenden Versuche angestellt. Es wurde ein Präparat durchstrahlt, dessen Micelle unorientiert waren.

[1] z. B. H. Seemann: Naturwiss. **17**, 960 (1929). [2] Naturwiss. **17**, 803 (1929).

An ihm konnte der fragliche Effekt nicht beobachtet werden, obwohl die Intensitäten der übrigen Reflexionen von der gleichen Stärke waren, wie bei den orientierten Präparaten. In der Tat tritt in einem solchen Probestück das von der Micellbreite herrührende „Obergitter" nicht mit der nötigen Deutlichkeit hervor. Ferner wurden, um den Unterschied im Beugungsvermögen zu vergrößern, sehr gut orientierte Viscosefasern mit solchen Metallsalzlösungen getränkt, deren Ionen erfahrungsgemäß nur an die Micelloberfläche gehen, ohne in das Innere einzudringen. Solche Präparate zeigten den Effekt in erhöhtem Maße. Beide Prüfungen sprechen also vorläufig zugunsten der interferenzmäßigen Auffassung dieses Effektes, der somit ein neues Hilfsmittel zur Abschätzung der Micellgröße an die Hand zu geben scheint.

Der erste, mit Sicherheit vom K_α-Dublett des Cu am Äquator erzeugte Interferenzpunkt tritt im nativen Cellulosediagramm unter einem Ablenkungswinkel von

$$\vartheta = 14^0 54'$$

auf. Er ist entsprechend der von Herzog, Jancke und Polanyi eingeführten Bezeichnungsweise in Abb. 81c mit A_1 benannt. Ebenso rührt das nächste, nahe dabei gelegene Maximum von der monochromatischen K_α-Strahlung her. Es erscheint im nativen Cellulosediagramm unter einem Ablenkungswinkel von etwa $16^0 30'$. Diese beiden Interferenzpunkte sind sicher für das Diagramm der nativen Cellulose charakteristisch und man muß an jede quadratische Form die Forderung stellen, zunächst diese beiden Reflexe innerhalb der Fehlergrenzen wiederzugeben. Daß keiner dieser beiden Punkte von einer Verunreinigung herrührt, ist durch zahlreiche Versuche erwiesen worden. Es läßt sich nämlich durch Behandlung mit verdünnten Säuren und Salzen, durch oxydativen Abbau und ähnliche Operationen ihr Intensitätsverhältnis in keiner Weise beeinflussen. Erst dann, wenn das native Cellulosediagramm im allgemeinen verschwindet oder tiefergehende Veränderungen erleidet, werden auch diese beiden Interferenzen davon betroffen.

Eine wichtige Rolle hat in der Entwicklung der röntgenographischen Strukturbestimmung der Cellulose der nächste Interferenzpunkt gespielt, welcher aber nur in nicht monochromatischem Röntgenlicht auftritt. Er erscheint unter einem Ablenkungswinkel von

$$\vartheta = 20^0 38',$$

wurde ursprünglich dem Cu-K_α-Dublett zugeschrieben und zur Berechnung der einen Grundperiode senkrecht zur Faserachse verwendet. Wenn man so vorgeht, kommt man aber bei der weiteren Auswertung des Diagramms mit Hilfe der bereits erwähnten rhombischen Form (4) in Schwierigkeiten, weil es nicht gelingt, die beiden soeben eingehender diskutierten inneren Interferenzen A_1 und A_2 zwanglos mit den übrigen in eine quadratische Form zu vereinigen. Auch in dieser Hinsicht haben monochromatische Diagramme die Situation geklärt, denn sie zeigen, daß bei exakter Ausschaltung der β-Strahlung unter dem Ablenkungswinkel von $20^0 38'$ auch bei sehr langer Expositionszeit keine beobachtbare Intensität auftritt. Die Abb. 81c möge diese Behauptung belegen. Man darf also den Interferenzpunkt A_3 bei der Aufstellung einer quadratischen Form für die Cu-K_α-Strahlung nicht berücksichtigen. Der nächste, sehr intensive Reflex A_4 tritt erst unter dem Ablenkungswinkel $22^0 52'$ auf.

In der Tabelle 31 sind alle bisher mit Sicherheit beobachteten Äquatorinterferenzen des nativen Ramiediagramms aufgeführt, die unzweifelhaft vom K_α-Dublett des Cu stammen. Ihre Bezeichnung, ihren Ablenkungswinkel und den Sinus des „Glanzwinkels" findet man in den ersten drei Spalten dieser

Tabelle eingetragen. In der letzten ist die Indizierung nach einer monoklinen quadratischen Form angegeben, auf deren Bedeutung jetzt näher eingegangen sei.

Die in der Tabelle enthaltenen Winkelwerte kann man nämlich verwenden, um die beiden Identitätsperioden senkrecht zur Faserachse bzw. den Winkel zwischen ihnen zu bestimmen. Wenn man nur Faserdiagramme vor sich hat, d. h. Bilder von Micellanordnungen, die Axialsymmetrie in bezug auf die Faserachse aufweisen, dann ist es nicht möglich, bei niedrigerer Symmetrie aus so wenig Interferenzpunkten die beiden Grundperioden eindeutig abzuleiten. Man kann nämlich, wie man sich leicht überzeugt und wie von Herzog und Jancke[1] auch an mehreren Beispielen gezeigt worden ist, verschiedene „reduzierte“ quadratische Formen von verschiedener Symmetrie finden, welche die Äquatorinterferenzen befriedigend erklären und auch nach Hinzunahme der bereits festgestellten Periode entlang der Faserachse das übrige Diagramm einigermaßen wiederzugeben vermögen. Deshalb ist es von Bedeutung, daß in den letzten Jahren auch Diagramme von Präparaten zur Auswertung gelangten, die eine höhere Regelung besitzen. Bei der nativen Cellulose haben Herzog und Jancke[2] zum ersten Male qualitativ solche Effekte feststellen können und G. v. Susich[3] hat höher orientierte Präparate von Tunicin und Bakteriencellulose eingehend untersucht und zur Überprüfung der horizontalen Komponenten der quadratischen Form verwendet.

Tabelle 31.

Bezeichnung des Punktes	ϑ	sin $\vartheta/2$	Indizierung
A_1	14° 54′	0,130	101
A_2	16° 30′	0,144	$10\bar{1}$
A_3	20° 38′	0,179	002 β
A_4	22° 52′	0,198	002
A_6	30° 0′	0,258	202
A_7	33° 20′	0,287	202
A_8	34° 40′	0,298	301, 003, 103
A_9	44° 20′	0,377	400, 303
A_{10}	46° 30′	0,395	004

Die in Tabelle 31 enthaltenen Äquatorinterferenzen lassen sich in gute Übereinstimmung bringen mit einer reduzierten monoklinen quadratischen Form, die auf den Werten

$$a = 8{,}3\ \text{Å}$$
$$c = 7{,}9\ \text{Å} \qquad (5)$$
$$\beta = 84^0\ \text{Å}$$

aufgebaut ist, und es entsteht nun die Frage, ob man durch Prüfung an höher orientierten Cellulosepräparaten diese Indizierung aufrechterhalten kann. Aus ihr würde folgen, daß die Ebenen, welche die Reflexe A_1 und A_2 hervorrufen, im Gitter beiläufig einen rechten Winkel miteinander einschließen, und daß die zu A_4 gehörige Netzebene diesen Winkel angenähert halbiert.

Die erste Prüfung dieser Folgerungen wurde an Tunicin vorgenommen. Dies ist eine tierische Cellulose, welche zuerst von Herzog und Gonell[4] röntgenographisch untersucht worden ist. Hierbei ergab sich, daß die Röntgenogramme in Übereinstimmung mit denen der nativen pflanzlichen Cellulose (Ramie, Hanf, Baumwolle usw.) stehen. Trocknet man ein membranförmiges Tunicinpräparat und durchstrahlt es in drei aufeinander senkrechten Richtungen, so erhält man die in Abb. 85 dargestellten Diagramme, aus denen sich ergibt, daß die Cellulosekrystallite in dieser Membran bereits in einem gewissen Maße orientiert sind.

[1] Z. physik. Chem. **139**, 235 (1928).
[2] Z. Physik **52**, 755 (1929).
[3] Z. physik. Chem. **4**, 431 (1929).
[4] Z. physiol. Chem. **141**, 63 (1924).

Tunicin besitzt nämlich eine Ringfaserstruktur, bei der die (101)-Fläche mit der Membranebene ziemlich genau zusammenfällt. Solche Präparate zeigen etwa die gleiche Orientierung wie die im Handel allgemein erhältlichen Cellophanfilme, welche ebenfalls eine Ringfaserstruktur, und zwar die Ringfaserstruktur der Hydratcellulose, erkennen lassen (Abb. 85).

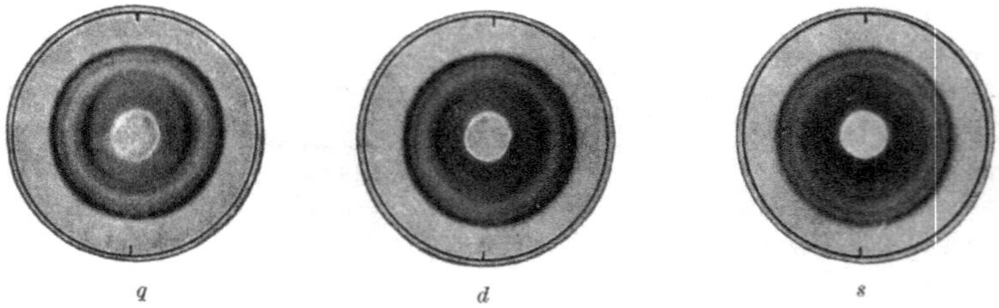

Abb. 85. Tunicindecke.
q parallel der Deckenebene durchstrahlt, *d* parallel der Deckenebene, jedoch senkrecht zu *q* durchstrahlt, *s* senkrecht zur Deckenebene durchstrahlt.

Wählt man ein gut dehnbares Tunicinpräparat und streckt es vor dem Trocknen zu einem länglichen Film, so erhält man höherorientierte Präparate, deren

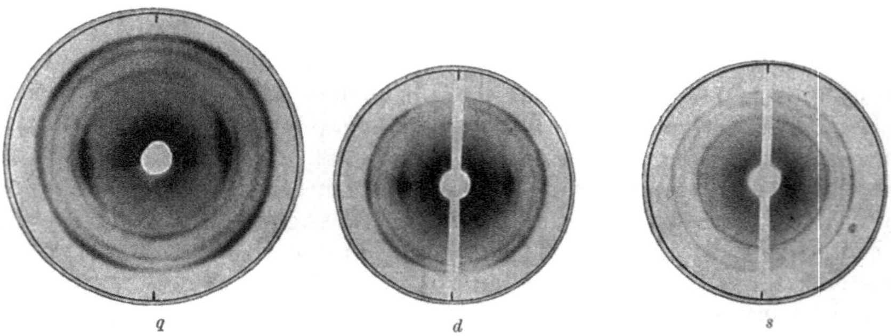

Abb. 86. Gedehntes Tunicin.
q Querrichtung (in der Ebene senkrecht zu *d* liegend), *d* Dehnungsrichtung, *s* senkrecht zur Filmebene.

Diagramm bei der Durchstrahlung in drei aufeinander senkrecht stehenden Richtungen die in der Abb. 86 dargestellten Bilder ergibt. Die hier auftretenden Interferenzen lassen sich sowohl nach ihrer Lage als auch nach ihrer Intensität mit der in der Abb. 87 dargestellten geregelten Anordnung der Cellulosekrystallite im Tunicin erklären, wenn man die in (2) und (5) angegebenen Identitätsperioden zugrunde legt. Es sind in den Präparaten zwei Krystallitlagen enthalten, von denen aber, wie aus den Intensitäten hervorgeht, die erste überwiegt. Beide Lagen sind, da die Folienebene eine Symmetrieebene ist, auch in spiegelbildlichen Positionen vorhanden, so daß man mit dem Präparat die Anisotropieklasse IV nach Weißenberg[1] vor sich hat. Zur quantitativen Deutung seien die wichtigsten Netzebenen — (101) (10$\bar{1}$) und (002) — betrachtet. Man findet hierbei, daß für beide Krystallitlagen die (101)-Ebene

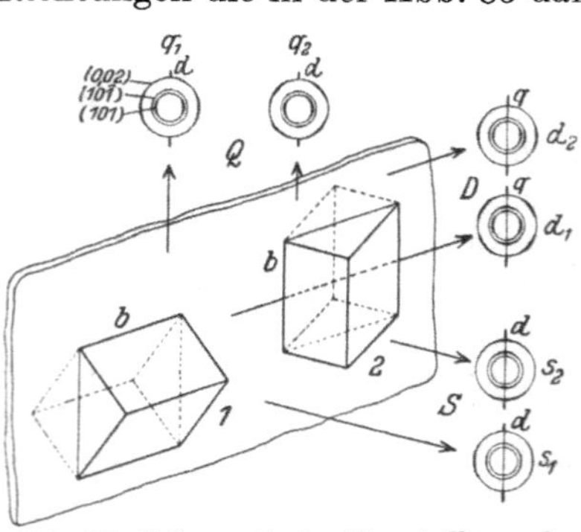

Abb. 87. Schematische Darstellung der Krystallitlagen im gedehnten Tunicin.

[1] Vgl. hierzu K. Weißenberg: Ann. Physik **69**, 409 (1922).

mit einer Streuung von etwa $\pm$ 20% parallel zur Membranebene eingestellt ist. Dementsprechend befinden sich auch die *b*-Achsen für beide Krystallitlagen in der Filmebene, jedoch stehen sie in den beiden Fällen, abgesehen von einer gewissen Streuung, aufeinander senkrecht.

Es liefert nun die aus zwei spiegelbildlichen Einzelpositionen bestehende Krystallitlage *1* bei der Durchstrahlung parallel der Dehnungsrichtung *D* ein Diagramm vom Typus d_1; man findet:

(101) am Äquator,
(002) unter etwa 45° darüber und darunter,
$(10\bar{1})$ an den beiden Polen.

Die ebenfalls doppelt vorhandene Krystallitlage *2* ergibt bei der gleichen Durchstrahlungsrichtung ein Diagramm vom Typus d_2:

(101) am Äquator,
(002) fehlt, da es nicht unter reflexionsfähigem Winkel von der Primärstrahlung getroffen werden kann,
$(10\bar{1})$ fehlt aus demselben Grunde.

Diese beiden „idealen" Diagramme liegen in Wirklichkeit natürlich nur angenähert vor, da die folgenden Streuungen berücksichtigt werden müssen:

1. Man muß sich jede einzelne Lage um die *b*-Achse um einen gewissen Winkel geschwenkt denken. Dies ergibt bei *1* für alle drei Ebenen (101), $(10\bar{1})$ und (002) eine Streuung längs der Interferenzkreise, wie sie in der Abb. 86*d* auch deutlich zu beobachten ist; bei der Lage *2* hat eine solche Schwenkung zur Folge, daß (101) und (002) auch am Äquator auftreten können, weil sie doch noch in reflexionsfähige Positionen kommen.

2. Die *b*-Achsen beider Lagen selbst erfüllen wieder gewisse, im allgemeinen elliptische Kegel, deren Achsen aufeinander senkrecht stehen. Hierdurch resultiert für alle Reflexe eine Verschmierung der Punkte auf den ihnen zugeordneten Interferenzkreisen.

Wenn die beiden Stellungen *1* und *2* gleich häufig vertreten sind, so ergibt die Superposition ihrer realen Diagramme das theoretische Bild des Tunicindiagramms. Man sieht in der Tat, daß eine solche Superposition mit dem experimentelle gefundenen Bild (Abb. 86*d*) gut übereinstimmt. Aus den Verschmierungen entlang der Interferenzkreise kann man das Maß der vorhandenen Streuungen leicht abschätzen.

Zur weiteren Prüfung der vorliegenden Regelung muß man überlegen, welches Diagramm zu erwarten ist, wenn man in der Querrichtung *Q* bestrahlt. Bei einer solchen Durchleuchtung vertauschen *1* und *2* ihre Rollen. Jetzt gibt *1* (vgl. Abb. 87) ein Diagramm vom Typus q_1 und *2* eines von der Form q_2. Das Gesamtdiagramm muß also mit dem früheren im wesentlichen übereinstimmen. Ein Vergleich der Abb. 86*d* mit der Abb. 86*q* zeigt, daß dies in der Tat zutrifft. Es ist jedoch ein auffälliger Unterschied zwischen beiden Abbildungen vorhanden. Während bei Abb. 86*d* (002) in vier Maxima auftritt, lassen sich in Abb. 86*q* recht deutlich deren sechs beobachten, nämlich neben den unter $\pm$ 45° befindlichen noch zwei am Äquator. Dies besagt, daß die Lage *1* stärker betont ist als *2*, weil ihre Interferenzstrahlen gerade diese Reflexe verursachen. Entsprechend der größeren Häufigkeit von *1* ist jetzt auch der Äquatorpunkt $(10\bar{1})$, verglichen mit der Polreflexion, intensiver als in Abb. 86*d*.

Man kann diese Intensitätsverhältnisse der Diagramme natürlich zu genaueren Schlüssen über die Polfigur beider Lagen benutzen; eine solche Diskussion steht aber noch aus. Bei dieser Gelegenheit sei betont, daß man bei allen derartigen

Aufnahmen sorgfältig darauf achten muß, daß die Präparate eben sind und gut justiert werden, denn schon geringe Fehler in der Justierung oder durch das Dehnen hervorgerufene Ungleichmäßigkeiten ergeben für die Auswertung unbrauchbare Bilder.

Durchleuchtet man endlich senkrecht zur Filmebene (Richtung *S*), so kommt (101) nicht zur Reflexion, während — wenn die Dehnungsrichtung des Präparates vertikal steht — (10$\bar{1}$) von der Lage *1* am Äquator und von der Lage *2* am Pol des Diagramms erscheint; dadurch aber, daß die bereits erwähnte ziemlich große Streuung der zwei Lagen vorhanden ist, erscheint die Interferenz (10$\bar{1}$) am ganzen Debye-Scherrer-Kreis fast mit der gleichen Intensität und auch (002) wird — in verringerter Stärke natürlich — sichtbar, wie man dies an der Abb. 86*s* erkennen kann.

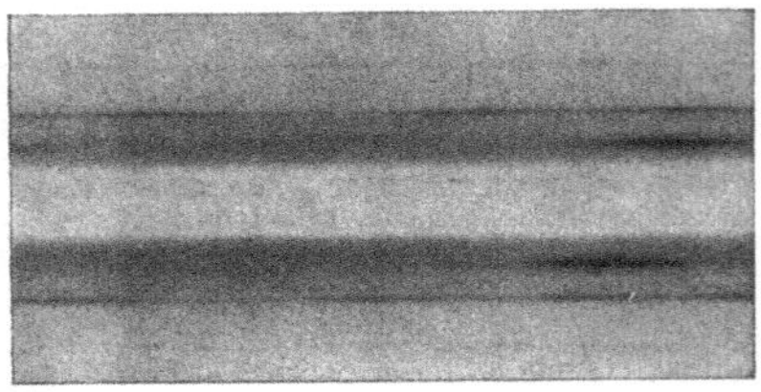

Abb. 88. Gedehntes Tunicin: Weißenberg-Aufnahme. Gedreht um Querrichtung.

Zur weiteren Prüfung der Richtigkeit dieser Annahme und des ihr zugrunde liegenden Cellulosegitters seien hier noch einige Weißenberg-Aufnahmen der orientierten Tunicinpräparate wiedergegeben. Die Abb. 88 zeigt eine solche Aufnahme, bei der um die Querrichtung gedreht wurde; ausgeblendet war der Äquator, Ausgangsstellung war die Durchleuchtung parallel zur Dehnungsrichtung. Zunächst findet man links beginnend sehr stark, weil von beiden Lagen herrührend, (101), das erst nach 180° wiederkehrt und, wie zu erwarten, parallel der Filmebene liegt; die Streuung, mit welcher (101) aus dieser Ebene abweicht, läßt sich hier mit einiger Annäherung zu ± 20° ablesen. Unmittelbar außerhalb, d. h. unter etwas größerem Ablenkungswinkel als (101) ist sehr schwach (10$\bar{1}$) vorhanden, herrührend von den extrem — d. h. um 90° — gestreuten Anteilen der Lage *2*. Noch weiter außen erkennt man ein ausgeprägtes Maximum von (002), wie es von den um 45° gestreuten Anteilen der Lage *1* vorherzusehen ist. Bei Drehung des Präparates muß im Abstand von etwa 45° (002) von der Lage *2* erscheinen, dann nach etwa 90° (10$\bar{1}$) von der bevorzugten Lage *1*, und endlich wieder nach etwa 135° (002) von der Lage *2*, und zwar alle drei Maxima mit mäßiger Intensität. Das Röntgenogramm bestätigt diese Vorhersage in befriedigender Weise. Daß (002) außerhalb (101) — also bei derselben Präparatstellung — relativ stark auftritt, zeigt wieder qualitativ, daß die Lage *1* gegenüber *2* bevorzugt ist. Eine quantitative Auswertung dieser Diagramme müßte allerdings die durch die Blättchenform der Präparate bedingten Effekte berücksichtigen.

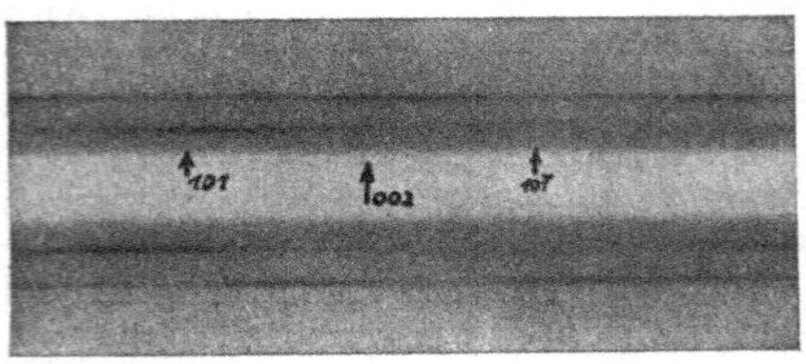

Abb. 89. Gedehntes Tunicin: Weißenberg-Aufnahme. Gedreht um Dehnungsrichtung.

Schließlich war es — um keine Prüfungsmöglichkeit außer acht zu lassen und um von möglichst vielen Seiten Anhaltspunkte für die Regelung zu gewinnen — noch notwendig, ein Weißenberg-Diagramm zu machen, bei dem um die Dehnungsrichtung gedreht wird; ausgeblendet muß der Äquator sein; Ausgangslage ist die Durchstrahlung in der Querrichtung (Abb. 89). Zunächst findet man links wieder (101), aber mit größerer Streuung als früher und daher weniger intensiv. Außerhalb (101) treten jetzt (10$\bar{1}$) und (002) so gut wie gar nicht auf, weil sie an dieser Stelle von der Streuung der schwächeren Lage *2* herrühren, also weniger intensiv sein müssen als in Abb. 88. Nach etwa 45° erscheint erwartungsgemäß (002) von dem gestreuten Anteil der Lage *1*, nach etwa 90° $(10\bar{1})$ der Lage *2* und nach 135° wiederum (002) derselben Lage.

Die mitgeteilten Diagramme und ihre Auswertung zeigen, daß sich die bisher beschriebenen Regelungen der nativen Cellulose durch das angenommene Gitter erklären lassen. Bemerkenswert erscheint hier, wie schon erwähnt wurde (S. 40), daß die als Folienebene ausgezeichnete Ebene mit (101) und nicht, wie man zunächst erwarten sollte, mit (002) zusammenfällt. Zum näheren Verständnis dieser Tatsache wird es nötig sein, den Mechanismus der Deformation selbst noch

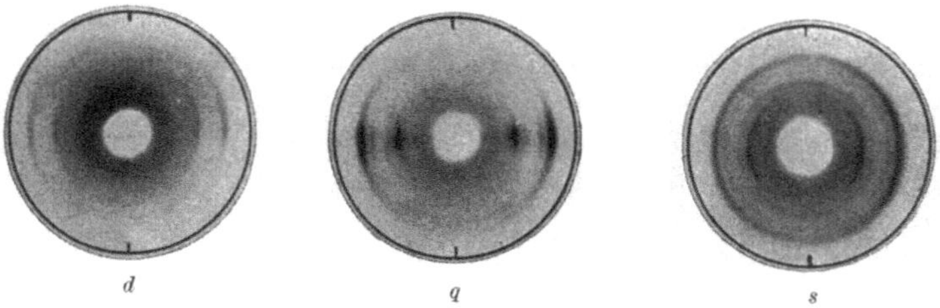

Abb. 90. Gedehnte B-Cellulose.

eingehender zu studieren (vgl. S. 35ff.) und wenn möglich noch andersartige Regelungen der nativen Cellulose herzustellen, insbesondere das Verhältnis der Häufigkeit der beiden Krystallitlagen zu variieren. Erst wenn man eine einzige unabhängige Lage realisiert hat, ist der höchste in der Methodik gelegene Sicherheitsgrad erreicht.

Die Versuche wurden von G. v. Susich[1], sowie von Eggert und Luft[2] auch auf „biosynthetische" Cellulose (B-Cellulose) ausgedehnt, deren Präparate von E. Schmidt stammten. Abb. 90*d*, *q* und *s* zeigen die erhaltenen Bilder. Aus Abb. 90*d* — parallel der Dehnungsrichtung bestrahlt — geht hervor, daß hier für die Lage *1* die Streuung um die *b*-Achse bedeutend größer ist, was aus dem weiten Bogen von (101) und an dem Fehlen der 45°-Maxima von (002) zu erkennen ist; Abb. 90*q* — Durchleuchtung in der Querrichtung — zeigt, daß die Lage *2* hier so gut wie ganz fehlt, weil (002) nur am Äquator, also von Lage *1* bedingt auftritt, unter 45° aber nicht vorkommt. Abb. 90*s* endlich zeigt ebenfalls das Fehlen der Lage *2*, weil die Kreisbogen (101) und (002) gegen die Pole verschwinden.

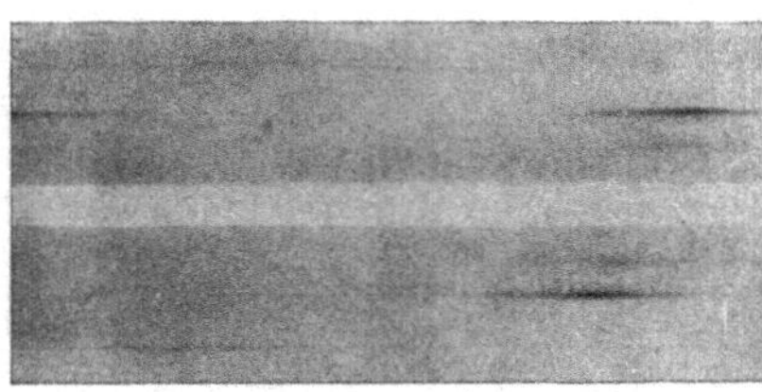

Abb. 91. Gedehnte B-Cellulose: Weißenberg-Aufnahme. Gedreht um Querrichtung.

In der B-Cellulose ist also im wesentlichen nur eine Lage vorhanden, diese allerdings leider mit erheblich größerer Streuung um die *b*-Achse als beim Tunicin. Um dies zu prüfen, ist noch eine Weißenberg-Aufnahme unter folgenden Bedingungen nötig: Man dreht um die Querrichtung und blendet den Äquator aus. Die Durchstrahlung ist bei der Ausgangslage parallel der Dehnungsrichtung (Abb. 91). Man findet an derselben Stelle — d. h. miteinander keinen Winkel einschließend — (101), $(10\bar{1})$ und (002) mit einem dem Faserdiagramm angenäherten Intensitätsverhältnis. Dies rührt von der großen — bereits aus 90*d* abgeleiteten — Streuung um die *b*-Achse her. Die übrigen in den Abb. 88 und 89

[1] Z. physik. Chem. 4, 431 (1929). [2] Z. physik. Chem. 7, 468 (1930).

vorhandenen Reflexe von (002) und (10$\bar{1}$), die der Lage *2*, fehlen hier so gut wie ganz.

Das Ergebnis der Untersuchung höher orientierter Präparate ist also folgendes: es gelingt, beim Tunicin eine Regelung mit zwei Lagen und relativ geringer Streuung zu erzeugen, die sich von einer Ringfaserstruktur nach (101) ableitet; bei der B-Cellulose hingegen erhält man eine einzige Lage mit großer Streuung unter Annäherung an die einfache Faserstruktur nach (010). Eine Regelung mit bloß einer Lage und mit geringer Streuung ist bisher durch Deformation nicht gelungen. Ein natürliches Präparat mit einer Ausgangslage hat O. Sponsler[1] in der Membran von Valonia gefunden, das eine vorzügliche höhere Orientierung mit sehr geringer Streuung zeigt. Die Auswertung bestätigt den oben angegebenen Elementarkörper. Gegenwärtig kann man sagen, daß alles vorliegende Material darauf hinweist, daß ein monokliner Elementarkörper mit den Achsen (2) und (5) sämtliche beobachtbaren Celluloseinterferenzen mit guter Übereinstimmung wiedergibt, so daß zum mindesten zur Zeit kein Grund dafür vorliegt, an der Brauchbarkeit dieser Deutung zu zweifeln.

Vergleicht man diese Werte mit der bereits im Jahre 1921 von M. Polanyi auf Grund der Herzogschen Diagramme vorgeschlagenen Interpretation, so fällt auf, daß die Abweichungen des neuen Vorschlags von dem alten nur recht geringfügig sind. Es ist sehr bemerkenswert, daß Polanyi zu einer Zeit, als beinahe noch keine organischen Strukturbestimmungen unternommen worden waren, bei einer der kompliziertesten Substanzen einen Elementarkörper angeben konnte, der den neuesten Befunden so nahe kommt. In der Tat kann man mit Hilfe seines Vorschlages eine große Zahl der beobachteten Interferenzpunkte in sehr brauchbarer Weise erklären. Die noch verbleibenden Unstimmigkeiten allerdings lassen sich nicht aus der Welt schaffen und sie erweckten damals mit Recht den Eindruck, daß noch irgendeine Änderung an der Interpretation der Reflexionen vorgenommen werden müsse, ehe sich eine eingehende quantitative Diskussion des gesamten Diagramms lohnen würde.

Die auf Grund der höher orientierten Präparate abgeleitete quadratische Form hat man nun mit Hilfe der Durchindizierung des ganzen Diagramms zu prüfen, um zu sehen, ob auch alle bisher beobachteten Interferenzpunkte in sie hineinpassen. Am eingehendsten ist diese Prüfung von R. K. Andreß[2] im Berlschen Institut vorgenommen worden, dessen Berechnungen die Tabelle 32 (S. 154) entnommen sei. Ihre 1. Spalte enthält im Anschluß an Herzog und Jancke[3] die Bezeichnung der einzelnen von der K_α-Strahlung herrührenden Punkte. Es sind etwa 30 voneinander unabhängige Interferenzen beobachtet worden, auf die sich die Angaben über das Cellulosegitter stützen können. Die 2. Spalte gibt die Indizierung im Sinne der quadratischen Form (5). Die Faserachse ist hierbei zur *b*-Achse gemacht. In der 3. und 4. Kolumne sind die beobachteten und berechneten Werte für den Ausdruck

$$4 \cdot \frac{\sin^2 \frac{\vartheta}{2}}{\lambda^2}$$

einander gegenübergestellt. Die verwendete Strahlung war das Cu-K_α-Dublett mit einer mittleren Wellenlänge von

$$\lambda = 1{,}538 \text{ Å} .$$

[1] Nature vom 26. April 1930, S. 633.
[2] Z. physik. Chem. **2**, 380 (1929).
[3] Z. physik. Chem. **139**, 248 (1928).

Bei der Betrachtung dieser beiden Spalten fällt zunächst auf, daß von den Interferenzen, die sich aus der quadratischen Form theoretisch ergeben — es sind ihrer innerhalb des in Frage stehenden Winkelbereiches etwa 100 —, nur knapp ein Drittel beobachtet werden konnte. Ein solches Mißverhältnis zwischen den von der Theorie vorhergesagten und den tatsächlich gefundenen Interferenzflecken muß zunächst den Verdacht einer Unstimmigkeit in der theoretischen Erklärung aufkommen lassen, denn eine Gitterbestimmung kann nur dann als gesichert gelten, wenn man nicht nur weiß, wie die tatsächlich auftretenden Reflexe zustande kommen, sondern auch warum so viele theoretisch zu erwartende fehlen. Dies ist also ein Punkt, der für die weitere Diskussion besonders vorgemerkt werden muß, der aber — wie vorgreifend erwähnt sei — in der speziellen Atomanordnung, nämlich in den „innermolekularen Periodizitäten" tatsächlich eine Erklärung gefunden hat.

Im übrigen zeigt der Vergleich der 3. und 4. Spalte, daß zwischen den berechneten und den beobachteten Werten eine sehr bemerkenswerte allgemeine Übereinstimmung besteht; die Differenzen betragen in keinem Fall mehr als 1 bis 2% des in den Spalten angeführten Wertes. Auf die Bedeutung der in den übrigen Kolumnen enthaltenen Zahlen wird in den nächsten Abschnitten eingegangen werden.

Aus den angegebenen Kantenlängen des Elementarkörpers und dem monoklinen Winkel berechnet sich das Volumen der Basiszelle zu

$$V = 670 \text{ Å}^3,$$

eine Zahl, die mit einem Fehler von 3 bis 5% behaftet sein kann. Wenn man für die Dichte s der nativen Cellulose den aus der Literatur sich ergebenden mittleren Wert 1,52 einführt, dann erhält man unter Verwendung des Molekulargewichtes M eines Hexoserestes und der Loschmidschen Zahl L für die Zahl z der im Elementarkörper enthaltenen Glukosereste den Wert

$$z = \frac{V \cdot s}{M \cdot L} = 4{,}02.$$

Dieser stimmt innerhalb der Fehlergrenzen mit der ganzen Zahl 4 genügend überein. Es ist also auch die krystallographische Forderung nach einer ganzzahligen Basiszelle durch das angegebene Translationsgitter erfüllt.

Das Ergebnis dieser auf der Vermessung der höher orientierten Präparate basierenden Überprüfung berechtigt dazu, die oben erwähnten Bedenken gegen die Brauchbarkeit der hier angenommenen quadratischen Form zurückzustellen und im Sinne der auf Seite 136ff. gemachten Bemerkungen über den allgemeinen Gang einer Strukturanalyse zur Bestimmung der Raumgruppe und der Atomschwerpunktslagen überzugehen.

d) Die Bestimmung der Raumgruppe.

Bei der Auswahl der Raumgruppe ist es wohl das Gegebene, das monokline Krystallsystem zugrunde zu legen. Es ist natürlich nicht ganz von der Hand zu weisen, daß das Cellulosegitter in Wirklichkeit bloß trikline Symmetrie mit monokliner Pseudo-Symmetrie aufweist. Die große Annäherung an das monokline System läßt es aber berechtigt erscheinen, bei allen weiteren physikalischen und chemischen Schlußfolgerungen dieses zugrunde zu legen, da es sich ja in keinem Fall um so exakte Angaben handelt, wie sie bei genau vermeßbaren Krystallen möglich sind.

Das monokline System umfaßt drei Klassen:

$$C_s \quad C_2 \quad C_{2h}.$$

Da die Cellulose und ihre Abbauprodukte „normale“ optische Aktivität zeigen, lassen sich die Klassen C_s und C_{2h} ausschließen, so daß für die Diskussion nurmehr C_2 übrigbleibt.

Diese Krystallklasse enthält drei Raumgruppen, unter denen nunmehr eine Auswahl zu treffen ist. Zunächst scheidet die Gruppe C_2^3 aus, weil sie mit dem gleichzeitigen Vorhandensein der Interferenzen (101), (311), (321) und (012) in Widerspruch steht, deren Auftreten mit Sicherheit nachgewiesen werden konnte. Wegen der Bedeutung gerade dieser Reflexe für die Raumgruppenbestimmung, ist besonders untersucht worden, ob die ihnen entsprechenden Punkte nicht auch anders indiziert werden könnten. Durch sorgfältige Untersuchungen ließ sich aber diese Möglichkeit ausscheiden. Es bleiben daher nur noch die Gruppen C_2^1 und C_2^2 zu diskutieren übrig.

C_2^2 enthält eine Parallelschar digonaler Schraubenachsen längs der b-Richtung und verbietet daher das Auftreten aller Interferenzen

$$(0\,k\,0), \text{ wenn } k \text{ ungerade.}$$

Diese gesetzmäßige Auslöschungsbedingung ist mit Hilfe von Schwenkdiagrammen von Hengstenberg und v. Susich besonders genau geprüft worden. Dabei hat sich ergeben, daß in der Tat nur die geraden Ordnungen der Basis intensiv auftreten, woraus hervorgeht, daß eine dieser Raumgruppe entsprechende Atomanordnung zum mindesten in sehr guter Näherung vorhanden sein muß. Es wurde allerdings bei diesen Aufnahmen stets auch die Reflexion (030) beobachtet, wenn auch mit sehr geringer Intensität. Durch Schwenken um den fraglichen Bereich des Reflexionswinkels konnte sichergestellt werden, daß dieser Reflex nicht von einer Pyramidenfläche oder von andersartiger Strahlung herrühren kann. Im Sinne einer strengen Raumgruppenbestimmung ist daher die Gruppe C_2^2 auszuschließen und unter Voraussetzung monokliner Symmetrie C_2^1 als vorliegend hinzustellen. Da aber die Interferenz (030), verglichen mit den geradzahligen Reflexen, eine sehr geringe Intensität aufweist — das Verhältnis beträgt etwa $^1/_{100}$ —, so ist es wohl berechtigt, die Diskussion der Atomschwerpunktslagen unter Zugrundelegung der Gruppe C_2^2 durchzuführen, weil in dieser Gruppe durch die Schraubenachsen dem Elementarkörper bereits eine gewisse Gesetzmäßigkeit aufgeprägt ist, die zum mindesten für die Beugungsphänomene eine weitgehende Gültigkeit hat und die Freiheitsgrade für die Atomkoordinaten bereits recht stark einschränkt. Es ist aber notwendig, zu betonen, daß die digonale Schraubenachse parallel der Faserachse im Gitter der nativen Cellulose nur eine Pseudosymmetrie darstellt; die Abweichungen hiervon sind zwar für die interferenzmäßige Streuung von untergeordneter Bedeutung, können sich aber z. B. chemisch oder anderweitig sehr deutlich erkennbar machen, denn die Erfahrung zeigt, daß krystallographisch sehr ähnlich gelegene Atome sich chemisch ganz merklich verschieden verhalten können.

In erster Näherung führt also die Diskussion der gesetzmäßigen Auslöschungen dazu, daß das Gitter der nativen Cellulose in die Raumgruppe C_2^2 gehört. Die allgemeinste Punktlage dieser Gruppe ist zweizählig und besitzt die Eigensymmetrie C_1, d. h. sie ist symmetrielos. Von den vier in der Basiszelle befindlichen Hexoseresten kann man zwei willkürlich wählen und erhält dann durch die Symmetrieoperation der digonalen Schraubung die beiden anderen noch fehlenden Hexosen zwangsläufig hinzu. Gerade dieser Zusammenhang ist es, der die vorhandenen Freiheiten stark einschränkt und dem zuliebe die Diskussion in C_2^2 vorgenommen sei.

e) Die Bestimmung der Atomlagen in der Basiszelle.

Es ist schon auf Seite 137 erwähnt worden, daß es einen exakten Weg zur Bestimmung der Atomlagen im Elementarkörper nur bei einfachen Gittern mit relativ wenig Freiheitsgraden gibt. Die Basiszelle der Cellulose, wie sie in den vorangegangenen Abschnitten abgeleitet worden ist, enthält 4 Glukosereste, also 24 *C*- und 20 *O*-Atome, die sich entsprechend der vorliegenden Symmetrie alle in allgemeinster Punktlage befinden. Eine direkte Berechnung der Atomkoordinaten aus den Intensitäten mit Hilfe des Strukturfaktors oder mit Hilfe einer Fourier-Analyse läßt sich hier nicht durchführen.

Wenn man überhaupt weiterkommen will, dann muß man auf die bereits erwähnten andersartigen Hilfsmittel zurückgreifen und die Ergebnisse der chemischen Strukturforschung, sowie die aus den einfachen Gittern her bekannten allgemeinen Abstandsregeln in ausgiebiger Weise mitverwenden. Für eine solche Kombination verschiedenartiger Argumente ist es von entscheidender Bedeutung, daß in den letzten Jahren einerseits die Struktur der wichtigsten Grundbausteine — der Glukose und der Cellobiose — sehr weitgehend aufgeklärt werden konnte und daß andererseits auch von chemischer Seite über die Art der Verknüpfung der Glukose- bzw. Cellobiosereste in der nativen Cellulose wertvolle Angaben gemacht worden sind.

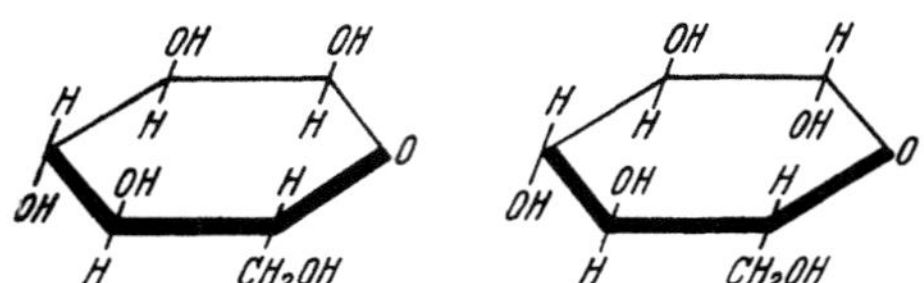

I α-Glukopyranose *II* β-Glukopyranose

Abb. 92.

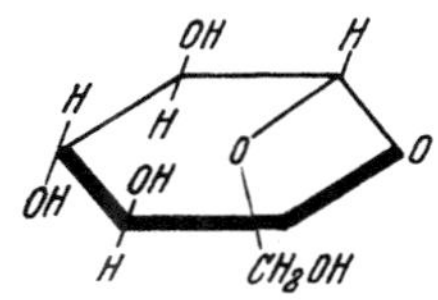

Lävoglukosan

Abb. 92a.

Um die Struktur des Glukose- und des Cellobioserestes haben sich insbesondere englische Forscher unter der Führung von Haworth[1], Irvine[2], Hirst[3] und anderen verdient gemacht. Der Aufbau der Glukose kann heute wohl als völlig geklärt angesehen werden; sie läßt sich in zwei stereoisomeren Formen darstellen, die in der Abb. 92 wiedergegeben sind. Man bezeichnet *I* als die α- und *II* als die β-Form und gibt ihnen, da sie ein System aus fünf Kohlenstoff- und einem Sauerstoffatom darstellen, den Namen α- und β-Glukopyranose. Beide Formen gestatten durch Substitution am aldehydischen *C*-Atom die Bildung acetalartiger Sauerstoffäther, die man als α- und β-Glukopyranoside bezeichnet.

Daß in der β-Glukopyranose tatsächlich die räumliche Anordnung der Hydroxylgruppen der in Abb. 92 dargestellten entspricht, geht daraus hervor, daß sich diese Form durch Wasserabspaltung leicht in das konstitutionell völlig zu überblickende Lävoglukosan (Abb. 92a) überführen läßt, was im Sinne stereochemischer Betrachtungen ohne erhebliche Eingriffe in den Molekülbau nur dann leicht möglich sein kann, wenn die beiden Hydroxylgruppen der Kohlenstoffatome 1 und 6 auf der gleichen Seite der Ringebene liegen.

Neben den beiden eben erwähnten Glukopyranosen existieren auch Derivate der Glukose, in denen sie als Fünfring — mit vier Kohlenstoffatomen und einem Sauerstoffatom — auftritt. Man bezeichnet diese beiden Stereoisomeren als α- und β-Glukofuranosen.

[1] Nature **116**, 430 (1925). [2] J. chem. Soc. Lond. **123**, 518 (1923).
[3] J. chem. Soc. Lond. **123**, 1352 (1923).

Die Arbeiten der erwähnten Forscher haben nun auf dem Wege der chemischen Konfigurations- und Strukturanalyse dazu geführt, daß man der Cellobiose die in Abb. 93a, der Maltose die in Abb. 93b dargestellte räumliche Strukturformel zuschreiben muß. Man kann also die Cellobiose als die β-Glukosido-Glukopyranose und die Maltose als die α-Glukosido-Glukopyranose ansprechen. Die chemische Beweisführung für die Richtigkeit der beiden Zuordnungen ist außerordentlich eindrucksvoll, sei hier aber übergangen, da sie in den Originalarbeiten ausführlich dargestellt ist. Der Wert der beiden Formeln Abb. 93 *I* und Abb. 93 *II* wird dadurch erhöht, daß es Zemplen[1] auf unabhängigem Wege gelungen ist, zu dem gleichen Ergebnis zu kommen.

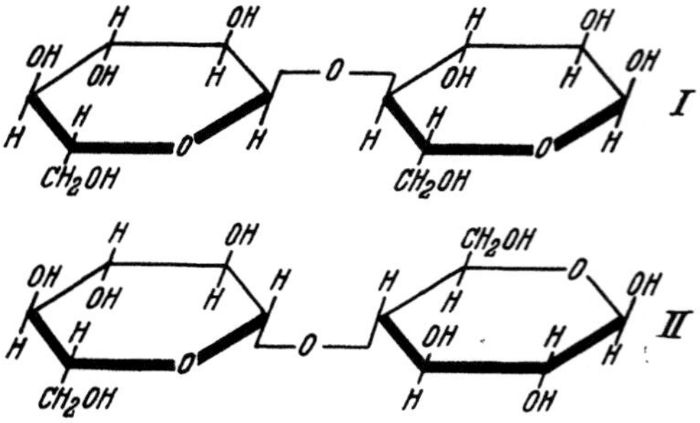

I α-Maltose *II* β-Cellobiose

Abb. 93a und b.

Ergänzt man die eben geschilderten chemischen Errungenschaften durch die aus den Braggschen Arbeiten sich ergebenden Atomdimensionen, so erscheinen Glukose und Cellobiose in einer Form, wie sie die Abb. 94 wiedergibt. Diese Darstellungsweise hat besonders K. H. Meyer[2] im Anschluß an Sponsler und Dore bevorzugt und betont, daß man nur durch ihre konsequente Anwendung bei der Strukturaufklärung der Hochpolymeren weiterkommen könne.

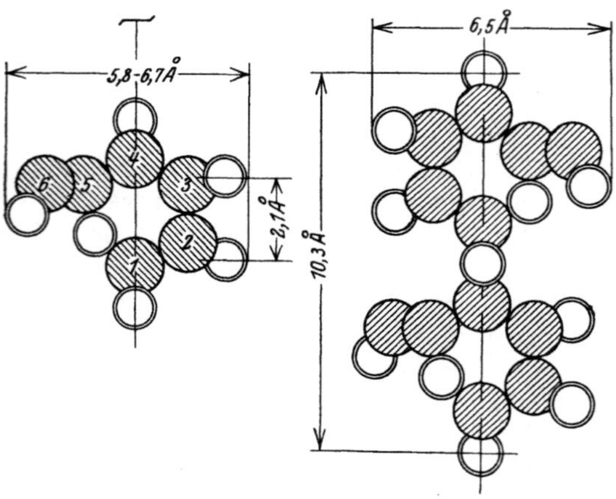

Abb. 94. Glukose- und Cellobioserest in „rationeller" Schreibweise.

Bei der Konstruktion der Modelle ist für den Abstand der hauptvalenzmäßig gebundenen *C*-Atome der Wert

$$C-C = 1{,}54 \text{ Å},$$

für den Abstand *C* zu *O* der Wert

$$C-O = 1{,}35 \text{ Å}$$

verwendet worden.

Zu dieser genauen Kenntnis der Struktur der Grundbausteine tritt nun entscheidend hinzu, daß man auch über ihre Verknüpfung in der Cellulose besonders durch Untersuchungen von Freudenberg[3] und seinen Mitarbeitern, ferner durch Arbeiten von Irvine[4] und Haworth[5] unterrichtet ist. Freudenberg konnte durch hydrolytischen Abbau der Cellulose zeigen, daß man bis zu 40% der vorhandenen Glukosereste als Cellobiose präparativ isolieren kann. Gleichzeitig kann man durch Messung der entstehenden Verluste darauf schließen, daß während der Reaktion weitere 20% Cellobiose entstehen und wieder abgebaut werden. Insgesamt durchlaufen also etwa 60% aller Glukosereste die Biosestufe. Auf das quantitative Verfolgen des hydro-

[1] Ber. **59**, 1254 (1926). [2] Naturwiss. **16**, 781 (1928).
[3] Ber. **54**, 767 (1921). Lieb. Ann. **460**, 288 (1928).
[4] J. chem. Soc. Lond. **123**, 529 (1923). [5] z. B. Helvet. chim. Acta **11**, 542 (1928).

lytischen Abbaues wird später an Hand neuerer, sehr schöner Arbeiten von Freudenberg und Kuhn[1] noch genauer eingegangen werden; es liegen hier Bedingungen vor, unter denen eine Rückbildung der Cellobiose aus Glukose nicht möglich ist. Daher läßt sich aus ihnen wohl mit Recht folgern, daß die Cellobiose in der Cellulose präformiert ist.

Fügt man im Sinne einer solchen Verknüpfung mehrere Cellobiosereste kontinuierlich aneinander, so erhält man eine Glukosekette, deren Anfang in Abb. 93 schematisch, in Abb. 94 im Sinne der rationellen Schreibweise wiedergegeben ist. Diese Ketten hat man als die Elemente des Cellulosegitters zu betrachten und nun zu versuchen, aus ihnen einen Elementarkörper aufzubauen, der den gesamten röntgenographischen Erfahrungstatsachen entspricht. Eine weitere Stütze für diese Art der Aneinanderfügung der Glukosereste bieten die Ergebnisse des methylierenden Abbaues. Irvine[2], Heß[3] und Freudenberg[4] konnten zeigen, daß man aus der Cellulose in guter Ausbeute eine 2, 3, 6-Trimethylglukose erhält. Daraus geht hervor, daß die glukosidischen 1-Atome nur mit den 4- oder 5-Atomen des benachbarten Ringes verknüpft sein können. Es haben ferner Bertrand und Benoist[5] eine Cellotriose beschrieben, die später auch von Willstätter und Zechmeister[6] neben einer Cellotetraose gefunden worden ist. (Vgl. hier auch Anhang.)

Die Betrachtung der Abb. 94 zeigt sofort, daß der Cellobioserest, wenn man ihn als gerade gestreckt annimmt, in sich bereits das Prinzip der digonalen Schraubung enthält. Die durch die chemische Analyse bekannte Verknüpfung der beiden Glukosereste vermittels der 1,4-glukosidischen Sauerstoffbrücke entspricht also in Bezug auf die Koordinaten der Kohlenstoff- und Sauerstoffatome der Deckoperation einer digonalen Schraubung. Wie man sich an Hand der Abb. 94 leicht überzeugt, hat man nämlich den Glukoserest 1 zunächst um 180° zu drehen und dann um seine Eigenlänge, d. h. um etwa 5,1 Å zu verschieben, um ihn mit dem Glukoserest 2 zur Deckung zu bringen. Daß der Cellobioserest eine mit der digonalen Schraubung verwandte Struktur besitzt, ist also das Ergebnis rein chemischer Struktur- und Konfigurationsforschung.

Andererseits hat das röntgenographische Studium der nativen Cellulose, wie schon auf Seite 148 ausführlicher auseinandergesetzt, ergeben, daß parallel der Faserachse ebenfalls die Symmetrie der digonalen Schraubung zum mindesten in sehr weitgehender Näherung vorhanden ist. Entsprechend den allgemeinen krystallographischen Grundgesetzen ist die Schraubungskomponente die halbe Identitätsperiode in dieser Richtung, d. h. sie besitzt den Wert von 5,11 Å. Es liegt nun nahe, diese beiden Befunde miteinander zu kombinieren und anzunehmen, daß in der Basiszelle der nativen Cellulose die Cellobiosereste parallel der b-Achse angeordnet sind.

Dieser Symmetriebetrachtung tritt eine andere, zuerst von Sponsler und Dore[7], später besonders von K. H. Meyer[8] in den Vordergrund gestellte Betrachtung der Dimensionen an die Seite. Unter Verwendung der Braggschen Atomradien erhält man für das gestreckte Cellobiosemodell eine Länge von 10,2 bis 10,3 Å. Diese Größe stimmt mit der Identitätsperiode parallel der Faserachse im Cellulosegitter genau überein, ein Befund, der sehr dazu einlädt, anzunehmen, daß im Cellulosegitter die Glukoseketten parallel der b-Achse liegen, und der zum Ausgangspunkt der weiteren, eingehenden Diskussionen des Cellulosegitters geworden ist.

[1] Ber. **63**, 1510 (1930). [2] J. chem. Soc. Lond. **123**, 529 (1923).
[3] Ann. **449**, 146 (1926); **466**, 100 (1928); Ber. **60**, 1898 (1927).
[4] Ann. **460**, 291 (1928). [5] Bull. Soc. Chim. **33**, 1451 (1923).
[6] Ber. **62**, 722 (1929). [7] Coll. Symp. Mon. **4**, 174 (1926). [8] Naturwiss. **16**, 781 (1928).

Diese spezielle Annahme über die Anordnung der Glukoseketten, die durch Zuhilfenahme andersartiger — nicht interferometrischer Argumente — zustande gekommen ist, gilt es nun, an dem gesamten röntgenographischen Material zu prüfen. Bezüglich der Kräfte, welche das Gitter in sich zusammenhalten, bedeutet sie, daß parallel der Faserachse in kontinuierlicher Weise 1, 4-glukosidische Hauptvalenzbindungen den Zusammenhang vermitteln.

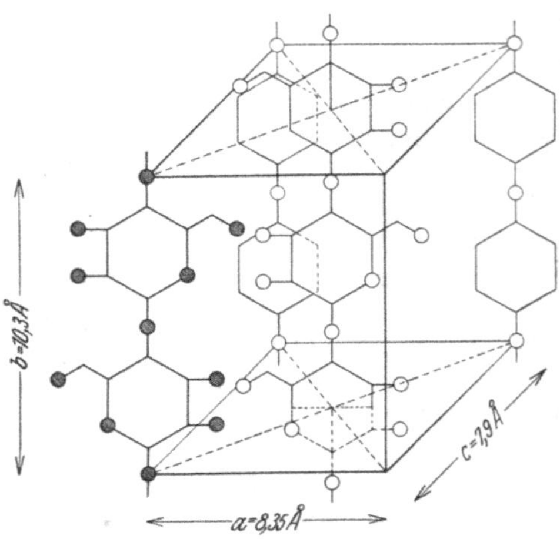

Abb. 95a. Schematische Darstellung der Anordnung der Hauptvalenzketten im Elementarkörper der nativen Cellulose.

Die erste experimentelle Prüfung hat sich auf die Übereinstimmung dieser Anordnung mit den **Dimensionen** des Elementarkörpers erstreckt. Parallel der Faserachse ist gerade diese Übereinstimmung der Ausgangspunkt der ganzen Überlegung gewesen und daher ad hoc erfüllt. Es läßt sich aber auch einsehen, daß man die Querdimensionen des Elementarkörpers ohne Zwang mit der Dicke und der Breite des Cellobioserestes in Einklang bringen kann, wenn man die in Abb. 95a schematisch angedeutete Lagerung der Glukoseketten im Elementarkörper annimmt. Aus diesem Bilde ergeben sich für die Abstände zwischen solchen Atomen, die benachbarten Ketten angehören, Werte um 3 Å, d. h. Entfernungen, die mit den sonst anzutreffenden zwischenmolekularen Abständen gut übereinstimmen. Idealisiert man sich zum Zwecke dieser Raumerfüllungsbetrachtungen die Glukoseketten im Querschnitt als Rechtecke von geeignetem Achsenverhältnis, so ergibt sich, von oben gesehen, die Anordnung der Ketten in der nativen Cellulose entsprechend der Abb. 95b. Eine etwas andere, gegenseitige Lagerung der Ketten, welche ebenfalls mit den räumlichen Dimensionen des Elementarkörpers in Einklang zu bringen ist, hat Astbury[1] angegeben; der von ihm benutzte Elementarkörper ist mit dem hier in Vorschlag gebrachten identisch; verschieden ist bloß die spezielle gegenseitige Position der Hauptvalenzketten.

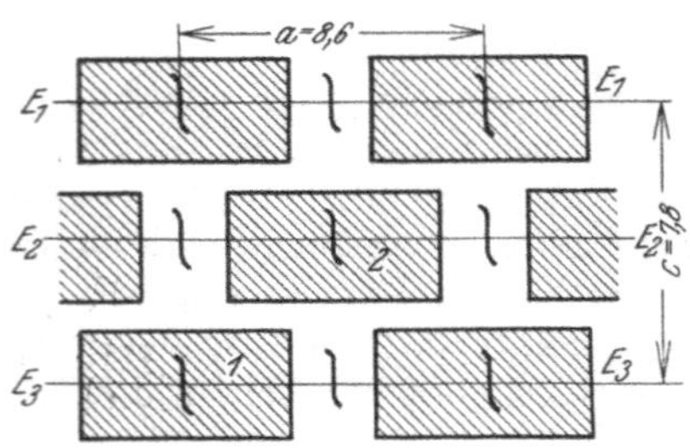

Abb. 95b. Elementarkörper der nativen Cellulose längs der Faserachse gesehen.

Eine erheblich schärfere **zweite** Prüfung der in Frage stehenden speziellen Molekülanordnung läßt sich durch die Diskussion der relativen Intensitäten erreichen, die von R. K. Andreß[2] in eingehender Weise durchgeführt worden ist. Es wurde zunächst unter Zugrundelegung des nur einen ersten Entwurf darstellenden Cellobiosemodells der Abb. 94 unter Berücksichtigung der üblichen Korrektionsfaktoren die Intensitäten aller Celluloseinterferenzen berechnet, die sich aus der quadratischen Form (2) und (5) bis zum Reflex (060) ergeben, und mit den experimentell gefundenen verglichen. Hierbei zeigte sich bald, daß an diesem ersten Modell gewisse Veränderungen vorgenommen werden müssen, um

---

[1] Nature **127**, 12 (1931). [2] Z. physik. Chem. **2**, 380 (1929).

in gute Übereinstimmung mit der Erfahrung zu gelangen In Abb. 96a und b sind der anfängliche und der korrigierte Cellobioserest einander nochmals gegenübergestellt. Man sieht, daß insbesondere am Kohlenstoff 6 und an dem dort sitzenden Sauerstoffatom eine etwas ausgiebigere Veränderung erforderlich ist, um in Übereinstimmung mit der Erfahrung zu kommen. Um für evtl. Kontrollrechnungen bei der Prüfung anderer Modelle das Material an die Hand zu geben, sind in Tabelle 33 die Koordinaten der Atomlagen im Elementarkörper der nativen Ramie aufgeführt, wie sie sich aus der Abb. 95a ergeben. Das Ergebnis der Rechnung ist in den Spalten der Tabelle 32 mit aufgenommen. Zunächst liefert die Kolumne 5 die Lorentz-Faktoren für monochromatische Strahlung und nicht ideale, kleine Kryställchen. Die Spalte 6 enthält den Drehwinkelfaktor, der berücksichtigt, daß bei höheren Schichtlinien die Wahrscheinlichkeit für die reflexionsfähige Lage einer bestimmten Ebene größer ist. Die nächste Spalte enthält den durch die Ineinanderstellung der beiden Gitter bedingten Teil des Strukturfaktors, die nächste den Strukturfaktor des einzelnen Teilgitters, während in der 9. und 10. Spalte die berechneten und geschätzten bzw. gemessenen Intensitäten einander gegenüberstehen.

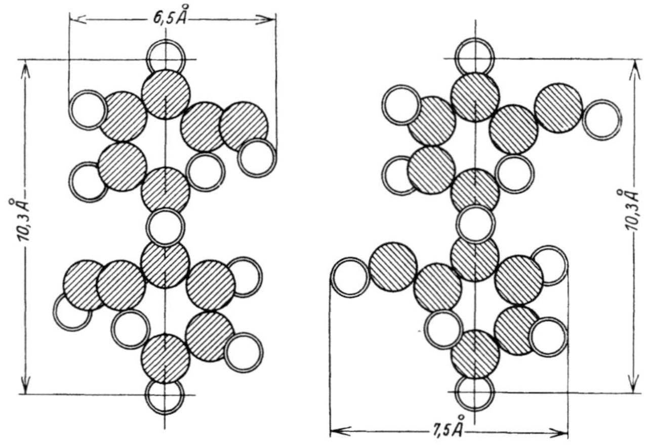

Abb. 96a und b. Cellobiosemodelle.
a anfänglich angenommenes, b auf Grund der Intensitäten verändertes.

Bei dieser ersten Bemühung um die Berechnung der Atomlagen im Elementarkörper der Cellulose wurde der Debye-Wallersche Temperatureinfluß[1] nicht berücksichtigt. Später konnte auf experimentellem Wege festgestellt werden, daß er nur von untergeordneter Bedeutung sein kann. Es konnte ferner der Einfluß der Teilchenform[2], sowie der etwa vorhandener Gitterstörungen[3] nicht rechnerisch miterfaßt werden. Auch der Atomfaktor[4] der streuenden Atome wurde zunächst über den ganzen in Frage kommenden Winkelbereich konstant gesetzt. Alle diese Einflüsse haben zur Folge, daß die in der Tabelle 33 und in der Abb. 95a enthaltenen Koordinatenangaben nur als eine erste Näherung an die Wirklichkeit betrachtet werden können, an der sich zwar prinzipiell wohl nichts mehr ändern wird, die aber zweifellos noch der Verfeinerungen in verschiedenen Richtungen bedarf. Erst wenn das experimentelle Material über die Intensitäten erheblich weiter ausgebaut ist, würde es sich lohnen, die hier aufgezählten Korrektionsfaktoren ebenfalls noch mit zu berücksichtigen.

Bei der Betrachtung der beiden letzten Spalten der Tabelle 32 ist zunächst hervorzuheben, daß die allgemeine Übereinstimmung sehr gut ist. Das gewählte Modell gibt nicht nur Rechenschaft über die relativen Intensitäten sämtlicher beobachteten Reflexe, sondern es erklärt auch die schon erwähnte, auffällige Tatsache, daß im Cellulosegitter so viele zu erwartende Reflexe fehlen. Die digo-

[1] Vgl. hierüber z. B. Hdb. physik. Chem. **14**, **412** (1926).
[2] Vgl. etwa M. v. Laue: Z. Kryst. **64**, 115 (1928). [3] Z. Physik **61**, **435** (1930).
[4] Vgl. hierzu z. B. P. P. Ewald: Kryst. Röntgenstr., S. 65. Berlin: Julius Springer 1923.

Tabelle 32.

Punkt	Index	$\frac{4\sin^2\vartheta/2}{\lambda^2}$ beob.	$\frac{4\sin^2\vartheta/2}{\lambda^2}$ ber.	L	τ	f	$\lvert S_1\rvert^2$	Intensitäten berechnet	Intensitäten geschätzt
	100	—	$0{,}0149_6$	—	—	0	—	0	0
	001	—	$0{,}0164_7$	—	—	0	—	0	0
A_1	101	0,0284	0,0281	115	1,0	4	18	83	st.
A_2	$10\bar{1}$	0,0348	0,0347	95	1,0	4	15	57	m. st.
	200	—	0,0598	49	1,0	0	1,0	2	0
A_4	002	0,0660	0,0659	48	1,0	4	187	360	s. st.
	201	—	0,0698	—	—	0	—	0	0
	102	—	0,0744	—	—	0	—	0	0
	$20\bar{1}$	—	0,0828	—	—	0	—	0	0
	$10\bar{2}$	—	0,0875	—	—	0	—	0	0
A_6	202	—	0,113	30	1,0	0	0,7	0,8	0
	300	—	0,135	—	—	0	—	0	0
A_7	$20\bar{2}$	—	0,139	—	—	4	0	0	0
	301		0,141	—	—	4	0,1	0	
A_8	003	0,149	0,148	—	—	0	—	0	schw.
	103		0,153	20	1,0	4	16	13	
	$30\bar{1}$	—	0,159	—	—	4	0	0	0
	$10\bar{3}$	—	0,173	15	1,0	4	14	10	0
	302	—	0,181	—	—	0	—	0	0
	203	—	0,189	—	—	0	—	0	0
	$30\bar{2}$	—	0,220	—	—	0	—	0	0
	203	—	0,228	—	—	0	—	0	0
A_9	400	0,240	0,240	11	1,0	4	1,7	0,8	s.schw.
	303		0,253	10	1,0	4	3,0	1,3	
A_{10}	004	0,264	0,264	10	1,0	4	96	38	m.
I_1	110	0,0245	0,0244	135	1,30	2,30	1,8	7	schw.
	011	—	0,0259	130	1,27	2,30	0,8	3	
	111	—	0,0376	80	1,16	1,70	3,1	5	0
I_2	$11\bar{1}$	0,0446	0,0441	75	1,13	1,70	4,6	7	s.s.schw.
	210	—	0,0693	45	1,11	1,70	0,4	0,4	0
I_3	012	—	0,0754	40	1,10	1,70	1,3	1,0	~ 0
	211	—	0,0793	38	1,08	2,30	1,0	0.9	~ 0
	112	—	0,0838	37	1,07	2,30	1,9	1,6	0
	$21\bar{1}$	—	0,0923	35	1,06	2,30	0	0	0
	$11\bar{2}$	—	0,0970	30	1,06	2,30	2,9	2,0	~ 0
I_4	212	—	0,122	25	1,05	1,70	3,6	1,7	~ 0
	310		0,145	21	1,04	2,30	27	14α	
I_5	$21\bar{2}$	0,149	0,149	20	1,04	1,70	0,1	0	m.
	311		0,150	20	1,04	1,70	23	8,5	
	013	—	0,158	18	1,04	2,30	3,7	1,5	0
	113	—	0,162	17	1,03	1,70	2,3	0,7	s.schw.
I_6	$31\bar{1}$	0,16—0,18	0,169	16	1,03	1,70	20	5,8	
	$11\bar{3}$		0,182	16	1,03	1,70	5,0	1,5	
I_7	312	0,190	0,190	15	1,03	2,30	22	7,8	schw.
	213		0,198	15	1,03	2,30	1,7	0,6	
	$31\bar{2}$	—	0,229	12	1,03	2,30	12	3,2	0
	$21\bar{3}$	—	0,237	12	1,03	2,30	4,6	1,6	0
II_0	020	0,0384	0,0384	88	$\sim$2—4	0,10	21	$\sim$4—7	schw.
	120	—	0,0528	62	1,90	3,90	3,7	17	st.
II_1	021	0,0540	0,543	60	1,89	3,90	18,6	82	
	121	—	0,0659	—	—	0,10	—	~ 0	0
II_2	$12\bar{1}$	—	0,0725	—	—	0,10	—	~ 0	0
	220	—	0,0976	—	—	0,10	—	~ 0	0
	022	—	0,104	—	—	0,10	—	~ 0	0

Tabelle 32 (Fortsetzung).

Punkt	Index	$\frac{4 \sin^2 \vartheta/2}{\lambda^2}$ beob.	$\frac{4 \sin^2 \vartheta/2}{\lambda^2}$ ber.	L	τ	f	$\lvert S_1\rvert^2$	Intensitäten berechnet	Intensitäten geschätzt
II_3	211	0,106	0,107	30	1,28	3,90	9	13,5	schw.
	122		0,112	28	1,28	3,90	4,4	6,2	
II_4	$22\bar{1}$	0,122	0,121	26	1,23	3,90	10,5	13,1	schw.
	$12\bar{2}$		0,125	24	1,23	3,90	5,6	6,5	
	222	—	0,151	—	—	0,10	—	∼ 0	0
II_5	320	0,176	0,173	17	1,15	3,90	10	7,6	s.s.schw.
	$22\bar{2}$	—	0,177	—	—	0,10	—	∼ 0	0
	321	—	0,179	—	—	0,10	—	∼ 0	0
	023	—	0,186	15	1,14	3,90	10,6	6,7	0
	$32\bar{1}$	—	0,197	—	—	0,10	—	∼ 0	0
	$12\bar{3}$	—	0,211	—	—	0,10	—	∼ 0	0
III_1	130	0,100	0,100	32	3,0	1,10	2,2	2,3	schw.
	031		0,101	32	2,8	1,10	3,0	3,0	
III_2	131	0,116	0,113	29	2,0	2,92	2,3	3,9	schw.
	$13\bar{1}$		0,120	27	1,9	2,92	1,0	1,5	
III_3	230	0,145	0,145	21	1,60	2,92	13,2	13,0	m.-schw.
	032	0,150	0,151	20	1,60	2,92	9,3	8,7	
IV_0	040	0,151	0,151	20	—	3,63	30,3	22	st.
	140	—	0,166	—	—	0,38	∼ 0	0	0
	041	—	0,167	—	—	0,38	∼ 0	0	0
	141	—	0,179	16	2,5	3,63	0,8	1,2	schw.
IV_1	$14\bar{1}$	0,184	0,186	15	2,4	3,63	8	10	
	240	0,214	0,211	13	2,0	3,63	2,2	2,1	m.-schw.
IV_2	042		0,217	13	1,95	3,63	20,0	18	
IV_0	060	0,340	0,340	8	—	0,82	101	5,3	m.

nale Schraubenachse wie die Struktur des einzelnen Glukoserestes sind die Ursache hierfür, und die Strukturfaktorberechnung gibt befriedigenden Aufschluß über die auf S. 147 gestellte Frage. Starke Abweichungen zwischen Rechnung und Experiment treten an keiner Stelle auf, kleine Differenzen finden sich bei den Reflexen ($10\bar{3}$), (023) und (320). Eine Überschlagsrechnung läßt aber erkennen, daß sich auch diese Diskrepanzen beseitigen ließen, wenn man den stärkeren Abfall des Atomformfaktors vom Kohlenstoff gegenüber dem des Sauerstoffs mitberücksichtigt.

Tabelle 33. Koordinaten der Atomlagen im Elementarkörper der nativen Ramie.

O-Atome.

1	0,08	0	0	6	0,92	0,50	0
2	0,28	0,16	0,08	7	0,72	0,66	0,92
3	0,28	0,34	0,92	8	0,72	0,84	0,08
4	0,86	0,19	0,02	9	0,14	0,69	0,98
5	0,54	0,33	0	10	0,46	0,83	0

und 10 *O*-Atome mit $m + 0{,}5$; $n + 0{,}73$; $p + 0{,}5$.

C-Atome.

1	0	0,11	0	7	0	0,61	0
2	0,17	0,17	0	8	0,83	0,67	0
3	0,17	0,33	0	9	0,83	0,83	0
4	0	0,39	0	10	0	0,89	0
5	0,87	0,30	0	11	0,13	0,80	0
6	0,69	0,36	0	12	0,31	0,86	0

und 12 *C*-Atome mit $m + 0{,}5$; $n + 0{,}73$; $p + 0{,}5$.

Es ist schon erwähnt worden, daß man bei so komplizierten Gittern einen zwangsläufigen Kontakt zwischen den Intensitäten und den Atomschwerpunktslagen nicht herstellen kann. Deshalb ist es notwendig, abzutasten, welche Änderungen der Andreßschen Atomkoordinaten möglich sind, ohne gegen die Beobachtungsresultate sehr stark zu verstoßen. Bei der Durchführung solcher Proberechnungen zeigt sich nun, daß man mit den möglichen Atomkoordinaten in recht enger Umgebung der in der Tabelle 33 enthaltenen bleiben muß, wenn man nicht ganz deutliche Abweichungen bei irgendeiner wichtigen Interferenz riskieren will. Es wäre daher denkbar, daß die von Astbury vorgeschlagene Atomanordnung beim Vergleich mit den Intensitäten in Schwierigkeiten kommen könnte, und es erscheint daher sehr wünschenswert, durch eine explizite Intensitätsberechnung die Brauchbarkeit dieser Koordinatenwahl zu überprüfen. Solange nicht eine andere Anordnung mit der gleichen Ausführlichkeit in Übereinstimmung mit den relativen Intensitäten gebracht ist, hat man wohl keinen berechtigten Grund, sie der hier referierten vorzuziehen, um so mehr, als die letztere auch dem sonstigen physikalischen und chemischen Verhalten der Cellulose gut entspricht.

Hengstenberg[1] hat die experimentelle Überprüfung noch einen Schritt weitergebracht, indem er, dem Vorgehen von W. L. Bragg[2] sich anschließend, absolute Intensitätsmessungen mit heranzog. Man stößt bei diesem Versuch allerdings auf die Schwierigkeit, daß man nicht weiß, wie groß in der Cellulose der gittermäßig geordnete Anteil ist und wieviel „amorphe" Substanz vorliegt. Immerhin kann man bei sorgfältig gereinigten Cellulosepräparaten einen recht hohen Anteil an krystallisierter Substanz annehmen. An nativer Ramie ließ sich der Prozentsatz der gittermäßig geordneten Substanz aus absoluten Intensitätsmessungen der interferenzmäßig bzw. diffus gestreuten monochromatisierten Strahlung auf etwa 70 bis 75% schätzen. Unter Zugrundelegung dieses Wertes wurde festgestellt, daß die Elektronenzahl, die zur Erzeugung der absoluten Intensität von (002) notwendig ist, zwischen den beiden Zahlen liegt, die aus dem Modell der Abb. 96a bzw. 96b sich ergeben, und zwar näher an der Andreßschen Anordnung. Man müßte also, um auch noch mit der absoluten Intensität von (002) in genaue Übereinstimmung zu kommen, gewisse feinere Abänderungen in der Abb. 95a in dem Sinne vornehmen, daß man die Atome ein wenig aus der (001)-Ebene nach oben bzw. nach unten herausrückt. Eine solche Verfeinerung der gesamten Intensitätsbetrachtung hätte aber erst einen Zweck, wenn genauere Messungen über die relativen Intensitäten vorliegen und wenn die absoluten Intensitäten mehrerer Ebenen bekannt wären. Diese Bereicherung des experimentellen Materials wäre zweifellos erwünscht. Mit ihrer Hilfe und unter Mitberücksichtigung der bereits erwähnten, bis jetzt vernachlässigten Faktoren ließe sich die Sicherheit und Genauigkeit der Atomlagen in der Basis gewiß verbessern.

Neben den beiden bereits referierten Strukturvorschlägen von Polanyi[3] und Astbury[4] haben Sponsler und Dore[5] schon im Jahre 1926 einen sehr interessanten Vorschlag für die Struktur der Cellulose gemacht, indem sie ebenfalls eine Kombination chemischer und röntgenographischer Voraussetzungen verwendeten; sie haben als erste auf die Übereinstimmung zwischen der Faserperiode und der Länge des Cellobioserestes hingewiesen und daraus das Vorhandensein langer Glukoseketten für wahrscheinlich erklärt. Ihrer Auffassung haften aber zwei Mängel an: Zunächst haben sie ein mit der Erfahrung nicht verträgliches Translationsgitter verwendet; die von ihnen angegebene quadratische Form ist nicht imstande, alle beobachteten Celluloseinterferenzen wiederzugeben. Dies rührt daher, daß sie ein etwas anderes Aufnahmeverfahren gebrauchten, als es sonst bei Faserdiagrammen üblich ist, und daher z. B. den intensiven Reflex (110) nicht beobachten konnten. Der von ihnen verwendete Elementarkörper

[1] Vgl. Aufbau d. Hochpolymeren, S. 112. [2] Z. Kryst. **69**, 118 (1928).
[3] Naturwiss. **9**, 288 (1921). [4] Nature **127**, 12 (1931).
[5] Coll. Symp. Mon. **4**, 174 (1926).

ist daher zu klein und muß durch den vorliegenden ersetzt werden. Von chemischer Seite her ist an dem Sponsler-Doreschen Modell zu bemängeln, daß die dort vorgeschlagenen Ketten nicht die Cellobiose als Baustein enthalten, sondern abwechselnd durch 1, 1-glukosidische und 4, 4-ätherartige Bindungen aufgebaut werden. Diese beiden Mängel haben die Notwendigkeit einer eingehenden Diskussion des gesamten röntgenographischen und chemischen Tatsachenmaterials ergeben, welche dann zu dem hier vertretenen Vorschlag führten.

Die Betrachtung der Tabelle 32 läßt die Tatsache hervortreten, daß alle Ebenen, welche zur Zone der Faserachsen gehören, also (h00) (h0l) (00l) nur in recht niedrigen Ordnungen beobachtet werden konnten, während die diatrope Ebene (0 *k* 0) auch noch bis zur 10. und 12. Ordnung deutlich festgestellt worden ist. Es wird später noch darauf hingewiesen werden, daß diese Bevorzugung der querliegenden Ebenen in bezug auf das Reflexionsvermögen z. T. mit der bereits erwähnten länglichen Form der Cellulosemicelle zusammenhängt. Man kann aber noch einen anderen Grund für ein solches Verhalten angeben, der sich in das Gesamtbild gut einordnet und für den auch andere Tatsachen sprechen.

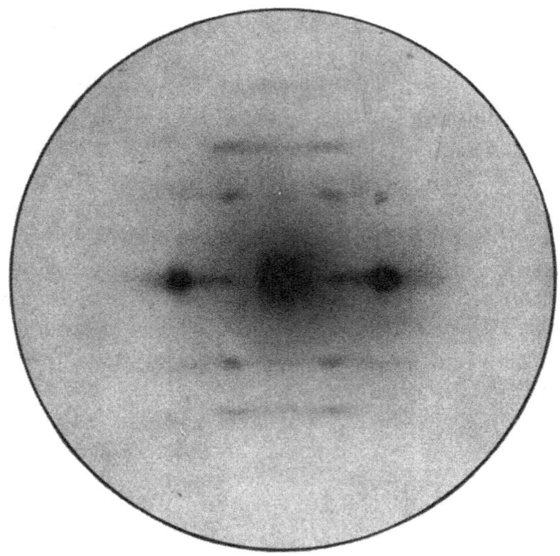

Abb. 97. Diagramm von stark gedehnter Hydratcellulose nach Andreß.

Im Laufe der röntgenographischen Bearbeitung der Cellulosederivate hat sich nämlich gezeigt, daß man gelegentlich Diagramme erhalten kann[1], bei welchen eine deutliche Verschmierung der Interferenzpunkte entlang der Schichtlinien zu beobachten ist. Die Abb. 97, welche das Diagramm einer Hydratcellulose darstellt, möge einen Begriff von diesem Effekt geben. Wenn eine derartige Verschmierung längs des Äquators vorliegt, dann kann sie auf eine Inhomogenität der verwendeten Strahlung zurückgeführt werden und gestattet daher keine interferenzmäßige Deutung. Wenn aber die einzelnen Reflexe entlang der Schichtlinien verbreitert sind, ist eine Täuschung durch den kontinuierlichen Bremsstrahlanteil nicht möglich, da die Bremsstrahlspektren derjenigen Ebenen, die nicht der Zone der Drehachse angehören, von den Schichtlinien stark abweichen. Die beobachtete kontinuierliche Verteilung der Intensität auf den einzelnen Schichtlinien spricht für eine gewisse Analogie mit der Interferenzerscheinung mehrerer, unregelmäßig ineinander gestellter linearer Gitter. Ein Bündel unregelmäßig nebeneinander gelagerter, in sich starrer Punktreihen liefert nämlich ein Diagramm, in welchem die einzelnen Schichtlinien oder Hyperbeln kontinuierlich durchgezeichnet sind. Erst wenn mehrere lineare Gitter in gesetzmäßiger Weise einander parallel gelagert werden, treten neue Auslöschungsbedingungen hinzu, die zur Folge haben, daß sich die Schichtlinien oder Hyperbeln in einzelne Interferenzpunkte auflösen. Wie weit die Punkte

[1] Vgl. R. K. Andreß: Z. physik. Chem. 4, 190 (1929).

längs der Schichtlinien verschmiert bleiben oder deutlich hervortreten, hängt von dem Grade der Regelmäßigkeit ab, mit der die einzelnen Punktreihen nebeneinander liegen. Ist sie ideal, so erhält man außerordentlich scharfe Schichtlinieninterferenzen, ist sie nicht ideal, so bleibt eine gewisse Verschmierung im Sinne einer Anlehnung an die Abb. 97 übrig. Bei der Cellulose beobachtet man in der Tat gelegentlich das letztere Verhalten und wird daher den Schluß ziehen dürfen, daß die Interferenzerscheinungen bei solchen Diagrammen im wesentlichen dadurch zustande kommen, daß in sich relativ starre Ketten einander parallel gelagert sind, deren gegenseitige Ordnung durch gewisse Einwirkungen bereits merklich gestört wird, ohne daß der Aufbau der Ketten in sich eine Veränderung erleidet.

Für diese Auffassung spricht auch die Tatsache, daß es gelingt, durch geeignete Nachbehandlung, etwa durch längeres Kochen mercerisierter oder anderweitig chemisch beanspruchter Cellulose, die Intensität der Äquatorinterferenzen, welche bei der Beanspruchung zuweilen recht erheblich zurückgeht, wieder beinahe bis zu ihrem ursprünglichen Maß zu erhöhen. Dies bedeutet, daß man Gitterstörungen, welche durch die erwähnte chemische Behandlung in den einzelnen Micellen aufgetreten sind, durch geeignetes Tempern wieder weitgehend rückgängig machen kann. Die Hauptvalenzketten lassen sich eben gegeneinander relativ leicht verschieben, da die sie zusammenhaltenden Kräfte in molekularen Dimensionen nur von der Größenordnung van der Waalsscher Kohäsionskräfte sein können. Bei den Diatropen ließ sich ein ähnlicher Effekt bisher noch nicht erreichen, was darauf hindeutet, daß in dieser Richtung der Zusammenhalt durch andere Kräfte vermittelt wird als senkrecht hierzu. Hierfür spricht auch der bereits erwähnte recht erhebliche Unterschied im Ausdehnungskoeffizienten, der nach Hengstenberg parallel und senkrecht der Faserachse vermessen worden ist. Es ergab sich

$$\alpha \text{ parallel der Faserachse} = 0{,}1 \cdot 10^{-4}$$
$$\alpha \text{ senkrecht zur Faserachse} = 0{,}8 \cdot 10^{-4}.$$

All diese Effekte finden eine Analogie in der von A. Müller[1] gemachten Beobachtung, daß bei Fettsäurediagrammen die Interferenzen verschiedener Netzebenen eine verschiedene Temperaturempfindlichkeit zeigen. Auch in diesen Gittern sind längere Ketten die Elemente der Struktur und bewirken eine Anisotropie im mechanischen Zusammenhalt senkrecht und parallel zur Kettenrichtung.

Die gesamte Erfahrung der röntgenographischen Erforschung der nativen Cellulose weist darauf hin, daß in natürlichen Präparaten die hier auseinandergesetzte Hauptvalenzkettenstruktur nicht in idealer Ordnung vorliegt, sondern daß mit mehr oder weniger großer Regelmäßigkeit nach einer gewissen Zahl reiner Cellobioseketten zufällige oder durch das Wachstum bedingte „Gitterstörungen" auftreten, die vielleicht durch das Vorhandensein andersartiger Hauptvalenzketten wie Pentosane, Xylane, vielleicht Glukopyarnoseanteile, carbonsäurehaltigen Gruppen usw. begünstigt werden. Abgesehen von der zwischen den einzelnen Micellen vorhandenen, mehr oder weniger amorphen Kittsubstanz muß man also auch in jedem einzelnen Krystallit auf gewisse Unregelmäßigkeiten gefaßt sein, deren Existenz durch die Schärfe der Interferenzen, durch den Anteil der diffusen Streuung und ähnliche Effekte nur eine Begrenzung nach oben erfährt, nicht aber völlig ausgeschlossen werden kann. Bei der Diskussion über die Micellgröße wird auf solche „native" Gitterstörungen noch genauer einzugehen sein.

[1] Nature **125**, 952 (1930); Proc. Roy. Soc. A. **127**, 417 (1930).

Überblickt man das ganze gegenwärtig über die native Cellulose zur Verfügung stehende experimentelle Material, so gewinnt man etwa folgenden Eindruck:

Nach der experimentellen Seite hin liegt sehr viel qualitatives und ein recht beträchtliches quantitatives Material vor, das wohl in seiner Gesamtheit genügt, um die bisherigen rechnerischen Bemühungen zu seiner rationellen Interpretation zu rechtfertigen. Einer Ergänzung bedarf unsere experimentelle Kenntnis am stärksten in zwei Richtungen. Einmal wäre es sehr zu begrüßen, wenn für die Elementarkörperbestimmung noch besser orientierte Präparate der Anisotropieklasse 4 zur Verfügung ständen — ein sehr befriedigendes Diagramm liefert nach Sponsler die Valonia —, und dann wäre eine größere Zahl absoluter Intensitätsmessungen zur eingehenden Prüfung der Atomschwerpunktslagen von Wert. Die theoretische Verwertung der Versuchsergebnisse erfolgt nicht in der bei einfachen Gitterbestimmungen gewohnten einheitlichen und übersichtlichen Weise, sondern es ist notwendig, chemische und andersartige physikalische Argumente mitzuverwenden. Man muß ein bestimmtes Modell bereits in die Rechnung hineinstecken und es hinterher durch Vergleich mit der Erfahrung verifizieren oder verwerfen. Bisher ist nur für ein Hauptvalenzkettenmodell eine wirklich systematische Prüfung durchgeführt worden. Es hat sich bis jetzt bei einer ziemlich eingehenden Prüfung an dem ganzen zur Verfügung stehenden Tatsachenmaterial gut bewährt.

f) Die Krystallite oder Micelle der nativen Cellulose.

Schon das gesamte physikalische Verhalten der nativen Cellulose — ihre Plastizität, Quellbarkeit, Doppelbrechung usw. — weist darauf hin, daß bei ihrem Aufbau bestimmte Molekülgruppen, in dem vorliegenden Fall also gewisse fest aneinanderhaftende Bündel von Hauptvalenzketten eine besondere Bedeutung besitzen. Die röntgenographische Untersuchung bestätigt diese Annahme, denn aus den Diagrammen der nativen Cellulose läßt sich eindeutig folgern, daß kleine Kryställchen an ihrem Aufbau beteiligt sind, die voneinander unabhängige Lagen einnehmen. Wenn man von einer bestimmten Kette in der Faser ausgeht und in einer beliebigen Richtung senkrecht zur Faserachse fortschreitet, dann stößt man eine Zeitlang auf Ketten, die in Bezug auf die gewählte Ausgangskette streng gesetzmäßig orientiert sind und mit ihr zusammen einen Krystallit oder ein Micell bilden. Plötzlich aber ändert sich die Orientierung der Ketten vollständig, man ist über eine „Korngrenze" hinweggegangen und befindet sich nunmehr in einem anderen Micell, welches eine von dem ersteren unabhängige Orientierung besitzt. Es würde mit den Diagrammen nicht in Einklang stehen, anzunehmen, daß beim Durchqueren der Faser die Orientierung der Ketten sich allmählich ändert, so daß man einen Einkrystall mit kontinuierlich veränderlicher Kettenlage vor sich hätte, vielmehr fordern die Diagramme das Vorhandensein diskontinuierlicher Änderungen in der gegenseitigen Orientierung. Der Unterschied ist etwa derselbe, wie zwischen einem gebogenen Einkrystall und einem wahren Polykrystall: in der Cellulose liegt ein wahrer „Polykrystall" vor.

Ob die Bildung von Micellen eine prinzipielle Eigenschaft langer Ketten ist oder durch das mehr oder weniger akzidentelle Vorhandensein von Verunreinigungen zustande kommt, läßt sich heute noch nicht entscheiden. Man könnte denken, daß es gelänge, auch aus Hauptvalenzketten — etwa aus Polyoxymethylenen — makroskopische Krystalle zu züchten, wenn man von einem einzigen Keim ausgehend, mit möglichst erhöhter Wachstumsgeschwindigkeit diesen Krystall entstehen ließe. Hierzu müßte man aber die Ketten fertig vor sich haben, wie dies z. B. im Kautschuk der Fall ist. Bei der Entstehung der nativen Cellulose aber überschneidet sich der „chemische" Aufbau der Ketten, also die Anknüpfung hauptvalenzmäßiger, glukosidischer Sauerstoffbrücken mit der Aneinanderlagerung der Ketten zum Krystalliten. Aus welchen Gründen hierbei nach einer bestimmten mittleren Anzahl von Hauptvalenzketten ein neues Micell beginnt, ist noch ungeklärt. Leider liegt auch noch nicht viel Material darüber vor, wie sich in morphologisch sehr verschieden gelegenen Pflanzenteilen die Micellgrößen zueinander verhalten.

Im folgenden soll die bisher vorliegende Kenntnis über die Anordnung, Größe und Form der Micelle kurz mitgeteilt werden. Über die Regelung der Krystallite in verschiedenen Fasern ist bereits auf Seite 135 das Wichtigste vorweggenommen worden. Es wurde dort schon erwähnt, daß man durch geeignete Behandlung bestimmter Produkte höher orientierte Präparate aus nativer Cellulose erhalten kann. Hier sei noch nachgetragen, daß die axiale Symmetrie der normalen Faserdiagramme einen unmittelbaren Schluß auf die axiale Symmetrie der Micelle innerhalb der einzelnen Faser noch nicht gestattet. Denn diese könnte auch dadurch vorgetäuscht sein, daß man stets Bündel von Einzelfasern durchleuchtet, die zwar einander parallel liegen, in Bezug auf ihre azimutale Stellung jedoch beliebig gegeneinander verdreht sein könnten. Es erschien daher von Interesse, zu sehen, ob auch das Diagramm einer einzelnen Faser bereits axialsymmetrisch wäre. Diese von A. L. Patterson zuerst aufgeworfene Frage wurde von G. v. Susich[1] und besonders von O. Kratky[2] in seiner neuen Mikrokammer bearbeitet. Soviel man bisher den Versuchsergebnissen entnehmen kann, spricht alles dafür, daß bereits die Einzelfaser selbst axiale Symmetrie besitzt.

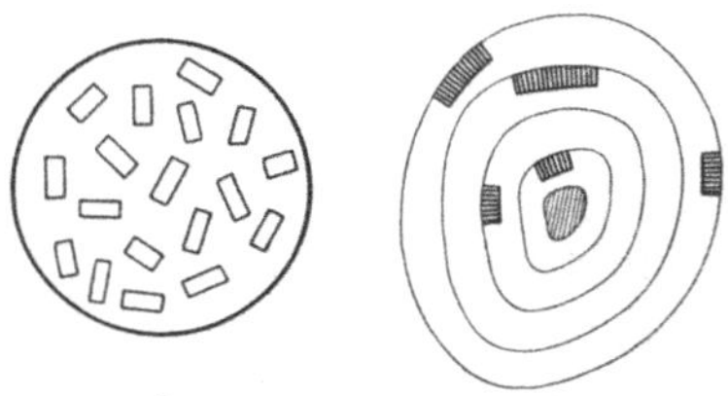
a b

Abb. 98a und b. Verschiedene Anordnungsmöglichkeiten der Micelle in einer Faser.

Aber auch diese Aussage liefert noch keine endgültige Vorstellung über die Micellanordnung in der nativen Ramie, denn die axiale Symmetrie kann in verschiedener Weise hergestellt sein. Es ist möglich, daß die Micelle ganz unregelmäßig über den Querschnitt verteilt sind, wie dies die Abb. 98a zeigt, oder daß sie eine gewisse, etwa durch das organische Wachstum aufgeprägte Regelmäßigkeit besitzen — z. B. im Sinne der Abb. 98b. Um zwischen den beiden Möglichkeiten mit Sicherheit entscheiden zu können, müßte man Spaltstücke von Einzelfasern zur Verfügung haben und röntgenographisch untersuchen. Dies ist bisher noch nicht gelungen, doch scheint die neue von O. Kratky im Faserstoffinstitut ausgearbeitete Mikrokammer eine sehr wertvolle Erweiterung des experimentellen Handwerkzeugs in dieser Richtung zu bedeuten.

Über die Micellanordnung in Valoniapräparaten hat O. L. Sponsler neuerdings interessante Beobachtungen gemacht[3] und morphologisch ausgewertet. Es sei aber diesbezüglich auf die Originalliteratur verwiesen, da sie nicht so sehr die Chemie und Physik, als vielmehr die Botanik der Cellulose betreffen.

Es ist schon auf Seite 130 erwähnt worden, daß die Interferenzmethoden es im Prinzip gestatten, aus der Schärfe der entstehenden Reflexe auf die Zahl der im Gitter kohärent zusammenwirkenden Elementarwellen und daher auf

[1] Nach freundlichen persönlichen Mitteilungen.
[2] Z. Kryst. **73**, 567; **76**, 261, 517 (1930).
[3] Nature **125**, 633 (1930).

die Größe der Kryställchen gewisse Rückschlüsse zu ziehen. Je zahlreicher die elementaren Kugelwellen sind, zwischen denen feste und gesetzmäßige Phasenbeziehungen bestehen, um so geringer wird die Halbwertsbreite der bei ihrer Überlagerung sich ergebenden Linien. Hat man ein ganz ungestörtes Gitter vor sich, das die verwendete Strahlenart nur unmerklich absorbiert, dann läßt sich dieser Einfluß leicht quantitativ erfassen. In Wirklichkeit wird aber die Winkelbreite einer bestimmten Interferenzlinie, wie sie in den Röntgenogrammen direkt der Messung zugänglich ist, durch mehrere Faktoren bestimmt. Als wesentlichste kommen in Frage der Einfluß der Krystallitgröße und der Präparatendicke. Bezüglich der genauen formelmäßigen Trennung dieser beiden Anteile unter bestimmten gegebenen Voraussetzungen sei auf die Originalliteratur verwiesen[1]. Hier möge es genügen, das Wesentliche kurz mitzuteilen.

Die Interferenzlehre zeigt, daß bei gegebener Größe des Einzelkrystalliten und unendlich schmalem Präparat die Winkelbreite des Interferenzstrahles mit steigendem Ablenkungswinkel zunimmt, und zwar gemäß $\sec\frac{\vartheta}{2}$. Scherrer[2] benutzte für die Berechnung der Teilchengröße zuerst eine Formel, in welcher er dieser Zunahme die Stäbchendicke des Präparates als eine vom Winkel unabhängige Größe überlagert.

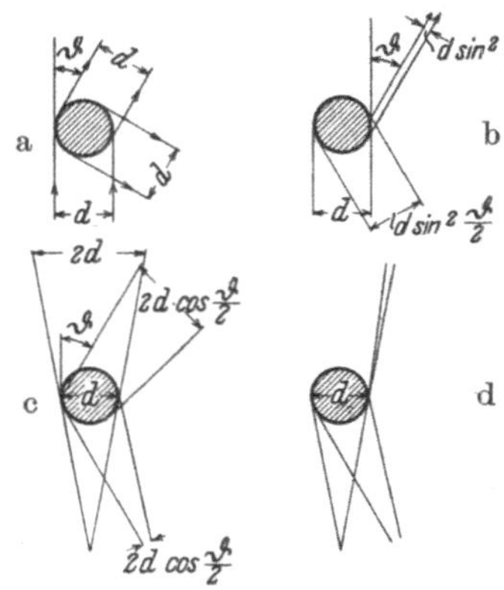

Abb. 99. Einfluß der Stäbchendicke auf die Interferenzbreite.

Diese Rechenweise ist dann einwandfrei, wenn mit parallelem Licht gearbeitet wird und das Präparat nur ein schwaches Absorptionsvermögen aufweist. Wie die Abb. 99a erkennen läßt, bildet sich nämlich in diesem Falle das als zylindrisches Stäbchen idealisierte Objekt unter allen Ablenkungswinkeln mit der gleichen Breite d ab, und der Einfluß der Stäbchendicke auf die gesamte beobachtete Interferenzbreite läßt sich durch Subtraktion leicht eliminieren.

Wenn aber die Substanz das verwendete Röntgenlicht stark absorbiert, so kann man aus Abb. 99b entnehmen, daß wegen der Absorption das Bild des Stäbchens unter größerem Winkel immer breiter wird. Bei praktisch völliger Absorption läßt sich diese Abhängigkeit vom Ablenkungswinkel rechnerisch einigermaßen erfassen. R. Brill und H. Pelzer[1] haben gezeigt, daß unter gewissen Voraussetzungen zu der interferenzmäßigen hier noch eine Abbildungsverbreiterung hinzutritt, die mit $\sin^2\vartheta$ geht. Die Interferenzen werden jetzt mit steigendem Winkel noch rascher verbreitert als früher. Brill und Pelzer haben für den Fall starker Absorption auch noch weitere verfeinerte Methoden zur Teilchengrößenbestimmung angegeben, die aber hier übergangen werden können, da bei der Cellulose die Absorption meist nicht merklich stört. Verwendet man divergentes Licht und eine Substanz von kleinem Absorptionsvermögen, wie in der Abb. 99c dargestellt ist, so wird wegen des Braggschen Reflexionsgesetzes das Stäbchen unter kleinen Ablenkungswinkeln breiter abgebildet als unter größeren, da die Gleichheit von Einfalls- und Reflexionswinkel bei großen Ablenkungswinkeln eine Fokusierung zur Folge hat. Dieser Abbildungseffekt bewirkt, daß die Linienbreite aus rein geometrischen Gründen unter größeren Winkeln verkleinert erscheint, so daß sich die interferenzmäßige Verbreiterung durch die endliche Teilchengröße und die fokussierende Wirkung des Braggschen Reflexionsgesetzes gegeneinander in einem gewissen Maße aufheben können. Für

[1] Z. Kryst. 72, 398 (1930). [2] In Zsigmondy: Kolloidchemie, 4. Aufl., S. 394.

diesen Fall hat M. von Laue[1] Formeln entwickelt, die eine größere Allgemeinheit besitzen als die frühere Scherrersche Beziehung. Berücksichtigt man all diese Verhältnisse, dann ist man in der Lage, aus der Halbwertsbreite von Röntgeninterferenzen recht genaue Angaben über die Größe und unter gewissen Voraussetzungen auch über die Form der Krystallite zu machen. Begünstigt wird man hierbei besonders durch das Vorliegen zahlreicher Interferenzen, die sich über einen großen Bereich des Ablenkungswinkels erstrecken. Um aber den Wert derartiger Angaben recht kritisch abwägen zu können, ist es stets notwendig, genau darüber Rechenschaft zu geben, welche Voraussetzungen den erwähnten Beziehungen Zugrunde liegen. Es seien daher über diese einige kurze Angaben gemacht.

1. Sowohl bei der Ableitung der Scherrerschen als auch der v. Laueschen und Brill-Pelzerschen Formel ist vorausgesetzt, daß in dem Präparat nur Krystalle von einer bestimmten Größe vorkommen, ein Punkt, der in Wirklichkeit sicherlich niemals streng erfüllt ist. Vielmehr wird man stets mit einer gewissen Streuung in der Teilchengröße zu rechnen haben. A. L. Patterson[2] hat z. B. angenommen, daß alle überhaupt denkbaren Teilchen vorkommen und nach einem Maxwellschen Gesetz über die vorhandenen Größen verteilt sind, was zu dem Ansatz

$$N = \mu^2 e^{-\mu^2 \cdot p^2}$$

führt. N ist hierbei die Zahl der würfelförmig gedachten Teilchen von der Größe μ, p ist ein Parameter, der die Form der Verteilungskurve charakterisiert. Da er im allgemeinen nicht bekannt ist, gelingt es nicht, die nach der Laueschen Formel berechneten Teilchen mit der wahren Größe in eine engere Beziehung zu setzen. Es läßt sich jedoch aus der Formel abschätzen, daß der häufigste Wert etwa 35% unter dem nach v. Laue berechneten liegt. Hengstenberg hat an Stelle der Maxwellschen Verteilungsfunktion eine symmetrische Gaußsche verwendet, was zweckmäßig erscheint, da man keinen Grund dafür einsieht, die größeren Teilchen durch den Faktor μ^2 so stark zu bevorzugen. Setzt man die Fehlerverteilung mit

$$N = e^{-p^2 \mu^2}$$

an, so liegen die Laueschen Werte etwas unter der häufigsten Teilchengröße, weil die kleinen Teilchen auf die Linienbreite einen überproportional stärkeren Einfluß haben als die großen. Das Maß der Abweichung wird durch den unbekannten Parameter p der Verteilungskurve gegeben. Es läßt sich jedoch auch hier abschätzen, daß der größte Fehler, den man riskiert, auch in ungünstigen Fällen die Größenordnung des Resultates nicht verändern kann.

Die erwähnten Formeln zeigen, daß der günstigste Bereich zur Teilchengrößenbestimmung mit Röntgenstrahlen zwischen 50 und 500 Å liegt. Unterhalb 30 Å werden die Linien wenig intensiv und schlecht vermeßbar, oberhalb 500 Å nimmt die Genauigkeit der Formeln rasch ab. Es entsprechen schon minimale Veränderungen der experimentellen Halbwertsbreite sehr beträchtlichen Verschiebungen im Wert von μ.

2. Eine andere Voraussetzung für die Anwendbarkeit der erwähnten Gleichungen ist die völlige Identität der Teilchen; sie müssen alle die gleiche Gitterkonstante besitzen und dürfen keine Gitterfehler zeigen. Diese Voraussetzung kann besonders bei der Cellulose und ihren Derivaten ganz erhebliche Unsicherheiten in das Resultat hineinbringen. Es ist schon erwähnt worden, daß man auch bei natürlichen Fasern gewisse Gitterfehler für möglich halten

[1] Z. Kryst. **64**, 115 (1926). [2] Z. Kryst. **66**, 637 (1928).

muß. In gequollenen oder chemisch beanspruchten Präparaten ist das natürlich in noch höherem Maße zu erwarten. Man muß daher in jedem einzelnen Fall diese Voraussetzung besonders genau diskutieren und den Einfluß auf die Ergebnisse abschätzen.

3. Nicht berücksichtigt ist in den Formeln die Wärmebewegung der Atome im Gitter. Nach den neuesten Untersuchungen über den Einfluß der Temperatur auf die Krystallinterferenzen bedingt sie aber keine merkliche Verbreiterung der Reflexe.

Unter Berücksichtigung der erwähnten experimentellen und theoretischen Einschränkungen hat Hengstenberg[2] für mehrere native Ramiepräparate die Dimensionen der Micelle interferenzmäßig bestimmt. Die Tabelle 34 enthält die von ihm erhaltenen Zahlen; sie sollen zunächst nur die Größenordnung richtig treffen und dürfen nicht als exakte Abmessungen angesehen werden. Es ist bemerkenswert, daß sie mit früheren von R. O. Herzog[3] angestellten, etwas roheren Schätzungen recht befriedigend übereinstimmen.

Tabelle 34[1]. Native Cellulose (Ramie).

1. Dimensionen der Micelle senkrecht zur Faserachse.

Präparat-durchm.	hkl	RB in mm	η	a_q in Å
0,75 mm	101	2,2	0,0022	56
—	002	2,2	0,0022	56
—	004	2,3	0,0023	53
1 mm	002	2,45	0,0027	59
0,4 mm	002	1,75	0,00215	57

Der Micellenquerschnitt ist demnach ein Rhombus mit 55 ± 5 Å Seitenlänge.

2. Dimensionen der Micelle in der Faserachse.

Präparat-halbmesser	hkl	RB in mm	Mindestbreite $RB_{\min} = \pi r \cos\frac{\vartheta}{2}$	a_l in Å
$a = 0{,}325$ mm	020	1,30	1,29	> 600
($r = 0{,}41$ mm)	021	1,65	1,28	etwa 130
—	040	1,26	1,25	> 600
—	060	1,3	1,18	> 600

Insgesamt ergibt das auf dem Gebiet vorliegende Material, daß die Micelle der Cellulose längliche Stäbchen von etwa 500 Å Länge und 50 Å Breite darstellen, einen Befund, der mit den sonstigen physikalischen und chemischen Eigenschaften der Faser — Quellung, Doppelbrechung, Plastizität — in einer sehr plausiblen Beziehung steht.

4. Die Ergebnisse der röntgenographischen Untersuchung an Umwandlungsprodukten der Cellulose.

a) Einleitung.

Bei der nativen Cellulose selbst ist die röntgenographische Forschung am weitesten vorgedrungen. Die Diagramme der verschiedenen Derivate eignen sich leider nicht in so hohem Maße zur quantitativen Interpretation. Trotzdem können sie auch in rein qualitativer Hinsicht für Einblicke in die Chemie der Cellulose von großer Bedeutung sein. Denn sie geben Kunde von dem Auftreten neuer diskreter Phasen, zeigen unter Umständen das Vorhandensein von Mischkrystallbildung an und vermitteln überhaupt auf diesem Gebiet die gleichen Kenntnisse, die man sich durch die Strukturanalyse bei der Bearbeitung metallischer Systeme bereits seit langem zu verschaffen gewöhnt ist.

[1] Es bedeuten: RB = Röntgeninterferenzbreite
a_q = Querdimension
a_l = Längsdimension.
r (Präparathalbmesser) = $1{,}27\,a$
$\eta = \frac{\lambda}{4\pi m a_i}$ (λ Wellenlänge, $m a_i$ Gesamtausdehnung des Krystallits in der Richtung a_i).

[2] Z. Kryst. 69, 271 (1928).

[3] Journ. of Phys. Chem. 30, 457 (1926).

Deshalb scheint es zweckmäßig zu sein, die Besprechung der röntgenographischen Erfahrungen über die Cellulosederivate in zwei Abschnitte zu teilen. Hier — im Anschluß an die quantitative Diskussion des Diagramms der nativen Cellulose — sollen nur diejenigen Resultate angeführt werden, die ebenfalls quantitativer Natur sind, also Identitätsperioden, Elementarkörper, Raumgruppen und Atomschwerpunktslagen. Hingegen wird die qualitativ-analytische Verwertung der Diagramme zur Verfolgung bestimmter Umwandlungen, wie sie in den letzten Jahren besonders von G. v. Susich[1], J. R. Katz[2], sowie von K. Heß[3] durchgeführt worden ist, in dem Abschnitt über die Chemie der Cellulose besprochen. Dort wird dann bei jeder einzelnen Reaktion — Mercerisierung, Nitrierung, Acetylierung usw. — in möglichst systematischer Weise das röntgenographische Material mit herangezogen werden; es leistet an dieser Stelle wertvolle Dienste, auch ohne quantitative Schlüsse zu gestatten.

b) Das Translationsgitter der „Hydratcellulose".

Die Abb. 100 zeigt das Bild einer Hydratcellulose, über deren präparative Darstellung und sonstige Charakterisierung im chemischen Teil noch genauer berichtet werden wird. Man sieht, daß auch hier ein wohldefiniertes Punktdiagramm vorliegt, das zu einer quantitativen Auswertung einlädt. Natürlich muß man wiederum dieselben Vorsichtsmaßregeln beachten, wie bei der nativen Cellulose, d. h. für parallele, monochromatische Strahlung vorsichtig Sorge tragen usw.

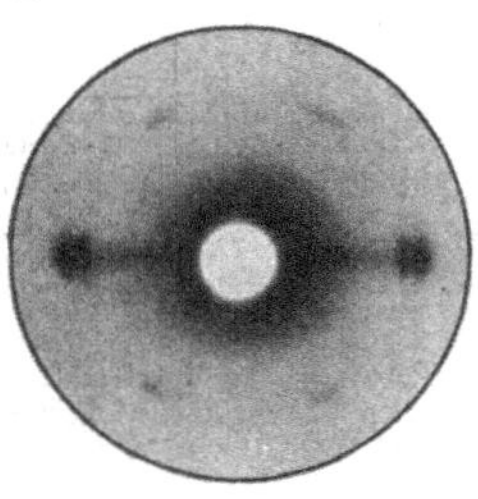

Abb. 100. Faserdiagramm der mercerisierten oder Hydratcellulose.

Die quantitative Diskussion dieses Diagramms ist unabhängig und etwa gleichzeitig von zwei Seiten in Angriff genommen worden. Zunächst hat Andreß[4] in einer eingehenden Arbeit aus dem Berlschen Institut gefunden, daß man alle Interferenzen des Hydratcellulosediagramms — es handelt sich wieder um etwa 30 voneinander unabhängige Reflexe — durch eine monokline, quadratische Form wiedergeben kann, deren Achsen

$$a = 8{,}14\,\text{Å} \quad b = 10{,}30\,\text{Å} \quad c = 9{,}14\,\text{Å} \tag{6}$$

sind und die den monoklinen Winkel von

$$\beta = 62^0$$

besitzt. Führt man eine Dichte von

$$s = 1{,}52$$

ein, dann erhält man ebenso wie bei der nativen Cellulose vier Glukosereste im Elementarkörper; die Tabelle 35 enthält wiederum in der ersten Spalte die übliche Bezeichnung der einzelnen Interferenzen des Hydratcellulosediagramms, in der zweiten die Indizierung nach der eben angegebenen quadratischen Form, während in der 3. und 4. die berechneten und beobachteten $4\frac{\sin^2 \vartheta/2}{\lambda^2}$-Werte miteinander verglichen werden können. Es zeigt sich, daß auch hier eine recht beachtliche Übereinstimmung zwischen der theoretischen Vorhersage und dem

[1] Naturwiss. **17**, 803 (1929). [2] z. B. Z. physik. Chem. **124**, 352 (1927).
[3] Z. physik. Chem. **145**, 401; **149**, 284, 371 (1930). [4] Z. physik. Chem. **4**, 190 (1929).

Experiment festzustellen ist. Zur gleichen Zeit haben Burgeni, Kratky und Weißenberg[1] im Faserstoff-Institut das gleiche Translationsgitter für die Hydratcellulose aufgestellt. Die Abb. 101 zeigt zwei mögliche Darstellungsweisen des Elementarkörpers in Projektion auf der a,c-Ebene.

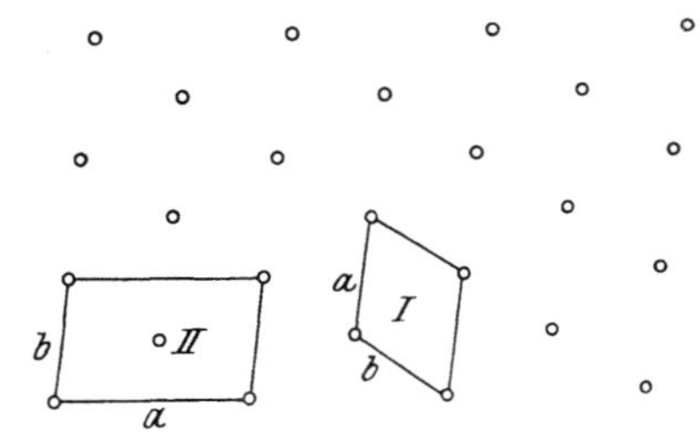

Abb. 101. Projektionen der Elementarkörper in die a-c-Ebene.

Für die Einschätzung der Sicherheit ist es von Bedeutung, daß Burgeni und Kratky auch höher orientierte Präparate für die Untersuchung verwendet haben, so daß ähnlich wie bei der Cellulose auch die senkrecht zur Faserachse liegenden Identitätsperioden als gut begründet erscheinen können. Allerdings ist wiederum zu betonen, daß keine reinen und streuungslosen Regelungen der Anisotropieklasse 4 vorlagen, sondern ebenso wie bei der Cellulose nur Diagramme von mäßiger Orientierung. In dieser Richtung läßt das vorliegende Material zweifellos noch eine Verbesserung zu wünschen übrig.

c) Die Raumgruppe und die Atomlagen im Gitter der Hydratcellulose.

Die in der Tabelle 35 enthaltenen gesetzmäßigen Auslöschungen führen wie bei der Cellulose auf die Raumgruppe C_2^2. Der Reflex (030), der bei nativer Cellulose zu einer Einschränkung dieser Aussage genötigt hat, konnte bei der Hydratcellulose nicht beobachtet werden. Dies würde dazu bewegen, anzunehmen, daß hier die Symmetrie der digonalen Schraubung exakt erfüllt ist. Man muß hierbei aber bedenken, daß alle Interferenzen des Hydratcellulosediagramms nicht mehr die gleiche Intensität und Schärfe zeigen, wie die nativen, so daß die sichere Feststellung einer so schwachen Reflexion vielleicht hier nur aus experimentellen Gründen nicht gelingt. Andreß[2] hat aus seinen Diagrammen im Anschluß an das Gitter der nativen Cellulose auch eine Lokalisierung der Schwerpunkte durchgeführt und die relativen Intensitäten aller beobachteten Reflexe damit zu erklären versucht. Die von ihm erhaltenen Zahlen sind mit in der Tabelle 35 aufgenommen. Die Bedeutung der einzelnen Spalten korrespondiert mit der in Tabelle 34. Man sieht auch hier wieder, daß zunächst viele Interferenzen aus rationellen Gründen fehlen und daß die beobachteten Intensitäten mit den berechneten in recht gutem Einklang stehen. Die Abb. 102 und 103 zeigen, wie sich die Gitter der beiden Substanzen zueinander verhalten. In beiden Abbildungen ist der Elementarkörper quer zur Faserachse durchschnitten und längs der b-Richtung betrachtet. Man sieht also auf die Hauptvalenzketten von oben drauf. Es ist in beiden Fällen nur die untere Hälfte der Basis, d. h. immer nur ein Glukoserest gezeichnet. Der darüberliegende entsteht aus ihm durch digonale Schraubung. Die Sauerstoffatome sind in den beiden Abbildungen durch römische Ziffern von *I* bis *IV* durchnumeriert; *IV* ist das Ringsauerstoffatom, *I* vermittelt die glukosidische Bindung zum nächsten Rest. In dem Kreise, welche die Sauerstoffatome bedeuten, sind außerdem noch die b-Koordinaten, d. h. die Entfernung aus der Papierebene in $^1/_{10}$ Å näherungsweise angegeben.

---

[1] Z. physik. Chem. **4**, 401 (1929). Anfänglich (Naturwiss. **17**, 181 [1928]) schien eine Interferenz mit sehr kleinem Ablenkungswinkel dafür zu sprechen, daß die Punkte an den Ecken und in der Mitte des Parallelepipeds *II* nicht translatorisch identisch sind. Die fragliche Interferenz ist in der 2. Mitt. als Bremsstrahlinterferenz erkannt worden.

[2] Z. physik. Chem. **4**, 190 (1929).

Tabelle 35. Hydratcellulose.

Punkt	Index	$\frac{4\sin^2\vartheta/2}{\lambda^2}$ beob.	$\frac{4\sin^2\vartheta/2}{\lambda^2}$ ber.	L	τ	f	$\lvert S_1\rvert^2$	Intensitäten ber.	Intensitäten gesch.
	001	—	0,0154	—	—	0	—	0	0
A_0	101	0,0185	0,0185	180	1,0	4	10,4	75	st.
	100	—	0,0194	—	—	0	—	0	—
	102	—	0,0484	—	—	0	—	0	0
A_3	10$\bar{1}$	0,0511	0,0511	60	1,0	4	100	240	s.st.
	201	—	0,0604	—	—	0	—	0	—
A_4	002	0,0616	0,0616	54	1,0	4	81	180	s.st.
	202	—	0,0740	43	1,0	4	0,4	1	0
	200	—	0,0776	40	1,0	4	0,3	0	0
	103	—	0,109	29	1,0	4	1,8	2	0
	10$\bar{2}$	—	0,114	—	—	0	—	0	0
	20$\bar{1}$	—	0,126	—	—	0	—	0	0
	003	—	0,138	—	—	0	—	0	0
A_5	301	0,142	0,141	21	1,0	4	1,0	1	s.s.schw.
A_6	303	—	0,166	18	1,0	4	2,7	2	0
	300	—	0,175	—	—	0	—	0	0
	104	—	0,200	—	—	0	—	0	0
A_7	20$\bar{2}$	0,205	0,205	14	1,0	4	12,8	7	m.
	10$\bar{3}$		0,207	14	1,0	4	65	31	
	011	—	0,0249	130	1,3	1,5	0,9	2	0
I_1	111	0,0276	0,0280	120	1,3	2,5	0,2	1	s.schw.
	110		0,0289	120	1,3	1,5	2,5	6	
	112	—	0,0579	55	1,1	1,5	3,7	3	0
	11$\bar{1}$	—	0,0606	50	1,1	2,5	2,2	3	0
I_2	211	0,0700	0,0699	45	1,1	1,5	1,4	1	s.schw.
	012		0,0711	45	1,1	2,5	2,6	3	
	212	—	0,0835	40	1,1	2,5	1,6	2	0
I_3	210	0,0878	0,0871	35	1,1	2,5	8,0	7	s.schw.
I_4	113	0,118	0,118	25	1,1	2,5	12,1	8	s.schw.
	11$\bar{2}$	—	0,123	25	1,1	1,5	0,6	0	0
	21$\bar{1}$	—	0,135	20	1,0	1,5	8,5	3	0
	312	0,152	0,148	20	1,0	1,5	20,0	6	schw.m.
	013		0,148	20	1,0	1,5	6,8	2	
I_5	311		0,150	20	1,0	2,5	12,0	6	
I_6	313	0,175	0,176	17	1,0	2,5	19,1	8	schw.m.
	310	—	0,184	16	1,0	1,5	2,3	0,6	0
II_0	020	0,0374	0,0378	90	2—4	0,3	18,7	10—20	m.
II_1	021	0,0528	0,0532	65	1,9	3,7	12,4	57	st.
	121	—	0,0563	55	1,9	0,3	9,3	3	—
	120	—	0,0572	55	1,9	3,7	3,6	14	—
II_2	122	0,0861	0,0862	38	1,5	3,7	9,6	20	m.
	12$\bar{1}$	—	0,0889	37	1,5	0,3	13,8	2	—
	221	—	0,0982	31	1,3	3,7	6,0	9	0
	022	—	0,0994	30	1,3	0,3	8,8	1	0
II_3	222	0,113	0,112	28	1,3	0,3	5,8	1	schw.
	220		0,115	27	1,3	0,3	9,0	1	
II_4	123	0,150	0,147	20	1,2	0,3	—	~ 0	schw.
	12$\bar{2}$		0,151	20	1,2	3,7	18,0	16	
	22$\bar{1}$		0,163	18	1,2	3,7	12,0	10	
II_5	023	0,177	0,176	16	1,2	3,7	4,5	3	s.schw.
	321	—	0,179	16	1,2	0,3	—	~ 0	

Tabelle 35 (Fortsetzung).

Punkt	Index	$\frac{4 \sin^2 \vartheta/2}{\lambda^2}$ beob.	$\frac{4 \sin^2 \vartheta/2}{\lambda^2}$ ber.	L	τ	f	$\lvert S_1 \rvert^2$	Intensitäten ber.	Intensitäten gesch.
III_1	031	0,100	0,100	32	2,8	3,4	9,7	30	st.—m.
	131	—	0,103	31	2,7	0,6	3,0	2	
	130	0,103	0,104	31	2,7	3,4	11,5	33	
	132	—	0,133	22	1,7	3,4	2,7	3	0
	$13\bar{1}$	—	0,136	22	1,7	0,6	4,0	1	
III_2	231	0,146	0,145	21	1,6	3,4	3,5	4	schw.
	032		0,147	20	1,6	0,6	16,6	3	
III_3	232	0,160	0,159	19	1,5	0,6	8,0	1,4	s.schw.
	230		0,163	19	1,5	0,6	0	0	
	133	—	0,194	15	1,4	0,6	—	~ 0	—
III_4	$13\bar{2}$	0,203	0,199	15	1,4	3,4	16,0	11	s.schw.
	$23\bar{1}$		0,211	13	1,4	3,4	0,6	~ 0	
III_5	033	0,222	0,223	13	1,3	3,4	5,2	3	schw.
	331	—	0,226	12	1,3	0,6	—	~ 0	—
IV_0	040	0,151	0,151	20	~ 4	3,0	16,1	~ 40	m.—st.
IV_1	041	0,165	0,166	18	3,4	1,0	11,7	7	m.
	141	—	0,170	17	3,0	3,0	2,5	0,4	—
	140		0,170	17	3,0	1,0	—	~ 0	
IV_2	142	0,201	0,199	14	2,0	1,0	—	~ 0	schw.
	$14\bar{1}$		0,202	14	2,0	3,0	12,7	11	
	241		0,211	13	1,9	1,0	—	~ 0	
	042	—	0,213	13	1,9	3,0	8,8	6	0
V_1	051	0,253	0,253	—	—	0,1	—	—	schw.
	151	0,256		—	—	3,9	27	—	
	150	0,257		—	—	0,1	—	—	
	060	—	0,340	—	—	1,9	46	—	—
VI_1	061	0,356	0,355	—	—	2,1	72	—	schw.

Der Vergleich der beiden Gitter zeigt zunächst, daß die Identitätsperiode auf der Faserachse unverändert geblieben ist. Trotz der recht weitgehenden Veränderung der übrigen Gitterdimensionen hat sich also hier diejenige Periodizität, entlang deren der Zusammenhalt durch Hauptvalenzen bewirkt wird, erhalten. Auch die Struktur der einzelnen Glukosereste ist praktisch identisch geblieben, d. h. man kann unter Zugrundelegung des gleichen Glukosemodells die Intensitäten beider Gitter verstehen. Hingegen haben sich die einzelnen Glukoseketten gegeneinander gedreht und in ihrer gegenseitigen Lage verschoben; man könnte vom rein krystallographischen Standpunkt die beiden Gitter als polymorphe Modifikationen ansprechen[1]. Inwieweit

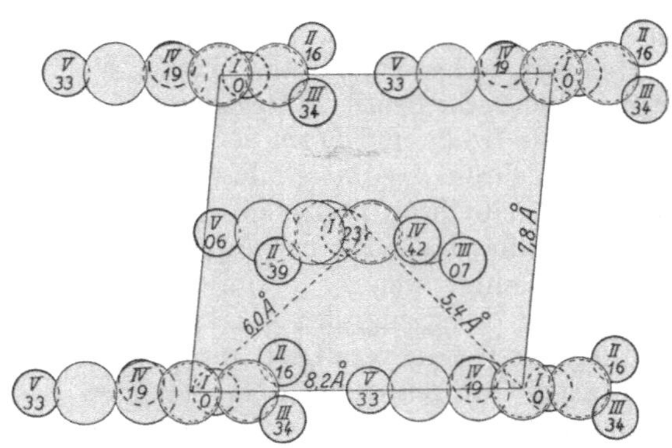

Abb. 102. Native Cellulose.

[1] Herzog, R. O., und W. Jancke: Z. angew. Chem. **34**, 385, Anm. 20 (1921).

das eine zweckmäßige Darstellungsweise bedeutet, soll bei der chemischen Besprechung des Mercerisationsvorganges noch genauer auseinandergesetzt werden.

Die Tatsache, daß man bei der Regenerierung der meisten Cellulosederivate dieselbe Hydratcellulose bekommt und daß der Temperaturkoeffizient der Mercerisierung negativ ist, spricht dafür, daß die Anordnung der Abb. 102 eine etwas größere Stabilität als die durch das Wachstum hergestellte native Anordnung besitzt. Ein direkter Zusammenhang zwischen den veränderten Eigenschaften der Hydratcellulose: erhöhte Quellbarkeit, Anfärbbarkeit, Glanz usw. mit der veränderten Gitterstruktur läßt sich aus dem gegenwärtigen Stand unserer Kenntnis noch nicht mit Deutlichkeit herauslesen. Es scheint vielmehr, daß diese Veränderungen in erster Linie auf einer Lockerung des zwischenmicellaren Gefüges beruhen.

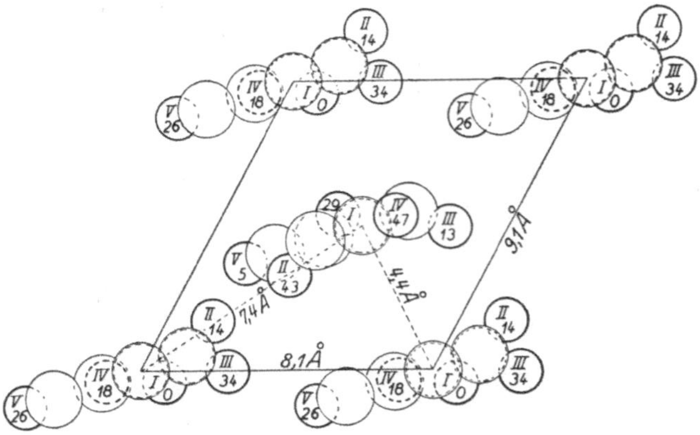

Abb. 103. Hydratcellulose.

d) Die Micelle der Hydratcellulose, ihre Anordnung, Größe und Form.

Hydratcellulosefäden zeigen meist eine mehr oder weniger ausgeprägte einfache Faserstruktur nach der *b*-Achse. Bei geeignetem Verstrecken während des Spinnvorganges läßt sich diese Regelung sehr gut ausbilden, wie als Beispiel das Diagramm der Abb. 100 zeigen möge, das in Bezug auf seine Orientierung alle natürlichen Präparate übertrifft. Filme aus Hydratcellulose zeigen zunächst meist Ringfaserstruktur mit (101) in der Folienebene, lassen sich aber durch geeignete mechanische Beanspruchung auch höher orientieren, wie dies Heß und Trogus[1] gezeigt haben. Nach Untersuchungen der letzteren Forscher sind zur Erzeugung solcher Struktur häufig nur ganz geringe Kräfte notwendig; die meisten technischen Präparate — Papier, Vulkanfiber, Pertinax, Preßspan usw. — zeigen schon recht deutliche Regelungseffekte.

Über die Größe und Form der Micelle liegen Angaben von Hengstenberg[2] vor, der mehrere Hydratcellulosepräparate verschiedener Herstellung auf die Halbwertsbreite ihrer Interferenzen untersuchte. Hierbei fällt es auf, daß manchmal die Halbwertsbreite der Äquatorreflexe erheblich zunimmt, während die diatropen Punkte weniger beeinflußt werden. Dies läßt sich wohl so erklären, daß bei der Zersetzung der Alkalicellulose nicht mehr eine so exakte Parallellagerung der Ketten resultiert, wie sie im nativen Präparat vorhanden gewesen war. In der Tat gelingt es, durch längeres Nachbehandeln der Hydratcellulose mit kochendem Wasser diese Verbreiterung wieder rückgängig zu machen. Dies spricht dafür, den Grund der ursprünglichen Verbreiterung im Vorhandensein von Gitterfehlern und nicht in einer wahren Teilchenverkleinerung zu sehen.

Die von Hengstenberg an einem Viscosefaden erhaltenen Zahlen sind in der Tabelle 36 zusammengestellt[2]. Aus ihnen geht hervor, daß die Micelle in

[1] Naturwiss. **18**, 437 (1930), vgl. auch S. 164. [2] Z. Kryst. **69**, 271 (1928).

dieser Hydratcellulose ebenfalls längliche Gestalt haben, aber in ihren beiden Ausdehnungen etwas verkleinert sind. Bei verschieden hergestellten Präparaten schwanken die Werte recht erheblich. Man kann bei rücksichtslosem „Altern" sehr verwaschene Diagramme, d. h. sehr kleine Micelle erhalten und hat auf diese Weise eine Möglichkeit, durch Messungen der Linienbreite sowohl den chemischen und auch den micellaren Abbau der Cellulose zu verfolgen. Wenn bloß eine Längsteilung der Micelle — etwa durch geeignete Quell- oder Lösungsmittel — eintritt, dann hat man eine Verbreiterung der Äquatorinterferenzen zu erwarten, während die der diatropen unverändert bleiben. Werden aber durch einen chemischen Angriff auch die Hauptvalenzketten selbst verkürzt, dann muß sich dies in einer Verbreiterung der diatropen Interferenzen äußern. Für beide Fälle liegen Beobachtungen vor.

Tabelle 36. Hydratcellulose (orientierter Viscosefaden).

1. Dimensionen senkrecht zur Faserachse.

Präparatdurchmesser	khl	RB	a_q in Å
0,7 mm	002	2,6 } 0,003	41
—	200	2,6	—

2. Dimensionen in der Faserrichtung.

Präparatdurchmesser	hkl	RB	RB_{min}	a_l in Å
$a = 0{,}27$ mm	040	1,18	1,02	305

e) Die röntgenographische Untersuchung der übrigen Cellulosederivate.

Schon bei der Hydratcellulose ist das experimentelle Material, auf Grund dessen man Aussagen über ihre Struktur zu liefern vermag, nicht so exakt und breit, wie bei den nativen Präparaten. Noch weniger günstig liegen die Verhältnisse bei den übrigen Celluloseabkömmlingen. Wenn man an die experimentellen Ergebnisse auch hier denselben strengen Maßstab anlegt, der in den vorhergegangenen Abschnitten bei der nativen und der Hydratcellulose immer verwendet worden ist — und nur eine solche Diskussion kann zu vertrauenswürdigen Zahlen führen —, dann muß man sagen, daß kein einziges der zahlreichen Derivatdiagramme genügend durchforscht ist, um aus ihm sichere quantitative Schlüsse ziehen zu können.

Die Diagramme der Cellulosederivate sind nämlich meist nicht sehr punktreich, sie zeigen oft recht erhebliche Verbreiterungen und Verwaschungen der einzelnen Interferenzflecken, so daß selbst die einfache Vermessung des Schichtlinienabstandes bei Faserdiagrammen nicht immer mit aller gewünschten Sicherheit möglich ist. Noch schwieriger ist es daher, aus diesen Bildern einen brauchbaren Elementarkörper abzuleiten oder gar die Raumgruppe zu bestimmen. Es sind in der Literatur zwar verschiedene Vorschläge über die Elementarkörper einzelner Cellulosederivate veröffentlicht worden, doch darf man ihnen keine größere Bedeutung zumessen, als die eines vorläufigen Versuches zur zahlenmäßigen Ordnung der experimentell beobachteten Ablenkungswinkel. Systematische Zahlenangaben von größerer Verläßlichkeit liegen lediglich über die Identitätsperioden der Cellulosederivate vor.

Heß und Trogus[1] haben nämlich die Identitätsperioden von 16 Cellulosederivaten zusammengestellt und darauf hingewiesen, daß man sie in ihrer Gesamtheit recht gut als ganzzahlige Vielfache der Größe 5,15 Å wiedergeben kann. Die Tabelle 37 enthält die Faserperioden der bisher bekannten und in bezug auf

[1] Z. physik. Chem., Bodenstein-Festband **1931**, 385.

diese Größe vermessenen Cellulosederivate und zeigt, daß in der Tat die Ganzzahligkeit in bezug auf eine Grundperiode von 5,15 Å merklich erfüllt ist. Dieser Befund steht in gutem Einklang mit dem wiederholt diskutierten Hauptvalenzkettenmodell, denn die erwähnte Grundperiodizität ist gerade mit der Länge eines Glukoserestes identisch. Wenn daher die Verknüpfung der einzelnen Glukosereste durch Hauptvalenzen im Sinne der 1, 4-glukosidischen Sauerstoffbrücke erfolgt, dann hat man in der Tat zu erwarten, daß alle Faserperioden mit 5,15 Å übereinstimmen oder zum mindesten ein kleines, ganzzahliges Vielfaches davon ausmachen. Würden normale van der Waalssche Gitterkräfte den Zusammenhang parallel der Faserachse bedingen, dann müßten wohl erheblich größere Perioden resultieren, bzw. stärkere Abweichungen von der Ganzzahligkeit vorkommen.

Tabelle 37. Bisher bekannte Faserperioden von Cellulose und ihren Derivaten.

Präparat	Faserperiode: *d* in Å aus verschiedenen Schichtlinien	Faserperiode: als Vielfache von 5,15 Å
Natürliche Cellulose	10,4	5,2
	10,3	2. 5,1
	10,3	5,1
Hydratcellulose	10,3	5,1
	10,2	2. 5,1
	10,3	5,1
Knecht-Verbindung	10,3	2. 5,1
	10,2	5,1
Perchlorsäure-Verbindung I .	10,3	2. 5,1
	10,2	5,1
Perchlorsäure-Verbindung II	15,3	3. 5,1
Acetylcellulose I	10,3	5,1
	10,2	2. 5,1
	10,3	5,1
Acetylcellulose II	10,3	5,1
	10,4	2. 5,2
	10,4	5,2
Nitrocellulose	25,3	5. 5,0
	25,6	5,1
Äthyl-Oxalsäureester der Cellulose	15,5	3. 5,1
Propionylcellulose	10,3	2. 5,1
Methylcellulose	10,3	5,1
	10,3	2. 5,1
	10,4	5,2
Kupferalkalicellulose I . . .	10,3	2. 5,1
(Normann-Verbindung) . .	10,4	5,2
Kupferalkalizellulose II . .	15,0	3. 5,0
Kalicellulose	10,2	5,1
	10,0	2. 5,0
	10,2	5,1
	10,1	5,0
Lithioncellulose I	10,1	5,0
	10,0	2. 5,0
	10,2	5,1
	10,1	5,0
Natroncellulose I	20,6	5,1
	20,4	5,1
	20,3	4. 5,0
	20,3	5,0
	20,8	5,2
Natroncellulose II	15,0	5,0
	15,1	5,0
	15,0	3. 5,0
	15,1	5,0
	15,2	5,0
Natroncellulose III.	10,0	5,0
	10,0	2. 5,0
	10,2	5,1
	10,1	5,0

Diese Untersuchung zeigt auch, daß die glukosidische Verknüpfung in den Fadenmolekülen im wesentlichen zu gerade gestreckten Cellobiose-, Cellotriose und anderen Resten führt und nicht zu stärker gewinkelten Gebilden, wie es an und für sich zunächst denkbar wäre, da ja eine strenge Konstanz der Hauptvalenzwinkelung am Sauerstoff bei Eintritt mehrerer Substituenten in den Glukoserest nicht mehr von vornherein zu erwarten ist. Die Zahlen der Tabelle sind aber ein bemerkenswerter Hinweis darauf, daß starke Winkelungen in Wirklichkeit nicht vorkommen.

Die ersten röntgenographischen Aufnahmen von Cellulosederivaten wurden schon früh am Herzogschen Institut hergestellt[1] und qualitativ als Hinweis auf die krystalline Natur dieser Produkte verwendet. Sie ließen sich jedoch nicht zu zahlenmäßigen Gitterbestimmungen verwenden und sind daher in den späteren Jahren von verschiedenen Seiten wiederholt und durch prä-

[1] Z. Physik **3**, 196, 343 (1920).

parative, sowie auch durch röntgenographische Fortschritte allmählich verbessert worden. K. Heß und J. R. Katz [1], sowie insbesondere R. K. Andreß [2] haben sehr schöne Diagramme der Knechtschen Verbindung erhalten, Naray-Szabó und G. v. Susich [3] sowie Heß, Katz und ihre Mitarbeiter [4] haben recht gute Bilder von Acetyl- und Nitrocellulose veröffentlicht. Andreß [5] hat eine Anlagerungsverbindung von Perchlorsäure an Cellulose untersucht und zwei deutliche Diagramme beobachten können. J. J. Trillat [6] gelang es auch, von technischen Produkten deutliche Punktdiagramme zu erhalten und Eckling und Kratky [7] haben vom Ester des Amyloxalats und Frank und Caro [8] vom Ester des Äthyloxalates der Cellulose gut orientierte Präparate darstellen können.

Ganz besonders aber haben in der letzten Zeit Heß und Trogus [9] das Gebiet der Cellulosederivate röntgenographisch und präparativ in systematischer Weise zu bearbeiten begonnen. Auf ihre Ergebnisse wird besonders bei der Chemie der Cellulose noch näher eingegangen werden. Wenn auch bisher noch keine wirklich brauchbare Gitterbestimmung eines Cellulosederivates vorliegt, so sind die Diagramme in ihrer Gesamtheit, wie schon oben bemerkt, doch für die Kenntnis des Mechanismus der Umsetzungen der nativen Cellulose mit verschiedenen Reagenzien von ganz hervorragender Bedeutung. Sie werden daher im chemischen Teil ausführlicher besprochen und dazu verwendet werden, ein Bild von der chemischen Reaktivität micellarer Systeme zu entwerfen. Hier möge es genügen, einige der charakteristischsten Diagramme zu reproduzieren und wenige Worte über ihre Bedeutung hinzuzufügen.

1. Cellulosenitrate.

Wenn man Salpetersäure auf native Cellulose einwirken läßt, so ist das erste Produkt eine Anlagerungsverbindung von 1 HNO_3 auf 2 $C_6H_{10}O_5$. Diese sogenannte Knechtsche Verbindung wurde zum ersten Male von Heß und Katz [10] röntgenographisch untersucht. Sie liefert ein sehr deutliches Diagramm, das in Abb. 59 auf S. 98 wiedergegeben ist und von R. K. Andreß [11] eingehend diskutiert wurde. Sicher steht aber nur die Identitätsperiode auf der Faserachse, welche

$$b = 10{,}3 \pm 0{,}15\,\text{Å}$$

beträgt. Andreß hat zwar einen Elementarkörper vorgeschlagen, doch ist die Sicherheit dieser Angabe nicht mit der bei nativer Cellulose zu vergleichen. Unter gewissen Annahmen über die Zugehörigkeit der Reflexe zu den einzelnen Ebenen findet er, daß sich das Diagramm durch einen monoklinen Elementarkörper mit den Elementen

$$\begin{aligned} a &= 12{,}2\,\text{Å} \\ b &= 10{,}3\,\text{Å} \\ c &= 9{,}7\,\text{Å} \\ \beta &= 53^0 \end{aligned}$$

innerhalb der Fehlergrenzen befriedigend indizieren läßt. Die Konstanz der Faserperiode und die Intensitäten sprechen dafür, daß die Einwirkung der Säure so

---

[1] Z. physik. Chem. **122**, 126 (1926). [2] Z. physik. Chem. **136**, 279 (1928).
[3] Z. physik. Chem. **134**, 264 (1928).
[4] Z. physik. Chem. A **151**, 145, 163 (1931).
[5] Z. physik. Chem. **151**, 425 (1930). [6] Rev. Gen. Coll. **6**, 80 (1928).
[7] Naturwiss. **18**, 461 (1930).
[8] v. Frank, G., und W. Caro: Ber. Dtsch. Chem. Ges. **63**, 1532 (1930).
[9] z. B. Z. physik. Chem. **2**, 55; **4**, 321; **5**, 161; **6**, 1 (1929); **7**, 1 (1930).
[10] Z. physik. Chem. **122**, 126 (1926). [11] Z. physik. Chem. **136**, 279 (1928).

verläuft, daß die parallel der Faser liegenden Hauptvalenzketten bloß gegeneinander verdreht und verschoben werden, ohne in ihrer inneren Struktur eine Veränderung zu erfahren. Es ist dies also ebenso wie die Bildung der Hydratcellulose eine jener Umwandlungen, bei welcher der Zusammenhalt der Hauptvalenzketten in sich gewahrt bleibt, eine Tatsache, welche mit der Kettentheorie gut verträglich ist. Da höher orientierte Präparate nicht vorliegen, lassen sich Schlüsse über die Raumgruppe und die Atomschwerpunktslagen nicht ziehen.

Bei weiterer Nitrierung unter Spannung erhält man Präparate von steigendem Stickstoffgehalt; im Gebiete zwischen 12 und 13% N liefern sie Diagramme, von denen die Abb. 104a und b einen Begriff geben mögen. Die Faserstruktur ist deutlich erhalten geblieben; die Lage der einzelnen Interferenzen hat sich aber ganz erheblich geändert. Naray-Szabó und G. v. Susich[1] haben eine Indizierung dieses Diagramms

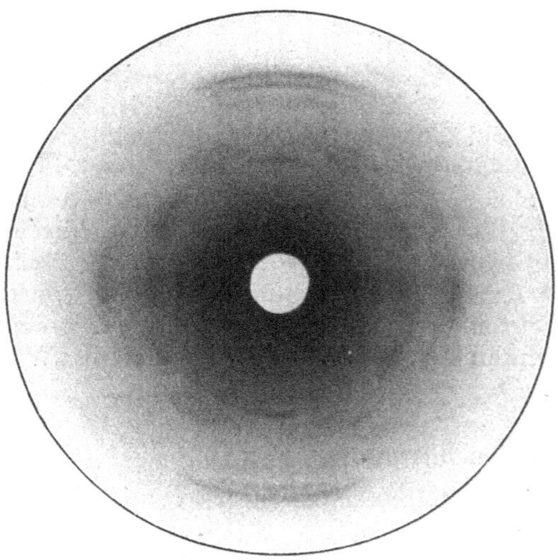

a

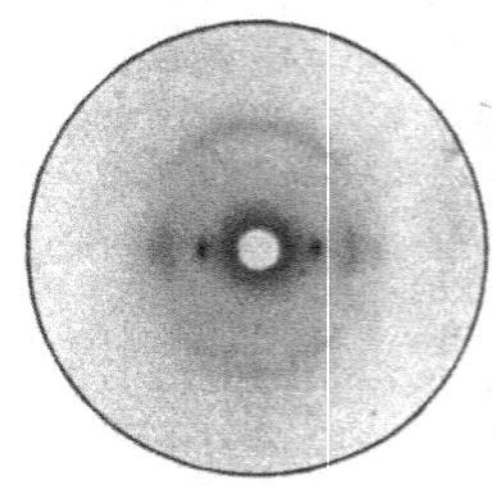

b

Abb. 104a und b. Faserdiagramme zweier Nitrocellulosen von hohem N-Gehalt.

versucht und einen Elementarkörper angegeben, der etwa zehn vermessene Interferenzen befriedigend wiederzugeben gestattet. Da keine Aufnahmen höher orientierter Präparate vorliegen, kann aber diese Interpretation bloß als eine vorläufige hingestellt werden.

Unterbricht man die Nitrierung bei geringerem Stickstoffgehalt, so gelingt es zuweilen, Mischdiagramme zu bekommen, die sich aus den Bildern der Abb. 104 und 57 zusammensetzen. Sie treten auch dann auf, wenn man das fertige Trinitrat unter Verhältnissen denitriert, die ein inhomogenes Verseifen mancher Partien begünstigen. Dies erweckt den Eindruck, als ob nur die native Cellulose und das fertige Trinitrat eine gittermäßige Ordnung aufweisen, während die dazwischen liegenden Nitrierungsstufen keine wohlkrystallisierten Individuen mit charakteristischen Röntgenogrammen zu bilden vermögen[2]. Über das Verhalten des Trinitratdiagramms bei der Quellung und über seine Bedeutung für den Verlauf der Nitrierung sei auf den Abschnitt über Nitrierung der Cellulose verwiesen und hier nur erwähnt, daß man bei der Entquellung andere Diagramme zurückerhält, als sie dem ungequollenen Präparat entsprechen. Dies deutet darauf hin, daß das Trinitratgitter in mehreren Modifikationen stabil ist, daß also hier ein Fall von micellarer Polymorphie vorliegt, wie er später noch wiederholt zu besprechen sein wird.

---

[1] Z. physik. Chem. **134**, 264 (1928). [2] Z. physik. Chem., Cohen-Festband 1927, 616.

2. Celluloseacetate.

Die Acetate zeigen ein ähnliches Verhalten wie die Nitrate; auch hier sind die Diagramme für eine quantitative Verwertung im Sinne einer Elementarkörperbestimmung ungeeignet und gestatten im besten Falle die Angabe der Identitätsperiode. Wiederum sind verschiedene Modifikationen des Triacetats bekannt (vgl. Abb. 105), deren Bedeutung für den Acetylierungsprozeß später noch näher besprochen werden wird[1]. Beide Modifikationen zeigen eine Identitätsperiode, welche nahe an der der Cellulose liegt, so daß man auch hier wieder eine „permutoide" Reaktion vor sich hat, bei welcher die Faserperiode erhalten bleibt und nur die geometrischen Verhältnisse senkrecht zur Faserachse stark verändert werden.

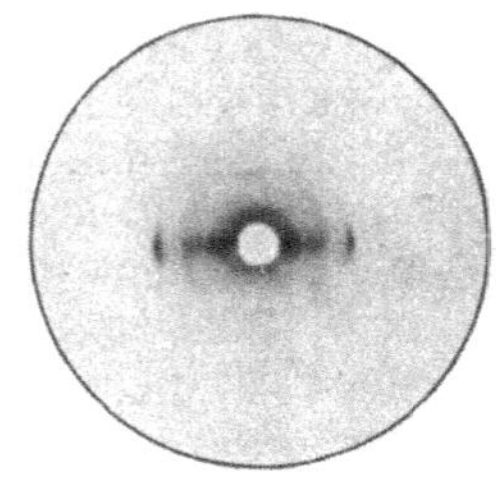

Abb. 105. Faserdiagramm eines Triacetats.

3. Kupferammincellulose.

Diese Verbindungen sind besonders von Heß und Trogus[2] untersucht worden. Man kennt ihrer zwei; sie liefern Diagramme, wie sie die Abb. 123a und b zeigen. Auch hier sind höher orientierte Präparate noch nicht hergestellt; genauere Angaben über das Gitter fehlen daher bislang. Die gut vermeßbaren Identitätsperioden sind in der Tabelle 37 mit aufgenommen; wiederum ist in einem Fall die Periodizität mit der der nativen Cellulose identisch. Bezüglich ihrer Bedeutung für den Lösungsprozeß der Cellulose in Schweizers Reagenz vergleiche Kapitel IV, S. 232.

4. Perchlorate.

Bei der Behandlung von Cellulose mit wässeriger Perchlorsäure entsteht zunächst eine Anlagerungsverbindung, die ein wohl definiertes Diagramm zeigt, das von R. K. Andreß[3] untersucht worden ist. Die Faserperiode beträgt 10,3 Å. Mit ihrer Hilfe und mit den drei folgenden Angaben

$$a = 16{,}5\,\text{Å}$$
$$c = 10{,}7\,\text{Å}$$
$$\beta = 93^0$$

gelang es Andreß siebzehn Interferenzen des Diagramms befriedigend wiederzugeben; eine genauere Prüfung dieses Strukturvorschlages steht aber noch aus. Bei weiterer Einwirkung der Säure entsteht ein zweites Diagramm, von dem nur bekannt ist, daß seine Faserperiode 15,45 Å beträgt.

5. Alkalicellulosen.

Es sind Lithion-, Natron- und Kali-Cellulosen bekannt[4]. Die Identitätsperioden sind in der Tabelle 37 bereits mitaufgenommen. Weitere Aussagen über die Elementarkörper sind beim heutigen Stand unserer Kenntnis noch nicht möglich. Von der Natroncellulose konnten drei verschiedene Modifikationen festgestellt werden.

---

[1] Vgl. auch Heß und Trogus: Z. physik. Chem. B 7, 1 (1930).
[2] Z. physik. Chem. 6, 1 (1929). [3] Z. physik. Chem. 151, 425 (1930).
[4] Vgl. Heß u. Trogus: Bodenstein-Festband 1931, 385.

Auch die übrigen, röntgenographisch untersuchten Cellulosederivate, der Äthyloxalsäureester, das Cellulosepropionat, das Butyrat, das Cinnamat, sowie die bisher bekannten Celluloseäther — Methyl-, Äthyl-, Propyl-, Butyl-, Benzylcellulosen — sind bisher röntgenographisch nur recht oberflächlich untersucht. Was an Identitätsperioden mit einiger Sicherheit angegeben werden kann, ist in der Tabelle 37 mitaufgenommen. Der Charakter der Diagramme, welcher sehr den in den Abb. 104 dargestellten ähnelt, hat eine weitergehende Auswertung bisher noch nicht gestattet, so daß an dieser Stelle von einer eingehenden Darstellung abgesehen werden kann.

Insgesamt zeigt das heute zur Verfügung stehende experimentelle Material über die Cellulosederivate etwa folgendes Bild: es sind viele Verbindungen oberflächlich untersucht; man kennt etwa von 30 Cellulosederivaten Diagramme. Trotzdem ist eine wohl begründete Elementarkörperbestimmung eigentlich noch bei keinem dieser Produkte möglich gewesen, da meist nur Faserdiagramme und selbst diese nur von mäßiger Güte erhalten werden konnten. Für das weitere Eindringen in den Feinbau der Cellulose wäre es aber zweifellos von größter Wichtigkeit, unsere Kenntnis über die Diagramme der Derivate auch noch in quantitativer Hinsicht zu ergänzen.

5. Die Untersuchung von Cellulose und ihren Derivaten mit Kathodenstrahlen.

Bei dem großen allgemeinen Interesse, welches die Struktur der Cellulose beansprucht, hat man nicht versäumt, alle zur Verfügung stehenden Methoden zu ihrer Erforschung anzuwenden und es ist daher auch die Beugung von Elektronenstrahlen bald nach ihrer Entdeckung und ihrer ersten Prüfung an wohl ausgebildeten Krystallen auf die Untersuchung der Cellulose angewandt worden. Schon G. B. Thomson[1], der als erster Debye-Scherrer-Diagramme von Kathodenstrahlen bei der Durchleuchtung dünner Metallfolien erhalten konnte, hat auch Beugungseffekte schneller Elektronen an dünnen Celluloidfolien beobachtet. Man erhält bei der Bestrahlung extrem dünner Filme (Dicke = 10^{-4} bis 10^{-6} cm) mit Kathodenstrahlen, deren Geschwindigkeit etwa 30000 Volt entspricht, einige verwaschene Interferenzringe, die auf das Vorhandensein krystalliner Anteile hinweisen. Ob diese Interferenzen dem Cellulosederivat selbst oder dem in ihm enthaltenen Campher bzw. anderen Weichmachern zuzuschreiben sind, ließ sich aus diesen ersten Angaben nicht entscheiden.

Später haben A. Dauvillier[2] und F. Kirchner[3] Interferenzerscheinungen an dünnen Celluloidhäutchen beobachtet und dabei äußerst interessante Verhältnisse angetroffen. Es zeigt sich nämlich, daß im allgemeinen die Interferenzbilder solcher Präparate nur wenige verwaschene Ringe zeigen; gelegentlich jedoch findet man neben diesen sehr scharfe, wohl definierte Punktinterferenzen, die nur von größeren gittermäßig geordneten Bereichen herrühren können. Meist zeigen die Bilder das in Abb. 106a wiedergegebene Aussehen, welches darauf schließen läßt, daß man zahlreiche kleine Kryställchen in unregelmäßiger Lage durchleuchtet. Sowohl Dauvillier als auch Kirchner gelang es jedoch, Diagramme zu erhalten, die von Einkrystallen herrühren müssen. Die Abb. 106b zeigt, daß man sehr scharfe und wohl ausgebildete Interferenzpunkte bekommt, die sich, wie besonders Kirchner nachgewiesen hat, als Flächengitterinter-

[1] Proc. roy. Soc. **117**, 607 (1928). [2] C. r. **191**, 708 (1930).
[3] Naturwiss. **18**, 706 (1930); **19**, 463 (1931).

ferenzen auffassen lassen. Für den Elementarbereich dieses Flächengitters errechnet er ein Rechteck mit den Seitenlängen

$$a = 7{,}2\ \text{Å}$$
$$b = 4{,}8\ \text{Å}$$

Aus den Auslöschungen läßt sich schließen, daß die beiden Rechteckseiten mit digonalen Schraubenachsen belegt sind.

In den untersuchten Folien, deren Dicke 10^{-6} bis 10^{-5} cm betrug, war kein Campher enthalten, auch sonstige Verunreinigungen wurden peinlich vermieden. Es ist daher so gut wie sicher, daß die beschriebene Interferenzerscheinung von den Celluloseteilchen selbst herrührt. Dafür spricht auch, daß sie stets erst nach einer gewissen Zeit auftritt; frische Folien liefern fast niemals solche Bilder.

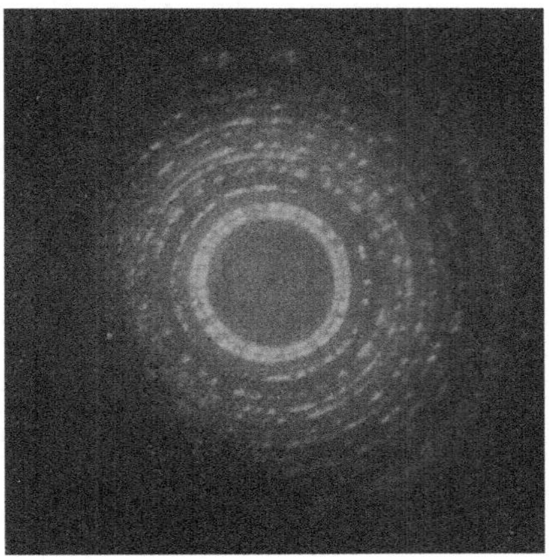
a

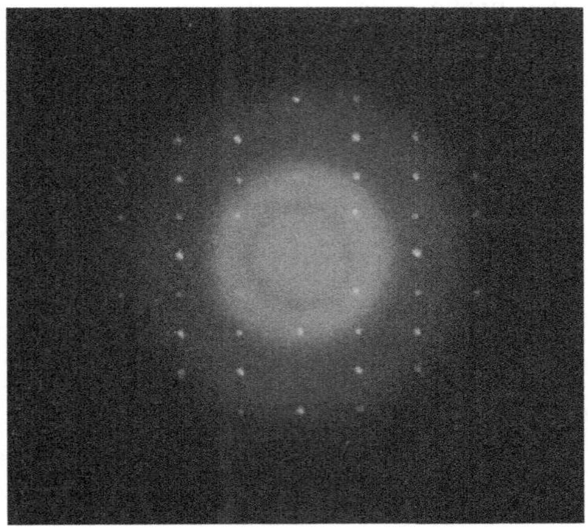
b

Abb. 106a und b. Kathodenstrahl-Diagramme von Nitrocellulose.

Erst nach längerer Wartezeit treten sie mit zunehmender Deutlichkeit hervor. Es spielt sich also offenbar in dem Präparat eine Art Rekrystallisations- oder Ordnungsprozeß ab, im Laufe dessen sich aus den anfänglich ungeordnet liegenden Ketten langsam größere gittermäßig geordnete Bereiche zusammenschließen. Die Schärfe der Reflexe zeigt, daß die vorliegenden Krystallite größer sind als die Micelle der nativen oder der Hydratcellulose. Mit Röntgenstrahlen erhält man von den gleichen Folien überhaupt keine Interferenzerscheinung. Dies rührt daher, daß die Intensität der gestreuten Kathodenstrahlen um Größenordnungen die der Röntgenstrahlen überwiegt, so daß schnelle Elektronen ein hervorragendes Hilfsmittel für die Auffindung und Untersuchung weniger kleiner Kryställchen in einem im übrigen amorphen Präparat darstellen. Wenn man sich auch heute noch kein endgültiges quantitatives Bild über die Bedeutung dieser Diagramme machen kann, so sind sie doch zweifellos dazu berufen, in der Zukunft eine wichtige Rolle zu spielen.

Neben diesen Versuchen an Nitrocellulose haben Heß und Trogus[1] dünne Papierfolien mit Kathodenstrahlen durchleuchtet; sie konnten aber nur verwaschene strich- und kreisförmige Interferenzen erhalten, die eine genaue Auswertung nicht ermöglichten.

[1] Naturwiss. **18**, 846 (1930).

Überblickt man die optischen Ergebnisse auf dem vorliegenden Gebiet, so sieht man, daß die Cellulose und ihre Derivate interessante und anziehende Objekte für die optische Untersuchung mit allen Wellenlängen bieten. Die übermolekulare Struktur dieser Körperklasse hat zur Folge, daß die Interferenzerscheinungen eine Zwischenstellung einnehmen zwischen den bekannten Bildern der niedrigmolekularen Molekülgitter und denjenigen der Atom- oder Ionengitter, in denen sich außer den Atomen und Ionen selbst keine bestimmten Mikrobausteine abgrenzen lassen. In ihren Grundzügen ist die Optik der Cellulose insofern geklärt, als man das Zustandekommen der meisten Effekte — Doppelbrechung, Röntgen- und Kathodenstrahl-Interferenzen — versteht und mit einem plausiblen Modell in Zusammenhang bringen kann. In bezug auf die letzten experimentell noch erreichbaren Sicherungen dieses Ergebnisses läßt sich aber noch an zahlreichen Stellen eine erhebliche Verbesserung des Materials als möglich vorhersehen, so daß die experimentelle Arbeit auf diesem Gebiet keineswegs als abgeschlossen hingestellt werden kann.

Zweiter Teil.

Die Chemie der Cellulose.

I. Allgemeines über die Reaktionen und über die Charakterisierung micellarer Systeme.

1. Einleitung.

Über die Chemie der Cellulose existieren in der Literatur mehrere zusammenfassende Darstellungen, die das Gebiet in rein chemisch-präparativer Hinsicht weitgehend beschreiben. In deutscher Sprache sind hier in erster Linie die ausführlichen Monographien von C. G. Schwalbe[1] aus dem Jahre 1911 und von K. Heß[2] aus dem Jahre 1928 zu erwähnen. Besonders das letztere Buch berücksichtigt in umfangreicher Weise die neueren Ergebnisse der Celluloseforschung und widmet auch der Röntgenanalyse einen eigenen von J. R. Katz verfaßten Abschnitt über die „Micellartheorie der Cellulose". Daneben gibt es noch ein kürzeres Lehrbuch von E. Heuser[3] und eine Übersetzung des mehr technisch eingestellten Buches von Clément-Rivière[4]. In englischer Sprache ist das ausführliche, in vier Auflagen (1895, 1903, 1916 und 1918) erschienene Werk von Croß und Bevan zu nennen[5], das aber auch in seiner letzten Auflage zu früh erschienen ist, um die neueste Entwicklung des Gebietes berücksichtigen zu können.

Immerhin ist die Schilderung der chemischen Elementarvorgänge — der Alkoholat-, der Ester- und Ätherbildung — in den genannten Werken so eingehend und umfassend, daß sich bei der neuerlichen Abfassung einer „Chemie der Cellulose" die Frage in den Vordergrund drängt: soll man den vorhandenen Darstellungen eine weitere gleicher Art hinzufügen? Diese Frage ist wohl unter allen Umständen zu verneinen; man muß sich vielmehr auf den Standpunkt stellen, daß eine neuerliche Beschreibung der Cellulosechemie nur dann Berechtigung besitzt, wenn sie sich den tatsächlichen Verhältnissen in einem höheren Maße anschmiegt als die bisherigen. Sie muß nicht nur das inzwischen neu aufgelaufene experimentelle Material ausführlich mitberücksichtigen, sondern es auch systematisch in etwas anderer Weise ordnen und verwerten.

Die Entwicklung hat es mit sich gebracht, daß man bisher das Hauptaugenmerk auf die chemischen Elementarvorgänge an den einzelnen Glukoseresten der Cellulose richtete. Das Vorhandensein von Hydroxylgruppen und von glukosidischen Sauerstoffbrücken bedingt eine bestimmte chemische Differenziertheit der Substanz, die sich z. B. in der Fähigkeit äußert, mit Alkali Alkoholate, mit Säuren Ester, mit Alkoholen Äther usw. zu bilden, und die auch eine gewisse Empfindlichkeit gegen die Einwirkung hydrolytischer Agenzien zur Folge hat. Diese Reaktivität — die Umsetzungen der OH-Gruppen und die Sprengung der glukosidischen Sauerstoffbrücken — hat bisher das wesentliche Objekt für die

---

[1] Berlin: Borntraeger 1911. [2] Leipzig: AVG. 1928.
[3] Berlin: Borntraeger 1927. 3. Aufl. [4] Berlin: Julius Springer 1923.
[5] London: Green & Co. 1918. 4. Aufl.

chemische Beschreibung gebildet. Hierbei sind die Darstellungen meist so abgefaßt, als ob die Cellulose in dieser Hinsicht einem mehrwertigen Alkohol oder einem mikromolekularen Zucker — etwa dem Sorbit oder der Glukose — vergleichbar wäre. Das Hauptaugenmerk wurde auf das Endprodukt und auf seine meist nicht ganz leicht zu gebende Charakterisierung gerichtet. Man stellt sich also vor, daß die Reaktionen wie bei den erwähnten niedrigmolekularen Modellsubstanzen in einem homogenen System vor sich gehen, und interessiert sich im wesentlichen für das chemische Geschehen an den vorhandenen aktionsfähigen Gruppen.

In Wirklichkeit ist aber die Cellulose — wenigstens solange sie noch einigermaßen in ihrer nativen Form vorliegt — von dem Zustand einer homogenen mikromolekularen Lösung weit entfernt. Die Reaktionen micellarer Systeme tragen vielmehr zu einem erheblichen Anteil heterogenen Charakter in sich. Sie stehen in dieser Hinsicht in der Mitte zwischen den rein homogenen organischen Umsetzungen — Veresterungen, Verätherungen usw. — und den rein heterogenen Reaktionen intermetallischer oder silicatartiger Verbindungen, für deren systematische und rationelle Behandlung die Phasenlehre zur Verfügung steht. Daher scheint es notwendig, sich auch in der Chemie der Cellulose dieser Darstellungsweise zu bedienen und so den Einfluß der übermolekularen Struktur zu berücksichtigen. Es genügt nicht zu wissen, daß z. B. die Hydroxylgruppen die Fähigkeit haben, mit Chloräthyl einen Äther zu bilden, sondern es ist noch notwendig zu erfahren, in welcher Weise die zahlreichen in einer Hauptvalenzkette vorhandenen Hydroxylgruppen sich dabei verhalten und wie diese komplizierte vielstufige Folgereaktion verläuft.

Ob eine bestimmte Hydroxylgruppe eines herausgegriffenen Glukoserestes, etwa die Gruppe 6 vor den beiden anderen — vor der Gruppe 2 und 3 — begünstigt ist, gehört in die rein chemisch-homogenen Betrachtungen, wie sie bisher stets durchgeführt worden sind; ob aber ein am Ende der Kette stehender Glukoserest gegenüber einem mittelständigen eine Ausnahmestellung einnimmt, das ist eine Frage, welche die übermolekulare Struktur betrifft und in Anlehnung an die Phasenlehre behandelt werden sollte. Denn man hat nicht nur vielstufige Folgereaktionen vor sich, sondern die einen Reaktionspartner — die Hydroxylgruppe bzw. die glukosidische Sauerstoffbrücke — sind räumlich festgelegt und prägen den Umsetzungen einen gewissen Grad von Heterogenität auf.

Es soll daher in den folgenden Abschnitten versucht werden, dieser Eigentümlichkeit der Cellulosechemie Rechnung zu tragen und sowohl die Elementarprozesse an den einzelnen reaktionsfähigen Stellen zu diskutieren, als auch die durch den micellaren Aufbau bedingte Heterogenität und Topochemie. Erst die Verknüpfung beider Gesichtspunkte führt dazu, die vorhandenen Reaktionen nicht nur substitutionschemisch verstehen zu können, sondern auch einzusehen, wie sie verlaufen, warum die Umsetzungsprodukte so vielfältig sind und weshalb ihre Kennzeichnung nicht in der für die organische Chemie üblichen Weise gelingen kann.

Zur eindeutigen Charakterisierung mikromolekularer Verbindungen dienen bekanntlich der Schmelzpunkt, der Siedepunkt, die Dampfdruckerniedrigung in verdünnter Lösung, die Dampfdichte, die chemische Bruttoformel usw. Sie sind bei der Cellulose und ihren Derivaten für sich allein meist unanwendbar. Zur Beschreibung intermetallischer Verbindungen — also stark heterogener Systeme — bedient man sich des Schmelzpunktes, der thermischen Analyse, der Röntgenogramme usw. Auch diese extrem heterogenen Charakterisierungsmittel allein führen bei der Cellulose nicht zum Ziel, vielmehr muß hier wegen der Zwischenstufe dieser micellaren Systeme eine Kombination aller zur Verfügung stehenden Charakterisierungsmöglichkeiten stattfinden, um ein gegebenes Präparat reproduzierbar kennzeichnen zu können. Diese Summe von Angaben fußt auf recht verschiedenartigen Arbeitsmethoden und Erkenntnissen chemischer und physikalischer Natur, und hinterläßt daher gegenwärtig bei manchem Bearbeiter dieses Gebietes noch ein Gefühl der Unsicherheit und Unklarheit. Da aber nur die Synthese aller Kennzeichen den Weg für das Vorwärtskommen bietet, muß man sie wohl vertiefen, ausbauen und an möglichst viel praktischen Beispielen auf ihre Brauchbarkeit prüfen. Dann wird sich im Laufe der Zeit auch ihr gegenüber ein gewisses Gefühl der Sicherheit und des Vertrauens einstellen und man wird bei Mitteilungen und Diskussionen ohne vorherige Erläuterung wissen, was mit den einzelnen Angaben gemeint ist und welche Bedeutung ihnen zukommt.

Um in den folgenden speziellen Abschnitten die Begriffe der homogenen und heterogenen Reaktionslehre mit größerer Freiheit gebrauchen zu können, sei eine ganz kurze Übersicht über die bei micellaren Systemen in Frage kommenden Reaktionsmöglichkeiten der eigentlichen Darstellung chemischer Umsetzungen der Cellulose vorausgeschickt.

2. Über die Umsetzungen in micellaren Systemen.

a) Die Oberflächenreaktion.

Die meisten Präparate der Cellulose und ihrer Abkömmlinge zeichnen sich durch eine ungewöhnlich große Oberflächenentwicklung aus. Es können daher auch Reaktionen, die sich nur an der Oberfläche abspielen, bis zu einem analytisch merkbaren Umsatz der Reaktionspartner verlaufen. Während bei Körpern mit kleiner Oberfläche solche Adsorptionserscheinungen zwar auch vor sich gehen, aber mengenmäßig nicht beobachtet werden können, sind sie bei der Cellulose mit größerer Deutlichkeit zu erwarten. Als Kriterium dafür, ob der flüssige, gelöste oder gasförmige Reaktionspartner in die Micelle eingedrungen ist, kann am besten das Röntgenogramm verwendet werden. Wenn es nämlich keinerlei Veränderung im Feinbau der Cellulose erkennen läßt und doch eine erhebliche Aufnahme der reagierenden Substanz — Alkali, Säure usw. — eingetreten ist, dann darf man mit Sicherheit auf das Vorliegen einer Oberflächenreaktion schließen. Um die für solche Reaktionen gültigen Gesetzmäßigkeiten zu übersehen, seien sie im folgenden ganz kurz zusammengestellt.

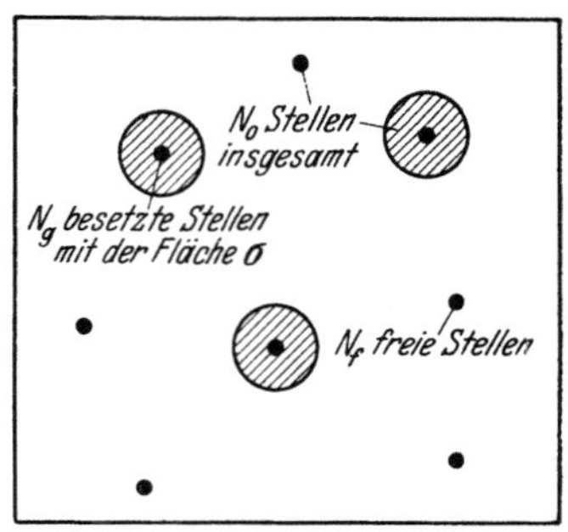

Abb. 107.
Freie Stellen = schwarzer Punkt.
Besetzte Stellen = schwarzer Punkt mit schraffiertem Kreis.

Wir denken uns (vgl. die schematische Abb. 107), daß auf der gesamten Oberfläche O N_0 Stellen vorhanden sind, an denen das Reaktionsprodukt von der Cellulose festgehalten werden kann, ohne dabei zunächst noch eine spezielle Annahme über die Art und Größe der Kräfte einzuführen, welche die Bindung vermitteln. Die formale Gesetzmäßigkeit der „Adsorptionsisotherme" ist nämlich unabhängig davon, ob es sich um schwache Dipolkräfte oder um starke chemische Hauptvalenzen handelt. Jeder Adsorptionsstelle schreiben wir eine bestimmte „aktive" Fläche σ zu, die von der Größenordnung 10^{-15} bis 10^{-16} cm^2 sei. Dies bedeutet, daß ein ankommendes Molekül diese Fläche berühren muß, damit es gebunden[1] bleibt, und daß das adsorbierte Molekül bei seinen thermischen Schwankungen um die Gleichgewichtslage den Bereich dieser Fläche nicht überschreitet. Nun seien N Moleküle des anderen Reaktionsteilnehmers in gasförmigem Zustand oder als verdünnte Lösung mit dieser Oberfläche in Berührung gebracht; man hat zu fragen, wie sich im Gleichgewicht diese N Moleküle auf gebundene N_g und freie N_f verteilen. Die Antwort auf diese Frage kann man in verschiedener Weise erhalten. Zunächst einmal durch eine thermodynamische Betrachtung, indem man überlegt, wie bei reversibler isothermer Kompression des Gases nach den Hauptsätzen der Thermodynamik eine Belegung der Oberfläche erfolgt. Man kann auch eine statistische Betrachtung anstellen und schließlich kann man auf Grund bestimmter kinetischer Vorstellungen über den Mechanismus zu der Gleichgewichtsverteilung gelangen. Da der letztere Weg am tiefsten auf die einzelnen Elementarprozesse eingeht, sei er hier im Anschluß an die von I. Langmuir[2] gegebene Darstellung eingeschlagen.

Das Gleichgewicht zwischen gebundenen und freien Molekülen wird dadurch hergestellt, daß in der Zeiteinheit gleich viele Moleküle an der Oberfläche fixiert werden und gleich viele die Oberfläche verlassen. Es gilt daher, diesen Molekülaustausch formelmäßig zu verfolgen.

Die Zahl der je Sekunde auf freie Adsorptionsstellen der Oberfläche auftreffenden Moleküle ist gegeben durch

$$N_1 = s \cdot \frac{N_f}{v} \cdot (N_0 - N_g) \cdot \sigma \cdot e^{-\frac{\varepsilon_1}{kT}}. \tag{1}$$

Hierin bedeutet s die Zahl der Stöße je Sekunde auf 1 cm² der Oberfläche, wenn die Konzentration im Gasraum oder in der Lösung Eins ist; N_f die Zahl der noch freien Moleküle des zweiten Reaktionspartners und $\frac{N_f}{v}$ daher die Konzentration c_f dieser Substanz im Gasraum oder in der verdünnten Lösung. Der nächste Faktor mißt die für die auftreffenden Molekeln zur Verfügung stehende adsorptionsfähige Oberfläche, denn N_0 ist die Gesamtzahl der Bindungsstellen und N_g die Zahl der bereits besetzten Stellen. Schließlich bringt der Faktor

$$e^{-\frac{\varepsilon_1}{kT}}$$

zum Ausdruck, daß nicht alle auftreffenden Moleküle berechtigt sein müssen, an der Oberfläche zu verbleiben, sondern daß unter Umständen eine gewisse „Aktivierungswärme" notwendig ist, um den Adsorptionsvorgang zu ermöglichen. Die Hinzufügung dieses von H. S. Taylor[3] besonders betonten Faktors bietet die Möglichkeit, auch Prozesse, die einer aktivierenden Vorbereitung bedürfen, d. h. tiefer greifende chemische Umsetzungen in diese Betrachtungsweise einzuschließen.

Die Zahl der sich je Sekunde von der besetzten Oberfläche wieder loslösenden Moleküle ist gegeben durch

$$N_2 = N_g \cdot \nu' \cdot e^{-\frac{\varepsilon_2}{kT}}. \tag{2}$$

Hierin bedeutet wiederum N_g die Zahl der „adsorbierten" Molekeln, ν' ist pro-

[1] Im folgenden soll stets das Wort „gebunden" gleichzeitig mit „adsorbiert" verwendet werden, um anzudeuten, daß es sich um jede Art von Bindung handeln kann.

[2] J. amer. chem. Soc. **38**, 2221 (1916); **39**, 1848 (1917); **40**, 1361 (1918).

[3] J. amer. chem. Soc. **53**, 578 (1931).

portional der Schwingungsfrequenz der festgehaltenen Molekeln[1] und ε_2 mißt die Abtrennungsarbeit je Molekül.

Die Gleichgewichtsbedingung resultiert, indem man fordert, daß je Sekunde gleich viele Moleküle gebunden und wieder frei werden, d. h. indem man die rechten Seiten der beiden Beziehungen (1) und (2) einander gleichsetzt. Löst man diese Gleichung dann nach der Zahl der adsorbierten Molekeln auf, so erhält man

$$N_g = N_{ads} = \frac{N_0 s \cdot \sigma \cdot e^{-\frac{\varepsilon_1}{kT}} \, \frac{N_f}{v}}{s \cdot \sigma \, \frac{N_f}{v} \, e^{-\frac{\varepsilon_1}{kT}} + \nu' e^{\frac{\varepsilon_2}{kT}}} \tag{3}$$

oder abgekürzt

$$N_{ads} = \frac{f_1(T) \cdot N_0 \cdot c_f}{f_1(T) \cdot c_f + f_2(T)} \,.$$

Hier ist zum Ausdruck gebracht, wie die Zahl der festgehaltenen Moleküle von der Temperatur, der Konzentration der freien Moleküle, den beiden Aktivierungswärmen usw. abhängt. Bei konstanter Temperatur erhält man die Adsorptionsisotherme Abb. 108.

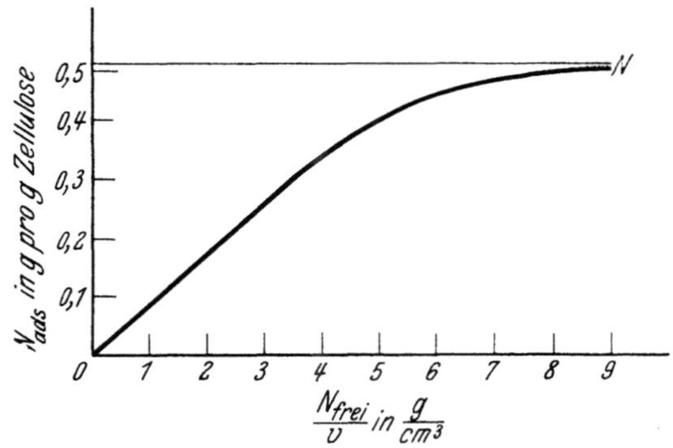

Abb. 108. Adsorptionsisotherme schematisch.

Es sei zunächst der einfache Fall diskutiert, daß die Außenkonzentration $\frac{N_f}{v}$ klein ist, daß also nur ein sehr geringer Teil der Oberfläche vom Reaktionsteilnehmer belegt worden ist. Dann kann man im Nenner der Gleichung (3) den Summanden

$$s \cdot \sigma \cdot \frac{N_f}{v} \cdot e^{-\frac{\varepsilon_1}{kT}}$$

neben

$$\nu' \cdot e^{-\frac{\varepsilon_2}{kT}}$$

vernachlässigen und erhält

$$N_{ads} = \frac{N_0 \cdot s \cdot \sigma}{\nu'} \cdot \frac{N_f}{v} \cdot e^{-\frac{\varepsilon_1 - \varepsilon_2}{kT}} = N_f \cdot \frac{\varphi}{v} \cdot e^{\frac{\lambda}{kT}}, \tag{4}$$

wenn man

$$\frac{N_0 \cdot s \cdot \sigma}{\nu'} = \varphi \quad \text{und} \quad \varepsilon_2 - \varepsilon_1 = \lambda$$

setzt. φ ist das dem einzelnen Molekül im gebundenen Zustand zur Verfügung stehende Volumen, λ — als Differenz der Aktivierungswärmen — die gesamte Wärmetönung des Prozesses.

Aus Gleichung (4) folgt, daß die Zahl der festgehaltenen Moleküle proportional der Außenkonzentration zunimmt: Belegt man bei konstanter Temperatur eine Oberfläche, dann verläuft zu Beginn des Prozesses die Adsorptionsisotherme linear (Abb. 108). Ihre Neigung ist durch das Produkt

$$\varphi \cdot e^{\frac{\lambda}{kT}}$$

bestimmt. Für sie sind also maßgebend: der dem einzelnen gebundenen Molekül zur Verfügung stehende Raum und der Energiegewinn beim Festhalten des Teil-

[1] Vgl. Polanyi u. Wigner: Z. physik. Chem. **139**, 439 (1929).

chens. Wünscht man diese beiden Einflüsse noch voneinander zu trennen, dann muß man bei mehreren Temperaturen den linearen Teil der Belegungskurve verfolgt haben. Zur graphischen Darstellung der Verhältnisse ist es hierbei zweckmäßig, die Gleichung (4) zu logarithmieren

$$\log \frac{N_{ads}}{c_f} = \log \varphi + \frac{\lambda}{k} \cdot \frac{1}{T}, \tag{5}$$

$$c_f = \frac{N_f}{v}.$$

Trägt man jetzt den Logarithmus der adsorbierten Menge gegen $\frac{1}{T}$ auf, so erhält man eine Gerade, deren Ordinatenabschnitt den Logarithmus des Adsorptionsvolumens angibt, während ihr Neigungswinkel direkt die Adsorptions- oder Bindungswärme dividiert durch k liefert.

Auf diese Weise ist es prinzipiell möglich, die Größe einer adsorbierenden Oberfläche experimentell zu bestimmen, wenn man über die Dicke der Adsorptionsschicht bestimmte Annahmen macht. Für Baumwollcellulose ist dies von C. Schuster[1] durchgeführt worden. Er fand durch Adsorption von Stickstoff, Äthan und anderen inerten Gasen, daß 1 g Baumwolle ein Adsorptionsvolumen von

$$\varphi = 2{,}1 \text{ cm}^3$$

und für SO_2 ein Adsorptionspotential von

$$\lambda \sim 1000 \text{ cal}$$

besitzt. Er konnte auch zeigen, daß durch Behandeln mit Alkalilaugen höherer Konzentrationen — z. B. durch Mercerisieren — diese Oberfläche noch wesentlich vergrößert werden kann. Auf Grund der auf Seite 159ff. mitgeteilten Zahlen läßt sich die „micellare Oberfläche" je Gramm rein geometrisch leicht berechnen. Vergleicht man die beiden Werte, so findet man, daß die gesamte micellare Oberfläche immer noch um ein bis zwei Zehnerpotenzen größer ist als die experimentell aus der Adsorption bestimmten Werte. Diese Abweichung ist durchaus plausibel, denn in den verwendeten Präparaten steht sicher nicht die ganze micellare Oberfläche für die Gasadsorption zur Verfügung, da ja die Micelle aneinanderhaften und daher ein gewisser Teil ihrer Oberfläche hierfür beansprucht ist. Erst wenn durch Quellung auch diese Teile ganz freigelegt sind, kann man mit der Teilnahme der gesamten Oberfläche an chemischen Umsetzungen rechnen.

Sobald die Zahl der an der Oberfläche befindlichen gebundenen Moleküle erheblich geworden ist, muß man auf die Gleichung (4) zurückgreifen, aus der hervorgeht, daß infolge der Raumbeanspruchung dieser Molekeln die Adsorptionsisotherme langsamer ansteigt, als es dem Außendruck entspricht. Wenn schließlich der Außendruck sehr groß geworden ist, kann man im Nenner von Gleichung (4) den zweiten Summanden neben dem ersten vernachlässigen und erhält Unabhängigkeit vom Außendruck, d. h. Sättigung: Wenn eben alle für die Bindung zur Verfügung stehenden Stellen belegt sind, ist eine weitere Aufnahme auch bei beliebiger Drucksteigerung nicht mehr möglich. Der Übergang vom linearen Teil zur Sättigung vollzieht sich gemäß Gleichung (4) ganz kontinuierlich mit steigender Konzentration der freien Moleküle (vgl. Abb. 108). Die Zahl der festgehaltenen Molekeln ist in jedem Augenblick von der Temperatur und der Konzentration der frei gebliebenen Teilchen abhängig. Bei gegebener Temperatur läßt diese Zahl sich durch willkürliche Änderung der äußeren Kon-

[1] Vgl. Z. physik. Chem. 2, 131 (1929).

zentration verschieben genau wie bei homogenen Reaktionen auf Grund des Massenwirkungsgesetzes.

Bisher ist angenommen worden, daß nur eine freie Molekülsorte an dem Prozeß beteiligt ist. Bei der Cellulose können aber Substitutionsreaktionen vor sich gehen, bei denen andere, neugebildete Moleküle in Freiheit gesetzt werden. So wird z. B. bei der Veresterung oder Verätherung Wasser frei gemacht und muß bei der Aufstellung der Gleichgewichtsbedingung berücksichtigt werden. Die Zahl N_1 bleibt unverändert, die Zahl N_2 ändert sich aber, da es jetzt für das Freiwerden z. B. eines Acetylrestes notwendig ist, daß ein Wassermolekül den gebundenen Rest getroffen hat, um ihn verseifen zu können. Für N_2 haben wir also jetzt zu setzen

$$N_2 = N_g \cdot \sigma' \cdot s' \cdot \frac{N_W}{v} \cdot e^{-\frac{\varepsilon_2}{k\,T}},$$

wobei N_W die Zahl der in Freiheit gesetzten Wassermoleküle bedeutet. Geht man wieder zur Gleichgewichtsbedingung über, so findet man, daß für die Zahl der gebundenen Molekeln die Beziehung

$$N_g = N_{ads} = \frac{N_0 \cdot f_1(T)\, c_f}{f_1(T)\, c_f + f_2(T)\, c_W} \tag{6}$$

resultiert, welche in verdünnten Systemen die Form

$$N_g = \frac{s \cdot \sigma}{s' \cdot \sigma'} \cdot e^{\frac{\lambda}{k\,T}} \cdot \frac{c_f}{c_W} \tag{7}$$

annimmt. Diese Gleichung entspricht völlig dem Massenwirkungsgesetz einer bimolekularen Verseifungsreaktion; λ ist die Reaktionswärme, der Bruch $\frac{s \cdot \sigma}{s' \cdot \sigma'}$ bringt den Einfluß des Phasenvolumens zum Ausdruck. Bei konstanter Temperatur hängt N_g sowohl von c_f als auch von c_W ab.

b) Die innermicellare Reaktion.

Wir wollen nun betrachten, welche Verhältnisse auftreten, wenn der flüssige oder gelöste Reaktionsteilnehmer nicht nur mit den in der Oberfläche liegenden Gruppen reagiert, sondern auch in das Innere der Micelle eindringen kann. Wir nehmen wiederum an, daß N_0-reaktionsbereite Stellen vorliegen, daß N-Moleküle des homogen verteilten Partners vorhanden sind, und fragen wieder nach dem Gleichgewicht. Für die Darstellung sei auch hier der Weg einer kinetischen Betrachtung gewählt, welche fordert, daß man zunächst die Zahl der hin- und rückläufigen Elementarprozesse kennt. Die Reaktionsgeschwindigkeit in der einen Richtung ist gegeben durch die Zahl der je Sekunde in dem ganzen Reaktionsraum stattfindenden erfolgreichen Zusammenstöße zwischen den im micellaren Gerüst festgehaltenen Hydroxylgruppen und den Molekülen der angreifenden Substanz. Es reagieren in der Sekunde und im Kubikzentimeter N_1-Moleküle, deren Menge durch

$$N_1 = (N_0 - N_g) \cdot \sigma \cdot s \cdot \frac{N_f}{v} \cdot e^{-\frac{\varepsilon_1}{k\,T}} \tag{8}$$

gegeben ist. Hierin bedeutet s, wie in Gleichung (3), die Stoßzahl je Sekunde und Quadratzentimeter, σ die „empfindliche“ Oberfläche der reaktionsbereiten Stellen in der Cellulose; der Exponentialfaktor zeigt wiederum an, daß nicht alle ankommenden Moleküle reaktionsberechtigt sind und daß auch nicht alle OH-Gruppen der Cellulose reaktionsbereit sein müssen. Für jeden Zusammenstoß ist insgesamt eine Aktivierungswärme ε_1 notwendig, wenn die Umsetzung erfolgen soll.

In welchem Maße diese Aktivierungsenergie in der festen Reaktionsstelle aufgespeichert ist oder erst von dem Reaktionspartner mitgebracht werden muß, bleibt für die augenblickliche Betrachtung unwesentlich. Erst bei genauerem Eingehen auf den Mechanismus des Aktivierungsvorganges müßte man auch diese Feinheiten in Betracht ziehen. Der Faktor $(N_0 - N_g)$ endlich gibt die Zahl der freien Reaktionsstellen im Cellulosemicell an. Die Anzahl der rückläufigen Einzelvorgänge ist gegeben durch

$$N_2 = N_g \cdot \nu' \cdot e^{-\frac{\varepsilon_2}{k\,T}}, \tag{9}$$

wobei die einzelnen Buchstaben denen der Gleichung (4) entsprechen. Für das Gleichgewicht resultiert wiederum

$$N_1 = N_2$$

und die Zahl der festgehaltenen Moleküle — d. h. die Menge des gebildeten Reaktionsproduktes — ist durch

$$N_g = N_{ads} = \frac{N_0 \cdot f_1(T) \cdot c_f}{f_1(T) \cdot c_f + f_2(T)} \tag{10}$$

gegeben. Diese Beziehung ist genau von der Form der Langmuirschen Isotherme und bedeutet, daß die Menge der gebildeten Verbindung wiederum sowohl von der Temperatur als auch von der Konzentration des eindringenden Reaktionsteilnehmers abhängt. Dabei ist allerdings vorausgesetzt, daß die hin- und rückläufige Reaktion über den ganzen räumlichen Bereich mit der gleichen Wahrscheinlichkeit vor sich gehen kann und daß nirgends bestimmte Stellen für sie geometrisch ausgezeichnet sind. Im Sinne der Phasenlehre bedeutet dies, daß die krystalline Cellulose mit dem ebenfalls krystallisierten Reaktionsprodukt lückenlos Mischkrystalle zu bilden befähigt ist.

Wäre dies nicht der Fall, dann hätte man die Betrachtung in der folgenden Weise zu modifizieren: Man müßte jetzt den zur Verfügung stehenden räumlichen Bereich V in 2 Teile zerlegen, deren einer den reinen Cellulosekrystall enthält, während der andere von dem reinen Reaktionsprodukt gebildet wird. Wiederum waren ursprünglich N_0 Reaktionsstellen und N freie Moleküle vorhanden, wiederum hat man im Gleichgewicht N_f freie und N_{ads} gebundene. Aber die Zahl der je Sekunde sich neu anlagernden ist jetzt nicht mehr proportional der Gesamtzahl der freien Reaktionsstellen $(N_0 - N_{ads})$, sondern nur der an der Grenzfläche beider Krystalle gelegenen Stellen N_{grenz}. Denn wir haben Mischkrystallbildung ausgeschlossen und es darf daher der Krystall des Substitutionsproduktes nur als kompaktes dreidimensionales Gitter in den Cellulosekrystall hinein weiterwachsen. Es können sich aber nicht im Gleichgewicht einzelne Moleküle des Reaktionsproduktes isoliert inmitten des Cellulosekrystalles befinden. Die Zahl der je Sekunde und Kubikzentimeter sich bildenden Moleküle der Verbindung ist

$$N_1 = \frac{N_{frei}}{V} \cdot N_{grenz} \cdot \sigma \cdot s^{-\frac{\varepsilon_1}{k\,T}}. \tag{11}$$

Ähnliches gilt für die Zerfallsgeschwindigkeit. Auch die Abspaltung kann wegen der verbotenen Mischkrystallbildung nur an der Grenzfläche vor sich gehen. N_2 wird also gegeben durch

$$N_2 = N_{grenz} \cdot \nu' \cdot e^{-\frac{\varepsilon_2}{k\,T}}. \tag{12}$$

Im Gleichgewicht hebt sich die Größe der Grenzfläche heraus und die Menge (Konzentration, Dampfdruck) des freien Reaktionspartners wird unabhängig von der Menge des Reaktionsproduktes und ist nur durch die Temperatur gegeben. Man hat also ein heterogenes Dissoziationsgleichgewicht vor sich, welches besagt, daß für eine bestimmte Temperatur eine ganz bestimmte Außenkonzentration für die Koexistenz der Verbindung mit der Cellulose notwendig ist. Wird sie um ein weniges unterschritten, dann behält man reine Cellulose, wird sie um ein weniges überschritten, dann bekommt man das reine Reaktionsprodukt.

Zeichnet man entsprechend der Abb. 108 für die ,,homogene" und ,,heterogene" Reaktionsart wiederum die Menge des gebildeten Reaktionsproduktes als Funktion der Außenkonzentration auf, so erhält man verschiedene Kurven, je nachdem, ob Mischkrystallbildung gestattet oder verboten ist. Wird sie zugelassen, dann resultiert Abb. 108, d. h. die Langmuirsche Isotherme oder das Massenwirkungsgesetz. Im Anfang steigt die aufgenommene Menge proportional der Außenkonzentration (Henrysches Gesetz für feste Lösungen), später biegt die Isotherme um und geht allmählich zur Sättigung über. Die Anfangsneigung ist wiederum durch die Größe des zur Verfügung stehenden Reaktionsraumes und insbesondere durch die Reaktionswärme gegeben. Aus Messungen bei verschiedenen Temperaturen kann man auch hier die beiden Anteile voneinander trennen und einzeln bestimmen.

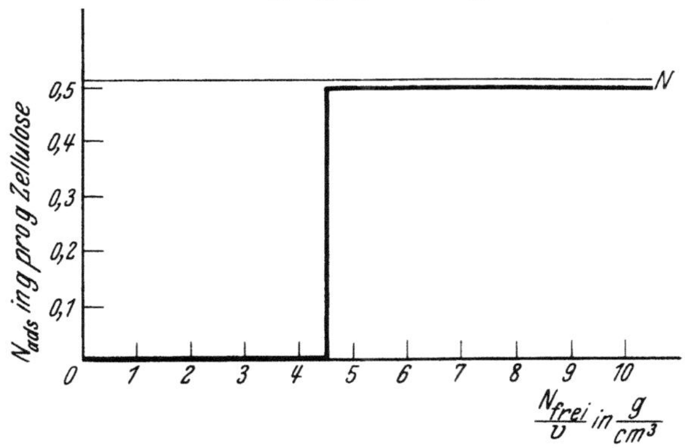

Abb. 109. Aufnahmsisotherme im Fall eines heterogenen Gleichgewichtes.

Im heterogenen Fall, d. h. bei verbotener Mischkrystallbildung erhält man die in Abb. 109 dargestellte Kurve. Bis zu einer bestimmten Grenzkonzentration c^0_{frei} reagiert bei gegebener Temperatur überhaupt nichts, oberhalb dieser bildet sich quantitativ die Verbindung. Man erhält also eine scharfe Stufe an der durch die Gleichungen (11) und (12) bestimmten Stelle.

Wenn auch hier wiederum während der Reaktion eine neue Molekülart, etwa Wasser, HCl usw., abgespalten wird, dann ist die Rückreaktion wieder von der Konzentration dieser Moleküle abhängig, und man erhält an Stelle der beiden Beziehungen (10) und (13) die Gleichungen

$$N_{ads} = \frac{A_1 N_{frei}}{A_2 N_{frei} + A_3 N_W}$$

im homogenen und

$$N_{frei} = f(T)$$

im heterogenen Fall.

Bei der räumlichen micellaren Reaktion lassen sich also zwei Typen vorhersehen, die prinzipiell durch die Kenntnis der Aufnahmekurve bei variierter Außenkonzentration voneinander formal unterschieden werden können. Für den Mechanismus des Elementarprozesses bedeutet der Unterschied folgendes: Das Massenwirkungsgesetz bzw. die Langmuir-Isotherme wird immer dann befolgt, wenn durch einen einzelnen — an einer bestimmten Stelle abgelaufenen — Elementarvorgang die Reaktionsfähigkeit der benachbarten Stellen unverändert bleibt. Die Wahrscheinlichkeit zur Bildung der „Verbindung“ wird dann durch die vorhandenen „Keime“ nicht beeinflußt und die Reaktion ist geometrisch nicht an bestimmte Stellen gebunden. Erzeugt aber ein abgelaufener Einzelprozeß in seiner unmittelbaren Umgebung bevorzugte Reaktionsverhältnisse, dann bildet sich ein räumlich zusammenhängender Bereich des Reaktionsproduktes, es entsteht eine neue „Phase“ und das Gleichgewicht wird heterogen.

3. Oberflächenreaktion und micellares Durchreagieren bei der Cellulose.

In Wirklichkeit werden die Verhältnisse nun durch eine Reihe von Faktoren sehr verschleiert. Zunächst liegen in der Cellulose verschiedene Arten von Hydroxylgruppen vor. Schon im einzelnen Glukoserest sind ihrer drei vorhanden, am zweiten, dritten und sechsten Kohlenstoffatom. Die Reaktionsfähigkeit dieser drei Gruppen gegenüber eindringenden Reagenzien ist im allgemeinen, wie man von niedrigmolekularen Zuckern und Alkoholen her weiß, verschieden. Jede einzelne hat also ein spezielles ε sowohl in Bezug auf die Bildung eines Esters oder Äthers, als auch in Bezug auf seinen Zerfall. Man muß aber auch berücksichtigen, daß die an der Oberfläche der Micelle liegenden Hydroxylgruppen in anderer Weise durch ihre Umgebung beeinflußt werden, als die im Innern gelegenen, so daß man auch für sie ein anderes ε zum mindesten in Betracht ziehen muß. Daher hat man sowohl eine molekular als auch eine micellar strukturelle Verschiedenheit der einzelnen Hydroxylgruppen und damit auch einen gewissen Bereich in den entsprechenden ε-Größen zu erwarten.

Für die homogenen Reaktionstypen — Kurve der Abbildung 108 — bedeutet dies folgendes. Man muß sich die gesamte „Aufnahmsisotherme“ zusammengesetzt denken aus mehreren Anteilen mit verschiedenen Anfangsneigungen und verschiedenen Sättigungswerten. Die Anfangstangenten entsprechen den verschiedenen nunmehr vorliegenden ε-Werten; die Sättigung gibt die dazu gehörige

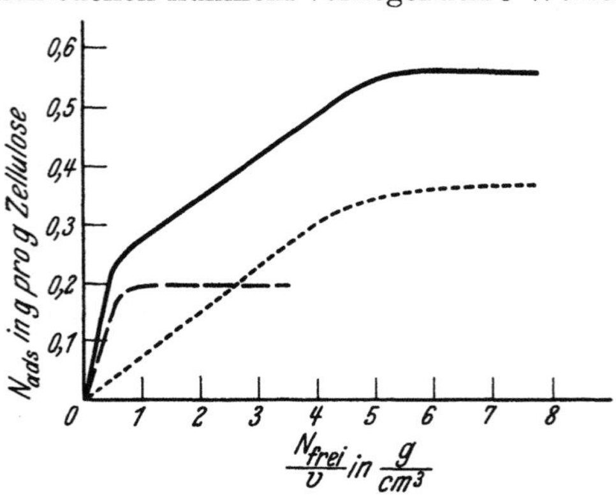

Abb. 110a. Superposition zweier Isothermen im „homogenen Fall“.

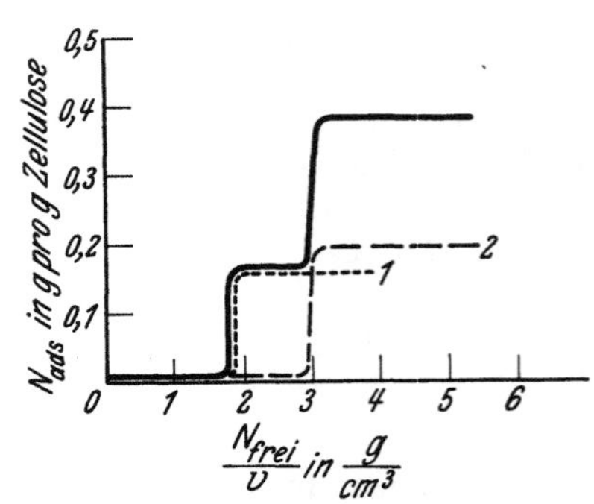

Abb. 110b. Superposition zweier Isothermen im „heterogenen“ Fall.

Zahl von Glukosegruppen an. In der Abb. 110a ist schematisch die Superposition zweier solcher Kurven durchgeführt; man sieht, daß eine gestufte Endkurve resultiert, weil eben die Reaktion mit der größeren Wärmetönung zuerst, d. h. schon bei geringen Außendrucken abläuft und die andere „anschließende“ Reaktion langsamer mit dem Außendruck ansteigt als die erste.

Bei der heterogenen Reaktion hat die Differenzierheit des Objektes eine analoge Wirkung (Kurve der Abb. 109); der scharfe Knick wird abgerundet, denn bei gegebener Temperatur ist die für das Gleichgewicht notwendige Dissoziationskonzentration von ε abhängig. Führt man statt eines ε-Wertes deren mehrere ein, so hat man sich wiederum die Kurve der Abbildung aus mehreren Einzelkurven zusammengesetzt zu denken, in denen die Knickpunkte an verschiedenen Stellen der Abszisse liegen und verschieden hoch sind. Es bilden sich eben dann bei verschiedenen Außenkonzentrationen diskontinuierlich die den einzelnen ungleichartigen Hydroxylgruppen entsprechenden Verbindungen nach Maßgabe der Menge der entsprechenden Hydroxylgruppe. In Abb. 110b ist die Superposition zweier Kurven beispielshalber durchgeführt. Man erhält auch hier eine gestufte Aufnahmsisotherme, die bei kontinuierlicher Änderung von ε in ihrer Form der Abb. 110a recht ähnlich werden kann. Zur Komplikation trägt hier noch besonders die Tatsache bei, daß sich bei Cellulosepräparaten wegen der großen inneren Oberfläche räumliche Prozesse und Oberflächenreaktionen nebeneinander abspielen, so daß man Aufnahmskurven erhalten kann, die durch Überlagerung der Typen Abb. 110a und 110b entstehen.

Auf einen zweiten Umstand, der die direkten Schlüsse über den Mechanismus einer Umsetzung erschwert und zur Vorsicht mahnt, hat besonders Kurt H. Meyer hingewiesen[1]. Die aus den röntgenographischen Messungen sich ergebende Größe der Micelle hat nämlich zur Folge, daß sich etwa die Hälfte der Glukoseketten an ihrer Oberfläche, die andere Hälfte im Innern befindet. Denken wir uns etwa eine tetragonale Micelle, die aus 50 Hauptvalenzketten insgesamt besteht, so befinden sich von diesen etwa 26 in der Oberfläche, während die übrigen das Innere des Krystalliten bilden. Das Verhältnis der äußeren und inneren Kette ist ziemlich genau 1 : 1. Wenn nun eine Oberflächenreaktion vor sich geht, im Laufe derer alle an der Oberfläche liegende OH-Gruppen abgesättigt werden, dann ist im Gleichgewicht das stöchiometrische Verhältnis zwischen den überhaupt vorhandenen Hydroxylgruppen und denjenigen, die reagiert haben, 2 : 1, und man könnte geneigt sein, aus diesem Befund ohne weiteres den Schluß zu ziehen, daß auf je 2 Hydroxylgruppen oder auf je 2 Glukosereste ein Molekül des anderen Reaktionspartners entfalle. Dies ist auch bruttomäßig der Fall, in Wirklichkeit aber haben an der Oberfläche alle Glukosereste oder Hydroxylgruppen reagiert, im Innern keine. Um sich vor falschen Ausdeutungen einer gegebenen Reaktion zu bewahren, ist es hier ebenfalls zweckmäßig, die Röntgenmethode heranzuziehen.

Wenn nämlich die Micelle durchreagieren, wenn also das eintretende Reagens auch mit den inneren Ketten zur Wechselwirkung gelangt und eine Anlagerung oder Substitution statthat, dann muß sich dies in einer mehr oder weniger deutlichen Veränderung des Röntgenogramms zeigen, wie dies bei der Knechtschen Verbindung und bei allen sonstigen Cellulosederivaten der Fall ist; bleibt jedoch die Wechselwirkung auf die Oberfläche der Micelle beschränkt, so kann man damit rechnen, daß das Röntgenogramm der nativen Cellulose sich nicht wesentlich verändert. Es ist allerdings denkbar, daß die an der Oberfläche liegenden Ketten durch die Reaktion eine Verschiebung erleiden, so daß sie zu den Interferenzintensitäten nicht mehr in so scharfer Weise beitragen wie vorher. Dies kann zur Folge haben, daß die Schärfe und Intensität der Reflexe des nativen Cellulosediagramms eine Verringerung erfährt, nicht aber, daß die Lage der Interferenzflecke verändert wird. Wenn das in Frage stehende Präparat nach der chemischen Behandlung ein Diagramm liefert, dann läßt sich mit dessen Hilfe

---

[1] Vgl. etwa Z. physik. Chem. 2, 136 (1929).

recht deutlich zwischen einer Oberflächenreaktion und einer permutoiden Reaktion unterscheiden und ein Fehlschluß in Hinsicht des pseudostöchiometrischen Verhaltens vermeiden. Häufig zeigen aber chemisch beanspruchte oder auch nur gequollene Cellulosepräparate überhaupt keine deutlichen Interferenzflecken mehr, und dann muß man auf die Möglichkeit der eben geschilderten Verhältnisse Rücksicht nehmen.

Wegen der mikroheterogenen Struktur aller Cellulosepräparate ist es von großer Wichtigkeit, sich bei der Beurteilung von Reaktionen stets davon zu überzeugen, ob auch wirklich Gleichgewichte vorliegen oder ob sie nicht infolge der langsamen Diffusion oder sonstiger sekundärer Einflüsse vorgetäuscht werden. Nur wenn die Gleichgewichtseinstellungen von beiden Seiten her vorgenommen worden sind und dasselbe Ergebnis bezüglich der Aufnahme der reagierenden Substanz, der Röntgenogramme und der sonstigen Eigenschaften des Präparates geliefert haben, darf man sicher sein, Gleichgewichte vor sich zu haben, aus denen man im Sinne der vorangehenden Ausführungen Schlüsse über den Mechanismus der Reaktionen zu ziehen in der Lage ist.

Bei den einzelnen speziellen Umsetzungen der Cellulose, die in den folgenden Abschnitten näher beschrieben werden, wird es notwendig sein, die soeben skizzierten allgemeinen Gesichtspunkte immer wieder zu berücksichtigen, und dies mag es rechtfertigen, daß sie hier ganz kurz zusammengestellt worden sind.

4. Über die Charakterisierung von Cellulosepräparaten.

Es ist schon flüchtig erwähnt worden, daß man bei der eindeutigen Charakterisierung von Cellulosepräparaten vor einer Schwierigkeit steht, wie sie die organische Chemie der wohlkrystallisierten „mikromolekularen" Substanzen nicht kennt. Die in diesem Wissenszweige ausgearbeiteten, bestens bewährten klassischen Methoden zur sicheren und reproduzierbaren Kennzeichnung einer gegebenen Substanz reichen leider im Gebiet der hochmolekularen Naturstoffe bei weitem nicht aus. Präparate, die aus Mikromolekülen bestehen — etwa Naphthalin oder Benzoesäure — kann man durch Verdampfen oder durch ein geeignetes Lösungsmittel erfahrungsgemäß in isolierte, praktisch voneinander unabhängige Moleküle in der Weise zerlegen, daß man lauter untereinander streng identische Teilchen erhält, deren Form, Größe, Reaktionsfähigkeit usw. genau gleich ist und deren Gewicht in der Größenordnung von 10^{-23} g liegt. Diese Teilchen üben dann keine merklichen Kräfte mehr aufeinander aus; sie sind statistisch unabhängig und lassen sich nach den Methoden von Liebig und van't Hoff auf ihre Größe und Zusammensetzung untersuchen. Aus ihnen läßt sich in beliebiger Weise durch Kondensation reversibl eine flüssige oder feste homogene Phase herstellen, in der diese einzelnen Teilchen noch eine wohl definierte Rolle spielen und deren Verdampfungswärme — Sublimationswärme — je nach der Molekülgröße zwischen 4 und 20 Cal liegt.

Bei der Cellulose und ihren Derivaten aber liegen die Verhältnisse ganz anders. Auch hier läßt sich zwar durch geeignete Einwirkungen ein chemisch homogenes mikromolekulares Endprodukt, die *β*-*d*-Glukopyranose, in beinahe quantitativer Ausbeute gewinnen, aber schon die Art der notwendigen Einwirkung und besonders die Unmöglichkeit einer Rückbildung der nativen Cellulose zeigt, daß in der Cellulose nicht Krystalliten vorliegen, die in allen Richtungen nur durch die wohlbekannten van der Waalsschen Kräfte zusammengehalten werden, sondern daß der Zusammenhang dieser kleinen Kryställchen in sich ein erheblich festerer ist, als bei den normalen wohl krystallisierten organischen Körpern. Eine bestimmte spezielle Anschauung über den Aufbau der nativen Cellulose, die dem bekannten Tatsachenmaterial gerecht wird, ist schon an verschiedenen Stellen diskutiert worden; sie möge auch jetzt der weiteren Darstellung zugrunde gelegt sein. Dies kann mit um so mehr Berechtigung geschehen, als über den allgemeinen Aufbau der nativen Cellulose heute unter den Bearbeitern dieses Gebietes keine Meinungsverschiedenheiten mehr bestehen. Nur bezüglich der Art der Kräfte, die die Ketten in sich zusammenhalten — normale Hauptvalenzen oder noch unbekannte für die Cellulose charakteristische Aggregationskräfte — stehen sich die Ansichten noch gegenüber[1]. Die meisten auf dem Gebiete tätigen Forscher neigen zu der Ansicht, daß es normale 1, 4-glukosidische Hauptvalenzverknüpfungen sind, die den Zusammenhalt der Ketten in sich bedingen. K. Heß jedoch bevorzugt noch einen abwartenden Standpunkt, indem er die Ansicht vertritt, es könnten auch andersartige Kräfte sein, die gerade das Geheimnis der Cellulose ausmachen und bei den übrigen organischen Substanzen nicht oder nicht so deutlich hervortreten wie bei den hochmolekularen Naturstoffen.

Wie man aber immer dieser Frage gegenüber eingestellt sein mag, für die prinzipiellen Möglichkeiten, Cellulosepräparate zu charakterisieren, ist sie von untergeordneter Bedeutung. Wenn daher im folgenden stets von Hauptvalenzketten gesprochen werden wird, so kann man sich bei anderer Auffassung auch Ketten vorstellen, welche in sich durch starke Kräfte unbekannter Natur zusammengehalten sind.

Bei dem Versuch, Cellulosepräparate zu beschreiben, muß man also, wie erwähnt, den übermolekularen Bau dieser Substanzen berücksichtigen. Die Aussagen beziehen sich nicht wie bei den normalen mikromolekularen Körpern auf ein einziges Objekt, nämlich auf das Molekül, sondern auf mehrere:

a) auf den Grundkörper — den Glukoserest —, seine Struktur, Pyranose oder Furanose, α- oder β-Konfiguration, rechts oder links drehend;

b) auf die aus ihm aufgebauten Ketten, Art der Verknüpfung, mittlere Kettenlänge, Verhalten der Endgruppen;

c) auf die aus den Ketten gebildeten Kristallite — die Micelle —, ihre innere Struktur, Größe, Form und ihre Anordnung in den untersuchten Präparaten.

Im folgenden sollen nun kurz diejenigen experimentellen Wege skizziert werden, die Aussagen über diese drei wichtigen Charakteristika eines nativen Cellulosepräparates an die Hand geben können.

a) Der Glukoserest.

Die Bruttozusammensetzung des Grundbausteins liefert die Elementaranalyse; für die Gruppe $C_6H_{10}O_5$ ergibt sich ein theoretischer Gehalt von

$$C = 44{,}44\,\%\,,$$
$$H = \ 6{,}17\,\%\,.$$

In der Tat kommen die Zahlen, die man bei der Verbrennung sorgfältig gereinigter nativer Cellulosepräparate erhält, diesen Werten recht nahe. In der Tabelle 38 ist das Ergebnis einiger Elementaranalysen aufgenommen, die an vorsichtig ent-

[1] Vgl. hierzu etwa die historische Darstellung bei Meyer-Mark: Der Aufbau der hochpolymeren Naturstoffe. **1930**, 76ff. sowie K. Freudenberg: B. **54**, 767 (1921) und H. Staudinger: Z. angew. Chem. **42**, 37, 67 (1928). R. O. Herzog, H. Hoffmann und O. Kratky: Oppenheimers Handb. d. Biochemie d. Menschen u. Tiere, 2. Aufl. Ergänzungsband **1930**, S. 1.

basteter Ramie, an Baumwollsorten verschiedener Provenienz, an Hanf, Viscose- und Kupferseide, an denitrierter Nitrocellulose und verseifter Acetylcellulose erhalten worden sind. Diese Zahlen weisen untereinander Streuungen auf, die recht merklich über den natürlichen Fehlerbereich der Elementaranalyse hinausgehen.

Tabelle 38. Analysenwerte verschiedener Präparate.

Substanz	C in %	H in %
Ramie	44,32	6,19
Ägyptische Baumwolle (Kammzug)	44,68	6,21
Linters	44,13	6,26
Verbandwatte	44,70	6,26
Hanf	44,48	6,20
Viscoseseide	44,59	6,20
Kupferseide } dasselbe Präparat	44,39	6,18
„ } dasselbe Präparat	44,42	6,15
„ } dasselbe Präparat	44,29	6,20
Nitrocellulose, denitriert	44,18	6,27
Acetylcellulose, verseift	44,06	6,30
Theorie für $C_6H_{10}O_5$	44,44	6,17

In der Tat zeigt sich an den Zahlen für die Cu-Seide, daß die Werte, die man erhält, wenn man mehrere Einwaagen ein und desselben Präparates analysiert, einander erheblich näher liegen. Die Unterschiede in den Analysenzahlen von Cellulosepräparaten verschiedener Provenienz sind also sicherlich reell. Sie gestatten aber leider selbst bei einer Größe von 0,2 bis 0,8% keine sicheren Angaben etwa über die Kettenlänge oder sonstige Charakterisierungsmöglichkeiten, weil man wegen der großen Oberfläche der Cellulosepräparate niemals sicher sein kann, in streng chemischem Sinne reine und trockene Produkte vor sich zu haben.

Die üblichen Reinigungsmethoden — Destillation und Krystallisation — der organischen Chemie gestatten im allgemeinen, d. h. bei 2- bis 3mal wiederholter Anwendung, unter einigermaßen günstigen Verhältnissen eine bestimmte Molekülart so weit anzureichern, daß die Verunreinigungen von der Größenordnung 10^{-4} Mol% sind, d. h. auf 10000 Moleküle der gewünschten Substanz kommt 1 Molekül eines verunreinigenden fremden Körpers. In besonders günstigen Fällen — sehr schwerlösliche Salze usw. — kann man diese Reinigung auch weiter treiben und gelangt bekanntlich bei den reinsten Produkten der präparativen Chemie, den Edelmetallen, bis zu Beimengungen von nur 10^{-7} Mol%. Bei der Cellulose aber verhindert die große Oberfläche und die enge native Verknüpfung mit sehr ähnlich gebauten Begleitstoffen — Pentosan, Xylan, Glukuronsäure, Lignin — eine weitgehende Isolierung der nur aus β-d-Glukopyranoseresten bestehenden Ketten.

Wenn z. B. nur 1% der gesamten adsorbierenden Oberfläche (von der Größenordnung 10^8 cm^2 je Gramm) mit Wasser belegt ist, so ergibt dies schon eine Veränderung der C-H-Werte um etwa

$$\Delta C = -0{,}52\,\%,$$

$$\Delta H = -0{,}06\,\%.$$

Man hat aber kein Mittel, um sich beim Trocknen der Proben davon zu überzeugen, daß wirklich alles Wasser und alle sonstigen Verunreinigungen aus den intermicellaren Zwischenräumen verschwunden sind. Am besten würden hier Versuche weiterführen, in denen systematisch die Analysenwerte bei fortschreitendem, vorsichtigem Trocknen aufgetragen und auf den Wassergehalt Null extrapoliert werden. Solche Experimente liegen aber bis jetzt noch nicht vor. Zu hohe

Kohlenstoffwerte, die auch wiederholt beobachtet worden sind, rühren wohl von der Anwesenheit von Fetten oder von Extraktionskohlenwasserstoffen her, die von der Faser ziemlich stark adsorbiert werden. Man kann daher insgesamt sagen, daß in den Analysenwerten der bestgereinigten nativen Präparate zwar merkliche Abweichungen von der Bruttozusammensetzung $C_6H_{10}O_5$ vorliegen, daß man sie aber vorläufig zu Schlüssen auf die Zusammensetzung noch nicht verwerten kann.

Neben der Elementaranalyse gestattet der hydrolytische Abbau Aussagen über den Mikrobaustein zu machen. Hier läßt sich feststellen, daß man sowohl mit Salzsäure und Schwefelsäure als auch bei der Acetolyse der Cellulose schließlich quantitativ Glukopyrosan bzw. den ihr entsprechenden acetylierten Zucker erhält. Aber auch diese Angaben sind wegen der allgemeinen präparativen Fehlergrenze — Löslichkeit, Experimentierverluste — bestenfalls auf 1 bis 2% genau.

Die Elementaranalyse und die präparative Aufarbeitung der Hydrolysenprodukten stellen also sicher, daß in den bestgereinigten Cellulosepräparaten mindestens 98% β-d-Glukopyranosereste enthalten sind; das übrige dürfte aus Wasser und verwandten Kohlehydraten bestehen. Die letzteren — Pentosen, Galaktosen, Xylane usw. — sind wohl zum Teil in die Ketten selbst eingebaut, zum Teil auch an der Oberfläche der Micelle adsorbiert.

b) Die Hauptvalenzketten.

Hier treten zwei Fragen in den Vordergrund:

a) Wie sind die Ketten in sich zusammengehalten?

b) Welches ist ihre Länge bzw. ihre „mittlere“ Länge?

Die präparativen Ergebnisse des methylierenden Abbaues (vgl. Kap. VIII) und die quantitative Verfolgung der Säurehydrolyse (vgl. Kap. IX) führen hier gemeinschaftlich mit den röntgenographischen Ergebnissen zu dem bereits erwähnten und verwendeten Schluß, daß die Verknüpfung der Ketten in sich fortlaufend durch 1,4-glukosidische Sauerstoffbrücken vermittelt wird. Diese Art des Aufbaues scheint allen nativen Cellulosen pflanzlichen oder tierischen Ursprungs gemeinsam zu sein. Von Sponsler und Dore[1] ist auf Grund ihrer Röntgenbefunde vorgeschlagen worden, abwechselnd 1,1-ätherartige und 4,4-glukosidische Verknüpfung anzunehmen, ein Vorschlag, der wohl wegen der besonders von Freudenberg[2] und Haworth[3] gesammelten neueren chemischen Erfahrungen nicht mehr in Betracht gezogen werden kann. Das Vorliegen ganz neuartiger, sonst unbekannter und gerade für die Cellulose charakteristischer starker Assoziationskräfte läßt sich nicht explizite widerlegen, da diese Kräfte durch die Eigenschaften der Cellulose ad hoc definiert sein sollen. Eine solche Ansicht würde aber erst dann an Wahrscheinlichkeit gewinnen, wenn man Tatsachen auffindet, die mit der näher liegenden Annahme der normalen Hauptvalenzen in schärferem Widerspruch stehen. Bisher sind solche Erfahrungstatsachen nicht aufgedeckt worden. Wie immer aber die Frage nach der Art der Kräfte betrachtet wird, zwischen den verschiedenen Cellulosepräparaten hat sich ein Unterschied in der Verknüpfung der Ketten in sich bisher noch nicht feststellen lassen und es scheidet daher dieses Merkmal als eine Möglichkeit, Cellulosepräparate zu charakterisieren, aus.

Anders steht es mit der mittleren Länge der Ketten. Zu ihrer Bestimmung bieten sich prinzipiell die Analysenwerte dar. Eine ungestörte, normale Kette

---

[1] Coll. Symp. Monogr. **4**, 174 (1926). [2] Ann. **460**, 288 (1928).
[3] Helvet. chim. Acta **11**, 542 (1928).

von n Glukoseresten enthält ($n-2$) Glukopyranosereste von der Zusammensetzung $C_6H_{10}O_5$ als Mittelteil. Das eine Ende wird von einem Rest $C_6H_{11}O_6$ gebildet, das andere von einem Rest $C_6H_{11}O_5$, wie es die Abb. 111 schematisch darstellen möge. Dieser letztere Glukoserest ist befähigt, durch Tautomerisierung eine freie Aldehydgruppe zu präsentieren, und bietet daher eine chemische Handhabe zur Identifizierung des einen Endgliedes der Kette.

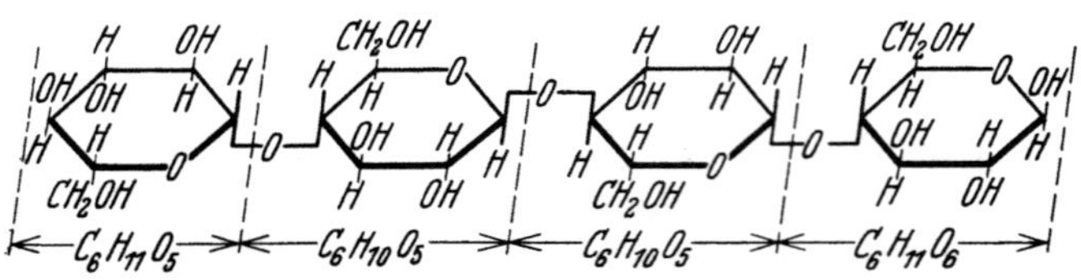

Abb. 111. Hauptvalenzkette aus 4 Glukoseresten.

Aus der Figur läßt sich ferner erkennen, daß bei der Bildung eines Fadenmoleküls von n Glukosen $n-1$ Moleküle Wasser abgespalten worden sind, so daß die Bruttozusammensetzung einer solchen „sauberen" Kette

$$C_6H_{10}O_5 + \frac{1}{n} H_2O$$

sein müßte. Es ist also stets Konstitutionswasser in der Cellulose enthalten. Ließe sich alles adsorbierte Wasser und jegliche Verunreinigung anderer Bruttozusammensetzung aus der Cellulose entfernen, so könnte man auf diesem Wege prinzipiell eine Bestimmung der Kettenlänge ins Auge fassen. Unter den gegebenen Verhältnissen läßt sich aber nur ein Minimalwert für die Kettenlänge gewinnen, d. h. man kann sagen: Wenn man den zu niedrigen Kohlenstoffgehalt ganz auf die Anwesenheit von Konstitutionswasser rechnet, so ergibt sich eine minimale Kettenlänge von bestimmter Größe. Dieses Verfahren ist aber natürlich deswegen sehr unsicher, weil man nicht weiß, ob nicht durch das Vorhandensein höher oxydierter Zuckeranteile oder durch adsorbiertes Wasser ein zu niedriger C-Gehalt verursacht wird. Die Elementaranalyse erweist sich also, wie oben schon erwähnt, als ein wenig verläßliches Hilfsmittel, um so mehr als erst bei sehr kleinen Kettenlängen die Unterschiede außerhalb der experimentellen Fehlergrenze liegen.

Mehr Erfolg verspricht die chemische Erfassung der Endgruppen. Hier sind es zwei Methoden, die besonders in Betracht kommen und die bisher in der Literatur für eine Abschätzung der Kettenlänge verwendet worden sind: die Bestimmung der Kupferzahl und der Jodzahl.

1. Die Methode der Kupferzahl.

Sie benützt das Vermögen von Aldosen, aus komplex gelöstem Cuprioxyd rotes Cu_2O zu fällen. Da jede Kette an ihrem Ende nur eine reduzierende Gruppe trägt, entsteht je Kette 1 Molekül Cu_2O; n Glieder liefern daher gewichtsmäßig

$$\frac{E \cdot 0{,}8}{n} = p$$

Teile Cu_2O, wenn E die Einwaage an Cellulose in Grammen bedeutet. Bei einer Kettenlänge von 150 Glukoseresten und einer Einwaage von 100 g müßte man daher, wenn wirklich jede Kette eine freie Aldehydgruppe am Ende trägt und wenn sie alle zur Reaktion kommen,

$$p = 0{,}533 \text{ g}$$

Cu_2O erhalten; p nennt man nach Schwalbe die Kupferzahl des untersuchten

Präparates. Die Tabelle 39 enthält diese Zahl für eine Reihe von Cellulosen nach verschiedenen Behandlungsweisen mit Bleich- und Beuchmittel. Wertet man sie in der hier angegebenen Weise aus, so kommt man bei den aufgezählten Produkten zu Kettenlängen zwischen

$$n = 30 \quad \text{und} \quad n = 300.$$

Es berechnet sich nämlich die Kettenlänge n aus der Kupferzahl p gemäß

$$n = \frac{80}{p}.$$

Tabelle 39. Kupferzahlen verschiedener Präparate.

Substanz	Kupferzahl nach Schwalbe
Hanf, schwach gebleicht	0,3
„ mit Chlorlauge stark gebleicht	1,9
Ramie, schwach gebleicht	0,2
„ mit 20% NaOH behandelt	0,3
Baumwolle, ungebleicht	0,3
Linters, ungebleicht	0,4
Baumwolle, schwach gebleicht	0,6
„ stark gebleicht	1,3
Zellstoff, ungebleicht	2,4
„ gebleicht	3,5
Baumwolle mit 10% NaOH behandelt	0,9
„ „ 15% NaOH „	1,2
„ „ 20% NaOH „	1,3
„ „ 30% NaOH „	1,7
„ „ 40% NaOH „	2,1
Viscoseseide (deutsche Handelsprodukte)	1,8—3,5
Kupferseide (Bemberg)	1,2
„ mit 20% NaOH behandelt	1,0
Verseifte Acetatseide (Celanese)	3,5
Nitroseide (denitriert)	4,2

Bei der Auswertung dieser Daten, muß man nun eine Reihe von Umständen bedenken, welche die Bedeutung der Kupferzahl für absolute Längenangaben sehr abschwächen. Zunächst ist es nicht sicher, daß wirklich alle Kettenenden von reduzierenden Aldehydgruppen gebildet werden, denn der endständige Glukoserest kann durch irgendwelche Vorgänge während des Wachstums zum Alkohol reduziert oder zur Säure oxydiert worden sein. In beiden Fällen wirkt er nicht auf Cuprioxyd ein. Es ist aber auch denkbar, daß der Glukoserest durch Anhydrisierung stabilisiert ist und deshalb das Reagens nicht verändert. Schließlich ist nicht von der Hand zu weisen, daß die Kettenenden z. T. von andersartigen Substanzen gebildet werden, so daß von Beginn an keine Reduktionsfähigkeit am Ende der Kette vorliegt. Alle diese Gründe haben zur Folge, daß die Kupferzahl kleiner ausfallen muß, als es den Kettenlängen entspricht, und daß daher die aus ihr berechneten Werte zu groß werden. Man käme, wenn man nur diese Bedenken in Betracht zieht, aus der Kupferzahl wenigstens zu einer oberen Grenze. Nun muß man aber leider auch darauf gefaßt sein, daß in dem komplizierten Micellgebilde der Cellulose niedrige Zucker eingeschlossen sind, die sich durch die normalen Reinigungsvorgänge — schwaches Bleichen oder Beuchen, Entbasten usw. — nicht entfernen lassen. Schon wenige Promille anwesender Mono-, Di- oder Trisaccharide, welche auf Fehlingsche Lösung reagieren, haben aber zur Folge, daß die Kupferzahl ansteigt und die Ketten daher kürzer erscheinen, als sie in Wirklichkeit sind. Wie sich in einem gegebenen Präparat die beiden erwähnten entgegenwirkenden Einflüsse ausgleichen, läßt sich meist nicht im entferntesten angeben. Für eine absolute Kettenlängenbestimmung ist also diese Methode nicht geeignet.

Weniger Bedenken sind gegen die relative Verwertung der Kupferzahl zu erheben, die in der Praxis auch als Hydrolysierzahl Verwendung findet. Wenn man ein gegebenes Präparat mit Hilfe seiner Kupferzahl charakterisiert hat und dann gewisse chemische Einwirkungen — Hydrolyse, Oxydation — wiederum mit Hilfe der Kupferzahl verfolgt, so erhält man durch Subtraktion der beiden erhaltenen Werte eine „Hydrolysierzahl“, die angibt, wieviel reduzierende Gruppen neu hinzugekommen sind. Gegen ihre Auswertung ist weniger einzuwenden, wenn man nicht annehmen muß, daß durch die chemische Behandlung unter Umständen Anhydridbildungen hervorgerufen bzw. vorher maskierte niedrigmolekulare Zucker erst in reaktionsfähigen Zustand gebracht werden.

Die erwähnten Gründe haben dazu geführt, daß die Kupferzahl in der Tat als empirische Methode zur Charakterisierung von Cellulosederivaten recht häufig verwendet wird, ohne daß man aus ihr sichere Schlüsse auf den Absolutwert der Kettenlänge ziehen könnte.

Im folgenden sei eine Vorschrift für die Kupferzahlbestimmung alkaliunlöslicher und alkalilöslicher Cellulosen nach Schwalbe bzw. nach Weltzien-Nakamura im Anschluß an die Darstellung bei K. Heß[1] gegeben:

Kupferzahlbestimmung alkaliunlöslicher Cellulose nach C. G. Schwalbe.

2 bis 3 g lufttrockene Substanz werden in einem Rundkolben (1500 cm³) mit 250 cm³ Wasser unter Umrühren zum Sieden erhitzt. Sobald das Wasser siedet, gießt man durch den Tropftrichter bei geöffnetem Hahn auf einmal eine siedendheiße Fehling-Lösung, bestehend aus 50 cm³ Kupfersulfatlösung (138,6 g Kupfersulfat, pro anal., in 2 l destilliertem Wasser, durch Leinenfilter filtriert) und 50 cm³ Seignettesalzlösung (692 g Seignettesalz, pro anal., und 200 g Natriumhydroxyd [alkohol depur., Mercks purum] zu 2 l gelöst und durch Asbest belegten Goochtiegel filtriert). Kolben und Tropftrichter werden mit 50 cm³ heißem destillierten Wasser nachgespült. Von dem Augenblick an, in dem die Flüssigkeit im Rundkolben zu sieden beginnt, läßt man unter Rühren 15 Minuten lang sieden. Alsdann entfernt man den Brenner, unterbricht das Rühren, entfernt den Dreifuß und schiebt den heißen Rundkolben vom Kühler herunter. Kühler und Rührer spült man mit der Spritzflasche von anhängender Lösung in den Kolben ab.

Dann wird der gesamte Kolbeninhalt in einen mit doppeltem Filtrierpapier (Schleicher & Schüll Nr. 594) belegten Büchner-Trichter (7 cm) gegossen, schnell, ohne trocken zu saugen, abfiltriert, und solange mit heißem destillierten Wasser nachgewaschen, bis alle Fehlingsche Lösung verdrängt ist, d. h. bis die ablaufende Flüssigkeit kein Kupfer mehr enthält[2] (Ferrocyankaliumprobe). Zur Abtrennung des entstandenen Kupferoxyduls von der Cellulose wird der gesamte Trichterinhalt in eine Porzellanschale gebracht und der Trichter mit 6,5proz. Salpetersäure in diese ausgespült. Nachdem durch kurzes Erwärmen auf dem Wasserbad das Kupferoxydul gelöst ist, wird die Kupferlösung durch den Büchner-Trichter abfiltriert, der Filterrückstand zur Entfernung von durch heißes Wasser nicht ablösbarem Kupfer zunächst mit konzentriertem Ammoniak (unter Umständen mit warmem Ammoniak digerieren) übergossen (hierbei Bläuung) und schließlich solange mit 0,5proz. Salzsäure bespült, bis im Filtrat durch Ferrocyankali kein Kupfer mehr nachweisbar ist. Eventuell Digestion mit konzentriertem Ammoniak wiederholen.

Zur Abscheidung des Kupfers wird das grüne bis gelbgrüne Filtrat zunächst in einer Porzellanschale eingedampft, mit verdünnter Salpetersäure aufgenommen und elektrolytisch bestimmt. Bei Zellstoffen wird zur Entfernung organischer Substanz, die bei der Elektrolyse stören kann, vorher vorsichtiges Abrauchen empfohlen[3].

---

[1] Heß, K.: Die Chemie der Cellulose. S. 256ff. Leipzig 1928.

[2] Geht Kupferoxydul mit durchs Filter, so muß evtl. Kieselgur zugesetzt werden; vgl. dazu Schwalbe-Sieber: Betriebskontrolle 3 Aufl. S. 231, 234.

[3] Schwalbe-Sieber: 3. Aufl. S. 232.

Nach einer Beobachtung von Schwalbe binden Cellulosepräparate, und zwar auch solche, die keine Hydrolysenprodukte enthalten, aus kalter Fehlingscher Lösung eine um so größere Menge Kupfer durch Adsorption, je größer der Quellgrad des betreffenden Cellulosepräparates ist. Die 100 g trockenem Cellulosepräparat entsprechenden Gramme aufgenommenen Kupfers bezeichnet Schwalbe als Cellulosezahl. Will man daher den Anteil Kupfer kennenlernen, der dem tatsächlichen Gehalt an Hydrolysenprodukten entspricht, so muß man die Cellulosezahl von der voranstehend ermittelten Kupferzahl abziehen. Man erhält dann die sogenannte „Korrigierte Kupferzahl". Eine Vereinfachung bietet die Abänderung von E. Hägglund[1], der das Kupferoxydul titrimetrisch durch Umsatz mit Ferrisulfat und Titration des entstandenen Ferrosulfates mit Permanganat bestimmt. Da dabei nur Kupferoxydul erfaßt wird, so erübrigt sich eine Korrektur für das aus der Lösung adsorbierte zweiwertige Kupfer.

Cellulosezahlbestimmung.

Etwa 2 bis 3 g lufttrockene Substanz werden mit 250 cm³ kaltem destillierten Wasser übergossen, mit 100 cm³ Fehlingscher Lösung (wie oben) versetzt, diese mit 50 cm³ Wasser nachgespült und der Ansatz 45 Minuten unter öfterem Umschütteln bei Zimmertemperatur sich selbst überlassen. Die Fasermasse wird auf einem Büchner-Trichter mit doppeltem Filter gesammelt und zunächst mit 1000 cm³ kaltem, dann mit heißem Wasser ausgewaschen. Das auf der Cellulose niedergeschlagene Kupfer wird wie oben bestimmt.

Kupferzahlbestimmung alkalilöslicher Cellulose nach Weltzien-Nakamura.

Das Verfahren beruht darauf, daß die alkalilösliche (2-n-Natronlauge) Cellulose durch Überführung in die alkaliunlösliche Kupferverbindung dem zersetzenden Einfluß der warmen Natronlauge entzogen wird, während Verunreinigungen bzw. Abbauprodukte, mögen sie auf dem Niederschlag adsorbiert, was in der Hauptsache zutrifft, oder in Lösung sein, vom Kupfer angegriffen werden. 0,4 g Substanz werden in einem 5000-cm³-Rundkolben (Jena) in 10-cm³ 3-n-Natronlauge unter Schütteln möglichst schnell gelöst, wobei Erwärmen unbedingt zu vermeiden ist. Nach dem Lösen gibt man 50 cm³ einer Fehlingschen Lösung zu, die man in folgender Weise bereitet: eine Auflösung von 124,12 g Seignettesalz in möglichst wenig warmem Wasser wird mit einer gesättigten wässerigen Lösung von 24,97 g Kupfersulfat (gelöst in etwa 130 cm³) versetzt und auf 500 cm³ aufgefüllt. 10 cm³ dieser Lösung werden mit Natronlauge so auf 50 cm³ aufgefüllt, daß die Alkalikonzentration 2 n ist, d. h. man gibt z. B. 10 cm³ einer vorrätig gehaltenen 3-n- und 5 cm³ einer 12-n-Natronlauge zu und füllt auf 50 cm³ auf. Nachdem der Celluloselösung Alkali-Kupferlösung zugesetzt worden ist, scheidet sich die Kupferalkaliverbindung der Cellulose ziemlich schnell als blaue Gallerte ab. Der Kolbeninhalt wird nun etwa 15 Minuten bei Zimmertemperatur durchgerührt. Dann setzt man den Kolben in das auf 150° vorgeheizte Glycerinbad und hält die Flüssigkeit genau 5 Minuten auf Siedetemperatur (für 2-n-Natronlauge 104°). Nun wird sofort gekühlt, in Zentrifugengläser gespült, wobei das Kohlenhydrat sowie Cuprisalz in Lösung gehen, und zentrifugiert. Ungelöst zurückbleibende Anteile von Kupferhydroxyd und Kohlenhydratreste lösen sich leicht durch Waschen des Niederschlages mit 10 cm³ alkalischer Seignettesalzlösung (Fehling II). Zum Schluß wird mit Wasser gewaschen, das im Zentrifugenglas zurückbleibende Kupferoxydul wird in verdünnter Salpetersäure ge-

[1] Hägglund, E.: P. F. 17, 301 (1919).

löst und elektrolytisch bestimmt. Statt zu zentrifugieren, kann man das Kupferoxydul selbstverständlich auch wie oben im Goochtiegel sammeln.

2. Die Bestimmung der Jodzahl.

Schon im Jahre 1918 haben Willstätter und Schudel[1] gezeigt, daß Aldohexosen durch Hypojoditlösung zu den entsprechenden Carbonsäuren oxydiert werden können und daß man daher das abgeschiedene Jod zur quantitativen Titration solcher Zucker verwenden kann, wenn sie keine anderen reduzierenden Substanzen enthalten. Bergmann und Machemer[2] haben in einer sehr interessanten Arbeit diese Methode auf die Untersuchung der Cellulose und ihrer Abbauprodukte angewandt und die Jodzahl verschiedener Präparate bestimmt. Auch Freudenberg und seine Mitarbeiter haben Hydrolysenprodukte auf ihren Jodverbrauch untersucht und daraus wichtige Rückschlüsse auf die relative Kettenlänge gezogen[3].

Unter der Jodzahl versteht man diejenige Menge $^1/_{10}$-n-Jodlösung, welche von 1 g der zu untersuchenden Substanz verbraucht wird. Wegen des heterogenen Charakters der Präparate dauert die Reaktion einige Stunden. Es konnte aber festgestellt werden, daß in den allermeisten Fällen nach etwa 1½ Stunden ein weiterer Jodverbrauch nicht mehr eintritt. Die Genauigkeit der Methode an sich ergab sich zu etwa $\pm$ 3%. Wenn man wiederum annimmt, daß jedes Kettenende von einer freien Aldehydgruppe gebildet und daß alle freien Enden auch von dem Reagens wirklich erreicht werden, berechnet sich das Molekulargewicht einer Kette aus der Jodzahl zu

$$M = \frac{20000}{J}$$

und im Falle von Glukoseketten die Zahl der Glieder zu

$$n = \frac{123,6}{J}.$$

In der Tabelle 40 sind die Jodzahlen mehrerer nativer Präparate zusammengestellt. Man sieht aus ihr, daß die Kettenlängen zwischen 14 und 175 liegen. Auch für diese Methode gelten die gleichen Einschränkungen, welche für die Auswertung der Kupferzahl eben angeführt worden sind. Bei der Bestimmung des Absolutwertes muß man recht erheblichen Bedenken begegnen, bei der Bestimmung der relativen Kettenlängen jedoch ist die Methode von großer Bedeutung. Sie ist der Kupferzahlbestimmung wohl vorzuziehen, da Ketosen mit Hypojodit nicht reagieren, wie Willstätter und Schudel durch Vergleichsversuche festgestellt haben. Im folgenden ist die Vorschrift für die Ausführung dieser Probe nach Bergmann und Machemer gegeben.

Die fein gepulverte, nötigenfalls entfettete, lufttrocken gewogene Analysensubstanz bekannten Wassergehaltes wird in einer Kugelmühle aus Glas, die während des Mahlens die Vornahme einer Titration ermöglicht, kurze Zeit unter Zusatz von 200 cm³ 4-n-Natronlauge mit Kugeln aus Hartporzellan vermahlen, bis gleichmäßige Verteilung erfolgt ist. Nun fügt man 50 cm³ $^1/_{10}$-n-Jodlösung zu, titriert nach 4 Stunden, ohne die Rotation der Mühle zu unterbrechen, das unverbrauchte Jod unter Zusatz von 10 cm³ Chloroform und 10 cm³ 5-n-Schwefelsäure zurück, wobei man am Schluß 10 cm³ einer 2proz. Lösung von löslicher Stärke zufügt. Durch den Zusatz des Chloroforms erreicht man, daß das ganze, von der Cellulose adsorbierte Jod herausgelöst und dem Thiosulfat zugänglich

---

[1] Ber. **51,** 780 (1918). [2] Ber. **63,** 316, 2304 (1930).
[3] Vgl. dagegen K. Heß: Ber. **63,** 1922 (1930).

gemacht wird. Diese Versuchsanordnung ist so abgestimmt, daß durch einen Tropfen Thiosulfat ein scharfer und bleibender Farbenumschlag erfolgt.

Tabelle 40. Jodzahlen verschiedener Präparate.

Substanz	J	n	M
Arabinose	132	—	150
Glukose	112	—	179
Cellobiose	57,9	—	345
Rohrzucker	(0,2)	—	—
Celluloseabbauprodukte mit HBr-Eisessig I	8,5	14	2350
Celluloseabbauprodukte mit HBr-Eisessig II	6,1	20	3300
Celluloseabbauprodukte mit HBr-Eisessig III	7,0	17	2860
Celluloseabbauprodukte durch Acetolyse I	5,1	24	3900
Celluloseabbauprodukte durch Acetolyse II	8,2	15	2450
Baumwolle, ägyptisch, ungebleicht	1,74	70	~11500
„ amerikanisch, ungebleicht	0,85	145	~23500
„ „ gebleicht	0,76	160	~26200
Ramie, nativ	0,70	175	~28500
Sulfitzellstoff, ungebleicht	2,56	48	~ 7800
„ hochgebleicht	2,39	52	~ 8400
Viscoseseide (Küttner)	1,69	75	~11800
Kupferseide (Bemberg)	0,79	155	~25000
Acetylcellulose I nach Eichengrün	1,06	115	~18800
Cellit I. G. Farbenindustrie A. G.	1,15	105	~17500

Neben diesen beiden Methoden zur Feststellung der Endgruppen ist wohl auch gelegentlich mit anderen Reagenzien das Reduktionsvermögen der Aldehydgruppen erfaßt worden, ohne daß sich aber diese Arbeitsweisen durchgesetzt und zu einem praktisch wirklich bedeutsamen Verfahren entwickelt hätten.

Insgesamt kann man zusammenfassend sagen, daß die chemischen Hilfsmittel zur Bestimmung der mittleren Kettenlänge recht anfechtbar sind und daß die mit ihrer Hilfe festgestellten Absolutwerte für die Kettenlängen mit großer Vorsicht benutzt werden müssen. Am ehesten kann man sich noch auf den Standpunkt stellen, daß sie bei sehr sorgfältig gereinigten Präparaten eine obere Grenze für die mittlere Kettenlänge liefern, die man somit für die besten zur Verfügung stehenden Produkte zu etwa

$$n \sim 150—200$$

schätzen kann.

3. Bestimmung der Kettenlänge mit anderen Methoden.

Eine weitere Möglichkeit zur Abschätzung der mittleren Kettenlänge liefert die Winkelbreite der diatropen Röntgeninterferenzen des Faserdiagramms. Unter den auf Seite 160 diskutierten Voraussetzungen kann man die Dimensionen der reflektierenden Krystallite längs der Faserachse aus ihnen angenähert berechnen. Da etwa vorhandene Verunreinigungen oder Gitterstörungen die Schärfe der Interferenzerscheinungen herabsetzen, gelangt man hier zu einer unteren Grenze für die mittlere Länge der Hauptvalenzketten. Man kann nämlich nur sagen: Um eine Interferenzerscheinung von der beobachteten Schärfe hervorzubringen, müssen mindestens 100 bis 200 Glukosereste in krystallographischer Ordnung hintereinandergelegt sein. Durch verschiedene Behandlungsweisen — Abbau mit Säuren, Behandeln mit Alkalien in Gegenwart von Sauerstoff, mit Chlor usw. — ist es in der Tat gelungen, die Schärfe dieser Reflexe herabzusetzen. Es reagiert also dieses Bestimmungsmittel auf eine Verminderung der Kettenlänge in meßbarer Weise. Auch die Übereinstimmung mit der chemischen Methode, insbesondere mit der Jodzahl, ist in einigen Fällen geprüft und leidlich bestätigt gefunden worden. Ein systematischer Vergleich zwischen dem Ergebnis der chemischen und röntgenographischen Bestimmungsmethoden der Kettenlänge an absichtlich abgebauten Präparaten steht leider noch aus. Er würde ein Material an die Hand geben, welches heute noch dringend nötig erscheint, um die Gesamtheit aller auf diesem Gebiet vorliegenden Angaben auf ihre Verläßlichkeit richtig einschätzen zu können.

Die bisher erwähnten Methoden lassen die native Cellulose intakt und versuchen es an dem gegebenen Präparat selbst, Anhaltspunkte über die Kettenlängen zu gewinnen. Neben ihnen gibt es aber noch andere Möglichkeiten, um ein gegebenes Präparat auf seine Kettenlänge zu prüfen und insbesondere ihre Veränderung durch Bearbeitung festzustellen. Es sind dies Untersuchungsmethoden der Cellulose in gelöstem bzw. dispergiertem Zustand, die bereits in Kapitel II 2 näher auseinandergesetzt worden sind. In erster Linie gehört hierher die Bestimmung der Viscosität. Alle Erfahrungstatsachen sprechen dafür, daß zwischen der Viscosität und der Kettenlänge ein bestimmter Zusammenhang besteht, da bei gleichen Einwaagen im selben Lösungsmittel bei der gleichen Temperatur mit steigender Kettenlänge die Viscosität zunimmt. Es ist schon auf Seite 87 darüber referiert worden, daß man eine völlig verläßliche Gleichung für die Erfassung dieser Zusammenhänge heute noch nicht besitzt, bei Paraffinen und Fettsäuren hat sich die Staudingersche Gleichung (28) S. 87 gut bewährt. Für die Charakterisierung eines hochpolymeren Präparates im relativen Sinne ist der k-Wert (vgl. S. 88) gut verwendbar. Auch hier fehlt aber noch systematisches Zahlenmaterial, das etwa die viscosimetrische und chemische oder die viscosimetrische und röntgenographische Methode miteinander verknüpft.

Die Untersuchungen der Cellulose mit Hilfe der Ultrazentrifuge geben prinzipiell die Möglichkeit an die Hand, durch eine Kombination des Sedimentationsgleichgewichts und der Sedimentationsgeschwindigkeit das Achsenverhältnis der dispergierten Teilchen zu bestimmen. Wenn man annimmt, daß die Micelle in ihrer Längsrichtung ohne Unterbrechung von den Fadenmolekülen durchzogen werden, läßt sich daraus eine Abschätzung des Absolutwertes der Kettenlänge in verschiedenen Präparaten gewinnen. Ergebnisse in dieser Richtung sind bis heute noch nicht veröffentlicht worden.

Auch die Messung der Strömungsdoppelbrechung würde im Prinzip eine Bestimmung des Achsenverhältnisses gestatten, da die Fähigkeit dispergierter Teilchen eine bestimmte Orientierung anzunehmen von ihrem Achsenverhältnis abhängig ist. Das gleiche gilt für die Deformation gequollener Cellulosederivate. Man findet in der Tat, daß sich die Orientierung um so leichter vollzieht, je länger die Ketten in dem untersuchten Objekt sind. Der Zusammenhang ist jedoch vorläufig ein rein qualitativer. Man kann nur sagen: wenn in einem gequollenen Hydratcellulosefilm bei 200proz. Dehnung röntgenographisch keine Orientierung der Ketten festgestellt werden kann, dann müssen sie bereits recht stark abgebaut sein.

Schließlich liefert auch die Reißfestigkeit einer Probe einen groben qualitativen Anhaltspunkt über den Absolutwert der in ihr vorhandenen mittleren Kettenlänge.

Gerade die letzteren, rein qualitativen, aber dafür experimentell leicht zu handhabenden Methoden sind in der Praxis schon seit jeher dazu verwendet worden, um über den „Abbaugrad“ einer Cellulose etwas zu erfahren. Wenn sie auch wissenschaftlich betrachtet keinen Anspruch auf Brauchbarkeit erheben können, so muß doch andererseits betont werden, daß ihre technische Bedeutung bei der empirischen Charakterisierung der Substanz eine große ist.

Das gesamte bisher vorliegende Material über die Länge der Glukoseketten in nativen Cellulosepräparaten ist zwar sehr reichhaltig, aber es ist ungleichmäßig, durchaus nicht einheitlich und daher für exakte Aussagen bis jetzt unbrauchbar. Eine Verbesserung dieser Situation würde sich am ehesten erwarten lassen, wenn auf eine große Zahl nativer und in bekannter Weise bearbeiteter Proben alle zur Verfügung stehenden Methoden angewandt werden würden. Es sind nämlich in der Literatur noch fast keine Versuche bekannt, in denen an ein und demselben Präparat mehrere der hier aufgezählten Methoden zur Anwendung gekommen wären. Bei der Unverläßlichkeit jeder einzelnen für sich scheint aber dies der einzige Weg zu sein, um durch gegenseitige Stützung zu begründeten zahlenmäßigen Angaben zu kommen. Bis jetzt kann man nur sagen, daß die Kettenlänge in den besten nativen Präparaten größer als 150 und wahrscheinlich kleiner als 300 ist.

Mit der Kenntnis der mittleren Kettenlänge ist aber in der Charakterisierung eines gegebenen Präparates nur ein vorläufiger Schritt getan. Denn es ist klar, daß die Eigenschaften nicht nur von dem Mittelwert abhängen, sondern auch davon, wie dieser Mittelwert zustande kommt; d. h. ob die Verteilungskurve der Kettenlängen eine kleine oder große Halbwertsbreite hat. Die Bestimmung der Kupferzahl und der Jodzahl sind als chemische Methoden prinzipiell nicht dazu geeignet, hierüber Aussagen zu gestatten, denn sie setzen bei ihrer Auswertung das Vorhandensein streng identischer Teilchen voraus. Man kann mit ihrer Hilfe niemals entscheiden, ob in einem gegebenen Präparat z. B. nur Ketten von 50 Glukoseresten vorhanden sind oder ob die Hälfte der Ketten aus 75 und die andere Hälfte aus 25 Resten besteht.

Auch die röntgenographische Methode ist auf Grund der bisher vorliegenden Kenntnisse noch nicht imstande, ein tieferes Verständnis des Aufbaues herbeizuführen. Es ist ja schon auf S. 160 erwähnt worden, daß man bei der Berechnung der Teilchengröße aus der Interferenzbreite zuerst mit dem Vorhandensein von nur identischen Teilchen operierte, später aber eine gewisse Streuung in der Teilchengröße zugelassen hat, die sich durch eine geeignete Verteilungsfunktion beschreiben läßt. Für die jetzt auftauchende Frage kommt es darauf an, den Parameter p dieser Verteilungsfunktion aus der Interferenzerscheinung zu berechnen. Prinzipiell ließe sich dies bei einer sehr sorgfältigen Untersuchung der Form der Intensitätskurve erreichen, doch ist eine solche Arbeit noch nicht einmal für würfelförmige Kryställchen durchgeführt worden, für Teilchen von komplizierterer Gestalt schon gar nicht. Gegenwärtig scheidet also auch die röntgenographische Methode als Hilfsmittel zur Beantwortung der vorliegenden Frage aus.

Hier treten nun eine Reihe empirischer Bestimmungsmethoden in die Bresche, die sich in der Praxis zur Festlegung der technischen Brauchbarkeit von Cellulosen sehr gut bewährt haben und die offenbar in groben Zügen ein Präparat im Hinblick auf seine Gleichmäßigkeit bezüglich der Kettenlänge beurteilen. Sie bestehen darin, daß man die fraktionierte Löslichkeit der Cellulose in Alkalien untersucht. Man kann wohl annehmen, daß kurze Ketten durch Alkalicellulosebildung und darauffolgende Solvatisierung leichter in Lösung gebracht werden können als lange. In der Tat läßt sich fast aus allen Cellulosepräparaten mit NaOH oder $Ba(OH)_2$ ein bestimmter Anteil fraktioniert weglösen, der nach seinen sonstigen Eigenschaften — Kupferzahl, Jodzahl, Viscosität, Röntgenogramm usw. — eine erheblich kürzere, mittlere Kettenlänge besitzt als das ursprüngliche Präparat. Insbesondere kann man feststellen, daß bei verschiedenartigem Abbau der Cellulose die alkalilöslichen Anteile allmählich zunehmen, was auch darauf hinweist, daß man hier die „kurzkettigen“ Anteile vor sich hat.

Für eine rationelle Beschreibung der Verhältnisse wäre es natürlich von Wichtigkeit zu wissen, wie die Alkalilöslichkeit mit dem Absolutwert der mittleren Kettenlänge zusammenhängt, eine Kenntnis, die man sich durch systematische Versuche wohl verschaffen könnte. Wenn man nämlich von einer größeren Menge eines bestimmten Präparates ausgeht, dann kann man sich durch allmählichen Abbau Anteile von bestimmter Alkalilöslichkeit herstellen, die man präparativ isolieren und hinterher mit Hilfe der früher ausgeführten Methoden auf ihre Kettenlänge prüfen kann. Ein solcher Zusammenhang zwischen Alkalilöslichkeit und Kettenlänge läßt sich aus den in der Literatur bis jetzt vorhandenen Angaben zwar qualitativ mit Sicherheit entnehmen, sie reichen aber leider nicht dazu aus, um ihn quantitativ zu formulieren. Soweit dies einigermaßen möglich war, ist eine Darstellung in der Abb. 112 wenigstens versucht worden. Man findet hier auf der Ordinate die Löslichkeit (Lösungsgleichgewicht) in 18proz. Natronlauge aufgetragen, während der Abszissenmaßstab durch den Absolutwert der Kettenlänge gebildet ist. Die Kurve zeigt, daß mit abnehmender Kettenlänge die Löslichkeit überproportional ansteigt. (Vgl. auch S. 224.) Man kann sie aber nur als einen ersten Versuch zur quantitativen Formulierung dieses Zusammenhanges ansehen, weil die einzelnen Punkte, aus denen sie konstruiert ist, nicht aus einer systematischen Untersuchung stammen, sondern aus mehreren zum Teil stark technisch eingestellten Angaben kombiniert sind.

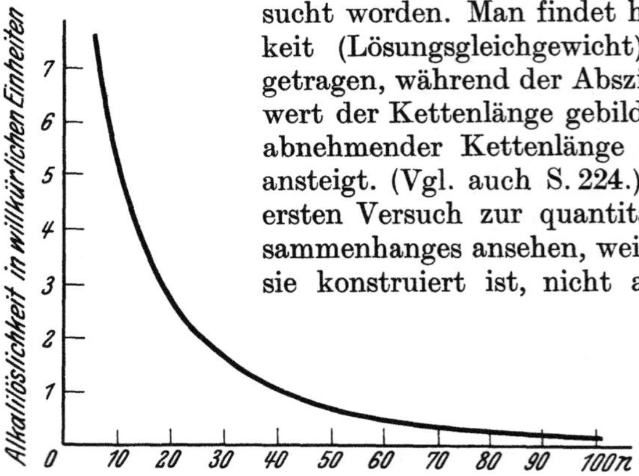

Abb. 112. Abhängigkeit einer bestimmten Löslichkeit (in 18% NaOH bei 18° C) von der Kettenlänge.

Für die technische Beurteilung von Präparaten hat sich der empirische Begriff der α-Cellulose als recht brauchbar erwiesen. Man bezeichnet nach Croß und Bevan[1] hiermit denjenigen Anteil einer Probe, der im Gleichgewicht mit 18proz. Natronlauge ungelöst bleibt. Hierbei ist es sehr wesentlich, darauf zu achten, daß der Versuch unter Ausschluß von Sauerstoff vorgenommen wird, weil erfahrungsgemäß durch Alkali und Sauerstoff ein Abbau der Cellulose eingeleitet wird, so daß während der Prüfung alkalilösliche Anteile entstehen können. Daher sind bei der Bestimmung der α-Cellulose die Versuchsvorschriften stets genau zu befolgen, weil man sonst nicht einmal relativ brauchbare Zahlen erhalten kann. Im folgenden sei die von H. Jentgen[2] stammende konventionelle Methode angegeben, welche in der Technik zur Charakterisierung von Zellstoffen viel benutzt wird.

10 g zerzupfter luftgetrockneter Zellstoff werden mit 50 cm³ einer 17,5 gewichtsprozentigen Natronlauge in einem Mörser zu einer gleichförmigen Masse zerrieben. Man läßt das Gemisch ½ Stunde lang stehen, fügt dann 500 cm³ destilliertes Wasser hinzu und saugt durch ein Filter aus Baumwollgewebe (besser noch im Goochtiegel über Porzellanfilterscheibe) ab. Der Rückstand wird mit destilliertem Wasser gut ausgewaschen, bis auf der Faser kein Alkali mehr nachweisbar ist. Zum Schluß wird die auf dem Filter verbleibende α-Cellulose mit heißer verdünnter Essigsäure durchtränkt, mit heißem Wasser gut gewaschen, getrocknet und gewogen. Aschenbestimmung des Präparates vermittelt den

[1] Cellulose and outline etc., S. 93. London: Green & Co. 1918; vgl. auch K. Heß: Cellulosechemie. AVG. **1928**, 253ff.

[2] Kunststoffe **1**, 165 (1911); vgl. auch hier wiederum K. Heß: l. c., unten S. 200, Anm. 1.

Gehalt an aschenfreier α-Cellulose. Die im Filtrat befindlichen Anteile hat man gelegentlich auch als β- oder γ-Cellulose bezeichnet; sie sind bisher ausführlich nicht untersucht worden und bestehen, soweit es sich übersehen läßt, aus einem Gemisch abgebauter Ketten, die im Mittel aus 10 bis 20 Glukoseresten bestehen dürften. Inwieweit carboxylische Anteile darin enthalten sind, ist nicht bekannt.

Wegen der bei der Verwendung von NaOH stets bestehenden Oxydationsgefahr haben C. G. Schwalbe und E. Becker[1] vorgeschlagen, an Stelle von Natronlauge $Ba(OH)_2$ zu verwenden und die α-Cellulose mit Hilfe der „Barytresistenz" zu bestimmen; sie empfehlen die folgende Arbeitsweise:

3 g Substanz werden in einem mit Steigrohr versehenen Erlenmeyerkolben (250 cm³) mit 100 cm³ gesättigtem Barytwasser 4 Stunden im gelinden Sieden erhalten. Nach dem Absaugen über Asbest (Goochtiegel) wird mit heißem Wasser, dann mit 1proz. Salzsäure und schließlich wieder mit kaltem Wasser gewaschen, getrocknet, gewogen und verascht. Die Gewichtsdifferenz vermittelt den Gehalt an aschefreier „barytresistenter Cellulose".

Tabelle 41. α-Cellulosegehalt und Barytresistenz verschiedener Zellstoffe nach Schwalbe-Sieber.

Substanz	α-Cellulose in %	Barytresistenz in %
Baumwolle	98,8	97,8
Edelzellstoff	90,6	87,7
Natronzellstoff	88,6	96,0
Mitscherlich-Zellstoff	90,5	84,4
Ritter-Kellner-Zellstoff . . .	86,9	82,2

In der Tabelle 41 sind nach Schwalbe eine Reihe von α-Cellulosezahlen enthalten, wie man sie nach den beiden eben beschriebenen Methoden bekommen kann.

Insgesamt zeigt die Durchsicht der bisher zur Verfügung stehenden Methoden, daß man quantitativ einigermaßen begründete Aussagen über die Art, wie der Mittelwert der Kettenlänge zustande kommt, bis jetzt noch nicht machen kann.

c) Der Aufbau der Krystallite (Micelle).

Neben der Struktur des Grundbausteines und der mittleren Kettenlänge spielt die Art der Zusammenfügung der einzelnen Ketten eine wichtige Rolle. In der nativen Cellulose gestattet das Röntgenogramm, hierüber recht weitgehende und auch einigermaßen sichere Angaben zu machen (S. 159). Zunächst zeigen die Faserdiagramme, daß die einzelnen Ketten zu Bündeln zusammengefaßt sind, die in sich einen krystallähnlichen Aufbau besitzen. Die gegenseitige Lage und Orientierung der Ketten ist bereits in Abb. 102a für die native Cellulose wiedergegeben worden. Soviel bis jetzt bekannt ist, zeigen alle nativen Präparate tierischer und pflanzlicher Herkunft den gleichen inneren Aufbau. Neben dieser nativen Anordnung gibt es noch eine andere, die für „Hydratcellulose" charakteristisch ist und aus Abb. 102b ersehen werden kann. Hier liegt also ein Fall vor, daß zwei Präparate den gleichen Grundbaustein und die gleiche mittlere Kettenlänge haben, sich also in Bezug auf die beiden ersten Kennzeichen — Glukoserest und Kettenlänge — völlig gleichen und doch im Aufbau der Micelle verschieden sind. Man kann diese Erscheinung als eine micellare Polymorphie ansprechen, da man Präparate hat, die aus den gleichen Hauptvalenzketten bestehen und sich nur krystallographisch, d. h. in Bezug auf deren gegenseitige Lage im Gitter voneinander unterscheiden.

Wenn sehr deutliche, punktreiche Röntgenbilder vorliegen, wie z. B. bei der nativen Cellulose, dann lassen sich aus ihnen quantitative Schlüsse über die

[1] J. pr. Chem. **100**, 31 (1920).

gegenseitige Anordnung der Ketten in der Micelle ziehen. Bei den meisten Cellulosederivaten ist man aber über qualitative Behauptungen noch nicht hinausgekommen, d. h. man kann nur sagen, daß eine bestimmte von den übrigen Proben deutlich unterscheidbare Gruppierung vorhanden ist, ohne sie in ihren Einzelheiten genauer beschreiben zu können. Bei gequollenen, ja schon bei mechanisch stärker beanspruchten Präparaten kann es auch vorkommen, daß die Röntgenogramme so undeutlich werden, daß man überhaupt keine scharfen Interferenzpunkte mehr zu erkennen vermag. In solchen Fällen kann man natürlich über die Krystallstruktur der Micelle überhaupt nichts aussagen.

Für die Ausarbeitung eines rationellen Cellulosemodells wäre es von Bedeutung zu wissen, ob nur parallel der Faserachse Hauptvalenzbindungen vorliegen oder ob nicht auch gelegentlich die einzelnen Ketten unter sich durch ätherartige oder sonstige Hauptvalenzbindungen verknüpft sind, ähnlich wie man dies im vulkanisierten Kautschuk durch Schwefelbrücken anzunehmen pflegt. Leider liegen bis jetzt über derartige Vernetzungen in nativen Präparaten so gut wie keine experimentellen Angaben vor. Es ist auch methodisch nicht leicht, das Vorhandensein solcher Querverbindungen festzustellen.

Neben der inneren Struktur ist die Größe, Form und Anordnung der Micelle von Bedeutung für die erschöpfende Charakterisierung eines gegebenen Präparates. Es ist schon auf S. 161 geschildert worden, wie man sich Anhaltspunkte über die Größe und Form der einzelnen Krystallite verschaffen kann und welche Bedeutung diesen Zahlen zukommt. Die Länge der Micelle steht mit der mittleren Länge der Hauptvalenzketten wahrscheinlich in enger Beziehung. Die Dicke hängt wohl mit dieser Länge ebenfalls in dem Sinne zusammen, daß bei längeren Ketten die Ausbildung dickerer Teilchen wegen der vergrößerten Molkohäsion immer mehr in den Vordergrund tritt. Systematische Untersuchungen darüber, ob bei der Verkürzung der Ketten — Abbau des Präparates — auch eine gesetzmäßige Verkleinerung der Micelle in ihrer Querrichtung festzustellen ist, liegen noch nicht vor, wären aber sicher für unsere Kenntnis über den Micellzusammenhalt von recht erheblichem Interesse.

Schließlich ist die Kenntnis der micellaren Regelung noch notwendig, um ein Präparat endgültig zu beschreiben. In dieser Hinsicht sind die Röntgenogramme fähig, recht sichere Aussagen zu ermöglichen. Was über die nativen Präparate hier bekannt ist, wurde bereits auf S. 135 in groben Zügen mitgeteilt.

Die Anordnung der Krystallite in der Faser oder Membran leitet schon zu den mehr botanisch-morphologischen Fragen über. Hierher gehört auch die Tatsache, daß die einzelne Micelle selbst aller Wahrscheinlichkeit nach in den nativen Präparaten zu größeren Krystallbündeln, den Fibrillen, zusammengefaßt sind, die eine Dicke von etwa $1\,\mu$ und eine Länge von $10\,\mu$ und mehr besitzen. Sie sind häufig mikroskopisch festgestellt worden und bilden ein viel untersuchtes Objekt der morphologischen Forschung. Bezüglich ihrer Bedeutung im Aufbau der Pflanzen, der sie umgebenden Schutzschichten und Zwischensubstanzen sei hier auf die einschlägige Literatur verwiesen[1].

Aus dem hier kurz geschilderten Aufbau eines nativen Cellulosepräparates geht deutlich hervor, daß zur erschöpfenden Charakterisierung solcher Proben mehrere voneinander unabhängige Angaben notwendig sind, von denen jede einzelne nur mit mäßiger Genauigkeit gemacht werden kann. Die experimentellen Grundlagen, auf denen die einzelnen Behauptungen basieren, sind recht verschiedener Natur und es ist daher zu empfehlen, diese Tatsache bei der Ausdrucks-

[1] Nägeli u. Schwendener: „Mikroskop" 2. Aufl. 1877; Möhring: Ambronn-Festschrift S. 172; Wiener: Ambronn-Festschrift S. 189; Frey: Jahrb. f. wiss. Bot. **65**, 199 1926); Ber. dtsch. bot. Ges. **1928**, 444; s. auch C. Steinbrink: dieses Handbuch Bd. V, 1.

weise zu berücksichtigen und nicht von „identischen“ oder gar von „chemisch identischen“ Produkten zu sprechen. Erst wenn man sehr eingehend alle hier aufgezählten Punkte einzeln untersucht hat, kann man mit Berechtigung behaupten, daß mehrere vorliegende Proben einander weitgehend gleichen oder daß sie wenigstens in bestimmter Hinsicht einander ähnlich sind. Ebensowenig, wie etwa die „Strukturformel“

$$(C_6H_{10}O_5)_x$$

als konventionell stenographische Abkürzung zum Ausdruck der Eigenschaften der Cellulose ausreicht, ist es möglich, mit dem aus der organischen Chemie mikromolekularer Körper übernommenen Begriff der „chemischen Identität“ der Vielseitigkeit der hier interessierenden Objekte genügend Rechnung zu tragen. Ehe man sich nicht auf eine erweiterte kurze Terminologie allgemein geeinigt hat, ist es wohl am zweckmäßigsten, die wesentlichen Punkte bei der Kennzeichnung eines Präparates einzeln für sich zu berücksichtigen. Der Vorgang ist dann durchaus mit dem zu vergleichen[1], den man in der Gesteinskunde oder in der Botanik seit langem einhält, wenn man davon spricht, daß ein gegebenes Objekt einer gewissen Klasse von Gesteinen angehört, die ihrerseits wieder in bestimmter Weise umschrieben werden kann.

Die Erfahrung lehrt, daß auch durch die soeben genannten Angaben ein Cellulosepräparat nicht in jeder Hinsicht identifiziert werden kann, wenn man auch kinetische Effekte in Betracht zieht. Es kommt vielmehr noch sehr darauf an, in welchem Maße die einzelnen Micelle fest aneinander haften. Zunächst ist es wesentlich zu wissen, wie etwa vorhandene Verunreinigungen verteilt sind, ob sie nur die geometrische Oberfläche der Faser einnehmen oder ob sie sich über die ganze micellare Oberfläche verteilt befinden. Im letzteren Fall können sie nämlich für den Zusammenhalt der Micelle untereinander und daher für die Festigkeit und Quellfähigkeit des Präparates mit verantwortlich sein. Es ist nun von Wichtigkeit zu wissen, in welchem Maße der in der nativen Faser ursprünglich vorhandene Zusammenhalt der Micelle gestört oder aufgelockert ist. Denn er wird offenbar im wesentlichen durch die relativ starken van der Waalsschen Kräfte bedingt, welche die einzelnen an der Oberfläche der Micelle gelegenen Hydroxylgruppen aufeinander ausüben. Wenn die Krystallite sehr eng aneinander gelagert sind, so daß die Dipolfelder der Hydroxylgruppen sich weitgehend gegenseitig absättigen, dann können für die Bindung fremdartiger Stoffe — Quellmittel, Farbstoffe usw. — nur wenig Restvalenzen freibleiben: das Präparat ist in sich festgefügt und zeigt eine nur geringe Reaktivität nach außen, z. B. eine schlechte Quell- bzw. Anfärbbarkeit. Sind hingegen durch vorherige Behandlung die einzelnen Krystallite gegeneinander aufgelockert, so kann sich das im übrigen vollständig unveränderte Präparat auch bei der Quellung, beim Färben, unter Umständen auch in Bezug auf seine Festigkeit recht verschieden verhalten. In extremen Fällen können sich derartige Auflockerungen sogar in einer Verkleinerung der Dichte äußern; die Erfahrung zeigt aber, daß schon lange vorher eine solche Lösung des micellaren Gefüges gewisse technische Eigenschaften wie Glanz, Quellbarkeit, Färbbarkeit, Griff usw. ganz erheblich beeinflußt. Für die exakte Bestimmung dieser „physikalischen Aufgeschlossenheit“ einer Faser stehen bis heute leider so gut wie gar keine verläßlichen Hilfsmittel zur Verfügung, qualitativ kann man sich aber durch Messung der Quell- oder der Adsorptionsgeschwindigkeit häufig einen Einblick in die Verhältnisse verschaffen, der bei relativen Angaben, d. h. bei Vergleichung verschiedener Präparate unter Umständen ausreicht.

[1] Siehe z. B. Meyer-Mark: Hochpolymere. AVG. **1930**, 83.

II. Die „Reindarstellung“ der Cellulose, ihre Abtrennung von den Begleitstoffen.

Das Vorkommen der Cellulose ist in verschiedenen anderen Bänden des vorliegenden Werkes[1] bereits so ausführlich dargestellt, daß es nicht notwendig erscheint, hier nochmals darauf zurückzukommen. Es sind dort auch die verschiedenen gebräuchlichen Methoden angegeben, mit Hilfe derer man die Cellulose technisch gewinnt. Deswegen wird es genügen, im folgenden kurz diejenigen Angaben zusammenzustellen, welche heute für die laboratoriumsmäßige Darstellung von Cellulosepräparaten üblich sind und über die technische Gewinnung nur in großen Zügen das zu sagen, was für ihr chemisches Verständnis notwendig ist.

1. Die Gewinnung der Cellulose aus Holz in technischer Weise.

Holz- und Bastfasern sind die breite Basis, auf der sich die technische Cellulosegewinnung gegenwärtig aufbaut; sie sind daher als Rohmaterial für den Zellstoffprozeß von der größten Bedeutung, werden jedoch für die Herstellung von Cellulose für Laboratoriumszwecke weniger gern benutzt, da die aus ihnen erhältlichen Proben nicht so rein sind, wie die aus Baumwolle. Die präparative Arbeit kommt hier darauf hinaus, die Cellulose von den übrigen begleitenden Stoffen — Bastkörpern, Lignin usw. — abzutrennen. Die größten Schwierigkeiten bereitet dies bei stark verholzten Geweben. Hier sind die schärfsten Eingriffe notwendig, um zu relativ reinen Produkten zu gelangen. Es ist nicht verwunderlich, daß bei dieser intensiven chemischen Bearbeitung meist auch ein Abbau der Hauptvalenzketten vor sich geht, so daß man bei Holzcellulose stets mit einer verringerten mittleren Kettenlänge rechnen muß. Häufig sind während des Aufschlusses auch oxydative Agenzien anwesend, die das Entstehen von Glukuronsäureanteilen zur Folge haben können. Man benutzt beim technischen Holzaufschluß sowohl alkalische als auch saure Medien und ist häufig genötigt, wegen der engen mechanischen und chemischen Verknüpfung zwischen der Cellulose und ihren Begleitstoffen recht energische Bedingungen (relativ hohe Konzentration, Kochen unter Druck) anzuwenden. Zunächst wird das Holz zerkleinert und dann einem der folgenden Verfahren unterworfen.

a) Das Sulfitverfahren.

Es ist bereits vor 60 Jahren von Tilghman vorgeschlagen worden, die Cellulose mit schwefliger Säure abzutrennen[2]. Gegenwärtig arbeitet man meist nach Mitscherlich oder Ritter-Kellner, wobei man Calciumsulfit verwendet, während in der Lösung freie schweflige Säure vorhanden ist. Der Sulfitkochprozeß hat in der Technik sehr viele Variationen erfahren; je nach dem praktischen Bedürfnis kann man kürzer oder länger, bei höherer oder tieferer Temperatur und Konzentration kochen. Die verschiedenen, in der Praxis angewandten Verfahren überstreichen einen weiten Bereich dieser Parameter. Als Beispiel seien die beiden folgenden Vorschriften angegeben:

Kochung nach Mitscherlich: 30 bis 48 Stunden bei 110 bis 125°,

Kochung nach Ritter-Kellner: 15 bis 20 Stunden bei 125 bis 140°.

---

[1] Technologie 4, 1 u. 3; 5, 1, 2 u. 3. Berlin: Julius Springer 1927—1931.

[2] Bezüglich der Literaturangaben über ältere Arbeiten sei auch hier auf die sehr ausführliche und sorgfältige Darstellung im Heßschen Buche verwiesen.

Nach Beendigung der Kochung wird der Inhalt heiß abgeblasen und der Zellstoff mit kaltem Wasser nachgewaschen. Er hat noch die äußere Form der ursprünglichen Holzstückchen, läßt sich aber durch gelinde mechanische Einwirkung leicht zerkleinern. Ein solcher Rohzellstoff ist noch lange nicht reine Cellulose, sondern enthält eine erhebliche Menge von Begleitstoffen. Um diese zu entfernen, ist es notwendig, das Produkt einer Bleiche zu unterwerfen. Hierzu verwendet man in der Regel Calcium- oder Natriumhypochloritlösungen, die so eingestellt sind, daß etwa 0,5% freies Chlor in ihnen vorhanden ist. Es liegt auf der Hand, daß solch energisches Bleichen leicht zu einer Spaltung der glukosidischen Sauerstoffbrücke bzw. zu einer anderen chemischen Veränderung der Hauptvalenzketten führen kann. In der Tat erweisen sich stark gebleichte Zellstoffe als relativ „abgebaut".

b) Das Natronverfahren.

Man kann die in der Zellwand enthaltenen Begleitstoffe auch mit Natronlauge unter Druck herauslösen. Hier sind ebenfalls zahlreiche technische Vorschriften gegeben worden. Im allgemeinen bringt man das geschnitzelte Holz in die etwa 4fache Menge 6- bis 8proz. Natronlauge und hält es 6 bis 10 Stunden lang auf 150 bis 180°. Es entspricht dies einem Wasserdampfdruck von etwa 6 bis 8 Atm. Auch hier ist das Rohprodukt gefärbt und muß einer unter Umständen recht energischen Bleichung durch Chlor unterworfen werden. Daher ist auch der Natronzellstoff häufig abgebaut oder sonst irgendwie chemisch verändert.

c) Das Sulfatverfahren.

An Stelle reiner Natronlauge kann man mit wirtschaftlichem Vorteil natriumsulfidhaltige Lösungen verwenden. Die Kochlauge enthält dann NaOH, Na_2S, Na_2CO_3 sowie Na_2SO_4 und wird auch hier wieder unter den verschiedensten Bedingungen bezüglich Temperatur, Zeit und Konzentration zur Anwendung gebracht. Wiederum ist es notwendig zu bleichen, wenn man helle Produkte erhalten will.

2. Laboratoriumsverfahren zur Gewinnung von Cellulose aus Holz.

Für die laboratoriumsmäßige Herstellung reiner Cellulosepräparate aus Holz sind verschiedene Verfahren vorgeschlagen worden.

a) Mit Chlor nach Cross und Bevan[1].

Zu der in etwa 100 cm³ Wasser in Stöpselgläsern (500 cm³) suspendierten Substanz wird gesättigtes Chlorwasser in Mengen von 5 bis 10 cm³ zugesetzt, bis die Chloraufnahme so träge geworden ist, daß im Verlaufe von 24 Stunden nichts mehr absorbiert wird. Nach dem Abfiltrieren und Auswaschen wird mit einer 2proz. Natriumsulfitlösung 1 Stunde lang auf dem siedenden Wasserbade erhitzt, mit siedendem Wasser gewaschen und nun die Chlor- und Sulfitbehandlung in gleicher Weise und so oft wiederholt, bis beim Erwärmen mit Sulfit keine Färbung mehr auftritt. Die erhaltenen Präparate sind rein weiß. Zur Gewinnung reiner Cellulose muß die Einwirkung je nach dem Zellwandmaterial gegebenenfalls wiederholt bzw. variiert werden. Bei Holz hat es sich

[1] Angaben nach K. Heß: Buch S. 236ff.

z. B. als notwendig erwiesen, der siedenden Sulfitlösung zum Schluß verdünntes Alkali zuzugeben, damit noch 5 Minuten zum Sieden zu erhitzen und schließlich mit einer verdünnten Permanganatlösung (0,1 proz.) oder Hypochloritlösung (0,1 proz.) nachzubleichen, wobei zur Entfernung überschüssigen Bleichmittels bzw. Braunsteins mit sehr verdünnter schwefliger Säure nachbehandelt wird.

b) Mit Chlordioxyd nach Erich Schmidt[1].

Dem Verfahren von Cross und Bevan mit Chlor nahe verwandt ist der Aufschluß mit Chlordioxyd-Natriumsulfit nach Erich Schmidt und Mitarbeitern. Sie haben Chlordioxyd in Eisessig bis zu einer Konzentration von 8% auf das Zellwandmaterial zur Einwirkung gebracht. Cellulose wird von hochkonzentriertem Chlordioxyd angegriffen; eine 0,3 proz. Lösung ist die obere Grenze, bei der die Cellulose im Lagerversuch noch gegen ClO_2 resistent ist; es wird daher 0,27 proz. Chlordioxydlösung als zweckmäßig empfohlen.

Als geeignete Konzentration des nach dem Chlordioxyd zur Einwirkung kommenden Natriumsulfits wird 2% angegeben. Das so gewonnene Präparat ist ligninfrei; es enthält aber möglicherweise noch einen Teil der begleitenden Kohlenhydrate, die durch erschöpfende Extraktion mit verdünnter Natronlauge entfernt werden müssen. Erst dann erhält man reine Cellulose, deren mittlere Kettenlänge auch keine wesentliche Verkleinerung erfahren haben dürfte.

c) Mit Brom nach Hugo Müller[2].

2 g entharztes Pflanzenmaterial werden in einem Stöpselglas mit 100 cm^3 Wasser übergossen und mit 5 bis 10 cm^3 einer verdünnten Bromlösung (4 cm^3 Brom in 1 l Wasser) versetzt. Wenn das Brom verschwunden ist (umschütteln), erneuert man den Zusatz und fährt in der Behandlung so lange fort, bis die Flüssigkeit nach 12 bis 14 Stunden noch ihre gelbe Farbe behält (Bromgeruch). Die abfiltrierte Substanz wird gewaschen und mit verdünntem Ammoniak (0,4 proz.) auf dem Wasserbade beinahe zum Sieden gebracht. Die bromierten Ligninsubstanzen gehen mit brauner Farbe in Lösung. Nach dem Filtrieren wird mit heißem Wasser gewaschen und die ganze Operation so oft wiederholt, bis das Zellwandpräparat zu einem rein weißen Faserbrei zerfallen ist. Als Beweis für die Reinheit kann gelten, wenn das erhaltene Material nach weiterer Behandlung mit Bromwasser und Ammoniak keine Spur einer Färbung mehr erkennen läßt.

d) Mit Kaliumchlorat-Salpetersäure nach Franz Schulze.

Eines der ältesten Verfahren, das besonders von den Pflanzenphysiologen gerne gebraucht wird, ist 1857 von F. Schulze angegeben und später von Henneberg etwas abgeändert worden. Es besteht in der Einwirkung einer Mischung von Kaliumchlorat und Salpetersäure auf die Zellwand. Da Salpetersäure aus Kaliumchlorat Chlordioxyd freimacht, hat man es bei diesem Aufschluß vielleicht neben der unmittelbaren Salpetersäurewirkung im wesentlichen wohl mit der Wirkung allmählich entstehenden Chlordioxydes zu tun. Nicht zu hoch konzentrierte Salpetersäure, wie sie hier verwendet wird, greift im übrigen nach den Ergebnissen von J. R. Katz und K. Heß[3] Fasercellulose durchaus nicht schnell an, so daß die Zweckmäßigkeit dieses Verfahrens einleuchtet.

Ein Teil der Substanz wird mit 12 Teilen Salpetersäure ($s = 1,10$) und 0,8 Teilen Kaliumchlorat versetzt und 12 bis 14 Tage in einer Stöpselflasche digeriert, Temperatur nicht über 15°. Dann wird mit verdünntem Ammoniak (1 : 50) behandelt, abfiltriert, mit kaltem verdünnten Ammoniak bis zur Farblosigkeit

[1] Z. B. Ber. **56**, 25 (1923); **55**, 1529 (1922); **57**, 1834 (1924).
[2] Nach K. Heß: Buch S. 240.
[3] Z. physik. Chem. **122**, 135 (1926).

und zum Schluß mit heißem Wasser gewaschen. Die Ansichten darüber, wieweit Cellulose selbst bei diesem Verfahren angegriffen wird, sind verschieden. M. Renker[1] folgerte aus schwankenden Ausbeuten bei ein und demselben Präparat unter gleichen Versuchsbedingungen, daß ein merklicher Abbau eintritt; andrerseits zeigt die erhaltene Cellulose gute Eigenschaften und ist auch annähernd rein.

Dem Schulzschen Verfahren nahe verwandt ist der Vorschlag von Hoffmeister[2], ein Gemisch von Kaliumchlorat und Salzsäure ($s = 1{,}05$) zu verwenden. Diese Mischung führt schneller zum Ziel (24 Stunden). Die Cellulose wird dabei vollständig ligninfrei erhalten, aber verhältnismäßig stark angegriffen (nach M. Renker 2,4% Verlust).

Bezüglich der weniger gebräuchlichen Verfahren sei auf die sehr ausführliche Darstellung von K. Heß[3] verwiesen.

3. Die Gewinnung der Cellulose aus Bastfasern.

Aus Bastfasern läßt sich Cellulose darstellen, ohne daß allzu energische Einwirkungen angewandt werden müssen. Als Ausgangsmaterial kommen hier im wesentlichen Flachs und Ramie in Frage. Beide werden zuerst geröstet, d. h. längere Zeit in warmem Wasser digeriert. Hierbei tritt eine enzymatische Pektingärung ein, welche die Faser auflockert und die Cellulose freilegt. Nach der Röste lassen sich die Celluloseanteile vom Holzteil des Stengels meist durch mechanische Einwirkung wie Klopfen, Brechen, Hecheln usw. abtrennen. Die hierbei anfallenden Fasern sind aber noch nicht rein; ihr Gehalt an Cellulose schwankt zwischen 60 und 80%. Die Nichtcellulosestoffe bestehen aus Fett- und Wachssubstanzen, sowie aus Pektin- und Eiweißstoffen. Um zu besseren Präparaten zu gelangen, ist es notwendig, mit warmem verdünnten Alkali und schwacher Bleiche nachzubehandeln. C. F. Cross und E. J. Bevan[4] empfehlen, die Flachsfaser zunächst im Soxhlet mit fettlösenden Mitteln, z. B. Alkohol-Äther, zu extrahieren, dann 1 Stunde mit 2proz. Natronlauge zu kochen, zu waschen, mit einer 0,5proz. Lösung von Natriumhypochlorit zu bleichen, mit verdünnter Schwefelsäure und endlich mit Wasser auszuwaschen. Statt Hypochloritlösung empfehlen die Autoren auch mehrstündiges Einlegen in Bromwasser und nachfolgendes Auskochen mit Sodalösung. Die Behandlung ist so lange zu wiederholen, bis die Faser rein weiß ist.

In der Praxis wird meist etwas anders verfahren, weil unter den Bedingungen einer erfolgreichen einmaligen Behandlung die Faserfestigkeit zu sehr leiden würde. Man läßt daher die Ware, und zwar meist bereits im gesponnenen (Garn) oder gewebten Zustande den Reinigungsvorgang bei möglichst milden Arbeitsbedingungen mehrmals durchmachen, bis der gewünschte Reinheitsgrad erreicht ist. Als Alkali benutzt man dabei am besten Soda, als Bleichmittel verdünnte Natriumhypochloritlösungen. Entsprechend dem hohen Gehalt an Nichtcellulosestoffen verliert die Rohflachsfaser beim Bleichen erheblich an Gewicht, bei der Vollbleiche unter Umständen bis zu 20% und mehr.

Die durch eine derartige Nachbehandlung erhaltenen Präparate sind nahezu reine Cellulose, die nach einer Angabe von C. F. Cross und E. J. Bevan von reiner Baumwollcellulose nur durch ihre leichtere Hydrolysierbarkeit unterschieden werden kann.

In ähnlicher Weise läßt sich auch aus Ramiefasern eine relativ recht reine Cellulose gewinnen.

---

[1] Bestimmungsmethoden der Cellulose. Berlin: Bornträger 1910.
[2] Landw. Jb. **17**, 240 (1888). [3] Buch **1928**, S. 223 bis 245.
[4] Buch **1918**, S. 218 u. 244.

4. Die Gewinnung der Cellulose aus Baumwolle.

Die besten Präparate erhält man jedoch aus der Baumwolle. Für die Gewinnung sei hier im Anschluß an die Darstellung bei K. Heß ein Verfahren aufgenommen, welches auf einfachem Wege zu sehr reinen Cellulosepräparaten führt. Hier kann man in der Tat damit rechnen, beinahe die unveränderte mittlere Hauptvalenzkettenlänge vor sich zu haben. Auch die Gefahr einer anderweitigen chemischen Veränderung der einzelnen Glukosereste ist hier relativ klein.

Entfernung von Fett- und Wachssubstanzen:

100 g gelesene Rohbaumwolle werden 4 Stunden lang mit 3 l einer Harzseifenlösung gekocht, die im Liter 10 g Ätznatron und 5 g bestes Kolophoniumharz (möglichst aschearm) enthält. Um örtliche Überhitzung der Baumwolle durch Berührung mit den Wänden des Kochgefäßes zu verhindern und die atmosphärische Luft möglichst von der Baumwolle abzuhalten, wird diese in einen Nickeldrahtkorb eingelegt, der im Kochgefäß schwebend erhalten wird. Der beschickte Nickeldrahtkorb wird in die siedende Lösung eingeführt und während der Extraktion durch ein Getriebe auf und nieder bewegt, so daß die Substanz stets mit Lösung bedeckt bleibt.

Nach 4stündigem Kochen wird die braune, alkalische Lösung bis fast zum Verschwinden der alkalischen Reaktion durch heißes Wasser verdrängt. Zur völligen Entfernung des Harzes wird nochmals mit 3 l Ätznatronlauge (1 l enthaltend 5 g Natriumhydroxyd) 15 Minuten gekocht, wieder mit heißem, destillierten Wasser ausgewaschen und schließlich nochmals 10 Minuten mit 3 l 0,1 proz. Lauge erhitzt. Um beim Abkühlen Oberflächenveränderungen zu vermeiden, wird die Baumwolle aus dem Drahtkorb in eine reichliche Menge kaltes Wasser gestürzt und nach dem Abkühlen auf 18 bis 20^0 abtropfen gelassen.

Die abgetropfte Baumwolle wird in 3 l Natriumhypochloritlösung eingetragen und die Lösung durch Verdünnen auf einen Gehalt von 0,1% Cl gebracht. Nach 1stündigem Stehen in zerstreutem Tageslicht bei 20^0 C wird die Baumwolle in einem Büchner-Trichter mit destilliertem Wasser ausgewaschen (30 Minuten lang). Um die letzten Spuren Chlor zu entfernen, wird gegen Ende des Auswaschens so lange tropfenweise eine gesättigte Natriumbisulfitlösung zugegeben, bis Jodzink-Stärkepapier nicht mehr gefärbt wird. Nach dem Auswaschen mit destilliertem Wasser wird die Baumwolle durch Einschlagen in ein von saugfähigem Filtrierpapier umgebenes Leinentuch nach dem Ausdrücken mit der Hand, schließlich durch mehrtägiges Liegen an der Luft getrocknet.

Die auf diese Weise gereinigte Baumwolle enthält nur noch Spuren von Fett, die vernachlässigt, unter Umständen aber auch durch Extraktion mit einer Alkohol-Benzolmischung völlig entfernt werden können.

Für wissenschaftliche Untersuchungen werden vielfach Verbandwatte, Filtrierpapier oder Linters verwendet. Verbandwatte und Filtrierpapier sind aber für exakte Untersuchungen ungeeignet. Beide enthalten oft nicht unwesentliche Mengen von Hydrolyseprodukten, erstere infolge starker Bleiche, letzteres infolge Auslaugung der Asche mit HCl und HF. Durch solche Behandlung nimmt zwar das Aufsaugevermögen der Präparate zu und man beobachtet vielfach ein besonders schnelles Reagieren der Cellulose, z. B. bei Veresterungsreaktionen, bei der Acetolyse usw.; für andere Zwecke der wissenschaftlichen Celluloseforschung eignen sich aber solche Präparate wegen der bereits stattgehabten Faserschädigung weniger. Bei der Verbandwatte kommt hinzu, daß diese zur Erzeugung des beliebten knirschenden Griffes mit Stearinsäure imprägniert wird. Linters — die bei der Baumwollkämmerei abfallenden, kurzfaserigen Anteile — sind selbstverständlich nach zweckentsprechender mechanischer Reinigung für wissenschaftliche Untersuchungen gut zu gebrauchen. Sie sind auch in der Technik wegen ihrer hohen chemischen Reaktionsfähigkeit ein beliebtes Ausgangsmaterial; ebenso brauchbar ist aber auch das nach dem Abkämmen der Linters für den Spinnvorgang vorbereitete Kardenband.

Man sieht, daß für die Herstellung des Ausgangsproduktes für wissenschaftliche Untersuchungen eine ganze Reihe von Vorschriften existiert, die sich wiederum auf mehrere Ausgangsmaterialien beziehen. Dies hat zur Folge, daß die in den verschiedenen Arbeiten verwendeten Ausgangspräparate auch abgesehen von der biologischen Verschiedenheit des Materials einander niemals völlig gleichen, sondern recht erhebliche Streuungen in Bezug auf ihre „Aufgeschlossenheit" zeigen. Sicher sind Unterschiede in den Ergebnissen häufig auf verschiedenes Ausgangsmaterial zurückzuführen. Hierbei ist es schwer, sich über diesen Punkt ein verläßliches Urteil zu verschaffen, da in den Originalarbeiten bezüglich der genauen Darstellung des Materials oft nichts oder nur wenig angegeben ist. Wenn also auch die Basis, auf der sich die wissenschaftlichen Untersuchungen über die Cellulose aufbauen, keineswegs von derselben Exaktheit ist, wie man dies sonst in der organischen Chemie mit Recht verlangt, so kann man doch sagen, daß die Präparate in ihren Eigenschaften bei sorgfältiger Konstanthaltung des Gewinnungsprozesses einen Mittelwert einhalten, der innerhalb gewisser Grenzen reproduzierbar bleibt. Eine genauere Definiertheit des Ausgangsproduktes liegt eben hier nicht in der Natur der Sache.

Man hat lange Zeit versucht, durch immer weitergehende Reinigung (Bleichen, Extrahieren usw.) ein mehr und mehr reproduzierbares Material in die Hand zu bekommen, hat sich aber in diesem Bestreben von dem natürlichen Objekt der nativen Cellulose immer weiter entfernt. Die chemischen oder mechanischen Behandlungen, welche man bei dieser „Reinigung" anwenden mußte, haben die Cellulose irreversibel verändert. Es wurden sowohl die einzelnen Glukosereste angegriffen — z. B. oxydiert —, als insbesondere die glukosidischen Sauerstoffbrücken in erheblichem Maße gelöst, sowie der intermicellare Zusammenhang aufgelockert. Was man in die Hand bekam, waren zwar Produkte, die nur einen geringen Gehalt an Fetten, Lignin und anderen Verunreinigungen aufwiesen; sie hatten sich jedoch von dem ursprünglichen Objekt der Betrachtung bereits recht weit entfernt.

Es scheint daher richtig zu sein, von möglichst geschonter Baumwolle oder Ramiefaser auszugehen und evtl. geringe Spuren andersartiger Verunreinigung lieber in Kauf zu nehmen als die eigentliche Cellulosestruktur zu stark zu verletzen. Bei Röntgenuntersuchungen empfiehlt sich wegen der gut ausgebildeten Faserstruktur am meisten die Verwendung sorgfältig und vorsichtig entbasteter und leicht gebleichter Ramie.

III. Die Einwirkung von Alkalien auf Cellulose.

1. Einleitung.

Über die Einwirkung wäßriger Alkalien auf Cellulose wird seit vielen Jahren intensiv gearbeitet[1]. Denn diese Reaktion ist von außerordentlicher technischer

[1] Seit der ersten Beobachtung von J. Mercer im Jahre 1844 sind mehrere hundert Arbeiten über dieses Thema veröffentlicht worden; hier seien nur die wichtigsten aus den letzten Jahren genannt. Karrer, P. u. K. Nishida: Cell. **5**, 69 (1924). Vieweg, W.: Ber. **57**, 1917 (1924). Heuser, E. u. W. Niethammer: Cell. **6**, 3 (1925). Heuser u. Bartunek: Cell. **6**, 19 (1925). D'Ans, J. u. A. Jäger: Cell. **6**, 137 (1925). Knecht, E. u. J. H. Platt: Soc. Dy. **41**, 53 (1925). Liepatoff: Kolloid-Z. **36**, 148 (1925) u. a. m.

Bedeutung bei der Herstellung der Alkalicellulose, die als wichtiges Ausgangsmaterial für Kupfer- und Viscoseseide dient. Die eingehende, wenn auch meist rein empirische Bearbeitung hat das technische Ziel wahrscheinlich weitgehend erreicht. Es ist kaum anzunehmen, daß man über die heutigen Verfahren hinaus wesentlich verbesserte Vorschriften für die praktische Gewinnung einer brauchbaren Alkalicellulose auffinden wird, auch dann nicht, wenn man den Mechanismus der Umsetzung tiefer durchschaut. Wie so häufig, ist wohl auch hier die reine — z. T. sehr feinfühlige — Empirie auf Grund eines zwar nur qualitativen, dafür aber großen Versuchsmaterials zu dem gewünschten technischen Optimum gelangt und ein rationelles Erfassen der Vorgänge wird zwar wohl einen wissenschaftlichen, nicht aber unmittelbar auch einen technischen Fortschritt bedeuten.

Dem Charakter der vorliegenden Darstellung entsprechend, sei bezüglich der praktischen Seite auf die mehr technisch eingestellten Bände dieses Werkes sowie auf die sonstige umfangreiche technische Literatur[1] verwiesen und hier hauptsächlich die Frage diskutiert, wieweit man aus dem bisher vorliegenden Versuchsmaterial ein sicheres Bild über die Elementarvorgänge bei der Einwirkung von Alkali auf Cellulose zeichnen kann. Bei diesem Bestreben muß man wiederum die Feststellung machen, daß zwar sehr viele Versuche angestellt worden sind[2], aber systematische und gedanklich mit theoretischen Überlegungen eng verknüpfte Versuchsreihen kaum vorliegen. Es ist daher nicht möglich, über die Vorgänge beim Zusammenbringen der Cellulose mit wäßrigen Alkalien in jeder Hinsicht feststehende Aussagen zu machen. Wohl aber reicht das vorhandene Material dazu aus, um ein Bild zu entwerfen, das viel Wahrscheinlichkeit für sich hat und daher als Ausgangspunkt für weitere Überlegungen und als Arbeitshypothese für das Anstellen neuer Versuche gelten kann. Im folgenden soll versucht werden, zunächst die Gleichgewichtsverhältnisse zwischen Alkalien und Cellulose sowie die Bildungswärmen der Vorgänge zu besprechen, dann das wenige, was über Reaktionsgeschwindigkeit und Aktivierungswärmen bekannt ist, und schließlich die Frage nach dem Mechanismus der Elementarprozesse. Im Hinblick auf die letzte Frage scheint es zweckmäßig zu sein, diesen Abschnitten einige kurze Angaben über die Einwirkung von MeOH auf gewöhnliche Alkohole vorauszuschicken, um zu wissen, welcher chemische Mechanismus sich hierbei abspielt.

2. Kurze Orientierung über die Einwirkung von Alkalien auf niedrigmolekulare Alkohole.

Es ist schon erwähnt worden, daß bei den chemischen Umsetzungen der Cellulose sich besonders zwei Fragen in den Vordergrund drängen:

1. Welches sind die Elementarprozesse an der einzelnen reaktionsfähigen Gruppe und

2. wie werden sie durch den makromolekularen und micellaren Aufbau der Präparate verschleiert oder modifiziert?

Um in Bezug auf den ersten Punkt möglichst verläßliche Grundlagen zu haben, scheint es zweckmäßig, hier einige kurze Angaben über die Einwirkung von Metallhydroxyden auf niedrig molekulare Alkohole vorauszuschicken.

Die bekannteste Reaktion zwischen Metallhydroxyden und alkoholischen Hydroxylgruppen ist die Alkoholatbildung, welche nach dem Schema

$$R \cdot OH + MeOH = R \cdot OMe + HOH$$

[1] Siehe Fußnote 1 auf S. 209.

[2] Vgl. hierzu die ausführlichen Literaturangaben im Heßschen Buch **1928**, S. 271ff.

verläuft. Diese Reaktion wurde zur Darstellung reaktionsfähiger Zwischenverbindungen aus Alkoholen präparativ viel verwendet[1]; sie besteht zweifellos in einer wahren hauptvalenzmäßigen Substitution des Wasserstoffatoms durch das Alkali. In älteren Arbeiten[2] ist auch die Wärmetönung dieser Reaktion für verschiedene Alkohole untersucht worden; die Bildungswärmen liegen zwischen 25 und 30 Cal., ein Wert, der hier angemerkt sein möge, weil er später gebraucht wird, um Schlüsse auf die Vorgänge bei der Cellulose ziehen zu können.

Über den Mechanismus der Reaktion, ihre Kinetik sowie über die Aktivierungswärmen ist leider in der Literatur nur wenig zu finden, so daß verläßliche, zahlenmäßige Angaben hierüber kaum gemacht werden können.

Alkoholate sind wenig stabil, sie werden im allgemeinen durch Wasser leicht wieder in Alkohol und Base gespalten.

Neben dieser wahren Substitutionsreaktion gibt es aber noch andere Wechselwirkungen zwischen Alkoholen und Metallhydroxyden. Es konnte nämlich schon Göttig[3] zeigen, daß wohl krystallisierte Anlagerungsverbindungen von Alkoholen an Metallbasen erhalten werden können, welche den bekannten Hydraten entsprechen. Ebenso wie es die Verbindung

$$NaOH \cdot H_2O = HONaO{}^{H}_{H}$$

gibt, existieren von Methyl-, Äthyl- und den höheren Alkoholen zahlreiche Anlagerungsverbindungen an NaOH und KOH. Im folgenden seien einige beispielshalber aufgezählt:

$$2\,NaOH \cdot 2\,CH_3OH \cdot H_2O$$
$$5\,NaOH \cdot 6\,CH_3OH$$
$$3\,KOH \cdot 5\,CH_3OH\,.$$

Im Sinne der Wernerschen Theorie kann man sie als Komplexverbindungen auffassen und ihnen das Konstitutionsschema

$$H \cdot OMe(\cdot\cdot\cdot OHR)_n$$

zuschreiben. Man sieht aus dieser Formulierung, daß ein Metallion die Fähigkeit hat, mehrere Hydroxylgruppen durch elektrostatische (dipolartige) Wechselwirkung zu binden. Offenbar hat man sich den Prozeß so vorzustellen, daß das kleine Metallion durch sein stark inhomogenes Feld die bereits vorhandenen Dipole der alkoholischen Hydroxylgruppe orientiert und evtl. noch weiter polarisiert. Hierdurch tritt eine elektrostatische Anziehung zwischen ihm und der betreffenden Hydroxylgruppe ein und es resultiert eine Alkoholhülle um das Metallion, die je nach der Größe des Ions und nach der Größe des Kohlenwasserstoffrestes mehr oder weniger fest ist, d. h. im Gleichgewicht mehr oder weniger Moleküle umfaßt.

Ein ganz ähnliches Verhalten ist bei der Einwirkung von Alkalien auf mehrwertige Alkohole angetroffen worden. Besonders A. Grün und J. Hußmann[4] haben Anlagerungsverbindungen des Glycerins, Erythrits, Hexits usw. darstellen können, bei denen ein Metallhydroxyd mehrere mehrwertige Alkohole koordinativ gebunden mit sich führt; diese Molekeln lassen sich wohl am besten als komplexe Verbindungen im Wernerschen Sinne formulieren:

$$\left[\mathrm{Me}\left(\begin{matrix}\overset{H}{O}\cdot CH_2\\ |\\ \underset{H}{O}\cdot CH\cdot CH_2OH\end{matrix}\right)_3\right](OH)_2\,.$$

[1] Ältere Arbeiten hierüber findet man in: Ann. (9), **8**, 161; A. **335**, 283; Ber. **4**, 366; **31**, 1453; Monatshefte d. Chem. **2**, 784, 843; Ann. (5) **27**, 1.

[2] Forgrand: Ann. **11**, 462 (1888). [3] Ber. **20**, 1907 (1887); **23**, 2246 (1890).

[4] Ber. **43**, 1291 (1910); **41**, 3468 (1908).

Auch hier sind die stöchiometrischen Verhältnisse sehr reichhaltig und variabel, wie die folgenden von Grün isolierten Verbindungen zeigen mögen:

$$Ca(OH)_2 \cdot 2\, C_3H_8O_3 \cdot H_2O$$
$$Ba(OH)_2 \cdot 3\, C_3H_8O_3$$
$$2\, Ca(OH)_2 \cdot 3\, C_6H_{14}O_6\,.$$

Über die Bildungswärmen dieser Anlagerungsverbindungen ist nichts Quantitatives bekannt; sie scheinen aber wesentlich kleiner zu sein als die der wahren Alkoholate. Durch Wasser werden sie glatt in Alkohol und Base zerlegt.

Aus der Chemie der niedrigen Alkohole ist also bekannt, daß zwei Typen von Verbindungen existieren.

Die wahren Alkoholate sind, wie bemerkt, durch eine Bildungswärme von etwa 30 Cal. gekennzeichnet; bei ihnen tritt ein Atomaustausch zwischen Alkohol und Base ein; es entsteht Alkoholat und Wasser.

In den komplexen Anlagerungsverbindungen reicht die Aktivierung für eine so tiefgreifende Veränderung nicht aus; hier hat man es bloß mit elektrostatisch verknüpften Molekülen zu tun. Ob die Anlagerungsverbindung als Vorstufe für die Umwandlung gelten kann, läßt sich aus den bisherigen Kenntnissen nur schwer sagen. Es ist aber wohl sehr wahrscheinlich, daß auch bei der Alkoholatbildung zunächst durch induzierte Dipolkräfte das Alkoholmolekül in die Nähe der Base gezogen wird und längere Zeit innerhalb der Solvathülle verweilt. Hierdurch wächst die Wahrscheinlichkeit, daß die für den Elektronenübergang notwendige Aktivierungswärme aufgebracht wird, und der Austausch kann schließlich erfolgen. Diese Vorstellung ist aber nur per analogiam konstruiert und nicht durch Experimente über die betrachtete Reaktion selbst belegt.

Wenn man sich nicht mit der Kenntnis der Gleichgewichte begnügt, sondern auf den Reaktionsmechanismus eingehen will, dann hat man schon bei niedrigmolekularen mehrwertigen Alkoholen in Betracht zu ziehen, daß es sich hier um Stufenreaktionen handelt, in denen die einzelnen reagierenden Gruppen nicht genau gleichberechtigt sind. Für die Veresterung mehrbasischer Säuren sind diese Stufenreaktionen bekanntlich sehr eingehend studiert worden[1]; sie zeigen, daß die Reaktionsfähigkeit einer Hydroxylgruppe in Bezug auf die Veresterung durch die Nachbarschaft einer bereits veresterten Gruppe stark modifiziert wird. Bei den Reaktionen der Cellulose muß man ähnliches erwarten, denn hier hat man Folgereaktionen mit sehr vielen Stufen vor sich, deren Ausgangsgruppen nicht einmal von vornherein als äquivalent betrachtet werden können.

Da die Frage nach der chemischen bzw. krystallographischen Gleichwertigkeit der Hydroxylgruppen auch später bei der Verätherung und Veresterung wieder auftauchen wird, sei es erlaubt, sie hier etwas näher zu betrachten.

Bei einer sehr kräftigen Einwirkung — reaktionsfähiges Einwirkungsprodukt und hohe Temperatur — kann es geschehen, daß die Unterschiede zwischen den einzelnen Hydroxylgruppen ganz verschwinden und sie alle praktisch gleichberechtigt werden. Dann hat man in der Cellulose nur eine Art von OH-Gruppen vor sich, welche zur Reaktion gelangt. So haben sich z. B. im Triacetat, Trinitrat und Trimethylat alle oder praktisch alle vorhandenen Hydroxylgruppen chemisch betätigt.

Bei etwas weniger energischer oder langdauernder Einwirkung kann es aber vorkommen, daß die drei Hydroxylgruppen des einzelnen Glukoserestes als chemisch ungleichwertig erscheinen; sie sind ja bezüglich der umgebenden Atome

---

[1] Besonders in zahlreichen Arbeiten von R. Wegscheider und A. Skratal; z. B. Monatshefte **37**, 137 (1918).

voneinander auch recht verschieden, so daß ein verschiedenes reaktionskinetisches Verhalten durchaus verstanden werden kann. Diese Differenzierung würde zur Folge haben, daß man die Reaktion bei der ersten bzw. zweiten Stufe zum Stillstand bringen und Mono- bzw. Di-Ester oder Äther erhalten kann; je Glukoserest können eine, zwei oder drei Hydroxylgruppen ersetzt oder angegriffen sein.

Die chemische Ungleichwertigkeit der Hydroxylgruppen ist aber nicht die einzige, mit der man zu rechnen hat, denn die Reaktionen spielen sich in einem Gittergefüge ab, in dem die einzelnen Hydroxylgruppen räumlich fixiert sind: Zu der chemischen Ungleichwertigkeit tritt noch die krystallographische. Da sie nicht durch die Struktur des Grundbausteins, sondern erst durch die Art der Zusammenfügung hervorgerufen wird, ist sie weniger tiefgreifend und man kann erwarten, daß sie sich erst bei erheblich milderen Einwirkungen geltend macht.

Aus der Gitterstruktur ergeben sich folgende Möglichkeiten: Die vier im Elementarkörper enthaltenen Glukosereste sind krystallographisch einander paarweise gleichwertig. Wenn das eine Paar, d. h. die eine Hälfte der Ketten, allein reagiert, ist das stöchiometrische Verhältnis

$$2\,(C_6H_{10}O_5)\cdot 1\,R$$
$$R = \text{Reaktionspartner}$$

zu erwarten. Die beiden anderen Glukosereste des Elementarkörpers sind krystallographisch ungleichwertig und könnten daher auch chemisch ungleichwertig sein; d. h. sie müssen nicht reagieren. Die krystallographische Ungleichwertigkeit fügt daher den chemischen Möglichkeiten

$$(C_6H_{10}O_5)\cdot 1\,R$$
$$(C_6H_{10}O_5)\cdot 2\,R$$
$$(C_6H_{10}O_5)\cdot 3\,R$$

noch die Möglichkeit

$$2\,(C_6H_{10}O_5)\cdot 1\,R$$

hinzu.

Endlich ist noch zu berücksichtigen, daß die digonale Schraubung in Wirklichkeit nicht exakt, sondern nur angenähert vorliegt, so daß unter Umständen auch noch die Möglichkeit

$$4\,(C_6H_{10}O_5)\cdot 1\,R$$

in Betracht gezogen werden muß.

Man sieht also, daß durch die Berücksichtigung der krystallographischen und chemischen Ungleichwertigkeiten, welche durch den molekularen und micellaren Bau bedingt sind, eine recht erhebliche Mannigfaltigkeit in das System hineingebracht wird. Deswegen ist die Verfolgung des Reaktionsmechanismus meist sehr kompliziert. Was in dieser Richtung heute schon gesagt werden kann, soll in den folgenden Abschnitten an der entsprechenden Stelle zu formulieren versucht werden.

3. Untersuchungen über die Gleichgewichte im System Cellulose, Wasser, Alkali.

Aus technischen Gründen ist in erster Linie NaOH bei diesen Untersuchungen berücksichtigt worden und es mögen daher zunächst nur die mit diesem Alkali angestellten Experimente besprochen werden. Was von den übrigen Alkalien und den bisher untersuchten organischen Basen bekannt ist, wird dann kurz im letzten Abschnitt dieses Kapitels nachgetragen.

a) Die Konzentrationsabhängigkeit der Gleichgewichte.

Wir denken uns native Cellulose in Wasser gequollen und mit Natronlauge von steigender Konzentration in Berührung gebracht. Zunächst wird vermöge der großen micellaren Oberfläche, welche die Cellulose den gelösten NaOH-Teilchen entgegenbringt, ein Adsorptionsvorgang einsetzen, der in seiner Abhängigkeit von der Konzentration durch eine Gleichung vom Typus (3) S. 181 (vgl. auch Fig. 108)

$$N_{\text{ads}} = \frac{A_1 c_f}{A_2 c_f + A_3} \tag{1}$$

geregelt wird. Bei niedrigen Natronlaugekonzentrationen hat man also ein lineares Ansteigen der von der Cellulose aufgenommenen NaOH-Menge zu erwarten. In Wirklichkeit ist dies zwar zu Beginn der Kurve in Abb. 113a und 113b, d. h. im Konzentrationsbereich bis zu 4 g NaOH in 100 cm³ Lösung auch der Fall, dann aber biegt die Gleichgewichtskurve merklich nach oben um, statt nach unten, wie die obige Gleichung verlangt. Für ein solches Verhalten hat man bei der Adsorption an großoberflächigen labilen Systemen gelegentliche Analogiefälle und es ist wohl am wahrscheinlichsten folgendes anzunehmen: Zunächst, d. h. in dem nur mit Wasser gequollenen Präparat, ist noch ein recht beträchtlicher Teil der micellaren Oberfläche für den Adsorptionsvorgang unzugänglich, weil die Micelle aneinanderhaften. Durch das Eindringen der Natriumionen in das micellare Gefüge wird nun die zur Verfügung stehende Oberfläche allmählich vergrößert und es tritt eine Auflockerung des Gefüges ein, die bekanntlich auch nach dem Entfernen des Alkali zurückbleibt. Es ist auch denkbar, daß bei dieser Vergrößerung der Oberfläche Stellen von erhöhtem Adsorptionspotential freigelegt werden, beides Einflüsse, die das überproportionale Ansteigen der Kurve in Abb. 113a verständlich machen können. Ob das eine oder das andere überwiegt, ließe sich prinzipiell auf Grund der Temperaturabhängigkeit dieser Krümmung angeben, doch liegen Messungen über einen genügenden Temperaturbereich nicht vor.

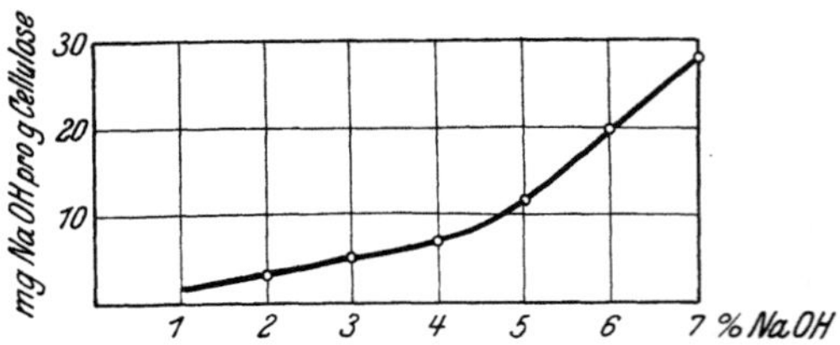

Abb. 113a. Anfangsstück der Aufnahmskurve von NaOH an Cellulose.

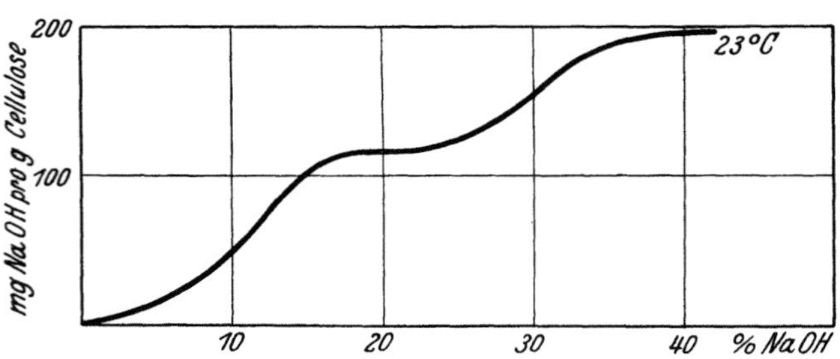

Abb. 113b. Aufnahmskurve von NaOH durch Cellulose in Abhängigkeit der NaOH-Konzentration in der Lösung (Vieweg-Kurve).

Dieser Adsorptionsvorgang würde, wenn er allein und ungestört verliefe, der Beziehung (1) gehorchen und allmählich zu einem Sättigungswert führen. Wenn jeder Glukoserest an der Oberfläche 1 NaOH-Molekül binden kann, erhält man Sättigung bei etwa 100 bis 120 mg NaOH je Gramm Cellulose. Aus der Temperaturabhängigkeit der Anfangsisotherme läßt sich die Adsorptionswärme zu etwa 7 Cal. pro Mol NaOH schätzen.

Daß in der Tat im Beginn der Aufnahmskurve bis zum Abszissenwert 9 die Natronlauge nur an der Oberfläche der Micelle angelagert wird, läßt sich mit großer Schärfe aus den Röntgenogrammen erkennen. Sowohl ältere Arbeiten von Katz[1] als auch neuere von G. v. Susich und Wolff[2] sowie von Heß und Trogus[3] haben gezeigt, daß native Cellulose in Berührung mit Natronlauge bis zu 9% ein Diagramm liefert, in dem sowohl die Lage als auch die Intensität und Breite der Interferenzen unverändert geblieben sind. Daß der Anfangsteil der Isothermen einer Adsorption an der sich allmählich vergrößernden Oberfläche entspricht, kann also als ziemlich sicher hingestellt werden.

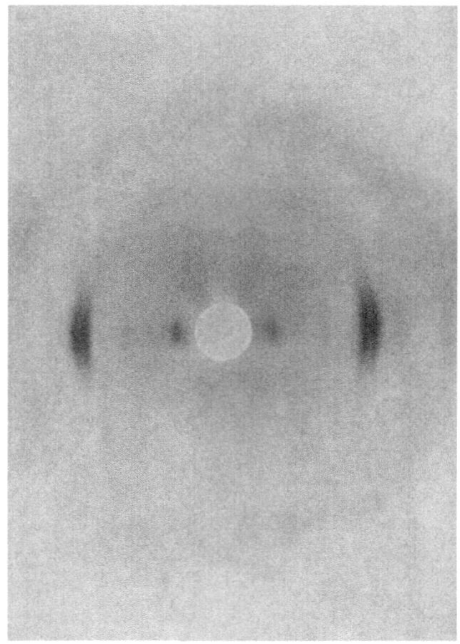

Abb. 114a. Röntgenfaserdiagramm von Natroncellulose I, aufgenommen unter 16 Gew.-% Natronlauge. Plattenabstand 48 mm.

In der Umgebung einer Alkalikonzentration von etwa 10% setzt nun ein zweiter Vorgang ein. Wenn sich genügend NaOH an der micellaren Oberfläche aufgehäuft hat, beginnen die Alkalimoleküle in die Micelle einzudringen und es bildet sich im Laufe dieses Prozesses eine neue krystallisierte Phase, welche vielleicht der Zusammensetzung

$$2\,(C_6H_{10}O_5) \cdot NaOH$$

oder wahrscheinlicher

$$2\,(C_6H_{10}O_5) \cdot NaOH \cdot H_2O$$

entspricht. Das Röntgenogramm dieser neuartigen Verbindung ist bereits von Katz[4] in seinen ersten Andeutungen aufgefunden, später aber von G. v. Susich und Wolff[5] sowie von Heß und Trogus[6] genauer untersucht und, soweit möglich, auch ausgemessen worden. Es ist ein deutliches Faserdiagramm, dessen Identitätsperiode sich, wie die Abb. 114a zeigt, ganz gut vermessen läßt; sie beträgt

$$J = 10{,}40\ \text{Å}\,.$$

Soweit man auf Grund des heutigen Materials übersehen kann, bildet sich diese Verbindung in dem Bereich zwischen 10 und 12% NaOH in der Lösung; es ist festgestellt worden, daß ihre Linien mit steigender Alkalikonzentration eine kleine Verschiebung erleiden, was darauf hindeutet, daß diese Phase in einem gewissen, allerdings recht engen Bereich Mischkrystalle mit einer NaOH-reicheren Verbindung bilden kann. Im Gebiet zwischen 10 und 12% NaOH sind also bei Zimmertemperatur miteinander in Gleichgewicht: Native Cellulose, Natroncellulose I und die Lösung von NaOH in Wasser; unterhalb hat man reine Cellulose vor sich, welche NaOH an der Oberfläche adsorbiert hat, oberhalb ist nur die Alkalicellulose I existenzfähig. Diese Verhältnisse spielen sich in der Um-

---

[1] Z. physik. Chem. **115**, 385, 397 (1924); Erg. **3**, 369 (1924).
[2] Z. physik. Chem. **8**, 221 (1930); Naturwiss. **17**, 804 (1929).
[3] Z. physik. Chem. **11**, 381 (1931).
[4] Z. physik. Chem. **115**, 385, 400 (1924); Cell. Chem. **6**, 35 (1925).
[5] l. c. S. 223. [6] l. c. S. 383.

gebung des ersten „Knick“ in der Viewegschen Kurve ab (vgl. Abb. 113b). Ihr weiterer Verlauf zeigt, daß die Alkalicellulose I Natronlauge nur in geringem Maße adsorbiert, denn beim weiteren Ansteigen der Alkalikonzentration tritt zunächst nur eine mäßige Erhöhung des NaOH-Gehalts der gequollenen Cellulose ein. In diesem Bereich vollzieht sich, wie Heß und Trogus[1] gefunden haben, bei einer Alkalikonzentration von etwa 20% die Umwandlung der eben gebildeten Alkalicellulose I in eine andere Modifikation von einer sehr ähnlichen Bruttozusammensetzung in die sogenannte Alkalicellulose II. Leider ist die genaue Zusammensetzung dieser Phase nicht bekannt; es liegt aber wohl nahe anzunehmen, daß sie durch

$$2\,(C_6H_{10}O_5)\cdot NaOH$$

gegeben ist. Dann wäre die Umwandlung von I in II mit einer Dehydratisierung verknüpft, was recht plausibel erschiene. Ist dies aber nicht so, dann hat man den interessanten Fall vor sich, daß unter dem Einfluß der vergrößerten Natronlaugekonzentration die gebildete Alkaliverbindung I sich in eine andere von der gleichen Bruttozusammensetzung umlagert. Dies ist thermodynamisch durchaus zulässig: Wenn man etwa Calcit und Aragonit, also zwei Modifikationen von $CaCO_3$ in einer Kohlensäureatmosphäre von willkürlich festgesetztem Druck hält, so existiert eine bestimmte Temperatur, bei der alle drei Phasen im Gleichgewicht beständig sein können, denn es liegen zwei Komponenten und drei Phasen vor, so daß ein Freiheitsgrad resultiert.

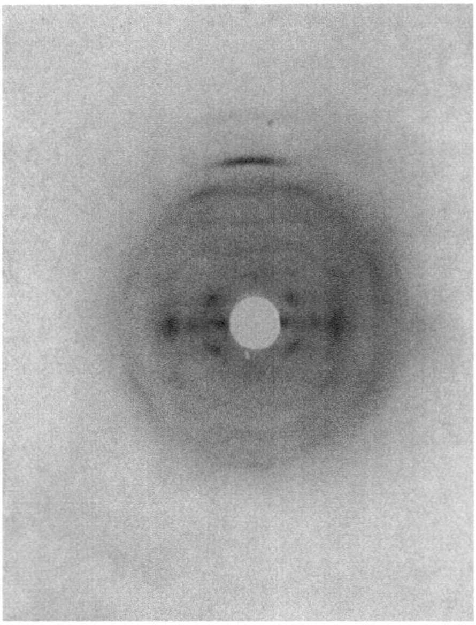

Abb. 114 b. Schrägaufnahme von Natroncellulose II, auf die sechste Schichtlinie eingestellt ($\beta = 73^0$).

Ändert man die Temperatur bei gegebenem CO_2-Druck, so verschwindet entweder der Calcit oder der Aragonit gänzlich. Dasselbe kann man aber auch erreichen, wenn man den CO_2-Druck bei konstanter Temperatur verändert. In ganz analoger Weise vollzieht sich offenbar die Umwandlung der Natroncellulose I in II durch Veränderung der NaOH-Konzentration. Sieht man zunächst von der Temperaturabhängigkeit ab, betrachtet vielmehr das Gleichgewicht bei Zimmertemperatur, so liegt etwa bei einem Gehalt der Lösung von 20% NaOH ein Quadrupelpunkt der vier Phasen

Natroncellulose I, Natroncellulose II, Lösung, Gas

vor. Wahrscheinlich ist auch dieser wegen Mischkrystallbildung zwischen Alkalicellulose I und II nicht scharf, sondern überstreicht einen gewissen Bereich. Angaben über eine Verschiebung der Punkte in den dazugehörigen Diagrammen liegen allerdings bisher nicht vor.

Die neue gebildete Alkalicellulose II adsorbiert nun an ihrer Oberfläche NaOH und bewirkt das weitere allmähliche Ansteigen der Aufnahmskurve zwischen 25 und 40%. Wenn sich wiederum eine genügende Anhäufung von NaOH-

[1] Z. physik. Chem. **11**, 389 (1931).

Molekülen an der micellaren Oberfläche dieser Krystallite vollzogen hat, scheint eine dritte krystalline Modifikation mit der anderen stöchiometrischen Zusammensetzung

$$C_6H_{10}O_5 \cdot NaOH$$

oder

$$C_6H_{10}O_5 \cdot NaOH \cdot H_2O$$

zu entstehen. Wenigstens spricht die neuerliche Abflachung der Aufnahmskurve im Gebiet von 40% NaOH für ein solches Verhalten. Leider liegen röntgenoptische Anhaltspunkte für das Auftreten dieser dritten Cellulose-Alkaliverbindung nicht vor; sie sind aber von Heß und Trogus angekündigt worden und man kann den Ergebnissen dieser Untersuchungen mit dem größten Interesse entgegensehen. Gegenwärtig muß man sich mit der hier im Anschluß an die genannten Arbeiten gegebenen Interpretation der Vorgänge bei der Einwirkung von Alkali auf Cellulose begnügen. Im einzelnen scheint es geboten, zu dem Verlauf der Kurve noch folgendes hinzuzufügen:

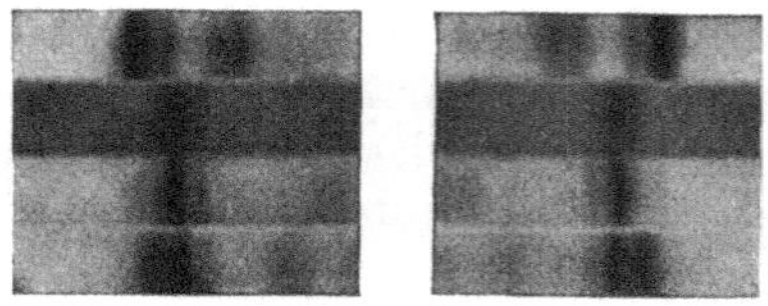

Abb. 114c. Äquatorinterferenzen. *1* Native Cellulose, *2* Wasserhaltige Natroncellulose, *3* Wasserfreie Natroncellulose $2\,(C_6H_{10}O_5)\,NaOH$, *4* Mercerisierte Cellulose.

1. Daß das Anfangsstück nicht linear, sondern gegen die Abszissenachse konvex ist, kann man wohl als gesichert annehmen. Es existieren zwar Messungen, z. B. die von Liepatoff[1], bei denen die erwähnte Krümmung nach oben so gut wie gar nicht zum Ausdruck kommt. Die Mehrzahl der zur Verfügung stehenden Experimente, insbesondere die sehr umfangreichen und sorgfältigen Untersuchungen von D'Ans und Jäger[2] lassen aber diese Krümmung als sichergestellt erscheinen. Bei dem komplizierten micellaren Aufbau der nativen Cellulosepräparate — Verklebung der Oberfläche mit leichter löslichen, niedrigmolekularen Anteilen usw. — ist es durchaus denkbar, daß während der Alkalieinwirkung eine Oberflächenvergrößerung vor sich geht. Diese Auffassung wird auch sehr gestützt durch die allseitig bestätigte Tatsache, daß die aus Alkalicellulose regenerierte Hydratcellulose oder mercerisierte Cellulose eine erheblich höhere Anfärbbarkeit und Quellungsfähigkeit zeigt. C. Schuster[3] hat durch Adsorption inerter Gase an Hydratcellulose festgestellt, daß die adsorbierende Oberfläche gegenüber dem nativen Präparat etwa um den Faktor 3 gestiegen ist. Da sich diese Aussage nur auf die relative Vergrößerung bezieht, ist sie von größerer Sicherheit, als wenn sie einen Absolutwert beträfe. Beruhigend ist ferner die Tatsache, daß bei der Einwirkung von Alkali auf Hydratcellulose die erwähnte Krümmung nicht oder jedenfalls nicht so deutlich beobachtet werden kann. Bei diesen Ausgangspräparaten ist eben schon die ganze adsorptionsfähige Oberfläche freigelegt und steht von Beginn des Experimentes an der eindringenden Natronlauge zur Verfügung. Das gesamte Verhalten läßt wichtige Rückschlüsse darauf zu, daß der nativen Cellulose eben durch derartige Verwachsungen der Micelle untereinander, vielleicht auch durch das Vorhandensein dünner Membrane aus hydrolysierbaren Substanzen eine besondere Stellung unter den hier zu besprechenden Präparaten zukommt. Wenn dieser „native Zustand" einmal behoben ist, dann läßt er sich nicht mehr vollkommen regenerieren.

2. Die wasserfreie Verbindung

$$2\,(C_6H_{10}O_5) \cdot NaOH$$

---

[1] Kolloid-Z. **36**, 148 (1925). [2] Cell. Chem. **6**, 139 (1925).
[3] Vgl. Z. physik. Chem. B. **2**, 115 (1929).

enthält gewichtsmäßig 12,35 g NaOH auf 100 g Cellulose. Bei fehlender Adsorption müßte also der Knickpunkt bei dem Ordinatenwert 123 liegen und scharf sein. In Wirklichkeit setzt aber bereits in der Gegend von 100, bei manchen Messungen auch noch früher, das Umbiegen der Isotherme ein. Man beobachtet auch bei diesen aufgenommenen Alkalimengen bereits das Auftreten des intensivsten Punktes im Diagramm der Natroncellulose I.

Die Stellen mit höherem Adsorptionspotential (vgl. S. 180) haben offenbar bereits so viel NaOH aufgenommen, daß die erwähnte Verbindung gebildet wird.

3. Bei weiterer Erhöhung der Natronlaugekonzentration ist zunächst die Alkaliaufnahme eine mäßige. Dies bedeutet, daß die nunmehr entstandene Verbindung NaOH nicht so stark zu adsorbieren in der Lage ist, wie die native Cellulose. Da jetzt im Gitter bereits erhebliche Mengen von Natriumionen in einer allerdings nicht näher bekannten Weise eingebaut sind, ist es durchaus plausibel, daß das Adsorptionspotential der Natroncellulose I gegen Natronlauge geringer ist als das der nativen Cellulose. Im übrigen liegen gerade in diesem Gebiet auch Messungen vor, die ein durchaus merkliches Ansteigen der Alkaliaufnahme erkennen lassen, so daß der Knickpunkt beinahe unmerklich wird. Es ist nicht ausgeschlossen, daß dieser Unterschied nicht auf Versuchsfehler, sondern auf ein tatsächlich verschiedenes Verhalten der untersuchten Cellulosepräparate zurückzuführen ist, denn man weiß aus der Praxis der Adsorptionsmessungen, wie empfindlich die Isothermen gegen allerlei Einflüsse sind, welche die Oberfläche des Adsorbens in ihrer Größe oder ihrer Struktur verändern können. Darauf ist wohl auch zurückzuführen, daß man gelegentlich keinen gekrümmten Anfangsanstieg der Isotherme beobachtet, weil unter Umständen durch vorherigen Aufschluß (Beuchen oder Bleichen) die Oberfläche schon weitgehend freigelegt sein kann. Bezüglich einer genauen Diskussion der einzelnen Versuchsergebnisse verschiedener Autoren sei auf die sehr ausführliche Arbeit von D'Ans und Jäger verwiesen.

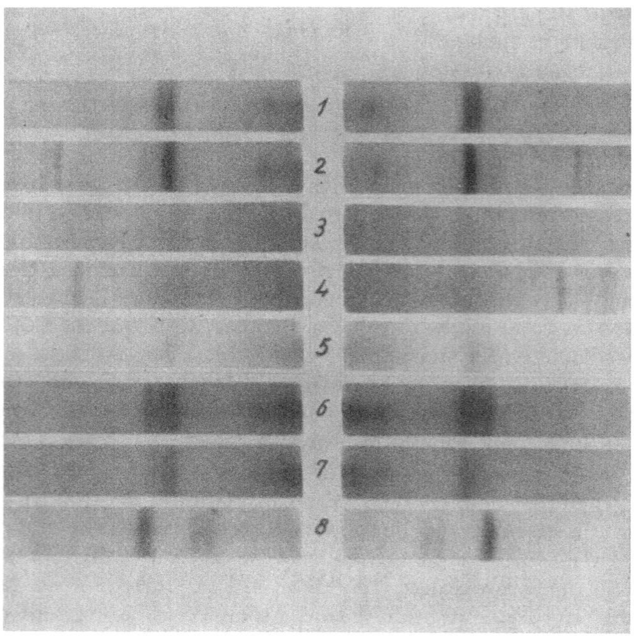

Abb. 114 d. Ausgeblendete Äquatorinterferenzen. *1* Natroncellulose II (unter 24 proz. Natronlauge), *2* Natroncellulose III (trocken), *3* Natroncellulose II (unter 24 proz. Natronlauge), *4* Natroncellulose II (trocken), *5* Kaliumcellulose (unter 18,5 proz. Kalilauge), *6* Lithiumcellulose (unter 10,2 proz. Lithionlauge), *7* Lithiumcellulose (unter 10,9 proz. Lithionlauge), *8* Natürliche Ramie.

4. In der Umgebung von 20% NaOH in der Lösung zeigt das Röntgenogramm wieder eine Umwandlung an, indem sich eine neue krystallisierte Phase

bildet, deren Diagramm die Abb. 114b zeigt. Aus den bisher vorliegenden Versuchsergebnissen läßt sich nicht mit Sicherheit sagen, ob es sich nur um die polymorphe Umwandlung einer Modifikation in eine andere handelt, oder ob bei Erhöhung der Natronlaugekonzentration ein Wasseraustritt aus der Natroncellulose I sich vollzieht. Daß beide Natroncellulosen wahrscheinlich Wasser enthalten, geht aus den röntgenographischen Befunden hervor. Beide lassen sich nämlich mit Hilfe von Alkohol entwässern, wobei die Diagramme eine zwar nicht sehr erhebliche, aber doch immerhin merkliche Veränderung erleiden.

Für die Alkalicellulose I läßt sich dies der Abb. 114c entnehmen. Hier sind in der von G. v. Susich eingeführten Weise nur die Äquatorinterferenzen ausgeblendet, da sie erfahrungsgemäß am intensivsten sind und ein Diagramm qualitativ bereits genügend kennzeichnen. Der oberste Streifen gibt das Diagramm der nativen Cellulose, welches aus den Abb. 83b schon bekannt ist. Der Streifen *2* zeigt die Natroncellulose I im Gleichgewicht mit etwa 14proz. Natronlauge, der Streifen *3* dieselbe Natroncellulose, in der jedoch die 14proz. Lauge durch Alkohol verdrängt worden ist. Man sieht in der Tat eine Veränderung des Diagramms, aus der man wohl darauf schließen könnte, daß die im Gleichgewicht mit der Lösung befindliche Verbindung Hydratwasser enthält. Der vierte Streifen endlich zeigt die durch reines Wasser regenerierte Hydratcellulose.

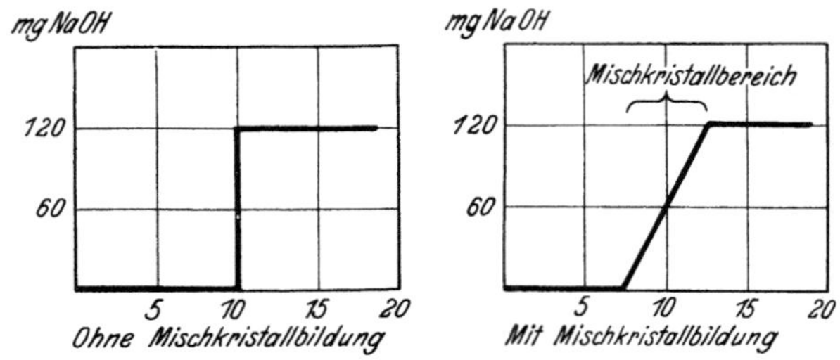

Abb. 115a und b. Bildung einer neuen Phase mit und ohne Mischkrystallbildung.

Auch bei der Alkalicellulose II scheinen Unterschiede zwischen der feuchten und trockenen Modifikation zu bestehen: Die Abb. 114d enthält eine Reihe hierhergehöriger Streifendiagramme. Das Bild 3 zeigt Natroncellulose II im Gleichgewicht mit 24proz. Natronlauge; es ist sehr verwaschen und läßt keine deutlichen Interferenzen erkennen. Trocknet man ein solches Präparat zwischen Filtrierpapier und hierauf im Exsiccator, dann erhält man das Diagramm 4, in dem eine neue scharfe Interferenz aufgetreten ist, aus welcher man zunächst wiederum auf eine Veränderung beim Trocknen, z. B. auf eine Dehydratisierung, schließen könnte. Bei der auffallenden Schärfe dieses Reflexes scheint es allerdings noch notwendig, genau zu untersuchen, ob er nicht durch anhaftende auskrystallisierte Natronlauge hervorgebracht ist. Der erste Streifen der Abb. 114d zeigt das Diagramm der Natroncellulose I im Gleichgewicht mit 16proz. Lauge in Übereinstimmung mit dem Streifen *2* der Abb. 114c. Trocknet man auch hier mit Filtrierpapier und Phosphorpentoxyd, so erhält man wiederum mehrere scharfe Interferenzen, von denen auch noch genau untersucht werden muß, ob sie nicht von fester Natronlauge herrühren. Sollte sich aber die Realität dieser Reflexe bewahrheiten, dann hätte man auch bei der Natroncellulose II eine Phase vor sich, die mit verschiedenem Gehalt von H_2O krystallisieren kann. Bei der Natroncellulose I ist dies durch die bisherigen Untersuchungen schon sichergestellt.

In der Umgebung des Abszissenwertes 20 besitzt also das System wiederum einen Quadrupelpunkt, der sich in der Aufnahmekurve aber nicht bemerkbar macht, weil in den beiden an ihm beteiligten krystallisierten Phasen die gleiche Menge Natronlauge (bezogen auf Cellulose) enthalten ist und weil die Ordinate in der Abb. 113b sich nur auf diese Größe bezieht. Ob auch dieser Umwandlungspunkt durch Mischkrystallbildung der beiden festen Phasen verwaschen wird, läßt sich aus dem heutigen Material noch nicht ablesen (vgl. Abb. 115a und b).

5. Der nun folgende Anstieg rührt wohl zum Teil von weiterer Adsorption der Natronlauge an der Natroncellulose II und von der Bildung einer neuen Verbindung von der Zusammensetzung

$$C_6H_{10}O_5 \cdot NaOH \cdot H_2O\ (?)$$

her. Da die Alkalicellulose I nicht viel Natronlauge adsorbiert, ist die Annahme nicht wahrscheinlich, daß dies von der Natroncellulose II gilt. Die Abflachung im weiteren Anstieg dürfte daher wohl eher auf Mischkrystallbildung zwischen der Natroncellulose II und einer röntgenographisch noch nicht mit Sicherheit aufgefundenen Phase von höherem NaOH-Gehalt zurückzuführen sein. Gerade in diesem Gebiet streuen die Werte verschiedener Autoren ganz erheblich. Gelegentlich konnte ein weiterer Anstieg des NaOH-Gehaltes in der Faser überhaupt nicht beobachtet werden. Es ist aber aus den Originalarbeiten nur schwer herauszulesen, ob es sich dabei um Versuchsfehler handeln kann oder ob tatsächliche Unterschiede in den Präparaten dafür verantwortlich gemacht werden dürfen. Auch hierüber sei auf die kritische Sichtung des Versuchsmaterials bei D'Ans und Jäger verwiesen.

Bisher wurde im Anschluß an die in der Literatur übliche Darstellungsweise die Aufnahmeisotherme von Natronlauge durch Cellulose betrachtet. In Wirklichkeit hat man aber ein System von drei Komponenten vor sich und die Aufzeichnung in einem normalen Koordinatensystem ist nur für ein binäres System geeignet. Will man die den Verhältnissen tatsächlich adäquate Darstellungsweise wählen, so muß man im Anschluß an die Phasenlehre das ternäre System: Cellulose—NaOH—Wasser analysieren und seine Gleichgewichtsverhältnisse in Dreieckskoordinaten angeben. D'Ans und Jäger haben in dieser Richtung einen sehr bemerkenswerten ersten Versuch unternommen, aber dabei über das Vorhandensein bestimmter Verbindungen gewisse Annahmen machen müssen. Die röntgenographische Untersuchung hat diese Annahme bestens bestätigt und man ist daher heute in der Lage, das Dreieckdiagramm des vorliegenden Systems bereits mit mehr Sicherheit konstruieren zu können als damals.

Die drei vorhandenen Komponenten bilden im allgemeinen drei Phasen, eine gasförmige, eine flüssige und eine flüssigfeste. Die Zusammensetzung der ersten ist durch die jeweiligen Partialdrucke von NaOH und H_2O gegeben; Cellulose ist hier praktisch niemals vorhanden. Die flüssige Phase setzt sich ebenfalls im wesentlichen aus NaOH und H_2O zusammen; ihre Konzentration bildet bei den praktischen Versuchen die unabhängige Variable und ist in der Abb. 113b als Abszisse aufgetragen worden. Prinzipiell enthält im Gleichgewicht die flüssige Phase auch stets Cellulose gelöst, wenn auch dieser Anteil mengenmäßig unter Umständen außerordentlich klein ist. Wie die Kurve der Abb. 112 in sehr roher Weise zeigt, nimmt die Löslichkeit der Cellulose in Alkali mit steigender Kettenlänge außerordentlich schnell ab. Wählt man daher als Ausgangspräparat eine native oder nur sehr schonend vorbehandelte Cellulose und sorgt dafür, daß während des Versuchs selbst kein weiterer glukosidischer Abbau eintreten kann, dann ist die Cellulosekonzentration in der flüssigen Phase meist zu vernachlässigen; sie liegt in der Gegend von 1 bis 2%. Anders ist es bei stark vorbehandelten und abgebauten Zellstoffen. Hier kann es wohl vorkommen, daß ganz erhebliche Mengen in Lösung gehen, d. h. in Form von einzelnen Hauptvalenzketten oder von Bündeln als Alkalicellulose der flüssigen Phase H_2O—NaOH angehören. Die dritte Phase befindet sich in festem, gequollenem Zustand; sie enthält alle drei Komponenten, und zwar die Hauptvalenzketten der Cellulose als Grundsubstanz, das Wasser in adsorbierter Form oder als Hydratwasser und NaOH ebenfalls als adsorbierte Moleküle oder als Komponenten der bereits früher aufgezählten Verbindungen.

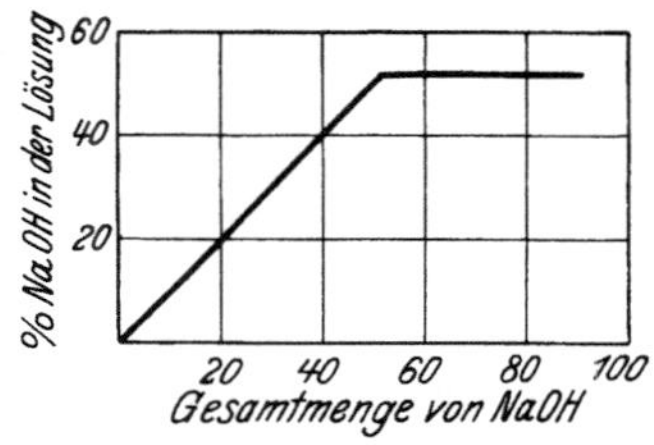

Abb. 116a. Gleichgewicht im binären System NaOH—H_2O. Bei 52,4% NaOH ist Sättigung erreicht.

Bei drei Komponenten und drei Phasen hat man zwei Freiheitsgrade vor sich, so daß bei gegebener Temperatur die Menge der in der gequollenen Phase befindlichen Natronlauge von der Konzentration in der flüssigen Phase abhängt, so wie dies die Abb. 113b der Kurve näherungsweise wiedergibt, ohne berücksichtigen zu können, wie sich das Wasser auf die beiden Phasen verteilt. Nur beim Auftreten einer weiteren festen (gequollenen) Phase (Natroncellulose I, II usw.) treten Quadrupelpunkte auf: In ihnen ist das Mengenverhältnis der Komponenten durch die Temperatur allein festgelegt. (Vgl. die Diskussion auf S. 184.) Betrachten wir zunächst die drei binären Systeme, in welche unser ternäres zerlegt werden kann.

a) Das binäre System: Natronlauge—Wasser hat bei 23° im Zustand der gesättigten Lösung einen Gehalt von 52,4 Gew.-% NaOH. Die für dieses System

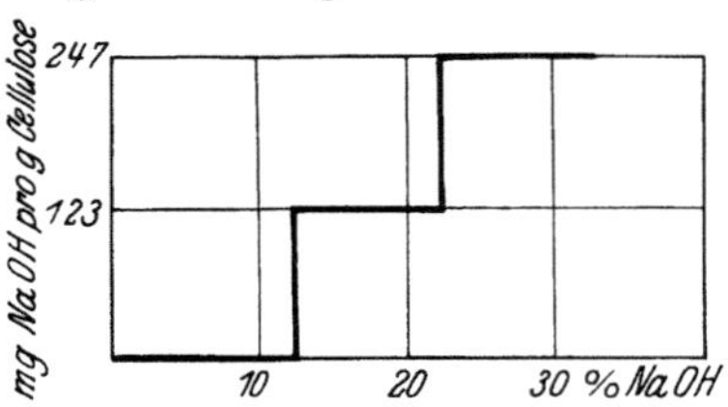

Abb. 116b. Gleichgewichte im System Cellulose—NaOH; es sind zwei Verbindungen angenommen.

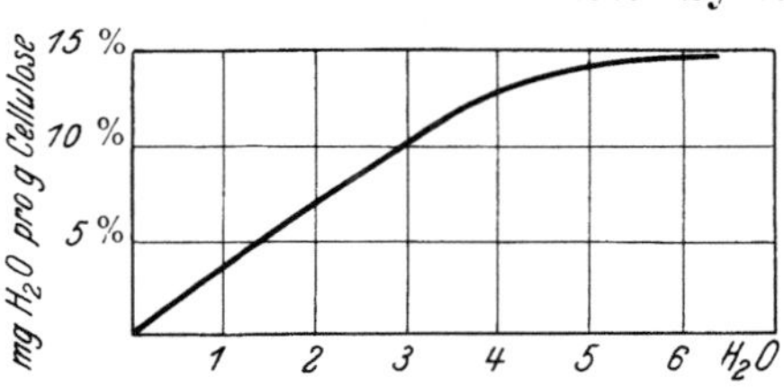

Abb. 116c. Adsorptionsisotherme von H_2O an Cellulose.

gültige (exakte) Aufnahmeisotherme von NaOH durch Wasser ist in Abb. 116a gezeichnet; Bodenkörper ist die Verbindung NaOH·H_2O. Auf der Dreieckseite H_2O—NaOH ist der Sättigungspunkt durch *s* gekennzeichnet. Nur von ihm gegen die Wasserecke zu hat man es mit variabler NaOH-Konzentration zu tun. Oberhalb tritt als neue Phase festes NaOH·H_2O auf und die Konzentration der Lösung bleibt konstant.

b) Das System: Cellulose—Natronlauge hat nach Ausweis der Röntgenuntersuchungen sicher eine wasserfreie Verbindung von der Zusammensetzung 2 $(C_6H_{10}O_5)$·NaOH, nämlich die aus Abb. 114a folgende wasserfreie Natroncellulose I, wahrscheinlich auch eine der Natroncellulose II entsprechende wasserfreie Verbindung und endlich wahrscheinlich eine wasserfreie Verbindung von der Zusammensetzung

$$(C_6H_{10}O_5) \cdot NaOH\,.$$

Die durch Adsorption, Hydratbildung und Mischkrystallbildung nicht verzerrte Gleichgewichtskurve dieses Systems müßte die in Abb. 116b wiedergegebene Form haben.

c) Das binäre System: Cellulose—Wasser besitzt, soweit man es bisher weiß, keinen ausgezeichneten Punkt. Die Gleichgewichtskurve wird vielmehr durch die Adsorptions- oder Quellungsisotherme des Wassers an Cellulose wiedergegeben (vgl. Abb. 116c). Man kann also wegen des allmählichen Übergangs zur Sättigung nur sagen, daß von einem gewissen Bereich an eine weitere Wasseraufnahme nicht mehr erfolgt. Je nach Herkunft des Präparates liegt diese Sättigung bei einem Wassergehalt von 10 bis 15%.

Wir betrachten nun das ternäre System in der üblichen Dreiecksdarstellung (Abb. 117a). Es liegen drei analysierbare Phasen vor, von denen wir aber die gasförmige außer acht lassen können. Die homogene flüssige Phase enthält, wenn man von geschonter nativer Cellulose ausgeht, praktisch nur Natronlauge und Wasser, d. h. sie fällt mit der Koordinatenachse *AB* so gut wie ganz zusammen. Die Analysenwerte der gequollenen festen Phase liefern nun die Gleichgewichtspunkte für das Diagramm. Geht man von reinem Wasser aus, dann erhält man mit Wasser gesättigte Cellulose, deren Gehalt, wie schon erwähnt, in der Gegend von 15% H_2O liegt. Dies gibt den Punkt *1*. Läßt man nun die Alkalikonzentration wachsen und untersucht die der Konzentration *b* entsprechende gequollene Cellulose, so erhält man den Gleichgewichtspunkt *2*. In diesem Bereich nimmt die Cellulose sowohl Wasser als auch NaOH auf, und zwar in der Weise, wie dies die beiden getrennten Diagramme der Abb. 116b und c zeigen. In den üblichen „Aufnahmediagrammen" der Abb. 113b wird natürlich nur das Ansteigen des NaOH-Gehalts, nicht aber das gleichzeitige Zunehmen der Quellfähigkeit zum Ausdruck kommen. Die Darstellungsweise des binären Systems in der abgekürzten üblichen Form ist eben nicht hinreichend, um die Verhältnisse wirklich zum Ausdruck zu bringen (vgl. S. 220). Bei weiterer Zunahme der Alkalikonzentration (*c*) steigt die Quellung bis zum Punkt *3*, der einer Zusammensetzung der Lösung von 12% entspricht. Hier liegt das Quellungsmaximum der gegebenen (geschonten) Cellulose in Natronlauge; es kommt in der üblichen Darstellungsweise überhaupt nicht zum Ausdruck. Verlängert man die Verbindungslinien *b*—*2* und *c*—*3* bis auf die *BC*-Achse des Diagramms, so sieht man, daß ohne Berücksichtigung des Wassergehalts mit zunehmender Konzentration der Lösung von der Cellulose steigende Mengen Natronlauge aufgenommen werden. Man kann also aus dem Dreiecksdiagramm unmittelbar das Ansteigen der Isotherme zwischen 0 und 12% erkennen. Für 16proz. Lauge (*d*) liegt der Gleichgewichtspunkt bei *4*. Dies zeigt an, daß durch die weitere Alkalizufuhr eine Entquellung eingetreten ist. Im Sinne der bisherigen Ausführungen ist dies plausibel, denn gerade in diesem Bereich beginnen die Alkaliionen von der Oberfläche der Micelle in das Gitter einzudringen; sie können dort ihr Hydratationsbestreben mit den zahlreichen OH-Gruppen der Hauptvalenzketten dbsättigen und das Wasser an der Oberfläche der Micelle, welches bisher durch aie Na^+-Ionen festgehalten war, wird frei. Die homogene Verbindung

$$2\,(C_6H_{10}O_5)\cdot NaOH\cdot H_2O$$

kann weniger Wasser festhalten als Cellulose, deren gesamte Oberfläche mit Natronlauge gesättigt ist. In der Tat trifft auch die Verlängerung der Verbindungslinie *d*—*4* die Cellulose-NaOH-Achse in einem Punkt, der der Zusammensetzung $2\,(C_6H_{10}O_5)\cdot NaOH$ entspricht.

Weitere Zunahme der Alkalikonzentration bis *e* hat eine weitere Entquellung in Bezug auf Wasser zur Folge. In diesem Konzentrationsbereich zwischen 16 und 24% spielt sich die bereits erwähnte Umwandlung von Natroncellulose I in II ab. In der Tat kommt man bei Verlängerung der Verbindungslinie *e*—*5* wiederum zum Punkt γ, d. h. zwischen *d* und *e* findet praktisch keine Aufnahme von NaOH durch die Cellulose statt, wenn man es auf das binäre System bezieht. Bei 36% Natronlauge in der Lösung (*f*) resultiert der Punkt *6* und bei 52% der Punkt *7*. Auch hier treffen die Verbindungslinien *f*—*6* und *g*—*7* die Koordinatenachse BC beinahe an der gleichen Stelle δ, und zwar dort, wo eine wasserfreie Verbindung

$$C_6H_{10}O_5 \cdot NaOH$$

liegen würde.

Das ternäre Diagramm der Abb. 117a gibt also alle Einzelheiten des hier betrachteten Systems wieder und man müßte es nur im Hinblick auf Adsorption und Mischkrystallbildung in der Weise verändern, daß an Stelle der Gleichgewichtslinie in gewissen Bereichen ein Gleichgewichtsstreifen tritt, der zum Ausdruck bringt, daß die Verhältnisse nicht so scharf sind, wie bei rein stöchiometrischen Umsetzungen ohne Störung durch anderweitige Prozesse.

Es ist jetzt an der Zeit, einen Einwand zu erheben und zu diskutieren, der bei der Betrachtung des Dreieckdiagramms jedem Cellulose-Chemiker in den

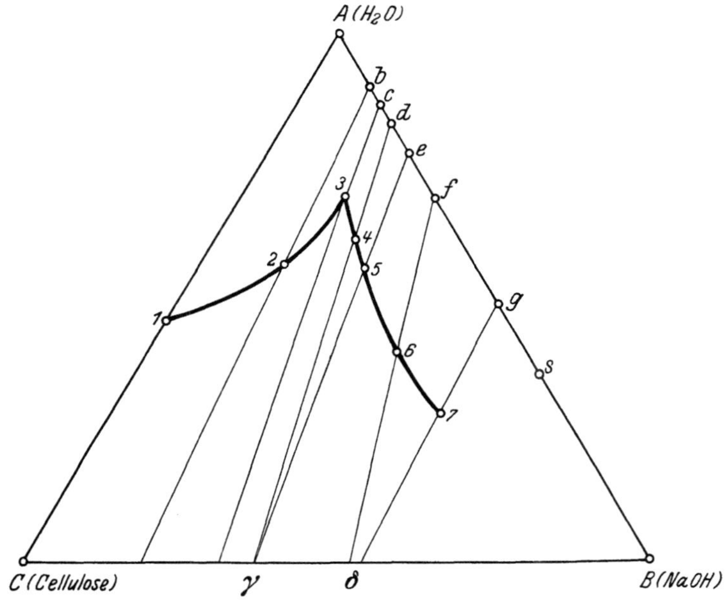

Abb. 117a. Darstellung der Gleichgewichtsverhältnisse im Dreiecksdiagramm. Um das Kurvensystem nicht zu sehr in der Wasserecke zusammenschrumpfen zu lassen, ist im Anschluß an D'Ans und Jäger der Maßstab so gewählt, als ob Wasser die Molekel H_4O_2 hätte (Mol.-Gew. = 36); auf allen drei Kanten sind Mol.-% aufgetragen.

Sinn kommen muß. Hat man wirklich ein Gleichgewicht zwischen der festen und der flüssigen Phase des Systems vor sich? Ist es nicht vielmehr so, daß die kürzeren Ketten selektiv aus dem Präparat entfernt werden und den gelösten Anteil bilden, während die längeren, besser intakten Anteile nur quellen? Exakte Messungen, die geeignet wären, über diesen Punkt völlige Klarheit zu schaffen, liegen nicht vor; man kann aber aus verschiedenen Angaben entnehmen, daß bei wiederholter Einwirkung von Alkali auf ein und dasselbe Präparat die Gleichgewichte sich immer in der gleichen Weise einstellen, so daß man im Prinzip die phasentheoretische Darstellung schon zulassen kann. Es ist aber besonders zu bemerken, daß die Reversibilität der Gleichgewichtskurven durchaus keine exakte ist. Wäscht man nämlich die Alkalicellulose in Wasser aus und beginnt mit dem auf diese Weise erhaltenen Präparat den Versuch von neuem, so zeigt sich die Substanz als irreversibel verändert und ist bereits durch einen höheren Anfangswert der Quellung charakterisiert. Der Punkt *1* liegt also etwas näher an der Wasserecke. Durch wiederholtes Behandeln mit Alkali rückt er immer mehr an diese heran; die Präparate werden immer quellfähiger und löslicher. Dies rührt daher, daß, abgesehen von den beschriebenen Veränderungen, eben auch noch ein irreversibler Abbau der Hauptvalenzketten und unter Umständen auch eine irreversible Veränderung der einzelnen Glukosereste durch Oxydation usw. erfolgt.

Das Diagramm der Abb. 117a enthält die für das in Frage stehende ternäre System charakteristischen Züge und liefert daher für ein bestimmtes Ausgangsmaterial eine den Tatsachen einigermaßen entsprechende Übersicht über die Gleichgewichtsverhältnisse. Geht man von einem anderen — chemisch oder mechanisch irgendwie vorbehandelten — Präparat aus, dann erhält man ein anderes Diagramm. Es ist bereits in der Abb. 112 schematisch die Löslichkeit von Cellulose verschiedener Kettenlänge in Natronlauge bestimmter Konzentration dargestellt worden. Will man aber eine richtige Einsicht in diese Löslichkeitsverhältnisse erhalten, dann muß man auch hier ein ternäres Diagramm konstruieren, welches ganz allgemein die Löslichkeit von Cellulosen verschiedener mittlerer Kettenlänge in Natronlauge von verschiedener Konzentration wiedergibt. Als Ausgangspunkt kann das Diagramm der Abb. 117a dienen. Es ist für eine bestimmte mittlere Kettenlänge — etwa 100 bis 150 Glukosereste — gültig. Man hat nun in dieses Dreieck für Cellulosen verschiedener Kettenlänge die entsprechenden Gleichgewichtskurven einzutragen und erhält eine Kurvenschar, welche im Prinzip die Verhältnisse darzustellen imstande ist. Leider fehlt zu einer wirklich quantitativen Konstruk-

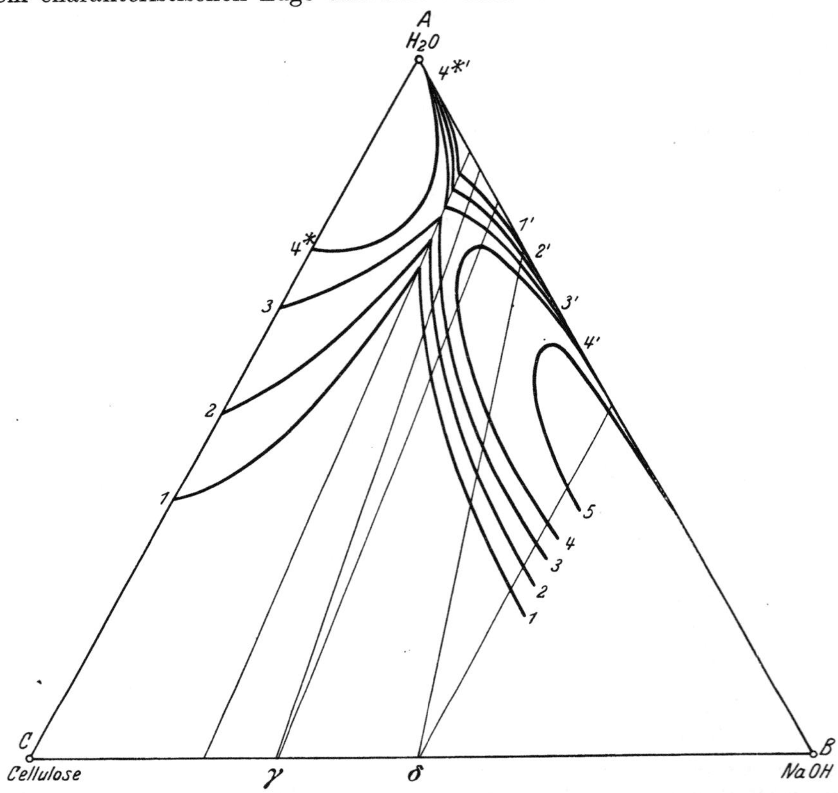

Abb. 117b. Schematische Darstellung der Gleichgewichtsverhältnisse des ternären Systems in Abhängigkeit von der Kettenlänge.

tion dieser Kurvenschar so gut wie jedes experimentelle Material. Nur in der bereits mehrfach erwähnten Arbeit von D'Ans und Jäger sind einige wertvolle Anhaltspunkte gegeben. Nimmt man zu ihnen die übrige in der neueren Literatur enthaltene, meist qualitative Kenntnis der Löslichkeit von verschiedenartig abgebauten Cellulosen in Natronlauge hinzu, so kommt man zu der in Abb. 117 b dargestellten Kurvenschar. Die Kurve *1* liefert die bereits in Abb. 117a diskutierte Zusammensetzung einer mit Natronlauge verschiedener Konzentration gequollenen Cellulose von sehr geschonter Qualität. Zu ihr gehört für die flüssige Phase die Kurve *1'*, die besagt, daß von einem derartigen Präparat nur ganz wenig in Lösung geht. Bei etwa 12 bis 14% NaOH in der Lösung ist die Löslichkeit maximal; bei größerem Alkaligehalt tritt Aussalzen ein, d. h. die Kurve *1'* nähert sich sehr rasch wieder der Dreieckseite *AB*. Die Kurve *2* gilt für ein aus Kupferammincellulose regeneriertes Präparat; Kettenlänge etwa 90 bis 130; sie zeigt bereits eine merklich größere Quellfähigkeit sowohl in Wasser als auch in Natronlauge an. Von ihr gehen nach Ausweis der Gleichgewichtslinie *2'* schon erhebliche Anteile in Lösung. Wahrscheinlich ist diese erhöhte Löslichkeit auf das Vorhandensein von Micellen mit niedriger Kettenlänge zurückzuführen, so daß die mittlere Kettenlänge des Präparates herabgesetzt erscheint. Diese Beeinflussung des Mittelwertes kann in verschiedener Weise erfolgen und man kann sich leicht denken, daß man bei der gleichen mittleren Kettenlänge, aber bei verschiedener Verteilungsfunktion der Kettenlängen in dem untersuchten Produkt verschiedene Gleichgewichtskurven des ternären Systems erhält. Eine genaue Analyse dieses Systems würde also im Prinzip zu der auf S. 199 bereits diskutierten Frage über die Verteilungsfunktion der Kettenlängen einen Beitrag liefern. Die Kurve *3* gilt für eine aus Viscose regenerierte Cellulose, deren mittlere Kettenlänge man etwa auf 60 bis 90 schätzen kann. Man sieht, daß sich hier die beiden Gleichgewichtskurven, die durch die Analyse der gequollenen Substanz und der homogenen Lösung definiert sind, berühren. Auch hier zeigt die Kurve *3'* wieder die allmähliche Zunahme und Wiederabnahme der Löslichkeit in Natronlauge von steigender Konzentration an. Die beiden Kurven *4* schildern das Verhalten eines aus stark alkalisch gealterter Viscose regenerierten Produktes. Hier gibt es ein Konzentrationsgebiet, innerhalb dessen nurmehr eine homogene Phase existiert, d. h. die Cellulose dieser Art ist bei bestimmten Konzentrationen in Natronlauge ganz löslich. Die Kurve *4* 4*'* begrenzt dasjenige Gebiet, in welchem wegen zu geringen Natronlaugegehalts noch keine Lösung eintreten kann, die Kurve *4 4'* dasjenige, in dem durch Erhöhung der Natronlaugekonzentration Aussalzen eingetreten ist. Aus dem zwischen den beiden Kurven gelegenen Bereich der homogenen Lösung kann man also sowohl durch Verdünnen als auch durch Konzentrieren die Cellulose abscheiden, ganz wie es der qualitativen empirischen Erfahrung entspricht. Den Kurven *4* entspricht eine mittlere Kettenlänge von etwa 40 bis 80. Bei noch stärkerem Abbau würde man schließlich zu Kurven vom Typus *5* kommen, die eine völlige Löslichkeit in Wasser und verdünnten Alkalien bedeuten und bei steigender Alkalikonzentration das Aussalzen des betreffenden Saccharides durch das Alkali wiedergeben.

Im Prinzip liefert das Diagramm der Abb. 117 b einen guten Überblick über das Verhalten der Cellulose gegenüber Natronlauge: Jede einzelne Kurve gibt das Gleichgewichtsverhältnis einer bestimmten Cellulose an; in ihrer Gesamtheit zeigen sie, wie die Löslichkeitsverhältnisse von der Kettenlänge abhängen. Auf der *BC*-Achse sind die für dieses System charakteristischen festen Phasen angedeutet, so daß man von der nativen Cellulose bis herunter zur Glukose die Verhältnisse in dieser Richtung überblicken kann. Es muß aber nochmals hervorgehoben werden, daß die in das Diagramm eingezeichneten speziellen Kurven zahlenmäßig ungenügend gestützt sind und daher nur einen Entwurf dafür darstellen, wie man in der Cellulosechemie eine adäquate Beschreibung der Verhältnisse erreichen könnte. Von einer endgültigen Durchführung einer solchen Beschreibung ist man gegenwärtig noch weit entfernt.

b) Die Temperaturabhängigkeit der Gleichgewichte.

Daß die hier beschriebenen Umwandlungen temperaturabhängig sind, ist schon lange bekannt und wird in der Technik auch praktisch verwertet. Die gesamte Erfahrung erweckt aber sogleich den Eindruck, daß die Temperaturabhängigkeit eine nur geringe ist. Quantitative Angaben hierüber findet man nicht viele; die besten sind in der bereits wiederholt zitierten Arbeit von D'Ans und Jäger enthalten. Diese Autoren haben die Einwirkung wäßriger Natronlauge auf Cellulose bei 2° und 23° untersucht. Sonst finden sich noch Angaben über das Verhalten bei etwa 40°, so daß man für diese drei Temperaturen das ternäre Diagramm wenigstens angenähert entwerfen kann. Dies ist in Abb. 117c geschehen. Man sieht, daß die Reaktion im allgemeinen exotherm ist. Mit abnehmender Temperatur nimmt sowohl die Quellung in Wasser als auch in Natronlauge zu. Die Äste der Kurven, welche das Aussalzen beschreiben, sind am wenigsten gesichert. Gewisse Erfahrungen deuten darauf hin, daß sie näher aneinander liegen als im Diagramm angenommen ist.

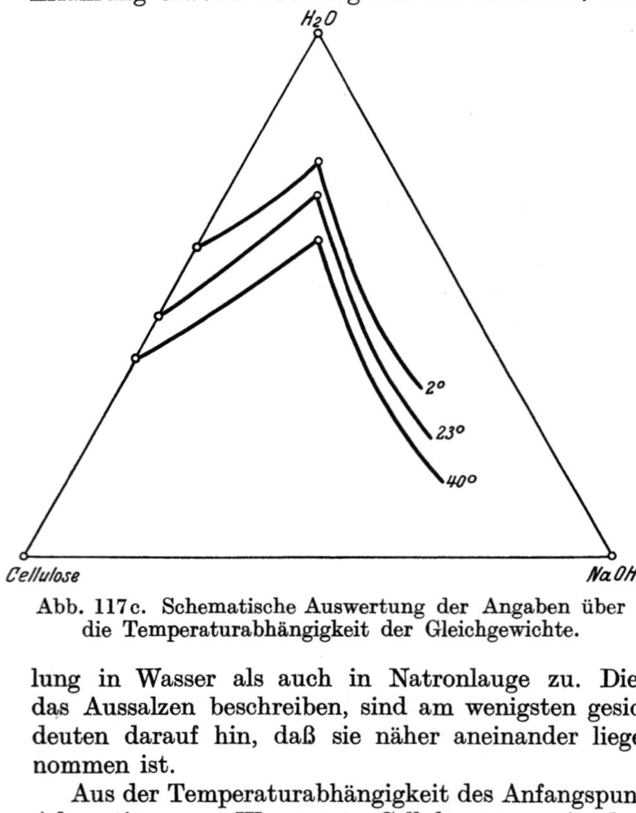

Abb. 117c. Schematische Auswertung der Angaben über die Temperaturabhängigkeit der Gleichgewichte.

Aus der Temperaturabhängigkeit des Anfangspunktes, der die eben gesättigte Adsorption von Wasser an Cellulose zum Ausdruck bringt, läßt sich nach van't Hoff eine anfängliche Adsorptionswärme von etwa 7000 cal. errechnen, ein Wert, der von der zu erwartenden Größenordnung ist.

Von Interesse ist ferner, daß man aus diesen Kurven die Bildungswärmen der Verbindungen

$$(C_6H_{10}O_5)_2 \cdot NaOH$$

und

$$(C_6H_{10}O_5) \cdot NaOH$$

wenigstens einigermaßen abschätzen kann. Wenn man nämlich aus den Vieweg-Kurven für die drei angegebenen Temperaturen die ohne Adsorption zu erwartenden Sprungpunkte für die Natroncellulose I konstruiert, kann man aus ihrer Temperaturabhängigkeit die Bildungswärme der Natroncellulose I abschätzen. Man kommt zu etwa 4 bis 5 Cal., ein Wert, der leicht um 50% falsch sein kann, aber jedenfalls in der Größenordnung das Richtige trifft. Für die Verbindung $C_6H_{10}O_5$. NaOH ergibt sich in ähnlicher Weise sogar nur 2 bis 3 Cal. Auf jeden Fall ist also die Wärmetönung dieser Bildungsreaktionen nicht groß, ein Punkt, der für die Diskussion des Elementarprozesses von Wichtigkeit ist und daher hier angemerkt sei.

4. Reaktionsgeschwindigkeitsfragen.

In dieser Richtung ist quantitativ nichts bekannt. Nur G. v. Susich[1] hat einige Angaben über die Geschwindigkeit der Alkalieinwirkung auf gebeuchte Baumwolle gemacht; sie vollzieht sich innerhalb weniger Minuten. Das Diagramm der Abb. 117d zeigt den zeitlichen Verlauf dieser Reaktion. Um es zu erhalten, wurde ein dünnes gestrecktes Bündel nativer Ramie bei 20° C in 11,5proz. Natronlauge getaucht und durchstrahlt. Jedes Bild nahm eine Minute Expositionszeit in Anspruch. Der Streifen *1* zeigt das Diagramm der nativen Cellulose; auch der zweite läßt noch dasselbe Diagramm erkennen, aber bereits das dritte Bild ergibt ein verzerrtes Intensitätsverhältnis der beiden Interferenzen A_3 und A_4, woraus man auf die beginnende Bildung der Natroncellulose I schließen kann. Im weiteren Verlauf tritt die neue krystallisierte Phase immer mehr hervor und hat sich nach sechs Minuten quantitativ gebildet. Der letzte Streifen zeigt das bekannte Diagramm der Hydratcellulose, wie man es bei der Zersetzung von Natroncellulose I mit Wasser erhält. Die Bildung der Natroncellulose I ist also eine relativ rasch verlaufende Reaktion, woraus man zunächst ganz roh auf eine kleine Aktivierungswärme schließen darf.

Genaue Angaben über die Temperaturabhängigkeit dieser Reaktionsgeschwindigkeit liegen leider nicht vor; sie wären von großem Interesse, da man hieraus die Aktivierungswärme der Reaktion berechnen und aus dieser Größe wieder Anhaltspunkte für den Mechanismus gewinnen könnte. Eine solche Berechnung ist derzeit nicht möglich, wohl aber eine Schätzung, denn aus den allgemeinen Erfahrungen der Praxis sowie besonders aus den Versuchen von G. v. Susich geht hervor, daß die Temperaturabhängigkeit dieser Reaktionsgeschwindigkeit gering ist.

Man stellt für die Temperaturabhängigkeit normaler chemischer Reaktionen bekanntlich als erste Näherung hin, daß bei Zimmertemperatur eine Erhöhung um 10° beiläufig zu einer Verdopplung der Reaktionsgeschwindigkeit führt. Zahlenmäßig umgerechnet bedeutet diese Angabe eine Aktivierungswärme von etwa 18 Cal.

Tatsächlich liegen die Aktivierungswärmen chemischer Substitutionsreaktionen in dieser Größenordnung. Bei der Bildung der Alkalicellulose ist der Einfluß der Temperatur aber sicher erheblich kleiner, woraus zumindest qualitativ folgt, daß die Aktivierungswärme jedenfalls merklich geringer ist als die oben erwähnte.

5. Die Anwesenheit weiterer Komponenten.

Sowohl theoretisch als insbesondere für die Praxis ist es von großem Interesse zu wissen, wie sich das Diagramm der Abb. 117a verändert, wenn noch eine weitere Komponente, z. B. Alkohol oder ein Elektrolyt — NaCl usw. — anwesend ist. Um eine erschöpfende Beschreibung der Verhältnisse zu erreichen, müßte man bei diesem vierkomponentigen System zur Tetraeder-

[1] Zum Teil bei Susich-Wolff: Z. physik. Chem. 8, 221 (1930); z. T. unveröff. Versuche, für deren Mitteilung ich Herrn Dr. v. Susich zu bestem Dank verpflichtet bin.

Darstellung übergehen[1]. Da man aber meist nur einen kleinen Konzentrationsbereich der vierten Komponente zu übersehen wünscht, genügt es, die bequemere Dreiecksdarstellung beizubehalten und das Diagramm der Abbildung für die hauptsächlich interessierenden Konzentrationen der zugesetzten vierten — ausfällenden oder aussalzenden — Komponente zu zeichnen. In der Literatur sind wenig quantitative Angaben zu finden[2], die ein solches Unternehmen begünstigen würden, immerhin läßt sich allgemein sagen, daß die „Löslichkeitskurven" *1'* bis *4'* mehr gegen die *AB*-Achse des Dreiecks rücken, wodurch die aussalzende oder ausfällende Wirkung dieser Zusätze beschrieben wird.

Aber auch die andern Äste der Gleichgewichtskurven des Diagramms verschieben sich in dem Sinne, daß der zugesetzte Elektrolyt für sich selbst Wasser beansprucht und desolvatisierend wirkt, so daß der Quellungsgrad der Cellulose heruntergeht. Leider muß man sich bei der Schilderung dieser Frage auf ziemlich allgemeine Angaben beschränken, da Unterlagen für eine eingehendere quantitative Behandlung gegenwärtig noch nicht zur Verfügung stehen.

6. Das Verhalten anderer Alkalien.

Es ist schon erwähnt worden, daß die Natronlauge hauptsächlich wegen der technischen Bedeutung der Mercerisierung in der Literatur weitaus die meiste Beachtung gefunden hat. Über dieses Metallhydroxyd liegen zahlreiche ausführliche Arbeiten vor und es mag daher berechtigt sein, daß seine Darstellung auch hier den breitesten Raum einnimmt. Im Laufe der Jahre wurde aber auch die Einwirkung der übrigen Alkalihydroyxde wiederholt studiert. So hat bereits J. H. Gladstone[3] KOH auf Baumwolle einwirken lassen und in den röntgenographischen Arbeiten von Katz[4], v. Susich[5] und Heß[6] ist ebenfalls die Einwirkung anderer Alkalien — KOH, LiOH usw. — mit untersucht worden. Auch die Aufnahmskurven von LiOH, KOH, RbOH und CsOH wurden mehrfach studiert[7].

Alle diese Beobachtungen vereinigen sich zu einem Gesamtbild, aus dem hervorgeht, daß sich bei der Einwirkung von LiOH und KOH sehr ähnliche Vorgänge abspielen, wie im Falle der Natronlauge. Es gelang nämlich auf röntgenographischem Wege eine Lithion- und Kalicellulose festzustellen. Wiederum hat man Anhaltspunkte für das Vorhandensein mehrerer Modifikationen und für ähnliche Adsorptions- und Verbindungsverhältnisse, wie sie in den Abb. **117** zum Ausdruck gebracht sind.

Noch keine Übereinstimmung besteht in der Literatur bezüglich des Verhaltens von RbOH und CsOH. Dehnert und König[8] konnten keinerlei sichere Äquivalenz nachweisen; hingegen glauben E. Heuser und R. Bartunek[9] aus ihren Kurven folgern zu können, daß nicht zwei sondern drei Glukosereste mit einem Molekül des Metallhydroxyds in Verbindung treten. Vergleicht man dies mit den allgemeinen Erörterungen der S. 211, so ergibt sich ein Widerspruch gegen

---

[1] Vgl. etwa E. Jänecke: Gesättigte Salzlösungen. Halle: W. Knapp 1908.

[2] z. B. bei Vieweg: B. **40**, 3876 (1907); B. **41**, 3269 (1908). D'Ans u. Jäger: Cell. Chem. **6**, 148 (1925).

[3] Soc. **5**, 17 (1852); Literatur siehe Heß, K.: Buch S. 279ff.

[4] Z. physik. Chem. **115**, 385 (1925); Cell. Chem. **6**, 35 (1925).

[5] Z. physik. Chem. l. c. auf S. 227 dieses Bandes.

[6] Heß, K. u. C. Trogus: Z. physik. Chem. **11**, 381 (1931).

[7] z. B. E. Heuser: Z. angew. Chem. **37**, 1010 (1924). Heuser, E. u. R. Bartunek: Cell. Chem. **6**, 21 (1925). Dehnert, F. u. W. König: Cell. Chem. **5**, 107 (1924). Knecht, E. u. J. H. Platt: Soc. Dy. **41**, 53 (1925); **24**, 68 (1908).

[8] Cell. Chem. **5**, 107 (1924). [9] Cell. Chem. **6**, 21 (1925).

die Reaktionsmöglichkeiten der Cellulose im Sinne des hier vorgeschlagenen Modells. Deswegen erschiene es von großem Interesse, diese Angaben nochmals sorgfältig nachzuprüfen und zu sehen, ob man aus ihnen einen Anlaß konstruieren kann, um den heute vorliegenden ersten Entwurf für die Cellulosestruktur zu verfeinern und zu verbessern.

Auch die Einwirkung starker organischer Basen auf die Cellulose ist wiederholt untersucht worden[1]. Insbesondere sind hierbei

Tetramethyl-ammoniumhydroxyd $[(CH_3)_4N]OH$
Phenyl-trimethyl-ammoniumhydroxyd $[(C_6H_5)(CH_3)_3N]OH$
Guanidiniumhydroxyd $[(NH_2)_3C]OH$

und

Trimethylsulfoniumhydroxyd $[(CH_3)_3S]OH$

in Anwendung gekommen. Auch hier erhält man in der Viewegschen Darstellung abgerundete Treppenkurven, welche ein Ineinandergreifen der beiden Gesetzmäßigkeiten Abb. 108 und 109 beinhalten. Die Äquivalenzverhältnisse konnten nur recht angenähert festgestellt werden. Für Guanidiniumhydroxyd und Trimethylsulfoniumhydroxyd ergab sich das Äquivalent: zwei Glukosereste auf eine Molekülbase, für Tetramethylammoniumhydroxyd 3 oder 4 : 1.

Endlich haben Heß und Trogus[2] in allerjüngster Zeit die Einwirkung von Hydrazin, Äthylendiamin und Tetramethylendiamin auf Cellulose untersucht und ausgezeichnete Faserdiagramme von den Additionsprodukten dieser Basen an Cellulose erhalten können. Es zeigte sich auch hier, daß die charakteristischen Veränderungen des Cellulosegitters an bestimmte minimale Grenzkonzentrationen gebunden sind. Bei Hydrazin liegt diese zwischen 38 und 42%, bei Äthylendiamin in einem ähnlichen Gebiet. Von großem Interesse ist, daß auch bei der Einwirkung dieser Basen mehrere Umwandlungsprodukte entstehen. Es sind eine Hydrazincellulose I und II, eine Äthylendiamincellulose I und II und eine Tetramethylendiamincellulose I und II von Heß und Trogus röntgenographisch festgestellt worden. Durch Behandeln mit Wasser werden alle genannten Verbindungen zersetzt. Bemerkenswerterweise erhält man bei den aus nativer Cellulose bereiteten Präparaten wiederum native Cellulose zurück. Aus Hydratcellulose kann man identische Verbindungen erhalten, die bei der Regenerierung wiederum Hydratcellulose ergeben. Das gesamte Verhalten spricht sehr dafür, daß man es mit labilen Anlagerungsverbindungen zu tun hat, welche ähnlichen Charakter zeigen wie die Alkalicellulose, oder die später zu besprechenden Additionsverbindungen von Salpetersäure und Perchlorsäure an Cellulose.

7. Die Hydratcellulose.

Neben den Reaktionsprodukten, die im Laufe der Einwirkung von Alkalihydroxyden auf Cellulose entstehen, beansprucht das aus diesen Verbindungen regenerierbare Endprodukt erhebliches Interesse. Es zeigt sich nämlich, daß man aus allen bekannten Alkalicellulosen — Natron-, Lithion-, Kalicellulose usw. — bei der Behandlung mit Wasser ein und dasselbe Präparat erhält, das man im Sinne der Ausführungen der S. 189 und 191 etwa in folgender Weise charakterisieren kann:

An der Struktur des einzelnen Glukoserestes lassen sich keine Änderungen feststellen und auch die mittlere Hauptvalenzkettenlänge ist im allgemeinen erhalten geblieben. Nur bei sehr intensiver Einwirkung, insbesondere in Gegenwart von Sauerstoff, kann sie unter Umständen abnehmen. Hingegen erweist

[1] z. B. Dehnert u. König: l. c. [2] Z. physik. Chem. 14, 387 (1931).

sich die Struktur der Micelle als erheblich verändert: an Stelle des in Abb. 102 dargestellten Elementarkörpers tritt derjenige der Abb. 103. Die Größe der Micelle bleibt bei schonender Beanspruchung im wesentlichen unverändert. Sehr merklich aufgelockert wird hingegen das zwischenmicellare Gefüge, was zur Folge hat, daß die regenerierten Produkte eine erheblich verstärkte Anfärbbarkeit und Quellbarkeit erkennen lassen; auch der Glanz und der Griff, beides mit der Oberflächenbeschaffenheit zusammenhängende Qualitäten, erfahren eine merkliche Veränderung.

In der Technik bezeichnet man das Regenerat bestimmter Alkalieinwirkungen als mercerisierte Cellulose. Das Ausmaß der Mercerisation läßt sich durch die verschiedenen veränderten Fasereigenschaften einigermaßen festlegen. In jüngster Zeit sind von W. Schramek[1] insbesondere auch Veränderungen des röntgenographischen Befundes hierzu herangezogen worden.

Verwendet man bei der Alkalieinwirkung nicht native Präparate, sondern schon Hydratcellulose selbst, so kann man von vornherein eine erhöhte Reaktionsgeschwindigkeit sämtlicher Vorgänge feststellen; die Gleichgewichte aber bleiben bei vorsichtiger und schonender Behandlung unverändert. Da sich jedoch erfahrungsgemäß die Einwirkung von Sauerstoff und anderen abbauenden Agenzien nicht ganz ausschließen läßt, degeneriert bei wiederholter Alkalibehandlung die native Cellulose langsam in dem Sinne, daß sich die Gleichgewichtspunkte auf der Kurvenschar der Abb. 117b zu immer höher indizierten Linien verschieben. Nur bei sehr sorgfältigem Experimentieren läßt sich dies einigermaßen vermeiden.

8. Über den Elementarprozeß bei der Einwirkung von Alkali auf Cellulose.

Im vorhergehenden ist versucht worden, auseinanderzusetzen, wie man formal die Aufnahmsverhältnisse beschreiben und überblicken kann. Nunmehr soll dazu übergegangen werden, aus diesem Gesamtbild etwas über den Elementarprozeß abzuleiten, der sich bei der Wechselwirkung der Cellulose mit Metallhxdroxyden abspielt.

Es ist schon auf S. 211 erwähnt worden, daß man bei niedrigmolekularen Alkoholen mehrere Arten von Wechselwirkung zwischen der alkoholischen Hydroxylgruppe und dem Alkali-Atom oder Ion kennt: die wahre Austauschreaktion unter Alkoholatbildung und die Anlagerungsreaktion des Metallhydroxyds an das organische Molekül. Die erstere ist mit einer ziemlichen Wärmetönung und wahrscheinlich auch mit einer Aktivierungswärme von der gleichen Größenordnung verbunden; bei der Anlagerung sind beide Werte voraussichtlich erheblich kleiner. Aus der Temperaturabhängigkeit der Gleichgewichte ergibt sich bei der Cellulose, daß die Bildungswärme der Alkaliverbindungen in der Gegend von 5 Cal. liegt. Dies ist die einzige zur Verfügung stehende Zahl; sie macht es aber wahrscheinlich, daß man es mit einer Anlagerung des Alkalihydroxydes an den einzelnen Glukoserest zu tun hat, ohne daß ein hauptvalenzmäßiger Elektronenaustausch sich vollzieht. Das steht nicht in Widerspruch mit der Stöchiometrie dieses Vorganges, da ein festes Äquivalentverhältnis durchaus von der Stärke der Bindung unabhängig ist.

Man kann sich also in diesem Sinne den Elementarprozeß etwa folgendermaßen vorstellen[2]: Beim Einbringen von Cellulose in die wäßrige Lösung eines Alkalihydroxyds diffundieren zunächst die positiv geladenen Alkali-Ionen

[1] Z. physik. Chem. 13, 462 (1931). [2] Herzog, R. O.: Kolloid-Z. 39, 98, (1926).

in die intermicellaren Faserzwischenräume, polarisieren die vorhandenen OH-Gruppen und werden von ihnen adsorbiert. Bei diesem Eindringen nehmen sie ihre Solvathüllen in mehr oder weniger hohem Maße mit und bewirken hierdurch die Quellung der Faser. Die OH-Ionen werden durch elektrostatische Kräfte nachgezogen und sind im Quellungswasser verteilt. Nach Erreichen einer bestimmten Oberflächenkonzentration beginnen die Metallionen — und aus elektrostatischen Gründen auch die OH-Gruppen — in das micellare Gefüge einzudringen. Dort bieten sich ihnen Energiemulden dar, in denen sie eine gewisse Stabilität haben. Die Gitterstruktur der Cellulose hat zur Folge, daß diese Gleichgewichtslagen in gewissen stöchiometrischen Verhältnissen zur Zahl der Krystallbausteine steht: Auf vier, zwei bzw. einen Glukoserest kann sich ein Metallhydroxyd in das Gefüge einordnen. Die Kräfte, welche dieses Molekül dann in seiner Gleichgewichtslage festhalten, sind elektrostatischer — dipolartiger — Natur und haben eine nur mäßige Stabilität dieser Verbindungen zur Folge. Beim Einwirken von Wasser macht sich das Solvatationsbestreben der Metallionen wieder überwiegend geltend und die Verbindung zerfällt. Beim Austritt des Alkalihydroxyds aus dem Elementarkörper bildet sich nicht wieder die Anordnung zurück, welche für die native Cellulose charakteristisch ist, sondern es entsteht ein neues Gitter: das der Hydratcellulose.

Ein mehr elektrochemisches Bild der atomaren Prozesse entwirft S. M. Neale[1] in mehreren sehr eingehenden und interessanten Arbeiten, welche eine große Zahl eingehender und sehr sorgfältiger Messungen enthalten. Er arbeitet mit der Annahme, daß die Cellulose sich als sehr schwache, einbasische Säure betätigt und als solche ein Na-Salz bilden kann, dessen Menge mit steigender Alkalikonzentration anwächst. Das überschüssige Alkali diffundiert in die intermicellaren Zwischenräume der Faser entsprechend dem Donnanschen Membrangleichgewicht, so daß die NaOH-Konzentration inner- und außerhalb der gequollenen Phase verschieden ist. Hieraus resultiert ein osmotischer Wassertransport in die Faser, der die Quellung bewirkt. Verdünnt man das System, so wird das Na-Salz der Cellulose hydrolysiert, der osmotische Druck sinkt und die Cellulose hat zwar keine chemischen Veränderungen, wohl aber eine Lockerung ihrer micellaren Konstruktion erfahren. Die Überlegungen zeigen eine gewisse Ähnlichkeit mit denen in einer älteren Arbeit von Procter und Wilson[2], wo die Quellung der Gelatine durch verdünnte Säuren in ähnlicher Weise behandelt wird. Die Alkalicellulose I erhält im Sinne dieser Auffassung die Formulierung

$$(C_6H_9O_5 \cdot Na) \cdot n\, H_2O,$$

wobei n auch gleich Null sein kann. Dementsprechend wäre dann die alkalireichere Verbindung (Punkt δ des Diagramms Abb. 117a) als

$$(C_6H_8O_5 \cdot Na_2) \cdot n\, H_2O$$

zu schreiben; sie würde einem Diacetat oder Dinitrat entsprechen. Neale zeigt weiter, daß diese Ansicht in guter Übereinstimmung mit der Bildungswärme der Alkalicellulose steht, wenn man die normalen Werte für die Neutralisationswärme einführt, so daß von dieser Seite keine Schwierigkeiten für sie bestehen. Eine gewisse Härte zeigt eine stark elektrochemisch orientierte Auffassung nur gegenüber dem Verhalten der anderen Alkalien; es ist nämlich nicht leicht verständlich warum die starken Alkalien RbOH und CsOH weniger wirksam sind, während LiOH am leichtesten reagiert.

Insgesamt scheint es gegenwärtig noch nicht möglich zu sein, sich mit Sicherheit für eine der beiden referierten Auffassungen zu entscheiden. Es ist

[1] J. Text. Inst. **16**, **363** (1925); Shirl. Inst. Mem. **4**, **121** (1925); **8**, **87** (1929).
[2] Trans. Chem. Soc. **105**, **313** (1914); **109**, **307** (1916).

vielmehr zweckmäßig, sie immer beide bei der Auswertung von Versuchsergebnissen im Sinn zu haben und gegebenenfalls Experimente so einzurichten, daß man Material für eine Entscheidung in die Hand bekommt.

9. Präparatives über die Einwirkung von Alkalien auf Cellulose.

Es ist schon wiederholt darauf hingewiesen worden, daß bei der komplizierten Art der Einwirkung die experimentellen Verhältnisse sehr genau eingehalten werden müssen, um zu reproduzierbaren Ergebnissen zu gelangen. In der Tat ergibt ein Vergleich der Literaturangaben eine nur unbefriedigende Übereinstimmung der einzelnen Daten auf diesem Gebiet.

Was über das Ausgangsmaterial zu sagen ist, kann zum Teil bereits den Ausführungen der S. 208 entnommen werden. Eine besondere Rolle spielt der Wassergehalt der verwendeten Präparate und die Frage, wie weit man trocknen soll. Ein Zuwenig in dieser Richtung hat unreproduzierbare Ergebnisse zur Folge, ein Zuviel kann die Cellulose in ihrer Struktur schädigen und verändern.

Während der Durchführung der Alkalieinwirkung ist besonders sorgfältig auf Ausschluß von Kohlensäure, Sauerstoff und anderen Gasen zu achten, welche das Ablaufen unerwünschter Nebenreaktionen zur Folge hätten. Diese Forderung wird im einzelnen in sehr verschiedener Weise erreicht und es ist schwer, sich über den Erfolg eine allgemeine Kritik zu erlauben. Deswegen möge es genügen, hier summarisch die Schwierigkeiten betont zu haben und bezüglich der Art ihrer Beseitigung und über das Maß des Erfolges hierbei auf die Originalliteratur zu verweisen[1].

IV. Die Einwirkung von Schwermetallammoniakaten auf Cellulose.

1. Einleitung.

Daß bei der Einwirkung von ammoniakalischen Kupferlösungen auf Cellulose besonders interessante Verhältnisse vorliegen, hat schon E. Schweizer[2] im Jahre 1857 beobachtet. Er fand, daß pflanzliche Fasern von solchen Lösungen unter Quellung und ohne merkliche Wärmeentwicklung gelöst und aus ihnen in „praktisch unveränderter“ Form durch Säuren oder Salze wieder ausgeschieden werden können. In den folgenden Jahren ist diese Reaktion von den Cellulosechemikern vielfach aufgegriffen und untersucht worden[3], da sie damals das einzige Mittel bildete, native Cellulose ohne allzu starken Abbau zu dispergieren. Später gesellte sich zu dem wissenschaftlichen Interesse noch eine recht erhebliche technische Bedeutung dadurch, daß die Herstellung der sogenannten Kupferseide auf dem Verspinnen von Celluloselösungen in Schweizers Reagens basiert.

Im folgenden soll nun versucht werden, die Darstellung unserer Kenntnisse in ähnlicher Weise zu gliedern wie bei der Alkalicellulose und zunächst einmal das vorwegzunehmen, was über den Zustand der Lösungen von Schwermetalloxyden in Ammoniak bekannt ist und wie solche Komplexsalzlösungen mit einfachen Zuckern reagieren. Anschließend sei dann das ternäre System: Wasser-

[1] Vgl. besonders die Literaturangaben auf S. 209. [2] I. pr. **72**, 109 (1857).

[3] Schloßberger, J.: I. pr. **73**, 366 (1858); A. **107**, 23; **108**, 62 (1858). Levallois, A.: C. r. **98**, 44, 732 (1884); in neuerer Zeit bes. K. Heß u. E. Meßmer: B. **54**, 834 (1921); A. **435**, 19 (1923).

Kupferoxydammoniak-Cellulose soweit besprochen, als es unserer heutigen Kenntnis gemäß möglich ist. Im weiteren Verlauf wird es sich dann als notwendig herausstellen, auf das quaternäre System: Wasser-Kupferoxydamin-NaOH-Cellulose näher einzugehen, da hierüber sehr ausführliche neuere Arbeiten vorliegen und seine Bedeutung für den technischen Lösungsprozeß eine große ist.

2. Die Einwirkung von Kupferaminlösungen auf niedrigmolekulare Zucker.

Ältere komplexchemische Arbeiten zeigen, daß in den ammoniakalischen Lösungen von Kupferoxyd eine komplexe Base existiert[1], der man die Zusammensetzung

$$[Cu(NH_3)_4](OH)_2$$

zuzuschreiben hat. Ihre Reaktionen mit niedrigmolekularen Polyoxyverbindungen sind von Bullnheimer und Seitz[2] sowie neuerdings von W. Traube[3] experimentell studiert worden. Mit Glycerin entstehen in alkalischer Lösung Komplexverbindungen, die durch die folgenden Formeln schematisch dargestellt seien:

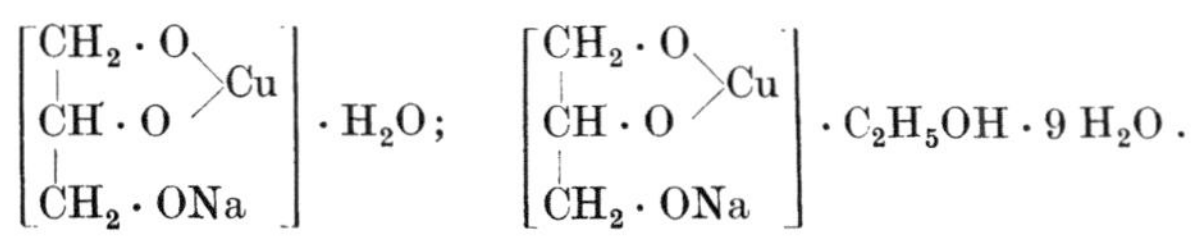

Mit Weinsäure erhält man Komplexe, die durch das folgende Schema charakterisiert sind:

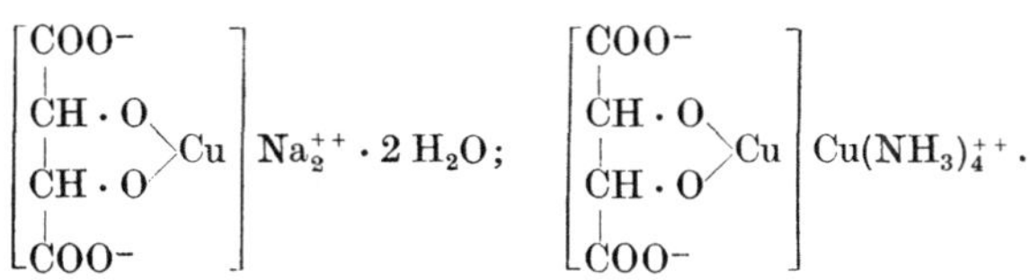

Die an der Verbindung beteiligten Metallatome bzw. Metallionen treten also in ganz verschiedener Funktion auf: sie können als positiv geladenes Ion entweder allein oder komplex als Kupferamin oder Kupferäthylendiaminkation abdissoziert oder in den negativ geladenen Komplex alkoholatartig eingebaut sein. Von K. Heß[4] wurde dies besonders hervorgehoben und betont, daß auch dem Wasser in diesen Verbindungen eine wichtige Rolle zukommen muß, da alle derartigen Komplexsalze erhebliche Mengen von Konstitutionswasser enthalten.

3. Das System: Cellulose-Kupferoxydammoniak-Wasser.

a) Die Abhängigkeit der Gleichgewichte von der Konzentration.

Diejenigen Beobachtungen, welche am ehesten im Sinne einer phasentheoretischen Behandlung ausgewertet werden können, stammen aus dem Heßschen Laboratorium und sind von J. Sakurada[5] angestellt worden. Bekanntlich quillt Cellulose in ammoniakalischer Kupferoxydlösung stark auf und es gehen gewisse Anteile in die flüssige Phase über. Das Lösungsgleichgewicht sowie ganz besonders die Geschwindigkeit des Prozesses ist stark von der Vorbehandlung der Faser abhängig. Dabei hat man zu unterscheiden zwischen einem Einfluß

---

[1] Etwa W. Bonsdorf: B. **36**, 2324 (1903). Hantzsch u. Robertson: B. **41**, 4328 (1908); **42**, 2135 (1909).
[2] B. **31**, 1453 (1898); **32**, 2347 (1899). [3] B. **54**, 3220 (1921); **55**, 1899 (1922).
[4] Vgl. Buch: S. 291. [5] B. **63**, 2027 (1930).

der mittleren Kettenlänge, der sich sowohl auf die Geschwindigkeit als auch auf die Gleichgewichte auswirkt, und einem besonders von Heß und Sakurada betonten Einfluß morphologischer Membranen in der Cellulose, der im wesentlichen die Reaktionsgeschwindigkeit betrifft. Trägt man die Messungen über die in Lösung gegangenen Anteile in ein Dreiecksdiagramm ein, so erhält man das in der Abb. 118 dargestellte Bild.

Hier ist nur die Wasserecke des Diagramms gezeichnet und die Maßstäbe der beiden Dreiecksseiten sind in engem Anschluß an die Originalarbeit gewählt[1]. Die einzelnen Linien sind aus den Analysenwerten der flüssigen Phase konstruiert, d. h. sie liefern die Gleichgewichtspunkte der mit Cellulose gesättigten Lösung. Die erste Kurve bezieht sich auf Rohbaumwolle, die, wie man sieht, mit steigender Konzentration allmählich immer mehr in Lösung geht. Charakteristisch ist das schwache Ansteigen zu Beginn, welches an die Form der Vieweg-

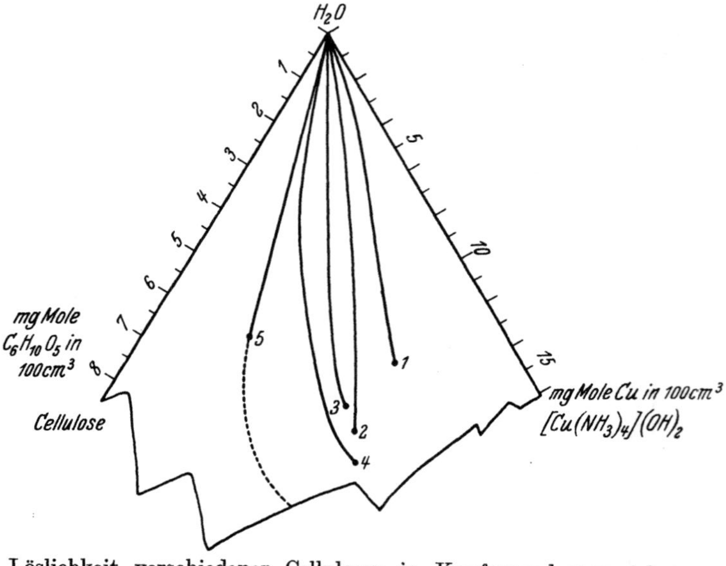

Abb. 118. Löslichkeit verschiedener Cellulosen in Kupferoxydammoniak von steigender Konzentration.

schen Kurve erinnert (vgl. auch später S. 235). So wie dort hängt die anfänglich herabgesetzte Löslichkeit wohl mit der zwischenmicellaren Struktur — Aneinanderhaften von Micellen, Anwesenheit von Membranen und Kittstellen — zusammen. Bis zu einer Cellulosekonzentration von beinahe 3 läßt sich ein Aussalzen noch nicht beobachten. Dasselbe Verhalten zeigt die Kurve *2*, die einer mit ClO_2 behandelten Baumwolle entstammt. Hingegen ist bei Zellstoff (Kurve *3*) bereits ein Umbiegen in den Sättigungszustand angedeutet, wie es noch stärker bei Kupferseide (*4*) zu beobachten ist. Hier bewirkt eine weitere Erhöhung der Kupferkonzentration schon keine zunehmende Löslichkeit mehr, sondern es macht sich bereits die erste aussalzende Wirkung des Elektrolytüberschusses geltend. Kurve *5* zeigt eine sehr stark lösliche Viscoseseide.

In groben Zügen entsprechen wohl die einzelnen Linien der Abb. 118 mit steigenden Indices einer abnehmenden mittleren Kettenlänge. Ähnlich wie in dem Dreiecksdiagramm liegt auch hier eine relative Angabe über die Zunahme der Löslichkeit als Funktion der Kettenlänge vor. Absolutwerte lassen sich aber aus

[1] Also anders als in Abb. 117.

dem Diagramm nicht entnehmen, da an den untersuchten Präparaten anderweitige Abschätzungen der Kettenlänge nicht vorgenommen worden sind. Charakteristisch ist, daß auch hier wiederum die bereits stark vorbehandelten Kunstseiden (*4* und *5*) ein streng lineares Anfangsstück aufweisen, was mit früheren Ausführungen (S. 217) übereinstimmt.

Die Analysenergebnisse der gequollenen Cellulose lassen sich nach den Angaben der Originalarbeit leider nicht im Dreiecksdiagramm, sondern nur in einer „Vieweg-Kurve" wiedergeben, weil nur der Kupfergehalt der Proben, nicht aber der Quellungsgrad bestimmt worden ist. Die Abb. 119 zeigt das Verhalten in den beiden extremen Fällen; *1* stellt die Kupferaufnahme roher Baumwolle dar. Wiederum ist für das native Präparat die *s*-förmige Form charakteristisch, weil die gesamte micellare Oberfläche erst allmählich zur Geltung kommt. *2* ist die Aufnahmekurve einer Kupferseide, die nahe mit der von Viscosefäden übereinstimmt. Die innere Oberfläche ist hier von Anfang an freigelegt; der Neigungswinkel zur Abszissenachse ist daher erheblich größer, ein *s*-förmiger Ansatz ist nicht zu erkennen. Bis zu höheren Konzentrationen läßt sich hier die Quellung nicht verfolgen, da wegen der herabgesetzten mittleren Kettenlänge das Präparat schon bei niedrigen Kupferkonzentrationen völlig in Lösung geht.

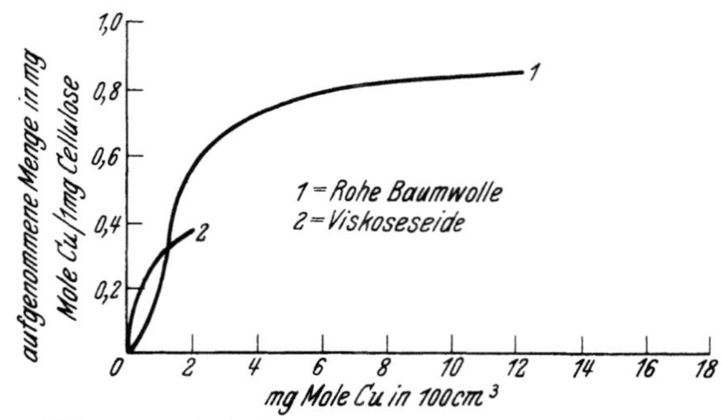

Abb. 119. Aufnahme von Kupfer durch Cellulose verschiedener Herkunft.

Die beiden Abb. 118 und 119 müssen im gegenwärtigen Augenblick einen Ersatz für eine vollständige phasentheoretische Beschreibung im Sinne der Abbildung bieten, weil die entsprechenden experimentellen Angaben noch nicht zur Verfügung stehen.

Fragt man wieder — wie bei der Alkalicellulose — nach der Existenz neuer krystallisierter Phasen, so muß man feststellen, daß röntgenographische Angaben über das Vorhandensein einer Kupferamincellulose fehlen. Die Untersuchung der gequollenen festen Phase, welche bei der Alkalicellulose so wertvolle Beiträge zur Klärung der Verhältnisse geliefert hat, ist bei der reinen (natronfreien) Kupferamincellulose bisher noch zu keinem entsprechenden Resultat gelangt. Dafür läßt sich hier aus der Analyse der Lösung ein neuer für den Mechanismus der Einwirkung wesentlicher Gesichtspunkt erbringen. Da auch bei dem folgenden System das Studium der Lösungen von besonderer Bedeutung gewesen ist, sei hier auf die Methodik dieser Untersuchungen etwas näher eingegangen.

b) Die Methoden zur Untersuchung der Lösungen.

Es ist schon seit längerer Zeit bekannt, daß die Lösungen von Cellulose in Kupferoxydammoniak einen hohen Drehwert besitzen. A. Levallois[1] fand nämlich, daß eine 1proz. Lösung von Cellulose in Kupferoxydamin die Ebene des polarisierten Lichtes im 20 cm Rohr um etwa 20° nach links dreht, während erfahrungsgemäß die sonstigen Dispergierungen der Cellulose entweder keinen oder nur einen geringen Drehwert erkennen lassen. Auf diese Tatsache haben

[1] C. r. **98**, 44, 732 (1884).

Heß und seine Mitarbeiter[1] ein sehr interessantes Untersuchungsverfahren der Celluloselösungen in Kupferoxydammoniak gegründet. Zunächst deutet der anomal hohe Drehwert auf eine intensive Wechselwirkung zwischen der komplexen Kupferbase und der Cellulose hin. Es ist zwar bekannt, daß die optische Aktivität wohlkrystallisierender mikromolekularer Verbindungen vom Lösungsmittel auch dann abhängt, wenn zwischen den beiden Molekülsorten nur Kraftwirkungen von der Größenordnung mittlerer van der Waalsscher Kräfte bestehen; hier aber liegt ein so starkes Ansteigen des Drehwertes vor, daß von vornherein der Verdacht entsteht, es müsse sich um eine dauernde Vereinigung zweier bestimmter Moleküle $C_6H_{10}O_5$ und Kupferbase handeln.

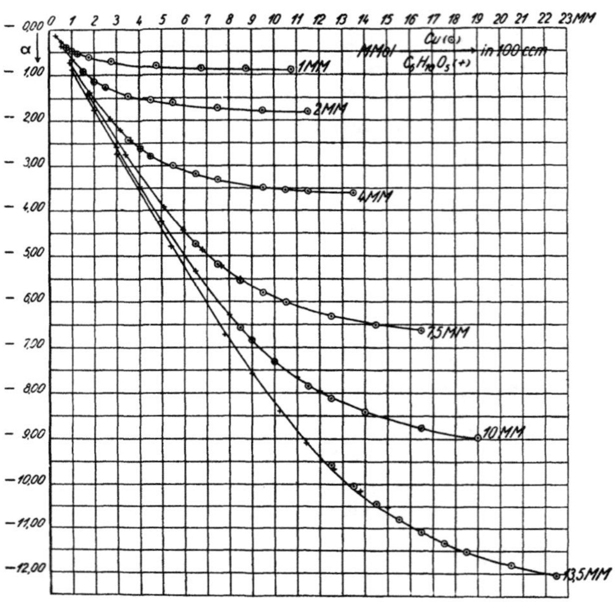

Abb. 120. Drehwertkurven von Cellulose in Kupferaminlösungen nach K. Heß.

Über diesen qualitativen Hinweis hinaus wurde nun von Heß und seinen Mitarbeitern die Drehwertmethode dazu verwendet, die Äquivalenzbeziehungen mit erheblicher Schärfe festzulegen. Es wurde nämlich über einen breiten Konzentrationsbereich die Abhängigkeit der Drehwerte solcher Lösungen von der Cellulose- und Kupferkonzentration untersucht und gefunden, daß bei Konstanthaltung der einen Konzentration der Drehwert mit Zunahme der anderen so ansteigt, wie es dem Massenwirkungsgesetz entspricht, wenn man das Äquivalenzverhältnis

$$1\ C_6H_{10}O_5 \text{ auf } 1\ Cu$$

zugrunde legt. Es stehen also in diesen Lösungen der Glukoserest $C_6H_{10}O_5$, die Kupferbase $[Cu(NH_3)_4](OH)_2$ und der hochdrehende Cellulose-Kupferkomplex, dessen Formulierung vorläufig noch offen gelassen sei, miteinander so im Gleichgewicht, als ob man ein rein homogenes System vor sich hätte, wie dies auf S. 183 für die micellare Reaktion als möglich hingestellt worden ist.

Die Abb. 120 zeigt die Drehwertkurven von Cellulose in Kupferaminlösungen für sechs verschiedene Ausgangskonzentrationen von Cellulose. Sowohl die Neigungswinkel der Anfangsteile als auch die Sättigungswerte führen auf das Äquivalenzverhältnis 1 : 1; Heß und Meßmer konnten aber zeigen, daß auch der gesamte Kurvenverlauf sich bei Anwendung des Massenwirkungsgesetzes quantitativ wiedergeben läßt. Hierbei sind die folgenden Voraussetzungen berücksichtigt und auch ausführlich diskutiert worden:

1. Die Cellulose erleidet in der Schweizer-Lösung keine irreversible Veränderung. Dies ist wohl hinreichend erfüllt, wenn experimentell genügend vorsichtig operiert wird, d. h. wenn Sauerstoff und Licht ausgeschaltet bleiben. Man kann

[1] Heß u. Meßmer: A. **435**, 19 (1923); B. **54**, 834 (1921).

nämlich tatsächlich die Cellulose aus Kupferlösungen in einer Form abscheiden, die erkennen läßt, daß sowohl der Glukoserest als auch die mittlere Kettenlänge im wesentlichen unverändert geblieben sind. Nur die Verknüpfung der Micelle untereinander und die Gitterstruktur der Micelle sind bei den Regeneraten anders. Das sind aber wohl beides Veränderungen, die einer Anwendung des Massenwirkungsgesetzes im Sinne der Ausführungen auf S. 183 nicht im Wege stehen.

2. Der hohe Drehwert der Lösung ist nur durch einen Cellulose-Kupferkomplex hervorgerufen. Für die Tragfähigkeit dieser Voraussetzung spricht der einfache Verlauf der Drehwertkurven. Würde man mehrere Komplexe vor sich haben, die sich stufenweise bilden, so hätte man wohl Wende- oder Sattelpunkte in diesen Linien zu erwarten. Der große Konzentrationsbereich, innerhalb dessen die Untersuchung ausgeführt worden ist, garantiert dafür, daß voneinander verschiedene Komplexverbindungen aufgefunden worden wären, wenn sie bestünden. Auch die Analogie mit niedrigen Zuckern spricht für diese Auffassung.

3. Die Kupferbase ist in der Schweizerschen Lösung monomolekular gelöst. Dafür sprechen Untersuchungen an Kohlehydraten mit bekanntem Molekulargewicht, die wohl eine hinreichend sichere Stütze für diese sehr wesentliche Voraussetzung liefern.

Wendet man nun das Massenwirkungsgesetz in der allgemeinen Form

$$\frac{m\,[C_6H_{10}O_5]\cdot n\,[[Cu(NH_3)_4](OH)_2]}{[\text{drehender anionischer Komplex}]} = \text{konst}$$

an, so ergibt sich das Äquivalenzverhältnis

$$m : n = 1 : 1\,.$$

In der Abb. 120 bedeuten die eingetragenen Kreuze und Punkte die beobachteten Drehwerte; sie stimmen, wie man sieht, mit den berechneten Kurven auf das beste überein.

Von großem Interesse ist die Feststellung, daß die Anwendbarkeit des Massenwirkungsgesetzes von der Viscosität in einem weiten Bereich unabhängig ist. Dies bedeutet, daß sich sowohl in längeren als auch in kürzeren Ketten das quasihomogene Durchreagieren in gleicher Weise vollzieht: Das Äquivalenzverhältnis ist eben nicht davon abhängig, ob die einzelnen $C_6H_{10}O_5$-Reste kinetisch voneinander unabhängig oder durch glukosidische Sauerstoffbrücken miteinander verknüpft sind. Die hier kurz geschilderten Heßschen Versuche sind ein besonders schöner Beweis dafür, daß die Gleichgewichte in gequollenen bzw. dispergierten micellaren Körpern durch Gesetzmäßigkeiten von der Form (6) bzw. (7) S. 183 beherrscht werden. Wenn man auch von vornherein aus kinetischen und statistischen Überlegungen dieses Ergebnis als wahrscheinlich hinstellen konnte, so ist doch seine experimentelle Bekräftigung für die Chemie solcher Systeme von wesentlicher Bedeutung.

K. Heß hat versucht[1], aus den Ergebnissen seiner Messungen auch einen Schluß auf die Teilchengröße der dispergierten Cellulose zu ziehen und gefolgert, daß in Kupferoxydaminlösung die einzelnen $C_6H_{10}O_5$-Gruppen voneinander nicht nur chemisch, sondern auch kinetisch unabhängig sind, daß also die Cellulose in diesen Lösungen in isolierte Glukosereste aufgespalten sei. Diese sehr weitgehende Folgerung wurde jedoch bald darauf von Mc. Gillavry[2] und E. Valkó[3] als unberechtigt kritisiert. Eine längere daran anschließende Dis-

---

[1] Vgl. besonders Buch, S. 294ff. [2] Rec. trav. Pays. Bas. **48**, 18, 472 (1929).
[3] Kolloid-Z. **51**, 130 (1930).

kussion hat schließlich die Situation dahingehend geklärt[1], daß man aus der experimentell festgestellten chemischen Unabhängigkeit der Glukosereste keine bündigen Schlüsse auf ihre kinetische Unabhängigkeit ziehen kann. Die Drehwertversuche sind in dieser Form zu einer Entscheidung zwischen gelösten Hauptvalenzketten und isolierten Glukoseresten nicht geeignet.

Durch die erwähnte Diskussion angeregt, hat jedoch H. Dohse[2] einen Versuch angestellt, der zur Klärung beiträgt und daher in diesem Zusammenhang ganz kurz erwähnt sein möge. Da für die Teilchenzahl in einer Lösung der osmotische Druck eine besonders charakteristische Größe ist, kann man sich die Frage vorlegen, ob er beim Hineinbringen von Cellulosefäden in eine Kupferaminlösung eine Veränderung erleidet oder konstant bleibt. Für diese Versuche wurde Kupferoxydäthylendiamin benutzt, da diese Verbindung stabiler ist, als der entsprechende Ammoniakkomplex.

Wenn isolierte Glukosereste vorliegen, dann spielt sich in der Lösung, die Kupferhydroxyd als Bodenkörper enthält, folgende Reaktion:

$$(C_6H_{10}O_5)_{2m} + 2\,m\,[Cu\,en_2]\,[OH]_2 + 2\,m\,Cu\,[OH]_2 \rightarrow m\,[(C_6H_7O_5Cu]_2[Cu\,en_2] + m\,[Cu\,en_2]\,[OH]_2 + 3\,m\,H_2O \qquad (I)$$

ab; bei der Anwesenheit von Hauptvalenzketten mit m-Gliedern erhält man die Formulierung:

$$\text{Die gleiche Ausgangslösung} \rightarrow [(C_6H_7O_5Cu)_{2m}]\,[Cu\,en_2]_m + m\,[Cu\,en_2]\,[OH]_2 + 3\,m\,H_2O\,. \qquad (II)$$

In beiden Formeln sind die osmotisch wirksamen Teilchen durch eckige Klammern angedeutet. Man sieht nun sofort, daß im ersteren Falle beim Hineinbringen von Cellulose die Zahl dieser Ionen, welche $6\,m$ beträgt, unverändert bleibt, während sie sich im andern Fall auf $4\,m + 1$ vermindert. Die Bestimmung des Gefrierpunkts der Komplexlösung vor und nach dem Einbringen von faseriger Cellulose gibt also eine Möglichkeit an die Hand, eine Entscheidung zwischen den beiden Formulierungen anzubahnen. Ändert sich der Gefrierpunkt nicht, so gilt (I), steigt er an, so spricht dies für (II). In der Tat wurde nun gefunden, daß sich die Depression durch die Anwesenheit der Cellulose verkleinert. Die Auffassung langer Glukoseketten ist also auch hier in Übereinstimmung mit unserer bisherigen Erfahrung.

Die Versuche über die Konzentrationsabhängigkeit der Gleichgewichte in Kupferaminlösungen ergeben bezüglich dieses ternären Systems also folgendes Bild:

Es existiert eine Verbindung mit dem Äquivalenzverhältnis

$$1\,(C_6H_{10}O_5):1\,[Cu(NH_3)_4]\,(OH)_2 \text{ evtl. } + n\,H_2O,$$

deren genauere Besprechung auf Abschnitt 4 verschoben sei. Im Gegensatz zur Alkalieinwirkung ist hier das Hauptmaterial durch die Untersuchung der Lösungen zutage gefördert worden, wobei der Heßschen Drehwertmethode besondere Wichtigkeit zukommt; röntgenographische Angaben über die Verbindung existieren nicht. Über das Äquivalenzverhältnis hinaus kann man bezüglich der Teilchengröße nur behaupten, daß die Anwesenheit langer Glukoseketten mit dem gesamten experimentellen Verhalten dieser Lösungen nicht in Widerspruch steht. Die Natur des Elementarprozesses bei der vorliegenden Reaktion soll erst erörtert werden, wenn auch die Versuchsergebnisse über das System

$$\text{Cellulose} - [Cu(NH_3)_4]\,(OH)_2 - NaOH - H_2O$$

mitgeteilt sind.

---

[1] Mc. Gillavry u. Valkó: l. c. Heß, K.: Rec. trav. Pays. Bas. **48**, 489, 583 (1929).
[2] Vgl. Z. physik. Chem. **149**, 279, 284, 288 (1930).

c) Die Abhängigkeit der Gleichgewichte von der Temperatur.

Über die Temperaturabhängigkeit der eben besprochenen Gleichgewichte ist quantitativ nur wenig bekannt. Heß gibt lediglich an, daß man mit steigender Temperatur ein Abnehmen des Drehwertes beobachtet, woraus zu folgern ist, daß das Gleichgewicht hierbei zugunsten der inaktiven Komponenten verschoben wird. Bei einer Gesamtkonzentration von 14 mg Mol Kupfer und Cellulose bedingt eine Erhöhung von 10^0 eine Verschiebung um etwa 30%. Rein qualitativ kann man daraus folgern, daß die Bildungswärme der entstehenden Verbindung klein ist — Größenordnung etwa 5 Cal.

4. Das System: Cellulose-Kupferoxydammoniak-Natron-Wasser.

a) Konzentrationsabhängigkeit der Gleichgewichte.

Wegen der technischen Bedeutung und wegen der interessanten Verhältnisse liegen über dieses System recht eingehende Untersuchungen vor. Vom phasentheoretischen Standpunkt aus handelt es sich um die vollständige Kenntnis der Gleichgewichtsflächen in dem Tetraeder, dessen Ecken von den vier Komponenten gebildet werden. Da eine direkte graphische Darstellung bei dieser Dimensionszahl versagt, ist man darauf angewiesen, sich die Flächen durch geeignete Kurvenscharen anschaulich zu machen.

Es koexistieren hier wieder im allgemeinen drei Phasen: eine gasförmige, deren Zusammensetzung nicht von Interesse ist, eine quasihomogen-flüssige, deren Analyse ergibt, wieviel Cellulose in Lösung gegangen ist, und eine gequollene feste Phase, deren Analyse die Kupfer- und Alkaliaufnahme durch das eingebrachte Cellulosepräparat beschreibt. Es sind also für jedes Verhältnis: H_2O-Kupferoxydamin-NaOH im allgemeinen zwei analysierbare Phasen vorhanden, welche zwei Gleichgewichtsflächen ergeben: die eine begrenzt denjenigen Raum im Tetraeder, innerhalb dessen die Cellulose in Lösung geht, die andere denjenigen, innerhalb dessen man nur eine gequollene feste Phase hat, ähnlich wie dies z. B. die beiden Kurven *1* und *1'* im Dreieck des ternären Systems der Abb. 117b tun. Da es recht unübersichtlich wäre, die Kurvenscharen für beide Gleichgewichte in ein einziges Diagramm zusammenzufassen, soll im folgenden versucht werden, zunächst die Lösungsbereiche und dann die Quellungsbereiche für sich getrennt zu behandeln und die vorliegenden Meßergebnisse möglichst weitgehend im Sinne einer phasentheoretischen Beschreibung zu verwerten.

1. Die Untersuchungen des Lösungsbereiches. Hier sind es besonders Messungen von Heß und Meßmer[1] sowie von Heß und Trogus[2], die ein recht vollständiges Bild der Verhältnisse zu zeichnen gestatten. Die Abb. 121 zeigt im rechten Teil die Wasserecke des ternären Diagramms: Cellulose-Natronlauge-Wasser, d. h. einen Teil der Grundfläche des hier interessierenden Tetraeders. Links anschließend ist diejenige Seitenfläche gezeichnet, die keine Natronlauge enthält. In der Grundfläche, d. h. beim Fehlen von Kupferoxydammoniak, ergibt sich als Lösungsgleichgewichtslinie entsprechend der Abb. 117a die Kurve *0*; sie ist für eine bestimmte — ziemlich große — Kettenlänge des Ausgangspräparates — es handelt sich um eine nach E. Schmidt gereinigte Ramiefaser — gezeichnet. Die nächste Kurve *1* liegt nicht mehr in der Grundfläche des Tetraeders, sondern beschreibt die Verhältnisse bei einer Cu-Kon-

[1] Z. physik. Chem. **126**, 369 (1927); B. **54** 834 (1921); **55**, 2432 (1922).
[2] Z. physik. Chem. **145**, 401 (1929).

zentration von 4,0 mg Mol Cu in 100 cm³. Die Kurven *2* und *3* geben die Verhältnisse für 6,0 und 13,55 mg Mole Cu wieder; alle drei liegen im Tetraeder übereinander. Die Höhe, in der sie sich befinden, ist aus dem linken Dreieck zu ersehen. Hier ist nämlich entsprechend der Abb. 118 für die vorliegende Ramiefaser die Lösungskurve des NaOH-freien Systems eingetragen. Denkt man sich die linke Seitenfläche so aus der Papierebene herausgeklappt, daß die Kupferoxydammoniakecke die obere Spitze des Tetraeder bildet, dann gelangen die Punkte *2*, *3*, *4* und *5* gerade in die richtige Höhe. Die Löslichkeit im quaternären System wird also durch eine glockenförmige Fläche beschrieben, deren Schichtlinien die Abb. 121 bilden; ihr vertikaler Abstand ist aus dem linken Seitendiagramm zu entnehmen.

Leider sind die Angaben in der Originalarbeit zunächst nur für eine bestimmte Cellulosemenge — 5 mg Mole $C_6H_{10}O_5$ in 100 cm³ — gültig, so daß die in der Abb. 121 gestrichelten Bereiche nur Extrapolationen vorstellen und daher unsicher sind. Immerhin kann man mit recht großer Wahrscheinlichkeit annehmen, daß auch in diesem System bei einem bestimmten mittleren Gehalt von NaOH optimale Lösungsverhältnisse auftreten; sowohl Verminderung als auch Zunahme der Konzentration bewirkt Ausfällen.

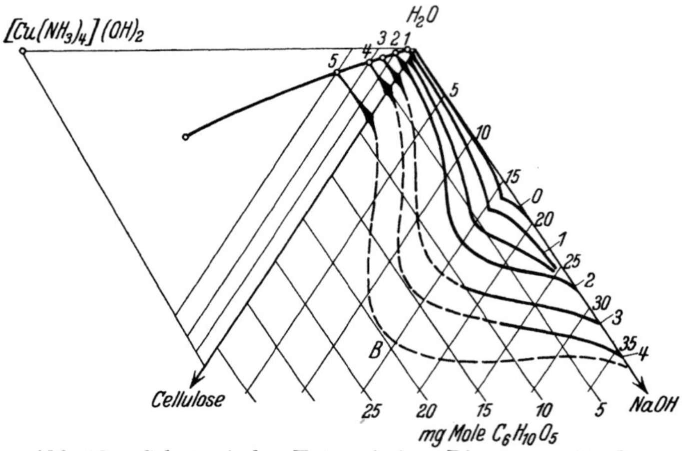

Abb. 121. Schematischer Entwurf eines Diagramms für das quaternäre System Cellulose-CuAmm-NaO_2H-HO.

Man kann auch die Verhältnisse im Anschluß an das Phasendiagramm der Abb. 118 folgendermaßen beschreiben: kupferfreie Natronlauge besitzt ein bestimmtes Lösungsvermögen für eine gegebene Cellulose. Mit zunehmender Kupferkonzentration wird dieses Vermögen zunächst ganz erheblich gesteigert. Die Fläche baucht sich mit zunehmender Höhe im Tetraeder immer stärker gegen die Celluloseecke aus (vgl. etwa den Punkt *B* im Diagramm der Abb. 121). Bei sehr hohen Kupferkonzentrationen kann dann unter Umständen — das lehrt die Abb. 118 — wiederum ein Aussalzeffekt auftreten, so daß die Gleichgewichtsfläche sich von der Celluloseecke wieder entfernt.

Eine vollständige Darstellung der Verhältnisse wäre nun erst erreicht, wenn man wiederum die Lösungsfläche als Funktion der Kettenlänge des Ausgangspräparates kennen würde. Quantitativ ist dies bis jetzt nicht der Fall, qualitativ aber läßt sich sagen, daß mit abnehmender Kettenlänge die Gleichgewichtsfläche immer weiter gegen die Celluloseecke rückt und dadurch die Zunahme der Löslichkeit bei Abnahme der Kettenlänge beschreibt. Leider gestatten die bisher vorliegenden Analysenwerte nicht die begründete Konstruktion einiger solcher Kurvenscharen, die zweifellos ein recht übersichtliches und vollständiges Bild der tatsächlichen Verhältnisse geben würden.

Die Untersuchung der Lösungen nach der Drehwertmethode von Heß ergab, daß innerhalb eines gewissen Bereiches die optische Aktivität bei Zusatz von Natronlauge ansteigt. Dies kann zweierlei Ursachen haben: es kann sich eine komplexe Verbindung aus Cellulose, Kupferoxydammoniak und Natronlauge bilden, die ein höheres Drehvermögen besitzt als die Kupferoxydamincellulose selbst, oder es kann durch Zusatz von Natronlauge die Konzentration der optisch aktiven Cellulose-Kupferverbindung vergrößert werden. Eine Entscheidung zwischen den beiden Möglichkeiten ist derzeit nicht möglich.

2. Die Untersuchung der gequollenen festen Phase. Für die Konstruktion eines rationellen Phasendiagramms fehlen hier die vollständigen Angaben über den Cu-, Na- und Wassergehalt der gequollenen Präparate. Heß und Trogus[1] haben aber in ihrer ausführlichen Arbeit eine recht anschauliche Darstellung der Verhältnisse gegeben, die der Viewegkurve im Alkalidiagramm entspricht und bis zu einem gewissen Grade einen Ersatz für die exakte phasentheoretische Beschreibung liefert. Die Abb. 122 zeigt das von ihnen festgestellte Diagramm über die Kupferaufnahme von Ramie als Funktion der Kupfer- und der Alkalikonzentration. Im alkalifreien System erhält man eine dem ersten Teil der Viewegkurve ähnliche Sättigungskurve mit nach unten konvexem Anfangsstück. Dies ist wohl auch hier darauf zurückzuführen, daß

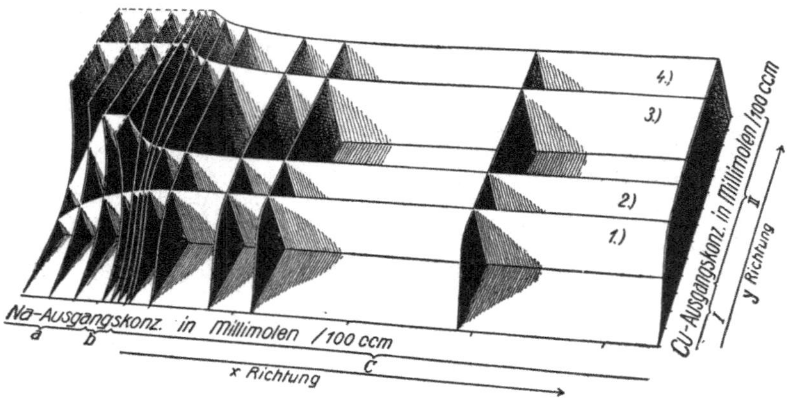

Abb. 122. Diagramm über die Kupferaufnahme von Ramie als Funktion der Kupfer- und Alkalikonzentration nach Heß und Trogus.

im Laufe des Versuchs erst allmählich die gesamte Oberfläche zur Wirksamkeit gelangt. Erhöht man nun die Alkalikonzentration (Fortschreiten in der x-Richtung), dann steigt die Aufnahmekurve zunächst steiler an, so daß schon früher die Sättigung erreicht wird (Alkalibereich a). Noch weitere Steigerung der NaOH-Menge bewirkt eine Verdrängung der Kupferbase und man erhält die Sättigung bereits bei einer niedrigeren Kupferaufnahme.

Eine ähnliche exakte Wiedergabe der Alkaliaufnahme als Funktion der beiden Konzentrationen ist bisher noch nicht gelungen, vielmehr ist in der Arbeit darauf hingewiesen, daß die Schwierigkeiten für eine derartige Bestimmung relativ groß sind. In der Abb. 123 gibt die ausgezogene Linie die aufgenommene Menge Kupfer, die gestrichelte die aufgenommene Menge Alkali in Abhängigkeit von der Kupferkonzentration an. Für die richtige phasentheoretische Konstruktion einer Gleichgewichtsfläche, welche das Wechselspiel der beiden Basen erschöpfend wiederzugeben gestatten würde, fehlen leider noch die experimentellen Angaben.

Von Bedeutung ist auch hier wiederum die Frage, wie sich die Verhältnisse ändern, wenn man Ausgangspräparate von verschiedener mittlerer Kettenlänge anwendet. Hierüber liegen keine systematischen Messungen vor. Es wurde zwar die Kupferaufnahme in Abhängigkeit von Fasermaterial geprüft, doch

[1] Z. physik. Chem. **145**, 401 (1929).

waren die verwendeten Präparate vorher nicht bezüglich ihres Abbaugrades untersucht worden. Die Tabelle 42a zeigt die erhaltenen Werte. Aus ihr geht

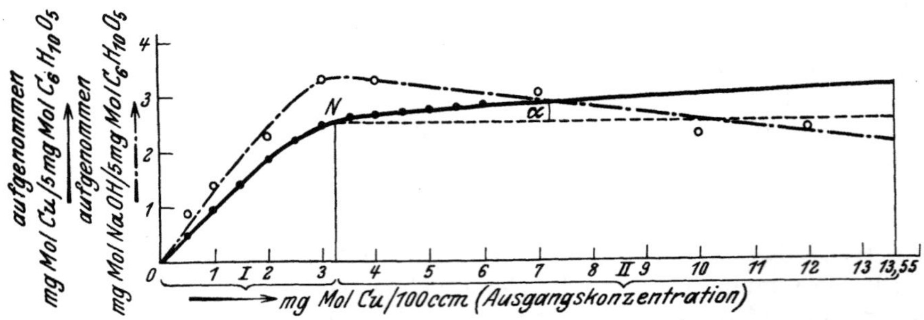

Abb. 123. Abhängigkeit der Aufnahme von Kupfer und Alkali von der Ausgangskonzentration des Kupfers bei 77,6 mgMol NaOH/100 cm³ und 5 mgMol $C_6H_{10}O_5$/100 cm³.

hervor, daß sowohl die aufgenommenen Kupfer- als auch die Alkalimengen nur innerhalb geringer Grenzen schwanken, woraus sich aber exakte Folgerungen auf die Kettenlänge nicht ziehen lassen. Die Tabelle 42b, welche nur für ganz bestimmte Konzentrationsverhältnisse gilt, zeigt allerdings, daß die Kupferaufnahme von oben nach unten merklich zunimmt. Da man ganz grob schätzen kann, daß die verwendete Zellstoffpappe ein weiter abgebautes Präparat darstellt als das Baumwollkardenband, kann man aus dieser Tabelle qualitativ entnehmen, daß mit sinkender Kettenlänge die Aufnahmsfähigkeit für Kupfer langsam ansteigt.

Tabelle 42a.
Einfluß der Faserart auf die Kupfer- und Alkaliaufnahme nach K. Heß.

Faserart	Ausgangs-konzentr. in mgMol/100 cm³	Gleich-gewichts-konzentr. mgMol Cu	Auf-genommen mgMol Cu/5 $C_6H_{10}O_5$	Gleich-gewichts-konzentr. mgMol Na	Auf-genommen mgMol Na/5 $C_6H_{10}O_5$	mgMol $C_6H_{10}O_5$ in Lösung
Ramie		2,77	3,16	26,20	2,5	0
Baumwolle		2,74	3,19	26,15	2,55	0
Merc. Baumwolle	5,93 Cu 28,7 Na	2,88	3,11	26,0	2,75; 2,80	0,10
Kupfer-Seide (Bemberg)		2,91	3,16	26,25	2,56; 2,59	0,25
Ramie		2,21	2,98	35,3	3,20; 3,05	0
Baumwolle	5,19 Cu	2,29	2,90	35,7	2,80	0
Viscose	38,5 Na	2,21	2,98	35,4	3,10	0
Zellstoff		2,27	2,92	35,6	2,90; 2,90	0

Tabelle 42b. Kupferaufnahme durch verschiedene Faserarten bei 3,0 mgMol Cu und 60 mgMol NaOH sowie 5 mgMol $C_6H_{10}O_5$/100 cm³ nach Heß.

Faserart	Aufgenommen Mgmol Cu/5 mgMol $C_6H_{10}O_5$
Baumwoll-Kardenband[1]	2,32
Merc. Baumwollgarn	2,31; 2,30[2]
Ramie-Kardenband	2,34; 2,34[2]
Bembergseide	2,40; 2,40
Zellstoffpappe	2,45

[1] Nach der Extraktion mit Benzol; das Kardenband enthielt von der Fabrikation her etwas Fett. Ohne Vorbehandlung nahm das Kardenband nur 2,27 mgMol Cu auf.

[2] Zwei Parallelversuche.

Die mit Alkali und Kupfer beladenen Präparate sind auch röntgenographisch untersucht worden. Heß und Trogus gelang es hier, zwei neue krystallisierte Phasen festzustellen, die deutliche Faserdiagramme liefern. Ihre Identitätsperioden sind bereits in der Tabelle 37 mit aufgenommen. Im ansteigenden Ast der Aufnahmskurven der Abb. 122 tritt ein Mischdiagramm auf, das aus dem der Cellulose und dem einer neuen krystallisierten Phase besteht. Dort, wo die Kurven in den Sättigungsteil übergehen, ist dieses letztere Diagramm allein vorhanden; es ist in Abb. 123a dargestellt. Ob und in welchem Maße diese Phase mit der Cellulose Mischkrystalle zu bilden befähigt ist, weiß man noch nicht. Man kann daher auch nicht sagen, ob das allmähliche Ansteigen der Aufnahmekurve, das an und für sich sprunghaft sein sollte, durch einen überlagerten Adsorptionsvorgang oder durch Mischkrystallbildung bedingt ist. Die Zusammensetzung der dem Diagramm entsprechenden Verbindung läßt sich wegen der Unschärfe der ganzen Verhältnisse nur angenähert schätzen. Vermutlich handelt es sich um ein Äquivalenzverhältnis

$$2(C_6H_{10}O_5):1\,Cu:1\,NaOH.$$

Der Kupfergehalt läßt sich mit ziemlicher Sicherheit angeben; bezüglich des Alkaligehalts

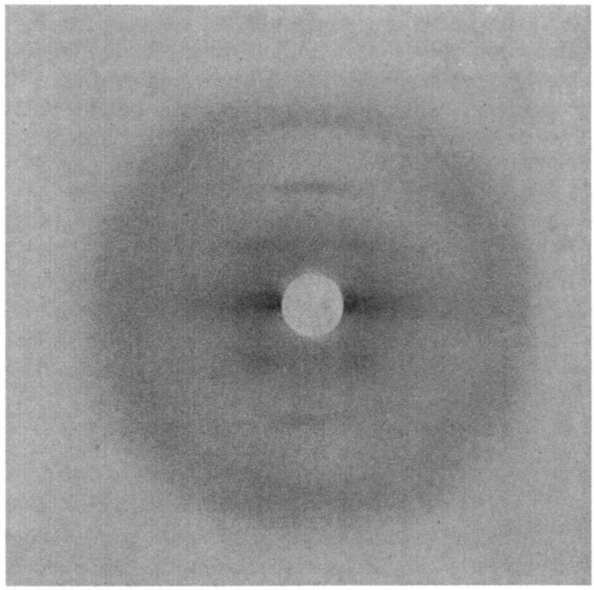

Abb. 123a. Kupferamin-Cellulose I nach Heß und Trogus.

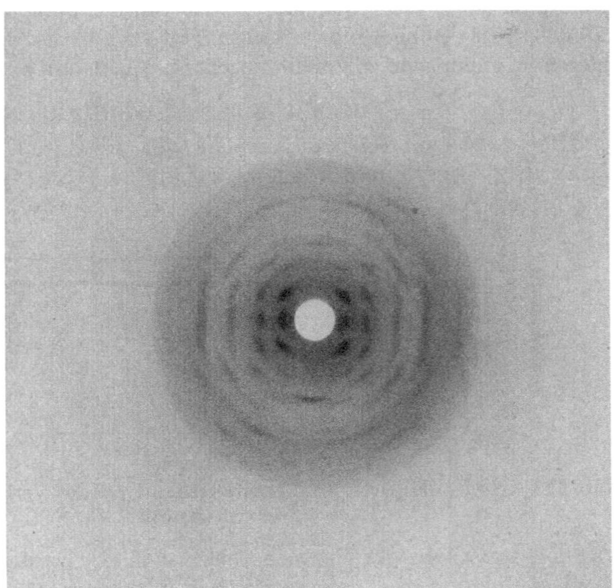

Abb. 123b. Zweite krystallisierte Phase aus dem System Cellulose-Kupferammin-NaOH-H_2O.

aber ist noch eine starke Reserve am Platze. Immerhin hat es gegenwärtig am meisten Wahrscheinlichkeit für sich, wenn man dieser Kupfer-Alkaliverbindung — der sogenannten Norman-Verbindung — die obige Zusammensetzung zuschreibt.

Das am Rande der Sättigungsfläche (Abb. 122) entstehende Diagramm bleibt bei Erhöhung der Cu-Konzentration, d. h. im Bereich *cII* der Abb. 122 nicht unverändert. Vielmehr haben Heß und Trogus in diesem Gebiet eine zweite krystallisierte Phase angetroffen, deren Diagramm in Abb. 123b wiedergegeben ist. Ob man es hier wie bei der Alkalicellulose mit einer Polymorphieerscheinung zu tun hat, ob eine Dehydratisierung vorliegt, oder ob die dem zweiten Diagramm entsprechende Verbindung kupfer- oder alkalireicher ist als die erste, läßt sich noch nicht sagen.

Insgesamt ergibt die Untersuchung der mit Alkali und Kupfer in wäßriger Lösung gequollenen Cellulose ein recht kompliziertes Wechselspiel in der Einwirkung dieser beiden Basen, welches nur in gewissem Maße durch die Abb. 121 und 122 zur Kenntnis gebracht ist. Röntgenographisch konnte die Existenz zweier krystallisierter Phasen festgestellt werden; die absolute Zusammensetzung ist bei beiden unbekannt. Bei der ersteren ist das stöchiometrische Verhältnis zwischen Glukose, Kupfer und Natronlauge wahrscheinlich 2 : 1 : 1. Bei der zweiten steht auch dieses Verhältnis noch nicht fest. Ob und wieviel Wasser beide Verbindungen enthalten, ist noch ungeklärt.

b) Die Temperaturabhängigkeit der Gleichgewichte.

Die Temperaturabhängigkeit der beschriebenen Gleichgewichte ist nicht ausführlich explizite geprüft worden. Es finden sich aber in der Heßschen Arbeit einige Angaben über den Temperaturkoeffizienten der Kupfer- und der Alkaliaufnahme. Er ist zwischen 0 und 20° nur etwa 0,01 mg Mol je Grad. Daraus ergibt sich, daß die Bildungswärme der in Frage kommenden Verbindungen nicht groß sein kann, daß man es also wahrscheinlich ähnlich wie bei der Alkalicellulose mit Anlagerungsverbindungen zu tun hat, bei deren Entstehung tiefgreifende chemische Elementarprozesse nicht mitwirken.

c) Reaktionsgeschwindigkeitsfragen.

Hier existieren Kontrollversuche von Heß und Trogus, die im wesentlichen dazu angestellt worden waren, um zu prüfen, ob die Gleichgewichte auch

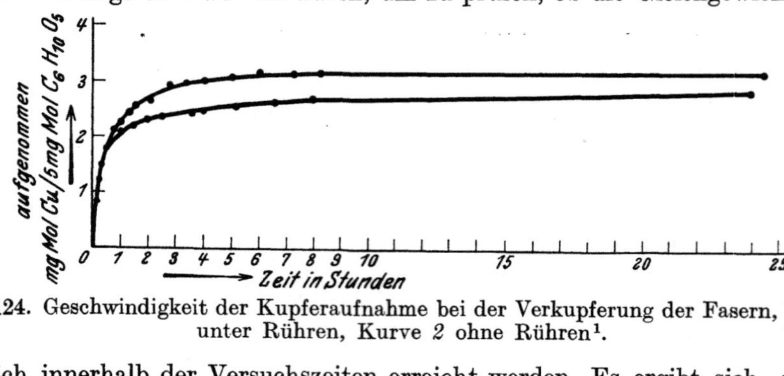

Abb. 124. Geschwindigkeit der Kupferaufnahme bei der Verkupferung der Fasern, Kurve *1* unter Rühren, Kurve *2* ohne Rühren[1].

wirklich innerhalb der Versuchszeiten erreicht werden. Es ergibt sich, daß die Kupferaufnahme aus den alkalischen Lösungen außerordentlich rasch erfolgt. Weder Rühren noch Schütteln hat einen wesentlichen Einfluß auf die Reaktionsgeschwindigkeit. Die beiden Kurven der Abb. 124 zeigen die aufgenommene

[1] Die beiden Versuchsreihen sind bei verschiedenen Kupferkonzentrationen durchgeführt worden. Aus diesem Grunde ist die Kupferaufnahme im Gleichgewicht verschieden.

Kupfermenge als Funktion der Zeit, das eine Mal mit, das andere Mal ohne Rühren. Man sieht, daß nach wenigen Stunden die Reaktion bereits vollendet ist.

Von großer Bedeutung erwies sich der Reinheitsgrad des verwendeten Fasermaterials in dem Sinne, daß Fett oder sonstige Verunreinigungen eine merkliche Herabsetzung der Reaktionsgeschwindigkeit bedingen. So erreichen z. B. käufliche rohe Linters erst nach 14 Tagen das Gleichgewicht, welches sich nach Abb. 124 mit gereinigten Präparaten bereits in wenigen Stunden einstellt.

5. Die Verwendung anderer Alkalien und Schwermetalle.

Den Einfluß der Alkaliart auf die Kupferaufnahme durch die Faser zeigt die Tabelle 43. Aus ihr geht hervor, daß die Änderung im Sinne der Basizität des Alkalis erfolgt, und zwar so, daß mit steigender Basizität des Alkalis die Kupferaufnahme zunimmt. Bei Gegenwart von LiOH ist sie am größten, bei Gegenwart von RbOH am kleinsten. Wohl krystallisierte Phasen mit anderen Alkalien als NaOH sind bisher röntgenographisch nicht festgestellt worden.

Tabelle 43. Einfluß der Alkaliart auf die Kupferaufnahme der Faser.

Ausgangskonzentration Alkali in mgMol/100 cm³	Ausgangskonzentration Cu in mgMol/100 cm³	Gleichgewichtskonzentration Cu in mgMol/100 cm³	Aufgenommen mgMol Cu/5 $C_6H_{10}O_5$
LiOH	5,97	2,73	3,24
NaOH	5,97	3,10	2,87
KOH	5,97	3,20	2,77
LiOH	5,45	2,30	3,15
NaOH	5,45	2,56	2,89
KOH	5,45	2,58	2,87
RbOH	5,45	2,75	2,70

Es ist gelegentlich der Versuch gemacht worden, an Stelle von Kupfer Nickel oder Kobalt zu verwenden. Die komplexen Ammoniakate dieser beiden Metalle wirken aber erheblich weniger quellend und lösend auf die Cellulose ein als die Kupferverbindung. Quantitative Angaben hierüber sind in der Literatur nicht zu finden.

Statt Ammoniak wurden auch andere Basen, insbesondere Äthylendiamin gebraucht. Die Kupferaufnahme aus solchen Lösungen ist derjenigen aus Ammoniakaten sehr ähnlich[1], doch liegt auch hier bei weitem nicht genügend experimentelles Material vor, um die entsprechenden Phasendiagramme angeben zu können.

6. Die Eigenschaften des Regenerates.

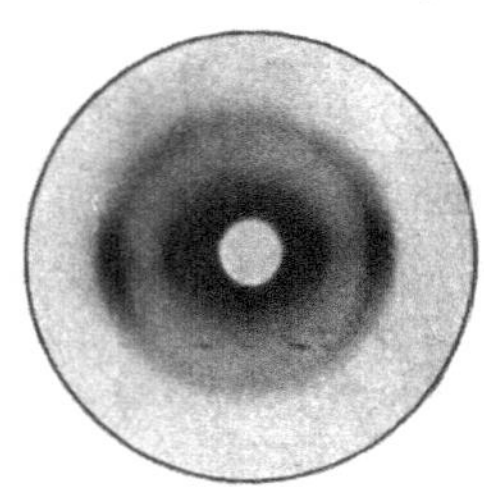

Abb. 125. Röntgenogramm eines Regenerates aus Schweizer-Lösung.

Behandelt man die blauen Kupfer-Alkali-Cellulose-verbindungen, welche während der beschriebenen Einwirkungen entstehen, mit verdünnten Säuren, so erhält man in allen Fällen Hydratcellulose zurück. Die Abb. 125 zeigt das Diagramm eines in dieser Weise erhaltenen Präparates; es ist das charakteristische Bild der mercerisierten Cellulose. Das gegenwärtige Versuchsmaterial erweckt den Eindruck, daß man bei genügend vorsichtigem Arbeiten — Ausschluß von Sauerstoff und Licht —

[1] Trogus u. Sakurada: Ber. 63, 2174 (1930).

zu Präparaten gelangt, die in Bezug auf ihre mittlere Kettenlänge im wesentlichen unverändert sind. Zum mindesten zeigen wiederholt mit alkalischen Kupferlösungen behandelte Fasern keinen systematischen Abfall derjenigen Kennzahlen, welche die mittlere Kettenlänge charakterisieren.

Hingegen wird das morphologische Gefüge der Faser durch die Behandlung mit Alkali bei Gegenwart von Kupferammoniakat erheblich verändert. Es erfolgt ein merklicher „Aufschluß", und zwar wohl dadurch, daß vorhandene andersartige Kittsubstanzen oder Faserhäute entfernt werden und der zwischenmicellare Zusammenhang eine weitgehende Lockerung erleidet. Wenn auch die Gleichgewichte im allgemeinen davon unberührt bleiben, so ist doch der Einfluß auf die Reaktionsgeschwindigkeit erheblich und die vorbehandelten Präparate sind in ihren technischen Eigenschaften sehr merklich verändert.

7. Präparatives.

Wesentlich für die Brauchbarkeit von Cellulosepräparaten zur Anstellung der eben erwähnten Messungen ist ein geringer Fettgehalt. Am zweckmäßigsten entfettet man mit heißem Alkohol oder Benzol und vermeidet die Verwendung alkalischer Wäsche.

Für die Herstellung der Kupferamminlösung geht man am besten von Kupferhydroxyd aus, das man bequem nach der Vorschrift von Habermann[1] erhalten kann, indem man aus Kupfersulfatlösung mit Ammoniak ein basisches Salz von der Zusammensetzung 7 CuO, 2 SO_3, 6 H_2O erzeugt und dieses mit doppelt normaler Natronlauge bei Zimmertemperatur behandelt. Nach sorgfältigem Auswaschen mit Wasser, Alkohol und schließlich mit Äther erhält man nach Trocknen bei 60 bis 80^0 ein lockeres, hellblaues Pulver, das sich gut aufbewahren läßt. Um die Cellulose in Lösung zu bringen, werden entsprechende Mengen gut entfetteter, lufttrockener Substanz mit dem pulvrigen Kupferhydroxyd in einem Rundkolben gemischt und bei Luftabschluß zunächst mit wenig 20 bis 25proz. Ammoniak befeuchtet. Hierbei tritt meist recht schnell starke Aufquellung ein. Man fügt dann 20proz. Ammoniak solange hinzu, bis die gewünschte Konzentration erreicht ist, und erhält homogene, tiefblaue Lösungen. Wesentlich ist es, bei dieser Operation die Luft sorgfältig auszuschließen und auch nicht in intensivem Sonnenlicht zu arbeiten.

Es ist schon erwähnt worden, daß die Reaktionsgeschwindigkeiten stark von der Vorbehandlung der Präparate abhängig sein können; gelegentlich gehen gewisse Anteile eines gegebenen Präparates sehr rasch in Lösung, während andere nur allmählich oder überhaupt nicht gelöst werden können. Gute Vorreinigung und inniges Durchmischen während der Reaktion ermöglichen es meist, dieser Schwierigkeiten Herr zu werden.

Es ist schon erwähnt worden, daß der in den vorangegangenen Abschnitten beschriebene Lösungsvorgang der Cellulose von großer technischer Bedeutung ist, da auf ihm die Herstellung der Kupferseide beruht. Er hat daher eine sehr breit angelegte, meist rein empirische Durcharbeitung erfahren, als deren Ergebnis eine ganze Reihe von Lösungsrezepten vorliegen. In dieser Darstellung wird es aber genügen, auf diesen Umstand nur im allgemeinen hinzuweisen[2].

---

[1] Z. anorg. Chem. **50**, 318 (1906); siehe K. Heß: Buch S. 314.

[2] Vgl. Technologie Bd. VI. Ferner W. Weltzien: Technologie der Kunstseiden. AVG. **1930**, 191ff.

8. Der Elementarprozeß bei der Einwirkung von Schweizer-Lösung auf Cellulose.

Überblickt man die Untersuchungen des vorliegenden Systems, so kommt man bezüglich der Einzelvorgänge etwa zu dem folgenden Eindruck: Bei der Einwirkung von Kupferoxydammoniak allein und in Gegenwart von Alkali bilden sich mehrere stabile Verbindungen, die zum Teil auch als reine krystallisierte Phasen isoliert werden können. Eine genaue Formulierung der Elementarprozesse ist aber heute mit Sicherheit noch nicht möglich.

Heß[1] faßt das Ergebnis seiner Versuche dahingehend zusammen, daß bei Abwesenheit von Alkali folgende Reaktionen verlaufen:

$$\underset{\text{fest}}{2\,(C_6H_{10}O_5)} + \underset{\text{gelöst}}{[Cu(NH_3)_4](OH)_2} \rightarrow \underset{\text{gelöst}}{(C_6H_9O_5)_2\,[Cu(NH_3)_4]} + 2\,H_2O\,.$$

Darnach würden zwei Glukosereste so wirken wie eine zweibasische Säure und mit dem ebenfalls zweiwertigen Kupferkomplex ein Salz liefern, das im Sinne dieser Darstellung als heteropolare Ionenverbindung aufzufassen wäre. In dieser Stufe gibt also jeder Glukoserest ein Wasserstoffion ab, das zur Bildung von Wasser verwendet wird. Aus diesem Salz soll sich nun der hochdrehende Komplex gemäß der Gleichung

$$[C_6H_9O_5]_2[Cu(NH_2)_4] + 2\,[Cu(NH_3)_4](OH)_2 \rightarrow [C_6H_7O_5Cu]_2[Cu(NH_3)_4] + 8\,NH_3 + 9\,H_2O$$

bilden. Das zweifach negativ geladene „Cellobiose-Ion“ zersetzt also zwei weitere Moleküle der Cu-Base, lagert die beiden freiwerdenden Cu-Ionen alkoholatartig an, liefert vier H-Ionen zur Bildung entsprechender Mengen Wassers und setzt den Ammoniak molekular in Freiheit. Bei Gegenwart von Alkali formuliert Heß den Prozeß unter ähnlichen Gesichtspunkten und erteilt den beiden Verbindungen die Formeln:

$$\text{Norman-Verbindung}\quad [(C_6H_9O_5)_2Cu]\,Na_x$$

$$\text{Cu-Alkali-Cellulose II}\quad [(C_6H_9O_5)_2Cu]\,[Cu(NH_3)_4]_{\frac{x}{2}}$$

$$x = 1 \text{ oder } 2\,.$$

Hierbei wird immer angenommen, daß das zweifach positiv geladene Kupferion mit zwei Hydroxylgruppen eines Cellobioserestes reagiert und zwei Wasserstoffionen aus ihnen frei macht. Der Glukoserest fungiert in diesem Sinne als Säure, welche die Kupferammoniumbase unter Abspaltung von Ammoniak zersetzen kann. Der verkupferte Glukoserest tritt dann seinerseits als einfach negatives Ion mit dem Rest der Kupferbase bzw. mit den Natriumionen in heteropolare Reaktion. Es müßte also durch die Hauptvalenzbildung des Kupfers an zwei Hydroxylgruppen der Cellobiose irgendwo in jedem der beiden Glukosereste ein H-Ion aufgelockert und ionogen gemacht werden.

Diese klare — elektrochemisch eingestellte — Formulierung des vorliegenden Reaktionsmechanismus wird den vorhandenen Versuchsergebnissen gerecht, da sie ja aus ihnen abgeleitet ist. Es lassen sich aber neben ihr auch noch andere Formulierungen in Einklang mit der Erfahrung bringen, welche weniger tiefgreifende Veränderungen im Ladungszustand der beteiligten Moleküle bedingen. Die kleinen Wärmetönungen, von denen alle Umsetzungen begleitet sind und die geringe Aktivität der organischen Komponenten sprechen vielleicht eher dafür, daß — wie bei der Bildung der Alkalicellu-

[1] Vgl. z. B. Buch S. 300 sowie später Z. physik. Chem. **145**, 430 (1929).

losen — auch hier keine Hauptvalenzbindungen gelöst und angeknüpft werden, sondern daß sich die Wechselwirkung auf dipolartige Kräfte beschränkt.

In diesem zurückhaltenderen Sinne würden die Umsetzungen etwa so zu formulieren sein: Bringt man native Cellulose in Kupferaminlösung, so treten die komplexen Ionen $[Cu(NH_3)_4]^{++}$ zunächst in die zwischenmicellaren Hohlräume ein, wo sie auf die zahlreichen an der micellaren Oberfläche liegenden Hydroxylgruppen polarisierend und vielleicht auch orientierend wirken und durch die hierbei auftretenden Dipolfelder festgehalten werden. Makroskopisch äußert sich dieser Prozeß in einer sehr ausgiebigen Quellung der Faser. Aus elektrostatischen Gründen folgen die Hydroxylionen ebenfalls in das Innere des Präparates nach. Wenn eine bestimmte Konzentration an der micellaren Oberfläche erreicht ist, beginnt der Eintritt in das Innere der Krystallite. Hier hat die Gitterstruktur, d. h. die gesetzmäßige periodische Anordnung der Hydroxylgruppen zur Folge, daß für die eindringenden Ionen Gleichgewichtslagen existieren, die durch seichte Potentialmulden charakterisiert sind. Die komplexe Kupferbase tritt ebenso in das Cellulosegitter ein wie Wasser, Alkohole, Äther usw. in das Krystallgitter zahlreicher Körper eintreten können. Ähnlich wie bei den Permutiten, beim Chabasit oder anderen Silicaten ist offenbar bei der Cellulose eine große Aufnahmefähigkeit des Gitters für Ionen starker Deformierbarkeit vorhanden.

Daß eine solche Einlagerungsverbindung höhere optische Aktivität besitzt als die ursprüngliche Cellulose selbst, kann im allgemeinen und besonders nach den neueren Arbeiten von Freudenberg und W. Kuhn[1] nicht wundernehmen. Aus letzteren geht mit Deutlichkeit hervor, daß die optische Aktivität ihren Sitz in den äußersten, leicht verschiebbaren Anteilen der Ladungswolken hat. Die dem Cellulosegitter innewohnende Enantiomorphie wird also offenbar beim Einbau der komplexen Kupferionen so verstärkt, daß sich das beobachtete starke Drehungsvermögen ergibt. Es erscheint nach diesen neueren Arbeiten nicht notwendig, daß zur Erzeugung des hohen Drehwertes eine starke hauptvalenzmäßige Umgruppierung bei der Bildung der Kupferverbindung statthat.

Insgesamt muß man es gegenwärtig wohl noch offen lassen, ob der hochdrehende Cellulose-Kupferkomplex hauptvalenzmäßig in dem Sinne zu formulieren ist, daß auf zwei Glukosereste ein Kupfer alkoholatartig gebunden wird oder in dem Sinne, daß auf je zwei solche Reste ein Molekül

$$[Cu(NH_3)_4](OH)_2$$

komplexchemisch sich anlagert.

Bei Anwesenheit von Alkali ist neben der besprochenen Wechselwirkung noch eine Anlagerung von NaOH möglich. Daß hierbei das Drehvermögen verändert wird, ist bei seiner Empfindlichkeit sehr plausibel. Aus dieser Veränderung weitgehende Schlüsse auf die Art der Verknüpfung zu ziehen, scheint im gegenwärtigen Augenblick noch verfrüht. In der Normanverbindung liegt also wohl eine Cellulose vor, in deren permutoidem Gefüge komplexe Kupferbase, NaOH und vielleicht außerdem auch noch Wasser eingelagert sind.

Im Gegensatz zu den später zu besprechenden Veresterungen und Verätherungen der Cellulose, wo wahre Elektronenaustausch-Verbindungen zweifellos vorliegen, ist hier, wie schon früher bei der Alkalicellulose, der Eindruck vorherrschend, daß man es mit An- und Einlagerungsverbindungen stark polarisierbarer und polarisierender Ionen in das komplizierte Gefüge der Cellulosemicelle zu tun hat.

---

[1] Ber. **63**, 191 (1930).

V. Die Einwirkung von Salzlösungen auf Cellulose.

1. Allgemeines über die Lösungen stark solvatisierender Ionen.

Ehe die Wechselwirkung von Salzlösungen mit Cellulose beschrieben werden kann, ist es zweckmäßig, mit einigen Worten auf die Natur dieser Lösungen einzugehen und dabei besonders diejenigen speziellen Elektrolyte ins Auge zu fassen, welche der Cellulose gegenüber ein starkes Quellungs- und Lösungsvermögen zeigen. Hofmeister[1] hat schon im Jahre 1888 beobachtet, daß sich viele Salze bezüglich ihrer quellenden Wirkung auf hochpolymere Substanzen in eine Reihe einordnen lassen, die man als Hofmeistersche oder nach Freundlich[2] als lyotrope Ionenreihe bezeichnet. Es hat sich in späteren Arbeiten herausgestellt[3], daß ein systematisch ansteigendes Quellungs- und Lösungsvermögen sowohl für die Anionen als auch für die Kationen besteht, und zwar entsprechend der folgenden Aufstellung:

$$\mathrm{Li} > \mathrm{Na} > \mathrm{K} > \mathrm{Rb} > \mathrm{Cs}$$
$$\mathrm{Ca} > \mathrm{Sr} > \mathrm{Ba}$$
$$\mathrm{CNS} > \mathrm{I} > \mathrm{Br} > \mathrm{Cl} > \mathrm{F}.$$

In den letzten Jahren hat nun, besonders durch Arbeiten von Fajans, Debye-Hueckel, Nernst und anderen[4] unsere allgemeine Kenntnis über den Zustand der Ionen in solchen Salzlösungen eine starke Erweiterung und Vertiefung erfahren, und es ist sicherlich notwendig, bei der Betrachtung der Quellungs- und Lösungserscheinungen von Cellulose diese neueste Entwicklung besonders eingehend zu berücksichtigen. Da sie in die Lehrbücher bisher noch nicht ausführlich übergegangen ist, sei es gestattet, hier ganz kurz darüber zu referieren.

Positive sowie auch negative Ionen sind von einem Coulombschen Feld umgeben, dessen Inhomogenität mit abnehmendem Ionendurchmesser ansteigt. Bringt man solche Ionen in Wasser oder in eine andere Flüssigkeit mit orientierbaren und deformierbaren Dipolen, so hängt das Maß der Wechselwirkung gerade von der Inhomogenität des Feldes ab, da durch sie die Feldstärke in der Umgebung des Ions bestimmt wird. Nur dann, wenn das Feld über die Dimensionen eines Wasserdipols merklich inhomogen ist, kann neben der Polarisierung und Orientierung auch eine Anziehung der Flüssigkeitsdipole eintreten. Im allgemeinen umgeben sich also kleine Ionen in wäßriger Lösung mit einer Hydrathülle, die je nach dem Vorzeichen der Ionenladung verschiedenartig strukturiert ist. Kationen

Tabelle 44.

Ion	Lösungsmittel	Solvatationswärme in kg/cal je Mol H_2O
H^+	H_2O	268
Li^+	,,	150
Na^+	,,	117
K^+	,,	97
Rb^+	,,	92
Cs^+	,,	86
Ag^+	,,	125
F^-	,,	102
Cl^-	,,	63
Br^-	,,	52
J^-	,,	41
Mg^{++}	,,	500
Ca^{++}	,,	345
Zn^{++}	,,	520

[1] Arch. exp. Path. **24**, 247 (1888).
[2] Kapillarchemie AVG. Leipzig; letzte Auflage 1929. Zur Anwendung auf die Cellulose vgl. R. O. Herzog: Kolloid.-Z. **39**, 98 (1926).
[3] z. B. Rothmund: Z. physik. Chem. **33**, 401 (1900). Gladstone u. Pound: J. chem. Soc. Lond. **127**, 2660 (1925); **129**, 2392 (1926).
[4] z. B. Z. Electrochem. **34**, 1 (1928); Naturwiss. **9**, 729 (1921); Z. physik. Chem. **135**, 237 (1928).

binden an ihrer Oberfläche vorzugsweise den negativen Teil des Wassers, d. h. die Hydroxylgruppe; negative Ionen das Wasserstoffion. Um über das Hydratationsbestreben einzelner Ionen auch Quantitatives zu bringen, sei die Tabelle 44 aufgenommen, in der für die wichtigsten in Frage kommenden Ionen die mittlere Bindungsenergie der Wassermoleküle in Cal je Mol H_2O in dieser Hülle angegeben ist.

Bei sehr kleinen oder bei hoch aufgeladenen Ionen (Li, Zn, Ca) kann die Polarisierung bis zu einer Zerreißung der Wasserdipole führen, so daß das H-Ion nach außen abdissoziiert. Man erhält dann die Meerweinschen Aquosäuren[1], die man sich durch das Schema der Abb. 126 anschaulich machen kann.

K. H. Meyer und M. Dunkel[2] haben in einer neueren Arbeit ganz besonders die Wechselwirkung hydratisierender Ionen mit organischen Molekülen untersucht. Ebenso wie der Wasserdipol gerichtet, deformiert und angezogen wird, können auch Hydroxyl- oder Aminogruppen, die an organischen Resten hängen, in die Solvathülle der Ionen eingebaut werden. Auf dieser „Misch-Solvatation" beruht die lösungsvermittelnde Wirkung zahlreicher Neutralsalze gegenüber Alkoholen, Aminen und anderen einfachen organischen Verbindungen. Die Erfahrung zeigt, daß diejenigen Alkalihalogenide, welche aus Ionen gleicher Größe bestehen, organische Moleküle nur in geringem Maße in ihre Ionenhülle einbauen können, und, weil sie das Wasser für sich beanspruchen, im wesentlichen aussalzend wirken. Haben aber die beiden, das Salz bildenden Ionen sehr verschiedene Größe und daher auch verschiedene Hydratationsenergie, dann sind die kleineren von ihnen befähigt, organische Moleküle in erheblichem Maße in ihre Solvathülle aufzunehmen, d. h. mit ihnen mehr oder weniger stöchiometrisch definierte Anlagerungsverbindungen zu bilden. Die größeren — wenig solvatisierten — Partner stören wegen ihrer geringen Wasserbegierde diesen Prozeß nicht, und man erhält eine merkliche Lösungsvermittlung. Bei genügender Konzentration des Salzes führt dies schließlich dazu, daß die Trennungsfläche zwischen den zwei anfänglich vorliegenden Phasen — Wasser und Butylalkohol oder Wasser und Anilin — gänzlich verschwindet und beide Flüssigkeiten durch Vermittlung der Solvathüllen der kleineren Ionengattung homogen gemischt erscheinen. Die starken Felder dieser Ionen erzwingen eben die Vermischung in einem Temperatur- und Konzentrationsbereich, in dem die freien Moleküle nicht mischbar sind.

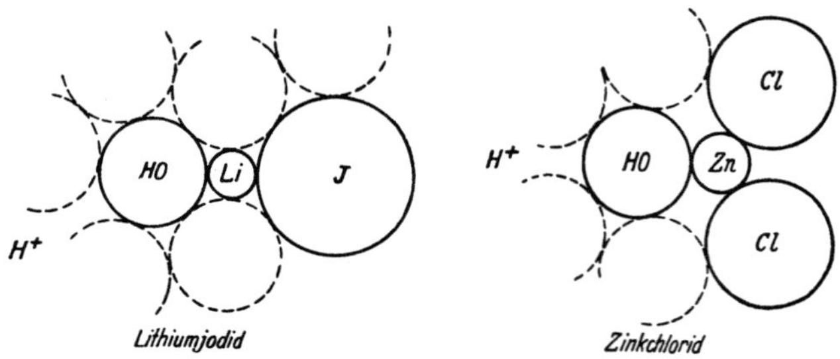

Abb. 126. Mikrozustand der Ionen in konzentrierten Lösungen von Aquosäuren nach Meyer und Dunkel.

Insgesamt ergibt sich aus der Wechselwirkung wäßriger Salzlösungen mit organischen niedrigmolekularen Körpern, welche leicht polarisierbare Gruppen enthalten, daß besonders solche Salze zur Anlagerung neigen, die Ionen von sehr verschiedenem Hydratationsvermögen enthalten. Diese Kenntnis gilt es, bei der Betrachtung der Vorgänge bei der Cellulose mitzuverwenden.

---

[1] Ann. **455**, 227 (1927).

[2] Z. physik. Chem. Bodenstein: Festband S. 553 (1931). Dort sind auch ausführlichere Literaturangaben zu finden.

2. Die Quellung und Lösung der Cellulose in konzentrierten Salzlösungen.

Es ist schon vor vielen Jahren beobachtet worden, daß ganz bestimmte Salzlösungen, insbesondere Lithiumjodid, Calciumrhodanid, Zinkchlorid und Kalium-Quecksilberjodid native Cellulose außerordentlich stark anquellen und bei geeigneten Temperatur- und Konzentrationsverhältnissen auch in Lösung bringen können[1]. Versucht man, dem Vorsatz dieser ganzen Darstellung entsprechend, die ternären Diagramme, Wasser-Cellulose-Elektrolyt zu konstruieren, um aus ihnen die Quellungs- und Lösungsbereiche zu entnehmen, so findet man, daß zwei Gründe dies gegenwärtig als unmöglich erscheinen lassen müssen.

Zunächst sind in der Literatur nur wenig Angaben zu finden, die für eine quantitative Verwertung brauchbar wären. Insbesondere ist der Wassergehalt der gequollenen Präparate beinahe niemals angegeben, so daß man im besten Falle die Aufnahme der Elektrolytkomponente angeben kann, nicht aber gleichzeitig den Quellungsgrad. Dann aber muß hier der folgende Umstand zur Vorsicht mahnen. Es ist schon beim System Cellulose—Natriumhydroxyd—Wasser darauf hingewiesen worden, daß die Kurven im Dreiecksdiagramm nur dann von Bedeutung sind, wenn man sich explizite davon überzeugt hat, daß wirklich Gleichgewichte vorliegen, daß man also nach Regenerierung der Cellulose bei nochmaliger Anstellung des Versuchs Werte erhält, die auf der gleichen Kurve liegen. Dort ist diese Prüfung durchgeführt worden und so ausgefallen, daß die Konstruktion des Dreieckdiagramms gerechtfertigt erscheint. Hier aber — bei den konzentrierten Salzlösungen — ist neben der bereits ausführlicher diskutierten Wechselwirkung der Ionen mit den Hydroxylgruppen der Cellulose noch sehr ernstlich der hydrolysierende Einfluß der vorhandenen H-Ionen in Betracht zu ziehen.

Da die meisten quellenden und lösenden Salze starke Ansolvosäuren sind, ist zu erwarten, daß nicht nur die Ionen des Elektrolyts mit ihren Solvathüllen in das micellare Gefüge der Cellulose eindringen und dort den gewünschten Quellungseffekt hervorrufen, sondern daß auch die sie begleitenden H-Ionen in erheblichem Maße die glukosidischen Sauerstoffbrücken spalten und dadurch das Präparat irreversibel verändern. Im Kapitel IX wird über die quantitative Kenntnis dieses Spaltungsprozesses noch näher zu berichten sein, hier sei nur vorweggenommen, daß dieser Effekt in den meisten untersuchten Fällen so stark ist, daß er die Aufstellung von Gleichgewichtsdiagrammen etwa im Sinne der Abb. 121 durchaus verbietet. Das regenerierte Produkt ist mit dem Ausgangsmaterial zwar in Bezug auf die Struktur des Glukoserestes identisch, alle Kennzahlen aber, welche über die mittlere Kettenlänge etwas aussagen, haben sich meist im Sinne einer starken Herabsetzung verändert.

Es ist daher leider gegenwärtig nicht möglich, über die Wechselwirkung zwischen konzentrierten Salzlösungen und Cellulose Quantitatives mitzuteilen; man muß sich vielmehr mit der allgemeinen Beschreibung der Erscheinungen zufrieden geben und versuchen, aus ihr etwas über den Elementarprozeß abzuleiten.

Native, entfettete und evtl. schwach gebleichte Cellulose quillt in konzentrierten Lösungen zahlreicher Neutralsalze schon in der Kälte stark auf und geht bei allmählichem Erwärmen schließlich in eine gallertige und später in eine

---

[1] z. B. P. P. v. Weimarn: Kolloid-Z. **11**, 41 (1912); **29**, 197 (1923). Herzog, R. O., u. F. Beck: Z. physiol. Chem. **111**, 287 (1920). Herzog, R. O.: Kolloid.-Z. **39**, 98, (1926); siehe auch K. Heß: Buch S. 343ff.

mäßig viscose „homogene" Lösung über. Besonders stark quellende und lösende Wirkung zeigen die folgenden Salze:

$$LiI,\ K(CSN),\ K(HgI_3)$$
$$Ca(CSN))_2,\ CaCl_2,\ ZnCl_2$$
$$Li(CSN).$$

Im allgemeinen verschwindet bei Behandlung in der Hitze das Röntgenogramm der nativen Cellulose sehr bald, woraus man schließen kann[1], daß die gelösten Ionen mit ihren Solvathüllen in das Innere der Micelle eingetreten sind. J. R. Katz und C. Derksen[2] ist es gelungen, bei der Quellung in Lithiumrhodanidlösungen das Auftreten neuer krystallisierter Phasen zu beobachten. Sie fanden nämlich, daß in verdünnten Lösungen das Röntgenogramm bei Zimmertemperatur zunächst unverändert bleibt. Geht man aber zu einer Konzentration

$$\text{Salz} : \text{Wasser} = 3 : 1$$

über, dann tritt ein neues, vom Ramiediagramm deutlich verschiedenes Röntgenbild auf, das quantitativ zwar noch nicht ausgewertet worden ist, aber jedenfalls beweist, daß ähnlich wie bei der Alkali- und Kupferamincellulose eine neue stabile krystallisierte Phase entstanden ist. Erhöht man die Salzkonzentration bis zu

$$\text{Salz} : \text{Wasser} = 4{,}2 : 1\,,$$

so erhält man ein zweites Diagramm, das einer anderen Anlagerungsverbindung, vermutlich einer solchen mit höherem Salzgehalt entspricht. Geht man bei diesen Lösungen von Hydratcellulose aus, dann zeigt sich, daß man das erste Diagramm bereits bei einer Konzentration von 2,4 : 1 erhält, während bei 4 : 1 ein drittes Röntgenbild beobachtet werden konnte.

Hier liegen also zweifellos molekulare Anlagerungskomplexe vor, die in Analogie zu den Pfeifferschen Molekülverbindungen[3] stehen. So bildet ja z. B. Äthyläther wohl krystallisierte Doppelverbindungen mit $MgCl_2$, $MgBr_2$, $CaCl_2$, $AlCl_3$, $SnCl_4$ und sogar fünf verschiedene solcher Molekülverbindungen mit MgI_2.

Bei den anderen, auf S. 249 aufgezählten Elektrolyten ist bisher die Feststellung einer krystallisierten Einlagerungsverbindung noch nicht gelungen. Es ist aber wohl kaum daran zu zweifeln, daß bei hinreichend vorsichtiger Quellung — tiefer Temperatur und mäßiger Konzentration des Salzes — auch hier ähnliche Effekte zu erwarten sind.

Behandelt man die gequollenen Präparate mit Wasser, so werden diese labilen Molekülverbindungen zersetzt, und man erhält das Diagramm der nativen oder der Hydratcellulose zurück. Die Quellungsbereiche, innerhalb derer man die native Cellulose regenerieren kann, bzw. außerhalb derer man die Hydratcellulose erhält, sind noch nicht genau festgelegt. Es scheint aber, daß bei mäßiger Veränderung des ursprünglichen Gitters wiederum die native Cellulose regeneriert werden kann, während nach stärkerer Einwirkung — konzentrierterer Lösungen oder höherer Temperatur — beim Zersetzen der Verbindung sich nicht das native Gefüge wieder herstellt, sondern das der Hydratcellulose.

Bei diesen Quellungen in konzentrierten Salzlösungen spielen sich offenbar zwei voneinander wesentlich verschiedene Einzelprozesse ab: einmal ein Abbau der Ketten durch die vorhandenen Wasserstoffionen, ein Vorgang, der hier außer acht gelassen sei, und dann die Einlagerung der stark polarisierend wirkenden Ionen

---

[1] z. B. Z. physik. Chem. **115**, 385 (1925). [2] Rec. Trav. Chim. **50**, 149 (1931).
[3] Vgl. z. B. die zusammenfassende Darstellung bei P. Pfeiffer: Org. Mol.-Verb., 2. Aufl. Stuttgart: Encke 1927.

in das Gittergefüge der Cellulose. Hier sind es wohl wieder in erster Linie die zahlreichen OH-Gruppen, die das Ion im Inneren des Gittergefüges festhalten können. In der Tat ist die mittlere Dichte dieser Gruppen in der Cellulose sehr erheblich. Aus der Gitterbestimmung geht nämlich hervor, daß auf 1000 Å³, d. h. auf einen Würfel von 10 Å Kantenlänge, 18 Hydroxylgruppen kommen, während im flüssigen Wasser in dem gleichen Volumen etwa 30 solcher Gruppen vorhanden sind. Für ein Ion von kleinerem Durchmesser bieten sich also im Cellulosegitter zahlreiche orientierbare und polarisierbare Hydroxylgruppen dar, die reichlich Gelegenheit zur Ausbildung mäßig stabiler Gleichgewichtslagen geben können. Das starke Bestreben, Elektrolyte von extrem polarisierenden Eigenschaften einzulagern, ist somit durch die ganze innermicellare Struktur wohl verständlich.

Daß Elektrolyte, die aus zwei gleich großen und daher auch gleich stark wasserbindenden Ionen bestehen, wie z. B. LiF, NaCl usw., ähnliche Wirkung nicht ausüben können, hat wohl mehrere Gründe (vgl. S. 250). Zunächst lassen sich solche Salze überhaupt nicht in entsprechend hohen Konzentrationen in Lösung bringen, da die Gitterenergie der festen Phase zu groß ist; nur wenn beide Ionen mit großen Solvathüllen umgeben sind, bleiben sie in Lösung. Dann aber ist durch die dielektrische Wirkung der Wasserdipole die Feldstärke in der Umgebung jedes einzelnen Ions bereits stark herabgesetzt und eine intensive Wechselwirkung mit den Hydroxylgruppen der Cellulose nicht mehr möglich. In den hochkonzentrierten Lösungen von Ionen ungleicher Polarisierbarkeit aber hat man immer genügend wenig hydratisierte kleine Ionen vor sich, die begierig darnach streben, anderweitige Hydroxylgruppen anzulagern und daher mit den Glukoseresten in Wechselwirkung treten.

VI. Die Einwirkung von Schwefelkohlenstoff und Alkali auf Cellulose.

1. Einleitung.

Die Tatsache, daß man Cellulose durch aufeinander folgende Einwirkung von Alkali und Schwefelkohlenstoff in Lösung bringen kann, ist ebenfalls bereits lange bekannt. Cross und Bevan[1] haben schon im Jahre 1893 die ersten Angaben über dieses Verfahren veröffentlicht. Es hat in der Zwischenzeit noch mehr technische Bedeutung erlangt als die Dispergierung der Cellulose in Schweizers Reagens und bildet die Grundlage für die Herstellung der Viscoseseide, welche gegenwärtig weitaus den größten Teil der Kunstseideproduktion ausmacht.

Es ist daher verständlich, daß die Arbeiten auf diesem Gebiet das Hauptaugenmerk auf die Erreichung bestimmter technischer Ziele richten und die wissenschaftliche Klärung der Einzelvorgänge nicht so sehr betonen. Erst in den letzten Jahren sind Untersuchungen erschienen[2], mit der besonderen Absicht, die wissenschaftlichen Grundlagen des Viscoseprozesses zu klären. Über ihren Inhalt soll im folgenden kurz berichtet werden. Bezüglich der zahlreichen existierenden Rezepte zur Herstellung technischer Viscoselösungen sei wiederum auf Band VI des vorliegenden Werkes und auf andere einschlägige, zusammenfassende Darstellungen verwiesen[3].

---

[1] Ber. **26**, 1090, 2524 (1893); **34**, 1513 (1901).

[2] z. B. Berl u. Bitter: Cell. Chem. **7**, 137 (1926). Westhoff u. Geßner: **382**, 340 (1911). Lieser: **464**, 43 (1928). D'Ans u. Jäger: Cell. Chem. **6**, 137 (1925); T. Mukojama: Kolloid-Z. **42**, 79, 180, 350, 353 (1927); weitere Zitate siehe S. **254**; Anm. 4.

[3] z. B. W. Weltzien: Die Kunstseide. AVG. **1930**, 200ff.

Vergleicht man das hier vorliegende experimentelle Material etwa mit dem bei der Alkali- oder Kupferammincellulose gesammelten, so findet man, daß es eine rationelle Darstellung der Verhältnisse noch viel weniger ermöglicht als dort. Bezüglich der Formulierung der Elementarprozesse ist man hier fast ganz auf Hypothesen angewiesen, die zwar zum Teil recht viel Wahrscheinlichkeit für sich haben, aber experimentell nicht exakt gestützt werden können. Einerseits ist es nämlich noch nicht gelungen, durch röntgenographische Versuche das Vorhandensein einer bestimmten krystallisierten Phase festzustellen, andererseits zeigen Viscoselösungen nicht die auffällige Erscheinung eines hohen Drehwertes, so daß auch für die Untersuchung im gelösten Zustand keine besonders vielversprechende Methode zur Verfügung steht. Es wäre daher unzweckmäßig, den vorliegenden Abschnitt so zu gliedern wie die bisherigen, da über Gleichgewichtsdiagramme praktisch nichts vorliegt, und es ist wohl besser, sich mit einer mehr beschreibenden Darstellung der Verhältnisse zu begnügen und gelegentlich den Versuch einer möglichen Formulierung der Elementarprozesse einzuflechten.

Es ist bekannt, daß mikromolekulare Alkohole mit Schwefelkohlenstoff und Alkali unter der Bildung von Xanthogenaten reagieren können, ein Vorgang, den man in folgender Weise formuliert:

$$\mathrm{ROH + NaOH = RONa + H_2O}\,,$$
$$\mathrm{RONa + CS_2 = RO\cdot CS\cdot SNa}\,.$$

Behandelt man nun Cellulose zunächst bei Zimmertemperatur mit 16- bis 20proz. Natronlauge, preßt dann die Fasern so ab, daß sie etwa das 3- bis 4fache ihres Cellulosegehaltes wiegen, und versetzt sie mit Schwefelkohlenstoff, so erhält man nach einigen Stunden eine gallertige, orangerote bis bräunlich-rote Masse, die in Wasser oder noch besser in verdünnter Natronlauge löslich ist. Dabei resultiert eine zähe, gelbe, makroskopisch homogene Lösung, aus der man durch Säuren oder Elektrolyte die Cellulose in einer meist etwas „abgebauten" Form wieder ausscheiden kann. Man formuliert in Analogie zu dem Verhalten niedrig-molekularer Alkohole den Vorgang meist in der folgenden Weise:

$$\mathrm{Cellulose + NaOH = Cell.\,ONa + H_2O}\,,$$
$$\mathrm{Cell.\,ONa + CS_2 = CS}\begin{matrix}\nearrow \mathrm{OCell}\\ \searrow \mathrm{SNa}\end{matrix}$$

ohne sicher zu sein, ob dies dem tatsächlichen Elementarprozeß auch wirklich entspricht.

Um hierüber Klarheit zu erlangen, sind mit den Viscoselösungen bzw. mit den aus ihnen regenerierten Produkten die verschiedensten Untersuchungen angestellt worden. Im folgenden wollen wir sie, besonders im Anschluß an neuere Darstellungen von D'Ans und Jäger[1], Heuser und Schuster[2], R. O. Herzog und Mitarbeitern[3] sowie von anderen Autoren[4] referieren und anschließend einiges über die vermutlich sich abspielenden Elementarvorgänge anfügen.

---

[1] Kunstseide 8, 17, 43, 57, 82, 110 (1926); Cell. Chem. 6, 137 (1925).
[2] Cell. Chem. 7, 17 (1926). [3] Kolloid-Z. 35, 193 (1924).
[4] Bernhardt: Kunstseide 7, 169, 193 (1925). Kita, Tomihisa u. Iwasaki: Cell. Chem. 6, 167 (1925) (Ref.). Leuchs: Chem. Z. 47, 801 (1923). Zart u. Mönkemeyer: Chem. Z. 48, 192 (1924). De Wyss: Ind. Eng. Chem. 17, 1043 (1925). Wolffenstein u. Oeser: Ber. 56, 785 (1923); Kunstseide 7, 74 (1925). Vieweg: Ber. 40, 3876 (1907). Karrer u. Nishida: Cell. Chem. 5, 69 (1924). Heuser u. Bartunek: Cell. Chem. 6, 19 (1925). König u. Dehnert: Cell. Chem. 5, 107 (1924).

2. Die Untersuchung NaOH-haltiger Xanthogenate.

Aus den bereits erwähnten Lösungen läßt sich nach Heuser und Schuster eine feste Phase dadurch abscheiden, daß man bei 15° unter Rühren in dünnem Strahl einen Überschuß von Alkohol hinzufügt. Es bilden sich dabei zähe, gelbliche Klumpen, die, zu einem feinen Pulver zerrieben, auf der Nutsche mit Alkohol so lange gewaschen werden, bis die Waschflüssigkeit farblos abläuft und nicht mehr alkalisch reagiert. In dem verbleibenden gelblichweißen Pulver wird der Alkohol durch Äther verdrängt und das Produkt im Vakuum-Exsiccator über Phosphorpentoxyd etwa eine Woche lang zur Gewichtskonstanz getrocknet.

Heuser und Schuster[1] haben in einer sehr eingehenden Arbeit aus verschieden lange gereiften Viscoselösungen Präparate hergestellt und ihre Zusammensetzung in Abhängigkeit von der Reifedauer untersucht. Die Tabelle 45

Tabelle 45.

Zeit der Fällung	Experimentell gefunden in %			Experimentelles Verhältnis	Theoretische Zusammensetzung für einige Verhältnisse
	Natrium	Schwefel	Cellulose	$Na : S : C_6H_{10}O_5$	
Gleich nach d. Lösen	—	19,9	57,2	1,75 : 1	15,3 21,3 54,0 2 : 2 : 1
1. Tag	14,6	17,1	—		9,9 13,9 70,1 2 : 2 : 2
3. „	14,3	16,5	56,7	2,4 : 1,9 : 1,5	13,7 12,5 64,5 3 : 2 : 2
7. „	13,9	12,2	57,1	3,4 : 2,7 : 2,0	7,4 10,3 78,0 2 : 2 : 3
10. „	12,4	10,3	61,9	2,6 : 2,1 : 2,0	10,4 9,7 73,3 3 : 2 : 3
14. „	9,0	10,1	68,8	2,7 : 2,3 : 3,0	5,9 8,2 82,4 2 : 2 : 4
15. „	5,3	8,8	82,4	1,8 : 2,3 : 4,0	8,4 7,8 78,5 3 : 2 : 4
16. „ (Koagulationsbeginn)	4,0	8,3	86,1	1,3 : 2,2 : 4,0	
18. Tag (Gallerte)	2,9	8,0	91,6	1,1 : 2,2 : 5	

zeigt das Ergebnis. Die Cellulosekomponente wurde nach Zersetzen des Xanthogenats mit Salzsäure durch direkte Wägung bestimmt; der gesamte Alkaligehalt ließ sich nach Veraschen einer Probe durch Abrauchen mit Schwefelsäure als Natriumsulfat messen, die Schwefelbestimmung endlich erfolgte nach der Hypobromit-Oxydationsmethode von Lindemann und Motten[2] und wurde in einigen Fällen nach der Cariusschen Arbeitsweise überprüft. Aus der Tabelle 109 ist zu entnehmen, daß wohl definierte stöchiometrische Zwischenstufen zum mindesten in dieser Weise nicht zu fassen sind. Es verschiebt sich vielmehr

$$NaOH : CS_2 : \text{Kohlehydrat}$$

ganz kontinuierlich zugunsten des freien Kohlehydratanteils. In der letzten Spalte der Tabelle sind die für bestimmte stöchiometrische Verhältnisse gültigen Prozentzahlen angegeben. Der Vergleich erweckt den Eindruck, daß zu Beginn der ganzen Umsetzung ein Produkt vorliegt, welches der Zusammensetzung Na : S : Glukose 2 : 2 : 1 nahekommt und im Sinne der Ausführungen auf Seite 254 folgendermaßen formuliert werden kann:

$$C(=S)(O\cdot C_6H_9O_4\cdot NaOH)(SNa) \quad \text{oder} \quad C(=S)(OH\cdot C_6H_{10}O_5\cdot NaOH)(SNa)$$

Ob die Verknüpfung des Natrium-Dithiocarbonats mit der Cellulose als wahre Hauptvalenzbindung anzusehen ist, bleibt fraglich; es könnte auch das an

[1] Cell. Chem. 7, 17 (1926). [2] Bull. Acad. Roy. Belg. 3, 23, 827.

sich unbeständige Natrium-Dithiocarbonat durch Anlagerung an die Cellulose stabilisiert werden. In diesem Falle wäre die Bindung zwischen den einzelnen Glukosen und dem Dithiocarbonat durch dipolartige Kräfte, und nicht durch Hauptvalenzen vermittelt.

Daß sich durch die Analyse der Fällungsprodukte scharfe stöchiometrische Verhältnisse nicht erreichen lassen, ist nicht verwunderlich, denn beim Abpressen der Cellulose bleibt stets Alkali in den intermicellaren Zwischenräumen adsorbiert, wird also nach der Veraschung mitgewogen. Es kann auch dort mit Schwefelkohlenstoff reagieren und so den Schwefelwert fälschen.

3. Die Untersuchung natronfreier Xanthogenate.

Fügt man zu einer Viscose unter Rühren verdünnte Essigsäure und gesättigte Kochsalzlösung hinzu, so fällt bald ein flockiges Cellulose-Xanthogenat aus, das weniger Natron enthält als die früher beschriebenen Präparate. Es wird hierfür die Formulierung

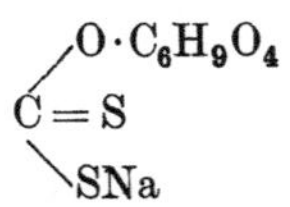

vorgeschlagen. Die Essigsäure hat gleichzeitig eine Neutralisation des Alkaliüberschusses und eine weitgehende Zersetzung aller Nebenprodukte in der Lösung zur Folge; daher verschwindet die dunkle Färbung und es entstehen beträchtliche Mengen H_2S.

Heuser und Schuster haben auch bei diesen „Reinxanthogenaten" den Reifungsvorgang durch Analyse der zu verschiedenen Zeiten gefällten Produkte untersucht. Die Ergebnisse sind in der Tabelle 46 enthalten. Es geht aus ihr zunächst besonders deutlich hervor, daß die Stabilität der alkaliarmen Produkte wesentlich kleiner ist als die der früher beschriebenen alkalireicheren, eine Tatsache, die in der Technik wohl bekannt ist und auch dazu ausgenutzt wird, um Viscoselösungen mit Natronlauge zu stabilisieren. Wahrscheinlich drängt das überschüssige Alkali die hydrolytische Spaltung der Xanthogenate zurück.

Tabelle 46.

Zeit der Fällung	Experimentell gefunden in %			Experimentell gefundenes Verhältnis $Na:S:C_6H_{10}O_5$	Theoretisches Verhältnis für die Zusammensetzung			
	Natrium	Schwefel	Cellulose					
Vor dem Lösen des Xanthogenats in H_2O	4,9	13,3	77,4	0,9 : 1,7 : 2,0	8,9	24,6	62,3	1 : 2 : 1
12. Stunde	4,3	11,4	81,9	1,1 : 2,0 : 3	5,5	15,3	76,9	1 : 2 : 2
26. „	3,3	9,2	83,5	0,8 : 1,7 : 3	3,9	10,9	83,2	1 : 2 : 3
36. „	3,0	—	90,9	0,97 — : 4	3,1	8,6	86,9	1 : 2 : 4
50. „	3,0	8,9	91,5	0,91 : 1,96 : 4	2,5	7,1	88,0	1 : 2 : 5
61. „	3,1	8,2	92,1	0,96 : 1,8 : 4	2,2	6,0	90,8	1 : 2 : 6
106. „	2,3	5,6	94,6	1,08 : 1,8 : 6	1,9	5,2	92,1	1 : 2 : 7
112. „	1,2	4,2	96,1	0,8 : 2,2 : 10	1,7	4,6	92,9	1 : 2 : 8

Die Analysenwerte der Tabelle zeigen, daß zu Beginn des Versuchs ein Produkt vorhanden war, welches etwa die Zusammensetzung

$$Na : S : \text{Glukose} = 1 : 2 : 2$$

hat, so wie es der Formel

entsprechen würde. Wiederum ändert sich die Zusammensetzung rasch zugunsten des Kohlehydratanteils.

Die Anlagerung des Dithiocarbonats vollzieht sich offenbar zunächst in homogener Weise durch die ganzen Krystallite hindurch, etwa in dem Verhältnis

$$2\,(C_6H_{10}O_5) \text{ auf } 1\,CS_2 \text{ und auf } 1\,NaOH.$$

Hierdurch tritt eine starke Aufquellung ein, die zu einer Dispergierung von einzelnen Fadenmolekülen oder von Bündeln solcher Ketten führt. In diesen ist der Alkali-Xanthogenatkomplex offenbar nicht mehr ganz stabil, sondern es tritt, wie die Analysenresultate zeigen, im Laufe der Zeit allmählich Abspaltung ein und die Cellulose wird regeneriert. Daß das Gelatinieren (Unlöslichwerden), d. h. das Desolvatisieren der anfänglich xanthogenierten Ketten nur allmählich und nicht stöchiometrisch vor sich geht, ist verständlich, denn für die Löslichkeit einer Kette oder eines Bündels kommt es auf die gesamte davon festgehaltene Solvat-Wassermenge an. Wenn auch an gewissen Stellen keine stark solvatisierenden Gruppen mehr vorhanden sind, so können doch die übrigen immer noch hinreichen, um die einzelnen Ketten oder Bündel in Schwebe zu erhalten. Der allmähliche Übergang solcher Viscoselösungen in den Gelzustand ist mit dieser allmählichen Desolvatation in guter Übereinstimmung.

Die Zersetzung des Xanthogenats durch Säure erfolgt wohl im wesentlichen im Sinne der Gleichung

$$C\begin{cases} \diagup O(C_6H_9O_4) \\ = S \\ \diagdown SNa \end{cases} + H_2O + \text{Säure} = NaOH + CS_2 + C_6H_{10}O_5,$$

wobei wieder offengelassen sei, welcher Art die Verknüpfung des Xanthogenatrestes mit der Cellulose ist. Versuche hierüber sind von Heuser und Schuster, von D'Ans und Jäger sowie von R. O. Herzog und seinen Mitarbeitern durchgeführt worden[1].

4. Die Untersuchung der Viscoselösungen.

Hier sind mehrere Methoden zu nennen, die zum Teil rein praktische Bedeutung haben, zum Teil aber auch geeignet sein können, die Elementarvorgänge in diesen Lösungen verständlich zu machen. Als wichtigste seien die folgenden erwähnt:

1. Die Titration der Schwefelverbindungen in der Viscoselösung mittels Jod nach Jentgen[2].
2. Die Bestimmung von CS_2 und H_2S nach Leuchs[3].
3. Die Chlorammonreife nach Hottenroth[4].
4. Die Veränderung der Viscosität dieser Lösungen im Laufe der Zeit.

Zu 1. Die Bestimmung des an die Cellulose gebundenen Schwefels in den trockenen Präparaten ist bereits erwähnt worden und hat zu den Zahlen der Tabellen 45 und 46 geführt. Man kann die Bestimmung auch in der Lösung direkt vornehmen, ohne das Xanthogenat trocken abgeschieden zu haben. Die Einwirkung von Jod beruht hierbei darauf, daß zwei Mole Xanthogenat zu einem Mol eines Disulfides oxydiert werden. Die Methode ist so ausgebildet, daß man nur die bei der Disulfidbildung verbrauchte Jodmenge bestimmt und den Jodverbrauch,

[1] Die Zitate der einschlägigen Arbeiten sind auf S. 253 und 254 zu finden.
[2] Vgl. etwa Cell. Chem **7**, 20 (1926).
[3] Chem. Z. **47**, 801 (1923).
[4] Chem Z. **39**, 119 (1915).

der sonst noch in der Lösung vorhandenen schwefelhaltigen Verbindungen für sich getrennt mißt. Als Vorschrift diene die folgende, bei D'Ans und Jäger[1] zu findende Angabe:

Man verdünnt in zwei Dreiliterflaschen je 25 cm³ der etwa auf das Zehnfache verdünnten Viscoselösung mit zwei Liter Wasser. Der Flasche 1 setzt man 25 cm³ 1-n-HCl zu und schüttelt kräftig durch, damit sich die ausgefällte Cellulose zusammenballe. Zur Flasche 2 fügt man 25 cm³ 1-n-Essigsäure zu, wobei keine Trübung entstehen darf. Natürlich muß sorgfältig darauf geachtet werden, daß kein Schwefelwasserstoff entweicht. Nach 10 bis 15 Minuten titriert man den Inhalt jeder Flasche mit $^1/_{10}$-n-Jodlösung. Als Indicator dient Stärke.

Die verbrauchte Anzahl cm³ $^1/_{10}$-n-Jodlösung werden auf 100 g der unverdünnten Viscose umgerechnet.

Wurden z. B. in der salzsauren Lösung 120 cm³ und in der essigsauren Lösung 250 cm³ $^1/_{10}$-n-Jodlösung für 100 g Viscose verbraucht, so entspricht die Zahl 120 dem Gehalt an Verunreinigungen und die Differenz $(250 - 120) = 130$ der Menge des Xanthogenats in der Viscose.

Aus der Tabelle 47 kann man erkennen, daß die für den Xanthogenatgehalt charakteristische Jodzahl der Lösung mit steigendem Alter abnimmt, ganz wie es die Ergebnisse der Tabelle 46 verlangen. Man kann also feststellen, daß die direkte Jodtitration der Lösung und die Untersuchung der aus ihr abgeschiedenen Präparate übereinstimmend zu dem Ergebnis führen, daß im Laufe der Reife allmählich Xanthogenatgruppen abgespalten werden.

Tabelle 47.

Alter der Viscose	Chlorammonzahl	Jodzahl für Xanthogenat	Viscosität in willkürlichem Maße als Auslaufzeit sec
1 Tag	—	290—305	150—155
2 Tage	—	270—280	110—115
3 „	—	250—260	130—140
4 „	40,0	220—230	140
5 „	32	210	150—160
6 „	30	190—200	~ 180
7 „	27	180—185	180—200
9 „	15	150—160	~ 250
11 „	13	140—150	—
14 „	7	120—130	—

Zu 2. Nicht ganz hiermit in Einklang scheinen zunächst die Ergebnisse der Leuchsschen Methode zu sein, welche dazu führen, daß der Schwefelkohlenstoffgehalt einer Viscoselösung vom Alter praktisch unabhängig ist. Man muß aber hierbei berücksichtigen, daß nach dieser Methode auch der in der Viscose gelöste Schwefelkohlenstoff und der bei der Hydrolyse der Xanthogenate entstandene mitgemessen wird; daher erscheint es nicht ausgeschlossen, daß bei dieser Art der Bestimmung der gesamte Schwefelkohlenstoffgehalt in der Viscoselösung unverändert bleibt. Wenn auch hier eine eingehende Klärung der Verhältnisse noch nicht eingetreten ist, so kann man doch sagen, daß ein offenbarer Widerspruch gegen die früher formulierte Annahme über die Vorgänge beim Reifen der Viscoselösung nicht besteht.

Zu 3. Die Chlorammonzahl gibt an, wieviel NH_4Cl unter bestimmten Arbeitsbedingungen notwendig sind, um die Viscoselösung völlig zu koagulieren. Ist sie hoch, so bedeutet dies, daß die vorher erwähnten Abspaltungsprozesse, welche eine Koagulation begünstigen, noch nicht in erheblichem Maße verlaufen sind, so daß die ganze für die Gelbildung nötige Desolvatisierung von den zugesetzten Chlor- bzw. Ammoniumionen geleistet werden muß. Im Laufe der Reife beob-

[1] Kunstseide 8, 17, 43, 57, 82, 110 (1926).

achtet man nun ein allmähliches Absinken der Chlorammonzahl. Dies wird man wohl so zu deuten haben, daß in der gereiften Viscose die Desolvatisierung bereits auf natürlichem Wege — nämlich durch freiwillige Abspaltung der Xanthogenatgruppen — eingesetzt hat.

Die Chlorammonzahl ist also in charakteristischer Weise von der Zeit abhängig und sinkt mit steigendem Alter der Viscose. In der Tat koagulieren alte Viscosen spontan, d. h. ohne besonderen Chlorammonzusatz. In der Abb. 127 ist dieses Verhalten schematisch dargestellt. Die gestrichelten Kurven geben die Chlorammonzahlen in Abhängigkeit des Alters an. Der linke Ordinatenmaßstab bedeutet cm^3 $^1/_{10}$-n-Chlorammonlösung. Die ausgezogenen Kurven der Abb. 127 geben die freiwillige Gerinnungsdauer an, d. h. nach D'Ans und Jäger[1] diejenige Zeit, innerhalb derer die betreffende Viscose bei 15° C von selbst koaguliert. Der rechte Ordinatenmaßstab gibt diese Gerinnungsdauer in willkürlichen Einheiten an; die Angaben der ausgezogenen Kurven sind also nur relativer Natur.

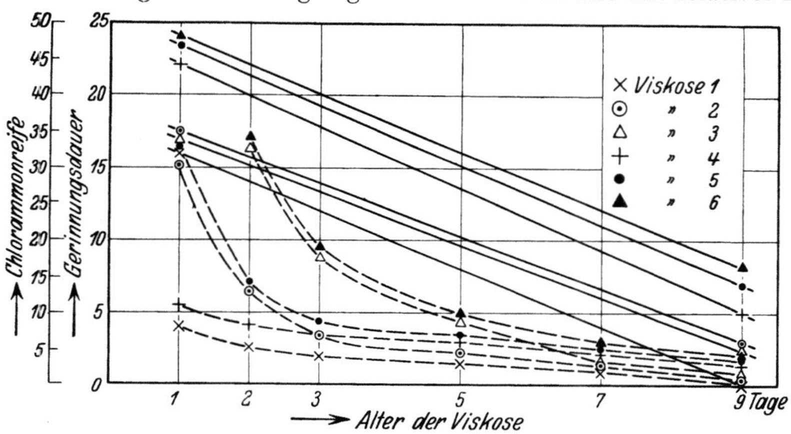

Abb. 127. Chlorammonreife und Gerinnungsdauer als Funktion des Alters einer Viscoselösung nach d'Ans und Jäger.

Man sieht, daß die „Gerinnungsdauer" der Chlorammonzahl insofern symbat geht, als naturgemäß mit steigendem Alter der Viscose die Gerinnungsdauer abnimmt.

Diese beiden Kennzeichen bestätigen also in ihrer Abhängigkeit von der Zeit das über die Vorgänge bei der Xanthogenierung und bei der Reife entworfene Bild.

Zu 4. Einen sehr charakteristischen Verlauf zeigt die Viscosität der Xanthogenatlösungen in Abhängigkeit von ihrem Alter. Die Kurve der Abb. 128 läßt nämlich erkennen, daß unmittelbar nach Herstellung einer Viscoselösung ihre relative Viscosität, d. h. die Viscosität verglichen mit der des Wassers, ganz erheblich absinkt, um später — nach etwa 3 Tagen — allmählich wieder in die Höhe zu gehen. Der Ordinatenmaßstab der Abb. 128 gibt leider keine Absolutwerte im Sinne der Ausführungen auf S. 79ff. an, sondern kann nur als relatives Maß der Zähigkeit gelten, d. h. nur die Veränderung der Verhältnisse beschreiben. Immerhin zeigt sich sehr deutlich, daß die Viscosität im Laufe der Zeit ein Minimum durchläuft.

Das anfängliche Absinken kann verschiedene Bedeutung haben. Zunächst muß man daran denken, daß erst allmählich eine überhaupt homogene Dispergierung der Cellulose in der Lösung erfolgt. Es dauert eben eine gewisse Zeit,

[1] Kunstseide 8, 17 (1926).

bis die zu Beginn vorhandenen Häute, Klümpchen, Verunreinigungen oder sonstigen Inhomogenitäten verschwunden und in Lösung gegangen sind. Dieser Homogenisierungsprozeß könnte einen Abfall der inneren Reibung zur Folge haben. Dies würde bedeuten, daß in dem absteigenden und aufsteigenden Ast der Kurve der Abb. 128 keine wirklich fluide Lösung vorhanden ist, sondern daß man Ansätze zur Gelstruktur vor sich hat. Es würde in diesem Falle an beiden Ästen eine merkliche Druckabhängigkeit der Viscosität zu beobachten sein, die im Minimum der Kurve ebenfalls ein Minimum zeigt. Vorläufige Versuche zur Klärung dieses Sachverhaltes haben jedoch gezeigt, daß im fallenden Ast der Viscositätskurve keine merkliche Druckabhängigkeit festzustellen ist. Eine solche tritt aber sehr deutlich im Verlaufe des ansteigenden Astes zutage.

Es scheint daher vorteilhafter, anzunehmen, daß im absteigenden Ast durch die Abspaltung der Xanthogenatgruppen eine allmähliche Desolvatisierung eintritt, welche zwar die Viscosität bereits herabsetzt, die einzelnen haftfähigen Gruppen ihrer Wasserhülle aber noch nicht so weit entkleidet hat, daß die Bildung einer Struktur bereits beginnen kann. In diesem Sinne müßte man sich die Kurve der Abb. 128 zusammengesetzt denken aus zwei Einzelkurven: einer, entlang deren ein allmählicher Abfall der Viscosität infolge der Desolvatation stattfindet, der immer weiter fortschreiten würde, wenn nicht ein zweiter Vorgang sich überlagerte, nämlich die bei noch stärkerer Desolvatation einsetzende Bildung einer Gelstruktur.

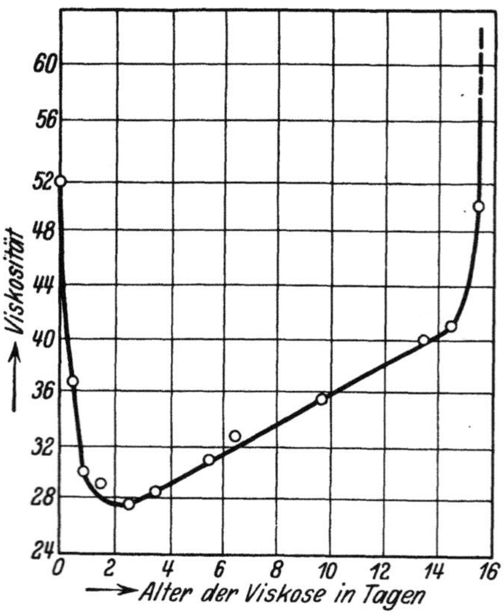

Abb. 128. Abhängigkeit der relativen Viscosität vom Alter einer Viscoselösung.

Abgesehen von den bereits erwähnten Elastizitätsmessungen spricht für diese Auffassung auch die Tatsache, daß die Jodzahlen von allem Anfang an eine Xanthogenatzersetzung anzeigen. Würden im Verlauf der ersten beiden Tage immer noch Cellulose oder andere Kohlehydrate unter dem Einfluß des Schwefelkohlenstoffs in Lösung gehen, so müßte man eher eine Zunahme des gebundenen Schwefelkohlenstoffs oder mindestens ein Konstantbleiben erwarten.

Insgesamt ergibt sich für die Vorgänge bei der Xanthogenierung der Cellulose folgendes vorläufige Bild:

Die Einwirkung von Schwefelkohlenstoff auf Alkalicellulose erfolgt im Sinne einer Xanthogenatbildung, wobei noch ungeklärt ist, ob die Verknüpfung des Xanthogenatrestes mit der Cellulose als homöopolare Hauptvalenzbindung zu formulieren ist oder ob es sich um eine Wechselwirkung von Dipolkräften handelt. Weder die Analyse der Lösungen noch röntgenographische Untersuchungen haben bisher das Festlegen eines bestimmten stöchiometrischen Verhältnisses gestattet. Offenbar entstehen im Verlaufe der Reaktion mehrere Anlagerungsverbindungen von verschiedener Zusammensetzung, die recht labil sind und ein Erfassen bisher nicht zuließen. Der Reifeprozeß der Viscose hat seine Ursache in dem allmählichen Zerfall dieser xanthogenatartigen Verbindungen. Zunächst tritt hierbei nur eine Desolvatation ein, welche von einer Viscositätsverminderung begleitet ist, im weiteren Verlaufe überlagert sich eine durch die Desolvatation begünstigte Strukturbildung in der Lösung, so daß die Viscosität wieder ansteigt.

Es muß aber abschließend nochmals hervorgehoben werden, daß die Gesamtheit unserer Kenntnisse über die Vorgänge bei der Xanthogenierung der Cellulose zwar zu sehr bemerkenswerten praktischen Ergebnissen geführt hat, daß aber zu einer sicheren Festlegung der Elementarprozesse das experimentelle Material gegenwärtig noch nicht ausreicht.

VII. Die Einwirkung von Säuren auf Cellulose.

1. Einleitung.

Die analoge Reaktion bei niedrigmolekularen hydroxylhaltigen Verbindungen ist wohlbekannt und sowohl im Hinblick auf ihre Endprodukte als auch auf den Reaktionsmechanismus eingehend studiert. Man kennt nicht nur die Estergleichgewichte und ihre Temperaturabhängigkeit, sondern auch die Veresterungsgeschwindigkeiten in zahlreichen Fällen[1]. Auch der für Cellulose besonders wichtige Analogiefall der stufenweisen Veresterung mehrwertiger Alkohole ist in der Literatur wiederholt untersucht worden[2]. Hierbei ergibt sich, daß die Geschwindigkeitskonstanten der Veresterungsreaktionen in dem Bereich von

$$k = 10^{-4} \text{ bis } k = 10^{1}$$

liegen. Die Veresterung ist also eine langsame Reaktion; größenordnungsmäßig kann man sich anmerken, daß im Mittel nur jeder 10^{-10}-Zusammenstoß wirklich zur Umsetzung führt. Bei stufenweisen Veresterungen äußert sich zuweilen eine deutliche Ungleichwertigkeit im Verhalten der verschiedenen Hydroxylgruppen in dem Sinne, daß bereits vorhandene Estergruppen die Wahrscheinlichkeit für das Weiterreagieren im allgemeinen herabsetzen.

Bei der Besprechung des Verhaltens der Cellulose wird es am zweckmäßigsten sein, die Einteilung im Sinne der einwirkenden Säure vorzunehmen und an die Spitze das Verhalten derjenigen Säuren zu stellen, die vom präparativen Gesichtspunkt zu den wichtigsten Umsetzungsprodukten führen. Es sind dies die Salpetersäure und die Essigsäure, durch deren Einwirkung man die Cellulosenitrate und -acetate erhält. Auch hier war es wieder das Zusammentreffen wissenschaftlicher und technischer Interessen, das besonders zahlreiche Untersuchungen über diese Produkte zur Folge gehabt hat. Die übrigen Säuren spielen daneben eine nur untergeordnete Rolle; sie werden, soweit bei ihrer Einwirkung auf die Cellulose besonders interessante Verhältnisse angetroffen worden sind, im Anschluß an die beiden erstgenannten kurz behandelt werden.

2. Die Einwirkung von Salpetersäure auf Cellulose.

a) Das System: Cellulose—Salpetersäure—Wasser.

Die Einwirkung wäßriger Salpetersäure auf Cellulose ist schon vor vielen Jahren von P. Vieille[3] untersucht worden. Er stellte qualitativ fest, daß der Grad der Veresterung der Cellulose ebenso wie bei der Einwirkung von Säure auf einen niedrigmolekularen Alkohol von der Konzentration der Säure abhängt.

---

[1] z. B. R. Wegscheider: Monatshefte **29**, 83, 233 (1908).

[2] Besonders R. Wegscheider: l. c.; sowie A. Skrabal: Monatshefte **37**, 137 (1916); **38**, 29 (1917); Z. physik. Chem. **128**, 459 (1927); ferner auch Trautz u. Volkmann: Z. physik. Chem. **64**, 311 (1908); Smith u. Olsson: Z. physik. Chem. **102**, 26 (1922).

[3] C. r. **95**, 132 (1882).

Weitere Untersuchungen in späteren Jahren haben gezeigt, daß bei dieser Behandlung der Cellulose neue krystallisierte Phasen entstehen, die von Bedeutung sind. E. Knecht[1] konnte nämlich feststellen, daß bei einer HNO_3-Konzentration von 68,6% entsprechend einem spezifischen Gewicht von 1,415 eine Additionsverbindung von Salpetersäure an Cellulose entsteht, die durch Wasser leicht wieder gespalten wird. Das stöchiometrische Verhältnis für die Aufnahme beträgt nach Knecht

$$1\,HNO_3 \text{ auf } 1\,C_6H_{10}O_5 .$$

Die aus der Additionsverbindung regenerierte Cellulose zeigt alle Anzeichen eines aufgelockerten micellaren Zusammenhalts, ist aber bezüglich des Glukoserestes und der mittleren Kettenlänge im wesentlichen unverändert. Später haben Heß und Katz[2] diesen Befund bestätigt und darüber hinausgehend röntgenographisch festgestellt, daß die erwähnte Anlagerungsverbindung von HNO_3 an Cellulose ein charakteristisches Faserdiagramm liefert, welches bei Einwirkung von Wasser sogleich dem Diagramm der Hydratcellulose Platz macht. Als untere Grenze für die Entstehung merklicher Mengen dieser Verbindung fanden sie eine Salpetersäurekonzentration von 61%; Mischkrystalle der Knechtschen Verbindung mit der nativen Cellulose sind bisher an Linienverschiebungen röntgenographisch nicht nachgewiesen worden. Noch eingehender hat später R. K. Andreß[3] im Berlschen Institut die Einwirkung mäßig konzentrierter Salpetersäure auf Cellulose untersucht; er bestätigte die bisherigen Angaben, fand aber, daß native Cellulose, die einen Salpetersäuregehalt von 28% zeigt, und solche, deren Salpetersäuregehalt 17% ist, das gleiche Röntgenogramm (vgl. Abb. 59 auf S. 59) zeigen. Diese beiden HNO_3-Gehalte entsprechen den Verbindungen

$$1\,C_6H_{10}O_5 \text{ auf } 1\,HNO_3 \quad \text{und} \quad 2\,C_6H_{10}O_5 \text{ auf } 1\,HNO_3 ,$$

so daß man zu dem Schluß kommt, daß für die Anlagerungsverbindung die Zusammensetzung 2 $C_6H_{10}O_5$ auf 1 HNO_3 zu bevorzugen ist. Der Überschuß von HNO_3 ist wohl an der großen intermicellaren Oberfläche adsorbiert, ohne an bestimmte Gleichgewichtslagen im Gitter gebunden zu sein. Ähnliche Verhältnisse sind auf Seite 183 und bei der Diskussion der Viewegschen Kurve bereits zur Sprache gekommen.

Andreß hat auch versucht, das Diagramm der Knechtschen Verbindung quantitativ auszuwerten und gezeigt, daß sich die beobachteten Interferenzen — es sind ihrer etwa 20 — durch eine monokline Basiszelle mit den Abmessungen

$$a = 12{,}2; \; b = 10{,}3; \; c = 9{,}3\,\text{Å}; \; \beta = 53^0$$

befriedigend wiedergeben lassen. Eine Überprüfung dieser Angaben durch die Mitverwendung höher orientierter Diagramme steht noch aus, scheint aber zu einer endgültigen Stellungnahme nötig.

Bei Steigerung der Salpetersäurekonzentration setzt zwischen 75 und 77% ziemlich plötzlich eine rasche Stickstoffaufnahme, d. h. erhebliche Veresterung ein. Genaue Angaben über die Form der Aufnahmskurve liegen leider nicht vor. Es ist daher auch nicht möglich, das diesem System entsprechende ternäre Diagramm auch nur einigermaßen zu entwickeln. Die hohe Stabilität des entstehenden Esters läßt es aber hier nicht fraglich erscheinen, daß in der Tat eine wahre

---

[1] Ber. **37**, 549 (1904); ferner Lunge u. Bebié: Z. angew. Chem. **14**, 483 (1901); Haeußermann: Ebenda **23**, 1761 (1910).

[2] Z. physik. Chem. **122**, 135 (1926); vgl. hier auch N. Hake u. M. Bell: I. Ind. **28**, 458 (1909). Rassow u. Bongé: Z. angew. Chem. **21**, 732 (1908).

[3] Z. physik. Chem. **136**, 279 (1928).

Veresterung der Hydroxylgruppen der Cellulose vor sich gegangen ist. Über die Feinheiten der sich abspielenden Stufenreaktion allerdings ist man bis heute noch nicht orientiert; den einzigen Anhaltspunkt liefern einige qualitative röntgenographische Erfahrungen, von denen später noch die Rede sein wird. Zu jeder Säurekonzentration erhält man nach dem Massenwirkungsgesetz einen ganz bestimmten Nitrierungsgrad, eine Forderung, die auch experimentell bestätigt werden konnte. Mit reiner Salpetersäure, d. h. ohne Anwesenheit von H_2SO_4 gelangt man nur bis zu mäßigen Nitrierungsstufen und kommt dem Stickstoffgehalt des theoretischen Trinitrats (14,14% N) nicht nahe.

Nach der Wiederverseifung der ohne Nitrierungshilfsmittel erhaltenen Präparate resultiert stets Hydratcellulose, d. h. ein Präparat von chemisch unverändertem Charakter, dessen micellare Struktur jedoch durch die vollzogene Umsetzung merklich aufgelockert worden ist.

b) Die Einwirkung von Salpetersäure bei Anwesenheit anderer Substanzen.

In der Praxis wird die Nitrierung der Cellulose niemals mit reiner Salpetersäure, sondern stets unter Verwendung von Schwefelsäure oder anderen, die Veresterung befördernden Substanzen durchgeführt[1]. H_2SO_4 beeinflußt zunächst das Veresterungsgleichgewicht dadurch, daß sie das bei der Reaktion entstehende Wasser bindet. Fügt man zu einem im Gleichgewicht befindlichen System Cellulose—Salpetersäure—Wasser Schwefelsäure hinzu, so hat dies in Bezug auf den Nitrierungsgrad den gleichen Erfolg, als ob man von vornherein konzentriertere Salpetersäure zur Anwendung gebracht hätte: das Gleichgewicht verschiebt sich zugunsten des Esters. Die Tabelle 48 möge diese Angabe nach der zahlenmäßigen Seite hin ergänzen.

Tabelle 48. Einfluß des Verhältnisses $H_2SO_4 : HNO_3$ auf das Veresterungsgleichgewicht nach Vieille.

H_2SO_4 ($s = 1{,}832$) : HNO_3 ($s = 1{,}316$) Volumina	Veresterte OH-Gruppen pro $C_6H_{10}O_5$
3,00	2,4
2,50	2,3
2,00	2,2
1,70	2,2
1,50	2,1
1,40	1,8
1,30	1,8
1,20	1,8
1,10	1,4
1,00	1,5
0,95	1,3
0,90	1,3

Daß in der Tat in diesen Systemen wahre Veresterungsgleichgewichte vorliegen, haben in einer sehr ausführlichen Arbeit Berl und Klaye[2] bewiesen. Sie brachten reine Cellulose und drei intermediäre Nitrate von 10,9, 12,7 und 13,5% N mit Mischsäure von zwei verschiedenen Konzentrationen in Berührung und stellten fest, daß im Gleichgewicht, d. h. nach entsprechend langer Einwirkung alle vier Präparate in jeder der beiden verwendeten Mischsäuren unter sich den gleichen Stickstoffgehalt angenommen hatten. Dieser Stickstoffgehalt seinerseits wieder war von der Konzentration der Mischsäure abhängig. Der Stickstoffgehalt eines gegebenen Präparates läßt sich also von beiden Seiten her einstellen, ganz wie es aus der Auffassung eines Gleichgewichtes gefordert wird.

Wenn man native Ramiefasern unter Spannung in Abwesenheit eines Lösungsmittels für Cellulosenitrate mit HNO_3 behandelt, dann erhält man faserige

[1] Siehe z. B. Lunge-Berl: Chem. Techn. Unt. 1, 6. Aufl., S. 156; 3, 120ff.
[2] Z. ges. Schießwesen 2, 403 (1907).

Präparate, die nach v. Naray-Szabó und v. Susich[1] ein deutliches Schichtliniendiagramm ergeben. In Abb. 104a und b auf S. 172 ist ein solches bereits dargestellt worden. Der diesen Präparaten entsprechende Stickstoffgehalt betrug 12,5%. Man ist also von dem theoretischen Wert eines Trinitrats noch recht weit entfernt. Offenbar reagieren die einzelnen Micelle nicht alle in genau dem gleichen Maße durch und es stellt sich das für ein Trinitrat charakteristische Gittergefüge bereits her, wenn die weitaus überwiegende Mehrzahl der Hydroxylgruppen verestert ist. In diesem Sinne kann man die Bilder als „innere" Mischkrystalldiagramme eines Trinitrats mit ganz wenig unveränderter Cellulose ansprechen. Der Bereich dieser Mischkrystallbildung ist aber nur sehr klein, denn v. Naray-Szabó und v. Susich haben festgestellt, daß bei einem Nitrierungsgrad unter 12,5% charakteristische Diagramme nicht mehr zu erhalten sind. Dies spricht dafür, daß unter den eingehaltenen Versuchsbedingungen — es wurde mit Mischsäure bei 10° nitriert — die Veresterung nicht in der Weise erfolgt, daß zunächst eine bestimmte Hydroxylgruppe jedes Glukoserestes angegriffen wird und erst nach ihrem Abreagieren

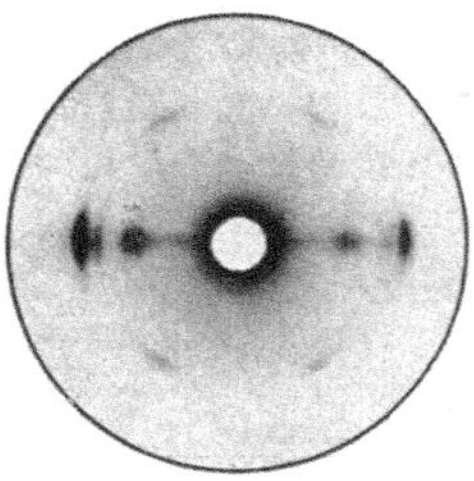

Abb. 129. Ausgangsmaterial für die Nitrierung.

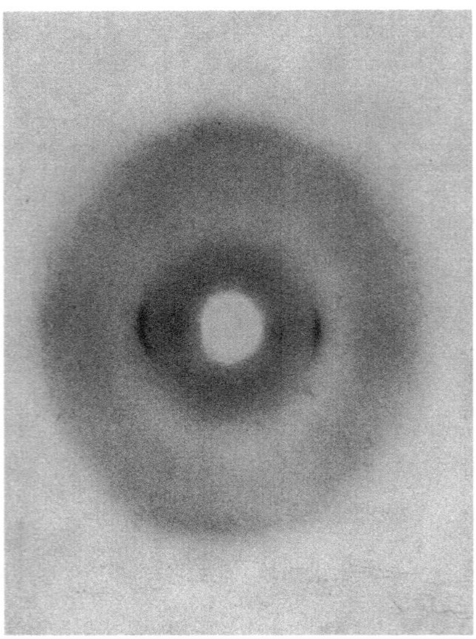

Abb. 130. Präparat im Nitriergemisch aufgenommen.

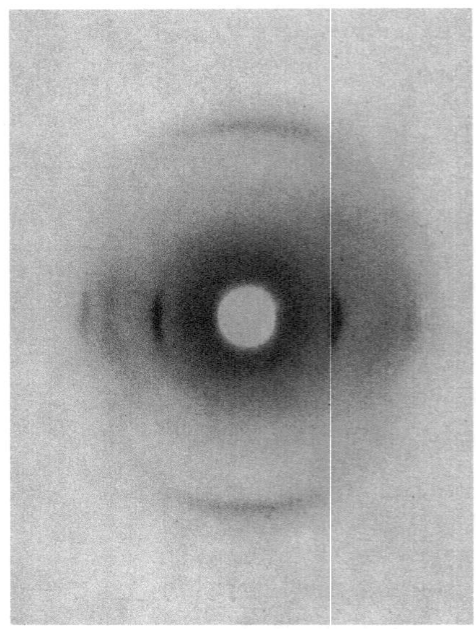

Abb. 131. Dasselbe Präparat wie Abb. 130 nach Verdrängen der Säure durch Wasser.

die nächste sich an dem Umsatz beteiligt. Würde nämlich z. B. in jedem Glukoserest zuerst die OH-Gruppe am sechsten C-Atom reagieren, dann müßte man nach unserer bisherigen Kenntnis für ein solches Cellulosemononitrat ein wohlgeordnetes Gittergefüge erwarten. Bisher sind aber Diagramme für die Cellulosemono- und -dinitrate nicht beobachtet worden. Für die Veresterungsreaktion ist offenbar eine so ausgiebige Aktivierung erforderlich, daß die geringen, von vornherein vorhandenen Unterschiede der drei Hydroxylgruppen in den ein-

[1] Z. physik. Chem. **134**, 264 (1928).

zelnen Glukoseresten völlig verwischt und die drei an sich ungleichwertigen OH-Gruppen praktisch in der gleichen Weise verestert werden.

In den Nitrierungsstufen, welche zwischen der Ausgangssubstanz und dem Trinitrat liegen, sind die veresterten Hydroxylgruppen offenbar über die Hauptvalenzketten so unregelmäßig verteilt, daß die Ausbildung einer geordneten Gitterstruktur nicht erfolgen kann. Man erhält in der Tat bei genügend langsamem Vorgehen von den intermediären Produkten sowohl bei der Herstellung als auch bei der Verseifung immer nur ganz verwaschene Diagramme, aus denen mit Deutlichkeit folgt, daß die innermicellare Ordnung sehr starke Einbuße erlitten hat. Erst bei Annäherung an die Trinitratstufe resultiert das bereits beschriebene Diagramm. Arbeitet man rasch, dann können Inhomogenitäten in dem Sinne möglich werden, daß manche Micelle bereits zum Trinitrat durchreagiert haben, während andere — weniger günstig gelegene — noch vollständig unangegriffen sind. Auf diese Weise kann man Mischdiagramme aus dem Bild der nativen Cellulose und aus dem des Trinitrats erhalten. Offenbar hat man es in diesen Fällen aber nicht mit Gleichgewichtszuständen zu tun, sondern mit einer durch den raschen Reaktionsverlauf hervorgerufenen Metastabilität.

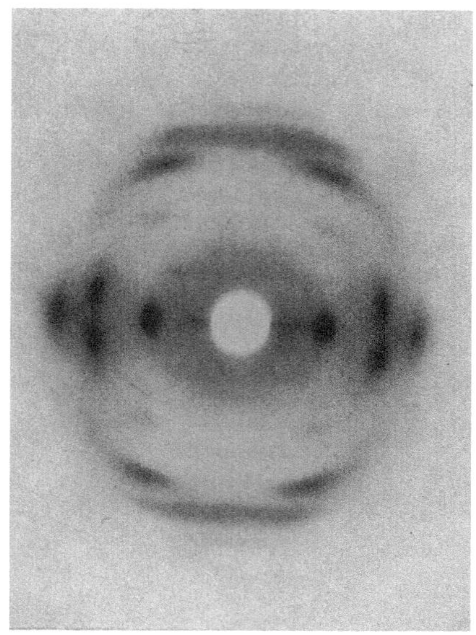

Abb. 132. Dasselbe Präparat wie Abb. 131 nach mehrstündigem Kochen — Stabilisieren — mit Essigsäure.

Besonders interessante Beobachtungen haben Heß, Katz und Trogus[1] über die Veränderungen des Cellulosediagramms während der Veresterung mit HNO_3 gemacht; sie nitrierten lufttrockene (4,1% H_2O) technisch gereinigte und gebleichte Ramiefasern bei 0 bis 5° C in 16 Stunden mit einer Nitriersäure von einem Volumen HNO_3 und zwei Volumina H_2SO_4 bis zu einem Stickstoffgehalt von etwa 13,7%. Wenn man das Präparat im Nitriergemisch selbst aufnimmt[2], erhält man das Diagramm der Abb. 130; es zeigt schon die charakteristischen Interferenzen des Trinitratdiagramms (vgl. Abb. 104b auf Seite 172), ist aber erheblich verwaschener. Verdrängt man in dem Präparat die Säure durch Wasser und nimmt im feuchten Zustand auf, so ergibt sich das Diagramm der Abb. 131. Hier ist nach erfolgter Entquellung der Cellulose das Trinitratdiagramm bereits etwas deutlicher ausgeprägt. Kocht man nun das Faserbündel zwei Stunden in 50proz. Essigsäure — ein Vorgang, der etwa dem technischen Stabilisieren entspricht — so resultiert bei neuerlicher Durchleuchtung das Diagramm der Abb. 132, welches nunmehr ein deutliches, wohlausgeprägtes Faserdiagramm des Cellulosetrinitrates darstellt. Hier liegt ein besonders schöner Fall dafür vor, daß im Nitriergemisch die gequollenen Micelle des Trinitrates nur undeutliche Interferenzen ergeben und daß die Solidität des Gefüges zunächst schon durch das Entquellen, im weiteren Verlaufe aber besonders durch das mehrstündige Kochen erhöht werden kann.

[1] Z. physik. Chem. **7**, 17 (1930); vgl. auch ebenda **5**, 161 (1929).
[2] Z. physik. Chem. **12**, 268 (1930).

Die große Empfindlichkeit der Röntgendiagramme dieser Art gegenüber Störungen in der Gitterstruktur haben Heß, Katz und Trogus[1] in sehr eindrucksvoller Weise zeigen können. Behandelt man Präparate, die ein scharfes und deutliches Diagramm vom Typus der Abb. 132 geben, mit einem Gemisch von Cyclohexanon und Methanol (1:8), so beobachtet man nach kurzer Einwirkungsdauer, daß die Interferenzen am Äquator und auf den Schichtlinien allmählich verwaschener werden und, wie dies die Abb. 133 zeigt, schließlich beinahe den Charakter von Flüssigkeitsreflexen annehmen. Man hat offenbar durch den Quellungsprozeß starke Verwerfungen im Micellaufbau hervorgerufen. Erhöht man die Cyclohexanonkonzentration so, daß das Mischungsverhältnis des Quellmittels 2,5:8 beträgt, dann resultieren Präparate, welche Diagramme vom Typus der Abb. 134 liefern. Hier kann man wieder deutliche — sogar auffallend scharfe — Interferenzflecke beobachten, die darauf schließen lassen, daß sich nach anfänglicher Störung ein neues Gefüge gebildet hat, in dem das Quellungsmittel in einem bestimmten stöchiometrischen Verhältnis enthalten ist, ähnlich wie dies für die native und Hydratcellulose bereits bei der Einwirkung von Alkalien und von Salzlösungen festgestellt werden konnte. Es zeigt also auch das Gitter des Cellulosetrinitrates die typisch permutoiden Züge des ursprünglichen Cellulosegitters, indem es die Fähigkeit besitzt, kleine Moleküle in verschiedenartiger Weise aufzunehmen und in mäßig stabilen Gleichgewichtslagen festzuhalten. Wesentlich scheint zu sein, daß die eindringenden Moleküle dipolartige oder zum mindesten polarisierbare Gruppen besitzen.

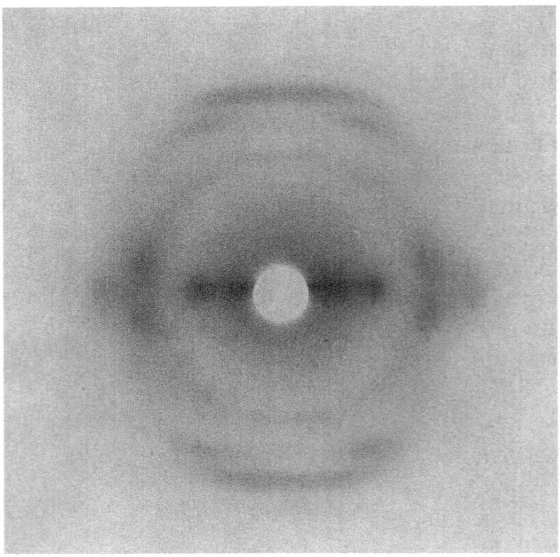

Abb. 133. Gequollenes Cellulosetrinitrat; die Interferenzen sind verwaschener als in Abb. 132.

Abgesehen von diesen Einlagerungsverbindungen organischer Moleküle in das Trinitratgitter hat man auch beim reinen Celluloseester mehrere Modifikationen angetroffen. Je nach der Temperatur der Nitrierung kann man voneinander abweichende Diagramme des Endproduktes erhalten. Ähnlich wie bei der Alkalicellulose lassen sich die beiden Modifikationen durch Behandlung in Quellmitteln bei geeigneter Temperatur ineinander überführen. Heß und Trogus sowie G. v. Susich haben festgestellt, daß das eine Trinitrat bei seiner Denitrierung das Diagramm der nativen, das andere jenes der Hydratcellulose liefert. Da man die beiden Modifikationen des Trinitrats ineinander überführen kann, bietet sich hier eine Möglichkeit, Hydratcellulose in native Cellulose überzuführen, wobei man allerdings unter nativer Cellulose hier nur zu verstehen hat, daß das für diese Substanz charakteristische Röntgenogramm vorliegt. Die sonstigen, noch nicht ganz zu umschreibenden Eigentümlichkeiten nativer Präparate — enges Aneinanderhaften der einzelnen Micelle, vielleicht hauptvalenzmäßige Querverbindungen zwischen ihnen oder den Hauptvalenzketten, Vorhandensein von

[1] Z. physik. Chem. 7, 17 (1930).

Kittsubstanzen oder dünnen Häutchen — konnten bei den regenerierten Präparaten nicht beobachtet werden.

Insgesamt läßt sich über die bei der Verwendung von Mischsäuren erhältlichen Präparate sagen, daß nur die Trinitratstufe ein sauberes Diagramm liefert, daß von ihr zwei Modifikationen bekannt sind und daß ihr Gitter ebenso wie das der Cellulose selbst ausgesprochen permutoide Eigenschaften zeigt und verschiedenen Molekülen die Bildung von Anlagerungsverbindungen gestattet.

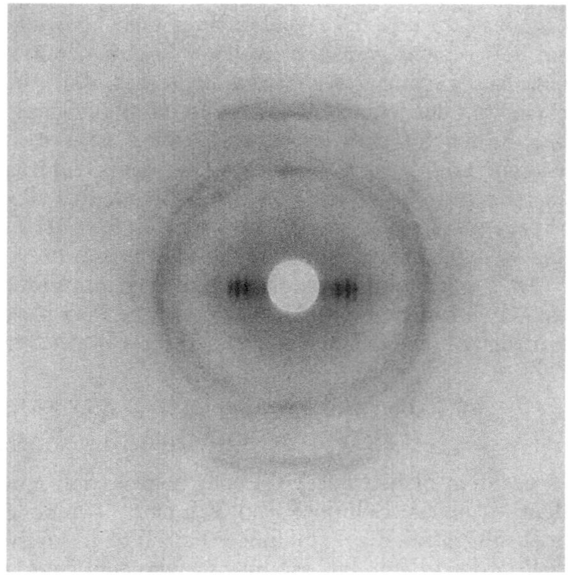

Abb. 134. Diagramm einer Anlagerungsverbindung von Cyclohexanon an Trinitrat.

Die Schwefelsäure beeinflußt nicht nur das Veresterungsgleichgewicht, sondern in sehr erheblichem Maße auch die kinetischen Verhältnisse. Die Veresterungsgeschwindigkeit steigt nämlich zunächst mit der Schwefelsäurekonzentration an, um dann sehr stark abzunehmen. Da native Cellulose in Schwefelsäure sehr viel stärker quillt als in HNO_3, ist dieses Verhalten qualitativ verständlich. Um die Veresterungsreaktion überhaupt in Gang zu bringen, ist das Eintreten der HNO_3-Moleküle in das Cellulosegitter notwendig, ein Vorgang, der durch die Anwesenheit kleiner Mengen von Schwefelsäure begünstigt wird. Steigt die H_2SO_4-Konzentration zu stark an, dann wirkt diese Säure auf den Ester verseifend und bei allzu hohen Werten sowohl die Geschwindigkeit als auch den Veresterungsgrad verringert.

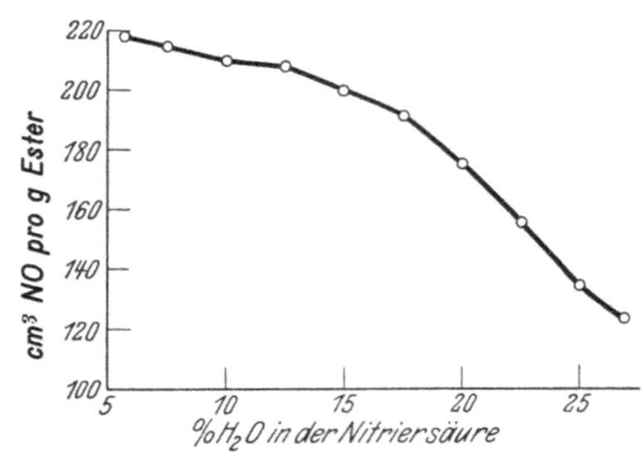

Abb. 135. Abhängigkeit des Veresterungsgrades vom Wassergehalt der Nitriersäure.

Von erheblicher Bedeutung für den Veresterungsgrad und die Veresterungsgeschwindigkeit ist auch die Menge des in der Nitriersäure vorhandenen Wassers[1]. Die Abb. 135 zeigt die Abhängigkeit des Veresterungsgrades vom Wassergehalt der Nitriersäure. Quantitative Untersuchungen hierüber sind bisher nicht publiziert worden.

Der Einfluß der Temperatur ist qualitativ über den praktisch in Frage kommenden Bereich von etwa 40 Graden untersucht worden, um den

[1] Vgl. z. B. Lunge u. Bebié: Z. angew. Chem. **14**, 485 (1901).

technischen Bedürfnissen entgegenzukommen. Quantitatives ist auch hier nur spärlich zu finden. Lunge und Weintraub[1] stellten fest, daß die Veresterungsgeschwindigkeit mit steigender Temperatur bedeutend zunimmt.

Alle derartigen Untersuchungen sind natürlich dadurch erschwert, daß bei längerer Einwirkung wasserhaltiger Nitriersäure neben dem gewünschten Veresterungsprozeß, besonders bei höherer Temperatur, ein hydrolytischer Abbau der Hauptvalenzketten einhergeht, der das Ausgangsmaterial in irreversibler Weise verändert, so daß man von wahren Gleichgewichten nicht mehr sprechen kann. Nur bei vorsichtigem Arbeiten mit hochkonzentrierten Säuren zeigt eine wiederholte Ausführung des gleichen Prozesses, daß die Veränderungen des Ausgangspräparates bei jedem einzelnen Behandlungsgang unerheblich sind. Nur in solchen Fällen ist man berechtigt, etwas über die Lage der Gleichgewichte auszusagen. Leider ist bloß bei sehr wenigen Untersuchungen neben der Diskussion des Hauptthemas auch eine solche bezüglich des unveränderten Zustandes des Präparates bzw. dessen Kontrolle erfolgt, so daß man in dieser Hinsicht nur bei ganz wenigen Angaben völlige Sicherheit hat.

An Stelle von Schwefelsäure können auch andere Zusätze zur Erleichterung des Veresterungsprozesses, insbesondere Phosphorsäure[2], verwendet werden; sie beeinflussen die Gleichgewichte und die Geschwindigkeit in einer ähnlichen Weise.

c) Über die Eigenschaften der entstehenden Produkte und ihrer Lösungen.

Aus dem bisher Gesagten geht hervor, daß man zwischen den reinen Extremfällen — native Cellulose und Trinitrat — eine ganze Reihe von intermediären Nitrierungsgraden anzunehmen hat, die dadurch gekennzeichnet sind, daß die Hydroxylgruppen der Hauptvalenzketten in statistischer Weise verestert wurden. Im Sinne einer eingehenden Charakterisierung solcher Präparate muß man den auf Seite 188ff. aufgezählten Angaben noch eine Aussage darüber hinzufügen, wieviele der pro Gramm des Präparates vorhandenen Hydroxylgruppen verestert worden sind und unter Umständen noch eine weitere darüber, ob dieser Umsatz in völlig ungeordneter Weise eingetreten ist, oder ob gewisse Bevorzugungen vorkommen. Im Sinne der letzteren Unterscheidung müßte man darauf gefaßt sein, bei gleichem Stickstoffgehalt und gleicher mittlerer Kettenlänge Nitrate von verschiedenen Eigenschaften anzutreffen, wenn z. B. das eine Mal die OH-Gruppen ganz wahllos verestert worden sind, das andere Mal eine gewisse Bevorzugung etwa für die Hydroxylgruppe am C-Atom sechs besteht. Man hat gegenwärtig noch keine Gewißheit darüber, ob solche „Substitutionsisomere“ in Wirklichkeit auftreten, findet aber gelegentlich Angaben über die Verschiedenheit im Verhalten von Cellulosenitraten, die sich nur schwer auf einen Unterschied in der mittleren Kettenlänge bzw. in der Verteilungsfunktion der Kettenlängen zurückführen lassen. Leider sind die Löslichkeits- und Viscositätseigenschaften der Nitrocellulosen meist nur an ungenügend charakterisiertem Material gemessen worden, so daß man über diese Frage nichts Endgültiges aussagen kann.

Hochnitrierte Präparate sind in Aceton sowie in Mischungen von Äthern und Alkoholen löslich; sie zeigen je nach der Nitrierungsvorschrift sehr verschiedene Eigenviscositäten. Auf Seite 80ff. sind über die viscosimetrische Vermessung dieser Produkte bereits einige quantitative Angaben gemacht worden. Insgesamt

---

[1] Z. angew. Chem. **12**, 467 (1899); über den Einfluß der Vorbehandlung siehe z. B. Lunge u. Bebié: l. c. Guttmann, O.: Z. angew. Chem. **16**, 272 (1903).
[2] Berl u. Rueff: Cellulosechemie **12**, 53 (1931).

erhält man aus dem gegenwärtigen experimentellen Material den Eindruck, daß schonend nitrierte Produkte eine nur wenig verkürzte mittlere Kettenlänge aufweisen und (vgl. Seite 85) in den Lösungen noch ein gewisses Maß von Aggregation bzw. Schwarmbildung zeigen. Ob in extrem verdünnten Lösungen eine völlige Aufteilung in isolierte Fadenmoleküle im Sinne von H. Staudinger[1] vorliegt, läßt sich noch nicht mit Sicherheit behaupten. Mit abnehmender Kettenlänge sinkt die Viscosität der Lösungen in einer quantitativ noch nicht ganz übersehbaren Weise und es treten die kleineren Assoziate bzw. die isolierten Ketten immer mehr hervor.

Der Stickstoffgehalt beeinflußt die Löslichkeit sehr erheblich, und zwar dadurch, daß die veresterten Hydroxylgruppen Ester- und Ätheraffinität zeigen, während die freien hydrophil sind. Dem entspricht die gesamte qualitative Erfahrung, die dahin geht, daß mit zunehmendem Nitrierungsgrad die Löslichkeit in organischen Lösungsmitteln ansteigt. Für zusammenfassende Angaben hierüber reicht aber das in der Literatur vorhandene Material nicht aus, da man niemals sicher ist, ob wirklich Lösungsgleichgewichte gemessen wurden und nicht Lösungsgeschwindigkeiten, und ob nicht die verschieden nitrierten Produkte sich auch im Hinblick auf ihre mittlere Kettenlänge erheblich voneinander unterschieden. Der gegenwärtige Stand ist auch hier wiederum der für das ganze Cellulosegebiet typische: technische Interessen haben dazu geführt, daß man qualitativ die Löslichkeitsverhältnisse soweit überblickt, als es für praktische Zwecke notwendig ist. Systematische Versuchsreihen aber, die für wissenschaftliche Schlußfolgerungen ausreichend wären, findet man beinahe nicht. Um ein Bild über die Art der zugänglichen Angaben zu machen, sei die Tabelle 49 aufgenommen, welche einige Angaben über die Löslichkeit mäßig nitrierter Cellulosen in Ätheralkohol enthält.

Tabelle 49. Abhängigkeit der Löslichkeit niedernitrierter Cellulose gleichen Stickstoffgehaltes von der Darstellung. (Nach K. Heß.)

Autor	Ausgangs-material	Nitriersäure	Dauer der Nitrierung Std.	Temperat. der Nitrierung Grade	% N Grade	Löslichkeit in Ätheralkohol (3 : 1)
J. M. Eder	Baumwolle	1 Vol. HNO_3 ($s = 1,40$)	1—5	8—20	12,31	ganz löslich
G. Lunge u. J. Bebié	Verband-watte	42,15% HNO_3, 38,95% H_2SO_4, 18,90% H_2O	24	18—20	11,59	100%
G. Lunge u. J. Bebié	Verband-watte	33,38% HNO_3, 49,37% H_2SO_4, 17,25% H_2O	24	18—20	12,77	99,8%
P. Vieille	Baumwolle	HNO_3 ($s = 1,502$)	24	18—20	11,6	„très peu soluble“
G. Lunge u. E. Weintraub	Verband-watte	1 Tl. HNO_3, 0,1 Tl. H_2SO_4	24	18—20		2,1%

Eine weitere Charakterisierungsmöglichkeit für Cellulosenitrate liefert die Doppelbrechung, die in einem charakteristischen Zusammenhang mit dem Nitrierungsgrad steht. Was hierüber an quantitativen Angaben vorliegt, ist bereits im Abschnitt III, Seite 117ff. kurz angegeben worden.

Die Untersuchung der Lösungen ist bisher hauptsächlich in folgenden Richtungen durchgeführt worden:

1. Spreitungsversuche auf Wasseroberflächen,
2. Viscositäts- und Elastizitätsmessungen.

---

[1] Z. B. Koll. Z. S. **53**, 1 (1930).

3. osmotische Effekte,
4. Untersuchungen über die Diffusionsgeschwindigkeit,
5. Fraktionierungsversuche,
6. Strömungsdoppelbrechung.

Über die methodische Seite dieser verschiedenen möglichen Wege zur Erweiterung unserer Kenntnis ist schon in den entsprechenden Kapiteln des ersten Teiles berichtet worden; hier sei kurz nachgetragen, was besondere Bedeutung für die spezielle Substanz besitzt.

Zu 1. Cellulosenitrate verhalten sich bezüglich ihrer Spreitbarkeit sehr verschieden. Vorsichtig nitrierte Proben lassen sich nicht homogen spreiten oder geben Filme von etwa 30 Å Dicke, was auf das Vorliegen micellartiger Schwärme hinweist, abgebaute Präparate aber liefern Filme von molekularer Dicke. Leider fehlt noch eine systematische Untersuchung, in der die Dicke einer ganzen Reihe von Proben mit allmählich veränderter Viscosität gemessen worden wäre.

Zu 2. Geschonte Nitrate zeigen bei normaler Temperatur auch in sehr verdünnten Lösungen (0,3%) immer noch merkliche Strömungsanomalien und neigen zur „Überfluidität" (Seite 76); wahrscheinlich werden bei höheren Schergeschwindigkeiten die vorhandenen länglichen Teilchen orientiert. Bei höherer Temperatur (40 bis 60°) tritt das anomale Verhalten immer mehr zurück, ebenso sehr rasch beim Übergang zu Präparaten mit verkleinerter mittlerer Kettenlänge. Gebleichte, gebeuchte oder mit Säuren vorbehandelte Cellulose ergibt Proben von geringer Eigenviscosität und beinahe fehlender Anomalie.

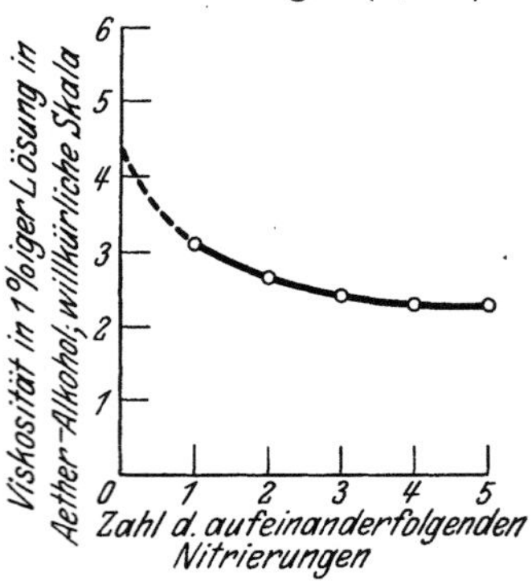

Abb. 136. Viscosität der Nitrierungsprodukte bei aufeinanderfolgenden Nitrierungen.

Einen wichtigen Beitrag zu dieser Frage liefert ein Versuch von Berl, der die Viscosität ein und desselben Präparates bei wiederholter Nitrierung bestimmte. Die Abb. 136 enthält fünf Punkte; sie geben die Eigenviscosität der einmal, zweimal usw. nitrierten Probe an. Extrapoliert man auf die ursprüngliche Cellulose, so erhält man die gestrichelte Kurve, aus der deutlich hervorgeht, daß der native Zustand gegen die Veresterung am empfindlichsten ist: der erste Nitrierungsvorgang setzt die Eigenviscosität am stärksten herab, alle folgenden wirken weniger tiefgreifend. Man hat hier wiederum einen Hinweis auf die Ausnahmestellung des nativen Zustands vor sich, dessen Charakter noch nicht ganz durchschaut werden kann.

Interessant und technisch bedeutungsvoll ist die Tatsache, daß Cellulosenitratlösungen in Aceton aber auch in Äther-Alkohol gelegentlich gelatinieren. Die Begleitumstände dieser Erscheinung sind noch nicht genügend erforscht, um den Mechanismus dieser Vorgänge ableiten zu können; wahrscheinlich sind in verschiedenen Fällen verschiedene Gründe maßgebend. Häufig beobachtet man das „Gerinnen" bei Gegenwart von Feuchtigkeit, Metallspuren und besonders bei Einwirkung von Licht. Offenbar hat man eine partielle Verseifung des Esters vor sich, die zu lokalen Desolvatationen führt. Ähnlich wie beim Reifen der Viscose bildet sich wohl hierbei eine „Netzstruktur" aus, welche zu Elastizitätsanomalien führt. Es scheint aber auch vorzukommen, daß ohne Abspaltung von Estergruppen bei mäßiger Solvatation im Laufe der Zeit von selbst ein „Strukturnetzwerk" entstehen kann, welches zuerst elastisches Verhalten und später Gelatinieren zur Folge hat. Die Erscheinung erinnert an eine zeitlich verzögerte Thixotropie.

Zu 3. Was über die Dampfdrucke von Cellulosenitratlösungen bekannt ist, deutet auf große gelöste Teilchen hin; gelegentliche gegenteilige Beobachtungen (vgl. Seite 93) sind heute experimentell wohl nicht mehr aufrechtzuerhalten. Die aus direkten osmotischen Messungen sich ergebenden Werte für die Dampfdruckerniedrigung gestatten rohe Schätzungen der Teilchengröße; man wird auf Gewichte von 30 bis 40000 geführt.

Tabelle 50.

Ausgangsmaterial	Lösungsmittel	D	Teilchendurchmesser in Å.-E., berechnet: I nach der Einsteinschen Diffusionsformel, II nach Oeholm I	II
Baumwolle	Aceton	0,035	300	94
„	Methyläthylketon	0,023	340	94
Hanf	„	0,039	200	74
Ramie	„	0,042	186	66
Flachs	„	0,043	182	66
Sulfitzellstoff	„	0,045	174	64
Viscoseseide	„	0,053	148	56
Hanf, 25 Min. im Feinholländer vermahlen	„	0,075	104	44
Baumwolle, 3—4 Std. mercerisiert	„	0,043	182	66
„ 70 Std. mercerisiert	„	0,085	88	41
„ mit 50% H_2SO_4 2 Std. bei Raumtemperatur behandelt	„	0,039	200	68
„ ebenso während 20 Std. behandelt	„	0,059	132	52

Zu 4. R. O. Herzog, D. Krüger und N. Yamaga[1] haben den Diffusionskoeffizienten verdünnter Nitrocelluloselösungen gemessen. Unter den auf Seite 106 angegebenen Voraussetzungen sind mit seiner Hilfe Schätzungen der Teilchendurchmesser möglich; die Tabelle 50 enthält einige hierhergehörige Zahlen; besondere Genauigkeit wollen diese Messungen nicht beanspruchen, die Größenordnung aber dürfte wohl kaum unrichtig sein. Am meisten Bedenken könnte die relativ hohe Konzentration erwecken, bei der diese Diffusionsmessungen ausgeführt worden sind; andere, in jeder Hinsicht einwandfreie Beobachtungen über die Diffusion von Nitrocelluloselösungen liegen aber nicht vor.

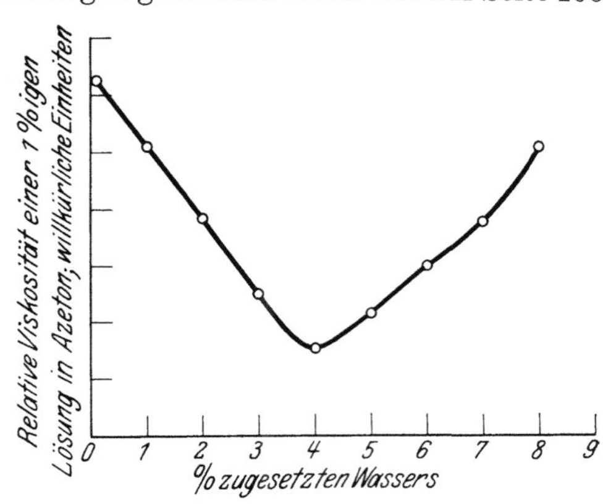

Abb. 137. Veränderung der Viscosität einer Celluloseacetatlösung durch den Zusatz von Wasser.

Zu 5. Cellulosenitrate lassen sich aus ihren Lösungen sowohl mit H_2O als auch mit anderen Nichtlösern — Benzol, Hexan usw. — fraktioniert fällen. Zunächst beobachtet man mit steigendem Zusatz des Fällungsmittels eine Verminderung der Viscosität, was erklärlich ist, da wegen der einsetzenden Desolvatisierung die Lösungsmittelbeanspruchung der gelösten Teilchen abnimmt, bald aber — vgl. Abb. 137, die für ein Acetat gilt — erreicht die Viscosität

[1] J. physic. Chem. 30, 466 (1926).

ein Minimum und steigt bei weiterem Zusatz des Fällmittels wieder an. Man hat hier offenbar eine ähnliche Erscheinung vor sich wie beim Reifen der Viscose, wo auch die Desolvatisierung zuerst einen Abfall und später ein Ansteigen der Viscosität bedingt. Ebenso wie dort findet man auch hier im absteigenden Ast der Kurve keine Strömungsanomalien, im aufsteigenden aber deutliche Elastizität[1].

Unter geeigneten Versuchsbedingungen — Rühren usw. — kann man das allmähliche Gelatinieren verhindern und das Nitrat feinpulvrig fällen. Bei Verwendung von H_2O als Fällmittel erfolgt hierbei eine gewisse Fraktionierung nach der Teilchengröße, so daß man auf diese Weise die Möglichkeit hat, ein gegebenes Präparat auf seine Homogenität in Bezug auf die Kettenlängen zu prüfen. Eine merkliche Trennung nach dem Stickstoffgehalt findet bei der Fraktionierung nicht statt[2].

Zu 6. Signer hat gezeigt, daß auch die Lösungen von Celluloseestern Strömungsdoppelbrechung zeigen, wodurch ein weiterer Beweis für das Vorhandensein großer, länglicher Teilchen erbracht ist.

d) Präparatives über die Nitrierung und Denitrierung der Cellulose.

Die höchstnitrierten Cellulosen haben als Sprengstoffe, die mäßig veresterten als Ausgangsmaterial für das Celluloid hervorragende praktische Bedeutung. Es existiert daher eine fast unübersehbare Menge von Literaturangaben und Patenten zur Herstellung von Cellulosenitraten der verschiedensten Eigenschaften[3]. Hier sei nur ein besonders charakteristisches Nitrierverfahren kurz angegeben, mit Hilfe dessen brauchbare Laboratoriums-Präparate erhalten werden können.

Um zu möglichst stickstoffreichen Produkten zu kommen, ist es zum Beispiel zweckmäßig, ein Säuregemisch von der Zusammensetzung

$$70-73\%\ H_2SO_4;\ 26-28\%\ HNO_3\ \text{und}\ 0{,}8-1{,}3\%\ H_2O$$

zu verwenden. Dieses läßt man auf Filtrierpapier, gebleichte Linters oder ähnliches entfettetes und entbastetes Ausgangsmaterial bei einer Temperatur zwischen 10 und 25° eine bis mehrere Stunden einwirken. Hohe Temperatur und lange Versuchsdauer führen zu abgebauten Produkten. Das Flottenverhältnis wählt man zwischen 1:100 und 1:200. Nach der Reaktion wird die überschüssige Säure abgepreßt oder abgeschleudert und das nitrierte Gut unter Kühlen und Rühren langsam in Eisessig oder 50proz. Essigsäure eingetragen. Man saugt dann am besten die erste Portion Waschflüssigkeit ab und fügt neuerlich 30 bis 50proz. Essigsäure im Verhältnis 50:1 hinzu. Dann kocht man etwa eine Stunde, wäscht mit heißer Säure nach und spült schließlich mit Wasser bis zum Verschwinden der sauren Reaktion. Das reinweiße, faserige Präparat wird bei 70° im Hochvakuum getrocknet und ist dann analysenfertig; es enthält zwischen 13,55 und 13,95% N. Die Verpuffungstemperatur solcher Proben liegt zwischen 170 und 190°.

---

[1] Über die Bedeutung von Gelatiniermittel vgl. die neueren eingehenden Arbeiten von Katz, Derksen, Heß und Trogus: Z. physik. Chem. **151**, 145, 163, 172 (1930).

[2] Kumichel: Kolloidchem. Beih. **26**, 161 (1928).

[3] Als Hinweise seien angeführt: Eder, I. M.: Ber. **13**, 169 (1880). Vieille, P.: C. r. **95**, 132 (1882). Vignon, L.: C. r. **126**, 1658 (1898). Guttmann, O.: Z. angew. Chem. **16**, 271 (1903). Lunge, G. u. Weintraub: Z. angew. Chem. **12**, 441 (1899). Lunge u. Bebié: Z. angew. Chem. **14**, 507 (1901). Berl u. Klaye: Z. ges. Schießwesen **2**, 403 (1907). Hake u. Bell: I. Ind. **28**, 461 (1909). Berl u. Smith: Ber. **41**, 1837 (1908). Mosenthal: Z. angew. Chem. **20**, 1970 (1907). Herzog, R. O.: Helvet. chim. Acta **9**, 798 (1926). Mosenthal: I. Ind. **23**, 292 (1904). Highfield: Z. physik. Chem. **124**, 245 (1926). Mason u. Mc Call: Soc. **117**, 819 (1920). Gibson u. McCall: Soc. **39**, 172 (1920).

Zahlreiche spezielle Nitrierungsrezepte findet man in der einschlägigen technischen Literatur[1].

Die Denitrierung kann in verschiedener Weise vorgenommen werden; nicht geeignet sind wäßrige Alkalien, Erdalkalien, Alkalicarbonate und NH_3, da sie gleichzeitig eine anderweitige Zersetzung der Cellulosenitrate bewirken. Wenn man alkalisch verseifen will, wählt man nach Lunge und Weintraub[2] am besten Na-Äthylat; bei der sauren Abspaltung durch H_2SO_4 oder verdünnte HNO_3 muß man meist einen gewissen hydrolytischen Abbau der Hauptvalenzketten mit in Kauf nehmen. In der Praxis verwendet man fast nur Reagenzien, die neben der Verseifung eine Reduktion der Nitrogruppen bewirken, um die schädliche oxydative Wirkung und den Abbau der Cellulose durch die entstehenden HNO_3-Molekeln zu vermeiden. Als reduzierende Verseifungsmittel kommen hauptsächlich in Frage Ferrochlorid, Ferroacetat, Ferrosulfat, Cuprosalze u. a. m. Am besten eignet sich technisch eine wäßrig-alkoholische Lösung von Ammoniumsulfhydrat. Nach Rassow und Dörr[3] verdünnt man 400 cm^3 27proz. NH_3 mit 600 cm^3 96proz. C_2H_5OH und leitet zwei Stunden lang einen kräftigen H_2S-Strom hindurch. Das zu behandelnde Cellulosenitrat wird in der Kälte in diese Lösung gebracht, bei 18 bis 20^0 mehrere Stunden darin belassen, dann herausgenommen und ausgewaschen. Man erhält eine Ware von den schon früher kurz geschilderten Eigenschaften.

3. Die Einwirkung von Essigsäure auf Cellulose.

Neben den Cellulosenitraten haben die Acetate ebenfalls wegen ihrer wissenschaftlichen und technischen Bedeutung eine eingehende Bearbeitung erfahren. Der einer intermediären Acetylierungsstufe entsprechende „Cellit“ stellt eine hornartige Substanz dar, die mit oder ohne Weichmachungsmittel verarbeitet, celluloidähnliche, in der Technik vielseitig verwendete Massen liefert. Während man aber mit Salpetersäure bei Zimmertemperatur schon einen merklichen Nitrierungsgrad der Cellulose erreichen kann, erfolgt bei der Einwirkung von Eisessig unter den gleichen Bedingungen keine merkliche Umsetzung. Will man Cellulose acetylieren, dann muß man unter allen Umständen in Gegenwart wasserentziehender Mittel wie Schwefelsäure, $ZnCl_2$ usw. arbeiten und es ist auch notwendig, die Essigsäure in Mischung mit dem Anhydrid zu verwenden.

Über die Gleichgewichtsverhältnisse in diesen Systemen ist nur sehr wenig Quantitatives zu sagen, da experimentelle Angaben in der Literatur so gut wie nicht zu finden sind. Deshalb ist man bei der Besprechung des Acetylierungsprozesses mehr als sonst genötigt, sich auf eine bloße Beschreibung des Reaktionsverlaufs und der hierbei entstehenden Produkte zu beschränken. Zweifellos tritt auch bei der Acetylierung — das zeigt die Stabilität der erhaltenen Proben — eine wahre Veresterung der Hydroxylgruppen unter Abspaltung von Wasser ein, so daß man in den Endprodukten wirkliche Celluloseacetate vor sich hat. Über die Einzelheiten des Veresterungsprozesses — Bevorzugung bestimmter OH-Gruppen, Einfluß des micellaren Aufbaues usw. — läßt sich aber noch nichts angeben.

a) Verfahren zur Acetylierung der Cellulose.

Es ist schon erwähnt worden, daß Cellulose von Essigsäure bzw. deren Anhydrid allein praktisch nicht acetyliert wird. Selbst bei längerer Einwirkung von

[1] Vgl. auch K. Heß: Buch S. 381ff. und die auf S. 272 zitierten Originalarbeiten.
[2] Z. angew. Chem. **12**, 467 (1899). [3] J. pr. Chem. **108**, 169 (1924).

siedendem Eisessig auf Baumwolle kann man nur Produkte von 3 bis 4% Essigsäure erhalten[1], ein Umsetzungsgrad, der es zweifelhaft erscheinen läßt, ob tatsächliche Ester vorliegen. Schützenberger[2] beschreibt Präparate, die er durch Einwirkung überschüssigen Anhydrids auf Cellulose im Rohr bei 180° erhalten hat. Nach ihren Eigenschaften scheinen sie triacetylierte Cellulose gewesen zu sein.

Wesentlich leichter verläuft die Acetylierung bei Gegenwart von Schwefelsäure; sie vollzieht sich schon bei Temperaturen zwischen 20 und 30°. Ihre Dauer beträgt je nach dem verwendeten Ausgangsmaterial wenige Stunden bis einige Tage; Temperatur- und Schwefelsäurekonzentration üben einen erheblichen Einfluß auf die Reaktionsgeschwindigkeit aus. Da im Laufe der Umsetzung Wasser entsteht, ist bei der Acetylierung die Gefahr eines gleichzeitigen hydrolytischen Abbaues besonders groß und man muß wohl annehmen, daß in den allermeisten Fällen während dieser Reaktion eine, wenn auch nur mäßige, Verkürzung der Hauptvalenzketten zu gewärtigen ist. In der Tat zeigen Präparate, die nach einmaliger Acetylierung regeneriert worden sind, in Kupferoxydammin gelöst, einen recht erheblichen Viscositätsabfall und auch die übrigen, für die Kettenlänge charakteristischen Größen lassen auf eine Verkürzung der Hauptvalenzketten schließen. Im letzten Abschnitt des zweiten Teils wird über den acetolytischen Abbau der Cellulose noch eingehender zu berichten sein.

Essigsäure und Essigsäureanhydrid wirken auf die entstehenden Acetate sehr stark quellend, so daß im Verlaufe der Reaktion eine zähe Paste entsteht, deren homogene Durchmischung nicht leicht zu erreichen ist. Die entstehenden Produkte haben ihre Faserstruktur verloren und liefern daher im regenerierten Zustand nur undeutliche Röntgenogramme. Wünscht man, ähnlich wie bei der Nitrocellulose unter Erhaltung der Faserstruktur zu acetylieren, dann ist es zweckmäßig, nach einem Verfahren der B. A. S. F.[3] Benzol oder nach einer Vorschrift von Lederer[4] Tetrachlorkohlenstoff zuzusetzen. In beiden Reagenzien sind nämlich die verschiedenen Acetylierungsprodukte unlöslich, so daß man speziell für die röntgenographische Untersuchung gut geeignete „Faseracetate" erhält. In der geschilderten Weise kann man praktisch bis zum Triacetat kommen, dessen theoretischer Acetylgehalt 62,51% beträgt (Diacetat = 48,8%).

Tabelle 51. Zusammenstellung von Hilfssäuren für die Acetylierung von Cellulose nach K. Hess.

Autor	Verwendete Hilfssäure	Literaturangabe
Knoll & Co.	Salzsäure	D.R.P. 201233
Knoll & Co.	Salpetersäure	„ 201233
Knoll & Co.	Chloressigsäure	„ 203642
Agfa	„	„ 198482
Landsberg	Phosphorsäure	F.P. 316500
B. A. S. F.	„	D.R.P. 184145
Miles	Hier ist Essigsäureanhydrid durch Eisessig-Phosphorsäureanhydrid ersetzt	A.P. 733729
Little, Walker u. Mark	Phenol- bzw. Naphthol-Sulfosäure	A.P. 709922
B. A. S. F.	„Organische Sulfosäuren"	D.R.P. 184145
Knoll & Co.	Benzolsulfosäure	D.R.P. 180666 „ 180667
Soc. Anonyme d'Explosifs et de Produits Chimiques	Sulfoessigsäure	F.P. 385180

[1] Cross, Bevan u. Traquair: Chem. Z. **29**, 528 (1905). Vgl. auch die Darstellung bei K. Heß: Buch S. 384.
[2] C. r. **68**, 814 (1869). [3] D.R.P. 184201 vom 2. 10. 1904.
[4] D.R.P. 185151 vom 28. 11. 1905.

An Stelle von Schwefelsäure kann man auch andere, wasserbindende und gleichzeitig auf die Cellulose quellend wirkende Agenzien verwenden. Die Tabelle 51 zeigt, daß in der Technik zahlreiche Versuche in dieser Richtung angestellt und geschützt worden sind. Im allgemeinen verläuft die Reaktion in diesen Fällen langsamer, und es läßt sich ein entscheidender Vorteil gegenüber Schwefelsäure in keinem Fall feststellen. An Stelle der Säuren sind häufig Salze als „Katalysatoren" bei der Acetylierung verwendet worden; als besonders geeignet erweisen sich $ZnCl_2$, $MgCl_2$, $CaCl_2$ und ähnliche Ansolvosäuren. Ihre Wirkung beruht wohl in erster Linie darauf, daß sie, wie schon erwähnt, auf Cellulose sehr stark quellend wirken und dadurch dem Anhydrid den Eintritt in das Innere der Micelle ermöglichen. Andererseits wurde durch Untersuchungen von Meerwein[1] nachgewiesen, daß Essigsäure insbesondere mit Zinkchlorid eine sehr starke, komplexe Säure bildet.

An Stelle des Anhydrids hat man auch Acetylchlorid verwendet. Die hierfür charakteristischen Verfahren sind in der Tabelle 52 zusammengestellt. Aus den Eigenschaften der entstehenden Produkte muß man schließen, daß hier besonders leicht eine acetolytische Spaltung der glukosidischen Sauerstoffbrücken eintritt, die zu einer irreversiblen Veränderung der Präparate führt. Es hat daher das Arbeiten mit Acetylchlorid weder in der Praxis noch im Laboratorium besondere Verbreitung gefunden.

Tabelle 52. Zusammenstellung der Verfahren zur Acetylierung mit Acetylchlorid nach K. Hess.

Autor	Zusatzstoffe zum Acetylchlorid	Literaturangabe
C. F. Cross u. E. J. Bevan	Natrium-, Zink- oder Magnesiumacetat; Acetylchlorid mit Chloroform oder Essigester verdünnt	D.R.P. 85329 (1895); 86368 (1896)
Henckel-Donnersmarck	Magnesiumacetat; Acetylchlorid mit Nitrobenzol verdünnt	D.R.P. 105347 (1898); vgl. auch D.R.P. 112817 (1900)
A. Wohl	Pyridin, Chinolin usw.; Acetylchlorid mit Nitrobenzol verdünnt	D.R.P. 139669 (1899); C. 1903, I, 744; Z. angew. Chem. **16**, 285 (1903)
K. Heß u. W. Weltzien	Ohne Zusatz	A. **44**, 435 (1923); vgl. auch Ber. **54**, 2867 (1921)

In neuerer Zeit ist auch der Zusatz von SO_2 und Chlor vorgeschlagen worden[2]; man erhält hierbei verhältnismäßig rasch und glatt die Bildung höheracetylierter Präparate, sogar dann, wenn andere Acetylierungsverfahren nur schwer weiterhelfen. Heß[3] nimmt mit Recht an, daß hierbei Sulfurylchlorid entsteht und als Katalysator wirkt, er betont, daß auch bei diesem Verfahren die Gefahr eines hydrolytischen Abbaues der Cellulose bedeutend ist.

Neben den Triacetaten lassen sich ebenso wie bei der Nitrierung der Cellulose intermediäre Acetylierungsstufen darstellen. Man kann hierfür zwei Wege beschreiten: der erste ist die unvollkommene Veresterung der Cellulose, welche man in verschiedener Weise erreichen kann. Schon Cross und Bevan[4] teilten mit, daß Linters in Gegenwart von Natriumacetat durch siedendes Anhydrid in ein Produkt verwandelt werden können, dessen Essigsäuregehalt einem Monoacetylderivat (etwa 20%) entspricht. Ihre Angaben schließen jedoch nicht aus, daß neben unveränderter Cellulose Triacetat entstanden ist und daß der angegebene Acetylgehalt nur einen Mittelwert bedeutet. Verwendet man bei

[1] Z. angew. Chem. **39**, 1191 (1926).
[2] Barnett, W. L.: I. Ind. **40**, 8 (1921).
[3] Vgl. Buch S. 390.
[4] Buch **1**, 2. Aufl. S. 40; **2**, 11.

der Acetylierung sehr viel Schwefelsäure, so erhält man ebenfalls Produkte von geringerem Acetylgehalt; es ist möglich, daß man es hierbei mit Mischestern der Schwefelsäure und Essigsäure zu tun hat (vgl. S. 288). Genauere Angaben über diese Produkte liegen bisher nicht vor[1].

Wesentlich bequemer ist die partielle Verseifung des Triacetats. Schon Miles[2] hat im Jahre 1904 vorgeschlagen, das Veresterungsgemisch durch Zugabe verdünnter Säuren bei etwa 50° zu verseifen. Man erhält auf diese Weise Präparate, deren Essigsäuregehalt zwischen 50 und 60% schwankt und die, wie später noch berichtet werden wird, in sich relativ homogen sein können, wenn man die Verseifung langsam und vorsichtig durchführt. Stets ist die Gefahr vorhanden, daß die anwesende Säure gleichzeitig auch eine gewisse Spaltung der glukosidischen Sauerstoffbindungen bewirkt, so daß ein teilweiser Abbau der Cellulose nicht ausbleibt. Daß bei sehr vorsichtiger Verseifung ein solcher Abbau fast ganz vermieden werden kann, haben kürzlich D. Krüger[3] und E. Elöd[4] nachgewiesen.

Neben Schwefelsäure sind auch andere Reagenzien, wie wasserhaltige Essigsäure bei Gegenwart saurer Salze, wasserhaltige Phenole bei Gegenwart von Natriumacetat und ähnliches vorgeschlagen worden. Bei genügend lange dauernder Einwirkung kann man das Triacetat — am besten durch Alkalien — allmählich wieder bis zum Kohlenhydrat verseifen, muß aber, darauf sei nochmals hingewiesen, hierbei in den allermeisten Fällen gleichzeitig einen Abbau der Hauptvalenzketten mit in Kauf nehmen.

b) Die Eigenschaften der Celluloseacetate und ihrer Lösungen.

Ähnlich wie bei den Cellulosenitraten liegen auch über die Acetate verschiedene röntgenographische Beobachtungen vor, die zeigen, daß auch hier neben der nativen Cellulose andere wohlkrystallisierte Phasen existieren. Eine der Salpetersäure (Knechtsche Verbindung) analoge, mäßig stabile Einlagerung der Essigsäure in das Cellulosegitter konnte bisher nicht aufgefunden werden. Wenn man wohlausgebildete Diagramme von Celluloseacetaten erhalten will, dann muß man dafür sorgen, daß im Laufe der Acetylierung die Faserstruktur erhalten bleibt. Fällt man nämlich das normale Acetylierungsgemisch, bringt es in Film- oder Faserform und durchleuchtet es dann mit Röntgenstrahlen, so erhält man nur verwaschene Diagramme, wie als Beispiel eines in Abb. 38d auf S. 52 bereits wiedergegeben worden ist.

Am besten arbeitet man zur Herstellung von Faseracetaten mit Essigsäureanhydrid bei Gegenwart von Schwefelsäure in benzolischer Lösung. In diesem Medium quillt das entstehende Triacetat nur mäßig und man erhält, wenn man von Ramie ausgeht und unter Spannung arbeitet, Präparate mit sehr gut ausgebildeter Faserstruktur; sie sind von Naray-Szabó und v. Susich[5] und später ganz besonders eingehend von Heß und Trogus[6] untersucht worden. Als sicher kann hingestellt werden, daß die beobachteten Diagramme einer sehr hoch acetylierten Cellulose entsprechen, also offenbar charakteristisch für die Triacetatstufe sind. Ob sich auch hier die neue gittermäßige Ordnung bereits einstellt, bevor alle Hydroxylgruppen quantitativ verestert sind, läßt sich nicht mit Sicherheit sagen. Es ist dies aber wohl im Hinblick auf die Verhältnisse

[1] Stillich: Ber. **38**, 1241 (1905). Ost: Z. angew. Chem. **32**, 77, 89 (1919). Weltzien u. Singer: A. **443**, 93 (1925).

[2] A.P. 838350 (1904); ferner z. B. Ost: Z. angew. Chem. **32**, 85 (1919). Heß u. Schultze: A. **444**, 266 (1925).

[3] Mell. Textilber. **10**, 966 (1929).

[4] Z. angew. Chem. **44**, 933 (1931).

[5] Z. physik. Chem. **134**, 268 (1928).

[6] Z. physik. Chem. **5**, 161; **6**, 1; **7**, 1 (1929).

bei der Nitrocellulose wahrscheinlich. Wiederum kann man, wie Naray-Szabó und v. Susich gefunden haben, Mischdiagramme der unveränderten Cellulose und des Triacetats erhalten. Ganz wie bei den Cellulosenitraten beobachtet man auch hier schon beim Beginn der Verseifung ein baldiges Verschwinden der einzelnen Interferenzen: die intermediären Verseifungsstufen lassen sich nur durch wenig ausgeprägte, flüssigkeitsähnliche Diagramme charakterisieren.

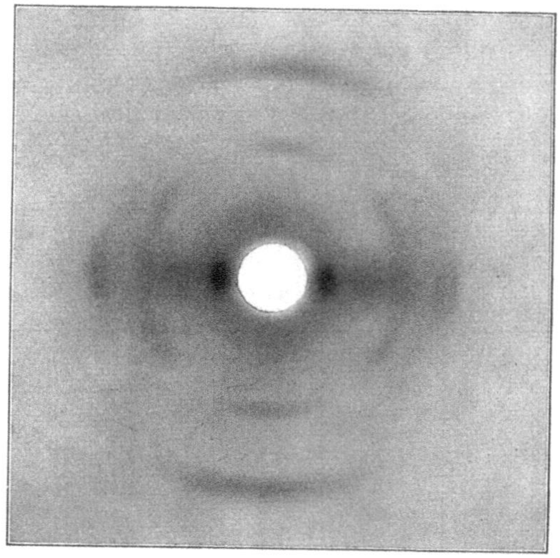

Abb. 138. Faserdiagramm des Triacetats I.

Heß und Trogus[1] konnten bei ihren eingehenden Studien des Triacetatdiagramms mehrere Modifikationen feststellen. Die Abb. 138 zeigt das Röntgenbild des faserigen Triacetats I in ungequollenem Zustand. Man hat ein mäßig scharfes Faserdiagramm vor sich, das eine angenäherte Berechnung der Identitätsperiode gestattet, im übrigen aber einer quantitativen Auswertung gegenwärtig noch nicht zugänglich erscheint. Löst man ein solches Präparat z. B. in Pyridin und fällt es dann bei etwa 65° wieder aus, so erhält man bei der Durchleuchtung Debye-Scherrer-Diagramme, wie die Abb. 139 eines zur Kenntnis bringt. Die Ablenkungswinkel der einzelnen Interferenzen sind voneinander deutlich verschieden. Da sich beim Umfällen weder der Essigsäuregehalt noch die sonstigen Eigenschaften der Probe verändert haben, hat man hier wiederum einen für die Cellulose und ihre Derivate offenbar charakteristischen Polymorphiefall vor sich.

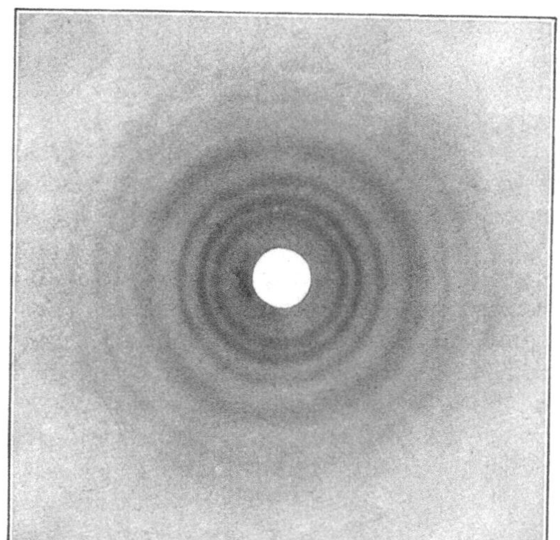

Abb. 139. Pulverdiagramm des Triacetats II.

Die beiden Modifikationen unterscheiden sich voneinander auch dadurch, daß sie bei ihrer Verseifung verschiedene Präparate ergeben. Aus dem Triacetat I erhält man Fasern zurück, die überwiegend das Diagramm der nativen Cellulose ergeben, aus dem Triacetat II jedoch wird bei der Verseifung ein Produkt regeneriert, welches das Hydratcellulosediagramm liefert. Heß und Trogus haben ferner beobachtet, daß die Form I in organischen Lösungsmitteln reversible Gitteränderungen erfährt, während bei der Form II in den gleichen Lösungsmitteln ein solches Verhalten nicht beobachtet werden konnte. Als Beispiel hierfür diene die Tabelle 53, in der die Netzebenenabstände der

[1] Besonders Z. physik. Chem. 7, 1 (1929).

einzelnen Interferenzpunkte des Diagramms von Triacetat I im trockenen und gequollenen Zustande einander gegenübergestellt sind. Man sieht, daß hier ein typischer Fall intramicellarer Quellung (Katz) vorliegt, in dem die für das Gitter charakteristischen Netzebenenabstände bei Eintritt von Cyclohexanon allmählich vergrößert werden. Ob dieses Aufquellen des Gitters ganz kontinuierlich erfolgt oder ob gewisse sprunghafte Gitteränderungen vorkommen, läßt sich aus dem vorhandenen experimentellen Material noch nicht angeben.

Tabelle 53. Gitteränderungen im Faserdiagramm von Triacetylcellulose I im cyclohexanonfeuchten Zustand.

Acetylcellulose I unbehandelt				Gequollen, lufttrocken		Gequollen, abgepreßt	
Interferenz	Intensität	$\sin^2 \frac{\vartheta}{2}$	d in Å	$\sin^2 \frac{\vartheta}{2}$	d in Å	$\sin^2 \frac{\vartheta}{2}$	d in Å
A_0	s. st.	0,0043	11,6	0,0039	12,30	0,0035	13,1
A_1	m. st.	0,0102	7,72	0,0093	8,04	0,0092	8,05
A_2	sch.	0,0159	6,09	0,0138	6,58	0,0132	6,80
A_3	m. st.	0,0203	5,42	0,0203	5,42	—	—
A_2'	s. sch.	0,3024	4,31	—	—	—	—
A_4	st.	0,0383	3,95	0,0348	4,15	0,0346	4,17
A_5	s. sch.	—	—	0,0493	3,48	0,0493	3,48
I_1	m. st.	0,0213	5,27	0,0217	5,21	0,0223	5,18
II_1	st.	0,0223	5,18	0,0223	5,18	0,0215	5,24
II_2	sch.	0,0313	4,37	—	—	—	—
III_1	st.	0,0510	3,42	0,0512	3,40	0,0503	3,45
IV_1	sch.	0,0878	2,60	0,0878	2,60	0,0865	2,63

Löst man faserförmiges Triacetat I in Pyridin und läßt das Lösungsmittel bei verschiedener Temperatur verdampfen, so zeigen die entstehenden Filme Röntgenbilder, die von der Abscheidungstemperatur abhängen, und zwar so, daß sich oberhalb von etwa 70° das Diagramm des Triacetats II einstellt, während zwischen 40 und 70° Triacetat I abgeschieden wird. Unterhalb 30° scheint sich noch eine dritte Modifikation des Esters zu bilden. In welchem Maße Mischkrystallbildungen zwischen den aufgezählten Modifikationen statthaben, ist noch nicht geklärt; es ist auch nicht sicher, ob die beobachteten Krystallformen ganz lösungsmittelfrei sind. Gewisse Beobachtungen scheinen darauf hinzuweisen, daß dies nicht der Fall ist. Es hat sich nämlich herausgestellt, daß die Umwandlungstemperaturen vom Lösungsmittel abhängen. Arbeitet man nicht in Pyridin, sondern in Chloroform-Methanol (1 : 1), so kann man feststellen, daß die Umwandlung zum Triacetat II bei 30° bereits im wesentlichen vollzogen ist. Auch hier findet man Verschiebungen der Ringdurchmesser mit der Temperatur, was auf Mischkrystallbildungen hinweist.

Überblickt man alle zur Verfügung stehenden Beobachtungen, so gewinnt man den Eindruck, daß man es hier mit sehr veränderungsfähigen Gittern zu tun hat. Das zeigt schon die intramicellare Aufquellung des Triacetats I, eine Substanz, deren Gitter offenbar gegen jeden äußeren Einfluß — Temperatur, Lösungsmittel usw. — außerordentlich empfindlich ist. Wahrscheinlich gehen die einzelnen Triacetate verschiedenartige Einlagerungsverbindungen mit Pyridin, Methanol, Cyclohexanon usw. ein, die miteinander in gewissen Bereichen auch Mischkrystalle bzw. Mischmicelle bilden können. Dadurch werden die Verhältnisse außerordentlich verwickelt und es läßt sich im gegenwärtigen Augenblick Quantitatives über die Zusammenhänge nicht aussagen.

Die einzelnen Modifikationen lassen sich nicht nur auf dem geschilderten Wege ineinander umwandeln, sondern auch bei der Herstellung durch die Wahl entsprechender Temperatur getrennt erreichen. Geht man von Hydratcellulose aus und arbeitet in Toluol zwischen 80 und 100°, so erhält man stets Faserdiagramme des Acetats II, welche eine verläßliche Messung der einzelnen Interferenzpunkte gestatten. Arbeitet man jedoch bei 60°, so erhält man sowohl aus Hydratcellulose als auch aus nativen Produkten das Triacetat I, dessen Diagramm bereits in Abb. 105 auf S. 173 und Abb. 138 S. 277 dargestellt worden ist. Da man — wie schon erwähnt — die beiden Triacetate ineinander überführen kann, bei der Verseifung von I native, bei der Verseifung von II mercerisierte Cellulose erhält, hat man hier wiederum eine Möglichkeit vor sich, native und mercerisierte Präparate ineinander umzuwandeln (vgl. S. 229).

Insgesamt zeigen die bisherigen Beobachtungen, daß die Verhältnisse bei den veresterten Cellulosen offenbar noch mannigfaltiger und komplizierter sind als bei den Kohlehydraten selbst. Schon die Cellulose hat sich als ein permutoides Gebilde erwiesen, bei der Nitrocellulose treten diese Verhältnisse wiederum deutlich hervor und bei den Acetaten scheinen sie in noch erhöhtem Maße vorzuliegen. Es ist naheliegend, daraus zu schließen, daß bei den Estern der Cellulose mit höheren organischen Säuren die Reaktivität in diesem Sinne immer mannigfaltiger wird und daß schließlich, wenn die einzelnen krystallisierten Phasen gegen äußere Einflüsse immer größere Empfindlichkeit aufweisen, ihre Darstellung und Isolierung nicht mehr gelingt. Bei der Besprechung der höheren Ester der Cellulose wird auf diesen Umstand noch zurückzukommen sein.

Manche Triacetate scheiden sich aus ihren Lösungen in drusenähnlichen Gebilden aus, die auffällige optische Anisotropie zeigen und den Eindruck einer krystallisierten Abscheidung erwecken[1]. Die Ausbildung krystallähnlicher Formen scheint um so mehr bevorzugt zu werden, je stärker abgebaut die Präparate sind. Aus geschonten Produkten erhält man meist beim langsamen Abscheiden faserige doppelbrechende Gebilde, über deren nähere krystallographische Eigenschaften aber noch nichts mitgeteilt werden konnte, da die Einzelindividuen zu klein sind. Eine Anwendung der Kratkyschen Mikromethode auf solche Präparate ist noch nicht erfolgt, wäre aber wohl von großem Interesse.

Ebenso wie bei der Nitrocellulose sind die Lösungen der Celluloseacetate besonders eingehend untersucht worden, in erster Linie wohl weil sie als Spinnlösungen bei der Herstellung von Acetatseide erhebliches Interesse aufweisen. Im Anschluß an die beiden Cellulosenitraten gewählte Einteilung seien nunmehr kurz die Eigenschaften solcher Lösungen beschrieben.

1. Spreitungsversuche mit Acetylcellulose haben insbesondere J. R. Katz sowie Zocher und Stiebel (vgl. S. 102) angestellt. Es wurde übereinstimmend gute Spreitfähigkeit beobachtet; die Filme erwiesen sich im allgemeinen als homogen und besaßen eine Dicke von wenigen Å. Offenbar werden acetylierte Cellulosen durch den Veresterungsvorgang selbst bereits in Bezug auf ihre Kettenlänge erheblich angegriffen, so daß man meist einen gewissen Abbaugrad in Kauf nehmen muß. Konstruiert man für Celluloseacetate eine ähnliche Kurve, wie sie für die Nitrate in Abb. 136 wiedergegeben ist, so muß man einen steileren Abfall feststellen: Aufeinanderfolgende Acetylierungen beeinträchtigen die Kettenlänge stärker als aufeinanderfolgende Nitrierungen.

2. Viscositätsmessungen an Lösungen des Triacetats sowie der intermediären Acetylierungsstufen sind in großer Zahl ausgeführt worden; sie ergeben ähnliche Resultate wie bei den Nitrocellulosen. Die Löslichkeit wird wie bei der Nitrocellulose durch zwei Umstände bestimmt:

a) durch das Verhältnis der veresterten Hydroxylgruppen zu den freien und
b) durch die vorliegende mittlere Kettenlänge.

---

[1] Vgl. hierzu besonders K. Heß: Buch S. 395ff.

Der erste Punkt beeinflußt im wesentlichen das Lösungsgleichgewicht, der zweite die Lösungsgeschwindigkeit. Es liegen aber keine Versuche vor, die exakte Aussagen hierüber ermöglichen würden. Hochacetylierte Cellulosen sind nur in gechlorten Kohlenwasserstoffen einigermaßen löslich, zeigen aber auch hier meist Anomalien. Erst bei kleinerer mittlerer Kettenlänge beginnen die Lösungen dem Newtonschen Ansatz zu gehorchen. Ausgezeichnete Löslichkeit in Aceton, Ätheralkohol, Butylacetat usw. zeigen die minderacetylierten Präparate, welche 50 bis 56% Essigsäure enthalten. Ihre Lösungen sind bei Zimmertemperatur und noch mehr bei etwas erhöhter Temperatur klar und makroskopisch homogen, zeigen aber (vgl. S. 84) Ansätze von überfluidem Verhalten.

Charakteristisch für den Lösungszustand ist wieder das Gehaben beim Ausfällen des Produktes aus einem Lösungsmittel mit Hilfe eines Nichtlösers. Verfolgt man die Viscosität wasserhaltiger Celluloseacetatlösungen in Aceton, so findet man für ein 2,5-Acetat das in Abb. 137 dargestellte Verhalten. Die Ausgangslösung in reinem Aceton war sehr verdünnt (0,5%); ihre Viscosität war fast ohne Abweichungen vom Poiseuilleschen Gesetz. Beim Hinzufügen von Wasser tritt nun zunächst eine deutliche Viscositätserniedrigung ein, die bei etwa 4% H_2O zu einem Minimum führt. Fügt man noch mehr Wasser hinzu, so steigt die Viscosität zunächst allmählich und später sehr rasch wieder an, bis Gelatinieren eintritt. Im absteigenden Ast sind keine Anomalien zu beobachten, im ansteigenden findet man Strukturelastizität. Es scheint auch hier plausibel, sich folgendes Bild der Vorgänge zu machen:

Durch den Wasserzusatz entsteht ein osmotisches Bestreben der Lösung des Wassers in Aceton sich zu verdünnen. Das Verdünnungsmittel wird aus den Solvathüllen der dispergierten Teilchen genommen, so daß allmählich eine Desolvatation eintritt, die zunächst zu einer Viscositätsverminderung führt. Während nun die solvatisierten Ketten oder Teilchen bei ihren gegenseitigen Zusammenstößen durch die Solvathülle vor einem Aneinanderhaften geschützt waren und daher voneinander unabhängig bleiben, ist dies bei den teilweise desolvatisierten Teilchen nicht mehr der Fall, so daß sich im Laufe der Zeit durch die Brownsche Bewegung infolge der Zusammenstöße der Teilchen allmählich eine Netzstruktur in dem Lösungsmittel aufbaut, die eine Erhöhung der Viscosität und schließlich ein Gelatinieren bewirkt. Daß es sich beim Desolvatisieren, d. h. bis zum Erreichen des Minimums in der Abb. 137, tatsächlich um einen im wesentlichen osmotischen Prozeß handelt, hat F. Moll in folgender Weise geprüft: Man kann die Viscosität einer acetonischen Lösung von Celluloseacetaten durch verschiedene Zusätze verändern, und zwar erreicht man das Minimum immer dann, wenn äquimolekulare Mengen des betreffenden Zusatzes zur Anwendung gelangt sind. Die Übereinstimmung bei der Verwendung verschiedener Kohlenwasserstoffe war zwar größenordnungsmäßig, aber nicht sehr scharf, was wohl darauf zurückzuführen ist, daß die betreffenden Substanzen zum Teil auch mit in die Solvathülle eingebaut werden können

Bei erhöhter Temperatur ist das Minimum in der Ausfällungskurve viel weniger markant, weil hier wegen der erhöhten mittleren Energie der Lösungsmittelmoleküle die gelösten Teilchen von Anfang an kleinere Solvathüllen besitzen. Die Gelstruktur bildet sich hier erst später aus, was wohl damit zusammenhängt, daß die im Laufe der Brownschen Bewegung der dispergierten Teilchen sich allmählich anknüpfenden Berührungsstellen bei erhöhter Temperatur leichter wieder zerstört werden als bei tieferer.

F. Moll hat in einer Reihe von Versuchen auch die Temperaturabhängigkeit der Viscosität dazu benutzt, um größenordnungsmäßig etwas über die Solvatationsenergie zu erfahren. Die Grundlage hierfür bildet folgende Überlegung: Im

Sinne der Einsteinschen Gleichung (18) (S. 79) wird die Viscosität ganz verdünnter Lösungen im wesentlichen durch die mitgeführten Flüssigkeitsanteile hervorgerufen. Sie ist proportional dem Gesamtvolumen der dispergierten Phase.

$$\eta_{rel} = a + b \cdot v$$
$$v = \text{Gesamtvolumen der gelösten Phase.}$$

Andererseits ist die Zahl der in den Solvathüllen befindlichen Lösungsmittelmoleküle nach dem Boltzmannschen Prinzip gegeben durch

$$N_{solv} = \frac{\varphi_s}{\varphi_f} e^{\frac{\lambda}{RT}},$$

wobei λ die Solvatationsenergie je Mol Lösungsmittel und φ_s das Phasenvolumen angibt, welches einem in der Solvathülle befindlichen Molekül im Mittel zur Verfügung steht; φ_f ist das Phasenvolumen des freien Moleküls. Aus der Kombination der beiden Gleichungen kann man folgern, daß unter den bereits aufgezählten Voraussetzungen die Viscosität proportional dem Ausdruck

$$\eta_{rel} = a + b' \cdot e^{\frac{\lambda}{RT}}$$

gesetzt werden kann. b' enthält jetzt auch die Phasenvolumina. Logarithmiert man und trägt den Logarithmus der relativen Viskosität gegen $\frac{1}{T}$ auf, so hat man Gerade zu erwarten, deren Neigungswinkel in bekannter Weise die Solvatationsenergie liefert. Da man immer noch auf Immobilisierung gefaßt sein muß, kommt man auf diese Weise nur zu einer oberen Grenze der Solvatationswärme. Moll fand beispielsweise für ein 2,5-Acetat im Aceton je Mol Lösungsmittel Werte um 2000 cal.

3. Bei den Lösungen von Acetylcellulose haben sich bis jetzt reproduzierbare Dampfdruckerniedrigungen nicht beobachten lassen, es sei denn bei sehr abgebauten Produkten. Aber auch hier haben insbesondere Heß und Schultze[1] festgestellt, daß die Werte schwanken und von der Zeit abhängig sind. Aggregationsprozesse verschleiern hier offenbar das Bild dieser kryoskopischen Untersuchungen. Die Messungen sind meist in Eisessig angestellt worden, ein Lösungsmittel, das wegen seiner außerordentlichen Wasserbegierigkeit leicht zu Irrtümern Anlaß geben kann, da ein völliges Trocknen des Cellits nicht gut möglich ist[2].

4. Quantitative Beobachtungen über die Diffusion der Acetate liegen bisher nur in geringer Zahl vor, qualitativ läßt sich sagen, daß Celluloseacetate im allgemeinen rascher diffundieren als schonend hergestellte Nitrate, woraus man darauf schließen kann, daß bei der Acetylierung stets ein gewisser Abbau der Hauptvalenzketten eintritt, ein Effekt, von dem schon auf S. 239 die Rede gewesen ist.

5. Ebenso wie bei den Nitraten ist es auch möglich, Celluloseacetate aus ihren Lösungen fraktioniert zu fällen, die einzelnen Fraktionen der Fällung unterscheiden sich in Bezug auf ihre Viscosität und auf andere Kennzahlen. Rocha[3] hat nachgewiesen, daß zuerst die Anteile mit großer Kettenlänge ausfallen, während zu allerletzt die am weitesten abgebauten Anteile anfallen. Die Unterschiede im Essigsäuregehalt der Fraktionen sind nur gering.

---

[1] A. **455**, 81 (1927); vgl. auch Heß: Buch S. 408, 409.

[2] Vgl. hierzu K. Freudenberg: Bruch und Rau; Ber. **62**, 3078 (1929) Berner, E.: **63**, 1356, 2760 (1930).

[3] Kolloidchem. Beih. **30**, 230 (1930).

c) Präparatives zur Darstellung der Celluloseacetate.

Zu den allgemeinen Angaben, die im Abschnitt 3a über die Herstellung der Acetate gemacht worden sind, seien hier noch einige Einzelheiten über Acetylierungsvorschriften nachgetragen, um genügende Anhaltspunkte für die Herstellung von Laboratoriumspräparaten zu geben. Als Ausgangsmaterial eignet sich besonders gut entbastete und schwach gebleichte Ramiefaser. Besonders bei röntgenographischen Untersuchungen ist deren Verwendung zu empfehlen, da man hierbei ausgezeichnet orientierte Faserdiagramme erhalten kann.

Wenn man darauf ausgeht, die Faserstruktur in den Präparaten möglichst zu konservieren, ist es nach Heß[1] am zweckmäßigsten, etwa in der folgenden Weise zu verfahren: Man erteilt den Fasern durch Befeuchten einen Wassergehalt von ca. 30%. Zu diesem Zweck bewahrt man sie am besten einige Tage in geschlossenen Gefäßen in feuchter Luft auf, damit eine möglichst gleichmäßige Verteilung des Wassers garantiert wird. Die feuchte Faser bringt man in eine Lösung von 60 g Essigsäureanhydrid in 180 g Benzol, setzt 1,5 g Schwefelsäure hinzu und hält so lange bei 70 bis 75^0, bis glatte Löslichkeit in Chloroform erreicht ist. Im allgemeinen ist dies nach 8 bis 10 Stunden der Fall. Die Fasern, welche bei dieser Behandlungsweise gut erhalten bleiben, werden dann aus der Lösung herausgenommen, abgepreßt, mit Alkohol gründlich gewaschen und getrocknet. Man erhält reinweiße Präparate, die einen Acetylgehalt von etwa 62% besitzen.

Legt man auf die Erhaltung der Faserstruktur keinen besonderen Wert, dann kann man von Baumwolle oder Linters ausgehen und nach Heß[2] in folgender Weise verfahren:

„20 g gereinigte Baumwolle werden mit einer Mischung von 75 cm^3 Eisessig, 2 cm^3 konzentrierter Schwefelsäure und 75 cm^3 Essigsäureanhydrid 6 bis 7 Stunden auf 30^0 erwärmt. Nach dieser Zeit ist meistens vollständige Lösung eingetreten und die Reaktion beendet. Bei andern Fasern kann dies auch erst später erreicht sein. Die mehr oder weniger viscose Lösung ist bräunlich gefärbt, besonders dann, wenn nicht vorher die Farbstoffe der Faser genügend entfernt worden sind. Sind die Fasern vorher gebleicht worden, so ist die Lösung bei vorsichtigem Arbeiten nur schwach gelblich bzw. nahezu farblos. In der Lösung sind fast regelmäßig unlösliche Anteile suspendiert, deren Menge mit der Fasersorte wechselt, aber immer nur geringfügig ist. Sie bestehen, wie F. Micheel und W. Reich[3] festgestellt haben, aus Fremdstoffen, die die Träger des Aschengehaltes der Faser sind. Kommt es darauf an, für polarimetrische Zwecke reine Acetylcellulose zu bekommen, so müssen diese Fremdanteile durch Zentrifugieren eventuell nach entsprechendem Verdünnen des Reaktionsansatzes mit Eisessig entfernt werden. Zur Isolierung des Acetates wird die Lösung unter kräftigem Umrühren (mechanisches Rührwerk) in dünnem Strahl (Tropftrichter) in eisgekühltes Wasser eingetragen. Das krümelige Acetat wird nach 24stündigem Stehen abgenutscht, bis zum Verschwinden der Schwefelsäurereaktion gewaschen und im Exsiccator getrocknet. Für weitere Untersuchungen empfiehlt es sich, das Präparat zu pulvern und durch ein feinmaschiges Sieb zu treiben.“

Es ist schon erwähnt worden, daß man an Stelle von Schwefelsäure auch Ansolvosäuren wie $ZnCl_2$, $CaCl_2$ usw. als Katalysatoren verwenden kann. Als Beispiel diene die folgende Vorschrift[4]:

10 g gebleichte Ramiefasern oder gereinigte Baumwolle werden mit einer warmen Lösung von 20 g Chlorzink in 40 cm^3 Eisessig gebracht und eine Zeitlang gut durchgetrocknet; dann fügt man 40 cm^3 Anhydrid hinzu und überläßt die Masse bei etwa 30^0 längere Zeit sich selbst. Zunächst tritt Anquellung, später (nach etwa 2 Tagen) völliges Verschwinden der Fasern ein und man erhält ein steifes Gel. Nach 10 bis 12 Tagen ist die Acetylierung vollendet. Man gewinnt das Acetat, indem man die Gallerte in überschüssigem Eisessig auf der Schüttelmaschine löst und mit Wasser unter lebhaftem Rühren fällt. Hierauf wird in der üblichen Weise gewaschen und getrocknet.

---

[1] Vgl. Buch S. 411. [2] Buch S. 412.
[3] A. **450**, 59 (1926). [4] Ost: Z. angew. Chem. **32**, 68 (1919).

Neben diesen für die Gewinnung brauchbarer Laboratoriumspräparate besonders geeigneten Vorschriften existieren in der Literatur auch hier wiederum eine große Menge von Acetylierungsrezepten, über deren wichtigste Züge bereits auf S. 236 bis 239 einige allgemeine Angaben gemacht worden sind. Bezüglich der Einzelheiten darf es wohl in dieser Darstellung wiederum genügen, auf die Angaben in den wiederholt zitierten Monographien und in der Originalliteratur verweisen[1].

Die Verseifung der Celluloseacetate wird nach E. Knoevenagel besonders durch eine Vorquellung der Präparate in Eisessig, Alkohol, Aceton und ähnlichen Flüssigkeiten begünstigt. Nach Auswaschen des Quellmittels erhält man mit Kalilauge bei etwa 30° in wenigen Stunden eine recht weitgehende Verseifung. Nach Heß[2] kann man auch Celluloseacetate ohne Vorquellung in 1- bis 2-n-methylalkoholischer Natronlauge verseifen. Man bringt hierzu 40 g Acetylcellulose in 500 cm³ 1- bis 2-n-methanoliger Natronlauge und läßt bei Zimmertemperatur 24 Stunden stehen. Hierbei tritt fast vollständige Verseifung ein. Die erhaltenen Präparate zeigen das Diagramm der mercerisierten Cellulose.

Über die Acetylbestimmung sind in der Literatur zahlreiche Angaben zu finden, denn in der Technik der Acetatseideherstellung ist eine rasche und verläßliche Feststellung des Acetylgehaltes von großer Wichtigkeit. Ost und Katayama[3] verseifen mit Schwefelsäure bei Zimmertemperatur, destillieren die in Freiheit gesetzte Essigsäure in vorgelegte Natronlauge und titrieren zurück. Als Fehlergrenze der Methode wird $\pm$ 1% angegeben. Knoevenagel und König[4] verseifen mit gestellter alkoholischer Natronlauge und titrieren direkt zurück. Hier verursachen die Adsorptionserscheinungen der Lauge an der Faser unter Umständen Fehlermöglichkeiten, die Genauigkeitsgrenze dieser Methode dürfte daher etwa bei $\pm$ 2% liegen.

Da bei der sauren Verseifung mit Schwefelsäure die Bildung anderer flüchtiger Säuren nicht auszuschließen ist und andererseits bei der alkalischen Verseifung die Reaktionsfähigkeit der Cellulose gegen Alkali stören kann, haben Heß und Weltzien[5] ein Verfahren zur Acetylbestimmung ausgearbeitet, bei welchem die Schwefelsäure durch Natriumphosphat und Phosphorsäure abgestumpft wird. Die folgende Vorschrift hat sich als sehr brauchbar erwiesen[6]:

In einen Kolben werden 0,2 bis 0,3 g Substanz eingewogen und mit etwa 2 cm³ 50 proz. Schwefelsäure unter Schütteln vermischt. Hierauf verschließt man den Kolben mit einem Gummistopfen und läßt stehen, bis sich alles klar gelöst hat. Je nach der Löslichkeit des Acetates dauert dies etwa 2 bis 24 Stunden bei Temperaturen von 15 bis 35°. Danach wird der Kolben mit einem Aufsatz verbunden, eine Vorlage mit so viel in kohlensäurefreiem Luftstrom ausgekochtem Wasser gefüllt, daß der Kühler eintaucht. Unter Durchleiten von Wasserstoff wird dann im siedenden Wasserbad in 10 Minuten die Verseifung vollendet. Man kühlt hierauf und gibt durch einen Tropftrichter 13 cm³ einer Natriumphosphatlösung hergestellt durch Auflösen von 1170 g sek. Natriumphosphat und 150 g 84 proz. wäßriger Phosphorsäure zu insgesamt 900 cm³ Lösung aufgefüllt. Nun wird evakuiert und währenddessen das Bad des Wasserdampfentwicklers auf 40 bis 50° erhitzt. Nachdem das Vakuum sich eingestellt hat, beginnt die Destillation, deren Geschwindigkeit sich nach der Leistung des Kühlers richtet. Nach dem Eindunsten zur Trockne wird durch den Tropftrichter so viel Wasser zugegeben, daß der Inhalt eben gelöst wird und wieder eindunstet. Schließlich wird der ganze Vorgang ein drittes Mal wiederholt. Während des jeweiligen Eindünstens der letzten Flüssigkeitsreste sorgt man durch Ableuchten mit der Flamme dafür, daß die gesamten Rohre, die der Dampf

---

[1] z. B. D.R.P. 252706 (1905); D.R.P. 184145; 184201. Barnett: I. Ind. **40**, 8 (1921). Irvine u. Hirst: Soc. **121**, 1585 (1922). Heß: Ber. **54**, 2867 (1921). Heß u. Weltzien: A. **435**, 62 (1923). Knoevenagel: Kolloidchem. Beih. **13**, 207 (1921).

[2] Buch S. 415.

[3] Z. angew. Chem. **25**, 1467 (1912). Ost: Z. angew. Chem. **19**, 993 (1906).

[4] Cell. **3**, 119, 121 (1921); Z. angew. Chem. **27**, 505 (1914).

[5] A. **435**, 64 (1923); **443**, 110 (1923).

[6] Heß: Buch S. 418.

durchströmt, ebenfalls völlig austrocknen; denn an jeder feuchten Stelle bleibt erfahrungsgemäß Essigsäure haften.

Nach dreimaliger Destillation wird Wasserstoff eingelassen und durch einen Tubus im Kolben aus einer Bürette mit langem Tropfrohr mit $^1/_{20}$-n-Barytlauge und Phenolphthalein titriert. Kontrollen ergaben, daß die Bildung saurer Produkte durch Zersetzung von Kohlehydrat völlig unterbleibt. Blindversuche ergaben ferner, daß der Dampfreiniger gut wirkt, da dabei keinerlei Säure in der Vorlage nachweisbar war. Die Methode arbeitet bei Anwendung von etwa 0,2 bis 0,3 g auf etwa 0,1 bis 0,3%, bei Anwendung von 0,15 g auf etwa 0,3 bis 0,6% genau. Die Fehler sind bei völliger Verseifung nur durch die geringe, bei der Destillation auf dem Dampfwege zurückbleibende Essigsäure verursacht, weshalb die Werte innerhalb der Fehlergrenze fast stets etwas zu tief liegen.

Bei halogenhaltigen Substanzen wird eine entsprechende Menge Silbersulfat in den Kolben gegeben, worauf die Bestimmung unter denselben Bedingungen erfolgen kann.

4. Die Einwirkung anderer anorganischer und organischer Säuren auf die Cellulose.

a) Perchlorsäure.

Von Andreß und Rheinhardt[1] ist im Berlschen Institut die Einwirkung der Perchlorsäure auf Cellulose untersucht worden; sie bestimmten die Aufnahme dieser Säure durch gereinigte Ramiefaser und erhielten Kurven, welche der Viewegschen ähnlich sind. Bis zu einer gewissen Konzentration der Säure erhält man eine Aufnahmskurve vom Typus der Abb. 140, aus deren Beginn man auf eine unspezifische Oberflächenreaktion schließen kann, da gleichzeitige röntgenographische Messungen ergeben, daß eine Veränderung des Gitters nicht eingetreten ist; man findet in diesem Kurvenbereich stets das Diagramm der nativen Cellulose.

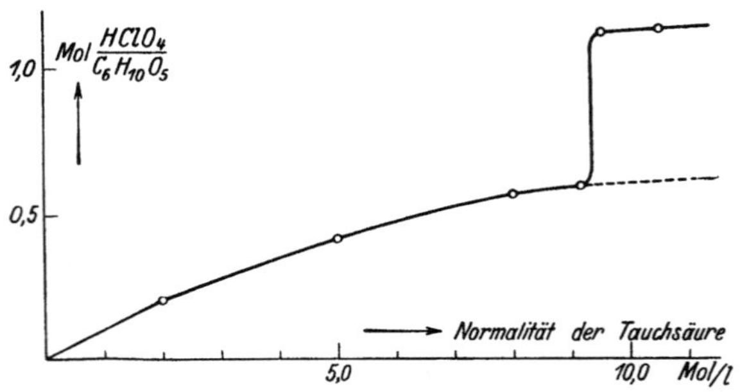

Abb. 140. Aufnahmekurve von Perchlorsäure durch Cellulose.

Bei einer bestimmten Säurekonzentration — etwa 9,3 n — steigt die von der Cellulose aufgenommene Menge plötzlich stark an, wie dies aus der Abb. 140 deutlich zu entnehmen ist. Gleichzeitig ändert sich das Gitter in charakteristischer Weise und man erhält bei der Durchleuchtung Diagramme, wie sie die Abb. 141 zeigt. Aus der Tatsache, daß diese Bilder beim bloßen Auswaschen mit kaltem Wasser wieder verschwinden, folgt wohl mit recht großer Sicherheit, daß sich die Perchlorsäure in das Gitter der Cellulose eingelagert hat, ohne mit den OH-Gruppen hauptvalenzmäßig zu reagieren. Die Zusammensetzung der neu entstandenen, krystallisierten Phase ist offenbar

$$2\,(C_6H_{10}O_5)\cdot 1\,(HClO_4)\cdot 1\,H_2O\ (?)\,.$$

Genaueres läßt sich aber darüber nicht sagen, da es bisher nicht gelungen ist, die an der intermicellaren Oberfläche adsorbierte Säure zu entfernen, ohne gleichzeitig die Verbindung zu zerstören.

Bei höheren Säurekonzentrationen tritt eine in der Aufnahmsisotherme nicht mehr zu beobachtende zweite Umwandlung ein, die wahrscheinlich zu einem

[1] Z. physik. Chem. A. **151**, 425 (1930).

Celluloseperchlorat führt. Die Herstellung solcher Präparate ist aber schwierig, da sich der entstehende Ester im Überschuß der Tauchsäure glatt auflöst. Um Präparate für die röntgenographische Untersuchung zu erhalten, sind Andreß und Rheinhardt folgendermaßen vorgegangen:

Es wurde ein Ramiefaserbündel bei etwa 0° in 10-n-Perchlorsäure gequollen und dann sofort unter Spannung ins Hochvakuum gebracht. Hier verdunstet das Wasser, und es entsteht auf der Faser Säure von immer höherer Konzentration bis zum Monohydrat. Durch ihre Einwirkung auf die Cellulose erhält man Proben, welche ein neues Röntgenogramm liefern. Ob man es hier mit einer zweiten Anlagerungsverbindung oder mit einem wahren Ester der Cellulose zu tun hat, ist noch nicht sichergestellt. Zu bemerken ist, daß schon geringe Spuren von Feuchtigkeit solche Präparate zerstören. Es handelt sich dabei aber nicht um eine Zersetzung der Verbindung, sondern um eine Auflösung des entstandenen Produktes in der überschüssigen, wäßrigen Säure. Aus beiden Verbindungen erhält man beim Zersetzen mit Wasser Produkte, die das Diagramm der mercerisierten Cellulose zeigen; vgl. Abb. 141a.

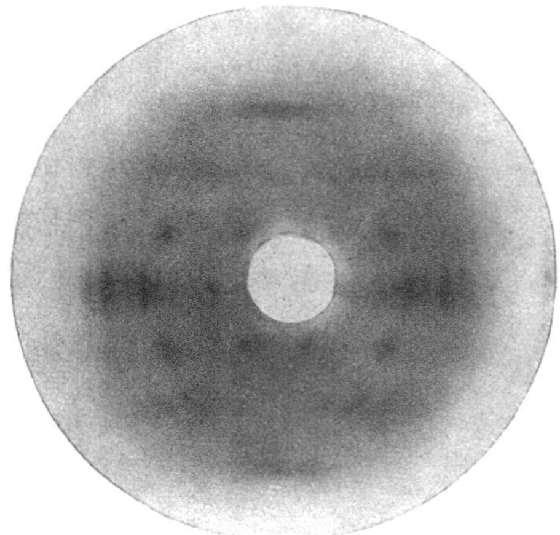

Abb. 141. Anlagerungsverbindung von $HClO_4$ an Cellulose.

Für die Additionsverbindung wurde aus den Diagrammen ein Elementarkörper angegeben, der mit den beobachteten Interferenzflecken in Einklang steht. Eindeutigkeit können diese Angaben aber erst beanspruchen, wenn höherorientierte Präparate vorliegen. Die gefundenen Achsen und Winkel sind:

$$a = 16{,}5\ \text{Å} \qquad c = 10{,}7\ \text{Å}$$
$$b = 10{,}3\ \text{Å} \qquad \beta = 93^0$$

Das zweite Diagramm ließ sich nur hinsichtlich seiner Identitätsperiode rationell auswerten. Man erhält hierfür 15,45 Å.

b) Ameisensäure.

Cellulose läßt sich mit Ameisensäure in Gegenwart von Schwefelsäure oder Chlorzink glatt verestern[1]. Zusätze, wie Benzol, Chloroform, Pyridin usw., sind ebenfalls empfohlen worden. Die Formylierung verläuft unter den beschriebenen Bedingungen aber keineswegs vollständig, vielmehr enthalten die Präparate kaum eine Ameisensäure pro Glukoserest. Diese Cellulosemonoformiate konnten bisher nicht so erhalten werden, daß sie ein deutliches Röntgenogramm liefern; bei ihrer Verseifung erhält man Hydratcellulose. Besonders zu betonen ist, daß bei der Formylierung der Cellulose immer ein sehr merklicher, gleichzeitiger Abbau der Hauptvalenzketten vor sich geht. Die Ester lösen sich nicht in den für die Acetate charakteristischen Lösungsmitteln, was verständlich ist, da sie noch relativ viele freie Hydroxylgruppen enthalten. Hingegen sind sie

[1] z. B. D.R.P. 189836, 189837 (1906); D.R.P. 219162 u. 219163 (1907); D.R.P. 233589 (1909).

aus dem gleichen Grunde und wegen der stark verkürzten mittleren Kettenlänge in wässeriger Essigsäure, Milchsäure sowie in verdünnten Alkalien relativ leicht löslich.

c) Ester der aliphatischen Fettsäuren von C_3 ab.

Diese Verbindungen werden im allgemeinen durch Einwirkung der Anhydride oder der Säurechloride in Gegenwart von Schwefelsäure auf die Cellulose hergestellt; auch Zinkchlorid wurde mit Erfolg als Katalysator verwendet[1]. Die entstandenen Präparate enthalten meist weniger Fettsäure als es der vollständigen Veresterung entspricht, besonders bei den höheren Gliedern der Reihe. Sie sind in ihrem Aussehen zunächst — d. h. bei geringer Kohlenstoffzahl der verwendeten Fettsäure — dem Triacetat recht ähnlich. Mit zunehmender Kettenlänge erhalten sie einen immer mehr lipoiden Charakter. Die Löslichkeit wird entsprechend in Aceton und Estern immer geringer und nimmt in den Glyceriden höherer Fettsäuren erheblich zu.

Von Cellulose-Tripropionat konnten gut vermeßbare Röntgendiagramme erhalten werden[2], aber schon das Butyrat lieferte nur verwaschene Bilder. Noch weniger deutlich sind die Interferenzerscheinungen, die man bei der Durchstrahlung der mit langkettigen Fettsäuren veresterten Cellulose erhalten kann. Propionate und Butyrate, deren Säuregehalt im Mittel einem 2½-Ester entspricht, sind in Methyläthylketon, Essigester, Benzol und Xylol löslich; sie geben beim Abdunsten Filme, deren mechanische Eigenschaften besonders von Hagedorn[3] eingehend untersucht worden sind (vgl. S. 51).

Die höheren Fettsäureester der Cellulose — Laurate, Palmitate, Stearate — erhält man nach Grün und Wittka[4] bei Wasserbadtemperatur durch Einwirkung eines großen Überschusses der Säurechloride in benzolischer Lösung bei Gegenwart von Pyridin. Bruttomäßig ergeben sich die Di-ester, doch ist die Einheitlichkeit der erhaltenen Produkte natürlich sehr zweifelhaft. Die hohen Fettsäureester sind am besten in Glyceriden, z. B. in Triolein, in der Hitze löslich und erstarren in der Kälte bereits in recht verdünnten Lösungen zu farblosen Gallerten. Nach der Verseifung erhält man in den allermeisten Fällen das Diagramm der mercerisierten Cellulose zurück.

Karrer und Zega[5] konnten ein Präparat, das aus Schweizer-Lösung regeneriert worden war, bis zur Tristufe verestern, indem sie Säurechloride auf die feingepulverte Cellulose in siedendem Chinolin zur Einwirkung brachten. Die erhaltenen Verbindungen sind in Chloroform, Äther, Benzol, Ligroin, Aceton und Tetrachlorkohlenstoff glatt löslich, was wohl auf einen schon recht erheblichen Abbau der Hauptvalenzketten schließen läßt.

Gault und Ehrmann[6] haben eine ganze Reihe von Mono-, Di- und Triestern der höheren Fettsäuren sowie Mischester beschrieben und ihre Löslichkeit bestimmt; sie finden, daß die von ihnen erhaltenen Monostufen fast in allen üblichen Lösungsmitteln unlöslich sind, jedoch in zahlreichen Äthern, Estern und chlorierten Kohlenwasserstoffen stark quellen. Die Di-ester sind im Gegensatz

---

[1] z. B. D.R.P. 112817; 198482; 206950; ferner bes. R. G. Woodbridge: Am. Soc. **31**, 1067 (1909); A.P. 695127.
[2] Das Präparat war uns von Herrn Dr. Gundlach, Elberfeld, freundlichst überlassen worden.
[3] Vgl. das Zitat S. 48 unter Ziffer 2.
[4] Siehe hierzu D.R.P. 112817; Z. angew. Chem. **34**, 645 (1921).
[5] Helvet. chim. Acta **5**, 862 (1922); **6**, 822 (1923).
[6] Bull. Soc. Chim. **39**, 873 (1926); C. r. **177**, 124 (1923); vgl. hierzu auch Kita, Sakurada u. Nakashima: Cell. **9**, 13 (1928).

hierzu durch eine merkliche Löslichkeit in zahlreichen Flüssigkeiten charakterisiert. Die wichtigsten der angeführten Lösungsmittel sind CCl_4, $CHCl_3$, $C_2H_2Cl_4$, Amylacetat, Butylacetat, Pyridin sowie höhere Fettsäuren und deren Glyceride. Aus diesen Lösungen lassen sich die beschriebenen Substanzen durch Alkohol, Essigester und Aceton wieder ausfällen. Wasser ergibt meistens schlecht zu behandelnde Emulsionen. Die höchste Veresterungsstufe ist nur schwer zu erhalten. Als Erweichungspunkte seien beispielsweise die folgenden angegeben:

Cellulosetrilaurat	90°
Tripalmitat	80°
Tristearat	75°

d) Benzoesäureester.

Nach Cross und Bevan[1], Vieweg[2], Ost und Klein[3] erhält man bei der Einwirkung von Benzoylchlorid auf Cellulose bei Gegenwart von Alkali ein gewisses Maß von Benzoylierung. Der Verlauf der Veresterungsreaktion hängt sehr erheblich von der Konzentration der anwesenden Alkalilauge ab; man findet, daß mit zunehmender Alkalimenge der Veresterungsgrad ansteigt. Erst oberhalb 35% beginnt er wieder abzusinken, was wohl auf eine Verseifung des entstehenden Esters zurückzuführen ist. Die Begünstigung der Veresterung durch das Alkali ist nach Heß[4] als Quellungsvorgang aufzufassen, indem bei der durch starkes Alkali gequollenen Cellulose die Benzoesäure besser permutoid durchreagieren kann. Homogene Mono- oder Dibenzoeester sind bisher nicht hergestellt worden. Tribenzoylcellulose erhält man nach Ost und Klein[3] sowie nach Wohl[5] durch die Einwirkung von Benzoylchlorid und Pyridin bei 100 bis 130°, wobei Nitrobenzol als Lösungsmittel für den entstehenden Ester hinzugefügt wird. Der Veresterungsgrad erreicht niemals den theoretischen Wert der Tri-Stufe, die entstehenden Produkte sind in Chloroform und Nitrobenzol löslich.

Besonders untersucht wurden im Herzogschen Institut die Zimtsäureester, die man aus dem Säurechlorid in Pyridin erhalten kann; sie sind in $CHCl_3$ und Pyridin sowie in heißem Benzol löslich[6] und geben beim Verseifen Hydratcellulose. Es konnten die Di- und Trisubstitutionsprodukte hergestellt werden.

e) Oxalsäureester der Cellulose.

Die ersten Angaben hierüber stammen von Briggs[7]. Später haben v. Frank und Caro[8] im Herzogschen Institut verschiedene Oxalsäureester der Cellulose dargestellt und ihre Eigenschaften untersucht. Arbeitet man nämlich mit einem Esterhalbchlorid der Oxalsäure, so läßt sich die Cellulose in Gegenwart von Pyridin glatt zu löslichen Produkten schon bei Zimmertemperatur verestern. Es konnten bisher dargestellt werden:

Cellulose-oxalsäure-äthyl-Ester	Cellulose-oxalsäure-cyclohexyl-Ester
Cellulose-oxalsäure-allyl-Ester	Cellulose-oxalsäure-menthyl-Ester
Cellulose-oxalsäure-isoamyl-Ester	Cellulose-oxalsäure-cetyl-Ester

und zwar die meisten in gutlöslichem, wenig abgebautem Zustand mit einem Veresterungsgrad, der zwischen der Di- und Tri-Stufe liegt. Mit wachsender

[1] Ber. **34**, 1514 (1901). [2] Ber. **40**, 442, 3881 (1907).
[3] Z. angew. Chem. **26**, 437 (1913). [4] Vgl. Buch S. 423/24.
[5] D.R.P. 139669; Z. angew. Chem. **16**, 285 (1903).
[6] Frank u. Mendrzik: Ber. **63**, 875 (1930).
[7] J. Soc. Chem. Ind. **31**, 520 (1911). [8] Ber. **63**, 1532 (1930).

Kohlenstoffzahl des zweiten Alkohols verändern sich die Eigenschaften systematisch in ähnlicher Weise, wie dies Hagedorn[1] bei den einfachen Fettsäureestern festgestellt hat. Im allgemeinen nimmt die Reißfestigkeit ab, der Erweichungspunkt sinkt, die Löslichkeit wächst in nicht polaren und fällt in polaren Lösungsmitteln; die Bruchdehnung der aus den Präparaten hergestellten Filme nimmt zu. Bei der Durchleuchtung mit Röntgenstrahlen erhält man deutliche Faserdiagramme, die das Vorhandensein einer neuen krystallisierten Phase außer Zweifel stellen, für eine quantitative Diskussion aber noch nicht geeignet sind (vgl. hierzu S. 173).

f) Kohlensäureester.

Heuser und Schneider[2] haben durch Einwirkung von Chlorameisensäuremethylester auf abgebaute Hydratcellulose in 8proz. Natronlauge den Methyl-Kohlensäureester der Cellulose bei einem Veresterungsgrad von etwa 2 als weißes Pulver erhalten können, das in Pyridin, Eisessig und Chloroform löslich ist; durch siedendes Wasser werden diese Präparate vollkommen verseift.

g) Schwefelsäure- und Phosphorsäureester.

Hier liegen Versuche von Hönig und Schubert[3], von Stern[4] und von Traube[5] vor. Man erhält solche Produkte durch Verreiben von Cellulosefasern mit kalter, konzentrierter Schwefelsäure, längeres Stehenlassen des Gutes und Abscheiden mit Hilfe von Chlorbarium. In allen Fällen tritt aber wohl neben der Veresterung ein sehr erheblicher Abbau der Hauptvalenzketten ein, so daß man es hier mehr mit veresterten Dextrinen als mit Cellulosederivaten zu tun hat. Die Produkte sind auch meist in Wasser leicht löslich, was ebenfalls für einen weit fortgeschrittenen Abbau spricht.

In der Literatur findet man noch Angaben über die Ester der Cellulose mit Phthalsäure, Naphthalinsulfosäure, Naphthensäuren, Toluolsulfosäure[6] usw., doch sind die erhaltenen Produkte nicht so genau untersucht und eindeutig beschrieben, daß ein ausführlicheres Eingehen in der vorliegenden Darstellung gerechtfertigt wäre.

h) Mischester.

In der Literatur sind eine ganze Reihe von Mischestern der Cellulose, insbesondere das Nitroacetat, das Acetobutyrat, das Nitrobutyrat, das Acetolaurat, das Nitrolaurat, Nitropalmitat usw. beschrieben worden[7]. Diese Verbindungen sind insbesondere von Hagedorn auf ihre physikalischen Eigenschaften hin untersucht worden; die diesbezüglichen Zahlen findet man in der Tabelle 8i auf S. 51. Das Nitrolaurat und Nitropalmitat haben Gault und Ehrmann[8] dargestellt und untersucht. Man behandelt getrocknete Nitrocellulose in Pyridin mit einer toluolischen Lösung des Säurechlorids bei etwa 45°. Nach einer Stunde fällt man mit Alkohol und erhält Mischester, deren gesamte Veresterungsstufe etwa 3 beträgt und deren Mischungsverhältnis Fettsäure : Salpetersäure 2 : 1

[1] Vgl. Zitat auf S. 48. [2] Ber. **57**, 1389 (1924).
[3] M. **6**, 708 (1885); **7**, 455 (1886). [4] J. Ind. **67**, 74 (1895).
[5] Traube, Blaser u. Grunert: Ber. **61**, 754 (1928).
[6] Flechsig: Z. physiol. Chem. **7**, 528 (1882). Hönig u. Schubart: M. **7**, 463 (1886). Briggs: J. Ind. **31**, 520 (1912). Levey: J. Ind. **12**, 743 (1920). D.R.P. 200334 usw.
[7] Hagedorn u. Möller: Cell. Chem. **12**, 29 (1930).
[8] Bull. Soc. Chim. **39**, 873 (1926).

ist. Löslichkeit wurde in aromatischen Kohlenwasserstoffen, Chloroform, Tetrachloräthan und Pyridin gefunden. Lauro- und Palmito-aceto-Cellulosen wurden in ähnlicher Weise aus dem Diacetat erhalten; sie quellen in den gleichen Lösungsmitteln wie die entsprechenden Nitroverbindungen und zeigen stark lipoide Eigenschaften.

Besondere Bedeutung wird den gemischten Schwefelsäureestern als Zwischenprodukte bei der Herstellung der Nitrate und Acetate zugemessen[1]. In der Tat scheinen Mischester der Schwefel- und Salpetersäure, der Schwefel- und Essigsäure eine wesentliche Rolle zu spielen, doch konnten bisher noch keine Produkte isoliert werden, die gut charakterisiert waren. Berl und Smith[2] haben durch Einwirkung von H_2SO_4 und Essigsäure-Anhydrid auf Nitrocellulose von 11% Stickstoff, Nitroacetate von 2,5 bis 5% Stickstoff und 33 bis 48% Essigsäure erhalten. Die Proben waren in Aceton und Essigäther leicht löslich und stehen in ihren Eigenschaften im allgemeinen zwischen den Acetaten und Nitraten.

VIII. Die Äther der Cellulose.

1. Einleitung.

Es ist schon seit Jahren bekannt, daß niedermolekulare Zucker sich durch Alkylradikale in ätherartige Produkte überführen lassen, eine Reaktion, die erst viel später von Purdie und Irvine[3] auf die Cellulose übertragen worden ist. Die systematische Untersuchung ihrer Alkylierungsprodukte hat etwa um das Jahr 1912 eingesetzt, unmittelbar nachdem die ersten Patentanmeldungen über diesen Gegenstand bekannt geworden waren[4]. Heute liegen auch auf diesem Gebiet schon recht umfangreiche qualitative Erfahrungen vor, die sich auf eine Reihe von Alkoholen, Methyl-, Äthyl-, Propyl-, Butyl-, Benzyl- usw. beziehen und die dem Chemiker neue Produkte mit interessanten Eigenschaften in die Hand gegeben haben. An dieser Stelle sei wieder der Hauptwert auf den wissenschaftlichen Teil und daher auf die Frage gelegt, welchen Beitrag die bei der Verätherung der Cellulose gewonnenen Erfahrungen zu dem Gesamtbild der Umsetzungen dieser Körperklasse liefern.

Die Celluloseäther bilden sich im allgemeinen stets unter gleichzeitigem Abbau der Ausgangssubstanz, sind in ihren Löslichkeitseigenschaften den Estern vergleichbar, unterscheiden sich aber von ihnen durch ihre außerordentlich hohe Widerstandsfähigkeit gegen verseifende Agenzien. Es gelingt nicht, sie ohne gleichzeitigen, erheblichen Abbau wieder zu spalten. Unter Einhaltung geeigneter präparativer Bedingungen kann man auch hier wiederum den Reaktionsverlauf permutoid gestalten, so daß man von den entstehenden Produkten recht gut definierte Faserdiagramme in die Hand bekommt. Ebenso wie bei der Veresterung treten auch wieder recht große Schwierigkeiten auf, die Verätherung quantitativ durchzuführen; ein kleiner Rest der vorhandenen Hydroxylgruppen entzieht sich fast stets der Umsetzung. Für die Trimethylcellulose errechnet sich ein Methoxylgehalt von 45,57%, während die besten Präparate von Woodhouse[5], Irvine, Hirst[6], von Karrer[7], von Heß[8] sowie von Freudenberg[9] und seinen Schülern einen Methoxylgehalt von 43 bis 45% aufweisen.

[1] Vgl. Heß: Buch S. 426, 428. [2] Ber. **40**, 903 (1907). [3] Vgl. Heß: Buch S. 429.
[4] D.R.P. 322586; A.P. 1188376; ferner Denham u. Woodhouse: Soc. Lond. **103**, 1735 (1913); **105**, 2357 (1914). [5] l. c. unter 4.
[6] Chem. Soc. London **123**, 529 (1923). [7] Helv. chim. Acta **7**, 363 (1924); Cell. **7**, 1 (1926).
[8] Buch S. 430; A. **450**, 29 (1926); **442**, 46, 47 (1925). [9] Vgl. Zitat 1 auf S. 304.

2. Die Methyläther der Cellulose.

Man kann Präparate von allmählich steigendem Methylierungsgrad erhalten, wenn man Dimethylsulfat unter guter Durchmischung auf Natroncellulose einwirken läßt, wobei man zweckmäßig bei einer Temperatur von etwa 50° arbeitet. Hierbei bleibt die Faserform im wesentlichen erhalten. Das entstehende Produkt enthält um 43% Methoxyl und zeichnet sich besonders dadurch aus, daß es in kaltem Wasser löslich ist, während es in warmem wieder abgeschieden wird. Man hat hier einen besonders schönen Fall vor sich, daß durch bloße Erhöhung der Temperatur infolge der Desolvatation spontane Abscheidung eintreten kann. Durch Umlösen aus eiskaltem Wasser lassen sich kleine Mengen weniger hochverätherter Anteile abtrennen. Man erhält auf diese Weise fraktionierte Präparate von 44 bis 45% Methoxyl, die nach Heß[1] die folgenden optischen Eigenschaften besitzen:

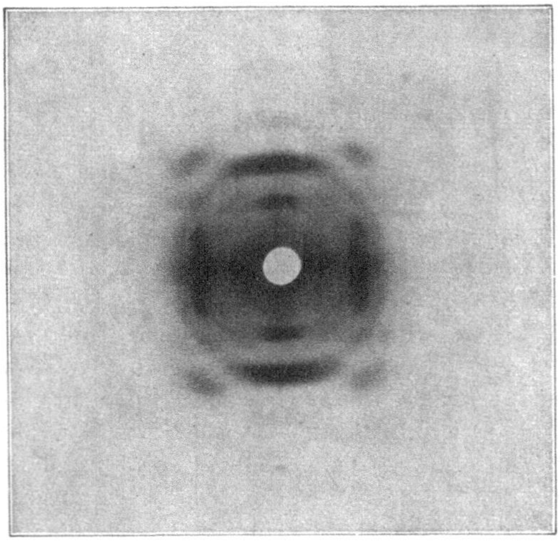

Abb. 142. Diagramm von Methylcellulose I, Durchstrahlung senkrecht zur Faserachse; nat. Größe, Plattenabstand 25 mm (nach Heß und Trogus).

$$[\alpha]_D^{20}\ H_2O = -18{,}44^0$$
$$[\alpha]_D^{20}\ CHCl_3 = -4{,}30^0$$
$$[\alpha]_D^{20}\ C_6H_6 = -18{,}5^0$$

Da man die Präparate nicht ohne tiefergehende Einwirkung wieder in Cellulose oder Hydratcellulose überführen kann, ist es schwierig, sich ein Urteil über die mittlere Kettenlänge zu bilden, die in ihnen vorliegt. Immerhin erweckt die leichte Löslichkeit in Wasser und die ebenso leichte in Pyridin, Chloroform, Tetrachloräthan, Benzol, Eisessig usw. den Verdacht, daß man einen relativ starken Abbau bei der Methylierung in Kauf nehmen muß. Nach Heß und Pichlmayr[2] kann man durch wiederholtes Umfällen hochmethylierte Cellulosen als weiße, lockere Pulver erhalten, die sich beim langsamen Abdunsten aus einer Mischung von Chloroform und Alkohol in ausgezeichneten doppelbrechenden Drusen abscheiden. Man hat hier wohl Produkte vor sich, die erheblich einheitlicher sind als solche, die sie durch Veresterung oder sonstige chemische Behandlung der Cellulose erhalten werden, allerdings in einem relativ abgebauten Zustand. Dafür sprechen auch Molekulargewichtsbestimmungen von Heß und Weltzien[3], die sowohl in Wasser als auch in Eisessig relativ niedrige „Molekulargewichte" ergeben. Allerdings muß auch hier wieder darauf hingewiesen werden, daß die kryoskopischen und ebullioskopischen Beobachtungen an Substanzen von kolloidem Charakter nur mit großer Reserve zu Aussagen über Molekulargewichte verwendet werden können.

Beim hydrolytischen Abbau der Trimethylcellulose gelangt man nach Denham und Woodhouse[4] zur 2, 3, 6-Trimethyl-Glukose. Näheres über den für die Cellulosestruktur sehr wichtigen methylierenden Abbau vgl. S. 304.

---

[1] Buch S. 431. [2] A. **450**, 37 (1926). [3] A. **450**, 39; **435**, 80 (1923).
[4] Soc. Lond. **103**, 1735 (1913); **105**, 2357 (1914); **111**, 244 (1917); **119**, 81 (1921).

Neben der hier erwähnten Verätherungsvorschrift mit Dimethylsulfat sind in der Literatur noch eine Reihe anderer präparativer Verfahren bekannt geworden, die zum Teil von recht wesentlicher technischer Bedeutung sind. Für die Herstellung brauchbarer Laboratoriumspräparate mag die hier gegebene Vorschrift ausreichen.

Bei der Durchstrahlung mit Röntgenlicht liefert die Trimethylcellulose Diagramme von dem in Abb. 142 wiedergegebenen Aussehen. Man erkennt, daß die Orientierung der Micelle erhalten geblieben ist und daß auch die Periode auf der Faserachse mit der der nativen Cellulose übereinstimmt. Heß und Trogus[1] haben eine Indizierung der Diagramme versucht und einen Elementarkörper vorgeschlagen, der die bisher beobachteten Interferenzen ihrer Lage nach befriedigend wiederzugeben gestattet. Eine Überprüfung durch höherorientierte Präparate steht gegenwärtig noch aus.

Unterbricht man die Methylierung, ehe der theoretische Alkylgehalt erreicht ist, so erhält man auch hier intermediäre Verätherungsstufen, von denen in erster Linie die „Dimethylcellulose" genannt sei. Ob hier ein besonders homogenes Produkt in dem Sinne vorliegt, daß in jedem Glukoserest zwei und womöglich auch die zwei gleichen OH-Gruppen alkyliert sind, weiß man nicht. Die Präparate sind in ihrer Löslichkeit den Tri-Estern verwandt, zeigen aber wegen der vorhandenen freien Hydroxylgruppen einen etwas hydrophileren Charakter.

3. Die Äthyläther der Cellulose.

Durch Einwirkung von Chloräthyl auf Alkalicellulose im geschlossenen Rührautoklaven erhält man bei etwa 120° Substitutionsprodukte[2], in denen zwischen 2 und 2½-Hydroxylgruppen durch den Äthylrest ersetzt sind. Die erhaltenen pulvrigen Präparate sind in Aceton und ähnlichen Solventien leicht löslich.

Höheräthylierte Produkte erhält man am besten nach Heß und Mitarbeiter[3] durch Einwirkung von alkalischem Diäthylsulfat auf Cellulose. Nach dem Umfällen der Präparate aus Eisessig-Methylalkohol mit Hilfe von Wasser resultieren ähnliche Proben, wie sie bei der Trimethylcellulose beschrieben worden sind. Für ihre Herstellung können sowohl native Cellulosepräparate als auch Regenerate dienen; Heß hat ihre Drehwerte in einigen Lösungsmitteln gemessen und folgende Zahlen mitgeteilt[4]:

In Benzol	$[\alpha]_D^{20}$	$= + 26{,}1^0$
„ Pyridin	$[\alpha]_D^{20}$	$= + 49{,}1^0$
„ $CHCl_3$	$[\alpha]_D^{20}$	$= + 24{,}4^0$
„ Eisessig	$[\alpha]_D^{20}$	$= + 11{,}5^0$

Im Gegensatz zur Trimethylcellulose sind hochäthylierte Präparate in kaltem und warmem Wasser unlöslich, gehen jedoch schon in der Kälte in Chloroform, Benzol und seinen Homologen, Eisessig, Essigester usw., verhältnismäßig leicht in Lösung. Das gesamte Verhalten dieser Proben spricht dafür, daß ein immerhin beträchtlicher Abbau der Hauptvalenzketten stattgefunden hat. Genaueres hierüber sowie über die Frage der inneren Homogenität dieser Präparate ist in der Literatur nicht zu finden.

---

[1] Z. physik. Chem. B. **4**, 321 (1929); vgl. auch Z. physik. Chem. B. **9**, 157 (1930).

[2] z. B. D.R.P. 322585; F.P. 447974 usw.; ferner Heß, Wittelsbach u. Meßmer: Z. angew. Chem. **34**, 449 (1921).

[3] A. **455**, 205 (1927); A. **445**, 111 (1925).

[4] Vgl. Buch S. 436.

Äthyliert man unter Erhaltung der Faserstruktur, so erhält man im Röntgenlicht gut orientierte Diagramme, über deren Auswertung aber bisher noch nicht eingehender gearbeitet worden ist.

4. Andere Äther sowie Mischäther der Cellulose.

Helferich und Köster[1] haben Triphenylchlormethan in Pyridinlösung bei etwa 200° auf ein Cellulosepräparat einwirken lassen, das aus einer Viscoselösung regeneriert war und hierbei einen Triphenylmethyläther erhalten, in dem das stöchiometrische Verhältnis Glukoserest zu Triphenylmethyl etwa 1 : 1 betrug. Das Produkt löst sich in Pyridin, Chloroform usw. und quillt in Schwefelkohlenstoff, Tetrachloräthan und Essigsäureanhydrid. Durch salzsäurehaltiges Chloroform oder wäßrige Salzsäure läßt sich eine glatte Spaltung in die Bestandteile erreichen.

Abgesehen von den beschriebenen Äthern sind in der Literatur noch Substitutionsprodukte der Cellulose mit Monochloressigsäure, Chloracetylchlorid und Benzylalkohol beschrieben[2], ohne daß sie eingehender charakterisiert worden wären. Es sei daher hier bloß ihre Existenz betont und auf die entsprechenden Literaturstellen hingewiesen. Auch gemischte Esteräther sind wiederholt hergestellt worden, z. B. das Diacetat eines Monomethyläthers u. a. m.; ihre Eigenschaften sind nicht quantitativ studiert worden; sie stehen zwischen den der entsprechenden Ester bzw. Äther.

IX. Der Abbau der Cellulose.

1. Einleitung.

Bisher sind nur diejenigen Veränderungen der Cellulose zur Sprache gekommen, im Laufe derer sich im wesentlichen die Hydroxylgruppen betätigen, während ein Angriff der glukosidischen Sauerstoffbrücken nicht in Betracht gezogen, bzw. nicht gewünscht war. Wenn er im Laufe der erwähnten Reaktionen trotzdem erfolgte, dann hatte er den Charakter einer notwendigen, aber nicht gewollten Nebenreaktion und veränderte das Produkt in irreversibler Weise. In den vorliegenden Abschnitten sei nun dazu übergegangen, gerade diejenigen Prozesse zu besprechen, im Laufe derer die glukosidische Sauerstoffbrücke sich chemisch betätigt. Da hierbei stets die mittlere Kettenlänge in dem untersuchten Präparat abnimmt, kann man die hierher gehörigen Veränderungen der Cellulose unter den allgemeinen Begriff des „Abbaues" zusammenfassen.

Während man aber, wie sogleich genauer auszuführen sein wird, diesen Abbau in sehr verschiedener Weise realisieren kann, ist es bisher noch nicht gelungen, bewußt und systematisch einen Aufbau längerer Ketten aus einfachen Zuckern durch das Anknüpfen 1, 4-glukosidischer Sauerstoffbrücken zu bewirken. Beim gegenwärtigen Stand unserer Kenntnis haben also alle Abbaureaktionen stets den Charakter irreversibler Veränderunegn und stehen hierin in einem gewissen Gegensatz zu den bereits ausführlicher besprochenen „kolloidchemischen" und chemischen Reaktionen der Cellulose.

Der Abbau — solange er sich nur auf die Lösung der Sauerstoffbrücken bezieht — führt bei genügend langer Einwirkung stets zur β-d-Glukopyranose, ohne

---

[1] Ber. 57, 587 (1924).

[2] z. B. D.R.P. 332203. Chowdury, I. K.: Biochem. Z. 148, 76 (1924). Barnitt, W. L.: Cell. 3, 98 (1922). Okada: Cell. 12, 11 (1931).

daß es bisher gelungen wäre, das sichere Vorhandensein eines anderen, niedrigen Kohlehydrats nachzuweisen[1]. Unterbricht man die Reaktionen früher, dann erhält man in den allermeisten Fällen ein unübersichtliches Gemisch weniger oder mehr verkürzter Ketten, dessen Charakterisierung große Schwierigkeiten macht und dessen gegenüber dem Ausgangspräparat veränderte Eigenschaften wiederholt dazu geführt haben, die im Verlauf der Abbaureaktionen sich ergebenden Molekülmischungen als einheitliche Substanzen anzusprechen und mit besonderen Namen zu belegen. Ehe aber auf diese Versuche und auf die präparative Seite des Abbaus näher eingegangen werden kann, erscheint es zweckmäßig, das vorauszuschicken, was an Prinzipiellem über den Mechanismus des Abbaus langer Ketten bekannt ist.

2. Über den Abbau von Fadenmolekülen.

In den untersuchten Präparaten handelt es sich meist um regelmäßig gebaute Makrofadenmoleküle (Staudinger) oder Hauptvalenzketten, wobei allerdings nicht ganz von der Hand zu weisen ist, daß im Sinne von Herzog und Kratky[2] eingestreute „Enklaven" in kleinerem Ausmaße vorliegen können. Quantitatives über deren Abbau hat auf Anregung von R. O. Herzog vor einigen Jahren N. Meer[3], in neuester Zeit aber besonders W. Kuhn publiziert, der die hierfür maßgeblichen Formeln ableitete[4]. Die folgende Darstellung schließt sich eng an die sehr klare Kuhnsche Publikation an.

Wenn man als Ausgangsmaterial eine Kette von $n + 1$ Gliedern zugrunde legt, dann ist die Anzahl der ursprünglich vorhandenen Bindungen n, sie wird bei den folgenden Rechnungen stets als „unendlich groß" angenommen. Wenn nun von diesen Bindungen s gespalten worden sind, kann man das Präparat durch den „Spaltungsgrad" α

$$\alpha = \frac{s}{n} \tag{1}$$

definieren. Sind alle Bindungen gleichartig, so ergibt sich die Wahrscheinlichkeit dafür, daß irgendeine von ihnen, zum Beispiel die k-te, aufgespalten worden ist, zu

$$w_k = \frac{s}{n} = \alpha, \tag{2}$$

und die Wahrscheinlichkeit dafür, daß sie nicht aufgespalten worden ist, zu

$$w'_k = \frac{n-s}{n} = 1 - \alpha. \tag{3}$$

Wir wollen nun die Wahrscheinlichkeit dafür berechnen, daß aus der ursprünglichen Kette das Stück zwischen dem $(r + 1)$-ten und $(r + i)$-ten Glied als zusammenhängendes i-gliedriges Bruchstück herausgespalten worden ist. Hierzu ist notwendig, daß die r-te Bindung gelöst, die darauffolgenden i-Bindungen nicht gelöst und die $(r + i)$-te wieder gelöst worden ist. Diese Wahrscheinlichkeit ergibt sich als Produkt der bereits berechneten Wahrscheinlichkeiten w_k bzw. w'_k und ist somit gleich

$$\alpha^2(1-\alpha)^{i-1} = W_i.$$

Wenn man nun r der Reihe nach

$$0, 1, 2, \ldots, n - i$$

[1] Über die quantitative Bedeutung dieser Aussage vgl. S. 190.

[2] Naturwiss. **18**, 732 (1930).

[3] Vgl. R. O. Herzog, H. Hoffmann u. O. Kratky: Handb. d. Biochemie; Ergänzungsband S. 53 (1930).

[4] Ber. **63**, 1503 (1930).

setzt, dann erhält man offenbar alle Möglichkeiten, auf Grund deren Bruchstücke mit i Teilchen überhaupt entstehen können. Die Anzahl der „i-Bruchstücke“ ist daher gleich der Summe dieser Wahrscheinlichkeiten also — weil n sehr groß angenommen wurde — gleich

$$n \cdot W_i = n \cdot \alpha^2 (1 - \alpha)^{i-1} = z_i . \qquad (4)$$

Daher ist die Zahl derjenigen Bausteine, die sich in i-zähligen Bruchstücken befinden, gegeben durch

$$i \cdot z_i = n \cdot i \cdot \alpha^2 (1 - \alpha)^{i-1} \qquad (5)$$

oder die Ausbeute an i-zähligen Bruchstücken gemessen an der maximal möglichen, d. h. wenn die ganze Kette in gleichgroße Teile zerschnitten worden wäre, ist

$$\varphi_i = \frac{i\, z_i}{n} = i \cdot \alpha^2 (1 - \alpha)^{i-1} . \qquad (6)$$

Nun muß man noch die Bedingung stellen, daß die Summe aller 1-, 2-, 3- usw. zähligen Bruchstücke mal ihrer Zähligkeit gleich der überhaupt gegebenen Anzahl von Bausteinen gleich sein muß, eine Forderung, die sich bei der Nachprüfung bestätigt.

Im Verlauf des Abbaues werden zunächst die großen Bruchstücke überwiegen und dann allmählich die kleineren immer mehr und mehr hervortreten. Die Zahl der Bruchstücke z. B., die 5 oder 6 Einzelteilchen besitzen, wird anfangs zunehmen, später aber, wenn die Aufspaltung weiterschreitet, sinken und endlich Null werden. Die Menge der im Gemisch vorhandenen i-zähligen Ketten muß also ein Maximum durchlaufen. Der Spaltungsgrad, bei dem dieses Maximum erreicht ist, ergibt sich aus den obigen Formeln zu

$$\alpha_{\max} = \frac{2}{i + 1} . \qquad (7)$$

Die Ausbeute an den ins Auge gefaßten Bruchstücken von i-Teilchen, die im Optimum erhalten werden kann, errechnet sich zu

$$\varphi_{\max} = i \left(\frac{2}{i+1}\right)^2 \left(\frac{i-1}{i+1}\right)^{i-1} . \qquad (8)$$

Tabelle 54.
Optimale Spaltungsgrade (α), maximale Ausbeuten (φ) und gesamte entstehende Menge (M) für einige Bruchstücke von der Länge (i).

i	α	φ	M
2	2/3	0,298	0,667
3	1/2	0,187	0,500
4	2/5	0,138	0,400
5	1/3	0,110	0,333
6	2/7	0,091	0,286
7	1/4	0,078	0,250
10	2/11	0,064	0,182

In der Tabelle 54 sind für einige i-Werte die optimalen Spaltungsgrade und die bei ihnen zu erwartenden Ausbeuten entsprechend den Gleichungen (7) und (8) angegeben. Wenn man zum Beispiel beim hydrolytischen Abbau der Cellulose die Cellotriose-Bruchstücke in maximaler Ausbeute gewinnen will, so muß man den Abbau bei einem Umsatz von etwa 50% abbrechen und kann dann eine Ausbeute von etwa 18,7% gewärtigen; die Gesamtmenge der im Verlauf des vollständigen Abbaues entstehenden Dreierstücke beträgt 50%.

Vorausgesetzt ist hierbei stets die Gleichheit aller in Frage stehenden spaltbaren Bindungen und die unendliche Länge der Ausgangsketten.

Durch die Gleichungen (6) bis (8) sind die Gleichgewichtsverhältnisse in jedem Augenblick des Abbaues gegeben. Der zeitliche Verlauf resultiert aus den folgenden ebenfalls in engstem Anschluß an W. Kuhn dargestellten Überlegungen.

a) Sämtliche Bindungen werden unabhängig voneinander aufgespalten und besitzen dieselbe Reaktionskonstante k_1; es werden dann je Zeiteinheit

$$d\,n' = k_1\, n'$$

Bindungen gelöst, wenn

$$n' = (1 - \alpha) n$$

ist. Für die Kinetik ergibt sich hieraus

$$\alpha = 1 - e^{-k_1 t}. \tag{9}$$

Es ist also

$$1 - \alpha = e^{-k_1 t} \tag{10}$$

und

$$d\alpha = k_1 e^{-k_1 t} dt.$$

b) Alle Bindungen reagieren unabhängig und gleichartig mit k_1, nur die Zweierstücke spalten nach einer größeren Konstante k_2. Hier ergibt die Integration der Reaktionsgleichung für die Anzahl der Zweierstücke als Funktion der Zeit

$$n_2 2 = n k_1 \left[\frac{1}{3k_1 - k_2} e^{-3k_1 t} - \frac{1}{2k_1 - k_2} e^{-2k_1 t} + \frac{k_1}{(2k_1 - k_2)(3k_1 - k_2)} e^{-k_2 t}\right]. \tag{11}$$

Für den Spaltungsgrad α erhält man die Beziehung

$$1 - \alpha = 2\frac{k_1 - k_2}{2k_1 - k_2} e^{-2k_1 t} - \frac{k_1 - k_2}{3k_1 - k_2} e^{-3k_1 t} + \frac{2k_1^2}{(2k_1 - k_2)(3k_1 - k_2)} e^{-k_2 t}. \tag{12}$$

c) Alle Bindungen reagieren unabhängig und gleichartig mit k_1, nur Zweier- und Dreierstücke spalten mit der größeren Konstanten k_2. Der Spaltungsgrad in Abhängigkeit von der Zeit ergibt sich hier zu

$$1 - \alpha = 3\frac{k_2 - k_1}{-3k_1 + k_2} e^{-3k_1 t} - 2\frac{k_2 - k_1}{-4k_1 + k_2} e^{-4k_1 t} + \frac{6k_1^2}{(-3k_1 + k_2)(-4k_1 + k_2)} e^{-k_2 t}. \tag{13}$$

d) Zwei Bausteine gemeinsam bilden ein ringförmiges Aggregat, z. B. im Sinne von Heß ein Biosan, und zwar in solcher Weise, daß in jedem Molekül zwei Bindungen gelöst werden müssen, um den Abbau zu vollenden. Wenn zunächst nur die eine Bindung gemäß einer Konstanten k_1 und erst nachher die zweite gemäß einer Konstanten k_2 aufspalten kann, erhält man für den Abbaugrad

$$1 - \alpha = \frac{1}{2} \cdot \frac{2k_2 - k_1}{k_2 - k_1} e^{-k_1 t} - \frac{1}{2} \frac{k_1}{k_2 - k_1} e^{-k_2 t}. \tag{14}$$

e) Wiederum möge ein Doppelmolekül vorliegen, bei dem aber beide Bindungen mit derselben Konstanten k_1 aufspalten können. Wenn die eine Bindung gelöst ist, dann soll sich die Konstante der noch unangetasteten auf k_2 verschieben. Der Abbaugrad ist hier

$$1 - \alpha = \frac{k_2 - k_1}{k_2 - 2k_1} \cdot e^{-2k_1 t} - \frac{k_1}{k_2 - 2k_1} e^{-k_2 t}. \tag{15}$$

Es ist klar, daß die beiden der „Biosan-Auffassung" entsprechenden Formeln sehr nahe verwandt sind und ineinander übergehen, wenn man

$$k_1 \text{ in } (14) = 2k_1 \text{ in } (15)$$

setzt.

f) Schließlich hat W. Kuhn noch die Möglichkeit durchgerechnet, daß in den Ketten zweierlei Bindungen vorliegen[1], die unabhängig und gleichzeitig aber mit den beiden verschiedenen Konstanten k_1 und k_2 aufspalten. Wenn zu Beginn die beiden Bindungen gleich zahlreich waren, dann erhält man für den Abbaugrad

$$1 - \alpha = \frac{1}{2} e^{-(2k_1 - k_2)t} + \frac{1}{2} e^{-k_2 t}. \tag{16}$$

[1] Etwa α- und β-glukosidische Verknüpfungen zwischen den einzelnen Glukoseresten.

3. Der Abbau der Cellulose durch Einwirkung von Mineralsäuren.

Daß Cellulose durch Mineralsäuren irreversible Veränderungen erfährt, ist schon seit langem bekannt[1]. Da als Endprodukt β-d-Glukose entsteht, hat man den Abbau im wesentlichen als Hydrolyse aufzufassen, die wie andere ähnliche Reaktionen durch die Anwesenheit von Wasserstoffionen katalysiert wird. Bei einer quantitativen Verfolgung der Kinetik muß man damit rechnen, daß der Verlauf der Reaktion im allgemeinen durch den heterogenen Charakter der Cellulosepräparate beeinträchtigt wird, so daß man nicht ohne weiteres eine strenge quantitative Übereinstimmung mit den Formeln des vorigen Paragraphen erwarten kann. Immerhin zeigen sehr interessante Versuche von Freudenberg, Kuhn, Dürr, Bolz und Steinbrunn[2], daß man doch beim Vergleich der Experimente mit den eben aufgeführten Kuhnschen Formeln recht deutlich in Richtung einer bestimmten Interpretation gewiesen wird.

Die genannten Forscher haben zunächst Cellobiose mit verdünnter Schwefelsäure bei verschiedenen Temperaturen hydrolysiert und den Abbaugrad sowohl durch Jodtitration (vgl. S. 196) als auch auf polarimetrischem Wege verfolgt. Die Tabelle 55 zeigt einige Zahlen und möge belegen, daß die Übereinstimmung

Tabelle 55.

Dauer der Reaktion in Minuten	cm^3 $^n/_{10}$-Jod	Drehungswert	$k \cdot 10^4$ titrimetrisch	$k \cdot 10^4$ polarimetrisch
0	10,00	$+0,74^0$	—	—
100	—	$0,75^0$	—	—
162	10,18	—	—	—
2815	12,60	—	1,10	—
4230	13,62	—	1,08	—
4240	—	0,88	—	1,02
5680	—	0,93	—	1,13
7120	—	0,96	—	1,12
7570	13,55	—	1,03	—
8560	—	0,98	—	1,07
10000	—	0,995	—	1,02
10170	16,62	—	1,09	—
11340	—	1,01	—	0,99
11850	17,09	—	1,07	—
12890	17,34	—	1,06	—
14440	17,91	—	1,12	—
15660	—	1,06	—	1,03
17290	18,33	—	1,08	—
18540	—	1,08	—	1,02
33190	19,60	—	—	—
	19,85	$+1,14$	—	—

der beiden angewendeten Methoden eine befriedigende ist. Als Wert für di Hydrolysenkonstante der Cellobiose kann man $k = 1,07 \cdot 10^{-4} \cdot sec^{-1}$ für der sichersten annehmen. Aus der Temperaturabhängigkeit[3] errechnet sich für dies Spaltung eine Aktivierungswärme von

$$\varepsilon = 31000 \text{ cal je Mol.}$$

[1] z. B. C. Koechlin: Chem. Z. **12**, 546 (1888); weitere Zitate siehe Heß: Buch S. 468ff

[2] Ber. **63**, 1510 (1930); vgl. auch Ber. **62**, 1103 (1929), sowie Ber. **63**, 1503 (1930) un Ber. **54**, 767 (1921); **61**, 1735 (1928); **62**, 3078 (1929); **63**, 535 (1930).

[3] Vgl. hierzu auch die Daten bei K. H. Meyer, H. Hopff und H. Mark: Ber. **62** 1103 (1929); sowie die Angaben im „Aufbau der Hochpolymeren". AVG. 1930, S. 162ff

Bei diesen Versuchen wurde meist 50proz. Schwefelsäure benutzt, die Jodtitration nach Willstätter und Schudel[1] ausgeführt. Die Autoren warnen vor einer Verwendung der Kupferzahl, weil Cellobiose schon mehr Kupfer reduziert als es einer halben Glukose entspräche. Es wird offenbar bei der Oxydation des ersten Glukoserestes auch der zweite irgendwie in Mitleidenschaft gezogen. Deshalb ist bei der Analyse von Hydrolysengemischen die Jodtitration und das polarimetrische Verhalten zu bevorzugen.

Die Hydrolyse der Cellulose erfolgte nun in der Weise, daß 8,1 g Ramie ($^1/_{20}$ Mol) bei 18^0 mit 680 cm^3 Schwefelsäure ($d = 1{,}560$) übergossen wurden. Nach etwa 40 Minuten erhält man bei gründlichem Rühren eine schwachtrübe Lösung, die mit Eis auf das spez. Gewicht 1,420 verdünnt wird. Wenn man nicht mit konzentrierter Säure in dieser Weise vorbehandelt, erhält man keine homogene Dispergierung. Ist diese erreicht, so wird mit Säure von gleicher Dichte auf 1 l aufgefüllt, und der Hydrolysenversuch kann beginnen. Er ist nach etwa 50 bis 60 Tagen beendet. Die Tabelle 56 zeigt die aus einem solchen Versuch resultierenden Abbaugrade — Spalte 3 die titrimetrischen, Spalte 5 die polarimetrischen Werte.

Tabelle 56.

1	2	3	4	5	6	7	8
Dauer der Reaktion in Minuten	Monomolekulare „Konstante“	Mit Jodtitration gefundener Wert	Berechnet nach		Polarimetrisch gefundener Wert	Berechnet nach	
			(13)	(15)		(13)	(15)
0	(0,390)						
2610	0,406	0,90	0,899	0,901	0,860	0,875	0,881
5250	0,425	0,80	0,802	0,798	0,745	0,763	0,766
7930	0,448	0,70	0,705	0,700	0,630	0,656	0,662
10880	0,468	0,60	0,603	0,598	0,534	0,548	0,558
14100	0,491	0,50	0,500	0,499	0,430	0,447	0,460
17400	0,526	0,40	0,409	0,411	0,342	0,360	0,375
21600	0,557	0,30	0,304	0,319	0,254	0,261	0,288
27100	0,593	0,20	0,202	0,224	0,166	0,170	0,200
36400	0,632	0,10	0,095	0,121	0,079	0,078	0,107

Würde man aus den beobachteten (titrimetrischen) Werten des Abbaugrades α mit Hilfe einer monomolekularen Reaktionsgleichung eine „Konstante“ berechnen, so erhielte man die in der zweiten Spalte der Tabelle 56 angeführten Zahlen, welche zeigen, daß der Koeffizient seinen Wert im Laufe der Reaktion ganz erheblich ändert. Daraus geht hervor, daß der Ansatz eines monomolekularen Zerfalls die vorliegenden Verhältnisse nicht richtig wiederzugeben vermag.

Man muß daher versuchen, den Reaktionsverlauf durch andere Gleichungen, etwa durch die Formeln (12) oder (13) darzustellen. In ihnen kommen (vgl. S. 295) zwei Konstanten vor, deren eine — k_2 — die Zerfallskonstante der Zweierstücke sein muß und durch die beschriebenen Vorversuche an der Cellobiose bereits bekannt ist. Frei wählbar ist daher nur noch die andere Konstante k_1, mit deren Hilfe man unter Hinzuziehung von k_2 den gesamten zeitlichen Verlauf richtig wiedergeben können muß. Wählt man für die erste Zerfallskonstante den Wert

$$k_1 = 0{,}40 \cdot 10^{-4},$$

so ergeben sich bei Verwendung der Formel (13) die in der Tabelle 56 (4. Spalte) enthaltenen Werte. Man sieht, daß sie mit den gefundenen Zahlen der dritten

[1] Ber. **51**, 780 (1918); vgl. auch S. 196.

Spalte recht gut übereinstimmen und daß auch die entsprechenden polarimetrisch erhaltenen Werte dann nicht allzu stark abweichen (Spalte 6 und 7). In der Abb. 143 ist der Übersichtlichkeit halber noch einmal das Ergebnis dieser Messungen zusammengefaßt. Die ausgezogene Kurve bedeutet die nach Gleichung (13) berechnete Spaltung der Cellulose bei 18°, die Kreise sind die nach Gleichung (15) berechneten Werte, während die Kreuze die experimentell (titrimetrisch) gefundenen Zahlen (18°) darstellen. Man sieht bei genauer Betrachtung, daß besonders gute Übereinstimmung mit den nach (13) berechneten Werten besteht.

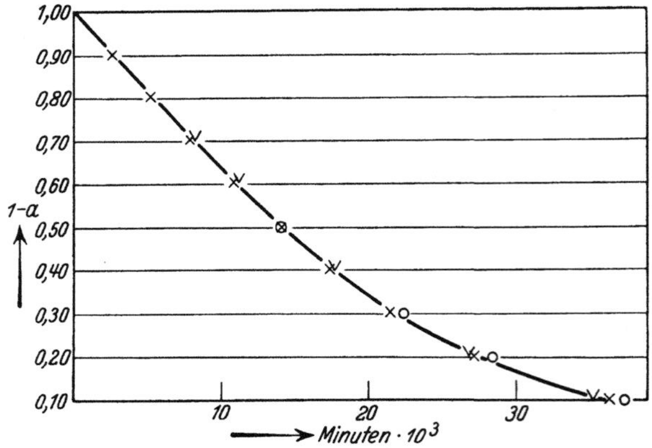

Abb. 143. Hydrolysierkurve von Cellulose mit Mineralsäure.

Aus der Temperaturabhängigkeit der Geschwindigkeitskonstanten ergibt sich für die Aktivierungswärme der Cellulosespaltung $\varepsilon = 28100$ cal je Mol. Die für die Wiedergabe der Versuchsergebnisse am besten brauchbare Gleichung (13) beruht auf der Voraussetzung, daß die Bindungen in der Cellobiose und in der Cellotriose gleich rasch gemäß einer Konstanten k_2, die in den größeren Bruchstücken wieder unter sich gleich rasch gemäß einer anderen Konstanten k_1 gespalten werden. Die Gleichung (12) nimmt an, daß die Cellobiose allein nach k_2, alle übrigen Bruchstücke nach k_1 aufspalten; dies läßt sich mit den Versuchsergebnissen nicht in Einklang bringen. Der Gleichung (15) liegt die Auffassung eines „Biosans" zugrunde, in dem zwei anfänglich gleichwertige Bindungen nach k_1 aufspalten, während in dem einmal gespaltenen Ring die zweite Bindung als Cellobiose nach k_2 reagiert. Der Vergleich der 5. und 8. Spalte mit der 3. und 6. zeigt, daß man mit Hilfe dieser Vorstellung ebenfalls in Übereinstimmung mit der Erfahrung kommen kann, wenn auch die Werte der anderen Interpretation noch etwas näher den experimentell gefundenen liegen. Man muß aber betonen, daß die mit der Kinetik zusammenhängende Ausbeute an Biose die Existenz eines Biosans von vornherein ausschließt.

In ähnlicher Weise wurde ein nach Heß und Friese[1] hergestelltes „Biosan"-acetat abgebaut und der Verlauf mit Hilfe der beiden Gleichungen (13) und (15) zeitlich verfolgt. Die Tabelle 57 zeigt wiederum, daß die auf der Kettenstruktur

Tabelle 57. Hydrolyse eines Cellodextrins bei 18°.

Min.	Monomolekulare Konstante	Titrimetrisch gefunden	Berechnet nach		Polarimetrisch gefunden	Berechnet nach	
			(13)	(15)		(13)	(15)
0	(340)						
2900	0,365	0,90	0,889	0,890	0,820	0,866	0,858
8480	0,420	0,70	0,686	0,680	0,630	0,635	0,641
11350	0,450	0,60	0,587	0,583	0,540	0,532	0,543
14400	0,480	0,50	0,491	0,491	0,443	0,438	0,452
17900	0,513	0,40	0,392	0,400	0,350	0,342	0,365
21900	0,550	0,30	0,297	0,312	0,260	0,255	0,282
27500	0,585	0,20	0,196	0,218	0,180	0,165	0,195
36500	0,630	0,10	0,094	0,120	0,100	0,077	0,106

[1] A. **456**, 38 (1927).

fußende Gleichung (13) die Verhältnisse etwas besser wiederzugeben vermag als die für die Biosanauffassung charakteristische Beziehung (15). Für die Berechnung der Tabelle 57 sind dieselben Konstanten wie früher verwendet worden.

Die polarimetrischen Werte weichen von den titrimetrischen in einem gewissen Grade ab, und zwar in der Weise, daß bei der optischen Beobachtung gegenüber der Jodtitration zuerst eine beschleunigte, gegen Ende eine verzögerte Reaktion festgestellt wird. Wenn zum Beispiel die Titration einen Abbaugrad von 50% ergibt, so zeigt die polarimetrische Messung bereits einen solchen von 56,3%. Der Grund hierfür dürfte wohl der folgende sein: Der in Tabelle 56 (fünfte Spalte) enthaltene theoretische Drehungswert ϱ ist nach der Gleichung

$$\varrho = \frac{A_t - A_0}{A_\infty - A_0}$$

berechnet, wobei A die Drehung zu Beginn (A_0), zur Zeit t (A_t) und zu Ende des Versuches (A_∞) bedeutet. Sie ist mit dem Spaltungsgrad nur dann identisch, wenn man voraussetzt, daß das durchschnittliche Drehungsvermögen eines Kettengliedes in einem n-gliedrigen Bruchstück gleich ist. Es müßte also das Drehungsvermögen einer Glukoseeinheit in einer Biose genau in der Mitte liegen zwischen dem einer Monose und dem eines Polysaccharides. In Wirklichkeit zeigt sich aber eine Abweichung von diesem Verhalten, und zwar in dem Sinne, wie es die Abb. 144 schematisch wiedergibt. In ihr entspricht die Kurve *1* der Voraussetzung, daß das durchschnittliche Drehungsvermögen sich einfach linear interpolieren läßt. In Wirklichkeit drehen aber die niedrigen Cellodextrine stärker als es diesem Ansatz entspricht. Die Kurve *2* zeigt eine von Freudenberg und seinen Mitarbeitern gewählte andere Interpolation, die dem experimentellen Verhalten gut entspricht[1]. In der genannten Arbeit ist auseinandergesetzt, daß auch diese Verhältnisse für die Auffassung langer Ketten und gegen die Auffassung als Biosan sprechen[2].

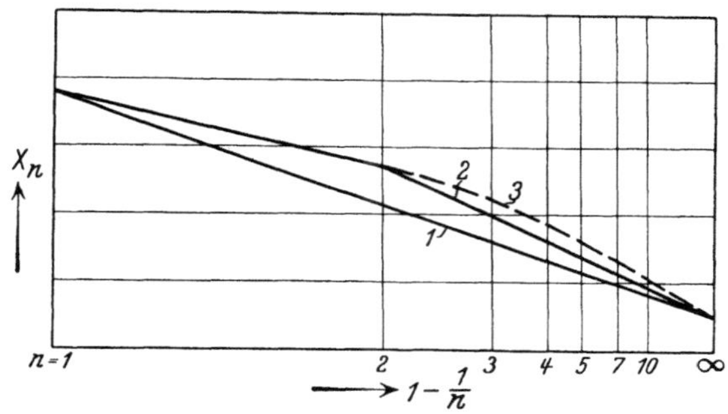

Abb. 144. Verlauf der optischen Aktivität als Funktion des Abbaugrades.

Für die Beurteilung der Gleichartigkeit der Bindungen in den Ketten ist es wesentlich, die Aktivierungswärmen und die sterischen Faktoren der Cellobiose- und der Cellulosespaltung zu kennen. Es ergeben sich hierfür aus den angeführten Werten die folgenden Zahlen:

Cellobiose	Cellulose
$\varepsilon = 31000$ cal je Mol;	$\varepsilon = 28100$ cal je Mol;
$A = 1300 \cdot 10^{16}$;	$A = 4 \cdot 10^{16}$.

Man sieht, daß zwar der sterische Faktor für die Aufspaltung der Cellobiose ganz erheblich größer ist als der für die Cellulose maßgebende, daß aber die Aktivierungswärmen einander sehr ähnlich sind. Es kann nicht verwundern, daß die wirklich homogen gelöste Cellobiose den die Hydrolyse katalysierenden Wasserstoffionen in sehr viel höherem Maße Zutritt zu den aufzulockernden Stellen

[1] Vgl. Anhang.

[2] Ber. **63**, 1526 (1930). Vgl. hierzu auch die Anwendung der Hudsonschen Regel auf die optische Aktivität der Cellulose. K. H. Meyer u. H. Mark: Z. phys. Chem. **2**, 115 (1929).

gewährt als dies bei längeren Ketten der Fall ist, welche ja auch noch in einem gewissen Ausmaß zu Bündeln vereinigt sein können. Die praktische Gleichheit der Aktivierungswärmen zeigt aber mit Deutlichkeit an, daß die für beide Spaltungsreaktionen zu leistende Auflockerung eine sehr ähnliche ist. Man wird also daraus, sowie aus der von K. H. Meyer begonnenen, von Freudenberg und seinen Mitarbeitern durchgeführten eingehenden Diskussion der optischen Verhältnisse dahin geführt, in der Cellulose und auch in der Stärke einen einheitlichen Aufbau anzunehmen. Die reaktionskinetischen Messungen und die optische Aktivität bilden eine weitere Stütze für die Kettenauffassung und zeigen, daß man mit ihr über die rein qualitative Betrachtungsweise hinaus auch in quantitative Übereinstimmung mit den Experimenten kommen kann.

Diese neuesten Untersuchungen über die Säurespaltung der Cellulose sind hier vorweg genommen, da sie vom zahlenmäßigen Gesichtspunkt aus das beste Material darstellen, über welches man heute verfügt. Viele Jahre vorher ist aber der Säureabbau der Cellulose bereits in präparativer Richtung ausgewertet und qualitativ im Hinblick auf die Veränderung des Ausgangsmaterials eingehend studiert worden[1]. Man hat besonders Schwefelsäure und Salzsäure untersucht, da sie für die Verwendung bei technischen Verfahren am meisten in Frage kommen. Es ist aber auch die Einwirkung von Salpetersäure[2], Phosphorsäure, phosphoriger Säure[3], Borsäure[4], Flußsäure[5], Brom- und Jodwasserstoffsäure[6] ferner von komplexen Säuren[7] sowie von organischen Säuren[8] auf breiter Grundlage studiert worden. In manchen Fällen ist man bis zu einer weitgehenden Aufspaltung der Ausgangspräparate in Glukose gekommen, meist war aber das Interesse hauptsächlich auf die Veränderung der Fasereigenschaften gerichtet und man hat daher nur den Anfang der Abbaureaktion verfolgt.

Es ist wiederholt zum Ausdruck gebracht worden, daß kalte verdünnte Schwefelsäure Cellulose nicht merklich abbaut[9]; erst bei einer bestimmten Grenzkonzentration, die zwischen 45 und 60% liegt, beginnt eine irreversible Veränderung der Präparate, die in weniger konzentrierten Säuren nur stark quellen. Genauere Angaben über diejenige kritische Säurekonzentration, bei der schon in der Kälte ein merklicher Abbau erfolgt, liegen aber nicht vor.

In der Tabelle 58 sind einige Beobachtungen über die Einwirkung von Schwefelsäure bei verschiedenen Konzentrationen und verschiedenen Temperaturen zusammengestellt. Längerer Angriff heißer, verdünnter Schwefelsäure führt zu sehr weitgehender Hydrolyse bis zum Zucker, wofür in der Tabelle 122 auch eine Reihe von Zahlen als Beleg enthalten sind. Als Beispiel für eine präparative Vorschrift sei im Anschluß an Heß die folgende gegeben[10]:

5 g lufttrockene, entfettete Baumwolle und 40 g etwa 70 proz. Schwefelsäure werden in der Kälte zusammengebracht und bei Zimmertemperatur etwa 1 Stunde stehen gelassen. Nach Zugabe des gleichen Volumens Wasser überläßt man den Ansatz 24 Stunden sich selbst, dann wird die Lösung auf Siedetemperatur, unter Umständen in einem Autoklaven bis auf 120° mehrere Stunden erhitzt.

---

[1] z. B. Ost u. Wilkening: Chem. Z. **34**, 461 (1910); Girard: Ann. chim. **24**, 337 (1881) u. a. m.

[2] z. B. C. Koechlin: Chem. Z. **12**, 546 (1888); Scheurer: Bull. d. Mulh. **58**, 364 (1888).

[3] Scheurer: Bull. d. Mulh. **74**, 214 (1904); Grandmougin: Z. f. Farb. Ind. **6**, 3 (1907).

[4] Barral u. Salvetat: Ann. chim. **9**, 129 (1876).

[5] Girard: Ann. chim. **24**, 337 (1881); Willstätter u. Zechmeister: Ber. **46**, 2401 (1913); z. B. Helfferich u. Böttger: Ann. **476**, 150 (1929).

[6] Siehe [5]). [7] Schwalbe: Buch S. 71f.

[8] Knecht: Journ. Ind. **28**, 700 (1909); Girard: Ann. chim. **24**, 337 (1881); Simonson: Z. angew. Chem. **11**, 220 (1898); Heuser u. Eisenring: Cell. **4**, 13, 25 (1923).

[9] z. B. Ost u. Wilkening: Chem. Z. **34**, 461 (1910). [10] Buch S. 475.

Tabelle 58. Einwirkung von H_2SO_4 auf verschiedene Cellulosearten.

Ausgangsmaterial	Konzentration der H_2SO_4 in %	Temperaturen °C	Einwirkungsdauer in Stunden	Ergebnis bzw. Glukoseausbeute in %
Baumwolle	0,2	80	1/2	unverändert
„	0,2	80	1	Faserschwächung
„	0,4	80	1/2	„
„	0,2	90	1	stärkere Faserschwächung
„	10	80	1/60	unverändert
„	10	80	1/4	schwache Faserschädigung
„	10	80	1/2	sehr starke Faserschädigung
Filtrierpapier	1,25	100	1/2	fast unverändert
„	5	100	1/2	0,64
Verbandwatte	1,2	95	3	25
„	1,2	95	6	55
„	2	95	3	28
„	2	95	10	60
„	2	104	5	96
„	2	104	8	97
„	4	104	3	97
„	4	104	5	95
„	2	120	5	98

Der entstehende Zucker läßt sich durch den Drehwert und das Reduktionsvermögen qualitativ und quantitativ bestimmen.

Zahlreiche Untersuchungen[1] zeigen in ihrer Gesamtheit, daß eine vollständige Umwandlung der Cellulose in β-d-Glukose nicht gelingt. Theoretisch müßte man aus 100 g wasserfreier Cellulose 111,1 g d-Glukose erwarten; die tatsächlichen Ausbeuten liegen stets etwas tiefer, weil wohl während der Hydrolyse immer kleine Mengen anderer Stoffe wie organische Säuren und ω-Oxymethylfurfurol entstehen.

Die Einwirkung der Salzsäure wurde zuerst von Girard untersucht, der feststellte, daß trockenes HCl-Gas auf trockene Cellulose ohne merklichen Einfluß ist, eine Beobachtung, die später C. Schuster bestätigte[2], der die Adsorption von HCl an Baumwolle quantitativ verfolgt hat. Wäßrige Salzsäure aber wirkt auf die Faser im technischen Sinne sehr rasch zerstörend und verschlechtert die mechanischen Eigenschaften erheblich[3]. Ob auch hier eine kritische untere Grenze in der Konzentration ähnlich wie bei der Schwefelsäure vorhanden ist, läßt sich nicht mit Genauigkeit sagen; die Literaturangaben lassen darauf schließen, daß sie nicht so deutlich hervortritt wie bei der Schwefelsäure. Mit konzentrierter wäßriger Salzsäure (HCl = 38%) läßt sich eine vollständige Hydrolyse der Cellulose bis zum Monosaccharid nur schwer erreichen. Willstätter und Zechmeister[4] haben dann in einer ausführlichen Untersuchung gezeigt, daß überkonzentrierte Salzsäure mit mehr als 40% Chlorwasserstoff Baumwollcellulose schon in wenigen Sekunden auflösen kann. In einer solchen Lösung quellen zunächst die Faserpräparate außerordentlich stark und bald erhält man eine quasihomogene Lösung, die unmittelbar nach ihrer Herstellung keinen merklichen Drehwert zeigt, mit fortschreitender Hydro-

[1] Guignet: C. r. **108**, 1258 (1889); Flechsig: Z. physiol. Chem. **7**, 523 (1883); Braconnot: Ann. chim. **12**, 172 (1819); **25**, 81 (1827); Schwalbe u. Schulz: Ber. **43**, 915 (1919); Ost u. Wilkening: Chem. Z. **34**, 461 (1910); Wohl u. Blumrich: Z. angew. Chem. **34**, 17 (1921); Monier-Williams: Soc. Lond. **119**, 804 (1921); Kiesel u. Semiganowsky: Ber. **60**, 333 (1927); M. Lüdtke: A. **456**, 222 (1927).

[2] Girard: Ann. chim. **24**, 337 (1881); Z. physik. Chem. B. **2**, 130 (1929).

[3] Barral u. Salvetat: Ann. chim. (5) **9**, 129 (1876); siehe auch Heß: Buch S. 479ff.

[4] Ber. **46**, 2401 (1913); ferner Zechmeister u. Toth: Ber. **64**, 854 (1931).

lyse nach 1 bis 2 Tagen aber einen konstanten Endwert liefert, der einer nahezu quantitativen Verzuckerung der Cellulose (96% d. Th.) entspricht.

Willstätter und Zechmeister stellten fest, daß sich der Drehwert der Hydrolysenansätze mit der Zeit nicht stetig ändert, sondern daß in den Kurven Knickpunkte auftreten. Zunächst steigt der Drehwert rasch, später sehr viel langsamer an, erreicht eine Art Sättigung und setzt erst in einem bestimmten Augenblick wieder mit starkem Anstieg ein. Der gleiche Effekt wurde von Sherrard und Froehlke[1] auch bei der Hydrolyse andersartiger Cellulosen gefunden, wobei unter bestimmten Versuchsbedingungen sogar zwei Knickstellen beobachtet werden konnten. Charakteristisch ist auch hier bei der Verwendung nativer Präparate der *s*-förmige Anfangsteil der Kurve, was wohl wieder in dem Sinn zu deuten ist, daß die native Struktur erst durch die Quellung in Säure irgendwie aufgelockert werden muß.

Ob die erwähnten Haltepunkte in der Drehwertkurve mit dem überwiegenden Auftreten bestimmter Zwischenprodukte zusammenhängen oder mit der Freudenberg-Kuhnschen quantitativen Interpretation des Abbaues in Einklang gebracht werden können, ist noch nicht untersucht worden.

Andere Halogenwasserstoffsäuren, wie 48 proz. HBr, konzentrierte Jodwasserstoffsäure und 70 bis 75 proz. Flußsäure wurden ebenfalls von Willstätter und Zechmeister auf Cellulose zur Einwirkung gebracht[2], ohne daß ein chemischer Abbau bis zur Glukosestufe in ausgiebigem Maße beobachtet werden konnte. Aus den Lösungen lassen sich die Präparate in abgebautem Zustande wieder ausfällen und man erhält Gemische von Cellodextrinen, die den intermediären Hydrolysenprodukten bei der Schwefel- und Salzsäure entsprechen. Helfferich hat das von ihm isolierte wasserlösliche Produkt „Zellan" genannt.

Bei der Einwirkung wäßriger Oxalsäure im Rohr konnte aus nativer Cellulose nur etwa 15 bis 16%, aus regenerierter Cellulose 60 bis 65% Glukose erhalten werden[3].

Untersucht man die im Laufe der Hydrolyse entstehenden Präparate auf ihre Gitterstruktur, so kann man feststellen, daß bei der Ausfällung von in Schwefelsäure oder Salzsäure „gelösten" Produkten Präparate entstehen, die das Gitter der Hydratcellulose zeigen. Verfolgt man nun den Abbau kontinuierlich, so findet man, daß sich die Diagramme in ihrem Aussehen nur wenig verändern. Bei der Ausfällung der Präparate gelangen eben immer nur die relativ langkettigen Anteile zur Abscheidung, die bis zur Cellobiose oder Glukose aufgespaltenen bleiben in Lösung und entziehen sich daher auf diesem Wege der röntgenographischen Untersuchung. In den bestrahlten Proben hat man offenbar ein Gemisch mäßig langer Ketten vor sich, die unter sich nicht die gleiche Länge haben, in ihrem inneren Aufbau aber den ursprünglichen Celluloseketten noch weitgehend gleichen[4]. Sie lagern sich daher zu einem Kettengitter zusammen, dessen Aufbau von dem der Cellulose oder Hydratcellulose nicht sehr verschieden sein kann, da man die unregelmäßig über die Krystalliten verteilten Kettenenden im Röntgenbild nur bei einer sehr eingehenden Untersuchung der Intensitäten bemerken könnte.

Der Übergang von den langkettigen nativen Präparaten über die kurzkettigen ungleichmäßigen Cellodextrine zu den mikromolekularen Oligosacchariden ist in

[1] Amer. chem. Soc. **45**, 1729 (1923).

[2] Ber. **46**, 2406 (1913); vgl. auch Wohl u. Krull: Cell. Chem. **2**, 1 (1921); vgl. hierzu auch die Arbeiten von Fredenhagen und von B. Helfferich: A. **476**, 150 (1929).

[3] Heuser u. Eisenring: Cell. Chem. **4**, 17 (1923).

[4] Vgl. bes. F. Klages: Ber. **64**, 1193 (1931).

den Abb. 145a, b und c zum Ausdruck gebracht. Die Cellulose selbst besteht aus Hauptvalenzketten oder Fadenmolekülen, die so groß sind, daß im Innern des Einzelkrystallits entweder gar keine oder nur sehr wenig Kettenenden vorkommen, in den Krystalliten der Cellodextrine kommen zwar solche Kettenenden häufig vor, sie sind aber unregelmäßig über den ganzen kohärent zusammenwirkenden Bereich verteilt und machen sich daher in der Lage der Interferenzen nicht bemerkbar. Erst wenn alle oder die überwiegende Mehrzahl der Bruchstücke einander genau gleich sind, wird die Ausbildung eines geordneten mikromolekularen Molekülgitters möglich so, wie sie bei den Paraffinen, Fettsäuren und sonstigen kettenförmigen organischen Substanzen bekannt sind. Erst jetzt bilden sich durch die regelmäßig geordneten Gitterenden neuartige Netzebenen heraus, die zum Auftreten von Reflexen führen, welche vorher nicht dagewesen sind und jetzt auf das Vorhandensein einer neuen, durch die Länge der Ketten besonders charakterisierten Struktur hinweisen. Den gleichen Zusammenhang zwischen Molekülgitter und Kettengitter haben Hengstenberg und Mie[1] an den Staudingerschen Polyoxymethylenen beobachtet und Staudinger[2] hat mit Nachdruck darauf hingewiesen, daß in ähnlichem Sinne auch das Diagramm der Cellulose mit der Auffassung langer Ketten in Einklang zu bringen sei.

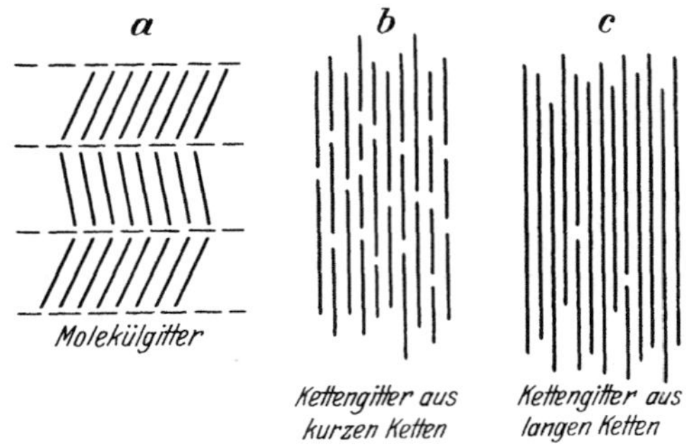

Abb. 145a bis c. Verschiedene Gitter aus langkettigen Substanzen.

Wohl ausgebildete Molekülgitter von niedrigen Zuckern sind in größerer Zahl, zum Teil bis zur Bestimmung der Elementarkörper-Dimensionen und der Raumgruppe bekannt geworden[3]; man kennt das Gitter der d-Glukose und der d-Cellobiose. Es ist aber noch nicht gelungen, eine Cellotriose oder Cellotetraose präparativ so weit zu reinigen, daß sie ein wohlgeordnetes Molekülgitter im Sinn der Abb. 145a gegeben hätte. Die bisher beobachteten Diagramme der Hydrolysenpräparate waren stets dem der Hydratcellulose sehr ähnlich. Leider ist es bisher immer nur möglich gewesen, von solchen Proben Debye-Scherrer-Diagramme zu erhalten und auch in ihnen nur die intensivsten Reflexe. Man kann daher nach der quantitativen Seite mit den bis heute vorliegenden Befunden nicht viel anfangen, kann aber sagen, daß sie mit der Kettenauffassung in Übereinstimmung stehen.

Durch wasserfreie Halogenwasserstoffsäure wird die Cellulose nur unter sehr energischen Bedingungen aufgespalten. Fenton und Gostling[4] fanden, daß zum Beispiel HCl in Tetrachlorkohlenstoff 10 bis 20% der Theorie ω-Chlormethylfurfurol liefert; die Umsetzung erfolgte hierbei im Rohr bei 80 bis 100^{0}. Die salzsaure Lösung war bei 0^{0} mit dem Halogenwasserstoff gesättigt worden. Der größte Teil der Cellulose allerdings wird bei dieser Behandlung in amorphe, schwarze Humin-Substanzen verwandelt, deren Konstitution nicht bekannt ist[5]; kleine Mengen Glukose konnten gelegentlich beobachtet werden.

Karrer und Smirnoff[6] haben festgestellt, daß die Cellulose sowie ihre

[1] Z. Kryst. **67**, 583 (1928); Ann. Physik **84**, 245 (1927).
[2] Staudinger, Johner, Signer, Mie u. Hengstenberg: Z. phys. Chem. **126**, 425 (1927); ferner: Der Aufbau der Hochpolymeren; AVG 1930; S. 52 (Abb. 23).
[3] z. B. Z. Kryst. **72**, 301 (1929).
[4] Chem. Soc. Lond. **79**, 362, 809 (1901); Proc. Roy. Soc. **17**, 166 (1901).
[5] Conrad u. Guthzeit: Ber. **18**, 439 (1885); **19**, 2844 (1886).
[6] Helvet. chim. Acta **5**, 187 (1922).

Derivate auch mit Hilfe von Phosphorpentabromid in mikromolekulare Bausteine zerspalten werden können. Läßt man überschüssiges PBr_5 auf Triacetat bei 90 bis 100° einwirken, so erhält man geringe Mengen einer Dibrom-Triacetyl-Glukose, die sich mit der 1,6-Dibrom- 2, 3, 5-Triacetylglukose als identisch erweist.

Von besonderer Bedeutung für die Vorstellungen über die Verknüpfung der Glukosereste in den Hauptvalenzketten sind Versuche von Freudenberg und Braun, sowie von anderen seiner Mitarbeiter geworden[1], in denen der methylierende Abbau näher studiert wurde. Läßt man überschüssiges Dimethylsulfat in Kalilauge bei etwa 20° auf Cellulose einwirken, so erhält man Präparate, die bis zu 44,6% Methoxyl enthalten und — wie schon erwähnt — in mäßiger Weise angegriffen sind. Bei höheren Temperaturen (50 bis 60°) und bereits abgebauten Ausgangspräparaten erhält man den theoretischen Methoxylwert (45,6%), muß aber hierbei einen noch erheblicheren Abbau in Kauf nehmen. Behandelt man schonend methylierte Proben von 44,4% Methoxyl mit methanolischem HCl, dann kann man ein Gemisch von 91% 2, 3, 6-Trimethyl-methyl-glukosid und 9% Dimethyl-methyl-glukosid erhalten, ohne daß Tetramethyl-Glukosen oder Glukoside auch nur in Spuren auftreten würden. Das Vorhandensein des dimethylierten Zuckers rührt wohl von der nicht vollständigen Umsetzung der Ausgangspräparate her. Aus dem Fehlen der Tetrastufe kann man mit erheblicher Sicherheit folgern, daß die Glukosereste in der Cellulose in gleichartiger Weise fortlaufend durch 1,4-Sauerstoffbrücken miteinander verknüpft sind[2].

Löst man Methylcellulose bei 30° in ätherischem Chlorwasserstoff, so erhält man eine 2, 3, 6-Trimethyl-l-chlorglukose, die durch ein wohlkrystallisierendes Pyridiumsalz charakterisiert werden kann[3]. Durch Einwirkung von Natrium in Äther entsteht bei 20° 2, 3, 6-Trimethylglukosan, ein bei 83 bis 85° (0,1 mm Druck) siedendes farbloses Öl. Es ist von der Trimethylcellulose deutlich verschieden, ein Punkt, auf den Freudenberg und Braun besonderen Wert legen, da von Heß und seinen Mitarbeitern[4] eine Zeitlang der Standpunkt eingenommen worden war, die Cellulose sei mit einem solchen Glukoseanhydrid chemisch identisch. Die Ergebnisse des methylierenden Abbaues bilden daher eine wichtige chemisch-präparative Stütze für die Kettenauffassung, stehen aber im Widerspruch zu der Auffassung der Cellulose als Glukosan. Von besonderer Bedeutung ist die Auffindung und Isolierung einer völlig methylierten Triose und Tetraose[5].

4. Die Acetolyse der Cellulose.

Es ist schon bei der Besprechung der Celluloseacetate erwähnt worden, daß bei Anwesenheit von Eisessig und Mineralsäure immer eine Verkürzung der mittleren Kettenlänge zu beobachten ist, woraus hervorgeht, daß durch diese beiden Reagenzien die glukosidische Sauerstoffbrücke angegriffen wird. Man kann die irreversible Spaltung der O-Brücken auch in den Vordergrund stellen und den acetolytischen Abbau studieren. Er geht am besten in Gegenwart gewisser Katalysatoren wie H_2SO_4, $ZnCl_2$, $CaCl_2$ mit Hilfe von Eisessig vor sich und unterscheidet sich von der Hydrolyse dadurch, daß an die Sauerstoffbrücke nicht Wasser, sondern Essigsäureanhydrid angelagert wird. Da außerdem die vorhandenen Hydroxylgruppen verestert werden, erscheinen als Spaltprodukte

[1] A. **460**, 288 (1928); ferner H. Urban: Cell. Chem. **7**, 73 (1926); Freudenberg, K., u. H. Heß: A. **448**, 121 (1926); Freudenberg, K., u. M. Harder: Ber. **60**, 581 (1927); vgl. auch K. Heß u. W. Weltzien: A. **435**, 76 (1923); **442**, 46 (1925) und A. **450**, 29 (1926); ferner Ber. **60**, 1898 (1927) und A. **445**, 1 (1925).

[2] Vgl. auch K. Freudenberg: Ber. **54**, 767 (1921).

[3] A. **460**, 290 (1928).

[4] Vgl. hierzu K. Heß: Buch S. 510ff. sowie A. **450**, 40 (1926).

[5] Ber. **63**, 1963 (1930); Naturwiss. **18**, 1154 (1930).

meist die vollständig acetylierten Cellodextrine, die Oktoacetylcellobiose und endlich die Pentaacetylglukose. Ob Schwefelsäure die nativen Fasern nur anquillt und daher im wesentlichen die Geschwindigkeit der Acetolyse beeinflußt oder gleichzeitig auch etwa durch eine Molekularverbindung eine aktivierende Auflockerung der reaktionsfähigen Sauerstoffbrücke bewirkt, ist bisher noch nicht untersucht worden. Bei der gleichzeitig sich abspielenden Veresterung hat sie sowohl eine Verschiebung des Gleichgewichtes als auch der Reaktionsgeschwindigkeit zur Folge.

Als erster hat Franchimont[1] bei der Einwirkung von Essigsäureanhydrid-Schwefelsäure auf Filtrierpapier krystallisierte Substanzen erhalten, die aber erst von Skraup und König[2] als peracetylierte Cellobiose erkannt worden sind. Die maximalen, bisher an Cellobioseacetat erreichten Ausbeuten liegen bei 50% der Theorie[3], ein Maß, das durch die Betrachtungen auf Seite 294 durchaus möglich erscheint und in Einklang mit der Kettenauffassung steht. Bei der Fortsetzung der Acetolyse entsteht endlich in praktisch quantitativer Ausbeute die gut krystallisierende Pentaacetylglukose.

Die Bedeutung dieser Abbaureaktion liegt in der Tatsache begründet, daß die Acetate besser krystallisieren als die Kohlehydrate und daher ihre quantitative Isolierung leichter möglich ist. Hier könnte die Gültigkeit der zu Anfang dieses Kapitels abgeleiteten Kuhnschen Reaktionsgleichungen nicht nur titrimetrisch oder polarimetrisch, sondern direkt durch die zu bestimmten Zeiten erreichbaren Ausbeuten geprüft werden.

Neben der Cellobiose und der Glukose sind von Ost und Prosiegel[4] Präparate beschrieben worden, die sie für eine zweite Form der Cellobiose — für eine Isocellobiose — halten. Bertrand und Benoist[5] haben einige Jahre später ähnliche Präparate für ein Acetatgemisch der Cellobiose und einer Cellotriose angesehen, doch ist die Einheitlichkeit beider Produkte nicht unbestritten[6]. Neuerdings hat auch Ost[7] ein Acetolysenprodukt beschrieben, das er als ein Cellotrioseacetat auffaßt, ebenso wie Irvine und Robertson[8] zu der Überzeugung gelangt sind, daß bei der Acetolyse neben den beschriebenen Produkten noch Trisaccharide entstehen und isoliert werden können.

Wenn auch bei der großen Schwierigkeit der experimentellen Aufarbeitung solcher Acetatgemische die Existenz höherer Spaltstücke im Sinne der präparativen Chemie eindeutig noch nicht nachgewiesen werden konnte, so sprechen doch die zahlreichen vorliegenden Beobachtungen dafür, daß neben der Glukose und der Cellobiose noch höhere Zwischenprodukte des acetolytischen Abbaues existieren. Daß sie sich einer quantitativen Isolierung hartnäckig widersetzen, kann bei der großen Ähnlichkeit in den Eigenschaften acetylierter Cellodextrine nicht verwundern. In der Tabelle 59 sind einige Angaben über die Cellobioseausbeuten beim acetolytischen Abbau enthalten, aus denen deutlich hervorgeht, daß sich im Laufe der Zeit die Ausbeute immer mehr dem theoretisch vorherzusehenden Endwert genähert hat.

Neben den erwähnten Di- und Trisacchariden beansprucht noch ein von Heß und Friese[9] beschriebenes Biosanacetat Interesse. Es entsteht unter sehr milden Acetolysenbedingungen in hohen Ausbeuten und kann aus methylalkoholischer Lösung in kleinen doppelbrechenden Nädelchen erhalten werden.

[1] Ber. **12**, 1941 (1879). [2] Ber. **34**, 1115 (1901).
[3] Vgl. bes. Ost: A. **398**, 324, 332 (1913); Klein, F.: Z. angew. Chem. **25**, 1409 (1912); Ost: Chem. Z. **36**, 1099 (1912); Heß u. Friese: A. **456**, 38 (1927).
[4] Z. angew. Chem. **33**, 100 (1920); ferner Ost u. Knoth: Cell. Chem. **3**, 25 (1922).
[5] Bull. Soc. chem. **33**, 1451 (1923); **35**, 58 (1924).
[6] Weltzien u. Singer: A. **443**, 84 (1925). [7] Z. angew. Chem. **39**, 1117 (1926).
[8] Chem. Soc. Lond. **128**, 1488 (1926). [9] A. **450**, 40 (1926).

Tabelle 59. Angaben verschiedener Autoren über Cellobioseausbeuten (nach K. Heß).

Autor	Cellulosepräparat	Essigsäure-anhydrid	Eis-essig	Schwefel-säure	Temperatur	Reaktions-dauer	Cellobioseokt-acetat in Prozenten d. Th. (bzg. Reincellulose)
Franchimont	Schwedisches Filtrierpapier	Vermutlich reichlicher Überschuß, nähere Angaben fehlen	—	„einige Tropfen"	Selbsterwärmung bis zum stürmischen Kochen	Unmittelbar nach dem Ende der spontanen Reaktion aufgearbeitet	etwa 16%
Skraup und König	Filtrierpapier (Schleicher und Schüll) 7,5 g	27 cc	—	4 cc	Selbsterwärmung bis zum stürmischen Kochen 110°—120°	Einige Minuten	etwa 13%
Maquenne und Goodwin	Filtrierpapier 15 g	60 cc	—	8 cc	Unter Kühlung zusammengeben, dann schnell auf 105° erhitzen	Unmittelbar nach der Lösung aufgearbeitet	19%
Schliemann	Filtrierpapier 30 g	96 cc	24 cm^3	16 cm^3	Spontane Erwärmung auf 88—100°, dann 1 bis 2 Min. im Ölbad auf 105 bis 108° erhitzen	Unmittelbar nach der Lösung aufgearbeitet	16% (30—35% der Cellulose in Oktacetat)
Klein	Watte oder Filtrierpapier 10 g	40 g	—	10 g	Während des Zusammengehens < 35°, dann Raumtemperatur	15 Tage	29%
Ost	Reinste Baumwolle	50 cc	50 cc	4 g	Unter Kühlung zusammengeben 18—20°	6 Monate	37,2%
Madsen	Watte 10 g	80 g	—	20 g	44°	3 Tage	32%
Madsen	Watte 10 g	40 g	—	10 g	45° bis zur Lösung, dann 18—20°	6 Tage	43%
Freudenberg	Watte 10 g	37 cc	—	5,5 cc	Während der Mischung und zu Beginn der Reaktion recht tiefe Temperatur, dann Raumtemperatur	13 Tage	35—36%
Heß und Friese	Baumwolle, Ramie, Zellstoff, mercerisierte Baumwolle, z. B. 18,8 g	z. B. 75 cm^3	75 cc	8 cc	Während der Mischung nicht über +5°, dann 30°	13 Tage	In zahlreichen Versuchen regelmäßig 50—51%

Bei vorsichtiger Verseifung erhält man ein Kohlehydrat, das in Pyridin mit Essigsäureanhydrid wieder zum Acetat rückverestert werden kann. Mit Dimethylsulfat und Alkali resultiert ein Hexamethyläther, der bei der Hydrolyse mit 96% der Theorie 2, 3, 6-Trimethylglukose liefert. Das Kohlehydrat selbst ist in Wasser unlöslich, in verdünntem Alkali aber leicht löslich.

Der eben beschriebene acetolytische Abbau läßt sich nach Zechmeister[1] auch durch Acetylbromid-Bromwasserstoff erreichen. Hierbei bewirkt das Acetylbromid im wesentlichen die Veresterung der freien OH-Gruppen, während die Bromwasserstoffsäure in bekannter Weise auf die glukosidischen Sauerstoffbrücken einwirkt und den irreversiblen Abbau der Fadenmoleküle zur Folge hat. Hier sind als wesentlichste Reaktionsprodukte die Acetobromcellobiose und die Acetobromglukose aufgefunden worden; die Ausbeuten an beiden Präparaten sind aber mäßig. Nur wenn man Acetylbromid-Bromwasserstoff in ganz bestimmtem Mischungsverhältnis bei tiefen Temperaturen auf Celluloseacetat einwirken läßt, erhält man nach Heß und Mitarbeitern[2] bessere Ausbeuten; im günstigsten Falle konnten etwa 40% der Theorie gewonnen werden.

Bei der Einwirkung von Acetylbromid und HBr auf Acetylcellulose sind von Heß und seinen Mitarbeitern[3] auch andere Anhydride einfacher Zucker aufgefunden worden, deren Konstitution aber aus den vorliegenden Versuchsergebnissen noch nicht eindeutig abgeleitet werden kann. In ähnlicher Weise haben Bergmann und Knehe[4] den Abbau des Celluloseacetats mit Hilfe von Bromwasserstoff studiert und dabei das Hexacetat eines Bioseanhydrids isolieren können. Bei weiterer Acetylierung gehen diese Präparate in Oktacetyl-Cellobiose über. Das zugrunde liegende Kohlehydrat haben die Autoren daher als Cellobiosan bezeichnet; die Tabelle 60 zeigt einige Eigenschaften der Acetate dieses Disaccharides.

Tabelle 60. Eigenschaften der Acetate des Cellobioseanhydrides nach Bergmann und Knehe.

	Schmelzpunkt	$[\alpha]_D^{20}$ ($C_2H_2Cl_4$)	Mol.-Gew.			
			Eisessig	Phenol	Bromoform	Campher
Tetracetylcellobiose-anhydrid	155/185°	− 19,6	499—659	580—590	1514—1582	1680
Hexacetylcellobiose-anhydrid	178/229°	− 17,7	562—631	618—692	—	—

Neben Acetylbromid ist auch der Abbau mit Acetylchlorid und Salzsäure untersucht worden. Schon Skraup und Geinsberger[5] konnten auf diesem Wege ein chlorhaltiges Produkt fassen, das sie als Acetochlorcellobiose ansprechen. Bei dem außerordentlich langsamen Verlauf dieser Reaktion ist aber die Einheitlichkeit der hierbei entstehenden Produkte sicherlich zweifelhaft. Da sie alle technisch bisher keine Bedeutung erlangt haben und auch für den theoretischen Einblick in den Aufbau der Cellulose keine grundlegenden Gesichtspunkte liefern, mag es berechtigt erscheinen, sie hier nur kurz erwähnt zu haben.

Überblickt man das ganze über den hydrolytischen Abbau vorliegende Material, so kann man feststellen, daß die Endprodukte — Mono- und Disaccharide —

[1] Ber. **56**, 573 (1923).
[2] A. **435**, 87 (1923); Ber. **54**, 2878 (1921); ferner auch Karrer u. Widmer: Helvet. chim. Acta **4**, 700 (1921); sowie Bergmann u. Beck: Ber. **54**, 1577 (1921).
[3] A. **435**, 94 (1923) sowie F. Micheel: A. **456**, 69 (1927).
[4] A. **445**, 1 (1925). [5] Monatsh. **26**, 1469 (1905).

in hoher Ausbeute und einwandfreier Reinheit von zahlreichen Forschern erhalten worden sind. Je nach den Versuchsbedingungen bekommt man die Zucker selbst, ihre Anhydride oder ihre Ester in die Hände. Schon bezüglich der beim Abbau entstehenden Trisaccharide aber sind die Verhältnisse weniger geklärt; man hat zwar kleine Mengen solcher Stoffe isolieren können, doch ist die Reinheit dieser Präparate eine mäßige und die Ansicht der verschiedenen, das Gebiet bearbeitenden Forscher gehen hier immer noch auseinander. Bei den höheren Spaltstücken liegen gelungene Versuche zu einer Reindarstellung angesichts der experimentellen Schwierigkeiten überhaupt noch nicht vor. Die allgemeinen physikalischen und chemischen Eigenschaften der Präparate und besonders die Versuche von Freudenberg, Kuhn und Mitarbeitern[1] machen es als recht wahrscheinlich, daß man hier intermediäre kettenartige Zwischenglieder des Abbaues vor sich hat, für welche der Ausdruck Cellodextrine geprägt worden ist. Diese Präparate sind je nach ihrem Abbaugrad der nativen Cellulose mehr oder weniger ähnlich; man hat sie früher häufig unter dem Namen Hydrocellulosen zusammengefaßt, da sie infolge der hydrolytischen Einwirkung der spaltenden Säure einen höheren Wassergehalt haben als die Ausgangspräparate.

Im Hinblick auf das Strukturbild der Cellulose ist es wesentlich, alle bei den verschiedenen Abbaureaktionen entstehenden Produkte genau daraufhin zu prüfen, ob nicht irgendwo Schwierigkeiten für das Kettenmodell entstehen, denn ein Bild über den Aufbau einer so wichtigen Substanz wie der Cellulose darf nur dann mit Berechtigung beibehalten werden, wenn es sich an dem gesamten experimentellen Tatsachenmaterial bewährt. Beobachtet man irgendwo einen Gegensatz, dann muß man ihn sogleich aufgreifen und sorgfältig verfolgen, um eine Verfeinerung oder unter Umständen eine Revision der Vorstellungen anzubahnen. Bisher ist aber auf Grund der hydrolytischen Abbaureaktionen hierzu kein konkreter Anlaß vorhanden.

5. Der oxydative Abbau der Cellulose.

Die ersten systematischen Versuche über die Einwirkung von Oxydationsmitteln auf Cellulosefasern waren durch die technische Erfahrung veranlaßt. Man hatte nämlich beobachtet, daß bei der Behandlung nativer Fasern mit Oxydationsmitteln[2] wie Chlorkalk, verdünntes Chlorwasser usw. mechanische Schädigungen auftreten, welche die Bleiche als eine für die Qualität der Ware besonders gefährliche technische Operation hinstellten. Zunächst war man geneigt anzunehmen, daß bei der Einwirkung chlorhaltiger Oxydationsmittel eine Chlorierung erfolgt und die beobachtete Veränderung der Fasereigenschaften bewirkt. Witz[3] wies jedoch nach, daß es sich bei diesen Prozessen um Oxydationen handelt, im Verlaufe derer irreversible Veränderungen in der Faser vor sich gehen, die eine starke Herabsetzung ihrer Festigkeit zur Folge haben. Die äußere Form der Präparate bleibt zwar erhalten; sie werden aber vollkommen amorph und zu einem Pulver zerreiblich. Nastukoff[4] hat Permanganat unter verschiedenen Arbeitsbedingungen auf Cellulose einwirken lassen, Faber und Tollens[5] haben mit Brom bei Anwesenheit von Calciumcarbonat, Croß und Bevan[6] mit 60% Salpetersäure, andere Autoren mit Kaliumchlorat, Bichromat

[1] Ber. B. **63**, 1503, 1510 (1930).
[2] z. B. J. Kolb: Bull. d. Mulh. **38**, 914 (1868).
[3] Bull. Rouen **10**, 439 (1882); **11**, 176 (1883); vgl. auch Heß: Buch S. 456ff.
[4] Ber. **33**, 2238 (1900); **34**, 719 (1901).
[5] Ber. **32**, 2591 (1899).
[6] Chem. Soc. Lond. **43**, 22 (1883).

und Chromsäure oxydiert[1]. In allen Fällen wurden Produkte erhalten, die durchaus den Charakter uneinheitlicher Gemische trugen. Offenbar handelt es sich um Serien von mehr oder weniger hochoxydierten Cellodextrinen, deren präparative Isolierung noch viel schlechter möglich ist als in der Reihe der reinen Zucker oder der Acetate. Für die ganzen Gruppen von Präparaten verwendet man zweckmäßig den Namen Oxycellulosen; ihre Eigenschaften lassen sich etwa in der folgenden Weise umschreiben: Oxycellulosen zeigen ein erhebliches Reduktionsvermögen gegen Kupfer und andere Schwermetallsalze[2]; sie färben fuchsinschweflige Säure[3] und zeigen einen höheren Sauerstoffgehalt, als es den Ausgangspräparaten entspricht, enthalten also vermutlich Aldehydgruppen. Behandelt man sie mit verdünnter Salzsäure, so entstehen kleine Mengen Kohlensäure[4], woraus auf das Vorhandensein von Carboxylgruppen geschlossen werden kann. Genaueres darüber, wie diese Gruppen in das Zuckergerüst eingebaut sind, kann man aber im gegenwärtigen Augenblick nicht sagen.

Soweit die Präparate bei den Oxydationsreaktionen ihre Faserform beibehalten, erleiden sie eine starke Herabsetzung der Festigkeit; aus diesem Grunde muß man in der Technik Oxydationsmöglichkeiten tunlichst vermeiden.

Das Vorhandensein von Carboxylgruppen äußert sich auch in einer unter Umständen stark erhöhten Alkalilöslichkeit und einer verstärkten Neutralisationswirkung gegen Basen[5]. Auch die Anfärbbarkeit durch Farbstoffe aller Art ist gegenüber der nativen oder Hydratcellulose merklich verändert[6].

Destilliert man Oxycellulosen mit verdünnter Salzsäure, so geht Furfurol in höherem Maße über, als dies bei den Ausgangspräparaten der Fall ist.

Daß die Oxycellulosen nicht einheitliche Umsetzungsprodukte sind, in denen etwa jedes Glied der einzelnen Hauptvalenzketten eine charakteristische Veränderung erlitten hat, geht mit recht großer Deutlichkeit aus den Untersuchungen von Heß und seinen Mitarbeitern[7] hervor, die zeigen konnten, daß in Kupferamminlösung die Drehwerte einer durch Permanganateinwirkung erhaltenen Oxycellulose sehr nahe an denen des Ausgangspräparates liegen. Das gleiche Resultat erhält man bei Proben, die mit Hilfe von Salpetersäure erhalten wurden. Die unregelmäßig über die Ketten verteilten Carboxyl- oder Carbonylgruppen bewirken eben in der Kupferlösung keine erhebliche systematische Veränderung des Drehwertes.

Um das Maß der oxydativen Einwirkung einigermaßen quantitativ festzustellen, sind mehrere Methoden vorgeschlagen worden, besonders das gesteigerte Neutralisationsvermögen[8] gegen Basen und die bei Salzsäureeinwirkung entstehende Kohlensäure.

Führt man die Oxydationen unter solchen Bedingungen durch, daß möglichst homogene Reaktionsverhältnisse begünstigt sind, dann kann man in guter Ausbeute Polyglukuronsäure erhalten. Am saubersten ist dies von Kalb und Falkenhausen[9] erreicht worden, indem sie Permanganat auf eine in Kupferoxydammoniak gelöste Cellulose einwirken ließen. Hierbei sind die Vorbedingungen für ein permutoides Durchreagieren sehr gut, da die einzelnen Krystallite

[1] z. B. Vignon: Bull. chim. **19**, 790 (1898); Cross, Berani, Ber. **26**, 2520 (1893).

[2] z. B. Witz: Bull. Rouen **10**, 454 (1882); **11**, 222 (1883); ferner Berl u. Klaye: Z. ges. Schieß- u. Sprengstoffwesen **2**, 381 (1907); Kauffmann: Mell. **7**, 696 (1926).

[3] z. B. Witz: l. c.; ferner Faber u. Tollens: Ber. **32**, 2592 (1899).

[4] Bes. Heuser u. Stöckigt: Cell. Chem. **3**, 61 (1922).

[5] Etwa Nastukoff: Ber. **34**, 3589 (1901); Schwalbe u. Becker: Ber. **54**, 545 (1921).

[6] Bes. Witz: l. c. [7] A. **455**, 214 (1927); siehe auch Buch S. 460ff.

[8] Ber. **54**, 545 (1921). [9] Ber. **60**, 2514 (1927).

in der Lösung stark aufgelockert und die oxydationsfähigen Molekülanteile in leicht zugänglicher Form im Präparat verteilt sind. Man erhält so die Polyglukuronsäure, Präparate, die vermutlich aus Fadenmolekülen bestehen, in denen mit relativ guter Gleichmäßigkeit die 6-C-Atome zu Carboxyl- oder Aldehydgruppen aufoxydiert sind. Aus ihnen läßt sich durch hydrolytische Spaltung die gewöhnliche Glukuronsäure gewinnen. Der Versuch gelingt am besten, wenn man die homogene Vermischung der gelösten Cellulose und des Oxydationsmittels bei tiefer Temperatur vornimmt, so daß die Reaktionsgeschwindigkeit klein bleibt. Der Diffusionsvorgang hängt von der Temperatur nur wenig ab und vollzieht sich daher mit genügender Geschwindigkeit. Erwärmt man dann, so kann das Oxydationsmittel in praktisch homogener Verteilung einwirken und man erhält relativ einheitliche Präparate.

Begünstigt man umgekehrt die Heterogenität dadurch, daß man auf native Fasern starke Oxydationsmittel in der Wärme zur Einwirkung bringt, dann erhält man im allgemeinen die schon erwähnte und in ihren Eigenschaften umschriebene Gruppe von Oxycellulosen. Die in ihnen vorhandenen Aldehydgruppen bewirken das Reduktionsvermögen gegen Fehlingsche Lösung; sie können durch Kochen mit Alkali entsprechend einer Cannizaroschen Reaktion in Carboxylgruppen übergeführt werden, die sich dann ihrerseits durch CO_2-Abspaltung in saurer Lösung bemerkbar machen.

Als Endprodukte der oxydativen Spaltung sind eine Reihe von Säuren isoliert worden, die sich alle von der Glukose ableiten lassen. Bei der Behandlung von Baumwollcellulose mit Brom und Kalk entsteht zuckersaures Calcium, ein Salz, das sich von der Säure

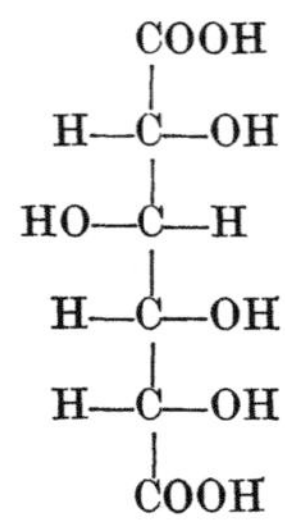

(I

ableitet[1]. Vollzieht man den Abbau mit heißer Salpetersäure ($s = 1{,}3$) und neutralisiert mit Kalk, so entstehen die Salze zweier Säuren, von denen die eine wahrscheinlich Weinsäure ist, während die Konstitution der anderen noch nicht feststeht. Erhitzt man Oxycellulose, die man durch Salpetersäure erhalten hat, mit Kalkwasser, so erhält man das Salz der iso-Saccharinsäure[2]

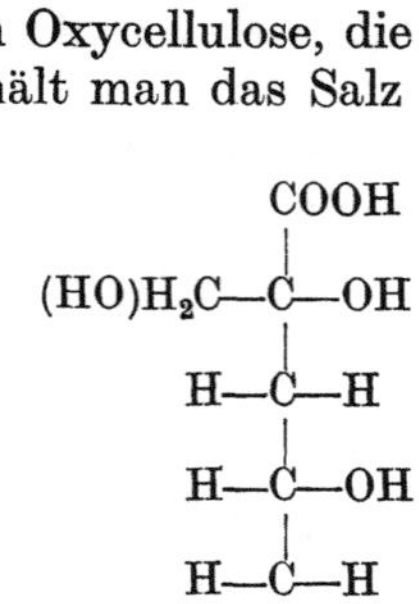

(II

[1] Herzfeldt, A.: A. **220**, 358 (1883).
[2] Vgl. hierzu H. Pringsheim: Cell. Chem. **2**, 61 (1922).

sowie das einer optisch aktiven Dioxybuttersäure. Der letzteren haben Faber und Tollens[1] die Formel

$$CH_3 \cdot CH(OH) \cdot CH(OH) \cdot COOH \qquad (III)$$

zugewiesen.

In welchem Umfang diese Produkte primärer Natur sind bzw. durch Umlagerungsreaktionen aus den zuerst entstehenden sich gebildet haben, kann noch nicht als ganz sichergestellt gelten. Früher hat diese Frage bei der Diskussion der Konstitution der Cellulose eine gewisse Rolle gespielt[2], jetzt, wo man über die Struktur der Glukose genauer informiert ist, tritt das Interesse für diese auf recht umständlichem Wege entstehenden Spaltprodukte zurück.

6. Die Spaltung der Cellulose durch Druckerhitzung mit Wasser.

Diese Reaktion wird schon seit langer Zeit untersucht, hat aber erst in den letzten Jahrzehnten wieder eine intensivere Durcharbeitung erfahren. Vor allem war es Bergius[3], der darauf hinwies, daß die Ergebnisse solcher Versuche für die Theorie der Kohleentstehung von großem Interesse sein müßten.

Schon Mulder hat im Jahre 1855 Cellulose bei erhöhter Temperatur mit Wasser behandelt und das Entstehen von Glukose beobachten können. Scheurer[4] stellte eine bedeutende Faserschädigung beim Erhitzen nativer Cellulose mit Wasser fest, Williams, Hoppe-Seyler sowie Tauß und zahlreiche andere[5] Autoren haben in den folgenden Jahren die Inkohlung der Cellulose untersucht; besonders ausführliche Arbeiten hierüber stammen von F. Fischer und seinen Mitarbeitern Tropsch und Phillippovich[6]. In jüngster Zeit haben Berl und Schmidt[7] das Verhalten der Cellulose bei der Druckerhitzung mit Wasser von neuem studiert und auch röntgenographisch verfolgt.

Steigert man die Temperatur hierbei nicht über 150°, so sind Aussehen und Eigenschaften der eingesetzten Präparate bis auf eine geringe Festigkeitsabnahme praktisch unverändert; bei 175° jedoch wird der chemische Zusammenhalt bereits stark beeinflußt: das Produkt läßt sich in den Fingern leicht zerreiben. Bei 200° zerfällt die Cellulose fast vollständig zu einem weißen Pulver, das sich an der Luft zu einer hornartigen Masse zusammenballt. Geht man bis 225°, so resultiert ein dunkelbraunes, unansehnliches Pulver, dessen Farbe bei noch höherer Temperatur in Schwarz übergeht. Die Schüttgewichte werden mit steigender Temperatur immer kleiner, die Produkte also immer poröser. Die Doppelbrechung zeigt in Übereinstimmung mit dem Aussehen an, daß oberhalb 250° die Struktur grundlegend zerstört wird; man erhält nämlich von 225° ab keine merkliche optische Anisotropie mehr. Dasselbe Resultat ergeben mit besonderer Deutlichkeit Debye-Scherrer-Diagramme, aus denen hervorgeht, daß bis 225° das Beugungsbild der Präparate mit dem der Ausgangscellulose praktisch identisch ist; bloß die Parallel-Orientierung der Micelle erleidet eine geringe Einbuße. Geht man aber mit der Erhitzung bis 250°, dann verschwindet das Diagramm vollkommen und man erhält nur eine diffuse Streuung.

---

[1] Ber. **32**, 2589 (1899).

[2] Etwa H. Kiliani: Ber. **16**, 2625 (1883); **18**, 631 (1885); **26**, 1649 (1893); **38**, 2667 (1905); **41**, 162 (1908); **42**, 2609, 3904 (1909); **44**, 109 (1910); ferner Meisenheimer: Ber. **41**, 1012 (1908); Nef: A. **357**, 214 (1907); **376**, 1 (1910).

[3] z. B. Z. angew. Chem. **25**, 1171 (1912). Entstehung der Steinkohle. Halle: Knapp 1913. Chem. Z. **37**, 977, 1236 (1913).

[4] Bull. Mulh. **53**, 68 (1883); **58**, 361 (1888).

[5] z. B. Ber. **4**, 15 (1871); Polyt. Journ. **273**, 276 (1889); Ann. chim. **24**, 342 (1881).

[6] Abh. Kohle **3**, 287; **5**, 340; **7**, 84 (1925).

[7] A. **461**, 192 (1928).

Aus den intermediären Produkten lassen sich wie aus der Cellulose selbst sowohl in Kupferoxyd-Ammoniak als auch durch Nitrierung Lösungen herstellen, deren Viscosität um so niedriger wird[1], je höher die bei der Wassereinwirkung gewählte Temperatur war. Bis 220° scheint daher nur ein Abbau der Celluloseketten einzutreten, ohne daß die Struktur völlig verloren geht. Oberhalb dieser Temperatur aber tritt eine praktisch vollkommene Inkohlung auf, die keine identifizierbaren Präparate mehr liefert.

Von Fischer und Schneider[2] ist auch die thermische Zersetzung von Cellulose in Benzol untersucht worden. Zwischen 250° und 260° entsteht ein braunschwarzes Produkt von amorpher Struktur. Auch mit Salzlösungen wurde Cellulose in der Hitze behandelt[3]. Die entstehenden Produkte sind nicht genau charakterisiert worden. Es mag daher ein Hinweis auf die Originalarbeiten hier genügen.

7. Der Abbau der Cellulose durch trockene Destillation.

Sowohl für die Technik als auch für analytische Fragen ist es von Interesse zu wissen, bei welcher Temperatur die Cellulose sich spontan zu zersetzen beginnt. Die bisher vorliegenden Untersuchungen gestatten es zwar noch nicht, darüber genaue Angaben zu machen, liefern aber doch einen allgemeinen Überblick. Bei der Heterogenität der Ausgangspräparate ist es auch nicht leicht, exakte Angaben zu machen. Ganz allgemein läßt sich sagen, daß unterhalb 100° jedenfalls keine irgendwie merkliche Veränderung der Fasern zu beobachten ist[4]. Stark vorbehandelte Präparate zeigen von 120° ab bei längerer Einwirkung Neigung zur Braunfärbung und erfahren eine Veränderung ihres mechanischen Charakters; sie werden brüchig und lassen sich zwischen den Fingern zerreiben. Bei weniger vorbehandelten Proben muß man höhere Temperaturen — bis zu 200° — anwenden, um ähnliche Effekte hervorzurufen

Von großer Bedeutung ist die Abhängigkeit des Temperatureinflusses von der Zeit[5]. Wenige Sekunden erträgt Baumwolle auch ohne Schädigung Temperaturen bis 350° (geschmolzenes Blei); andererseits wurde beobachtet, daß mehrere Monate währende Einwirkung von 120 bis 130° auch native Baumwolle fast vollständig verkohlte. Bei Sauerstoffabschluß kann man wohl 140 bis 150° als diejenige Temperatur angeben, bei der eine langsame Zersetzung der Substanz merklich wird[6].

Als gasförmige Produkte dieses Abbaues kann man zunächst besonders Kohlendioxyd beobachten, ferner Kohlenoxyd, Methan und Äthylen; auch Wasserstoff und Formaldehyd sind festgestellt worden[7]. An flüssigen Bestandteilen sind Wasser, Aceton, Methyläthylketon, Ameisensäure und Essigsäure zu nennen; bemerkenswerterweise fehlt Methylalkohol. Neben den ge-

---

[1] Vgl. hierzu auch Berl u. Mitarbeiter: Z. ges. Schieß- u. Sprengstoffwesen **2**, 381 (1907); **4**, 81 (1909); **5**, 82 (1910); sowie R. O. Herzog: Z. angew. Chem. **39**, 301 (1926) und Leysieffer: Kolloidchem. Beih. **10**, 145 (1918).

[2] Abh. Kohle **3**, 289 (1919).

[3] z. B. Schwalbe u. Schepp: Ber. **57**, 319, 881 (1924); **58**, 2500 (1925); Fischer, F., u. Mitarbeiter: Abh. Kohle **1**, 176 (1917); **5**, 106, 344 (1922).

[4] z. B. Berl: Z. ges. Schieß- u. Sprengstoffwesen **4**, 81 (1909); Schwalbe, C. G.: Ber. **40**, 1348 (1907); Suringer u. Tollens: Z. angew. Chem. **9**, 744 (1896); Hoppe-Seyler: Ber. **4**, 15 (1871).

[5] Etwa A. Scheurer: Bull. Mulh. **53**, 68 (1883); Koechlin, C.: Bull. Mulh. **55**, 547 (1888).

[6] Siehe auch Ost: Ann. **398**, 315 (1913) sowie besonders die sehr ausführliche Darstellung bei Heß: Buch S. 526ff.

[7] Erdmann u. Schäfer: Ber. **43**, 2399 (1910).

nannten Destillationsprodukten[1] sind auch noch eine Reihe anderer komplizierterer Substanzen in kleinen Mengen festgestellt worden, bezüglich derer aber ein Hinweis auf die Originalarbeiten genügen möge[2].

Den Rest bildet eine poröse koksartige Substanz, die als Cellulosekohle bezeichnet wird. Die Tabelle 61 enthält als Beispiel die quantitative Aufarbeitung einer trockenen Destillation von Baumwolle.

Tabelle 61.

Vers.-Nr.	Vers.-Temp. °C	Angew. Menge g	Ausbeute %	Red. Zahl mg Cu	Red. Zahl ber. als Glukose g	Entwickelte Gasmenge cm³	Schüttgewicht g/10 cm³	Aussehen des Reaktionsproduktes
1	150	10	100,7	42	0,02	keine	—	Fast unverändert
2			99,8	34	0,02			
3	175	10	97,4	98	0,05	keine	—	Noch weiß, zerfällt leicht zu Pulver
4			98,0	83	0,04			
5	200	10	76,3	907	0,47	20	6,45	Weiß, vollständig zu Pulver zerfallen
6			79,4	876	0,46	n. best.		
7	225	10	45,3	1778	0,93	350	5,76	Dunkelbraunes Pulver
8			43,1	1710	0,89	n. best.		
9	250	10	27,2	1357	0,69	n. best.	2,40	Dunkelbraunes Pulver
10			25,4	1330	0,68	560		
11	275	8	28,4	1152	0,58	800	2,36	Schwarzbraunes Pulver
12			26,5	1221	0,62	n. best.		
13	300	8	25,1	1170	0,59	1100	2,28	Schwarzbraunes Pulver
14			22,0	1204	0,61	1060		
15	325	8	22,8	865	0,45	1290	2,15	Schwarzbraunes Pulver
16			20,6	896	0,47	1300		
17	350	7	21,4	833	0,43	1620	2,25	Schwarzes Pulver
18			18,7	793	0,41	1500		

Sehr viel einheitlicher verläuft die thermische Zersetzung unter vermindertem Druck. Als interessantestes Produkt resultiert hier mit bis zu 40% Ausbeute das Lävoglukosan[3]. Die Tabelle 62 gibt eine Zusammenstellung von Destillationen verschiedener Baumwollsorten nach H. J. P. Venn[4]. Das Lävoglukosan ist ein Anhydrid der Glukose, dessen Konfiguration schon in der Abbildung auf Seite 149 wiedergegeben worden ist. Es hat eine wichtige Rolle bei der Konstitutionsaufklärung der Glukose gespielt[5]. Als fester Rückstand hinterbleibt auch hier ein schwarzes, poröses, koksartiges Produkt, über dessen Struktur nähere Untersuchungen nicht vorliegen.

Hier sei noch angefügt, daß die Verbrennungswärme der Cellulose etwa 4200 cal pro g beträgt; für die spezifischen Wärmen schwanken die Angaben zwischen 0,366 und 0,41*.

[1] Vgl. Büttner u. Wislicenus: J. pr. Chem. **79**, 180 (1909); Klason, Heidenstamm u. Norlin: Z. angew. Chem. **22**, 1213 (1909).

[2] Ber. **43**, 2401 (1927); ferner Sarasin: C. **1918** II. S. 528; Wichelhaus: Ber. **43**, 2922 (1910).

[3] Vgl. Pictet u. Sarasin: Helvet. chim. Acta **1**, 87 (1918); vgl. auch Heß: Buch S. 536ff.

[4] Text. Ind. **15**, 414 (1924).

[5] Irvine u. Oldham: Chem. Soc. Lond. **119**, 1744 (1921); Vongerichten u. Müller: Ber. **39**, 241 (1906); Karrer: Helvet. chim. Acta **3**, 258 (1920); Pictet: Helvet. chim. Acta **3**, 649 (1920); Karrer u. Smirnoff: Helvet. chim. Acta **4**, 817 (1921).

* Fleury: C. r. **130**, 437 (1900); auch O. Dietz: Papier-Fabr. **43**, 3119 (1912).

Tabelle 62. Zusammenstellung von Lävoglukosanausbeuten nach H. J. P. Venn.

Vorbehandlung der Baumwolle	Cellulose	Aschengehalt %	Wäßrige Flüssigkeit %	Pastenartige Masse %	Gas %	Retortenrückstand	Säuregehalt der wäßrigen Flüssigkeit %	Lävoglukosen % d. Th.
1. Rohbaumwolle	amer.	0,99	38	13	20	28	—	nichts
Dasselbe	ägypt.	1,1	38	16	19	27	—	„
2. Gereinigt n. Beltzer und Persog	amer.	—	—	—	—	—	—	—
Dasselbe	ägypt.	0,04	17	68	5	10	—	35
3. Rohbaumwolle 8 Std. mit 1,5proz. NaOH gekocht und ausgewaschen	amer.	0,21	20	62	7	11	0,21	25
Dasselbe	ägypt.	0,28	20	62	8	10	0,21	28
4. Wie 3, dann mit 1proz. HCl abgesäuert und ausgewaschen	amer.	0,042	15	69	5	11	0,13	34
Dasselbe	ägypt.	0,043	11	72	5	8	0,08	36
5. Wie 4, dann 8 Std. mit 1,5proz. NaOH gekocht und ausgewaschen	amer.	0,03	17	67	5	11	—	27
Dasselbe	ägypt.	0,076	28	51	9	12	—	18
6. Wie 5, dann mit 1proz. HCl abgesäuert und ausgewaschen	amer.	0,019	16	66	6	12	—	31
Dasselbe	ägypt.	0,043	16	68	6	10	—	31
7. „Hydrocellulose", erhalten durch einstündiges Kochen mit 2proz. HCl	amer.	0,016	10	77	5	8	0,05	34
Dasselbe	ägypt.	0,020	8	82	4	6	—	40

8. Der Abbau der Cellulose durch Mikroorganismen und Fermente.

Grundlegende Versuche über den Abbau der Cellulose durch anaerobe Bakterien hat Omeliansky durchgeführt[1], der feststellte, daß man im wesentlichen zwei Gärungsprozesse nebeneinander beobachten kann, die Methangärung und die Wasserstoffgärung. Die erstere wurde durch Bakterien bewirkt, die aus Flußschlamm gewonnen worden waren. Läßt man sie auf Celluloseaufschlämmung unter anaeroben Bedingungen bei 30° einwirken, so erhält man als Reaktionsprodukte im wesentlichen Kohlensäure, Methan und Fettsäuren, und zwar in den Ausbeuten:

CO_2 etwa 43%
CH_4 „ 6%
Fettsäuren „ 50%.

Unter den Fettsäuren ist an erster Stelle Buttersäure zu nennen, daneben in kleinen Mengen Ameisen-, Essig- und Propionsäure.

Erhitzt man das Impfmaterial kurze Zeit auf 80°, so kann man eine andere, wärmebeständigere Bakterienart in ihrer Wirkung begünstigen, so daß der Abbau

[1] C. r. **121**, 653 (1895); **125**, 970, 1131 (1897); ferner Hoppe-Seyler: Ber. **16**, 122 (1883); van Tieghem: C. r. **89**, 5 (1879). Vgl. auch hier die sehr ausführliche Darstellung bei Heß: Buch S. 546ff.

einen anderen Weg nimmt. Bei dieser Wasserstoffgärung bilden sich neben etwa 4% Wasserstoff und 20% Kohlensäure eine größere Menge (bis zu 70%) Fettsäuren. Beide Gärungen verlaufen sehr langsam und sind aus diesem Grunde technisch bisher zu keiner Bedeutung gelangt, wohl aber ist ihre Rolle in der Natur außerordentlich wichtig für die Zerstörung und Vermoderung vegetabilischer Abfälle aller Art. Vermutlich spielen diese Bakterien auch eine gewisse Rolle in den Verdauungsorganen der pflanzenfressenden Tiere, vor allem der Wiederkäuer.

Ob auch aerobe Bakterien Cellulose zu vergären vermögen, läßt sich nicht mit voller Sicherheit sagen. Der Abbau führt zu einem rötlichen schleimigen Produkt, dessen Aufarbeitung bisher noch nicht erfolgt ist. Bezüglich einer Reihe weiterer Untersuchungen über den Abbau der Cellulose durch denitrifizierende und thermophile Bakterien möge ein Hinweis auf die Originalarbeiten genügen[1].

J. van Iterson[1] konnte 35 verschiedene Arten von Cellulose angreifenden Spaltpilzen dadurch feststellen, daß er sie auf Filtrierpapier züchtete, welches mit Kaliumphosphat getränkt war; sie wirken auf die Cellulose nur außerordentlich langsam ein, wobei in kleinen Mengen intensiv gefärbte Pigmente entstehen können. Auch Pringsheim[2] hat die Bedeutung der Spaltpilze für den Polysaccharidabbau betont und die vollständige Zerstörung der Präparate durch solche Kulturen beobachtet.

Von großer Bedeutung für den Mechanismus dieser Art des Abbaues war die Feststellung, daß die Spaltung im wesentlichen durch Enzyme vor sich geht. P. Kohnstamm[3] hat zuerst nachgewiesen, daß Preßsäfte aus Spaltpilzen ähnliche Wirkungen auf Zellwände ausüben, wie man sie am lebenden Pilz beobachten kann. Auch Weent fand[4], daß ein Extrakt aus monilia sitophila enzymatisch auf Cellulose einwirkt. Für die bakterielle Gärung konnte H. van Senus[5] zeigen, daß Enzympräparate den gleichen Effekt erzielen wie die lebenden Kulturen. Mit noch größerer Sicherheit hat dies H. Pringsheim[6] für die Bakterienkulturen Omelianskys nachgewiesen.

Als intermediäres Zwischenprodukt des enzymatischen Abbaues ist von verschiedenen Seiten Glukose festgestellt worden, so daß man als erste Stufe des Abbaues hier eine dem Säureabbau mehr oder weniger analoge Hydrolyse anzusehen hat. In ihrem Verlauf entsteht Glukose, die dann unter der weiteren Einwirkung der vorhandenen Mikroorganismen oder Enzyme zu den Reaktionsendprodukten vergoren wird. Neben der Glukose konnte auch Cellobiose durch ihr Osazon nachgewiesen werden. Besonders Pringsheim[6] hat die Frage untersucht, ob bei der enzymatischen Spaltung die Cellobiose als bevorzugtes intermediäres Zwischenprodukt erfaßt werden kann. Mit Hilfe einer sinnreichen fraktionierten Dosierung der Enzymwirkung konnte er dies recht wahrscheinlich machen. Aus seinen Versuchen geht auch hervor, daß die Cellulosespaltung durch Bakterien vermutlich auf das Vorhandensein mehrerer Enzyme zurückzuführen ist, die im Laufe des Fortschreitens der Reaktion einander in ihrer Tätigkeit ablösen.

---

[1] Iterson: Z. Bakt. **11**, 689 (1904); Pringsheim, H.: ebenda **23**, 300 (1909); **35**, 308 (1912); **38**, 513 (1913); weitere weniger leicht zugängliche Literaturstellen bei K. Heß: Buch S. 551.

[2] Pringsheim, H.: Polysaccharide, S. 77—80; ferner Ellenberger u. Hopffe: Z. physiol. Chem. **96**, 244 (1915).

[3] Beih. z. Bot. Zbl. **10**, 90 (1901); ferner Hartig: Lehrb. d. Baumkrankheiten **1889**, 2. Aufl., S. 161.

[4] Journ. Bot. **36**, 611 (1901); auch Oppenheimer: Die Fermente **2**, 5. Aufl., S. 752 (1926).

[5] Siehe hierüber K. Heß: Buch S. 535ff.

[6] Z. physiol. Chem. **78**, 266 (1912).

Cellulosespaltende Enzyme konnten ferner in den animalischen Körperflüssigkeiten, besonders im Pankreassaft von Schnecken und Krustentieren nachgewiesen werden, hier hat besonders Karrer[1] in neuerer Zeit festgestellt, daß native Baumwolle vom Darmsaft gewisser Schnecken in erheblichem Maße abgebaut wird.

Die weitere Vergärung der Glukose zu den bereits genannten Endprodukten ist wiederholt Gegenstand experimenteller Untersuchungen gewesen, aus denen im wesentlichen hervorgeht, daß auch hier zahlreiche Mikroorganismen bzw. die von ihnen hervorgebrachten Enzyme den Verlauf in verschiedenster Weise beeinflussen können.

Insgesamt zeigt eine Durchsicht der über den biochemischen Abbau der Cellulose vorliegenden Untersuchungen, daß zwar eine außerordentlich große Zahl von Mikroorganismen existiert, die Cellulose abbauen können, daß aber in allen Fällen die Reaktion sehr langsam vor sich geht und die entstehenden Endprodukte uneinheitlich sind. Der Abbau verläuft aller Wahrscheinlichkeit nach in zwei hauptsächlichen Stufen: zunächst erfolgt (über die Cellobiose) ein Aufteilen der Ausgangspräparate in Glukose und daran anschließend (im Gesamtbild der Reaktion gleichzeitig) vollzieht sich die weitere Zerlegung der Glukose in die verschiedenen Vergärungsprodukte dieses Zuckers.

---

[1] Z. angew. Chem. **37**, 1003 (1924) sowie Karrer u. Schubert: Helvet. chim. Acta **9**, 893 (1926).

Anhang[1].

Zum ersten Teil.

Kapitel II:

Auf Seite 86ff. ist im Sinne der bisherigen Bearbeiter der Stundpunkt eingenommen worden, daß die hohe Viscosität der Lösungen hochpolymerer Substanzen in einer ungewöhnlich großen Raumbeanspruchung der Fadenmoleküle ihren Grund hat. Staudinger hat dabei spezielle Vorstellungen über die Temperaturbewegung der Hauptvalenzketten herangezogen, andere Autoren haben Immobilisierung und Solvatation hierfür verantwortlich gemacht. Auch das merkwürdige Ansteigen der Viscosität mit dem Molekulargewicht, welches aus den Formeln der Einsteinschen Theorie nicht hervorgeht, hat man sich durch Raumerfüllungsvorstellungen erklärt.

R. Eisenschitz[2] zeigt nun in einer neueren Arbeit, daß schon das Vorhandensein länglicher — hinreichend großer — Teilchen genügt, um sowohl den beobachteten hohen Absolutwert der Viscosität als auch ihr Ansteigen mit der Kettenlänge zu verstehen. Unter den auf Seite 79 angeführten Voraussetzungen wird die Einsteinsche Rechnung im Anschluß an eine Arbeit von Jeffery[3] auf langgestreckte Rotationsellipsoide erweitert, die für sich frei beweglich in der Flüssigkeit suspendiert sind. Unter Vernachlässigung der Trägheitskräfte lassen sich die Differentialgleichungen für die Bewegung dieser dispergierten Stäbchen in zwei Fällen integrieren.

a) Bei rotationssymmetrischer Deformationsbewegung ergibt sich für die spezifische Viscosität — Gleichung (28) auf Seite 87 — der Ausdruck

$$\eta_{sp} = \frac{N \cdot \varphi}{v} \cdot \frac{l^2}{b^2} \cdot \frac{1}{\ln \frac{2\,l}{b}}.$$

l = Länge der Fadenmoleküle,
b = Durchmesser der Ketten,
N = Anzahl der gelösten Teilchen,
φ = Eigenvolumen eines Teilchens,
v = Gesamtvolumen.

Weil $l \gg b$ angenommen werden kann, ändert sich der Logarithmus im Nenner nur sehr langsam und kann in erster Näherung als Konstante behandelt werden; ebenso ist b konstant, wenn man nur die Kettenlänge variiert; man erhält daher

$$\eta_{sp} = \frac{N \cdot \varphi}{v} \cdot a' \cdot l^2,$$

$$a' = \frac{1}{b^2} \cdot \frac{1}{\ln \frac{2\,l}{b}},$$

an Stelle der Einsteinschen Gleichung

$$\eta_{sp} = \frac{N \cdot \varphi}{v} \cdot a.$$

---

[1] Die Erledigung der Korrekturen zog sich leider über mehrere Monate hin; während dieser Zeit sind eine Reihe von Arbeiten erschienen, die zum Teil Daten enthalten, welche in den Rahmen des vorliegenden Buches hineingehören, zum Teil auch theoretische Fortschritte bringen, auf Grund deren manche hier gebrauchte Formulierung überholt ist. In diesem Anhang sollen diese neueren Arbeiten aufgezählt und der Inhalt der wichtigsten kurz referiert werden.

[2] Z. physik. Chem. A. **158**, 78 (1931).

[3] Proc. Roy. Soc. **102**, 161 (1922).

Die Viscosität einer Suspension aus stäbchenförmigen Teilchen wächst also unter den mehrfach erwähnten Voraussetzungen bei rotationssymmetrischer Deformation proportional dem Quadrat der Kettenlänge an.

b) Bei laminarer Strömung ergibt sich unter den gleichen Voraussetzungen

$$\eta_{sp} = \frac{N \cdot \varphi}{v} \cdot \frac{1{,}15}{\pi} \cdot \frac{l}{b} \cdot \frac{1}{\ln \frac{2l}{b}}$$

oder

$$\eta_{sp} = \frac{N \cdot \varphi}{v} \cdot a'' \cdot l.$$

Hier nimmt also — in Übereinstimmung mit der Staudingerschen Gleichung — die spezifische Viscosität proportional der Kettenlänge zu, auch ohne daß irgendwelche Raumbeanspruchung mitberücksichtigt worden wäre.

Bei schwacher Wechselwirkung zwischen gelöstem Stoff und Lösungsmittel — z. B. bei Paraffinen, Polystyrol usw. — können daher die von Staudinger[1] mitgeteilten Versuchsergebnisse rein hydrodynamisch verstanden werden. Erst wenn man experimentell ein überproportionales Ansteigen findet, ist man berechtigt, auf erhöhte Raumbeanspruchung zu schließen.

Eisenschitz und Rabinowitsch[2] berechnen in einer kurzen Arbeit aus Viscositätsmessungen von Cellit in Aceton die Zähigkeit und den Elastizitätsmodul; die erstere Größe ist sehr stark, die letztere nur schwach konzentrationsabhängig.

R. O. Herzog und A. Deripasko[3] fraktionierten handelsübliche Cellite nach Rocha[4] durch Lösen in Aceton und Ausfällen mit H_2O und bestimmten die Viscosität der einzelnen Fraktionen sowie ihr osmotisches Verhalten[5]. Aus der Staudingerschen Gleichung berechnen sie Teilchengewichte von 40000 bis 50000 und finden eine sehr bemerkenswerte Übereinstimmung zwischen den auf diese Weise festgestellten Zahlen und den osmotischen Daten. Hier sind zum ersten Male bei wirklich hochpolymeren Substanzen die osmotische und viscosimetrische Methode zu übereinstimmenden Angaben gelangt.

G. V. Schulz[6] beschäftigt sich in einer Arbeit über das Solvatationsgleichgewicht kolloider Lösungen mit einer Interpretation des van der Waalsschen b, in der für den osmotischen Druck kolloider Lösungen maßgebenden Gleichung

$$p = \frac{RT}{v - b}.$$

Er zeigt, daß die Volumskorrektur von der Solvatation abhängig ist und durch eine Wechselwirkung zwischen dem Solvatationsdruck der dispergierten Teilchen und dem osmotischen Druck der Lösung zustande kommt. Man kann dann den Solvatationsdruck als Funktion des Solvatvolumens in ähnlicher Weise aus der Freundlich-Posnjakschen Gleichung[7] berechnen wie den Quellungsdruck als Funktion des Quellungsvolumens in einem Gel. Die Volumskorrektur bezieht sich also auf die gelöste Substanz plus dem von ihr gebundenen Lösungsmittel. Die Anwendung dieser Überlegungen auf Messungen von Caspari[8],

---

[1] Ber. **63**, 322, 721 (1930); Ber. **64**, 1688 (1931); ferner Ber. **65**, 267 (1932); Helvet. chim. Acta **15**, 213 (1932).

[2] Ber. **64**, 2522 (1931); ferner Z. physik. Chem. **145**, 1 (1929).

[3] Cell. Chem. **8**, 25 (1932).

[4] Duclaux u. Wollmann: Kolloidchem. Beih. **27**, 414 (1920) sowie Kolloidchem. Beih. **20**, 280 (1930). Siehe auch Kumichel: Kolloidchem. Beih. **26**, 161 (1928).

[5] Vgl. hierzu auch Herzog u. Spurlin: Z. physik. Chem. Bodenstein-Festband S. 239 (1931).

[6] Z. physik. Chem. **158**, 257 (1932).

[7] Kolloidchem. Beih. **3**, 442 (1912).

[8] J. Chem. Soc., Lond. **105**, 2139 (1914).

Kroepelin[1], Duclaux[2] und Kunitz[3] ergab eine bemerkenswerte Übereinstimmung mit der Erfahrung, welche die Grundlagen dieser Theorie als sehr verläßlich erscheinen lassen muß.

Duclaux und Hirata[4] stellten fest, daß auch sehr konzentrierte Lösungen von Cellulosenitraten und -acetaten in geeigneten Lösungsmitteln keine Elastizität zeigen.

Letters[5] hat sehr eingehende Untersuchungen über die Viscosität und die Quellung der Cellulose in $ZnCl_2$ durchgeführt.

Kapitel III:

Astbury, Manwich und Bernal[6] haben sehr eingehend mit Hilfe von Röntgenstrahlen die Zellwand der Valonia ventricosa untersucht und gefunden, daß sie aus zwei Gruppen gut orientierter Celluloseketten besteht. Das Gitter ist in Übereinstimmung mit dem Elementarkörper der Seite 141.

Zum zweiten Teil.

Kapitel I:

Heß und Trogus[7] haben in einer sehr ausführlichen Arbeit die Reaktionsweise der Cellulose bei der Nitrierung, Methylierung und Acetylierung untersucht und fassen das Ergebnis ihrer Arbeiten dahin zusammen, daß der wahrscheinlichste Reaktionstyp bei den genannten Umsetzungen der Cellulose die micellarheterogene Reaktion ist.

Auf S. 197ff. sind die bisher zur Bestimmung der mittleren Kettenlängen angewandten Methoden kurz zusammengestellt. In jüngster Zeit hat W. H. Haworth[8] auf chemischem Wege einen weiteren interessanten Hinweis auf die mittlere Länge der Ketten erhalten können. Er ließ ein Celluloseacetat erschöpfend methylieren und dann bei 0° mit wässeriger Salzsäure hydrolysieren. Das Reaktionsprodukt wurde einer sorgfältigen Vakuumdestillation unterworfen, mit deren Hilfe 0,55% Tetramethylglukosid herauspräpariert werden konnten. Der Rest war erwartungsgemäß 2, 3, 6-Trimethylglukosid. Wenn man annimmt, daß jedes Molekül Tetramethylglukose ein Kettenende anzeigt[9], dann errechnet man aus dieser Ausbeute, daß in dem als Ausgangsmaterial erwähnten Triacetat 100 bis 200 Glukosereste zu einer Kette vereinigt waren. Dies stimmt mit der auf S. 163 mitgeteilten Abschätzung der Kettenlänge aus den Röntgeninterferenzen und mit den auf S. 111 erwähnten Svedbergschen Werten gut überein.

Kapitel VI:

Berl und Dillenius[10] haben sehr ausführlich die verschiedenen Eigenschaften von Viscoselösungen untersucht; besonders wurde die Viscosität und die Chlorammonreife zur Charakterisierung herangezogen; die Arbeit enthält viel interessantes Zahlenmaterial.

Kapitel VII:

Demaroux und Matthieu[11] haben den Nitrierungsprozeß röntgenographisch verfolgt; F. Ohl[12] berichtet über Versuche zur fraktionierten Fällung von Celliten mit H_2O.

---

1 Ber. **61**, 2441 (1928). 2 C. r. **152**, 1580 (1911).
3 J. Gen. Phys. **10**, 811 (1927). 4 J. Chim. physique **38**, 537 (1931).
5 Kolloid-Z. **58**, 229 (1932); vgl. hierzu auch S. M. Neale Rayon Rec. **6**, 12 (1932).
6 Proc. Roy. Soc., Lond. **109**, 443 (1932). Vgl. auch Astbury u. Woods: J. Textile Inst. **23**, T. 17 (1932). 7 Z. physik. Chem. **15**, 157 (1931). 8 Nature **129**, 365 (1932).
9 Vgl. hierzu die auf S. 193 bis 196 gemachten Einschränkungen.
10 Cell. Chem. Beih. **8**, 1 (1932). 11 C. r. **194**, 278 (1932). 12 Kunstseide **14**, 3 (1932).

Kapitel IX:

In neuerer Zeit haben, wie schon erwähnt, Freudenberg und seine Mitarbeiter beim methylierenden Abbau der Cellulose ein Dekamethyl-β-methylcellotriosid[1] und ein Tridekamethyl-β-methylcellotetraosid[2] isolieren können. Als entscheidender Fortschritt gegenüber der Bearbeitung freier Tri- und Tetrasaccharide sowie deren Acetate erwies sich hier die Möglichkeit, die methylierten Oligosaccharide unzersetzt destillieren zu können, was für ihre präparative Isolierung von ausschlaggebender Bedeutung ist. In einer neueren Arbeit haben nun Freudenberg, Friedrich und Bumann[3] die methylierten Oligosaccharide eingehend untersucht und ihre wichtigsten Eigenschaften festgelegt. Die Tabelle 1 enthält eine Reihe charakteristischer Zahlen.

Tabelle 1. Einige Eigenschaften methylierter Oligosaccharide. (n = Zahl der Glukosereste im Molekül.)

n	1	2	3	4	∞
Siedepunkt 0,1 mm	80—85°	160—165°	215—225°	260—270°	verkohlt über 300°, ohne zu schmelzen
F. P.	40—41°	87—88°	119°	139°	
$[\alpha]_D^{18}$ in H_2O . . .	— 18°	— 16,5°	— 17,0°	— 16,1°	— 18,4°

Von besonderer Wichtigkeit in der erwähnten Arbeit ist die ausführliche Diskussion des optischen Drehungsvermögens und seine Berechnung nach dem Superpositionsprinzip. Durch Mitverwendung der Oligosaccharide läßt sich nämlich überzeugend nachweisen, daß man die Drehung einer aus n Gliedern bestehenden Kette durch zwei unabhängige Bestandteile wiedergeben kann:

1. durch die molekulare Drehung des Disaccharids D_2, welche die beiden endständigen Reste charakterisiert und

2. durch den Drehwert eines in eine unendliche Kette eingebauten Glukoserestes D_∞, der die mittleren Glieder der Kette erfaßt.

Bis zum Disaccharid macht sich also die Vizinalwirkung geltend, von da ab überwiegt die Rolle der Superposition. In diesem Sinne ergibt sich der Drehwert einer n-gliedrigen Kette aus der Formel

$$D_n = D_2 + (n - 2)\, D_\infty .$$

Die der zitierten Freudenbergschen Arbeit entnommene Tabelle 2 zeigt, wie vorzüglich die Ergebnisse dieser Rechnung von der Erfahrung bestätigt werden.

Tabelle 2. Molekulare Drehung pro Kettenglied $\frac{D_n}{n}$. (n = Zahl der Glukosereste in der Kette.)

Lösungsmittel	λ	für $n = 3$		für $n = 4$	
		gefunden	berechnet	gefunden	berechnet
50% H_2SO_4. . . .	578 $\mu\mu$	— 5	— 6	0,8	0
H_2O	578 $\mu\mu$	— 37,5	— 37,5	— 35,5	— 37,5
$CHCl_3$	578 $\mu\mu$	— 25	— 25	— 21	— 21

[1] Ber. **63**, 1963 (1930); vgl. auch hierzu Zechmeister u. Toth: Ber. **64**, 857 (1931).
[2] Naturwiss. **18**, 1114 (1930).
[3] Diese Arbeit erscheint demnächst in den Annalen. Herrn Prof. K. Freudenberg bin ich für die liebenswürdige Überlassung des Manuskriptes zu großem Danke verpflichtet.

Namenverzeichnis.

Sachverzeichnis.

GPSR Compliance

The European Union's (EU) General Product Safety Regulation (GPSR) is a set of rules that requires consumer products to be safe and our obligations to ensure this.

If you have any concerns about our products, you can contact us on ProductSafety@springernature.com

In case Publisher is established outside the EU, the EU authorized representative is:

Springer Nature Customer Service Center GmbH
Europaplatz 3
69115 Heidelberg, Germany

Batch number: 10683525

Printed by Printforce, the Netherlands